Dave Broom

［英］戴夫 · 布鲁姆 著

The world atlas of Whisky
世界威士忌地图

第2版

卢馨声 汪海滨 张晋维 张铎议 译

李大伟 审译

上海三联书店

ICHIRO'S CHOICE
1976
Bottled CHICHIBU
Distillery KAWASAKI
SINGLE GRAIN WHISKY
KAWASAKI
Cask Strength
Non chill-filtered Non coloured
Bottling # 73 / 432
700 ml

Dave Broom
[英] 戴夫 · 布鲁姆 著

The world atlas of Whisky
世界威士忌地图

第2版

卢磬声 汪海滨 张晋维 张铎议 译
李大伟 审译

上海三联书店

图书在版编目（CIP）数据

世界威士忌地图 / [英] 戴夫・布鲁姆（Dave Broom）著；卢磬声等译. — 上海：上海三联书店，2022.9重印
ISBN 978-7-5426-6288-0

Ⅰ. ①世… Ⅱ. ①戴… ②卢… Ⅲ. ①威士忌酒—介绍—世界 Ⅳ. ①TS262.3

中国版本图书馆CIP数据核字（2018）第119160号

世界威士忌地图

著　　者 / [英] 戴夫・布鲁姆（Dave Broom）
译　　者 / 卢磬声　汪海滨　张晋维　张铎议
审　　译 / 李大伟
特约策划 / 朱明晖（Andrea Chu）
责任编辑 / 黄　韬
特约编辑 / 钱凌笛
装帧设计 / 书艺社
监　　制 / 姚　军
责任校对 / 张大伟

出版发行 / 上海三联书店
（200030）上海市徐汇区漕溪北路331号中金国际广场A楼6层
邮购电话 / 021-22895540
印　　刷 / 北京华联印刷有限公司

版　　次 / 2018年8月第1版
印　　次 / 2022年9月第5次印刷
开　　本 / 635mm×965mm　1 / 8
字　　数 / 265千字
印　　张 / 42
书　　号 / ISBN 978-7-5426-6288-0/G・1496
定　　价 / 388.00元

敬启读者，如发现本书有印装质量问题，请与印刷厂联系：010-67876655

目录 Contents

序

欢迎大家开始阅读戴夫 · 布鲁姆的《世界威士忌地图》第二版。几年前当第一版推出之后，读者们对于该书的需求就一直有增无减，而目前我们正面临着一场真正的威士忌复兴运动。以下是这部作品第一版序言，即便放在如今来看依然适用，相信《世界威士忌地图》第二版将带领读者从威士忌的品饮过程中取得最大的收获。

如果有一本书能够全面详细地描绘有关威士忌的方方面面，那它此刻就在你手中，而它将会告诉你，如今的威士忌世界，要比以往任何时候更加精彩纷呈，生机勃勃。

为什么会这样说呢？第一个原因是，我们正处在一个威士忌文化井喷的时代。世界各地越来越多的人都开始领略到威士忌那独一无二的魅力。即便它的价格最近一直呈上升趋势，但从性价比的角度来看，威士忌——尤其是波本威士忌，依然能够击败其他烈酒。而整个威士忌产业也正积极面对爆发的需求，不断增加产量，扩大出口，并开始建造更多的新酒厂。

第二个原因是威士忌的酿造工艺在不断发散和革新。过去，威士忌酿造区域大多分布在苏格兰、爱尔兰和美国（主要是肯塔基和田纳西），还有加拿大。而现在日本也已经证明他们的威士忌足以媲美苏格兰威士忌，同样值得尊重。

无须多言！环顾一下四周，你会发现有越来越多的苏格兰威士忌可供选择——无论是原厂装瓶的，还是独立装瓶厂出品的，总之，有着成百上千种选择。另外，还得感谢过去一二十年的技术发展，这大大提升了蒸馏和熟成的工艺。可以说如今威士忌的质量要比过去的都好。

除此之外，欧洲和美国还有许多规模很小的酒厂也在酿造威士忌。拿美国来说，那里有400多家精品小酒厂，而它们多数是在最近15年里建造起来的，这个数量相当于15年前酒厂数量的4倍，并且新酒厂的数量还在不断增加。

这一切对你们来说意味着什么，威士忌狂热爱好者们？对我来说，可以憧憬一下来自世界各地新老酒厂的各种威士忌，然后拭目以待，看看谁会拥有更美好的将来。

对于以上种种，《世界威士忌地图》也许会给出更好的答案。我喜欢这本书是因为它的内容十分详尽，包括威士忌的定义、如何酿造（从谷物到杯中物）、产地的分布，还有为什么每款威士忌喝起来会有区别，它甚至还会给出一个大纲来引导你如何品鉴一款威士忌。书中的配图以及照片都非常精美，有时甚至会喧宾夺主，让你忽略了文字。对于那些没有机会周游世界参观各家酒厂的威士忌爱好者们来说，这本书是再好不过的了。

而书中最具实用价值且最创新的部分，莫过于运用“风味阵营”来描述各种威士忌不同的个性以及风味，虽然我很喜欢戴夫在书中为每一款威士忌所记录下的品酒辞，但“风味阵营”更棒且更具指导性，它能够让读者们在最短的时间内认识到任意一款威士忌的风味概况，这对于所有威士忌爱好者来说就像是工具指南，尤其是对于那些刚刚入门，面对一大堆威士忌名字无所适从的初学者来说更具有实用价值。

最重要的一点，《世界威士忌地图》为我们描绘了很多当下正在发生的事情，各种有关威士忌的发展和动态。而戴夫 · 布鲁姆（Dave Broom）是为数不多的能用浅显易懂的方式来做到这一点的威士忌作者，也是一位于全球范围内非常值得尊敬的威士忌独立撰稿人。实话说，我本人也被戴夫迷人的文风和一篇篇栩栩如生的酒评所吸引，他的字里行间无时无刻不在散发着魅力，难怪他是如此受人欢迎。

感谢戴夫创作出这样一本集知识性和娱乐性于一体的书。而对于读者们来说，无论你是刚入门也好，资深威士忌爱好者也好，都能从中感受到戴夫的热情，以及他把自己的所知全都展现在书中的无私态度。最后祝愿各位，阅读愉快！

约翰 · 汉塞尔（John Hansell）
《麦芽倡导者》（Whisky Advocate）出版人及主编

左页：一条真理。所有的单一麦芽威士忌都始于大麦。
右页：每杯酒都讲述了一个故事。威士忌是最为复杂的烈酒。

前　言

很难相信在《世界威士忌地图》第一版问世之后的短短几年内，全世界的威士忌版图就已经发生了如此多的改变，所以必须要更新版本了。肯定有人要问，威士忌不就是象征着保守和一成不变的烈酒吗？的确，威士忌曾经如此，它很难让人为之兴奋，也不会为了迎合市场需求而做出一些与其年龄不相符的改变。威士忌曾经是如此地故我：不改变，不妥协（用苏格兰人的说法是固执）。威士忌不会屈尊去主动央求别人来亲近它，只会等待着喜爱自己的人来寻觅。而这些都是我们曾经听说的。

事实上，从历史上来看，威士忌一直处于不安分的状态。早在15、16世纪，当威士忌从炼金术士的蒸馏器中汩汩流出的那一刻起，它就一直在变化着。威士忌会被加入各种风味，会被纯饮也会加水做成长饮来享用，它可以不经过任何陈年也可以用橡木桶来进行熟成；威士忌还经常会跨出国界，并且会随着气候、战争、政治和经济等等因素来改变自己，以此适应不同的需求。而我之所以要进行版本的更新，正是因为就在当下，威士忌世界发生着的变化比以往任何时候都要更快更多。

如今我们正处于一个令人兴奋的“威士忌世界化”的时代。苏格兰、爱尔兰、美国、加拿大和日本这些成熟的威士忌传统豪强获得了前所未有的成就，许多新的威士忌酒厂已经建造完成，还有更多酒厂在规划之中，其中大部分都是受手工精酿潮流影响

威士忌酿造过程中有一个重要因素总容易被遗忘，那就是人（巴基斯坦拉瓦尔品第的威士忌酒厂）。

的新派酒厂。

此外，威士忌已经在全球各地生根发芽。据说仅在那些德语系的欧洲国家就已经涌现出150家威士忌酒厂，英格兰有5家，法国和北欧分别有超过20家。澳大利亚目前也正在大肆扩张，南美洲和亚洲也陆陆续续拥有了自己的威士忌酒厂。不仅仅只是威士忌在国与国之间传递，就连酿造技术也在传播和交流。这些新酒厂的涌现不仅仅只是一种象征意义，它们同样也都有必要被标示在世界威士忌地图上。

它们为什么会在这个时刻集中出现？因为新一代的威士忌爱好者们引发了新的风潮，他们不仅对威士忌的历史和渊源感兴趣，还对威士忌的风味和可能性也充满好奇。这些爱好者所拥有的开放心态是过去所没有的，而现在的酿酒师亦是如此，他们也分成了新老两派。

在此需要缓和一下这种热潮并提醒大家，不要看到眼前的盛景就过于乐观，即使现在开一间新的酒厂比以前要容易，但也不能忘记威士忌和所有东西一样，都有一个循环周期，会流行，也会被人淡忘。为了生存下去甚至获得成功，每一间酒厂都必须清楚这是一项长期的事业（事实上，大家必须得先意识到这还是一门生意），所有人都必须在一个拥有众多其他选择的环境中进行竞争。

如今的威士忌消费者同时也是朗姆酒、金酒、龙舌兰酒、精酿啤酒以及葡萄酒的消费者——我当然希望他们不是在同一个晚上把这些酒统统喝一遍。但可以确定的是，无论是什么性别，这些人士都拥有非常好的品位，懂得欣赏这其中所蕴含的工艺，而且由于选择更多，他们可以接受或是拒绝任何一个品牌。

那些新的威士忌酒厂应该怎样突出重围呢？千万不要耍小聪明（消费者其实都很精明），而要努力树立自己的信誉。

威士忌的特质是“慢”。它让人体会到风土和工艺的结合，以及把谷物的精华如炼金般提炼出来的魔法，它经得起时间考验。而威士忌的慢还在于它能让你为之停顿下来，当微抿一口威士忌时，它会让你仔细体会那是一种什么样的感受。同时，它的变化又非常快。

这本书的目的，是要为愈来愈纷繁复杂的威士忌世界提供参考。什么是风味？它们代表什么？威士忌从哪里来的？又是谁成就了它？

希望这本书成为你的威士忌旅程指南。这是一本专为你——所有威士忌爱好者所写的书，它将带你进入一个崭新的威士忌世界。

本书的工作原理

本书涵盖了丰富的信息，拥有各种文字和图片帮助读者从书中得到威士忌国家、产区和酒厂的信息。这些工具包括：地图、带风味等级的品酒辞和各个酒厂的具体信息。以下是这本指南的工作原理。

地图

主要方法 书中采用一系列的方法来标示出酒厂所在地。如果酒厂的名字与其附近的地名相同时，仅会给出酒厂的名字（比如拉加维林［Lagavulin］）。当空间与比例允许时，相近的地点会使用1个白点表示。当空间与比例放不下时，地名会跟在酒厂名字之后，中间由一个逗号隔开（比如Jim Bean, Clermont）。

海拔／地形的要点 和所有的地图都有紧密的联系。而在本书中，在规模允许的地图里会给出详细的地形。

产区 在不同国家的不同地区，酒厂会按照产区归类。不过美国的肯塔基和田纳西除外，这两个州的酒厂另成一节单独介绍，这是因为那里的威士忌生产方法独特，使得它们被单独归类。

酒厂 书中提及的所有酒厂都会出现在地图里，并且还囊括了大量其他著名的酒厂，比如欧洲新的威士忌生产者和其他美国的精品酒厂等，尽管可能不会有文字部分描述这些酒厂。

谷类酿酒厂、麦类酿酒厂和其他特色酿酒厂 有实用性的差别会被列出，用以弄清酒厂的类型以及发麦的数量。

酒厂页面

细节 每个酒厂都有相关的介绍。当一页里包含多家酒厂时，不同的酒厂会用“/”划分。

参观酒厂 所有那些对公众开放参观的酒厂，书中都会附有相关细节和资讯，截至作者写作完成时这些资讯都是正确的。如果想要参观一间酒厂最好先进行预约，确认最新的开放参观讯息。而当你已经预约好或是事先规划好路线之后，千万不要忘记预留时间给苏格兰那蜿蜒曲折的公路以及不时被出现在公路上的羊群阻拦等等不可抗力因素。

寻找珍稀威士忌 需要注意的是虽然一些酒厂不对公众开放参观，但它们的威士忌是可以买到的。找寻这些珍稀威士忌的最佳方法是联络专业的威士忌经销商或者查看专业的威士忌网站。

封存（Mothballed） 这个词指的是那些暂时停产，但在未来有可能重新开放的酒厂。在本书写作时，给出的所有暂时停产的酒厂相关信息都力求精准。

新的/计划中的 在全球范围内，一大批新的酒厂在规划或建设中。本书力求涵盖所有内容，但一些最新的酒厂可能来不及放入，敬请原谅。

品酒辞

选择 本书尽可能地选择了一些酒厂最具代表性、最被大众所接受的酒款撰写了品酒辞。

顺序 每个国家都会按照相近的顺序排列，方便在阅读时做对比。主要采用以下两种方式之一：按照威士忌的年龄；或按照字母表顺序来排列同一酒厂出产的不同品牌。

威士忌酒龄的定义 通常威士忌的酒龄是一款威士忌名称的重要组成部分，后文中出现的NAS（No Age Statement）表示酒标上没有酒龄信息。

独立装瓶 一些情况下，我可能会品尝到一些酒厂提供的威士忌，这些酒还未正式发售，我品尝到的是独立装瓶的威士忌。

样品酒 通常我品尝到的是已经装瓶的威士忌，但偶尔酒厂会提供一些还在桶里未装瓶的样品，这些品酒辞会标注“样品酒”。

ABV酒精度/ Proof标准酒精度 美国威士忌的酒精强度会同时标注标准酒精度Proof（80°），除此之外的威士忌会使用酒精度abv（酒精体积百分比）表示，40% abv = 80°。

日本 对于一些更为专家级的日本威士忌会标注威士忌进入木桶的时间、系列以及木桶编号。

风味阵营（Flavour Camps） 每份品酒辞都会包括“风味阵营”。参见26~27页的详细解释。在324~326页，有着所有威士忌与其所属风味阵营的详细列表，如果你尤其偏好某种风格的威士忌，从相同的风味阵营中可以很容易找到其他你可能也会喜欢的威士忌。而诸多酒龄较年轻的威士忌依然在变化，因此当熟成到一定阶段后会从一个风味阵营转移到另一个，而有关这方面的分析都是在撰写本书的过程中完成的。

参照酒 基于风味阵营，这个环节用于告诉你在尝试过这款威士忌以后可以选择其他可供参照的威士忌。除了暂时还买不到的新出品与样品以外，其他的威士忌品酒辞都拥有这部分信息。当然也会有一些例外，譬如还在酿造过程中的威士忌，试饮酒款，或是那些并未公开发售的酒款，以及谷物威士忌和调和威士忌。

专业术语

词汇表 有一系列同威士忌相关的有趣文字，其中很多都会随着所在地的变化而变化。如果你不太清楚一个词语的意思请参照第327~328页的词汇表。

Whisky / Whiskey 在全书除了爱尔兰和美国的章节我都使用拥有法律依据的拼法whisky，在这两个例外的地方会使用whiskey。

威士忌是什么?

这是一本地图集。这意味着这本书里会出现很多地图。当然在指示酒厂所在地时，地图非常有用。但地理上的位置只占威士忌故事里极小的一个段落。地图可以告诉你怎么去酒厂，在附近有些什么东西，但它不能告诉你关于威士忌的所有信息。

为了使这本地图集更有用处，书中也囊括了一份风味的地图，在阅读时你可以知道哪些威士忌尝起来很相近，哪些威士忌挑战了产区最常见的“传统”风格。在这种情况下，酒厂和其所在地成了风味的决定性因素。通过这样的方式，书中的风味地图引导我们发掘出为什么一个酒厂（比如苏格兰或肯塔基）与其邻居都有效地运行在同样的模式上，却能酿出独一无二的威士忌。

开始我们对威士忌核心的探索，这本书使用生产流程中的共同点为大纲，也就是四种主要的威士忌风格——单一麦芽威士忌、谷物威士忌、爱尔兰传统壶式蒸馏威士忌和波本威士忌。酒厂使用的蒸馏方法决定了可以创造出的酒厂风格。

书中没有关于历史的独立章节，因为每家酒厂的故事已经融入了地图。通过留意味道，我们可以了解威士忌随着时间发生的变化。比如，在19世纪的苏格兰，推动特定风格威士忌出现的最初力量其实是产地，就像泥煤的使用，以及市场的繁荣发展与调和技术的进步也极大地影响了威士忌风味。从这个角度观察苏格兰的麦芽威士忌，除了产地拥有突出影响外，威士忌味道的进化也经历了数个时代，简而言之，就是从厚重到清淡。

因而每家酒厂不仅仅只是一个生产者、一个品牌，还是历史的现实演绎，酿造者们则帮助它们将故事描绘出来。关注每款威士忌的出生地——酒厂的独特之处，也是很重要的。如果这是一张可以带领我们游历威士忌世界的地图，那么起点就应该是威士忌诞生的地方。如果你只关注木桶复杂的交互作用后的产物是无法给出酒厂特征的。

品尝新的威士忌和陈年后的威士忌，我们可以梳理出酒厂创造出来的风味的变化：水果从青绿，逐渐熟，再变成干果，看着青草变为干草，观察硫化作用后展现出的纯净，以及任何可察觉到的橡木桶带来的影响。

成熟的威士忌将会组合成不同的风味阵营，从这里你可以容易地找到相似之处和不同点（通常当威士忌陈年后会涵盖多个风味阵营），同时提供了其他可能走出威士忌迷宫的既定路线。威士忌的生产是一个鲜活的、不断进化的创造性艺术，由那些希望突出它们独特性的人们决定，这些独有特征的多样性将会是我们地图里的路标。

持续性和稳定性：酿造一流威士忌的格言。

威士忌的世界

什么是威士忌？在第一版里所给予的答案依然成立：将谷物捣碎之后，发酵成啤酒，而后进行蒸馏，再将之在橡木桶中进行陈年便成了威士忌。然而在这个简单原则上所衍生出来的变化，从未像现在这么巨大。全世界的酿酒师都在问同样的问题：威士忌为什么一定要遵循老一辈留传下来的方式呢？

与新一代的酿酒师对话是非常有趣的经历。很多人开始制造蒸馏酒的初衷是因为他们喜爱苏格兰单一麦芽威士忌（很遗憾，从来不是因为调和威士忌），或是美国波本威士忌。说到这里几乎所有人会再加上一句："但是我想做出属于我自己的东西。"为什么要复制已经存在的东西呢？你真有能力和格兰菲迪（Glenfiddich）或杰克丹尼（Jack Daniel's）竞争吗？既然不行，那还有别的机会吗？譬如说用不一样的谷物作为原料来试一试？例如近年来黑麦威士忌已经不是加拿大或美国肯塔基的专属。丹麦、奥地利、英国、荷兰和澳大利亚都开始生产黑麦威士忌。但依然不能故步自封？何不试试小麦威士忌？或者燕麦、藜麦威士忌？如果你用的依然是大麦，那要不要学学啤酒的做法，使用不同的烘干麦芽方式？或者何不在泥煤之外，尝试一下不同的燃料——用荨麻，或者绵羊粪。

既然你已经用了不同的谷物和烟熏方法，那索性将两者结合在一起试试。为什么一定要用标准的蒸馏酒酵母，为什么不试一下艾尔（ale）啤酒酵母和葡萄酒酵母？为什么不控制一下发酵的温度？为什么要坚持使用苏格兰壶式蒸馏器或波本的柱式蒸馏器/多重壶

式蒸馏法？或许可以尝试一下干邑蒸馏器，或是在颈部加装蒸馏板的壶式蒸馏器，抑或干脆自己动手设计一个蒸馏器。

如今新建造的威士忌厂与20世纪二三十年代日本威士忌酒厂面临着相同的问题——不只是如何制造威士忌，而是如何制造出带有自己风格的威士忌。这个问题不会在市场营销手册中找到答案，而必须发自内心地进行思考——酿酒师们对于“什么是威士忌”这个问题的解答不仅听上去很吸引人，并且很具说服力。他们在成功挑战常规的同时，也拓展了威士忌的疆土。

的确，苏格兰单一麦芽威士忌、波本威士忌、爱尔兰单一壶式蒸馏威士忌和加拿大黑麦威士忌都拥有属于各自的一片天地，但是瑞典、澳大利亚、荷兰和美国等国家和中国台湾等地区的新兴威士忌，如今也都找到了自己的归属。那些威士忌旧世界的国家需要为此感到焦虑吗？还未必，但是应该有所警觉。然而它们或许还没有真正感受到挑战。

这并不表示建立一座新酒厂很容易。如果有人正在考虑要这么做，那么最好先暂停一下，来听听法夫郡（Fife）达夫特米乐（Daftmill）酒厂的弗朗西斯·库斯伯特（Francis Cuthbert）怎么说：“在建厂之前，先把所有的资金准备好。储备库存要花的钱是建厂的十倍。如果你觉得开一间咖啡店就能弥补这些开销，那就去开咖啡店，把威士忌这件事情给忘掉。”

一旦开始了，接下来呢？法国布列塔尼的格兰阿莫（Glann ar Mor）酒厂的尚·多内（Jean Donnay）以及Islay酒厂的Gartbreck说：“生产威士忌比你想象的要复杂得多。即便你看过很多书，参观过许多酒厂，问了许多问题，认为一切数据都已经拥有了。但你会发现经历越多，便越觉得其中奥妙复杂。我一直就认为威士忌里头一定有和炼金术有关、科学无法解释的东西，而我现在更加相信这一点。生产威士忌要比你所想的更复杂精妙，而且每天都有不一样的事情发生，所以每天你都会学到不同的东西。即便我是一位200岁的威士忌酿酒师，我相信自己每天依然还会学习到新的事物。”

类似的观点感触相信会得到所有酿酒师的认同，无论新老。没有人是专家。只要你不断问问题，保持谦虚的心态，你就一直会有新的发现。

那么究竟什么是威士忌呢？你希望它是什么，它就是什么。

潜力所在地：斯佩塞依然是苏格兰大麦芽主要产地。

麦芽威士忌生产流程

虽然所有的单一麦芽酒厂沿用同样的生产流程，但每家酒厂采用不同方法将酒厂的DNA溶入每款单一麦芽威士忌里。酿酒师掌控着整个制酒过程。主要的步骤展示在以下的这张图中。

1 大麦

所有的苏格兰麦芽威士忌都由发芽的大麦、水和酵母酿成。虽然酒厂更趋向于使用苏格兰大麦，但法律上并没有强制性的要求——鉴于苏格兰天气的“狂野”，这是一个很明智的选择。大部分酒厂相信大麦对风味没有影响，不过也有些人相信一种名为黄金诺言（Golden Promise）的大麦赋予了一些不同的口感。

水

酒厂在酿造威士忌时需要大量纯净的低温水。因此，找到一处可以使用的水源至关重要，大部分的酒厂使用泉水，但也有人用湖水，甚至城镇供水。不同水源对发酵效率可能有细微影响，但大部分人认为水对威士忌最终的口感贡献不大。

2 发麦

一粒大麦就像一小包淀粉。发麦基本上就是让大麦误以为已经到了生长的时候。将其浸泡在水里，使其在潮湿的凉爽环境下发芽。被触发的酶会将大麦中的淀粉转化为糖，而这些糖正是酿酒师们需要的。为了确保糖分的存在，他们必须烘干大麦停止发麦的过程。

3 烘干方案 1

使用热风烘干大麦，这种做法不会影响大麦的风味。

3 烘干方案 2：使用泥煤

第二种方案是在泥煤上烤干大麦。这种工艺会在最终的成品里添入一些烟熏的味道。泥煤是一种半碳化的植物，在燃烧时会产生浓烟。烟里含有的油（酚类）会依附在大麦表面。大部分陆地生产的威士忌里只含有少量烟熏味，最为明显的烟熏大麦来自岛屿地区，因为泥煤在那里一直是家庭使用和威士忌生产的传统燃料。

是否进行冷凝过滤？

这个步骤可以使最终的威士忌不混浊，但会牺牲掉一些口感。

装瓶

威士忌终于到了可以装瓶的时候，但依然需要做几个决定。

是否调整颜色？

加入一些焦糖色可以帮助标准化威士忌的颜色。

陈年 / 桶陈：时间

威士忌的陈年需要时间。逻辑上，威士忌在木桶里待得越久，木桶对威士忌的影响越大。最终，木桶的味道会占据威士忌，这样的威士忌完全判断不出来自哪家酒厂。活跃度更高的木桶可以在较短的时间里完成这个过程，而多次使用（可能完全没作用）的木桶则需要更长的时间。酒瓶上的年份指的仅仅是最年轻的威士忌在木桶里陈年的时间。但从年份里不可能判断出木桶的活跃程度（或者中性程度）。陈年时间的长短不能同质量挂钩。

是否调整酒精度？

法律规定威士忌必须拥有至少40%的酒精度，但“不加水的原桶酒精浓度（cask strength）”的威士忌变得越发流行。

木桶方案 1：波本桶

这些木桶由美国橡木制成，这个类别的橡木为威士忌增添的味道会令人联想到香草、法式焦糖布丁、松木、桉树、香料与椰子等。

8 陈年 / 桶陈

新生产的这些“威士忌”酒精度会被降低至63.5%，之后会装入橡木桶陈年。这些木桶之前用于陈年雪利酒和波本威士忌。这个过程中会有3个步骤：

1. 削减：木桶会帮助削减威士忌中刺激性的风味。
2. 增添：威士忌会吸收木桶中的一些风味。
3. 互动：威士忌中的味道与木桶的味道融合在一起，增加了威士忌口感的复杂度。

时间长短、木桶的新旧与类型对味道都有一定影响。

木桶方案 4：收尾木桶

酿酒师可以用收尾的木桶为威士忌的风味做最后的调整。这个步骤会将陈年过的威士忌（通常来自波本桶或者二次桶）放到一个很活跃的木桶里进行一段时间的二次陈年，比如曾放置过雪利、波特、马德拉葡萄酒的木桶，使威士忌与这些木桶带有的味道相融合。

木桶方案 2：雪利桶

这些木桶由欧洲橡木制成，会带来干果、丁香、焚香、榛子等风味。欧洲橡木的颜色更深，单宁含量也更高。

木桶方案 3：二次注橡桶（或称二次桶）

木桶可以重复使用多次，使用次数越多对威士忌味道的影响越小。这些“二次”桶对于展现酒厂的风格有重要的作用。在实际操作中，大部分的酒厂会同时使用这3种木桶来增加威士忌味道的复杂度。

4 碾磨

麦芽在运输到酒厂后被磨成粗颗粒的粉状（被称为grist）。

5 糖化

接着麦粉会被放进糖化锅后加入63.5℃的热水。麦粉一接触到热水，淀粉就开始转化为糖。这种含糖的液体被称为麦芽汁。接着水分会通过多孔的糖化锅排出。这个步骤会重复两遍，保证糖分尽可能都被提取出来。最后留下的液体会接着在下一次的糖化过程中使用。

糖化方案1：澄清的麦芽汁

如果酿酒师选择缓慢地从糖化锅里泵出麦芽汁，就可以得到一种澄清的麦芽汁。这种方法可以酿出没有太多谷物特征的威士忌。

糖化方案2：混浊的麦芽汁

如果酒厂希望生产出带有干果、坚果、谷物特质的威士忌，那么酿酒师会更快速地将麦芽汁泵出，会带入一些残留在糖化锅里的固体物质。

6 发酵

麦芽汁在冷却后会被泵入到发酵槽（washback）中（可能是木制的也可能是不锈钢材质的）。酵母被加入后发酵就开始了。

发酵方案1：短时间

在发酵过程中，酵母将糖分转化成酒精（麦芽汁成为酒汁）。这个过程在48小时内完成。如果蒸馏师选择这套短时间的方案，最终的威士忌中会有更明显的麦芽特质。

发酵方案2：长时间

长时间发酵（超过55小时）会增加更多的酯类物质，这套方案的成品更清淡，更具复杂度，水果味特征明显。

酵母

因为苏格兰威士忌都使用同一种酵母，所以人们并不认为酵母会对威士忌的风味有所影响。而日本的酒厂会使用不同种类的酵母，以期待酿出他们所希望呈现的味道。

铜

铜对威士忌的味道有重要影响。因为铜会固定住一些较重的元素，酿酒师可以选择延长或者限制酒精蒸汽与铜的“接触”时间，来创造出他们所期望的风格。

7 蒸馏步骤A

经过发酵后的酒汁酒精度在8%左右，接着会在铜制的壶式蒸馏器中蒸馏两次。第一次“麦芽汁蒸馏”（wash still）后可以把酒精度提高到23%，这是“初酒”（low wines），接着会再进行一次“烈酒蒸馏”（spirit still）。这次蒸馏出来的液体会被分为“酒头”“酒心”和“酒尾”。只有精华的酒心会进行桶陈，而酒头和酒尾会与下一批的初酒混合用于下一次蒸馏。

蒸馏方案1：长接触时间

酒精蒸汽与铜接触的时间越长，最后生产出的威士忌口味越清淡。这意味着相比小蒸馏器，更高大的蒸馏器会蒸馏出更淡的威士忌。减缓蒸馏的速度也可以增加接触时间。

蒸馏方案2：短接触时间

相反，接触时间越短，最终的威士忌越浓厚，规模小的蒸馏器和快速蒸馏可以产生这种特质。

蒸馏步骤B：冷凝

酒精蒸汽再经过一套盛有冷水的冷凝装置后转化为液体。通过这个步骤，酿酒师又能改变威士忌风味。

冷凝方案1：

管壳式（SHELL&TUBE）

这是一种高大的柱体，中间有数量众多充满冷水的铜管。当酒精蒸汽接触到铜管时就转化为液体。因为铜的表面积较大，管壳式冷凝器有助于淡化威士忌的味道。

冷凝方案2：

虫桶式（WORM TUBS）

这是传统的冷凝方法，酒精蒸汽被引入一段置于冷水中的螺旋式铜管，因为这种方法接触到的铜更少，螺旋式的冷凝器可以生产出更厚重的威士忌。

蒸馏步骤C：分馏

第二次蒸馏冷凝后的液体到达采集器时，酿酒师需要进行分馏，把其分为酒头、酒心和酒尾。判断何时取得酒头、酒心与酒尾对风味也会有影响。

分馏方案1：较早

在威士忌蒸馏的过程中，香气会不断变化。最初的较为清淡、精致，如果酿酒师希望生产出香气雅致的威士忌，那么他会选择较早的分馏点。

分馏方案2：较晚

随着蒸馏的继续，香气开始向厚重靠近，变得更为油质、饱满，烟熏的香味就出现在这时。希望生产出厚重风格威士忌的酿酒师会选择较晚的分馏点。

谷物威士忌生产流程

谷物威士忌被认为是一种单独类别的威士忌，但极少见到原厂单独装瓶，不过苏格兰调和型威士忌中大部分都是谷物威士忌。在调和型威士忌中，谷物威士忌起到至关重要的作用。其生产流程同其他威士忌一样复杂，下图展示了谷物威士忌的生产流程。

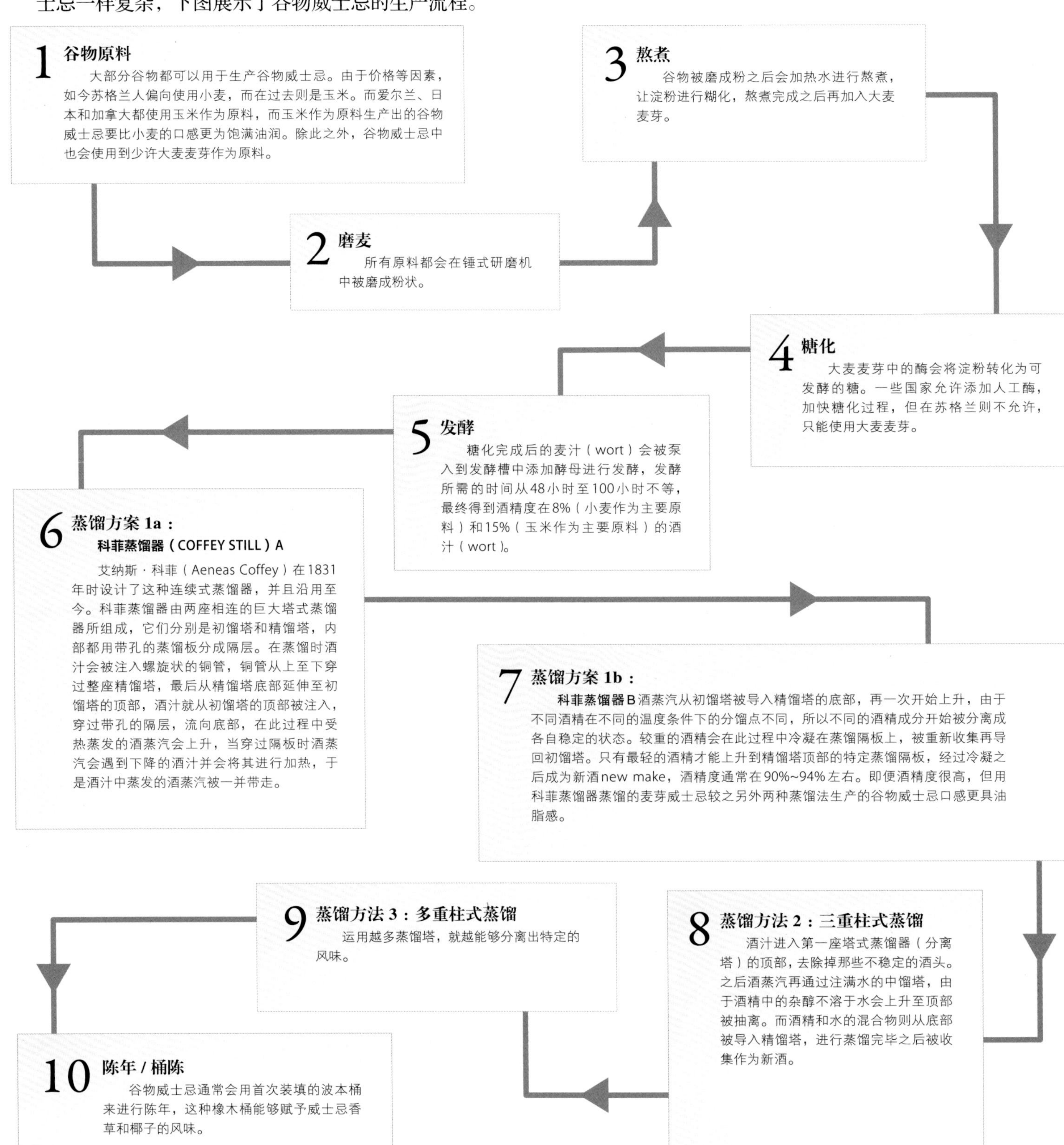

爱尔兰单一壶式威士忌的生产流程

这个流程描述了爱尔兰单一壶式威士忌是如何生产的，米德尔顿酒厂最早开始生产这种威士忌，并且用于尊美醇（Jamerson），鲍尔斯（Powers），Spot系列以及知更鸟（Redbreast）。如今，布什米尔和库利也开始运用这种与苏格兰单一麦芽威士忌相类似的工艺来生产威士忌。布什米尔还采用了复杂的三次蒸馏方法（详情参见第200~201页）。除此之外，库利将重泥煤烘干麦芽作为原料，采用二次蒸馏方法来生产康尼马拉系列威士忌，而爱尔兰蒸馏有限公司IDL和库利还生产谷物威士忌。

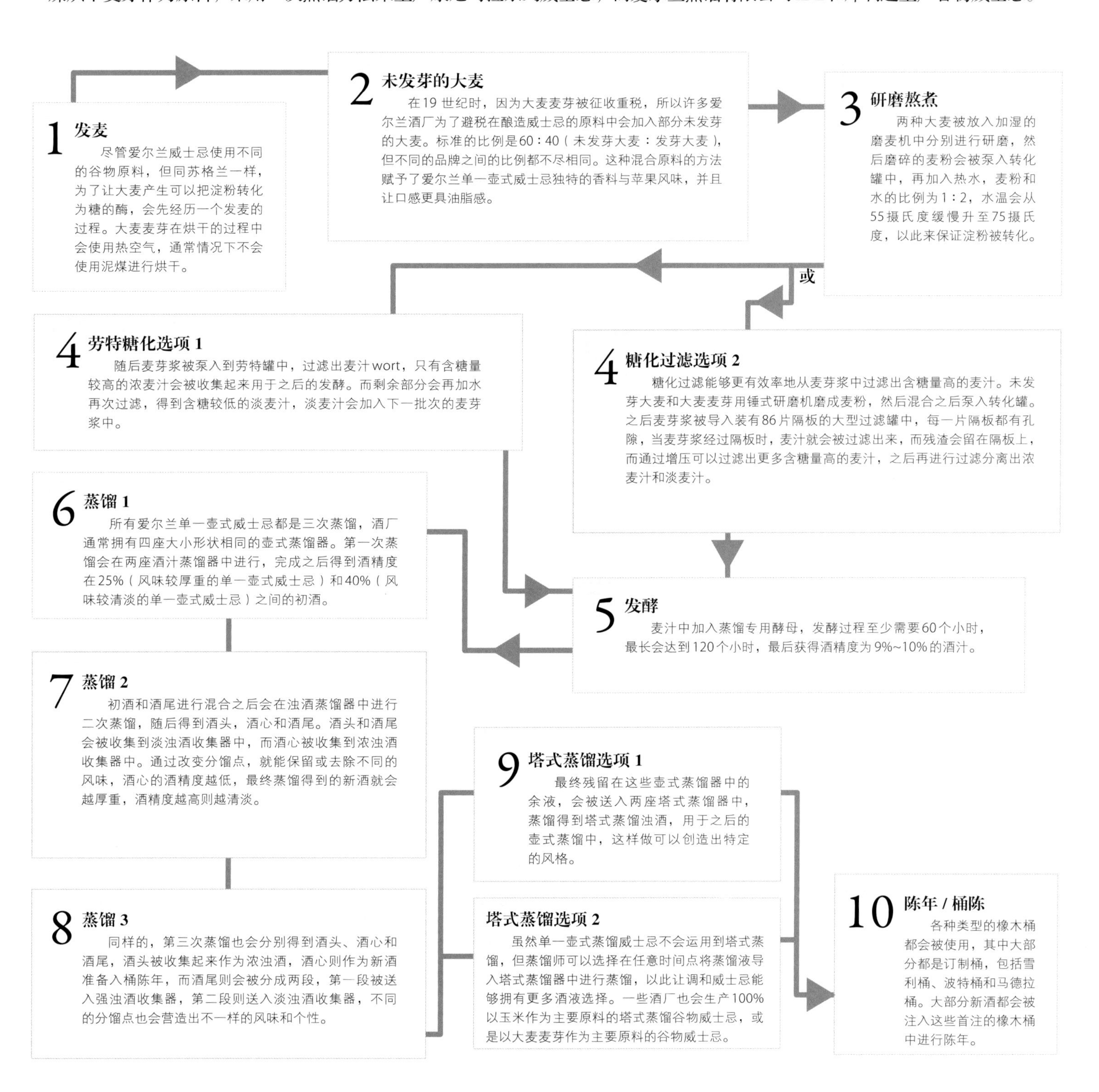

肯塔基和田纳西威士忌的生产流程

波本威士忌的酿酒师们在创造自己的风格时也面对着同样多的选择。数量相对少的酒厂生产出了一系列的风格与品牌，他们通过使用不同的谷物比例、酵母的种类、酸麦芽浆的使用量、蒸馏强度、木桶使用量，以及存放地点来表现出自己的独特之处。

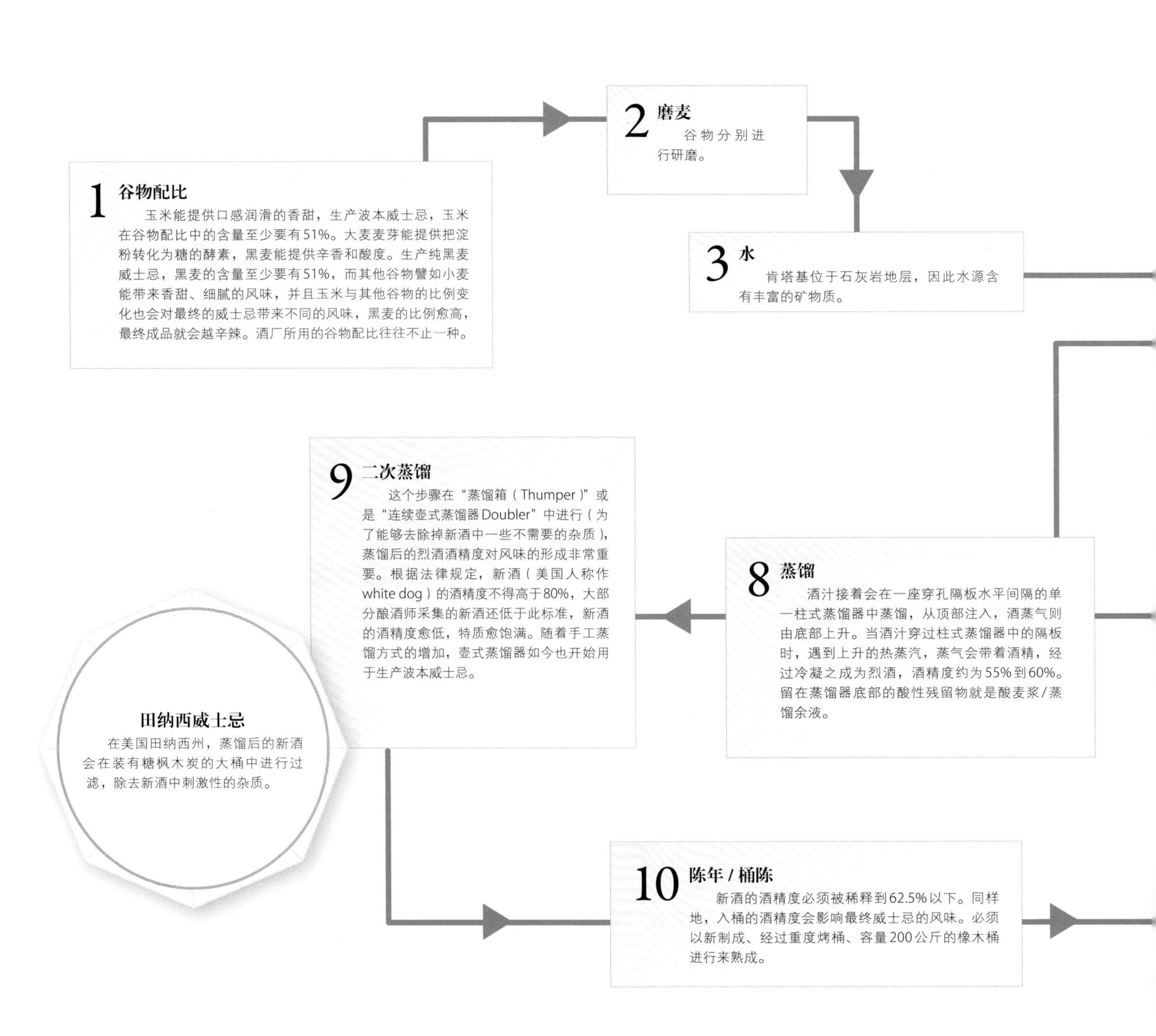

4 熬煮

A 加热玉米粉和水的混合物直至接近沸腾，之后再用压力锅或是无顶锅进行熬煮，使淀粉糊化。

B 因为黑麦粉和小麦粉在高温中会结块，因此必须等到温度降至摄氏 77 度后才加入，熬煮完成后将混合物冷却至摄氏 63.5 度。

C 此时再加入研磨后的大麦麦芽，为的是将淀粉转化成可发酵的糖。接着加入两种以上其他原料，让发酵得以开始。

5 蒸馏底液 / 酸麦浆 / 蒸馏余液

每一次蒸馏完成之后，蒸馏器中残留的酸性余液会被加入发酵槽中，用于调整发酵时的酸性度，避免细菌对发酵产生影响。加入酸液或称酸麦浆的比例会影响麦汁中所含糖的比例，所以风格清新的波本威士忌会加入较少的酸麦浆，而每一款波本威士忌都有加入酸麦浆的工序。

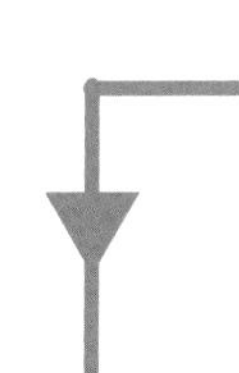

6 酵母

每间酒厂都拥有自己特有或是专利的酵母菌株，酒厂都会非常小心守护着这些酵母，而不同酵母会对威士忌的最终成品有着极大的影响，它们能促进特定同源物（又称风味元素）的发展。

7 发酵

通常最多需要三天，最后得到的酒汁的酒精度约为 5%~6%。

11 仓储

仓储对于新酒的特质有着长远的影响。桶陈仓库里的温度愈高，新酒和橡木之间的交互作用愈活跃，相对地，仓库的环境愈凉爽，酒与橡木桶之间的交互作用愈缓慢。这就意味着仓库的所在位置、楼层数和建材（砖块、金属、木材）对威士忌风味的形成相当重要。同样的，橡木桶在仓库里的位置对风味也有影响。有些酒厂会周期性轮流移动橡木桶，以得到均衡的熟成程度；有的厂会把橡木桶分散摆放在不同的仓库里；有的厂则会为特定酒款预留好仓库中的某些特殊位置或楼层。根据法律规定，陈年过程至少要两年以上。

林肯郡处理法的起始工序——杰克丹尼酒厂在烧制过滤用的木炭。

风　土

当苏格兰的各家威士忌公司试图说明各个产区都在酿造威士忌之时，风土这个概念被引入到产区之中。虽然出发点很好，但它经不起仔细推敲。因为这些产区的划分并不是地理上的划分，而是人为因素造成的；各产区的范围也过于宽广。你真的相信在高地区（Highlands）——从格拉斯哥市（Glasgow）郊外到奥克尼群岛（Orkney）的每一款威士忌喝起来都是一样的吗？位于斯佩塞产区的达夫镇（Dufftown）的每款威士忌风味也都一样吗？完全不一样。难道威廉·格兰特（William Grant）在这个镇上拥有的三家酒厂，每款威士忌味道都一样吗？也都不一样。

威士忌的重点在于独一无二的个性（独特性是在单一麦芽威士忌中被人遗忘的词），因此，如果产区这个概念只是属于政治和经济的讨论范畴，而造就斯佩塞（Speyside）成功的背后一半归功于威士忌调和大师，一半归功于地理优越性。但这是不是意味着我们需要忽略风土了？不是，我们依然要解释它，要更深入地去考察它。

风土包括土壤、地理、土壤生态、微生物、太阳辐射、气候，还有其他诸多因素。风土是关乎该地区的调性，阐述着在这个星球上某个地点所出现的某样东西，也许是一颗葡萄藤或一座酒厂都有着独一无二的地方。再回来聊一下达夫镇：格兰菲迪（Glenfiddich）、百富（The Balvenie）、奇富（Kininvie）都具有各自的风土，慕赫（Mortlach）和格兰都兰（Glendulan）也如此。森林也有风土，瑞士橡木和西班牙橡木属于同一个树种，但它们的橡木桶风味却完全不一样。背着日晒和迎着日晒的斜坡上的的树也不一样，除此之外，大麦的品种也受着风土的影响。

人和这一切的互动也属于风土。从品饮者的角度来看，如果能够更具深度、有意识地去了解风土，就能对于威士忌有着更深层面的欣赏。以艾雷岛为例，酒是无法完整呈现出这座岛屿所拥有的气

艾莱岛的拉加维林（Lagavulin）酒厂：他们的威士忌就像是用酒庄周围的环境蒸馏出来的一样。

苏格兰的风土和威士忌间最紧密的联系是泥煤的使用。

息，但如果你敞开心怀，更深入地去了解这座岛屿，你会发现有些东西还是能够分辨得出来的。带有绣线菊的蜂蜜味和花香的是布赫拉迪（Bruichladdich）；卡尔里拉（Caol Ila）的味道像被风吹拂的海滩；满布海藻的玛吉湾（Marchir Bay）；齐侯门（Kilchoman）会让你尝到带有牡蛎的盐水味；布纳哈本（Bunnahabhain）是有草本植物的林地气息；雅柏（Ardbeg）的矿物味就像被海盐冲刷过的潮湿石头和土地；拉佛格（Laphroaig）是沥青和晒干海草；乐加维林（Lagavulin）是沼泽桃金孃和潮间带水坑；波摩（Bowmore）是花香和盐味的混合。而艾雷岛特有的烟熏味始终贯穿其中，并且因为岛上的气候和地质显得与众不同，这就是风土。这是一种互相联结的、多层次的、部分交叠并且源远流长的风土概念，一种天地人和谐共处的表现。

日本威士忌之所以"非常日本"，不单只是因为气候、橡木和酵母的不同，而是因为日本文化的审美烘托出他们威士忌的不同，一如这种审美对于他们的料理、艺术、花艺或诗歌的影响。所有心技合一的日本酿酒师都说过类似这样的话："我们要让自己的威士忌能够反映出它们来自于哪里。"指的就是他们的田野、土地、上面所生长的作物，还有空气、风、雨等等所有的一切，包括过去。

根据法国Hautes Glaces酒庄的弗雷德 · 瑞弗（Fred Revol）的说法："风土会被误认为是撒手不管，让土地给予一切，人无关紧要。这是不正确的。风土不仅仅是土地和海拔，还有制作工艺和技术经验。这是人在某个时间和地点创造出来的产品。"哥本哈根Noma餐厅的瑞恩 · 瑞兹匹（Rene Redzepi）阐述他对风土的解读："一个基本的理解——时间和地点——季节和所在地方。"

这同样适用于所有的威士忌。用心的酿酒师能做出更出色的产品，威士忌不只是一款产品，它是天地人合一的精华，这才代表真正的风土。

苏格兰的风土和威士忌间最紧密的联系是泥煤的使用。

JACK DANIEL DISTILLERY
LEM MOTLOW PROP. INC.
LYNCHBURG TENN.
RC-53 96 | 16
WHISKEY C.DSP TENN. 1
96 16

风　味

我们需要如何弄懂它们呢？通过风味，通过把鼻子伸进酒杯里深吸一口。每次我们闻威士忌时，一个画面就浮现出来，嗅觉会提供威士忌特质的线索。如果你愿意，这幅地图可以告诉你蒸馏、木桶以及时间等各种信息。就像Givaudan的香味专家罗曼·凯泽（Dr. Roman Kaiser）在他的《世界各地有意义的气味》（*Meaningful Scents Around The World*）书中写到的："闻到味道可以让人联想到其他的生物。"

我们使用嗅觉为生活引路。香气帮助我们理解这个世界，但这个过程并不是一个有意识的过程。凯泽提出在18世纪和19世纪，当哲学家和科学家争论视觉是一种更为优越的感觉，嗅觉被蓄意地降级，因为嗅觉是"一种原始的，粗野的与野蛮人和疯狂联系起来的能力"。此外，当我们年纪渐长，我们会开始忘记有意识地闻东西。我们既然已经知道了花的香味，为什么还需要来区分出水仙花与小仓花的不同呢？事实上当我们认真品鉴一杯威士忌时，脑海里出现的画面可能来自孩童时代，完全证实了在我们生命里的一些阶段我们真的失去了嗅闻的能力。

风味——这里我指的是香气和味道——是我们区分出不同威士忌的根本因素。我们也许会被包装吸引，或者发现价格特别诱人（或者令人气恼），我们也可能被产区带入歧途，但买下一瓶或一杯威士忌的主要原因是我们喜欢这个味道。这个味道吸引我们，在我们的耳边呢喃，触动了我们脑子里的那个开关。

但是这幅图是什么意思呢？香草、焦糖布丁、椰子（20世纪70年代的防晒油），以及松木的香味，意味着威士忌在美国木桶里陈年过。那些干果与丁香呢？这些风味暗示威士忌是在曾装过雪利酒的二次桶中陈年过。一幅春天牧场的图像——青草和花簇——是在展示一个漫长的蒸馏周期以及长时间的蒸汽与铜的接触。那些可以让我们想起烤肉风味的香气呢？短时间的铜接触，可能使用了加温的导管。有一种浓郁且有序的香气？这很可能来自日本。

倒一杯波本威士忌尝尝。有没有觉得舌根感觉到了更多的香料味道和酸度？这是黑麦的讯号——香料味道越浓说明在原料里使用的黑麦越多。感觉到爱尔兰威士忌里的那一丝油质了吗？这是未萌芽的大麦。田纳西威士忌里的烟熏（sootiness）味道呢？这是使用木炭进行过滤纯化的结果。这里的每一种味道都是天然的。在酒厂里创造出来，也会来自木桶，或者来自带着皮革和蘑菇等"腐旧"味道的老木桶——由二者长时间的互动赋予。

遇到问题了吗？闭上眼睛，想想威士忌让你想到的味道。不仅仅是突然吸引注意力的一些香气，这些线索可以告诉你如何最好地享用威士忌。一款春天般的威士忌，需要冷藏，也许可以加些冰块，像秋天般饱满的威士忌适合在晚饭后慢慢享用。

没有任何的烈酒拥有这么复杂的一系列风味。没有其他的烈酒可以横跨耳语般轻柔到泥煤的浓烈！别仅仅把威士忌当成一个品牌，而把其视作一个风味套装。如果你懂得风味，你就可以了解威士忌。现在，让我们迈开探索的脚步吧！

左页：香气的万花筒——威士忌里拥有丰富的味道，从香料、水果到蜂蜜、烟熏与坚果。这些不仅仅稳稳地立足于真实世界，也是我的经验之谈。

嗅觉的幻象：威士忌的特征由鼻腔的想象力呈现

如何品尝

相信大家都知道如何品尝。对于一盘食物摆在面前，你就会有个直接（而且强烈）的看法。但当我将一杯威士忌放在你面前时，你会发觉描绘出香气和味道不是件容易的事情。为什么呢？这并不是因为你不懂得品尝威士忌，而是因为没有人花足够的时间向你解释威士忌世界的语言，使其变得容易理解。

威士忌所处的位置就像20年前的葡萄酒——顾客们有尝试的渴望，但他们并不知道怎样来描述自己想要的东西。语言这时没有起到沟通的桥梁作用，而成了一道屏障。人们认为，为了了解麦芽威士忌，需要加入一个秘密的团体，需要知道密码才可以加入。这完全不是鼓励新人加入的办法。那么要使用怎样的语言才不会把一系列形容词变得更为复杂，不至于掉入名词的陷阱而迷失在各种极为复杂的技术细节里？答案是保持事情的简单。就使用更简单的词汇讨论风味，我们并不需要一种新的语言，从哪儿来，有什么意义。

这本书里的每一个条目都包括了一系列最具代表性威士忌的品酒辞，这些还会再被细分在风味阵营中。这可以让你参照、对比各种相似的风格，同样也展现出了酒厂如何将威士忌通过陈年或者使用不同类型的木桶将威士忌从一个阵营转换到另一个阵营。从风味阵营里找一个你已经知道的威士忌，再找一个位于同一阵营你却从没见过的威士忌，对比二者的相似之处与不同。你并不需要用过于复杂的花哨描述语：简单的果味丰富，清淡，带烟熏味道就已经足够。现在开始尝试新的威士忌，重复，重复，再重复！

右图：Raymond Armstrong（位于图片中间）正在品尝木桶里陈年的威士忌，以保证一切都在控制中。

下图：使用正确的酒杯。正确的酒杯对威士忌的表现有至关重要的影响。

2006
BLADNOCH
DISTILLERY
2002
BLADNOCH
DISTILLERY

风味阵营

威士忌的品饮过程很简单，在闻香杯里倒入少量的威士忌，从观察颜色先开始，这点毫无疑问，但更重要的是把你的鼻子探入杯中，闻到了什么香气吗？在你脑海中浮现了什么画面？你觉得这款威士忌属于哪一类风味阵营？现在尝一下酒，你将发现许多香味都是你已经留意过的，把关注点集中到威士忌在你口腔里的表现：它像什么？在舌苔上口感厚重吗？有没有充满你的口腔？或者酒体很轻？它是甜的，是干的，还是清新的？它应该像一段音乐或故事，有起始、高潮和结局。现在，加点水，就一两滴，再来试一遍。

芳香花香型

这些威士忌里的芳香会让人想起新鲜采摘的花朵、成熟的水果、被割过的青草味，亮青色水果（苹果、梨、瓜），在口感上它们酒体偏轻，带有轻微的甜味，常带有新鲜的酸度，想象起来甚至很像开胃酒……或者像白葡萄酒一样饮用它们：开瓶之后就扔进冰箱，等冰到足够冷时再用葡萄酒杯盛上来。

麦香干涩型

这些威士忌闻起来更干，酥脆如饼干，有时候有一种带有芳香的尘土味，让你想起面粉、早餐麦片，还有坚果。它的口味也一样干，但通常有橡木的甜味来平衡，然后，它们也一样是好的开胃酒，或是适合早晨饮用的威士忌。

水果辛香型

我们这里所提到的水果指的是成熟的果园水果，如桃，杏；也有一些是热带水果，比如芒果。这些威士忌也会表现出香草、椰子、来自美国橡木的奶油冻似的香气。它的辛辣主要出现在后味和回甘处，然后渐渐变成甜味——就像肉桂和肉豆蔻一样。而这种类型的威士忌往往并不厚重，适合在任何场合品饮。

饱满圆润型

这些威士忌也有水果味，但它们是干的：提子干、无花果、枣、葡萄干。这些威士忌表现出欧洲的雪利橡木桶风味，你可能会感觉到轻微的涩味——来自橡木的单宁，这一类型威士忌具有深度，有时候表现出甜度，有时候则有肉味，餐后饮用最佳。

烟熏泥煤型

烟熏的风味来自烘烤大麦时的燃烧的泥煤，这给了威士忌层次丰富的烟熏芳香，从烟灰到正山小种红茶、沥青、腌鱼，烟熏培根与燃烧的石南植物，冒烟的木头，常伴有轻微的油性质感，所有的泥煤味威士忌都有甜味作为平衡，低年份的泥煤威士忌是起床时的最佳开胃酒之一——试着加入苏打水一起喝，高年份的酒体丰满，适合在夜晚，最好更晚一些饮用。

这是日本的山崎酒厂，图中的每一个瓶子都装有一种与众不同、有独特个性的威士忌。把它们分入到风味阵营当中会让生活变得更轻松些。

肯塔基、田纳西和加拿大威士忌

柔顺玉米型

这些威士忌里使用的主要谷物是玉米，它给予了这类威士忌香甜的气味和油脂感、黄油感的、饱满的口感。

甜美小麦型

小麦在波本威士忌里偶尔被用来代替黑麦，它在波本的风味中增添了一种柔和的、圆润的甜度。

饱满桶味型

所有的波本酒都必须在新橡木桶里陈年，所以这些威士忌从橡木中吸收了丰富的香草型芳香，像椰子、菠萝、樱桃、甜香料。这些风味的丰厚度随着波本酒在桶里的时间有力增长着，甚至把这些风味变得像烟草和皮革。

辛辣黑麦型

黑麦威士忌很容易被鼻子分辨出来，它的那种紧致的结构，轻微的香水味，有时候还有一些尘土的味道——或者是像新鲜烘焙的黑麦面包味，从口感上来说，在玉米显示了自己的特点之后，它的风味才开始显现，它增加了一种带有酸度的、辛辣的味道，提升了酒的口感。

单一麦芽威士忌风味地图

制作这张风味地图，是为了帮助被市场上形形色色的威士忌所困惑的消费者。每一种威士忌都是独一无二的，你不能依靠地区作为判断它风味的标准。你也不能指望零售商和酒吧来做这件事，他们更多的是把酒按地区分类和字母排序，这样我们怎么能对每种威士忌的独特性取得一致意见呢？

我的一部分工作是教育别人（包括消费者、调酒师和零售商）如何品鉴威士忌。我发现在彼此的沟通上很容易陷入鸡同鸭讲的困局，很难用一种统一而直观的方法来解释风味这回事。

有一天，我跟帝亚吉欧（Diageo）的酿酒大师Jim Beveridge就聊到这个问题，怎么能用一种浅显的语言和方法，让人们能够轻松地学会挑选他们想要的威士忌。他在一张纸上画了两条线给我。

“我们在实验室的时候使用这个”，他说，“它能在做威士忌调和时，帮助我们绘出不同的成分，也能用它来比较尊尼获加（Johnnie Walker）和别的调和威士忌的区别。”我后来发现，不仅在调和威士忌业界，在烈酒和香水行业也有相似的图表。当时，Jim还有他的同事Maureen Robinson和我一起坐下来，试着制作一张能让消费者理解的酿酒师图表。

你们看到的右边这幅图表就是成品，这张风味地图使用起来很简单。垂直的箭头下方的“清淡”一端——表示纯度和干净的威士忌，威士忌风味越是复杂，它在这根线上的高度也随之上升，当威士忌出现烟熏的风味时，它也就被划分到了图表中水平线的上方。烟熏味越是明显，这款威士忌在竖轴上的高度也越高。

另一根水平的箭头从一端的“清新”直到右边的“丰厚”，从最清新、极富芳香的风味开始，一路穿过中心点，你会经过青草味、麦芽香、浆果、蜂蜜。当你跨过了中心点，开始往“丰厚”一端行进，橡木桶的影响就变得更为明显。美国橡木的香草味和辛辣，尤其是在“丰厚”这一端的尽头，那里充斥着雪利酒桶的干果味。

必须强调的一点是，这张地图并不能说明哪种威士忌比另一种更好，它能简单地图解出威士忌最风格化的、最主要的风味。这张图上并不存在一个特别好的位置或区域，也不存在差的区域。这是一个通用的工具，用来把苏格兰威士忌分类。不是所有你在市场上找到的威士忌都会在这张图上出现——因为图片上没有这么多的空间来放置这么多酒。所以，我们选择了一些最受欢迎的酒款，你能在这本书上找到他们中的大多数。

考虑到威士忌新批次和酒款风格在将来的变化，这张风味地图将持续审核与更新。我们希望这张地图能够给你一个参考，来认识不同威士忌之间的相似与区别。如果你不喜欢泥煤风味，你要小心位于水平线之上的酒。如果你了解和喜欢某一个品牌的酒，这张地图会帮助你寻找可替代的选择。好好享受使用它吧！

这张风味地图是 Dave Broom 苏格兰帝亚吉欧（Diageo）公司合作的结果。地图里标注的单麦芽威士忌品牌，一部分属于帝亚吉欧，另一些属于别的公司。后者也许使用的是第三方的注册商标。

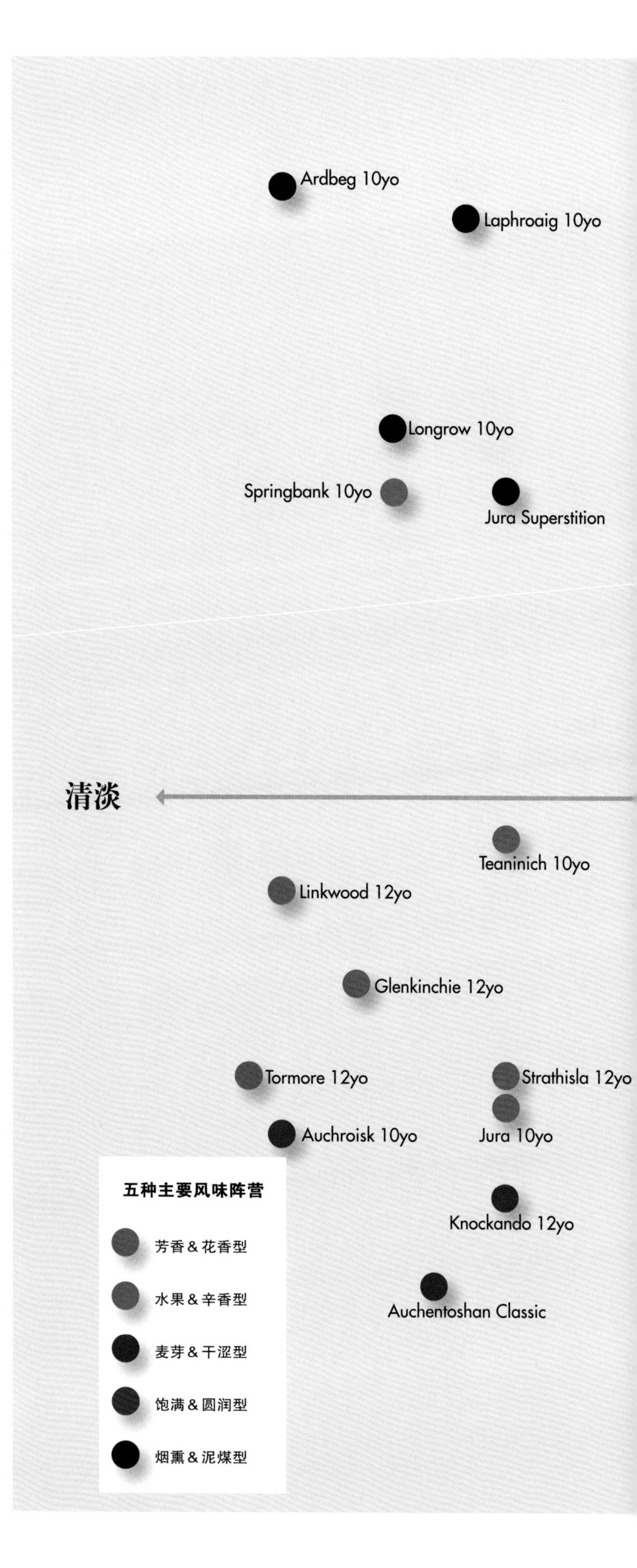

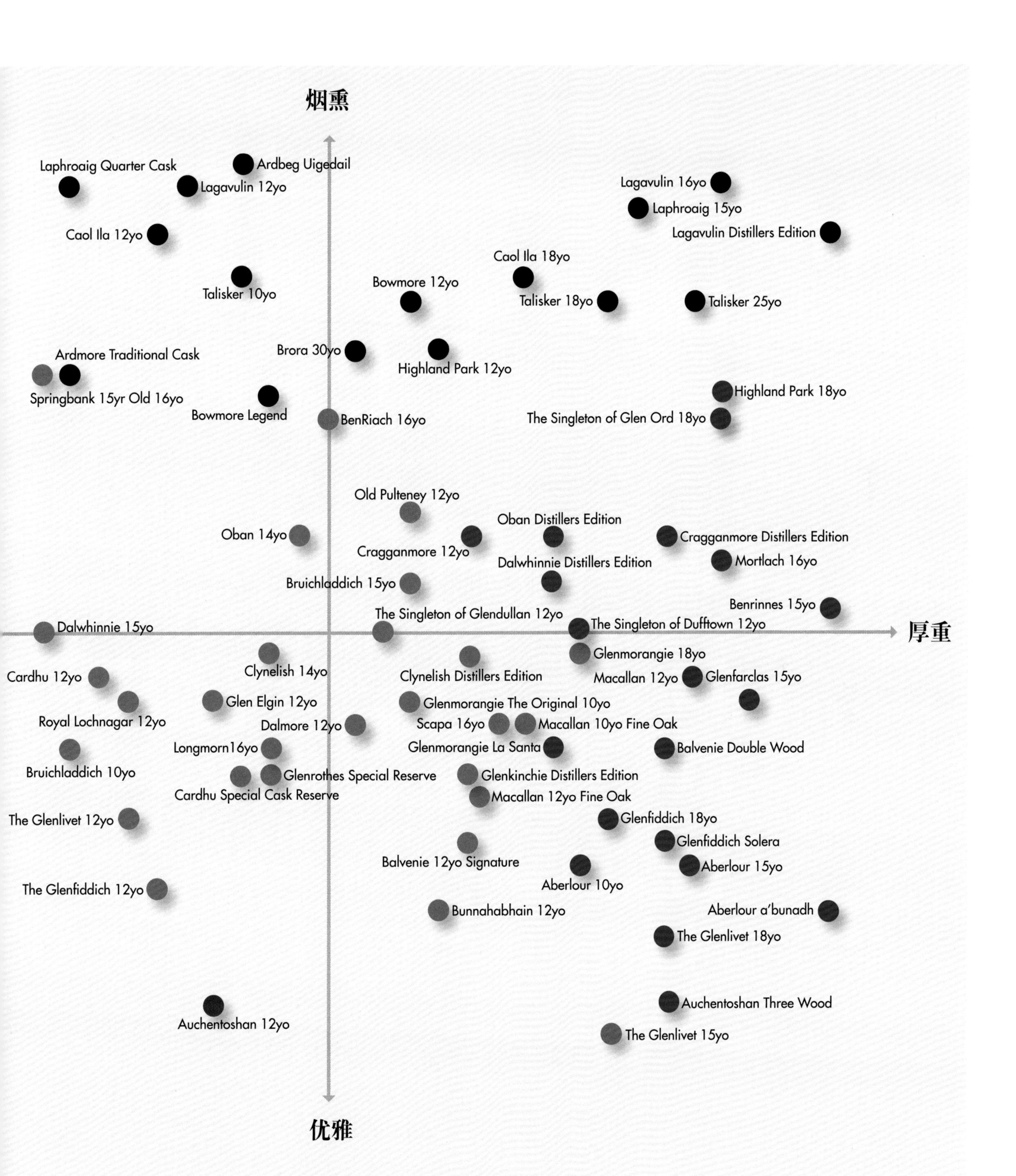

烟熏
Laphroaig Quarter Cask
Ardbeg Uigedail
Lagavulin 12yo
Lagavulin 16yo
Laphroaig 15yo
Lagavulin Distillers Edition
Caol Ila 12yo
Caol Ila 18yo
Talisker 10yo
Bowmore 12yo
Talisker 18yo
Talisker 25yo
Ardmore Traditional Cask
Brora 30yo
Highland Park 12yo
Springbank 15yr Old 16yo
Bowmore Legend
Highland Park 18yo
BenRiach 16yo
The Singleton of Glen Ord 18yo
Old Pulteney 12yo
Oban 14yo
Oban Distillers Edition
Cragganmore Distillers Edition
Cragganmore 12yo
Dalwhinnie Distillers Edition
Mortlach 16yo
Bruichladdich 15yo
Benrinnes 15yo
The Singleton of Glendullan 12yo
The Singleton of Dufftown 12yo
Dalwhinnie 15yo
厚重
Glenmorangie 18yo
Clynelish 14yo
Cardhu 12yo
Clynelish Distillers Edition
Macallan 12yo
Glenfarclas 15yo
Glen Elgin 12yo
Glenmorangie The Original 10yo
Royal Lochnagar 12yo
Dalmore 12yo
Scapa 16yo
Macallan 10yo Fine Oak
Longmorn16yo
Glenmorangie La Santa
Balvenie Double Wood
Bruichladdich 10yo
Glenrothes Special Reserve
Glenkinchie Distillers Edition
Cardhu Special Cask Reserve
Macallan 12yo Fine Oak
The Glenlivet 12yo
Glenfiddich 18yo
Glenfiddich Solera
Balvenie 12yo Signature
Aberlour 15yo
Aberlour 10yo
The Glenfiddich 12yo
Bunnahabhain 12yo
Aberlour a'bunadh
The Glenlivet 18yo
Auchentoshan Three Wood
Auchentoshan 12yo
The Glenlivet 15yo
优雅

苏格兰

一直以来，苏格兰统治着整个威士忌世界，以至于人们直接把苏格兰威士忌称作“Scotch”。记得有一次在突尼斯，我用尽一切办法向人们解释我来自苏格兰以及苏格兰到底在哪里，百般努力未果，最后情急之下我大叫一声“威士忌”，然后所有人恍然大悟，原来眼前这个家伙是从威士忌的老家来的。Scotch这个词不仅代表着一种威士忌的风格，同时也代表着一个国家。从地图上来看，苏格兰的地形非常复杂多变，崎岖难行，可见在此旅行是有多么不易——它拥有许多湖泊，却都没有架桥，你只得环湖绕行；它岛屿众多，但来往于各个岛之间的飞机航班很少，相比之下依靠船更为靠谱；而最令人头痛的是前往山区只有靠徒步，因为根本没有修路。然而这就是苏格兰——威士忌圣地。

前页插图：神秘、孤寂的画面，图中包含了威士忌的两大元素：泥煤和水。

苏格兰威士忌把自己土地上的芬芳都完完全全地呈现了出来：盛开的金雀花，爆裂的豆荚，午后烈日下沙滩上的海藻以及各种野浆果的酸甜气息，挥之不去的漫山遍野的石楠花，沼泽里的桃金娘，刚刚收割好的青草味，还有那无可匹敌的泥煤味——仿佛来到了烟熏房和沙滩的篝火旁，隐约还有蚝壳和海水的味道扑面而来。甚至还有来自异域的香气：绿茶、咖啡、雪利、提子干、莳萝、肉桂、肉豆蔻一应俱全。这一切或许全是由化学反应所产生，但更像是一种文化的体现。

所有的麦芽威士忌酒厂都在做一样的事情：处理麦芽，碾磨，捣碎，发酵，然后蒸馏两次（极少有三次蒸馏的），然后进橡木桶陈年。就在我写下这些的同时，苏格兰一共有112家酒厂正在进行上述工作，与此同时，115种酒应运而生。

在“单一麦芽威士忌”这个定义里，“单一”是最为重要的一个词。为什么一家酒厂每天和毗邻的酒厂进行着一样的工序然而得到的结果却不一样？在接下来的章节里我们将尝试去挖掘一下这其中的线索，就从刚刚蒸馏出的新酒开始吧。单凭一款已经装瓶后的威士忌你还无法完全理解它，这其中囊括了太多故事，饱含着12年来新酒和橡木、空气之间的纠缠。你也没有参照物可循，如果想要发现每一款威士忌的独特之处你得追根溯源——那刚刚蒸馏出来流淌在冷凝管里的新酒，那蕴藏着酿酒人心血的新酒。接下来，让我们踏上风味之旅，找寻一下隐藏在各款威士忌中的DNA。

不要期望能够一下子得到确凿无误的答案，也不要依赖各种说明图解，因为造成风味差异的因素有很多，可能是来自各家酒厂存酒仓库的湿度、温度以及仓库本身的构造，也可能是捣碎的程度，所采用的蒸馏器的大小形状，以及发酵环境。接下来我们还会讨论到蒸馏时的回流、提纯以及麦芽汁浓度、温度的控制和氧化过程。理论上的研究丰富与否，其实都不影响酒厂本身，他们一致认为，做好自己该做的事情才是至关重要的一环。无论酒厂是在岛上也好，草原也好，山上也好，所有酒厂的人都会耸耸肩膀告诉你，“自家风味？老实说，我也不知道。反正就是，在哪儿酿就有哪儿的味道。”这就是苏格兰。

遥远、狂野而美丽的苏格兰山水间蕴藏着很多威士忌的秘密。

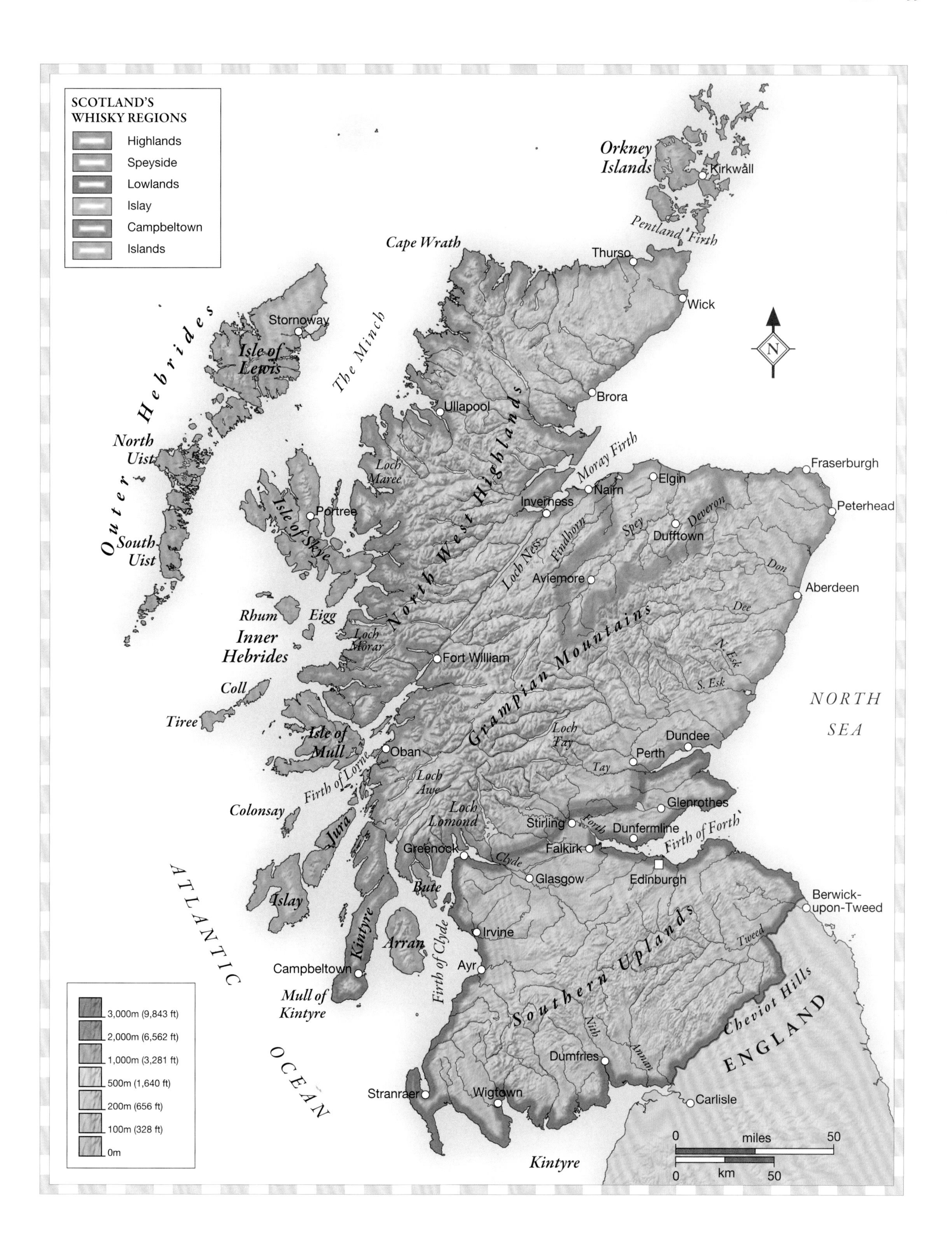

SCOTLAND'S WHISKY REGIONS
Highlands
Speyside
Lowlands
Islay
Campbeltown
Islands
Orkney Islands
Kirkwall
Pentland Firth
Cape Wrath
Thurso
Wick
Outer Hebrides
Stornoway
Isle of Lewis
The Minch
North Uist
South Uist
Brora
Ullapool
North West Highlands
Moray Firth
Loch Maree
Isle of Skye
Portree
Inverness
Nairn
Elgin
Fraserburgh
Peterhead
Findhorn
Spey
Deveron
Dufftown
Loch Ness
Aviemore
Don
Aberdeen
Dee
Rhum
Eigg
Inner Hebrides
Loch Morar
Fort William
Grampian Mountains
N. Esk
S. Esk
NORTH SEA
Coll
Tiree
Isle of Mull
Oban
Loch Tay
Dundee
Perth
Tay
Firth of Lorne
Loch Awe
Colonsay
Loch Lomond
Glenrothes
Stirling
Forth
Dunfermline
Firth of Forth
Jura
Greenock
Falkirk
Clyde
Glasgow
Edinburgh
ATLANTIC OCEAN
Islay
Bute
Berwick-upon-Tweed
Kintyre
Irvine
Southern Uplands
Tweed
Arran
Firth of Clyde
Campbeltown
Ayr
Cheviot Hills
Mull of Kintyre
ENGLAND
Nith
Annan
Dumfries
Stranraer
Wigtown
Carlisle
Kintyre
0 miles 50
0 km 50
3,000m (9,843 ft)
2,000m (6,562 ft)
1,000m (3,281 ft)
500m (1,640 ft)
200m (656 ft)
100m (328 ft)
0m

斯佩塞（Speyside）

什么是斯佩塞（Speyside）？首先，它是一个法定的威士忌产区，但是很难从地理上来明确界定它的所在。很久以来斯佩塞一直作为麦芽威士忌最主要的产区，人们往往都以为斯佩塞的风格都是一致的，其实并不尽然。没有所谓单一的斯佩塞风格，就像它的地理位置一样，你无法来区分界定。

听上去有点不可思议，不过深山在私酿时期的确为私酒酿造者和走私者们提供了庇护和渠道

同样是在斯佩塞地区，当你站在高原区（Braes）和利威河谷区（Glen Livet），面对着一片荒芜大地时，你完全无法把它们和莫雷平原（Laich O'Moray）的丰饶土地联系到一起，又或把本利林（Ben Rinnes）周边的酒厂和基斯（Keith），达夫镇（Dufftown）附近的酒厂来进行比较，得到的答案也是一样。如果再进一步挖掘，敢问你是否能发现达夫镇（自称威士忌酿造中心）所有酒厂酿造的威士忌的共性呢？

"群集"这个词用来形容斯佩塞的酒厂最好不过，看地图上的标识就明白它们到底有多近了，不过每家酒厂都有自己的一套。斯佩塞就是一个充满着找寻自己风格、尝试新工艺、然后去芜存菁的所在，各家都想尽办法利用自己酒厂的自身特点使得自家风格不同于其他酒厂。

斯特拉斯佩（Strathsepy），当地居民曾经如此称呼斯佩塞，这里曾经拥有大批自家酒厂，然而1781年政府颁布法令禁止私自酿酒，导致大批酒厂关闭。禁令在1783年蔓延到了高地区（Highlands），对于各家酒厂蒸馏器的大小和数量有着十分严苛的规定，而且税率非常高，想要合法酿造威士忌在当时已经变得不可能。于是人们只得违法酿私酒。与此同时，低地区（Lowlands）对于威士忌的需求正处在上升期，于是当地出现了很多质量低劣的私酿酒。18世纪末19世纪初期，曙光终于出现。1816年，政府修改了法令，放宽了对于酒厂的限制。而到了1823年，所有禁令都予以废除，政府大幅降低税率，鼓励开设合法化的酒厂。

这段历史是否影响到了斯佩塞的风味呢？从1823年开始，你会发现整个地区呈现两种趋势：传统和创新。小型蒸馏器营造出的重口味和大型蒸馏器营造出的清新口味——这也是在19世纪末被调和酒厂所认可需要的风味。对于这些改变风格进行创新，向着清新的风味迈进的酒厂来说，这么做完全是出于一种内心的释放。而其他那些选择保留传统的酒厂，同样值得尊重。于是有关斯佩塞两种风格对峙的剧本就此写下，如同光明迎战黑暗，又仿佛来自明朗天空的天使们对阵来自森林、泥土、小屋、洞穴，黄昏后窃窃出没的地下精灵。在斯佩塞，这场争斗持续至今。

想象一下，一家斯佩塞的酒厂，身处酒厂云集的本利林，肯定也会思考自己该往哪个方向发展。此情此景，就如同托马斯·哈代（Thomas Hardy，英国著名作家）在《还乡》（The Return of the Native）中写的那样："俯身躺倒在拥簇成堆的灌木丛上，仿佛能感知环绕四周的万物，身下可及的一切，似来自远古，犹如头顶苍穹那日月星辰一般恒久不变，此刻便沉下心绪，不被那纷繁尘世所扰。"

斯佩塞就是如此，充满着多样性，绝无雷同。斯佩塞之旅，或说苏格兰麦芽之旅也好，就此开始。就像我们所见到的那样，斯佩塞这个词从地理特征上来看，越发淡去，但从威士忌的角度来看，它一直都在，永远都在。

如下图，群山、平原、连绵的河流，斯佩塞的地形如同它出产的威士忌一样复杂多变。

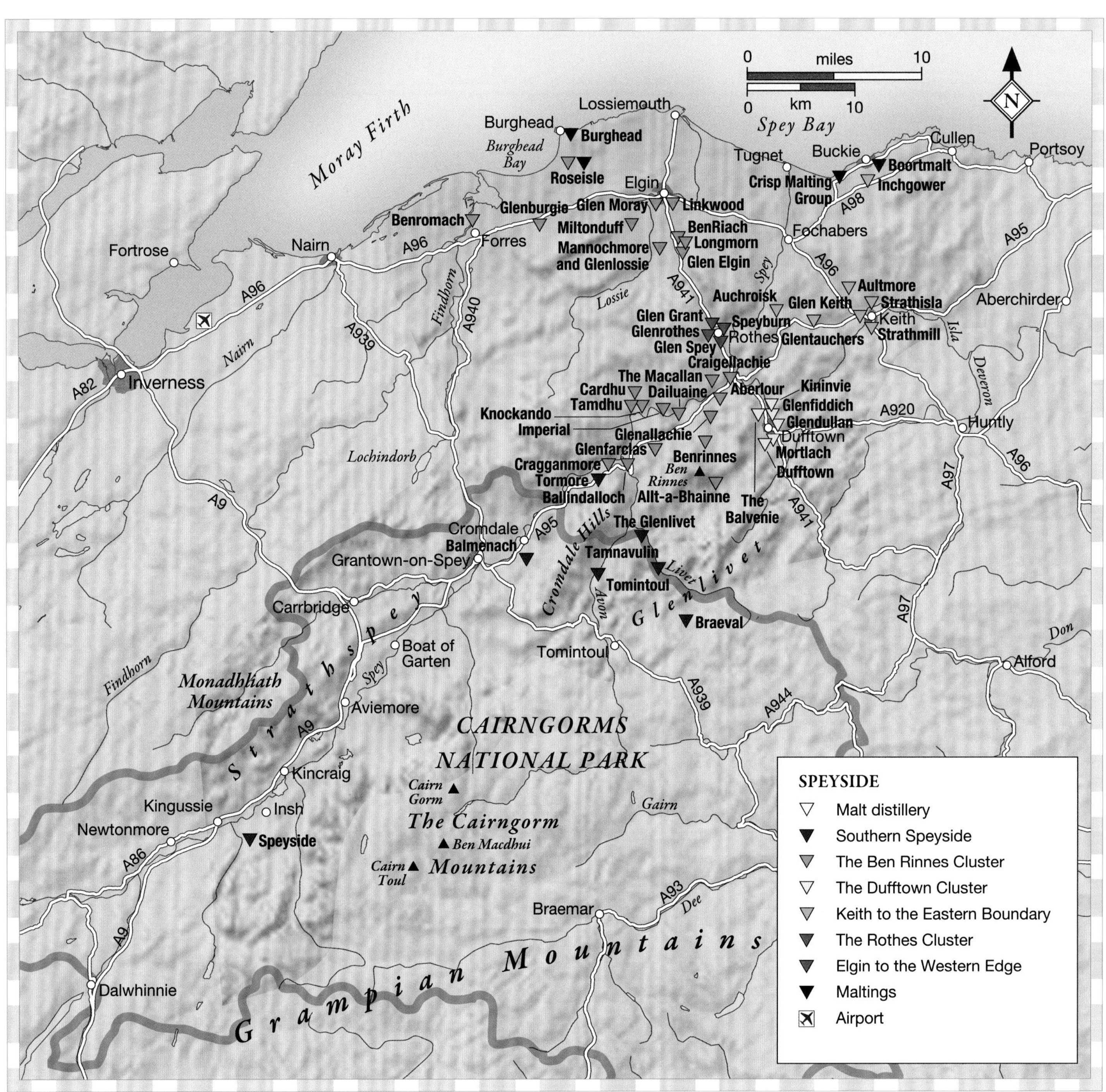

0 miles 10
0 km 10
N
Moray Firth
Spey Bay
Burghead Bay
Burghead
Lossiemouth
Roseisle
Elgin
Tugnet
Buckie
Cullen
Portsoy
Boortmalt
Crisp Malting Group
Inchgower
Glenburgie
Glen Moray
Linkwood
Benromach
Miltonduff
BenRiach
Longmorn
Mannochmore and Glenlossie
Glen Elgin
Fochabers
Fortrose
Nairn
Forres
A96
A98
A95
A941
A940
A939
A82
A9
A920
A97
A86
A93
A944
Inverness
Nairn
Findhorn
Lossie
Spey
Auchroisk
Glen Keith
Aultmore
Strathisla
Keith
Strathmill
Aberchirder
Glen Grant
Speyburn
Glenrothes
Rothes
Glen Spey
Glentauchers
Craigellachie
Isla
Deveron
The Macallan
Cardhu
Dailuaine
Aberlour
Kininvie
Tamdhu
Glenfiddich
Knockando
Glendullan
Imperial
Dufftown
Huntly
Glenallachie
Mortlach
Glenfarclas
Benrinnes
Dufftown
Lochindorb
Cragganmore
Tormore
Ben Rinnes
Ballindalloch
Allt-a-Bhainne
The Balvenie
Cromdale
The Glenlivet
Cromdale Hills
Balmenach
Tamnavulin
Grantown-on-Spey
Tomintoul
Livet
Glenlivet
Avon
Carrbridge
Braeval
Strathspey
Boat of Garten
Tomintoul
Don
Alford
Findhorn
Monadhliath Mountains
Aviemore
CAIRNGORMS NATIONAL PARK
Kincraig
Cairn Gorm
Kingussie
Insh
Gairn
Newtonmore
The Cairngorm
Speyside
Ben Macdhui
Cairn Toul
Mountains
Braemar
Dee
Grampian Mountains
Dalwhinnie
SPEYSIDE
Malt distillery
Southern Speyside
The Ben Rinnes Cluster
The Dufftown Cluster
Keith to the Eastern Boundary
The Rothes Cluster
Elgin to the Western Edge
Maltings
Airport

南斯佩塞（Southern Speyside）

我们的旅行从这里开始，斯佩塞的南部，曾经是酿私酒者和走私贩子的藏身之所，同样也是现代苏格兰威士忌工业的发源地。在这里你能找寻到威士忌风味地图上的一切风格——不错，甚至包括泥煤风。斯佩塞所能呈现的，绝不仅仅只是苏格兰威士忌的一个侧面而已。

亚芬河（Avon River）蜿蜒流过斯佩塞南部托民陶尔村（Tomintoul）。

斯佩塞（Speyside）

亚威莫尔 AVIEMORE

作为一家斯佩塞的新酒厂来说，直接拿产区的名字用作自家酒厂的名字，这未免有些觍着脸说大话的意思。尽管酒厂老板可以说这完全合情合理，因为19世纪末同样是在这里，金尤西小镇（Kingussie）上也有一家酒厂叫这个名字，只不过1911年就倒闭了。

这家顶着产区名号的酒厂从1991年才开始运作，厂主乔治·克里斯蒂（George Christie）费尽苦心，整整花了30年工夫才把厂建起来。克里斯蒂曾经在克拉克曼南郡（Clackmannanshire）也拥有过一家叫作斯特拉斯摩尔/北苏格兰（Strathmore / North of Scotland）的谷物酒厂，这家厂采用柱式蒸馏器（参见16页），生产“连续式蒸馏麦芽威士忌”。

斯佩塞酒厂还是沿用传统的方法来酿酒。两座小型蒸馏器，还是从旧洛克塞（Lochside）酒厂买来的，出品的威士忌风格清爽甜蜜，麦芽味十足。“不过这两座蒸馏器的尺寸对于我们当时的厂房来说还是太大了，”前酒厂经理安迪·山德（Andy Shand）说道，“以至于我们只能拆了屋顶重新盖才能把它们给装上。”

小蒸馏器由于酒精蒸汽和铜之间接触时间较短的缘故，通常会蒸馏出偏厚重的酒，但是山德偏好清淡的风味，因此必须做出调整。“我们的酿造工艺非常传统，麦芽的发酵时间长达60个小时，来增加更多的酵母，而且整个蒸馏过程也十分缓慢。现在有很多酒厂一直想办法改造设备加快蒸馏速度以此来增加产量，而这样无疑会越来越丧失自己的风格。在我们这里，一切都是人工操作，而目前威士忌的酿造太过于工业化标准化，这样无疑很难让酒拥有酿酒人的精神。”

尽管斯佩塞是一家新酒厂，但是已经能够感受到它传承了这片地区由来已久的酿酒精神。不仅仅只是因为它的建筑，缓慢的手工酿造方式，还因为它所有的一切都已经扎根于此。我相信斯佩塞酒厂一定会在这里运作很久，时间对于它来说并不是考验，在酒厂的石墙之后，那技法，那持之以恒的酿酒态度会让它永远矗立于斯佩塞之中。

在2013年，这个酒厂被爱丁堡的哈维公司（Harvey's）收购，背后也有中国台湾资本在幕后的支持。

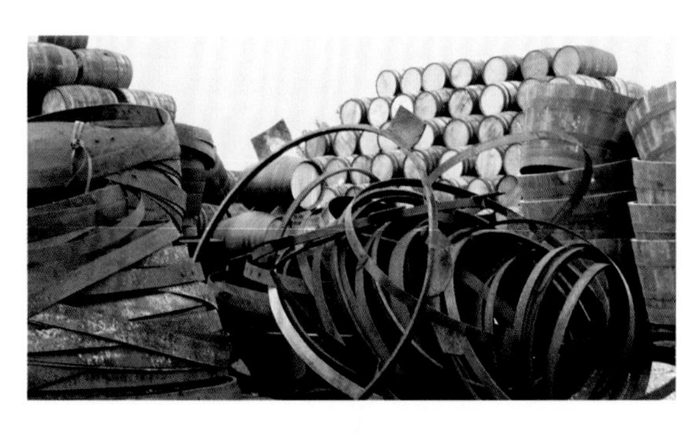

等待修缮的橡木桶……斯佩塞威士忌将在它们之中沉睡陈年。

斯佩塞品酒辞

新酒

色香：非常浓郁的雪芭、酸李子和青苹果的香气。

口感：和香气一样，轻柔甜美，并有些许蜜瓜味泛起。

回味：淡淡的花香。

3 年桶内直饮

色香：金黄色。许多坚果和泥土的芬芳。烤过的木桶味。苹果干和苹果汁，麻布和消化饼干的香气。

口感：新鲜的木头，蛋奶烘饼，脆麦片以及香甜的消化饼干香气。

回味：轻柔。

结论：经过桶陈之后，酒体吸收了更多的风味且不失饱满。

风味阵营：水果辛香型

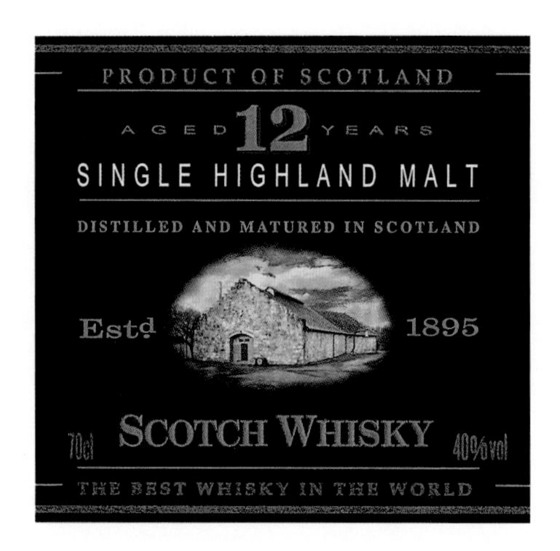

12 年款 40%

色香：淡黄色。明显的泥土味。谷糠，天竺葵叶。类似于木栗叶和野蒜的草本味。

口感：相较香气略为辛辣些，更干涩，泥土的质感更为明显。

回味：清淡，短。

结论：二次注的木桶没有让这支酒得到更好的成熟。

风味阵营：麦芽干涩型
参 照 酒：Auchroisk 10 年

15 年款 43%

色香：金黄色。甜美芬芳的椰子味，还有一些苹果皮的清新和当归的味道。

口感：圆润甜美。优雅的水果味带着一丝采摘后的花香。橡木桶给予它清新的质感。

回味：纯净甜美。

结论：贴近新酒的气质，非常易饮的一款。

风味阵营：芳香花香型
参 照 酒：Bladnoch 8 年

巴门纳克（Balmenach）

克伦代尔 CROMDALE · WWW.INTERBEVGROUP.COM/GROUP-INVER-HOUSE-DISTILLERIES.PHP#BALMENACH

如果说斯佩塞的酒厂只不过是翻版老厂而已，那下面介绍的这家酒厂可是脚踏实地，低调而不张扬，尤其值得一提的是它那僻静的所在，身处克罗姆代尔（Cromdale）小村外1.6千米的地方，酒厂于19世纪初建造，一开始就是一座农场几个棚屋而已，人迹罕至，当时选址在此也是为了逃避执法者的追捕，因为酒厂最初是一家非法酒厂。

在靠近克罗姆代尔山附近，坐落着传统的经典酒厂巴门纳克。

18世纪末19世纪初，私人的小酒厂由于法令被禁止经营，于是导致了一大批以酿酒为生的人们纷纷失业。詹姆斯·麦克格雷格（James MacGregor）就是其中一员，于是他把厂开到克罗姆代尔，这里的群山把酒厂非常好地保护了起来。

斯佩塞，法定上也许可以认可它这个产区的概念，但是又很难真正定义它。当然啦，它也同时代表着创新和守旧，光明与黑暗。而巴门纳克，它有着小蒸馏器，木质发酵槽，传统的虫桶冷凝法，真正的古典做派，这一切都赋予它厚重、强劲、浓郁的风味。

简而言之，"清冽"的风味来源于蒸汽在蒸馏器中与铜管更多地接触——也就是说，蒸馏器越长，蒸馏出的酒可能更为清冽，所以冷凝器的选择，更高的蒸馏温度，还有增加蒸馏时间都能赋予威士忌更清冽的口感。

巴门纳克依然坚持使用古老的虫桶冷凝法，细长的冷凝铜管围绕在水桶周围，以此减少过多的蒸汽与铜之间的对话，形成更为强壮的酒体。这样做的好处是可以最大限度保留新酒中的硫化物，这些硫化物可以在威士忌的陈年过程中在木桶中产生化学作用，使得酒体更为浑厚，香气更浓郁、复杂。

"我们在巴门纳克，安努克【纳康都】（anCnoc［Knockdhu］），富特尼（Old Pulteney）还有盛贝本（Speyburn）这几个酒厂保留了虫桶冷凝，"来自巴门纳克的厂主，英威豪斯（Inver House）集团的首席调酒师斯图沃特·哈维（Stuart Harvey）这样告诉我，"所以我们在蒸馏过程中不会有太多的铜接触，这样能保留发酵过程中所产生的硫化物。你会在这些新酒中感受到成熟的蔬果气息，香醇的口感，非常独特。"

"然后在木桶中陈年的时候，这些硫化物会与木桶烤过的焦层相互作用，"他补充道，"最后经过桶陈的威士忌会具有太妃糖、苏格兰黄油等愉悦的香气。当所有不同的硫化物统统反应变化以后，这款酒真正的特质便得以显现。酒里的硫化物越多，需要陈年的过程也越长。"

巴门纳克守护着传统威士忌的最后一片营地。年轻时便娇醇，成熟后更是风情万种，与旧雪利桶长年累月地结合使其更显风姿。不幸的是，要想再觅得它又谈何容易。英威豪斯把酒厂隐藏得如此之好，以至于几乎不见一支原厂装瓶的酒流出——或许，只有在装瓶厂出品的酒款里才能一睹巴门纳克的身姿。

斯佩塞品酒辞

新酒

色香：强劲香醇，皮革味，炖羊肉和熟苹果味道。虫桶冷凝赋予的劲道和浑厚十分明显，而且这股力道不会随着桶陈而逝去。

口感：强烈而集中，伴随着异域风情的甜美。而这份甜美使得巴门纳克更为平衡——如果用雪利桶进行陈年的话口感会更加香醇，而用二次注或旧波本桶能够让它的初段的香气更好。

回味：悠长，一丝烟熏味。

1979年，BERRY BROS & RUDD 装瓶款 56.3%，2010年装瓶

色香：金黄色。香气饱满，浓郁的巧克力、太妃糖、可可脂，之后现出阿萨姆红茶的味道，还略带有沼泽的湿气，十分浓郁。加水，牛奶巧克力和奶油太妃糖以及潮湿泥土的气味更为凸显，甚至还有置身鞋店的感觉。

口感：入口辛辣，强劲。燃烧的枯叶（更似一缕烟熏）。酒体偏重，烧煮果酱的味道之中跳跃出新鲜的核桃味，加水之后口感更好。

回味：扎实，悠长。略显干涩。10分钟之后晒干苹果皮和蜂蜜的香气泛起。

结论：美国橡木桶的甜美依然无法掩盖住巴门纳克那雄浑的力度。

风味阵营：水果辛香型
参 照 酒：Deanston 28年，Old Pulteney 30年

1993年，GORDON & MACPHAIL 装瓶款 43%

色香：淡金色。晒干皮革的味道意味着这款酒的桶陈时间并不长。还有太妃糖、消化饼干和木漆的味道，加水之后泥土味更重。

口感：与香气有所不合，更为厚重，浓郁黏稠。麦芽糊的香气伴随着木炭的焦化烟熏味，山毛榉叶，新鲜的烟草叶。加水后所有味道都更弥漫，颇具深度。

回味：木头。

结论：酒体和木桶结合得很好，酒厂个性凸显。

风味阵营：水果辛香型
参 照 酒：The Glenlivet 1972

塔姆纳法林和托摩尔（Tammnavulin & Tormore）

塔姆纳法林 · 巴林达洛克 / 托摩尔 · 克伦代尔 · WWW.TORMOREDISTILLERY.COM

当巴门纳克还在坚持着传统的时候，接下来出场的两座酒厂会告诉你斯佩塞的风格绝不那么单一，它们会从一个侧面来印证苏格兰在20世纪60年代所建的酒厂有非常相似的风味，那正好是美国市场对于苏格兰威士忌的需要井喷的年代，而巧合的是这些酒厂出品的威士忌大多清新明快，麦芽味十足。

塔姆纳法林建于1965年，坐落在利维河（the river Livet）边。令人惊讶的是这是当年在当地的第二座合法酒厂。拥有6座高大的蒸馏器，木桶选择方面有自家的创新，酒体优雅清淡，一直为调和型威士忌酒厂所青睐，拿来作为基酒。总的来说，是一款更侧重木桶而非酒体本身的酒。

选择这样的道路也有风险……这很容易让木桶的风味抢走塔姆纳法林本身酒体的风味。"用桶要小心翼翼，不要太过，"怀特马凯的大师级调酒师理查德 · 帕特森（Richard Paterson）这样说，"美国橡木桶，轻雪利桶，甚至是一些旧桶就足够应付得很好了，用桶太重，就像给威士忌画上浓妆，你反而认不清它本来的面目。"现酒厂已成为帝亚吉欧集团一部分。

托摩尔酒厂，芝华士兄弟公司（Chivas Brothers）旗下一员，同样也是在20世纪60年代建厂。位于巴门纳克酒厂西北13千米的地方，虽然毗邻，但行事风格却大相径庭。巴门纳克当年是为了逃避执法者才躲进这里，而托摩尔，就位于A96公路旁，酒厂非常漂亮，就好像维多利亚时代的水疗院般，风格独树一帜，它是由英国皇家建筑院的院长阿尔伯特 · 理查森爵士（Sir Albert Richardson）设计建造，由朗约翰（Long John）集团于1959年委托设计，而此前他从没有设计过任何一座酒厂。托摩尔被设计成像一座展览馆一样，大气地展现出业主的自信。酒厂拥有8座蒸馏器，清新甘洌的口感，正好迎合了60年代北美市场的需求。工艺上不使用泥煤，快速捣碎麦芽，发酵时间短，额外增加了冷凝器来加速冷凝过程，酒体轻快，但是作为一款单一麦芽威士忌来说还是显得硬朗顽固了些。

塔姆纳法林品酒辞

新酒

色香：纯净干涩，些许谷粒的味道。很像意大利的Grappa（果渣白兰地）。

口感：入口轻盈，紫罗兰和百合的香气，酒体清爽，但极其干涩。

回味：坚果味，短。

12 年威士忌 40%

色香：淡金色。香气清淡，烤过的米粒，淡淡的香草和毛毡味。

口感：清淡干涩。压碎的大麦及麦芽和柠檬味道。

回味：稍纵即逝。

结论：和新酒的风格一脉相承。标志性的清淡风格。

风味阵营：**麦芽干涩型**
参 照 酒：Kockando 12 年，Auchentoshan 经典

1973 年，样品酒

色香：酒体边缘略微泛绿。干净利落的雪利桶香气，烤坚果味，香蕉皮香，坚果油脂和淡淡的干花香。

口感：甜美，酒体略轻。坚果味泛着香甜，很平衡的一款。

回味：干净，收尾略长。

结论：雪利桶带出了麦芽味，并使之更具坚果味和甜度。

风味阵营：**饱满圆润型**

1966 年，样品酒

色香：红褐色。成熟饱满的香气。陈旧的皮革，浓重的李子和西梅的香甜。类似于西班牙的赫雷斯白兰地。

口感：酒体轻柔但不失紧致。中段泛起巴西胡桃的香气，之后则是草本味。

回味：坚果。

结论：桶味或许有些喧宾夺主，但又从另一方面印证了麦芽威士忌需要橡木桶。

托摩尔品酒辞

新酒

色香：香气饱满，甜玉米和些许牧场的气息。

口感：纯净甜美，淡淡的水果味。

回味：舌苔留有粉尘感和一丝柑橘味。

12 年威士忌 40%

色香：香气很微弱，慢慢有一些木桶的味道和坚果味，干涩。

口感：烟草叶，干涩辛辣（香菜籽），伴随着草本和皮革的味道。加水之后，波本桶的感觉更为凸显。

回味：清爽，坚果。

结论：橡木桶给予酒体恰到好处的支撑。

风味阵营：**水果辛香型**
参 照 酒：Glen Moray 12 年，Glen Garioch 12 年

1996 年，GORDON & MACPHAIL 装瓶款 43%

色香：淡金色。淡淡的麦芽和山楂味，深处还有丝丝花香，香气很绵长。

口感：苹果塔，金雀花，橙花香水，之后慢慢化作青草味，略带油脂感。

回味：收尾略短，一丝苦味。

结论：酒厂的个性显露无遗。

风味阵营：**芳香花香型**
参 照 酒：Miltonduff 18 年，Hakushu 18 年

都明多和布拉弗（Tomintoul & Braeval）

托民陶尔（TAMNAVULIN）· 巴林达洛克 · WWW.TOMINTOULDISTILLERY.UK

以下两家酒厂，同样也是建于20世纪60年代，毫无疑问，它们走的也是小清新的路线。首先出场的是都明多，酒厂位于埃文河（the River Avon）岸边，由威士忌酒行W. & S. Strong and Macleod于1965年所建，现在已经是安格斯 · 邓迪（Angus Dundee）集团旗下一员。为什么会建造在河边呢？很可能是出于酒厂对于水源的考虑——这里附近一共有3处泉水。也可能是因为此处本来就有酿造威士忌的历史，附近的一个洞穴就曾经是一家私酿酒厂的所在。

都明多的酒以“温柔之水”闻名，虽然还不错，但过于轻柔的风格或许不是那么讨巧。不过这就是麦芽威士忌的魅力，如此多的酒厂，如此多的酒款，本就应该环肥燕瘦，各具其味。

都明多的轻柔其实还好，饱满的谷物香气让人联想到身处麦芽发酵桶旁闻到的阵阵香甜。刚刚蒸馏出的新酒入口强劲，经过和橡木桶的结合以后水果味慢慢展现。相较成年的酒款表现更为丰腴，有着热带水果味，是典型的缓慢陈酿风格。

都明多还生产烟熏味的威士忌（用的是当地的泥煤），这正好给了我们第一个例子，来证明不同地区的泥煤能够营造出独一无二的香气。你会发现苏格兰内陆地区的泥煤带来的是那种燃烧木材的烟熏感，这跟岛区泥煤的那种石楠花、海风、焦油的气息非常不同。

斯佩塞的群山不仅仅为私酒时代的酿酒者带来庇护，时至今日依然吸引了不少酒厂在此落户。布拉弗，全苏格兰最高的酒厂就坐落在遥远的格兰利维山区（Braes of Glenlivet）。山区的峡谷呈酒壶状，与拉德山脉（Ladder Hills）相连，峡谷出去便是伯奇尔山（Bochel Hill）。酒厂周围原本是草原，也是牧区，四处可见荒废的棚屋。在18世纪，这里就开始酿造威士忌，不过布拉弗是当地第一家取得合法执照的酒厂（1972年）。同样，布拉弗承袭了斯佩塞新酒厂的清新风格，蒸馏器很长，但是蒸馏出的酒却比预想中要浓重一些，淡淡的麦芽和天竺葵的香气，回味无穷。

都明多品酒辞

新酒

色香：些许谷物味，燕麦，略带甜美。糖化车间的味道依稀留存，香甜可人。
口感：非常紧致，集中，甜美中带着一丝青涩。
回味：麦芽味。

10 年款 40%

色香：铜味。清爽淡雅的麦芽香，榛子，果皮。加水之后有阿华田的香气。
口感：甜美，无核葡萄干和甘草的香气突出，非常顺滑。
回味：成熟甜美。
结论：雪利桶赋予它干果的香气和柔顺的口感。

风味阵营：麦芽干涩型
参 照 酒：Auchentoshan 经典

14 年款 46%，无焦糖染色，非冷凝过滤

色香：淡稻黄色。香气纯净清淡，典雅的花香（水仙花/小苍兰），之后便是水果的芬芳。桶味不重，最后还升腾出一些面粉和刚烘烤出的白面包香气。
口感：花香依旧，慢慢的便是西洋梨汁和浓郁的黄油味在口中弥漫。
回味：甜美悠长。

风味阵营：芳香花香型
参 照 酒：Linkwood 12 年

33 年款 43%

色香：更多欧洲橡木桶的特征。轻微氧化和坚果味，还带有一些白蘑菇、太妃糖、晒干的黑色水果味道以及那类似于 10 年款中阿华田的味道。
口感：入口包裹感十足。略有些许树脂和芝麻味，还有甜美的麦芽味道以及类似于 14 年款中那些水果芬芳。
回味：平衡悠长。
结论：非常成熟和平衡，标志性的一款都明多。

风味阵营：水果香料型
参 照 酒：Bowmore 年

布拉弗品酒辞

新酒

色香：开场是酯类物质的香气，之后便是强烈的酸酵母和一丝硫化物的气味。
口感：入口轻柔但之后呈现出厚重感。
回味：黑色谷物。

8 年款 40%

色香：坚果味。开心果和苹果树的味道，大麦茶的香气慢慢凸显。相比较新酒，这款的香气出人意料地轻柔，最后还有一点黄苹果味。
口感：各种香气在口中绽放，甚至还有一些茉莉花和薰衣草的味道，十分优雅。
回味：收尾干净，略微简短。
结论：更为清新的一款。

风味阵营：芳香花香型
参 照 酒：Tomintoul 14 年，Speyburn 10 年

格兰威特（The Glenlivet）

巴林达洛克（BALLINDALLOCH）· WWW.GLENLIVET.COM

有关苏格兰酒厂的合法化进程，存在着一种错觉，人们往往以为在此之前没有多少合法酒厂，而事实恰恰相反，在颁布法令之前，苏格兰已经拥有非常多的持照威士忌酒厂了。1823 年的税法修订案只是一个信号而已，代表着苏格兰威士忌作为一个产业被正式确认。而新法案的推出也使得高地区原先那一大批小产量的酒厂从此可以合法化。

另一方面，当时的那次变革对于威士忌风味的多元化也起了不小的推动作用。这在麦克尔·摩斯（Michael Moss）和约翰·休姆（John Hume）所撰写的苏格兰威士忌酿造历史的研究报告中有所指出：“新的立法（1823 年）允许每一家酒厂可以选择自己的酿造工艺——浸泡麦芽的程度，蒸馏器的设计以及产量和风味。”

当时，格兰威特的创办人乔治·史密斯（George Smith）在得知新立法即将颁布时，就早已暗下决心打算申请执照。其实这并不意外，因为史密斯的东家哥顿公爵曾经在上议院发表过有关鼓励酒厂合法化的演讲，而正是他鼓励史密斯申领执照。

史密斯从1817年就开始在利威峡谷（Glen Livet）的上德卢姆林农场（Upper Drumin farm）偷偷酿造私酒，而这里也是众多酿私酒者躲避警察追捕的完美藏身地之一。史密斯知道他申请合法牌照的举动会招致邻近私酿者的愤恨，但他依然义无反顾。

合法化以后，史密斯再次来到了十字路口，他可以像巴门纳克的麦克格雷格一样，保持浓烈的风格，也可以重新选择自己的道路。而他和他的子嗣们在摒弃了长久以来的非法酿酒身份的同时，也选择了放弃传统古老的风味，尽其所能，向着清新、柔和的新派风格而去。从此，格兰威特再也不会和小茅屋、烟熏洞穴这类字眼联系起来了，取而代之的则是现代科技，资金投入，甚至还包括品牌推广的原始概念，这在19世纪中期可是很新鲜的事物。当时的利威峡谷，不仅仅是一个地理概念，更代表着当地所酿威士忌的风格，因此有许多非法酒厂都用利威峡谷的名号来标注自己，而作为利威峡谷第一家合法酒厂，史密斯的酒厂是唯一被政府批准，允许使用THE Glenlivet作为名字的酒厂。

1858 年，史密斯关闭了上德卢姆林的老厂，在敏摩尔（Minmore）附近开办了一所更大的酒厂，而这也是现今格兰威特酒厂的所在。酒厂现在已经和当年有了很大的改变，而在2009-2010年间，酒厂又进行了一次史上最大规模的整改。增加了一个新的麦芽搅拌桶，8 条崭新的木制发酵槽，外加3 对蒸馏器（一共拥有7 对蒸馏器），细腰的形状完全遵循了1858 年时史密斯设计的原型。一年能够蒸馏1000 万公升的威士忌。“这次增加的新型比格斯麦汁搅拌桶（Briggs mash tun）拥有探测器和观察窗，可以

格兰威特对于木桶质量的选择使得它成为世界上最畅销的单一麦芽威士忌之一。

敏摩尔地势较高，空气凉爽，由此营造出格兰威特仓库内部的小气候。

让我们实时控制麦芽汁的混浊程度，因为我们想要保持一定的清澈度以此来得到清爽的口感，”格兰威特的首席酿酒师艾伦·温切斯特（Alan Winchester）这样告诉我，“然后我们让它进行48个小时的发酵，之后再进行蒸馏。我们的蒸馏器能够很大程度上保留水果和花香类的芳香酯，最后在橡木桶中陈年，这些酯类物质将变得更多样更丰富。”

根据19世纪的记载，当时史密斯先生想让自己的威士忌拥有菠萝的香气。时至今日，对我来说格兰威特更为显著的是它那青苹果的香气，即便是低年份的酒款，依然柔和芬芳。而且他们采用二次装桶的旧橡木桶来进行陈年也是很有勇气的尝试和策略。

同样重要的还有新设计的蒸馏车间。格兰威特的厂房多年来一直以灰色工业色调示人，现在则焕然一新，全景的敞开式窗户，外墙用岩石装饰，俨然成了当地一景。时光荏苒，无论当年身处河谷区还是如今坐落本利林，格兰威特依旧风采照人。

格兰威特品酒辞

新酒

色香：香气中等。干净，略带一些花香、香蕉和熟苹果，最后留下一抹鸢尾花的芬芳。
口感：柔和，典雅，淡淡的水果味及苹果和西葫芦的清爽。
回味：清爽干净。

12年款 40%

色香：淡金色。饱满的苹果香气，茉莉花茶，和一丝太妃糖。
口感：入口清淡，之后忽然涌上一股巧克力的味道，慢慢地各种苹果的香气、绣线菊和煮西洋梨的味道一一呈现。
回味：干净柔和。
结论：清淡芳香。

风味阵营：芳香花香型
参 照 酒：Glenkinchie 12年，anCnoc 16年

15年款 40%

色香：古铜色。香气集中，辛辣味：檀香木、花梨木、姜黄粉、小豆蔻，玫瑰花瓣的味道。
口感：最初是苹果的味道。慢慢地花香开始绽放，轻柔，之后便是寻常的桶味。
回味：辛辣味又回来了，肉桂和生姜。
结论：运用法国橡木桶使得威士忌更具香料味。

风味阵营：水果辛香型
参 照 酒：Balblair 1975，Glenmorangie 18年

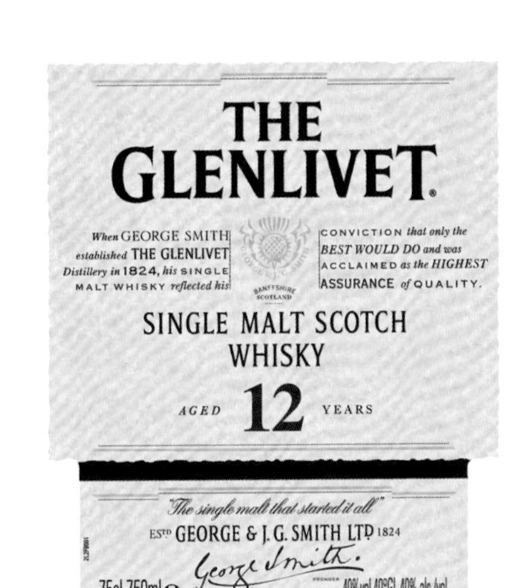

18年款 40%

色香：金黄色。烤苹果，圭亚那红糖，古董商店和丁香花以及淡淡的茴香味。
口感：比12年款更为饱满，雪利桶的感觉更重一些。雪松、杏仁花，阿蒙提拉多雪利酒和一些陈皮的味道。
回味：苹果和五香粉。
结论：更为圆润饱满和成熟，并且很好地保留了新酒本来的味道。

风味阵营：饱满圆润型
参 照 酒：Auchentoshan 21年

21年 Archive 43%

色香：苹果干，以及其他水果（桃子，熟李子）香气，伴随着异国情调的树脂和橡木味。加水后展现了一些杏仁香气。
口感：甜美，典型的格兰威特，德美拉拉糖煮过的苹果，加水后依然是苹果的甜美。
回味：悠长，生姜味。
结论：优雅和成熟，酒厂个性非常鲜明。

风味阵营：水果辛香型
参 照 酒：Clynelish 14年，Balblair 1975

本利林酒厂区（THE BEN RINNES CLUSTER）

本利林是斯佩塞当地的一座山，也可以说它是苏格兰威士忌之山，尽管它不高（海拔840米），但是在它的顶峰你能看到附近所有的酒厂，在它的山脚下，每天都在上演着传统对战新派，豪放对战婉约的剧本，生生不息。

从卡杜酒厂可远眺河边的纳康都酒厂。

克莱根摩、巴林达洛克（Cragganmore & Ballindalloch）

巴林达洛克 · WWW.DISCOVERING-DISTILLERIES.COM/CRAGGANMORE

本利林是凯恩戈姆山（Cairngorm massif）最北的一座山，身处斯佩塞的心脏地带，虽然面积不大，却是众多酒厂云集之地。站在山的最高处，一眼望去，周遭景象清晰可辨—往南是克罗姆代尔（Cromdales）和利威峡谷（Glen Livet），北面则是露斯（Rothes）和埃尔金（Elgin），东边则是达夫镇（Dufftown）和基思（Keith），各个酒厂在这片大地延伸、聚集，此情此景，像是斯佩塞风格三足鼎立的象征。

1823年之后，许多酒厂开始考虑如何把自己的威士忌推广到市场上去，但是身处深山的它们面临一个交通的难题。群山环绕让它们在私酿的岁月里躲过了缉私警察的追捕，但是到了和平年代，这却成了阻挠它们开发新市场的最大障碍，这种窘况一直延续到19世纪60年代末。

1869年，随着斯特拉斯佩铁路线（Strathspey Railway）的建造，酒厂们的命运开始改变。这条铁路连接起达夫镇和博特夫加藤，然后通向珀斯（Perth）到达苏格兰中部。而在本利林当地最早受益的酒厂就是由约翰·史密斯创建的克莱根摩酒厂，因为火车只要一站就能到达酒厂的取水处，巴林达洛克（Ballindalloch）。

约翰·史密斯是个大块头，人们往往记得他那粗大的腰围而忽略了他其实是一位极具天赋并不断创新的酒厂经营者。有传闻说他是乔治·史密斯（格兰威特酒厂创始人）的私生子，而他也确实曾经在那里工作过，除此之外，他还曾经在戴尔柳因（Daiuaine）、麦卡伦（Macallan）和克莱兹戴尔（Clydesdale）三家酒厂做过经理。之后他回到斯佩塞，从格兰花格酒厂（Glenfarclas）租了一块地开始建造属于自己的酒厂。

尽管现在酒厂已经实现电脑化管理，但是史密斯先生传下来的酿酒方法依然没有丝毫改变，并不是因为守旧。事实上史密斯的创新精神众人皆知，他在各种风格的酒厂工作过——格兰威特的清新，麦卡伦和格兰花格的厚重，此外还有三重蒸馏的克莱兹戴尔。正是这些经历使他能够真正酿出属于自己风格的威士忌。

克莱根摩酿造威士忌的前几个步骤比较常规：麦芽经过轻度烟熏，然后碾磨、捣碎，之后在木质发酵槽中进行长时间的发酵。但是在进行蒸馏的时候，史密斯开始发挥他的本领了。

克莱根摩的麦芽汁蒸馏器（wash still）（用来蒸馏第一道麦芽汁，得到初级烈酒，之后会在烈酒蒸馏器（spirit still）中进行再蒸馏）体型庞大，细长的蒸汽导管呈倾斜角度将蒸馏出的酒液引流到虫桶冷凝器中。而克莱根摩的烈酒蒸馏器结构更为奇特，顶端为平，一旁的蒸汽导管几乎水平于地面向外延伸。这样做的好处可以用两个字概括：回流。经过蒸馏的酒精蒸汽能够很方便地重新回到蒸馏器中再次进行蒸馏，如此周而复始（参见本书14~15页）。

问题又来了，史密斯究竟想要酿出什么样的酒呢？在酒厂里看得越多，心中的疑问和不解也越多。酒汁蒸馏器如此庞大，应该会很方便进行回流蒸馏，这样酿造出来的酒应该是清新风味的。不过蒸馏器延伸出来的蒸汽导管却以非常倾斜的角度通向一个虫桶冷凝器，这大大增加了冷凝的时间，用这种冷凝方法得到的酒应该是厚重的，蒸馏和冷凝如此之矛盾令人疑窦丛生。而负责进行二次蒸馏

克莱根摩虽然孤身隐匿在人迹罕至之处，但它却是最早开始利用铁路运输的酒厂之一。

在橡木桶中的缓慢陈年能够让威士忌变得更有层次。

巴林达洛克：领主之酒

麦克弗森-格兰特家族自1546年就住在这里，Ballindalloch城堡。这是在他们的土地，第一头阿伯丁安格斯牛就是在此育成，之后他们将土地租赁给约翰史密斯建造了克莱根摩酒厂。在2014年，他们高尔夫球场旁边的古老农庄被改造成了酒厂。"有这个想法已经很多年了"盖伊麦克弗森-格兰特说，"显然这是一个明智的做法，并且我们将进行多元化经营。"

这将是一个"单一农场的单一麦芽威士忌"。大麦在自家的庄园农场里种植，蒸馏和陈年也是一样，最后的酒糟被拿去喂牛。最有趣的是，他们决定酿造一款"风格粗口，适合餐后饮用的威士忌酒"。复兴斯佩塞的老派风格，这便意味着必须是小型蒸馏器，必须要用虫桶冷凝，等等。橡木桶包括首注桶，猪头桶，二次注橡木桶以及雪利桶。经验丰富的查理史密斯将负责所有威士忌的生产。

在橡木桶中缓慢陈年，会给这款复杂的单一麦芽威士忌更添层次。

的烈酒蒸馏器就更让人摸不到头脑，烈酒蒸馏器的尺寸明显偏小，削平的顶部使得上升的酒精蒸汽能够很快地凝结回流到沸腾的酒液中进行再蒸馏。蒸汽导管直接连在蒸馏器顶部，这意味着只有少数香氛会被引导出，细长的铜管呈水平向外延伸，这无疑会让蒸馏出的酒精蒸汽与铜产生更多接触，最终通过虫桶来进行冷凝。营造清新风格的水平细长的蒸汽导管却搭配着带来厚重风味的小型蒸馏器和虫桶冷凝法！让人实在有些猜不透。

答案呢？只能说约翰·史密斯作为一位酿酒大师，他尽其所能就是想让克莱根摩威士忌变得更复杂，让人捉摸不定，却又让人赞叹他的想象力。像他这样的酿酒师所做的工作可不仅仅是某些人眼中的煮沸麦芽汁那么简单，他们是实验家、创新者和走在时代前列的先锋派。

人们都猜测史密斯当时这样的设计是为了让酒更富层次，不要过重也不要过轻，达到平衡的口感，也有可能是他想同时酿造这两种风格完全迥异的酒，现在已无从得知。"我不确定在1869年的时候他们是否已经发现新酒中的硫化物在橡木桶里待久了就会消失，不过他们当时已经有自己的方法来避免这种情况的发生，"酒厂现在的经理肖恩·希利（Shane Healy）告诉我说，"说起来其实很简单，就是在冬天酿厚重风格的酒，而到了夏天就主要酿些小清新。"

不过希利本人对此却并不感冒，克莱根摩现在已经放弃清新路线，专注于醇厚浓郁之风，因此他不希望在蒸馏过程中产生过多的铜接触，蒸馏过程中严格隔绝空气并坚持虫桶冷凝法。

史密斯设计的蒸馏器如今依然在运作，品尝一下刚蒸馏出的新酒，能感受到它的浓郁，隐藏在酒中的复杂硫化物若隐若现，如同秋季的某个时分，你站在巴林达洛克的丛林里，感受光线从树叶中斜斜穿过，映照在你身上，再深呼吸一下，感受四周成熟水果的芳香，就在此刻，沉醉不已。

克莱根摩品酒辞

新酒

色香：集中浓郁的香气。羊肉汤、硫化物的味道阵阵袭来，之后是甜美的柑橘和水果味，还有一丝坚果的味道。

口感：粗犷强劲，略带一点烟熏味，肉类及硫化物的味道依然。油脂感十足，浓郁香醇，风格非常老派。

回味：黑色水果和硫化物。

8年款 二次注橡木桶，样品酒

色香：各种各样的水果。烤肉和烤盘的味道。许多的薄荷，秋天落叶，苔藓，菠萝甚至棕榈，加水之后硫化物的味道更重。

口感：成熟，丝滑。个性完全凸显，酒体厚重，复杂度高，一开始是水果，终了木头味慢慢浮现。

回味：收尾很短，一丝烟熏味。

结论：熟成之后的风味已经开始展现。

风味阵营：水果辛香型

12年款 40%

色香：各种秋天的水果，黑加仑、皮革、蜂胶、栗子，还有轻柔的烟熏味。

口感：酒体饱满，水果味十足。还有煮熟的水果和核桃味，深邃，口感丝滑，令人愉悦。

回味：淡淡的烟熏味。

结论：硫化物的味道已经完全消失，而肉味则化作饱满的水果芬芳。

风味阵营：饱满圆润型
参照酒：Glendronach 12年，Glengoyne 17年

蒸馏版，波特桶换桶 40%

色香：圆润，甜美，浓郁的水果和果酱调性，以及黑刺李，非常温和的异国情调。

口感：丰富，油脂感，质感十足，并且带着些许肉味和果味干涩，加水后更具复杂感。

回味：非常淡的烟熏味。

结论：克莱根摩的秋季气息与波特桶相得益彰。

风味阵营：饱满圆润型
参照酒：Balvenie 21年，Tullibardine

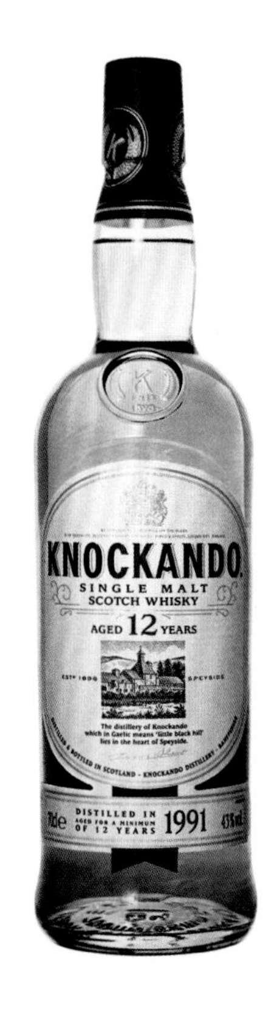

纳康都（Knockando）

KNOCKANDO · http://www.malts.com/index.php/Our-Whiskies/Knockando

如果把克莱根摩和纳康都做个比较，那真是太简单不过，如同一枚硬币的正反面，前者低调藏身于丛林茂密的幽谷之中，而后者则鲜亮光彩地坐落在曾经的斯特拉斯佩铁路边，现如今则是斯佩塞观光步行大道。酒厂中央有一条通风过道，伫立之中，微风拂面，而午后的阳光照射下来，把悬浮在空气中的尘埃微粒映得闪闪发亮，一如纳康都的威士忌，无不给人清新畅快的感觉。

纳康都毫无疑问是坚定的清新路线，也是20世纪60年代酒厂改革潮时期的中坚分子。这里使用混浊的麦芽汁和短时间发酵，这样蒸馏出的新酒极大地保留了麦芽原本的香味（参见本书14~15页）。而用桶也不会太重，恰到好处地给原本平淡的酒体带出一丝甜蜜委婉。

和克莱根摩一样，酒厂主约翰 · 汤普森（John Thompson）也是看中毗邻铁路的好位置选址建厂，不过世事无常，1898年建成以后，恰逢调和型威士忌大行其道，调和威士忌的酒商把握了话语权，他们可以颐指气使地指出这些威士忌酒厂应该生产符合自己风味的酒。这完全跟早期酿酒人的理念相悖——每款威士忌都应该拥有自己的个性和拥趸，而不像19世纪末那样，单一乏味的流水线威士忌充斥了整个市场。

当时很多酒厂只能依照调和型威士忌酒厂的要求来酿造威士忌，之后调和型酒厂会依据市场的反馈来推测出消费者们偏好哪种口味。而19世纪斯佩塞地区涌现的一大批新酒厂（也是当地历史上最后一波酒厂潮）极大地丰富了苏格兰威士忌的品种，从某种意义上来说，它们成就了调和型威士忌在全世界的风靡，当然，也成就了自己。

灰白色的建筑就是纳康都位于斯佩河旁的厂房。

纳康都在1904年被杰彼斯酒业集团（Gilbey's）收购，当时，杰彼斯总部在伦敦，致力于用斯佩塞的威士忌来制造调和型威士忌，而且全部用的是柔和芳香型的酒款。目前，纳康都被珍宝集团（J&B）纳入旗下，90%以上的酒被用来调和珍宝威士忌，轻柔芬芳的个性正好迎合了美国市场在禁酒令结束之后大众对于清淡口感的偏好。

克莱根摩品酒辞

新酒

色香：清新的麦芽味，外加一点榛子。加水之后出现毛毡料的味道。

口感：清淡，入口有点紧，一点点柠檬，颗粒感，很简单。

回味：短，干涩。

8 年款 二次注橡木桶，样品酒

色香：新酒的风格依然留存，粉尘，陈粉，极其干涩。

口感：加强版的维它麦，略带甜美，入口清爽但依然干涩。

回味：麦芽。

结论：干涩，坚果味的个性需要柔和甜美的木桶来使它成熟。

风味阵营：麦香干涩型

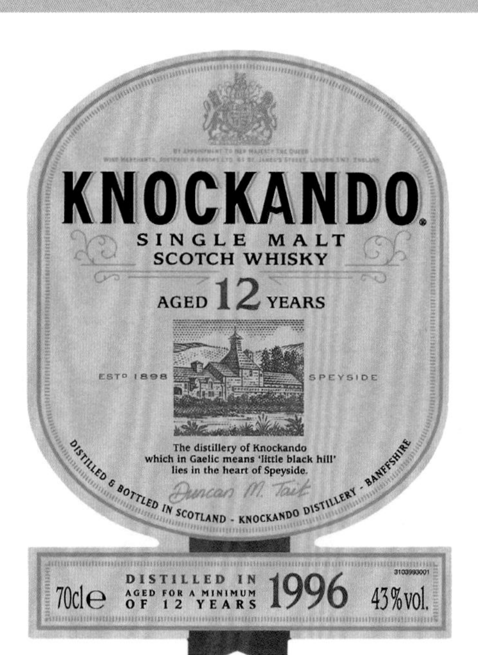

12 年款 43%

色香：香气并不浓烈，一点点坚果。晒干的稻草（粉尘味消失了）。还拥有许多酯类物质和香草味。

口感：轻柔，牛奶巧克力，柠檬，加水之后则是晒干麦芽的味道，总之非常清淡。

回味：短促干涩。

结论：桶陈时间更久，使得它的内容更为丰富些。

风味阵营：麦香干涩型

参 照 酒：Tamavulin 12 年

坦杜（Tamdhu）

纳康郡 · www.TMADHU.COM

旧铁道旁几米就是坦杜酒厂，它的成立和邻居相似。坦杜在1896年由一班调酒商合资兴建，一年后出售给高地蒸馏公司（Highland Distillers），现今的爱丁顿集团（Edrington）。当年酒厂是后期维多利亚时代的典型建筑，特征为巨石、铁、铜和木材，体现了威士忌以及酒厂功能的不断改变。

如今酒厂不再是由农场改建，而是针对一桩酿酒生意专门设计：自给自足，拥有大型的麦芽作坊，靠近良好的交通运输，以便运送货品和废弃物，酒厂里还雇用了大量的工人。厂主家建造这个酒厂不是为了试试水，而是他们确信他们出产的威士忌一定可以卖掉。

直到不久前，坦杜才开始声名大噪，因为对威士忌痴迷者而言，它是苏格兰最后一座仍使用萨拉丁箱（Saladin）发麦的酒厂；高原骑士（Highlang Park's）的无泥煤烟熏麦芽就是由这里供应的。而威士忌呢？在制造理念上，从1897年至今几乎没什么改变。过去它一直是调和专用的威士忌，用于威雀（The Famous Grouse）、顺风（Cutty Sark），和罕见却出色的登喜路（Dunhill）等。然而，如许多以提供调和酒为主要功能的酒厂一样，坦杜的名字不为人所知。无论你的酒厂建筑如何坚固，产品如何重要，只要你不在单一麦芽的行列中，你就是隐形的，犹如一间幽灵酒厂。

爱丁顿集团（Edrington）在2010年封存了坦杜，两年后它被伊恩·麦克劳德公司（Ian MacLeod）收购，伊恩·麦克劳德除是调和威士忌中间商，还是另一间酒厂格兰哥尼（Glengoyne）的主人；格兰哥尼过去也隶属爱丁顿集团。坦杜展开了全面转型，有了新发酵槽，新的仓库，新的员工。这个地方重新充满了活力，获得新生。

木质发酵槽为坦杜增添了风味。

通常缺少曝光度代表大家不了解你的规模。然而事实上坦杜是一家大厂，拥有6座蒸馏器，产量庞大。更重要的是，现在它有代表作了。过去如幽灵般的坦杜偶尔会在市场上现身，发行一些不起眼的酒款，清淡的口感，没有太多橡木的辅助。如今，多亏了爱丁顿在后期制定的明智政策，只使用雪利桶来陈年，由伊恩·麦克劳德发行的“坦杜10年”一经推出就令人刮目相看。坦杜芳香的蜂蜜苹果特质，在橡木的熏陶下增添了松香和皮革的成熟深度。具有雪利酒特色却香气十足，酒体饱满但又细腻微妙。现在你可以理解为什么混酿师们如此青睐它了，它让我们感受到在1897年坦杜的味道大致是什么样子了。

坦杜品酒辞

新酒 69%

色香：非常甜，如百合花般，隐约带有草莓和覆盆莓。干净，柔软，加水后出现嫩大黄和豌豆荚的味道。

回味：丰厚，最后有一股上扬的细致花香。

10 年款 40%

色香：雪利桶的影响从一开始就显现出来，伴随着榅桲、苹果、蜂蜡和巧克力。加水后，出现些许大吉岭红茶葡萄酒干的味道。

口感：综合的甜水果味和大量樱桃味，具有吸引力的甜味，相对有些年轻，展现出一些香蕉和水果千层的风味。

回味：清淡的香料。

结论：完美把水果味和浓郁感结合在一起，老斯佩塞风格的绝佳例子。

风味阵营：饱满圆润型
参 照 酒：Benromach、Glenfarclas

18 年款 43%

色香：香气更为奔放，雪利桶的味道更重，饱满的提子干香气。和大多数酒体偏清淡的威士忌一样，桶味太明显。

口感：非常雪利，葡萄干的味道，之后一点点谷物的干涩味显现，还算平衡。

回味：纯净，收尾略干，曲奇味。

结论：桶味很重，压过了酒厂自己的个性。

风味阵营：饱满圆润型
参 照 酒：Arran 1996

32 年款 样品酒

色香：奔放的香气。坚果味和淡淡的烟熏味。此前从未出现过的蜂蜜和肉桂味在这款酒中呈现。

口感：非常辛辣，成熟的干果味。

回味：轻柔干净。

结论：甜美平衡。缓慢的桶陈终于使得这支清淡的威士忌表现得更好。

卡杜（Cardhu）

纳康郡 · WWW.DISCOVERING-DISTILLERIES.COM/CARDHU

有关苏格兰威士忌的酿造历史，有一个重大的遗漏就是妇女们在这期间所做的贡献。爱德温 · 兰德斯爵士（Sir Edwin Landsee）那幅画作《高地酒厂》（The Highland Whisky Still）曾经就描绘出这样的场景—— 一位高地的族长，脚踩在一头鹿上，休闲地坐在长满石楠花的房顶的棚屋下。我们往往会忽略他身边的那位老夫人，事实上很可能她就是族长的妻子，而且她才是真正的酿酒者。

当男人们外出耕作、打猎（不仅仅是猎鹿，还包括其他猛兽），而妇女们只能待在家里干着数不尽的家务，这其中就包括蒸馏、酿酒。卡杜就是这般情形，1811年时，约翰 · 康明（John Cumming）忙于照料位于斯佩河上游曼诺克山（Mannoch Hill）的家杜农场（Cardow Farm），而他的妻子海伦则负责酿酒，这便是卡杜酒厂的雏形，只是当时还是处于非法私酿的状态。

家杜农场位于格兰峡谷以南的位置，私酿者聚集地的前哨站。距离敏摩尔的格兰威特酒厂很近，整片地区恰似一片盆地，而卡杜酒厂就在山坡的较高处。据说当时税务官到此地检查时会先到达家杜农场，然后海伦夫人会用茶点来招待他们，使得他们停留片刻，此时门口的旗杆会升起一面红旗，提醒利威区的私酿者们有官员来检查了。

到了1824年时，卡杜取得了酒厂合法执照（或许是第一家拿到执照的酒厂），不过这并没有改变酒厂的运作，仍旧是海伦在负责蒸馏所有的酒。海伦逝世之后，她的媳妇，伊丽莎白接手酒厂，并且进行了重建。直到1893年，酒厂被尊尼获加收购（不过根据协议，收购之后酒厂仍然由康明家族负责生产），4年之后，新东家帮助卡杜又一次进行了扩建，而最后一次扩建则是在20世纪60年代，那次扩建包括把原先的4组蒸馏器增加为6组。

卡杜刚蒸馏出的新酒略带青草味，有些辛辣刺鼻，陈年以后有柑橘和巧克力的香气，换句话说就是清新易饮的风格。由此可见，并不是酒厂越老出品的威士忌就越重。“据我所知一直以来卡杜酒中都有些青草味，”帝亚吉奥大师级酿酒师及调酒师道格拉斯 · 穆雷（Douglas Murray）对我说。这可能是源于它独特的发酵过程和蒸馏过程中过多的铜接触（有点像格兰爱琴），导致它的水果味有

酒厂的蒸馏器最早都由伊丽莎白 · 康明负责安装，而它带给卡杜清新的风味。

卡杜在尊尼获加旗下越发壮大，证明了它在苏格兰调和型威士忌崛起的过程中何等重要。

点淡，而青草味偏重。

史上第一位威士忌编年史作者阿尔弗雷德·巴纳德（Alfred Barnad）在19世纪80年代末时造访这里，他觉得卡杜有些与众不同，康明夫人热情地接待了他，并带他参观了新老酒厂。老酒厂的一切都是如此的“返璞归真”，甚至可以说是原始，而新酒厂则宽敞明亮了许多。阿尔弗雷德很少直接评价一款威士忌，这次是个例外，“厚重之极，饱满之至，拿来调和任何一款酒都会是佳酿”，这便是他给出的评价。

换言之，这也是最古老的斯佩塞风格，强壮、雄浑。而它为什么现在变得如此清淡了呢？也许是因为20世纪以后，人们的口感逐渐变淡，酒厂在尊尼获加的麾下，为了迎合大众口感的变化而不得不进行调整。而另外一种说法是海伦在阿尔弗雷德造访之后把老酒厂所有的设备，包括蒸馏器、磨坊等统统卖给了威廉·格兰特，而后者就此建造了格兰菲迪酒厂。你会发现格兰菲迪的蒸馏器很小，而卡杜的则非常大，可以想象卡杜的转型就是从此时开始的。这只是一种猜测而已，不过显而易见的是本利林依然是斯佩塞的焦点，而正是卡杜，引领着许多酒厂，向着清新明快的风格，转型而去。

卡杜品酒辞

新酒

色香：绿色水果糖、雨后草地、姜黄粉、帕尔马紫罗兰和月桂的香气。

口感：无可匹敌的清新感，入口紧致，白面粉和蓝莓的味道。

回味：些许柑橘味。

8年款 二次注木桶，样品酒

色香：香气相较新酒更为柔和。刚刚割过的青草味，香水皂和一点点谷物味（面粉味），紫罗兰以及橙子。

口感：更为清新的青草味袭来，随之便是各种淡淡花香，酒体比预料中要厚重，橡木桶还给予它巧克力的风味。

回味：依然是柑橘。

结论：开始绽放了。

风味阵营：芳香花香型

12年款 40%

色香：青草味已渐渐不复，或许被桶味盖住了。干草和木油的味道，慢慢地，柑橘，牛奶巧克力和草莓香气弥漫开。加水之后浮现出雪松味和薄荷味。

口感：中度酒体。青草味被甜美的柑橘味所取代。

回味：短，辛辣和巧克力。

结论：应该还具备桶陈的潜力，但是如同大多数清淡型的威士忌一样，要注意平衡桶味和酒厂本身个性。

风味阵营：芳香花香型
参 照 酒：Strathisla 12年

琥珀石 Amber Rock 40%

色香：新鲜，充满活力，干净，带有酒厂典型的柠檬味（甜橙/柑橘/柠檬香脂），大麦糖味混合着淡淡的巧克力，加水后出现一些氧化调性。

口感：甜美而果断的开端，接着是新鲜橡木、柠檬，中味时出现葡萄酒特质，转变成水果糖浆。融化的牛奶巧克力为背景衬托。

回味：非常辛辣，带有樱桃和粗糖味。苦甜（柑橘果酱中的果皮）。

结论：良好展现酒厂特质，相当浓厚，展现出更多香料味，柑橘和香料达成平衡。

风味阵营：水果香料型
参 照 酒：Oban 14年

18年 40%

色香：水果和坚果巧克力棒（榛果和葡萄干），变成一些可口的风味，并带有一丝巧克力柑橘特质。

口感：极度成熟却圆润，之后典型的卡杜活跃特质呈现。微弱的酸度和柠檬的新鲜感（特别是加水后），几乎有柚子的调性，在中段，风味变成更强烈的焦糖太妃糖。

回味：稍稍具有抓握力，带有少许油质。

结论：保留了酒厂的性格，但增加了重量和丰厚多汁的感受。

格兰花格（Glenfarclas）

巴林达洛克 · WWW.GLENFARCLAS.CO.UK

整个斯佩塞地区一直是新老两派、轻重之风抗衡的所在，而这一点在本利林更为明显。

距离卡杜酒厂以南4.8千米外的小山坡上，就是格兰花格。即便是刚蒸馏出的新酒，依然甜美、浓烈，毫无疑问，这是家老派的酒厂。

品尝格兰花格的酒，仿佛时光凝结在口中，你会感受到那种亘古不变的做派。许多酒厂由于迎合市场的需要而早已失去自己原本的光彩，但是格兰花格不是。第一眼见到酒厂的蒸馏器，你会以为这是家走清新路线的，因为格兰花格拥有斯佩塞最大的蒸馏器，而酒的厚重感其实源自于酒厂采用直火蒸馏的缘故。

“我们在1981 年的时候曾经尝试过用蒸汽来加热蒸馏，”酒厂家族第六代掌门人乔治 · 格兰特（George Grant）跟我解释道，“但是三个星期后我们就放弃了，还是重新采取直火蒸馏的方式。蒸汽方式也许更便宜，但是会让酒体变得更平淡，而我们需要更厚重的酒体，这样才能符合我们能够在橡木桶中陈年 50 年的要求。”

而把酒放在哪里陈年也十分讲究。所有的格兰花格都在酒厂自己所盖的板岩屋顶、泥地的矮仓中陈年。而现在很多酒厂可不管这些，把酒装桶以后就随意堆放到户外陈年，不在乎温度、湿度和环境的变化。而这些细微之处，正是格兰特最为在意的。

“户外陈年和在仓库内陈年的区别十分大，挥发度、熟成的速度等等，都有着极大的差异。我们这里每年桶里的酒大概会挥发0.5%，而我看到有些户外存桶陈年的厂，一年的挥发量居然有5%，而业内的平均标准也不过2%而已。我们的酒在桶里缓慢呼吸，慢慢变化，而不是肆意挥发，这让格兰花格与众不同。”站在酒厂位于山脚下的库房里，能感受到这里的风尤其凌厉，形成一个独特的微气候。这里的酿酒哲学有些像勃艮第，知道如何运用风土来酿出好酒。

而格兰花格对于橡木桶的选择也是独树一帜。它永远只使用百分之百新雪利桶（来自于Jose-Miguel Martin）而非波本桶。不是因为格兰花格只会用雪利桶，而是因为只有雪利桶才能赋予格兰花格的酒生命，两者的结合堪称完美。

目前苏格兰只有很少几个家族还在坚持自己经营威士忌酒厂而没有选择被收购，对此格兰特显然有着自己的看法：“我们会一直坚持下去，我们会按照自己的方法经营，格兰花格经历了整整六代人，早就学会如何应对困境。我们有自己的投资和存款，市场的兴衰也经历了许多次，我们能够应对一切，不需要借款，

酒厂位于本利林的山翼，格兰花格从 18 世纪起就已经开始在此酿酒。

也不需要被改变，这就是格兰花格的原则。”

探讨关于格兰花格是否算是斯佩塞为数不多的老派酒厂时，格兰特笑着回答我：“我们不把自己叫作‘斯佩塞麦芽威士忌’，而称作‘高地麦芽威士忌’。斯佩塞这个说法是最近几年才冒出来的（事实的确如此，过去人们一直把这里叫作斯特拉斯佩和格兰河谷），这会误导许多人，因为斯佩酒厂离这里很远，”说到这里，格兰特停顿了下，“高地这两个字才能更好地诠释我们酒厂的风格，我有一幅1791年绘制的有关格兰花格的画，酒厂屹立在这里已经有175年了，人们都知道什么才是真正的格兰花格。”

雪利酒桶为格兰花格威士忌提供了独特的风味。

格兰花格品酒辞

新酒

色香：奔放、凝重，明显的水果味，还有一些泥土的味道，很是深邃，力道十足，最后还有一抹泥煤味。

口感：刚入口有点干，略微有点紧，还有那泥土的味道，成熟而又集中的味道，典型的老派。

回味：挥之不去的水果味。

10 年款 40%

色香：闻上去很雪利（阿蒙提拉多和帕萨达），烤杏仁，栗子。成熟的水果，桑葚还有一丝烟熏，如同秋天的篝火，浸过雪利酒的蛋糕和落叶松的味道。

口感：十分纯净清新，中度酒体，不错的灼热感。成熟且饱满，浓郁的西洋李果酱。新酒中的泥土气息依然可辨，加水之后则更为甜美。

回味：厚重悠长，慢慢收窄，强劲有力。

结论：才 10 年时间就已经和橡木桶结合得很好，未来可期。

风味阵营：饱圆满润型
参 照 酒：Edradour 1997

15 年款 46%

色香：琥珀色。深邃浓郁的枣子和果脯味，依然年轻，但已经具备一定的复杂度。泥土味淡去，传来阵阵甜美的栗子布丁、雪松、榛子味，如同在野营篝火下享用一块水果蛋糕。

口感：入口感觉依然有点紧，不似香气般奔放。花格需要桶陈时间来积蓄厚度，比 10 年款更撩人，但酒精感太强使得这些都不太明显。

回味：强劲悠长。

结论：还在成长之中。

风味阵营：饱满圆润型
参 照 酒：Benrinnes 15 年，Mortlach 16 年

30 年款 43%

色香：桃心木色。磅礴而出的黑巧克力，意式浓缩咖啡香气，依然具备陈年的潜力。渐渐地提子干、糖蜜以及西梅和旧皮革的味道涌现，之后是落叶堆（新酒中那泥土味发展而来）的气息，甚至还有一丝肉味。

口感：不可思议，浓郁又深邃的口感，仿佛罩着一层面纱。玻利瓦尔雪茄和甜美的深色水果，收尾有一点单宁的感觉。

回味：咖啡。

结论：桶味越发强烈，然而即便陈年了 30 年之久，酒厂自己的个性并未泯灭。

风味阵营：饱满圆润型
参 照 酒：Ben Nevis 25 年

大云、帝国（Dailuaine & Imperial）

大云 · 亚伯乐 DAILUAINE · ABERLOUR

漫步斯佩塞地区，一眼就可以瞧见大云那壮观的厂房，只不过很少有人知道这就是大云，位于亚伯乐（Aberlour）和格兰花格之间，这里的小径时常可以感受到从大云谷物车间飘来的蒸汽在空中弥漫，那里同样也是帝亚吉奥把蒸馏完的酒糟等处理成动物饲料的中央车间。

大云自身也是一家结合了新老两派风格的酒厂。1852年建立，1884年扩建成为当时斯佩塞地区最大的酒厂，并且还请设计师把厂房的屋顶改造成砖窑形状，极具特色，阿尔弗雷德 · 巴纳德形容它是全苏格兰最陡峭的屋顶，评价酒厂的风格是优雅芬芳，没有焦糖染色以后造作的香气。而大云也是苏格兰第一座用这种塔形屋顶的酒厂，这也清晰地表明大云从重烟熏风格向着清新甜美转变，以此来迎合越发充斥着布尔乔亚气息、口感越发清淡的市场需求。

大云曾是斯佩塞最大的酒厂，如今依然在生产着风格强劲并且还带着牛肉味的威士忌。

即便如此，大云至今仍保留了老派重口味风格的酒款，当然相比其他老派酒厂，它的酒还是要更甜蜜一些，也不会过于辛辣。

而与此同时，帝亚吉欧旗下另外几家酒厂，譬如克莱根摩、慕赫和本利林也发现老派风格其实相对新派来说更容易营造，当然，这得归功于虫桶冷凝（参见本书14~15页），大云酿造老派酒时就是把刚蒸馏出的新酒通过虫桶方式进行冷凝，这样就最大限度地保留了酒中的硫化物，不过由于虫桶冷凝过程中酒会接触到铜管，所以总会有点金属味在其中，为了解决这个问题，大云用不锈钢管来取代铜管。对于那些历史悠久的酒厂来说，积极创新、不断调整才是挽救那些濒临灭绝的老派风格威士忌的最好办法。

离开大云不远处，靠近斯佩河边，当时的大云厂主托马斯于1897年在那里建造了帝国酒厂（Imperial），这座酒厂命运多舛，历经多次关厂重开，直到1983年最后一次停产，至今仍未有重开迹象。近年来，这座酒厂被卖铜的贼盯上了，里面已经被弄得惨不忍睹。芝华士兄弟公司接手重启运作决定卷土重来，重新建造酒厂。最后用什么名字还没有揭晓。帝国酒厂还会光复重来吗？我希望如此。（译者注：2013年帝国酒厂的建筑被全部拆除，2014年在原址上重建了一座新酒厂，名为Dalmunach）

大云品酒辞

新酒

色香：淡淡的肉味，皮革味。一点点谷物的甜美。

口感：粗犷、醇厚，肉汤的味道。甜美厚重，还有点太妃糖的味道。

回味：悠长，一丝甜蜜。

8 年款二次注橡木桶，样品酒

色香：肉味渐渐褪去，而甜美的香气占据主导。此外还有淡淡的皮革，黑色水果，苹果的味道。

口感：雄壮饱满，西洋李和桑葚的味道，最后还浮现出一点皮革味。

回味：只有肉味。

结论：一款饱满厚重甜美的酒，雄浑有力。

风味阵营：饱满圆润型

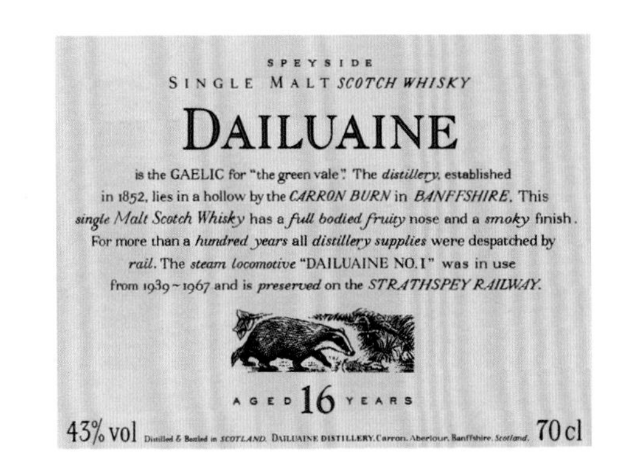

16 年款，FLORA & FAUNA 43%

色香：红褐色。深邃的雪利桶味道，带点泥土味，还有一丝不羁的硫化物味。香气很集中，有点像老式英格兰果酱，依然留有些许肉味、糖蜜、朗姆和提子干以及丁香的味道。

口感：入口非常甜美、浓郁，非常像 PX 雪利酒或赫雷斯白兰地。核桃、甘栗的味道一下子冲袭你的口腔。

回味：挥之不去，慢慢消散。

结论：雪利桶驯服了这只猛兽，然而酒厂的个性依然强劲，并没有被桶味盖过。

风味阵营：饱满圆润型

参照酒：Glenfarclas 15 年，Mortlach 16 年

本利林和阿特班（Benrinnes&Allt-a-Bhainne）

本利林 · 亚伯乐（ABERLOUR）/ 阿特班 · 达夫镇（DUFFTOWN）

沿着山麓在本利林山周围参观完一圈之后，最后我们来到山坡上，这里风景宜人，溪流潺潺，四处可见山兔、雪鹀、雷鸟和野鹿，粉红色的花岗岩暴露在泥煤地之外。这里距离斯佩峡谷只有1.6千米，离镇上很近，但这里又是完全的原生态，仿佛只有精灵才住在这里，阿尔弗雷德 · 巴纳德（Alfred Barnard，威士忌编年史作家）曾经这样写道“没有一个地方能比此处更诡谲、荒芜、孤寂”，我想我知道他写的是哪里了，而本利林，这座和山同名的酒厂，就坐落于此。

这份诡谲不约而同地出现在本利林酒厂的新酒中，一股强烈的铜管带来的金属味，这在很多斯佩塞老酒厂中很常见，酒体浑厚饱满，能明显感受到很多硫化物，回味带着一丝可人的甜味。而本利林那粗壮的蒸馏器造就出它那饱满厚实的酒体。

本利林还是为数不多采用三次蒸馏方式的酒厂。它把6座蒸馏器分为两组，首先把8%酒精度的麦芽发酵汁放在麦芽蒸馏器中进行第一次蒸馏，蒸馏出来的酒汁分成前后两段，前段的酒精浓度较高，后段较低。前段较强的初酒酒汁，进行第二次蒸馏，取酒心，收集起来成为新酒。后段较弱的初酒酒汁，进行第二次蒸馏，再分前段较强的酒汁，及后段较弱酒汁。第二次蒸馏所得前段较强酒汁，进行第三次蒸馏，取酒心，收集起来成为新酒。那第二次蒸馏后段较弱酒汁，就被当作酒尾回收再蒸馏。所以新酒之中约有一部分是二次蒸馏，一部分是三次蒸馏，收集起来的新酒酒精度高达76%。最后通过虫桶方式冷凝。所以本利林酒中繁复的硫化物来自于虫桶，而浑厚的酒体源于它的三次蒸馏。

如果要拿一座酒厂来和本利林做个比较，那非阿特班莫属。阿特班位于山的东坡，由Seagram公司于1975年建造，酒厂的蒸馏器的林恩臂呈现微微上翘的角度，风格清新优雅，所有出品都作为基酒用来调和Seagram威士忌。

本利林品酒辞

新酒

色香：香气很黏稠，阿胶，肉汁，HP沙司 / 李派林汁的味道，肉感十足。

口感：雄浑霸道，非常饱满厚重，还带有一丝烟熏味，略微有点干但是极富劲道。

回味：硫化物味。

8年款二次注橡木桶，样品酒

色香：鸡精，牛肉派的肉汁，还有泥土和植物根茎的味道。

口感：厚重，浓郁，中段有一点点罗望子的酸甜，后段是甘草和巧克力味。

回味：肉味 / 硫化物味。

结论：需要时间慢慢来成熟。

风味阵营：饱满圆润型

15年款，FLORA & FAUNA 43%

色香：红褐色，闻上去很香醇，高地糖蜜太妃糖和鸡精的味道，略为干涩，还有一丝肉味。更长的桶陈时间带给它一些利口酒的味道，加水之后石楠花和烟熏味涌现。

口感：粗犷。烤肉味，还有一点单宁的感觉，成熟悠长，加水之后单宁感褪去……强壮饱满是它与生俱来的特性，最后展现出皮革味。

回味：黑巧克力和咖啡。

结论：开始慢慢步入成年阶段。

风味阵营：饱满圆润型
参照酒：Glenfarclas 21年，Macallan 18年雪利桶

23年款 58.5%

色香：深桃心木色。西梅（类似于雅文邑的香气）和淡淡的牛排味。强健有力的酒体，却有着丝丝甜蜜的口感。佛手柑、番茄汤、苏格兰布丁，还有一点五香，碳酸果汁和苹果太妃糖，烤甘栗，咖啡和泥土味。

口感：酒体饱满雄壮，不似它的甜度般内敛。提子干（PX雪利酒）和许多枣子的香气。这头猛兽已经温驯了许多，舌尖上能感受它的柔和，加水后感觉不再那么紧，还带出一点烟熏味，从各个方面来看这都是一头蛮牛。

回味：糖蜜。

结论：即便在首注的雪利桶中待了23年之久，本利林依然是本利林。

风味阵营：饱满圆润型
参照酒：Macallan 25年，Ben Nevis 25年

阿特班品酒辞

新酒

色香：刚开始是淡淡的烟熏味，简单纯净，非常清淡的风格，还有些许青草味，如同花园里的篝火。

口感：烟熏味在口中完全绽放，木头燃烧的味道，有点干涩。

回味：干涩。

1991年款 62.3%

色香：青草和酯类物质味。清淡感觉的橡木桶味道，很简单。

口感：入口之后香气四溢，许多新橡木被烤制的味道，后段是麦芽糖和酯类物质，调子相当高雅。

回味：干净短促。

结论：斯佩塞地区清新的家酿风格。

风味阵营：芳香花香型
参照酒：Glenburgie 12年，Glen Grant 10年

坐落于斜坡高处的本利林酒厂，这里曾让巴纳德畏惧。

亚伯乐和格兰纳里奇（Aberlour & Glenallachie）

大云 · 亚伯乐 DAILUAINE · ABERLOUR

回到本利林山脚下，沿着斯佩河不远处就是小镇亚伯乐（Aberlour），而途中率先映入眼帘的却是格兰纳里奇酒厂。不过它并不在路边，离铁路也很远，有点小隐隐于野的感觉。也是当地最年轻的酒厂之一，1967 年由查尔斯 · 麦肯雷（Charles Mackinlay）建立，非常典型的新派酒厂。清爽淡雅的口感，麦芽味十足，很受北美市场青睐，回味甜美带一丝水果味。

本利林区的威士忌的风格源于整个地区的风土条件，其中很重要的一点便是本利林山周围有着非常寒冷的水源，这造就了本地区大部分的酒都有着香醇的口感。格兰纳里奇也是从本利林山附近取水酿酒，不过它对水的用法有自己的理解，“我们酒厂的蒸馏器和朱拉（Jura）酒厂的一样，让我们蒸馏出的新酒会略显清淡，”（参见本书14~15页）来自酒厂主芝华士公司的经理艾伦 · 温切斯特这样解释说，“这是由于附近的水太寒冷，不符合我们对于营造清淡口感的要求，所以我们在生产过程中把水温稍微升高了一点。”

离开了本利林山的环抱，来到山脚下那座宁静安逸的小镇亚伯乐，和小镇同名的酒厂仍明显有着当初私酿时期的痕迹，厂房远离道路，只靠一座维多利亚时代的门房矗立街旁，仿佛提醒着我：此处有酒厂。

亚伯乐曾经多次易主，最早是在1826年由约翰和乔治 · 格雷厄姆（John and George Graham）申领牌照成功而建造。而现在看到的亚伯乐酒厂已经是1879年由第二任厂主詹姆斯 · 弗莱明（James Fleming）所建造，而他也被认为是亚伯乐真正的开山鼻祖。1975 年，酒厂最终被芝华士收购，然后重新整修，敞开式的厂房窗明几净，崭新得如同刚建成一般，就算詹姆斯再世，恐怕也认不出来这是自己曾经拥有过的酒厂。

同样好奇的是詹姆斯是否能够盲品出现在的亚伯乐，要知道当年他可是走清新路线的。“我们刚蒸馏出的新酒有着黑加仑和一点点青苹果味，”前任酒厂经理温切斯特（现任格兰纳里奇经理）说道，“不过里面的麦香味就不是那么浓。”自从被芝华士收购以后，亚伯乐的酒就变得果味更浓郁以迎合买家的需要，而在温切斯特管理的时候，亚伯乐又多了一丝草本味道，酒体更有厚度，只有这样才能够愉快地跟雪利

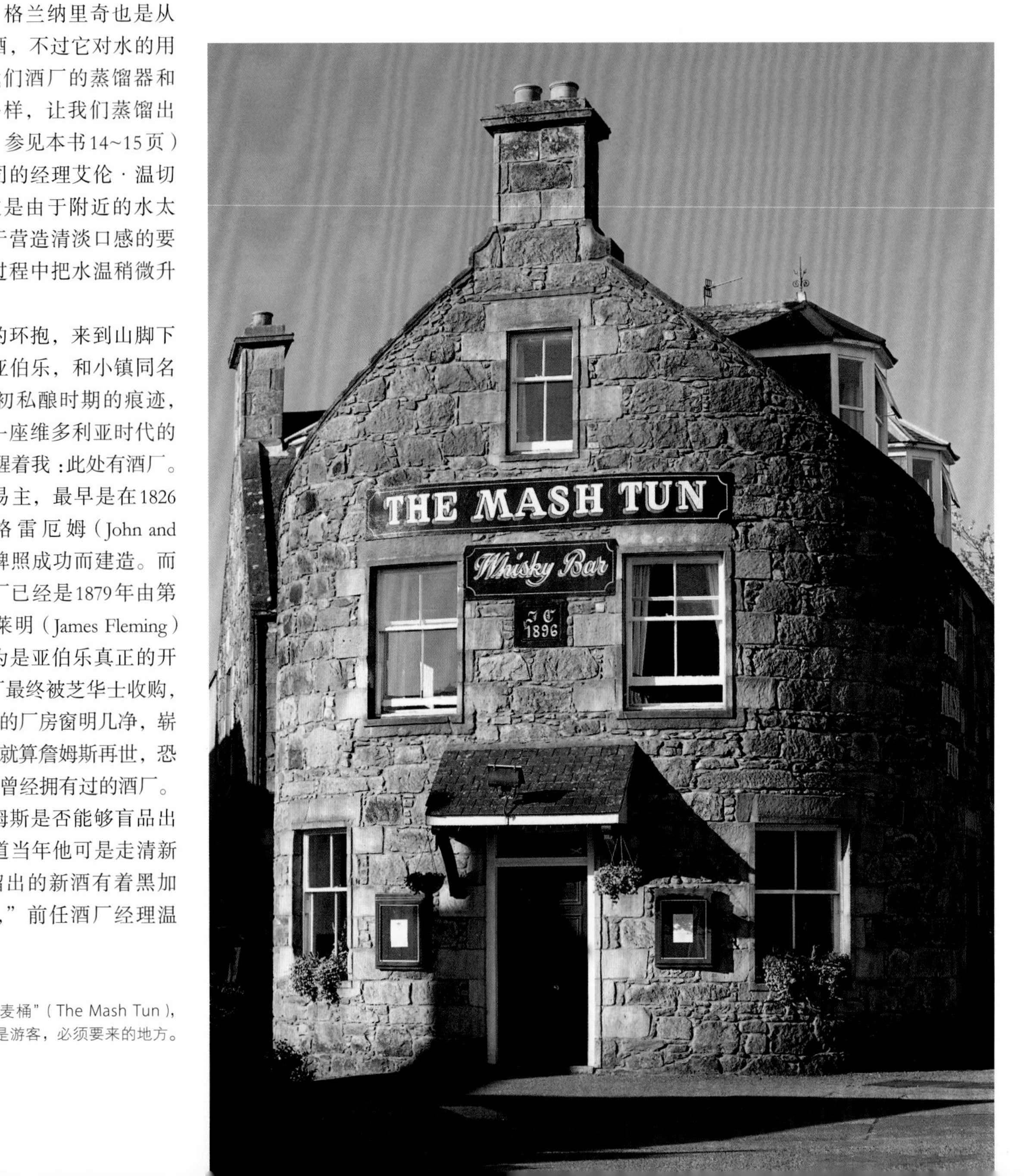

斯佩塞最好的酒吧之一——“麦桶”（The Mash Tun），无论当地人或者酒厂经理还是游客，必须要来的地方。

苏格兰最隐蔽的酒厂之一，格兰纳里奇，20 世纪 60 年代的酒厂风格保留至今。

桶结合在一起。

而透明清澈的新酒中还有一丝只有在熟成威士忌中才有的太妃糖的香气，非常迷人。酒体在本利林区属于中间路线，既不过于厚重也不那么清淡。“这点让我觉得很神奇，”温切斯特补充说，“格兰纳里奇和亚伯乐如此之近，而酿出的酒风格却截然不同，这答案也许只有上帝知道。”

亚伯乐品酒辞

新酒

色香：香甜，黑加仑叶的味道，浓烈的花香，麦芽香和一点点麻绳味。

口感：纯净，柑橘的清新，后段有苹果味显现。

回味：草本味。

10 年款

色香：铜味，浓烈纯净的麦芽味。水果味，桶味使得香气很圆润，加水之后更为浓郁。

口感：入口是活泼的坚果味、核桃派，还有饱满的太妃糖味道，之后新酒中的树叶味显现。

回味：阿萨姆红茶，薄荷。

结论：橡木桶给酒增添了更多风味和厚度。

风味阵营：饱满圆润型
参 照 酒：Aarmore 1977，Macduff 1984

12 年，非冷凝过滤 48%

色香：丰富而饱满，有很多杏仁蛋白糖，香蕉，太妃糖，醋栗，黑樱桃。加水后有玫瑰水和一些绿叶的香气。

口感：成熟和柔和。更高酒精度增加了个性，小茴香在舌尖闪动，加水后是成熟的果味。

回味：清新，水果味。

结论：这个非冷凝过滤的版本添加了质感和厚重。

风味阵营：水果辛香型
参 照 酒：BenRiach 12 年，Glengoyne 15 年

16 年，二次注木桶 43%

色香：更多美国橡木和二次注橡木桶的影响，使得亚伯乐的清新感展现，带有麦片，麦芽，轻木和油毡。加水后雪利味显现。

口感：香料味扑面而来，非常活泼，加水后不再那么强烈，比香气更为甜美，有一点苦味。

回味：中长。

结论：亚伯乐的清爽和橡木桶的深沉完美的组合在一起。

风味阵营：水果辛香型
参 照 酒：Inchmurrin，Glen Moray 16 年

18 年 43%

色香：类似于 12 年，但多了些薄荷，巧克力，栗子，蘑菇和橡木。加水后西洋梨，李子果酱的风味开始展现。

口感：入口奔放，集中，深层次中带有些许李子味。

回味：优雅悠长。

结论：更丰富，更为深邃的亚伯乐，非常平衡。

风味阵营：饱满圆润型
参 照 酒：GlenDronach 12 年，Deanston 12 年

A'BUNADH，BATCH45 60.2%

色香：非常强烈的酒精刺激感，带出大量焦糖糖浆，糖蜜的味道。之后则是黑樱桃和类似于摩托车排出的热尾气的味道。

口感：磅礴，收紧。重雪利风格，大量黑色水果和一些干麦片为其增添了结构感。加水后更为柔和，层次感更为丰富。

回味：强劲，气势磅礴。

结论：雪利桶桶强系列，并且会有不同的批次释出。

风味阵营：饱满圆润型
参 照 酒：Glenfarclas 15 年，Glengoyne 23 年

格兰纳里奇品酒辞

新酒

色香：清淡甜美，糖化后的甜玉米味道。

口感：纯净简约，柔和甜美。

回味：干净，略为干涩。

结论：雪利桶桶强系列，并且会有不同的批次释出。

18 年款 57.1%

色香：琥珀色。香气纯净，雪利桶的味道，烟花，李子果酱，提子干，淡淡的菊苣和橘子果酱，浓郁饱满，后段还有巴西胡桃味。

口感：成熟，略微有点干涩，皮革的味道。坚果味依然很重，加水之后花香四溢。

回味：甜美悠长，很平衡。

结论：桶味很重，老酒风范。

风味阵营：饱满圆润型
参 照 酒：Arran 1996，Glenrothes 1991

麦卡伦（The Macallan）

克莱嘉赫（CRAIGELLACHIE）· www.THEMACALLAN.COM

在早期，单一麦芽威士忌刚开始商业化时，人们常拿它来和其他用像木桶陈年的高评价烈酒比较。威士忌做市场推销时会说："这和干邑一样好，"而对麦卡伦来说，他们会加上像是"一级产区（first growth）"这样的葡萄酒术语，这可以说是相当贴切。麦卡伦总部的建筑是白色外墙、富丽堂皇的伊斯特·艾尔奇宅邸（Easter Elchies House），的确让整个庄园多了几分像法国酒堡那种精致优雅的气派。

虽然麦卡伦采用的威士忌制造方式是在业内与老的威士忌酒厂更老的酒厂有直接关联，这也是一个有力的佐证，说明这里最早的一些酒厂（麦卡伦酒厂成立于1824年）制造的威士忌往往是口味最重的，但是麦卡伦销售威士忌的态度总是把自己放在不在这个酒业的中心位子上。人们猜想麦卡伦可能不太在乎这一点。

与风格最明显的关联是在蒸馏房（本书撰写时，第二间蒸馏房已经在2008年投入生产），矮小的蒸馏房依然挨在冷凝器旁，犹如电影《尼伯龙根的指环》里的侏儒。

逆流在这里不是件好事，因为它要强调的是出品力度强劲勇敢的酒。在参观麦卡伦那充满创新的酒厂时，你可以品尝到它新酒的油腻感、麦芽味、深邃，最重要的是还有甜味，它很有主见，从问世的第一天起，就很明确地表示它不受人摆布。

酒体的重量感至关重要，因为麦卡伦总是和雪利桶联盟在一起。基于这种和雪利桶的共生关系，酒厂拥有者爱丁顿（Edrington）集团都是向西班牙赫雷斯镇（Jerez）的制桶厂特瓦萨（Tevasa）订制特殊规格的木桶。

麦卡伦的传统是混合使用含有高单宁和丁香、水果干香气的欧洲橡木（Qrecusrobur），与富有香草和椰子味的美国橡木（Quercus alba），这让蒸馏师鲍伯·达尔加诺（Bob Danlgarno）必须处理两条非常不同的风味主流——两者搭配可以产生多样的变化。

在雪利桶中，新酒的油腻既能促进风味从橡木桶中释放，同时会抵御侵略性的单宁，防止单宁紧咬着味蕾，像雪貂捉住兔子般。老麦卡伦应该是温和柔顺，不扎舌的。而美国橡木（部分波本桶也是）则能释放出更多谷物味和柔和的水果味。

我在撰写《世界威士忌地图》第一版的时候访问了达尔加诺，当时他正将一系列各具不同色调的威士忌倒入雪利大桶中，调和成雪利桶12年。他对威士忌酒色和风味系列之间的关联有着很深入的了解，并以此出品了四款轰动市场的1824系列。

这也是他对大部分威士忌生产商面临存酒紧张问题所实行的解决办法。苏格兰威士忌在21世纪初快速扩张，让许多酒厂措手不及。大家对20世纪80年代威士忌生产过剩所导致的酒厂关闭仍记忆犹新，数十年来一直都谨慎看待产量。当市场需求暴增时，必然的结果就是成熟的存酒短缺。解决办法就是出现了无年份标志（NAS）的威士忌，以往被年份标志所束缚的威士忌生产者获得自由，得以探索风味和酒厂特质。

对此达尔加诺的做法是研究如何以颜色作为风味特质的指标之一。而讽刺的地方在于（酒厂的会计师可以让你感到困惑）这个新系列的生产成本要比所取代的原本威士忌更高。

存酒短缺的情况在未来不太可能再发生，许多如停机坪那么大的巨型仓库已经建好，还有一座更大规模的酒厂正在兴建中。

在新厂建好之前，麦卡伦将继续纵横世界，很多人认为它是奢华威士忌的代表，也有人认为它是老派单一麦芽威士忌风格的再现，并加了点现代感。（译者注：2017年，耗资一亿英镑的麦卡伦新酒厂已经开始运作）

麦卡伦为数众多的仓库，都把雪利桶藏在很隐秘的地方。威士忌调和大师鲍伯·达尔加诺就是用这些存酒，调配出这间苏格兰最具代表性酒厂正式推出的酒款。

麦卡伦品酒辞

新酒

色香：干净，一些青涩水果，油脂感十足，麦芽味，淡淡的硫磺味。

口感：肥美和油质感，包覆住味蕾，有重量，青橄榄，刚强。

回味：浓郁悠长。

Gold 40%

色香：温暖，充满酵母味，混杂着新鲜烘焙的白面包、杏仁奶油、干草和香草。

口感：在清淡，“开场式”的气味后暗藏玄机，具有厚度，裹住舌头的油脂，和充满活力的柠檬味，以及奔放四射的甜味。

回味：不甜和麦芽味。

结论：轻描淡写的麦卡伦入门介绍，不过充满了酒厂特质。

风味阵营：水果香料型
参 照 酒：Benromach 10 年

Amber 40%

色香：柔软的水果味，炖煮青李子和水果糖浆，带有少许苏丹葡萄和蜂蜡。

口感：土质感（湿沙），却甜美，半干燥的水果和少许的香草，细腻的杏仁味隐藏在后。

回味：悠长和微微的麦芽味。

结论：营造出可口的滋味。

风味阵营：水果香料型
参 照 酒：Glenrothes 1994

15 年款黄金三桶 43%

色香：金色。橘子皮和熟透的西瓜，芒果以及香草荚。后段是刚刚锯下的木屑，榛子和鞋蜡味。

口感：坚果和橡木味，水果羹、香蕉和焦糖太妃糖，蕨菜、麦芽和黑巧克力味。

回味：复杂，水果味。

结论：酒厂个性和三种橡木桶的风味结合得很平衡。

风味阵营：水果辛香型
参 照 酒：Glenmorangie 18 年，Glencadam 15 年

18 年款雪利桶 43%

色香：深琥珀色。水果蛋糕、李子布丁，布朗尼、核桃和生姜面包的味道，后段慢慢有糖浆和草莓干的香气。

口感：饱满浓郁，铺满整个口腔，十分香醇。提子干和无花果的味道，成熟，油脂感十足。

回味：一丝烤焦味增加了复杂度。

结论：桶味和酒厂自己的风味依然结合得很好。

风味阵营：饱满圆润型
参 照 酒：Dalmore 1981，Glenfarclas 15 年

SIENNA 43%

色香：强烈的煮黑樱桃，红色李子和蓝莓，纯粹而且清新。

口感：非常具有质感并且厚重，带着蜡烛，树脂，五香粉，丁香，果皮，香料以及水果，以及艺术家的调色板味道，并且有淡淡的柔顺单宁。

回味：悠长，提子干。

结论：秋天的乡间别墅。

风味阵营：饱满圆润型
参 照 酒：山崎 18 年

25 年款雪利桶 43%

色香：暗琥珀色。完完全全是西班牙赫雷斯白兰地的香气：深色的水果，烤杏仁，晒干的草本植物，还有许多糖渍水果的味道，那种黏稠饱满的香甜和树脂味完全来自于橡木桶本身。

口感：非常甜美，接近红葡萄酒的口感，包裹感十足，桑葚、黑醋栗、烟熏、泥土味，后段更是饱满的提子干香气。

回味：丰腴悠长。

结论：雪利桶和麦卡伦的油脂感结合得非常完美，而酒厂以此为基调不断演奏出一曲曲动人的变奏曲。

风味阵营：饱满圆润型
参 照 酒：Glendronach 1989，Benromach 1981

RUBY 43%

色香：西梅以及晒干的樱桃，类似于巴罗洛红葡萄酒的甜美，奔放强烈，之后则是巧克力包裹着的土耳其软糖。

口感：Oloroso 雪利酒，以及阿萨姆红茶一般的单宁，非常浓郁。

回味：悠长深邃。

结论：无论是结构或是香气都展现了老派经典的麦卡伦个性，并且还有着葡萄酒般的甜美。

风味阵营：饱满圆润型
参 照 酒：Aberlour A'Bunadh

克莱嘉赫（Craigellachie）

克莱嘉赫，斯佩塞制桶厂（SPEYSIDE COOPERAGE）· WWW.SPEYSIDECOOPERAGE.CO.UK

在本利林区的游览即将结束，在这个斯佩塞最大的酒厂聚集地，我们已经见过许多酒厂，最后，让我们来到克莱嘉赫。斯佩塞地区新派老派、清淡厚重之争依旧，而克莱嘉赫却两者兼顾。它坐落在铁路旁，后维多利亚时代的建筑，如今看上去略显陈旧，采用非常传统的酿造方式。酒厂于19世纪90年代时由一家调和酒公司创建，选址在此完全是由于便利的交通，由附近的火车站可以去往达夫镇（Dufftown）、基思（Keith）、露斯（Rothes）各地。

有了酒厂之后，就吸引了大批游客来到这里，附近富丽堂皇的克莱嘉赫酒店也随之升温。而这里的繁荣要归功于皮特·麦基爵士（Sir Peter Mackie），当时白马威士忌的拥有者……甚至包括乐加维林酒厂。正是他1915年时买下克莱嘉赫并扩建（符合标准的敞开型蒸馏车间），并保留了老酒厂的一些标志性元素。

闻一下刚蒸馏出的新酒香气，依然是熟悉的硫化物的味道，让人一下子想到了虫桶冷凝，更为强烈的还有蜡质的味道——半截蜡烛、蜡封，以及蜡封水果，入口以后这种味道依然强烈，紧紧包裹住你的舌苔。一切都仿佛表明这是一款重口味的威士忌，但是又如此奔放，非常有趣。

来自酒厂拥有者帝王酒业公司（John Dewar & Sons）的助理调酒师基思·格迪斯（Keith Geddes）解释说："我们在发麦过程中了采用了硫化的方法，而我们的蒸馏器很大（酒的蒸汽会有回流），蒸馏臂很长。一般来说过多的铜接触会降低硫化物，而我们的虫桶冷凝器（见14~15页）则能尽量避免这一点，蜡质感就是克莱嘉赫的标志，在其他地方无法复制这一点，老式的管道和蒸馏设备造就这种风格。而且我们虽然能够让酒产生这种蜡质感，但是很难控制它，所以每次的酒都有不一样的蜡感。"

斯佩塞制桶工厂

在克莱嘉赫的山上，坐落着斯佩塞的威士忌木桶工厂。1947 年开设的这家工厂，现由法国人拥有，超过 10 万个木桶正在修复转租或重箍桶。这里还有一家访客中心，给游客难得的参观制桶技艺的机会。

对于新酒中的硫化物，格迪斯的看法是，“我们能让它有所变化，变得更香醇、更芬芳，而酒体也会变得更厚重，所以我们要想办法达到平衡。”这里的老派风格不像大云和本利林酒厂那般凝重，经过陈年以后反而有丰富的水果味，入口依然蜡感十足，包裹度很好，还有一丝烟熏味弥漫，很是迷人。

这种蜡质感在苏格兰威士忌中并不多见，另外几家拥有这种风味的是克里尼利基（Clynelish），汀斯顿（Deanston）和老年份的艾柏迪（Aberfeldy）。调和威士忌最喜欢克莱嘉赫，简直就是厚重版克里尼利基。“它作为基酒能给调和威士忌增加酒体的厚度”，格迪斯说，“而且还能增加水果味和花香，是一款非常好的基酒。”

并且这似乎是一种非常奇怪的风格，如同逆行在酒厂之中。虫桶冷凝器中散发着煮过头的卷心菜味道，而回到发酵槽中却变成了甜美香气。它同时拥有复杂度和多面性，厚重而又不失果味，浓郁与芬芳并存，对威士忌调和大师而言简直就是上天的恩赐，这也是为什么克莱嘉赫一直是调和威士忌最为重要的声部之一。它是白马威士忌的重要基酒（这并不让人感到意外），并且还深受其他调和大师们的青睐。然而，如今这间最具个性的威士忌酒厂，不走寻常路的怪杰，斯特拉斯佩的双面神，终于成了帝王公司的一部分，并且进入了单一麦芽威士忌市场，在这份迟来的欢迎声中它终将成为舞台上的焦点。

木制发酵槽显现克莱嘉赫是家沿用传统酿造工艺的酒厂。

作为本利林地区的最后一站，克莱嘉赫完美地为此次旅行画上句号，而苏格兰威士忌的历史在此地可以完整呈现。世界范围内，威士忌的生产越发现代化，产量也变得无比庞大，口感却变得越来越清淡。而在这里，在苏格兰，你会发现时间仿佛在这里凝固，过去的事物依然存在，古老的酿酒方式也得以传承，人和土地之间的关系依然如故，而苏格兰人全身心的投入，更使得苏格兰威士忌成为这个星球最独一无二的佳酿。

克莱嘉赫品酒辞

新酒

色香：蜡味、蔬菜味，小红萝卜。还有煮马铃薯／淀粉味，和淡淡的烟熏味。

口感：坚果味，很甜美，还有强烈的蜂蜡和硫化物味道，厚重饱满。

回味：深邃悠长，蔬菜味又重现。

14 年款 40%

色香：淡金色。蜡封水果，温柏的味道。肉感多汁，中段杏子和淡淡的烟熏味，蜡封以及红加仑的香气。加水之后则出现池塘边芦苇，南瓜球和橄榄油的味道。

口感：入口是淡淡的椰子味，之后是甘油、果冻、甜美，酒体很厚实。

回味：温柏和面粉味。

结论：调和商们梦寐以求的一款超有质感的威士忌。

风味阵营：水果辛香型
参 照 酒：Clynelish 14 年，Scapa 16 年

1994 年，GORDON & MACPHAIL 装瓶款 46%

色香：金色。标志性的油脂／蜡味。中段是皮革上光剂和热带水果味，最后还有一抹柑橘味。

口感：就像在吃蜡封水果，口感圆润，包裹度好，加水之后酯类物质味更明显，收尾还有一些蜂蜜／糖浆的味道。

回味：微微有点辛辣，一丝热带水果的甜美。

结论：平衡、奔放，充分展现了酒厂的个性。

风味阵营：水果辛香型
参 照 酒：Old Pulteney 17 年

1998 桶陈样品 49.9%

色香：刚刚脱去那份新酒的硫磺味，非常纯净，淡淡的新鲜李子，加水之后水仙花夹杂着紫色水果味显现，之后则是一丝蜂蜜。

口感：细腻的烟熏味之中带着浑厚浓郁的质感，并且带着一些薄荷和标志性的菠萝味，很是浓醇，满溢口中。

回味：悠长厚重。

结论：充分展现了陈年的潜力。

达夫镇酒厂区（The Dufftown Cluster）

一直以来，达夫镇宣称自己是斯佩塞的中心，而它的周边也有6座酒厂。小镇的历史并不长，只比当地第一座酒厂稍微年长一些而已，是由詹姆斯 · 达夫（James Duff）在1817年建成。这里拥有世界上最畅销品牌的威士忌，还拥有也许是最重口味的威士忌（酒体厚重）。不管怎样，达夫镇是个极佳的体现风土个性的威士忌产区。

寒冬，白色的水蒸气从百富的蒸馏塔中升起。

格兰菲迪（Glenfiddich）

达夫镇 · WWW.GLENFIDDICH.COM

作为全球最畅销的品牌，它也是第一个向公众开放参观的酒厂（1969年开放参观）。对于第一次参观格兰菲迪酒厂的人来说，他们很容易产生“这里的威士忌制作过程有点老套”这样的印象。但事实恰恰相反。格兰菲迪的厂房面积有14公顷（14万平方米），3座蒸馏工厂，许多酒厂订制的设备都聚集在此，所有威士忌都是在酒厂内装瓶。格兰菲迪也是一个走摩登路线的威士忌品牌，但同时又保留了酒厂的传统精神，完全是自给自足的生产状态。

1886年时，威廉·格兰特（William Grant）凭着祖传的几座蒸馏器以及从卡杜买来的设备，正式建造了格兰菲迪酒厂。酒厂在次年圣诞期间，推出第一款装瓶的威士忌，即便在如今看来，这也是一种很有商业头脑的市场营销。

格兰菲迪的酒，风格清淡简约，不过当你步入它的蒸馏车间，望着眼前的蒸馏器，你会以为它的风格会类似于麦卡伦般厚重，所有蒸馏器都很小，按常规来说，小尺寸的蒸馏器会蒸馏出厚重，硫化物丰富的新酒（参见本书14~15页）。然而，格兰菲迪却充盈着草地、青苹果、西洋梨的香气。“我们在进行二次蒸馏的时候会更快速地取酒心，得到更芬芳、更纯净轻盈的酒体，”格兰父子公司的大师级调酒师布莱恩·金斯曼（Brian Kinsman）这样解释说，“如果慢的话酒体就会更厚重而且产生的硫化物会更多。”

当被问到格兰菲迪这样的做法是不是有些违反常规时，金斯曼回答说：“有关这个问题我们也不太清楚，因为根据记载，一直以来格兰菲迪的风格就是清淡型的，蒸馏器也一直是这样的尺寸，之后增加的蒸馏器也完全是按照原先的尺寸复制定做的。”想到格兰菲迪的市场需求量，可想而知如果当初只有4座蒸馏器的话，只有通过快速取酒的办法来增加产量，自然造就了它现在的风格。如今，格兰菲迪已经拥有了2座蒸馏车间，28座蒸馏器，可想而知它的市场需求量有多大。

对于格兰菲迪新酒中没有太多硫化物、酒体偏淡的问题，金斯曼认为这并非坏事。“这样的话会帮我们在选桶陈年等问题上减少很多困扰。”格兰菲迪在经过了3年桶陈之后，各种香气逐一呈现，波本桶的出现菠萝、奶油香草的香气；欧洲桶的呈现果酱、葡萄干的香气，而所有香气背后都是那一抹挥之不去的清新。

格兰菲迪近年来在橡木桶的选择和规划上有了长足的进展，各式各样的橡木桶都用到了威士忌的陈年中。在过去，格兰菲迪在这方面可没那么讲究，用桶可是弱项。现在则是在欧洲橡木桶中慢慢陈年，耐心等待每年的微妙变化。随着时间的推移，酒中原本的青苹果味变得更熟，刚收割的青草味慢慢变成干草香，而巧克力的香气则变得更悠长。作为一款清淡型的威士忌，格兰菲迪一如既往地保持自己的风格……无论陈年40年也好，50年也罢。“刚蒸馏出的新酒香气很清淡，不过陈年以后却会变得很棒，”金斯曼说道，“我认为它的清新和酒精感掩盖住了本身的复杂度。”就我个人而言，尽管格兰菲迪用各种桶来陈年，但桶味依然无法盖过格兰菲迪本身的特质。

从1998年开始，格兰菲迪通过效仿西班牙雪利酒的Solera系统陈年机制来酿造格兰菲迪15年Solera Reserve。所谓Solera系统，以最简单的三层Solera系统为例，底层的木桶存放陈年最长的酒，而顶层的则为新酒，每次装瓶先从底层桶取酒，被取走后遗留下的

庞大复杂的酒厂，包括蒸馏车间，陈年仓库和装瓶车间。

格兰菲迪是苏格兰为数不多还拥有制桶车间的酒厂。

空间则由中层酒桶中的酒来补足，而中层的酒则由顶层的酒补足。Solera的好处是可以让上下批次的酒保持相近的品质，而且系统成立时间越久，存留的老酒年份就越高，这样就能增加酒的复杂度和深化层次。回来再说格兰菲迪15年，它是由70%的二次装桶的波本桶，20%的欧洲橡木桶，以及10%的新橡木桶混合，最后放在俄勒冈产的松木大桶中静置一段时间，让它们充分结合。而后格兰菲迪15年Solera Reserve需要装瓶时则每次只从桶中取走一半的酒，剩下的一半则供下批次进行混合，这样出品的酒更柔和，更复杂更，具有深度。而格兰菲迪40年也是采用类似的方式，只不过采用的老酒可是20世纪20年代就开始陈年的。酒厂近期又安装了三座索莱拉融合桶，用于酿造全新的“木桶Cask”系列。

格兰菲迪品酒辞

新酒

色香：清爽、纯净，青草味和青苹果，慢慢还有熟菠萝的味道，非常纯粹和清新的香气。

口感：梨、青草和其他酯类物质，深层次中还有淡淡的谷物味。

回味：清新。

12 年款 40%

色香：香草味开场，之后是甜美的红苹果和一点点无核葡萄干味，加水之后是牛奶巧克力的味道。

口感：香草味超重，中段是圣诞布丁和各种水果，柔和顺滑。

回味：黄油味，但仍有淡淡青草味。

结论：新酒中青涩的味道慢慢变得成熟，欧洲橡木桶使之更具有深度。

风味阵营：芳香花香型
参 照 酒：The Glenlivet 12 年，anCnoc 16 年

15 年款 40%

色香：成熟温和的香气，李子酱和烤苹果的味道。

口感：柔顺丝滑，比 12 年款要厚重些，煮黑色水果和椰子味，最后还有淡淡的干草味。

回味：成熟饱满。

结论：Solera 系统使得酒体更为饱满浓郁。

风味阵营：饱满圆润型
参 照 酒：Glencadam 1978，Blair Atholl 12 年

18 年款 40%

色香：更多的雪利桶味道，提子干和雪利酒浸泡的干果味，桑葚、黑巧克力和干草。

口感：集中饱满的黑色水果，入口比 15 年款更为紧致，后段则是可可豆和雪松味。

回味：顺滑悠长，依然甜美。

结论：在一系列格兰菲迪中，18 年款恰处中年，仍保有些许清新。

风味阵营：饱满圆润型
参 照 酒：Jura 16 年，Royal Lochnagar 珍藏版

21 年款 40%

色香：深琥珀色。甜美，橡木桶味，咖啡 / 可可豆以及一丝雪松，还有麦芽糖和焦糖太妃糖甚至熟透香蕉的味道。

口感：饱满甜美，酒体浓郁。摩卡、苦巧克力以及森林土层的味道，还有一丝单宁感。

回味：树叶和橡木的干涩。

结论：成熟度很高，这款应该是在朗姆桶里陈年的。

风味阵营：水果辛香型
参 照 酒：Balblair 1990，Longmorn 16 年

30 年款 40%

色香：树脂味，香气浓厚，雅致。雪茄盒和坚果味，依然活力四射，令人赞叹。

口感：非常柔顺丝滑，酒液在舌苔上缓缓铺开，淡淡的青苔味，后段则是巧克力和咖啡。

回味：褪得很快，但口中仍然留有甜味。

结论：果味浓郁集中，而青草味则几乎褪去，只留下一抹清新。

风味阵营：饱满圆润型
参 照 酒：Macallan 25 年雪利桶，Glen Grant 25 年

40 年款 43.5%

色香：油脂和松脂味，还有草本、湿苔藓的味道，很典型的老年份威士忌的香气，但青草味仿佛又回归，对于一款老酒来说有点奇特，后段是蜂蜡和草本味。

口感：入口饱满圆润，优雅的巧克力味道：李子，意式浓缩咖啡，桑葚。强健的酒体使得桶味并没有抢过风头，中段辛辣感显现，最后则是淡淡的坚果和雪利酒的味道。

回味：草本味，悠长。

结论：这款酒也是经由 Solera 系统，其中大部分酒都是 20 世纪 20 年代至 40 年代装桶的，值得拥有。

风味阵营：饱满圆润型
参 照 酒：Dalmore，Candela 50 年

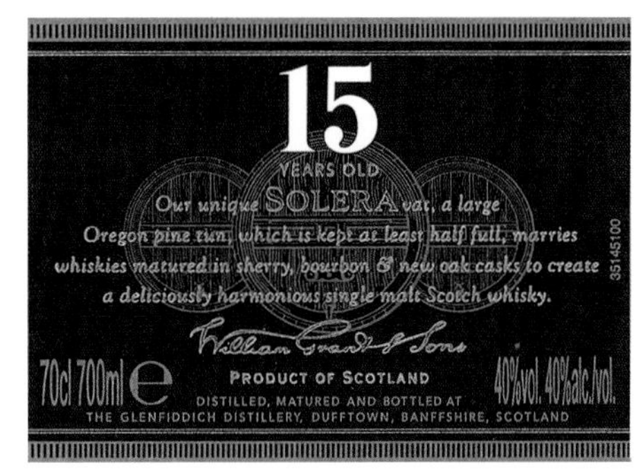

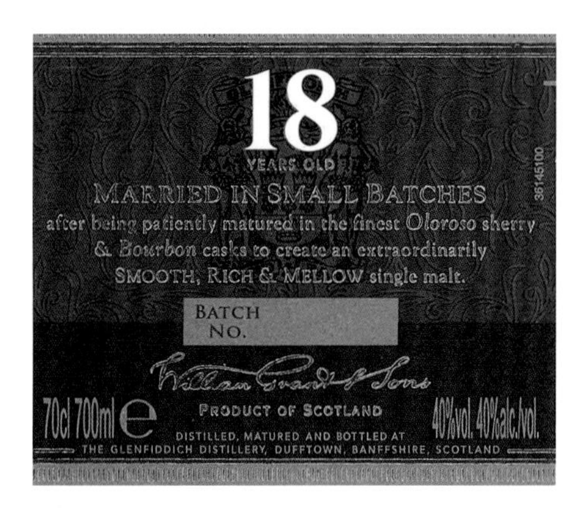

百富和奇富（The Balvenie & Kininvie）

百富，达夫镇 · WWW.THEBALVENIE.COM

作为格兰父子在达夫镇拥有的第二座酒厂（另外一座就是格兰菲迪），百富已不再是低人一头的小弟，不用再仰望着大哥——格兰菲迪，凭借着自己的努力，它也已经跻身一线酒厂之列。达夫镇3家格兰父子的酒厂，身处一地，一样的水源，一样的大麦，几乎相同的麦芽捣碎方式以及发酵和蒸馏过程，不过生产出的威士忌却风格各异，看来一样的风土并不能代表一样的味道。"大家的基本流程都一样，"格兰父子的首席调酒师布莱恩 · 金斯曼解释说道，"唯一不同的就是蒸馏器。"

而酒厂所在的地理位置是否还决定了它的风味呢？"这当然是有一些影响的，"金斯曼回答说，"酒厂周边的一切，空气、温度等都是影响威士忌风味的元素。你可以在其他地方建造一所一模一样的酒厂——就好像我们已经在艾尔莎贝建的酒厂（详见148页），但是酿出来的威士忌区别还是很大，真正想要酿出相似的酒，你还得做很多其他调整。"这样的例子不胜枚举，即便你能大致复制出一款酒的风味，它依然无法完整呈现原作所能拥有的风骨。百富的风味只有在百富酒厂才能营造，而营造它的风土只限于酒厂所在地，这种风土的概念，已经超越了达夫镇产区，从某种意义上来说，更超越了斯佩塞产区，一切只在酒厂。

自1892年建厂至今，百富一直保留着传统的地板发麦工艺，并且使用泥煤烘烤，当然这只能满足很小一部分酒厂的产量需求。而当你参观时，酒厂的每个人都会告诉你百富的风味来自于它那粗壮、短颈的蒸馏器。刚产出的新酒坚果、麦芽味十足，隐隐有水果的芬芳隐藏于后，值得期待。

在经过了7年的二次装桶的橡木桶陈年之后，坚果味才慢慢减弱，被掩盖住的水果、蜂蜜等芬芳逐步绽放，麦芽糊的味道也淡去一些，不过酒体依然饱满，可以预见不久的将来，水果的芳香必将越发丰富。

如果说格兰菲迪是靠桶味来撑起一片天的话，那百富就内敛多了，它更善于把木桶的风味融合，吸收到酒中，让橡木桶起到锦上添花的作用，而不会喧宾夺主。当然，百富很少会有桶味过重的感觉，它本身强壮的酒体和水果香气足以压制住橡木桶的影响。

而百富酒体的特质也使得格兰父子的前任调酒师戴维 · 斯图尔特（David Stewart）有了许多大胆而有趣的尝试，独创出"风味桶"威士忌的概念。他用各种桶来陈年百富——马德拉葡萄酒桶、朗姆桶、波特桶，甚至还有很多单桶的威士忌。相较格兰菲迪缓慢的Solera桶陈方式，百富通过多种橡木桶的选择营造出各种不同的风味，当然，喝上去你依然能够感受到百富那特有的个性。

1990年，随着市场对格兰菲迪的需求不断增长，格兰父子建造了另一间酒厂——奇富Kininvie。它的职责是为格兰父子的调和威士忌提供基酒。奇富自建成第一天起就被外界误解为格兰菲迪的克隆酒厂，或是百富的克隆酒厂，或只是一间非常简易的工厂车间，然而事实并非如此。虽然糖化和发酵是在百富完成的，但根据法律规定奇富依然拥有独立的酿造设备。并且奇富的发酵过程是完全与众不同的，并且它的蒸馏室内拥有9座蒸馏器，生产清淡，甜美，拥有芬芳花香的新酒：和另外两家兄弟酒厂完全不同——只是非常鲜为人知。直到2013年奇富才推出了第一款原厂装瓶的威士忌，目前已经有越来越多酒款出现在市场上。

百富品酒辞

新酒

色香： 厚重，坚果谷物味，但是之后是许多水果味，非常纯净甜美。

口感： 酒体强劲，谷物和什锦坚果麦片的味道，甜美。

回味： 纯净，坚果味。

12 年双桶 40%

色香： 甜美，各种水果皮的味道。蜂蜡和花粉，还有邓迪蛋糕，后段还有一丝划火柴味。

口感： 比签名版更饱满，多汁水果，入口香醇。雪利桶和坚果味带来的轻微抓舌感，后段是果皮和蜂蜜味。

回味： 悠长，伴随淡淡的干果味。

结论： 桶和酒结合得非常平衡的一款。

风味阵营：水果辛香型
参 照 酒： BenRiach 16 年，Longmorn 16 年

14 年加勒比桶（朗姆酒桶换桶）43%

色香： 经典的酒厂风味，丰富的蜜糖水果，还有更多香蕉，焦糖布丁，浓稠的希腊酸奶，煮桃子，葡萄糖糖浆和薄荷味。

口感： 厚重浓醇。成熟的热带水果满溢在口中。

回味： 悠长甜美，带有一些麦片香气。

结论： 非常的百富，但披上了热带风味的外衣，所有酒款中最甜美的百富。

风味阵营：水果辛香型
参 照 酒： Glenmorangie Nectat d 'Or

17 年，双桶陈年 43%

色香： 深邃而丰富，带有蜂蜜，兰花茶，还有一点麦芽和烤面包，橡木桶和栗子蜂蜜味。

口感： 入口细腻甜美，之后则是圆润成熟的橡木桶气息和些许可可。

回味： 悠长柔和。

结论： 系列酒款中最为饱满丰富的一款。

风味阵营：饱满圆润型
参 照 酒： Cardhu 18 年

21 年，波特桶 40%

色香： 饱满集中的香气，车厘子，玫瑰果糖浆，橡木板，后段是淡淡烤木头味。

口感： 油脂感十足，蜂蜜味，比马德拉桶更为新鲜的水果味，红色和黑色水果，力道十足但依然甜美。

回味： 悠长甜美。

结论： 尽管更为醇厚，但仍具有 12 年款的烙印。

30 年款 47.3%

色香： 浓郁的椰子，核桃味的冲击，还有煮橙皮的味道，温醇甘香。

口感： 入口柔顺香滑，醇厚悠长，依然是熟悉的蜂蜜味，各种水果，后段是淡淡的橡木味和一丝甜蜜的香料味。

回味： 香甜饱满。

结论： 老年份威士忌的典型性，过于柔和。

风味阵营：水果辛香型
参 照 酒： Tamdhu 32 年

奇富品酒辞

新酒

色香： 香气轻盈，花香四溢以及酯类物质，纯净。

口感： 入口干草，花香和树叶，非常清爽。达夫镇最为清淡但最为干涩的一款。

回味： 干净短促。

6 年 样品酒

色香： 奔放的花香。清新的花束夹杂着香草布丁。

口感： 轻盈，入口芬芳（风信子），令人一振，甜美四溢。

回味： 短促甜美。

结论： 非常易桶陈的类型。

23 年款 BATCH NUMBER ONE 42.6%

色香： 水果花香，如同开满野花的草原，糖梅和老式甜品店的味道，加水之后则是青草和菠萝香气。

口感： 桶味非常收敛，入口甜美，有着杨桃和白桃的味道。

回味： 淡淡的柑橘。

结论： 一直以来都隐藏得很好，同另外两位兄弟酒厂完全不同的个性。

风味阵营：水果辛香型
参 照 酒： Craigellachie

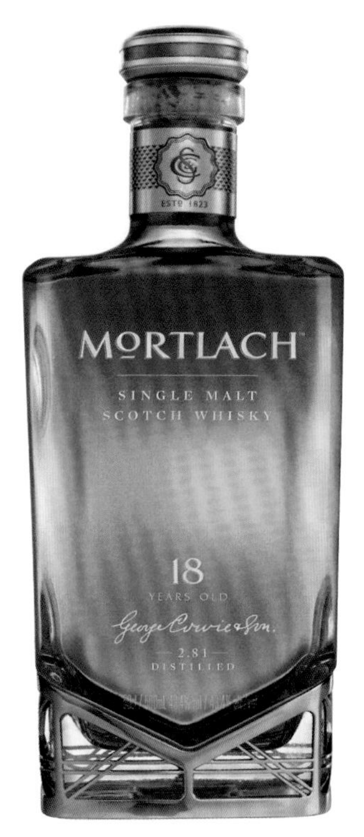

慕赫、格兰都兰和达夫镇（Mortlach，Glendullan & Duff town）

慕赫，达夫镇
格兰都兰，达夫镇 · WWW.MALTS.COM/INDEX.PHP/OUR-WHISKIES/THE-SINGLETON-OF-GLENDULLAN
达夫镇，WWW.MALTS.COM/INDEX.PHP/OUR-WHISKIES/THE-SINGLETON-OF-DUFFTOWN

相比前面几家酒厂，达夫镇的另外几家酒厂就有些鲜为人知了，而其中最老的也是最神秘的酒厂当属慕赫。Mortalch在当地语言是碗状的盆地的意思，作为镇上最老的酒厂，慕赫早在1823年就由詹姆斯 · 芬德拉特（James Findlater）、唐纳德 · 麦金托什（Donald Mackintosh）和阿历克斯 · 戈登（Alex Gordon）三人共同建造，当然，这又是一家酿私酒起家的酒厂。

如果把斯佩塞的风格分为3种：麦香干涩型、水果辛香型和饱满圆润型，那慕赫无疑属于最后那一型，它甚至可能是斯佩塞最重口味的威士忌。慕赫的厚重让人一下子回到威士忌的古老年代，镇上的古朴街道和四周摇曳的树林，当然还有私酿时代时时刻刻紧绷着的精神和肉体。

这种厚重感从何而来呢？“我们不知道这种风格从何时开始，”帝亚吉欧大师级酿酒师道格拉斯 · 穆雷回答说，“我们只要把它传承下来就好。”是私酿时代的风格，是虫桶冷凝，是复杂的蒸馏，谁也不知道答案，只能用一句“佳酿本天成，妙手偶得之”来解释了。

慕赫采用与本利林相仿的类似三次蒸馏的方法来营造醇厚的口感，穆雷愉快地介绍说：“应该说是2.7次蒸馏法。”6座形状迥异的蒸馏器矗立在蒸馏车间内：一座三角形的，几座细颈的，一旁角落里还隐藏着一座非常小的蒸馏器，俗称“小女巫”（the Wee Witchie）。

要理解慕赫的蒸馏工序，最简单的方法是把它的一间蒸馏车间当成两间来看。两座蒸馏器进行第一次蒸馏并取得原酒。第二次蒸馏时，两座麦芽汁蒸馏器串联起来工作，前段80%酒精度较高的酒汁放入烈酒蒸馏器之中进行第二次蒸馏，取得第二道原酒。而剩下的20%酒精度较低的酒汁放入“小女巫”之中，再进行第三次蒸馏。前两次的蒸馏取100%的酒汁，第三次蒸馏才取酒心。从“小女巫”取得的原酒酒体更为醇厚饱满，要尽量避免过多的铜接触从而尽可能地保留酒中的硫化物，因此慕赫使用冷水管虫桶冷凝器，最后在欧洲橡木桶中激发出它的个性。

慕赫的历史要追溯到达夫镇建立之前，它是许多调和威士忌的基酒。在新的蒸馏车间建成之后，慕赫的产量实现了翻番，并且终于能够走上单一麦芽威士忌的舞台，以其精致而又愉悦的个性带给所有品饮者全新的体验。

慕赫身处陡峭的山脊处，可以俯瞰杜兰（Dullan）河以及另外两家藏身于山脚下的酒厂，格兰都兰酒厂就是其中之一。这座酒厂建于1897年，老厂房在“二战”期间被征用为兵营和军工厂，如今的厂房是在1962年重新建造的，出品的威士忌风格并不像它名字那般晦涩沉闷，12年款香气雅致，满是浆果和黑刺李的香甜。它也是帝亚吉欧旗下威士忌品牌苏格登（Singleton）精选的3家酒厂之一（另外两家是Glen Ord和Duff town）。

达夫镇酒厂前身是一家面粉磨坊，建厂时间比格兰都兰早，同样也一直作为调和型威士忌的基酒，很少独立装瓶出售。如果说格兰都兰是传统风格的代表，那达夫敦则是不折不扣的新派了。麦芽和青草的清新风味使它成为Bell调和型威士忌中的重要基酒之一。如此迷你的达夫镇就拥有6家酒厂，而且各属不同的风味阵营，如此看来，它不愧为“威士忌之都”。

达夫镇酒厂坐落在山谷中，附近的3家酒厂各自酿着不同风格的酒。

慕赫品酒辞

新酒

色香： 气味干涩，硫化物，烟熏味，劲道十足，重口味，有点肉味，浓缩牛肉汁般的浓郁。

口感： 入口强劲，旧木头，牛肉高汤，烟火的味道，十分霸道。

回味： 厚重灼热。

慕赫珍藏 RARE OLD 43.4%

色香： 成熟水果，深色水果，坚果和雪利酒还有派饼的味道。之后则是苹果干，甘草和黑巧克力。加水后带出橘子酱，栗子和果仁糖。

口感： 入口非常香醇甜美。并且迅速涌现一些氧化般的风味，随后又变得深邃，杏仁水果蛋糕的味道，厚重而丰富。

回味： 干果。

结论： 不像老版 16 年那样活泼，但慕赫的个性非常鲜明。

风味阵营：饱满圆润型
参 照 酒： Dalmore 15 年

25 年款 43.4%

色香： 精致，带有类似于皮革的香气，老爷车的装潢味以及令人惊讶的薄荷味以及清新感，并且还带着些许肉感。

口感： 入口之后非常磅礴大气，成熟，优雅的水果，栗子，檀香和雪茄盒调性，依然非常肉感，但和乳脂感非常好地融合在一起。

回味： 悠长的果味，很丰富。

结论： 优雅而悠长。

风味阵营：饱满圆润型
参 照 酒： Macallan Sienna

格兰都兰品酒辞

新酒

色香： 香气四溢，轻柔，淡淡的花香（小苍兰），还有葡萄开花后的香气，后段则是青草味。

口感： 非干涩，优雅的法式蛋糕店传来的水果香气，非常柔和。

回味： 清淡、干净、短促。

8 年款 二次注橡木桶，样品酒

色香： 香气令人为之一振，苹果派的味道，还略带一丝香水味，清淡典雅，后段是轻柔的柠檬味以及花香 / 茴香味，和花店的芬芳。

口感： 清新典雅，小苍兰的味道依然可辨，此外还有柠檬味和微妙的酸度。

回味： 干净尖锐。

结论： 清新，个人认为用二次注的木桶来陈年此酒比用调性活泼的新桶更为合适。

12 年款 FLORA & FAUNA 43%

色香： 香气轻柔，些许橡木桶的味道和木屑味，后段则是苹果。

口感： 入口典雅，中段那微妙的酸度仿佛能够拨动人的心弦，依然很芳香。

回味： 柠檬。

结论： 橡木桶的作用使得这款酒比 8 年款更为成熟。

风味阵营：芳香花香型
参 照 酒： Linkwood

THE SINGLETON OF GLENDULLAN 12 年款 40%

色香： 饱满的金色，雪利桶和麝香葡萄的甜美，似乎还有一丝黑刺李的味道。依然很芳香，但已经转化为果脯味，桶味很明显。

口感： 淡淡的水果味。黑葡萄和水果糖，之后能感受到欧洲橡木桶带来的饱满。香气依然很棒，但酸度已经褪去。

回味： 轻柔，舌头上依然黏附着那份甜美。

结论： 依然（只是）格兰都兰的风格，但桶味已经占据主导。

风味阵营：水果辛香型
参 照 酒： Glenfiddich 15 年，Glenmorangie Lasanta，Fettercairn 16 年

达夫镇品酒辞

新酒

色香： 淡淡的面包味，菠萝，酯类物质和一抹谷糠味。

口感： 纯净，水果羹的味道，入口尖锐，还有些许的谷物味道。

回味： 坚果味，干净。

8 年款 二次注橡木桶，样品酒

色香： 非常纯净的香气，麦芽香和维他麦的味道，如同自家庭院里堆着的麦芽桶的香气。

口感： 干涩、清爽。坚果味，最后一丝香甜稍纵即逝。

回味： 芝麻。

结论： 纯净，坚果味——很好的一款老派达夫镇的酒。

THE SINGLETON OF DUFFTOWN 12 年 40%

色香： 甜美的香气，无花果的味道之中还隐藏着些许坚果味。中段则是锯开的橡木和酒糟味，最后则是棉花糖、苹果和无花果的味道。

口感： 坚果味浓，油脂感十足，饱满的曲奇味，极富层次感。

回味： 清爽短促。

结论： 欧洲橡木桶使得老派的达夫镇风格摇身一变成为甜美风。

风味阵营：饱满圆润型
参 照 酒： Jura 16 年

THE SINGLETON OF DUFFTOWN 15 年款 40%

色香： 饱满，谷物。麦麸加入牛奶之后的综合谷物早餐，非常香甜。加水之后香气提升，让人联想到牛饲料和潮湿的秋天树林。

口感： 甜美而温和。中段略微收紧，但依然非常平易近人，讨人喜欢。

回味： 丰富的果味出现，然后是橡木烘干的味道。

结论： 甜蜜的苏格登个性展现无遗，而坚果风味标志着达夫镇的风味。

风味阵营：饱满圆润型

基思镇酒厂区（Keith To The Eastern Boundary）

小镇基思周围的酒厂对于很多调和威士忌厂家来说甚为重要，而这些酒厂也几乎一生在为这些大品牌服务。

几个世纪以来，基思镇的威士忌都是通过这座古桥运向四面八方。

斯特拉塞斯拉（Strathisla）

基斯镇 · WWW.MALTWHISKYDISTILLERIES.COM

斯特拉塞斯拉一直被认为是全苏格兰最漂亮的酒厂，不过它的威士忌却鲜为人知。事实上，基思镇的酒厂没有一家是为人所熟知的，这里的酒厂都为调和型威士忌厂牌服务，因此无论酒厂漂亮与否，它的酒始终默默无名。

在斯特拉塞斯拉酒厂，调和威士忌对它的影响处处可见。游客们被风景如画的酒厂所吸引，漫步在鹅卵石铺成的酒厂大院，欣赏着四周修剪整齐的灌木和门口古朴的水车，然而关于酒厂的宣传企划中并没有太多关于它自身的介绍，而是将它作为芝华士威士忌最重要的基酒来作为看点。这种营销手段无疑是成功的，但是对于斯特拉塞斯拉酒厂来说似乎又有些无奈，有多少人知道它才是全苏格兰最古老的获准生产单一麦芽威士忌的酒厂呢。

当地酿酒的历史已经有700年之久，早在13世纪时，这里就有了一家修道院啤酒厂，而Milton酒厂（斯特拉塞斯拉酒厂的前身）早在1786年就在此建成，揭开了基思镇的威士忌酿造史。

它的威士忌不能算是厚重的老派风格，刚蒸馏出的新酒中硫化物的味道若隐若现，仿佛有一股渴望挣脱陈旧气息的力量在升腾。斯特拉塞斯拉的蒸馏器比较小，颈部却非常长，几乎接近厂房屋顶的高度。“对于斯特拉塞斯拉来说，非常有趣的一点是我们想要的是新派清淡的斯佩塞风味，而蒸馏器的尺寸却很小，因此总会有一些硫化物的味道在内，闻上去有点像酒糟，”芝华士公司的酒厂经理艾伦 · 温彻斯特解释说，“不过依然还是有水果的芬芳隐藏在它背后，只是难以发觉而已。”

的确如此，新酒中的水果芳香需要时间才能完全绽放。斯特拉塞斯拉的威士忌拥有3种非常典型的香气（长满苔藓的丛林、柔和的水果和盛开的花香），随着陈年的时间各有起伏，年轻时青苔气息浓重，陈年后水果和柑橘的香气崭露头角，它那芬芳的特质对于一款基酒来说真是再好不过了。

作为全苏格兰最漂亮的酒厂之一，斯特拉塞斯拉从1786年就开始酿造威士忌了。

斯特拉塞斯拉品酒辞

新酒

色香： 香气纯净，甜美的麦芽香，湿草堆和苔藓味。淡淡的花香，还有一丝燃烧 / 硫化物的味道。

口感： 入口非常纯净、甜美，酒体柔和，中段是悠悠的水果味。

回味： 最后是谷物味。

12 年款 40%

色香： 铜味，香甜的橡木味，还有许多椰子味。后段则是绿色苔藓、柑橘果肉和温柏的味道。

口感： 甜美的香草，白巧克力。非常纯净，伴着腰果味，干草和淡淡的水果味。

回味： 烘焙味，略带芬芳。

结论： 斯特拉塞斯拉的风格很是轻盈，但略显脆弱，看看再发展下去会怎样。

风味阵营：芳香花香型
参 照 酒： Cardhu 12 年

18 年款 40%

色香： 依然以铜味、桶味为主，烤过的坚果，而苔藓味变成蕨类植物味道，现在这款斯特拉塞斯拉更为柔和，水果味还有蜂蜜味以及其他更为深邃的花香，最后是苹果干的味道。

口感： 入口比 12 年款更为圆润、紧致，中段是青梅味，之后则是清爽的木头味。

回味： 极度干涩辛辣。

结论： 已经成年，水果味和酒体开始丰富起来。

风味阵营：水果辛香型
参 照 酒： Glengoyne 10 年，Benromach 25 年

25 年款 53.3%

色香： 香气更为饱满（雪利桶），桶味重。一些老酒、干蘑菇、香根草的味道。深邃甜美，还有一丝水果蛋糕的味道。

口感： 饱满、柔美，淡淡的橘皮味。中段则是成熟的味道，极富层次感，后段则是橘花蜂蜜的香甜，令人垂涎。

回味： 悠长、柔和、纯净。

结论： 经历了长久的桶陈之后，终于完全绽放了自我。

风味阵营：饱满圆润型
参 照 酒： Springbank 18 年

斯特拉斯米尔和格兰基思（Strathmill & Glen Keith）

斯特拉斯米尔，基斯镇 / 格兰基思，基斯镇

基思镇有着很长一段研磨面粉的历史，由于这里靠近伊斯拉河，非常利于建造水车磨坊。在18世纪时，芬德拉特伯爵把基思镇打造一新，使这里一时间磨坊遍地。到了1892年，其中一家磨坊改建成了一座酒厂——格兰舍酒厂（Glensia-Glenlivet），这才让当地人意识到原来酿酒比磨面粉要赚钱多了。

格兰舍后来被转卖给一家金酒公司——W&A Gilbey，后者把它的名字改为斯特拉斯米尔，而且生产的酒大部分作为珍宝威士忌的基酒。对于当地大部分酒厂来说，原本充满个性的威士忌统统用在毫无个性的调和型威士忌中，似乎有些可惜。

斯特拉斯米尔有着迷人的橄榄油香气，这使它原本单薄的酒体增添了几分质感。这种油脂感和Glenlossie酒厂有几分相似，奥妙在于1968年，酒厂在烈酒蒸馏器的莱恩臂上加装了一根纯化导管，增加了蒸汽的回流，从而使酒体更为清透。

格兰基思酒厂于1958年建造在斯特拉塞斯拉酒厂后面，它一直在尝试利用不同蒸馏方法来生产出精致纤细的酒体。这里曾经还是旧东家施格兰公司的实验基地，当年还出产过三次蒸馏的麦芽威士忌，类似于爱尔兰布什米尔风格的威士忌，甚至还是泥煤款。酒厂里6座纤长的蒸馏器莱恩臂向天空伸展，犹如大象的长鼻子要在空中试探什么，可惜，这一切都在1999年戛然停止。如今酒厂重新安装了崭新且更庞大的糖化桶和发酵缸并开始运行。基斯镇的第三座酒厂终于重生了。

格兰基思酒厂如今又重新开业了。

斯特拉斯米尔品酒辞

新酒

色香：橄榄油、药片、黄油甜玉米的香气，很是循规蹈矩，后段则是新鲜的酵母和一丝红色水果味。

口感：入口如针刺般尖锐，灼热感十足，瞬间便在口中蒸发。加水后酒体的质感和覆盆子味显现。

回味：活泼、灼热。

8年款 二次注橡木桶，样品酒

色香：香气圆润顺滑，中段则是绣线菊外加一丝爽身粉以及玫瑰的香气，依旧棱角分明。

口感：青草味，纯净，些许紫罗兰的香气和类似于新酒中红色水果的酸度。

回味：纯净、紧致。

结论：清淡，但是桶陈已经使酒体拥有了顺滑的质感。

风味阵营：芳香花香型

12年款 FLORA & FAUNA 43%

色香：香气干涩，麦片粥混合了金砂糖的味道，后段还有烤玉米和一丝蜂蜜味。

口感：蜂蜜的调性依然存在，红色水果味已淡去，取而代之的则是香菜籽和香料味。

回味：纯净，令人为之一振。

结论：这一款也已经成长为一支很有趣的威士忌，不过相对来说，成长的速度未免有些太快。

风味阵营：芳香花香型

参照酒：The Glenturret 10年，山崎10年

格兰基斯品酒辞

新酒

色香：非常干净，果香浓郁，带有淡淡的杏仁和少许罐装番茄汤 / 西红柿藤的味道。加水后紫罗兰香气展现。

口感：干净利落，非常纯净，酒体厚重甜美，之后紫罗兰风味再现。

回味：纯净干脆。

17年 54.9%

色香：馥郁芬芳，一些些紫藤和酸葡萄汁，煮苹果以及新鲜李子香气。加水后些许麦片和一些饼干香气展现。

口感：温暖柔和地在口中蔓延，些许柑橘，以及微凉的甜瓜调性，中段还夹杂着柠檬的活泼。

回味：干净清脆，些许面粉。

结论：精致清新。

风味阵营：芳香花香型

参照酒：噶玛兰经典

欧摩、格伦托赫斯（Aultmore & Glentauchers）

欧摩，基斯镇 / 格伦托赫斯，基斯镇

基思镇的酒厂都为调和威士忌服务，欧摩自然也不能例外。欧摩在1896年调和威士忌兴盛时期成立，1923年起，便在约翰·帝王（John Dewar & Sons）公司中扮演中心角色。的确当年百加得（Bacardi）向联合酒业（UDV）收购帝王（Dewar）威士忌时，双方曾为欧摩的所有权而僵持不下。如今这座现代化酒厂孤悬在断崖之上，任背后海风吹拂，向南瞭望基斯镇。

欧摩的蒸馏器比较小、而从那向下倾斜的莱恩臂中流淌出的新酒风味，足以弥补了酒厂那略不起眼的模样。欧摩的酒有着渗透力、浓烈的青草味，很是深邃和微妙，赋予调和威士忌能量和活力。尽管它是一款出色的调和基酒，如今欧摩还是推出了一款单一麦芽威士忌，成为帝王旗下最新单一麦芽威士忌系列中的一员，而欧摩也终于能让大家领略到它的价值所在。

沿着基思镇再往西，还会经过一家总让人记不住名字的酒厂——格伦托赫斯。这家酒厂早在1898年就已经建厂，由詹姆斯·布坎南（James Buchanan）出资建造，并且拥有6座蒸馏器，但是市面上很难寻到酒厂自己装瓶的酒，几乎全部用于调和黑白威士忌（Black & White）。20世纪早期，酒厂曾经用柱式蒸馏器来生产，而这一方法被苏格兰威士忌协会认定是“非传统”的苏格兰威士忌酿造工艺。

蒸馏师严肃认真地注视着蒸馏器，确保在蒸馏期中段收集到酒心是至关重要的。

格伦托赫斯在1985年曾经关厂，直到1989年被芝华士兄弟公司收购之后才重新开张，他们不再用泥煤烘烤大麦，并且增加蒸馏器到6座。“因为我们想回到花香和水果为主导的威士忌阵营中，”酒厂经理艾伦·温彻斯特解释说。而他的这番努力也得到了芝华士兄弟公司的调酒大师桑迪·希斯洛普（Sandy Hyslop）的认可，正是他用格伦托赫斯威士忌作为基酒之一调和出了举世闻名的百龄坛。

欧摩品酒辞

新酒

色香：甜美，小葱和青草味。

口感：香甜但不乏力道，酒体很厚重，略微有点灼热，圆润。

回味：草莓、甜瓜，这些应该可以发展成很有趣的风味。

12 年款 DEWAR RATTRAY 40%

色香：比新酒更为甜美，更奶油味，还有一点椴树 / 女贞的花香和柠檬皮的味道，后段则是坚果味。加水之后小麦味明显。

口感：入口乳脂感，又伴随着干涩的麦芽味，之后则是香草。顺滑，带着淡淡的花香和种子味。

回味：纯净短促。

结论：酒厂自身的清新风范依旧，也使得你能对它做更多调整。

风味阵营：芳香花香型

参 照 酒：Glenlossie 12 年

1998 样品酒 50.9%

色香：轻盈飘扬，带有细致的果味。非常明确，清淡而具黄油感的橡木味，赋予奶油质感。加水后出现少许菜籽油、芝麻、炖洋梨和苹果的味道。

口感：干净，带有新鲜的酸度。中心有股甜味，一开始虽然清淡，但口感悠长；微妙的酒体重量。

回味：芬芳柔和。

结论：可以体验到欧摩讲究的内敛风味。

格伦托赫斯品酒辞

新酒

色香：香气清淡，青草味。不寻常的巧克力消化饼干的味道，之后则是茶叶和花香。

口感：清淡纯净。入口有轻微碳酸感，奇妙。

回味：纯净。

1991，GORDON & MACPHAIL BOTTLING 43%

色香：淡金色，酒厂标志性的花香和清淡风格。前段是风信子和风铃草以及一点点玫瑰，后段是纯净甜美的橡木味，依然典雅。

口感：入口轻柔，酒液仿佛在轻轻呢喃，成熟的苹果味和一些柠檬以及马鞭草的味道。

回味：清淡短促。

结论：桶味的影响更重，但并不突兀，没有扼杀掉酒厂自身柔弱的个性。

风味阵营：芳香花香型

参 照 酒：Bladnoch 8 年，anCnoc 16 年

奥克罗斯克和英志高尔（Auchroisk & Inchgower）

奥克罗斯克，基斯镇 / 英志高尔，巴基镇

对于木桶陈年以后的威士忌来说，香气的描述可以用很多图谱或者香味轮来描述，而对于还没有进桶刚刚蒸馏出的新酒来说，香气的描述就比较工业化一点了。打个比方说两家酒厂的新酒，风格基本相同，不过一家酒厂形容自己的新酒是“谷物棒的味道”，而另外一家则描述说是“喂养仓鼠的笼子”，乍一看肯定让人摸不到头脑。不过如果用果仁/辛香味来同时形容这两家的酒，这就容易理解了。

但果仁/辛香味不一定就是特定的一种威士忌风味，基思镇最后要出场的两家酒厂就可以证明这一点。

“果仁/辛香味事实上是两种风味的表现，”帝亚吉欧公司的酿酒大师道格拉斯·穆雷解释说道，“如果你捣碎麦芽的过程很迅速，并进行过滤，那会产生果仁/谷物棒的香气。但是如果你是在第二次加入更高温度的水的时候来捣碎麦芽的话，那就没有谷物的香气了，只剩下辛辣味。而在发酵过程中，混浊的麦芽糊如果能够发酵45到50个小时的话，也会产生果仁/辛香味，发酵时间越长，风味就越不一样。因此如果你为了增加产量而缩短发酵时间，就没有办法营造出这样的香气从而失去酒的风格。”（参见本书14~15页）

奥克罗斯克是一座非常现代化的酒厂，棱角分明的厂房就矗立在基思镇通往露斯镇的公路边。酒厂刚蒸馏出的新酒非常厚重，焦果仁的香气非常浓烈，这是由于酒厂用烧沸的热水来煮麦芽糊，并且没有百分百过滤澄清的缘故。经过木桶陈年之后，焦果仁的味道逐步褪去，取而代之的则是甜美的香气。

英志高尔则是另一种风情，辛香味十足，而且由于酒厂离海非常近，因此有一丝海盐的味道，蒸馏出的新酒闻上去有点像番茄沙司。“英志高尔拥有很多发酵罐，”穆雷继续说道，“这就能够使麦芽糊有足够的发酵时间从而使辛香味更柔和。记住，任何工艺都不会使威士忌拥有单一的个性，而只是让它变得更复杂、更有层次从而变得独一无二，在酿酒过程中，任何一丝微小的改变都可能让风味大不同。”

奥克罗斯克品酒辞

新酒

色香：烧焦的味道，浓烈的谷物，还有麸皮和酒糟味。

口感：入口扎实清爽，小麦胚芽的味道，十分强壮，后段略显甜美。

回味：干涩。

8年款 二次注橡木桶，样品酒

色香：饼干味，淡淡的柑橘、酒糟、烧焦的草地以及地毯味，后段还有些许橡胶味。

口感：干涩纯净，阿萨姆红茶，白垩土味。

回味：依然很紧致。

结论：纯净，但是需要时间变得更甜美。

风味阵营：麦香干涩型

10年款，FLORA & FAUNA 43%

色香：非常甜美的香气，更多的坚果味。糖焗腰果、夏威夷果和一丝草药味（香蜂草），而那股焦味现在已经变成烘焙味。

口感：新酒和8年款中的那抹香甜现在已经完全绽放，椰子、奶油这些橡木桶带来的风味已经完全压过了谷糠小麦味。

回味：依然干涩。

结论：10年的陈年时间揭开了它的面纱，展现出丰腴甜美的个性。

风味阵营：麦香干涩型

参照酒：Speyside 12年

英志高尔品酒辞

新酒

色香：调子很高雅，香气集中。番茄酱、新鲜麦芽、黄瓜味。后段是些许盐水味和一抹天竺葵。

口感：微酸，坚果味足，入口清爽，如同翻滚的海水味道，有点刺舌，辛辣。

回味：盐焗坚果。

8年款 二次注橡木桶，样品酒

色香：香气依然很集中，相比新酒，现在更多了些柠檬和青柠味（如同新年份的赛美蓉）。青色的果味很内敛，几乎闻不到，有点像绿色果冻的味道。

口感：海水味依旧。入口清淡、纯净，后段则是坚果味。

回味：辛辣。

结论：依然生硬、青涩，混沌一片。

风味阵营：麦香干涩型

14年款，FLORA & FAUNA 43%

色香：还是那种很集中的辛辣味，但海水的咸味已经凌驾之上，阵阵柠檬味，香草冰淇淋和燃烧木材的烟熏味。

口感：刚入口全是那酒厂辛辣的个性，之后才在舌苔中央慢慢有了一股香甜。

回味：浑厚，咸味。

结论：酒厂自身强劲的个性始终没有被抹去，也使得人们怀疑它究竟能不能被橡木桶所驯服。

风味阵营：水果辛香型

参照酒：Old Pulteney 12年，Glengoyne 10年

露斯镇酒厂区（The Rothes Cluster）

露斯镇的酒厂从种植到蒸馏，再到酒厂废弃物的再循环，早已形成非常成熟和庞大的产业链，这里有威士忌酿造的所有环节，足以和达夫镇争“斯佩塞酒都”的名号，但它们却选择低调行事，依然不动声色地酿着自己的酒，欢迎来到露斯镇。

拂晓中，静静的格兰冠酒窖。

格兰冠（Glen Grant）

露斯镇 · WWW.GLENGRANT.COM

1840年，曾经在亚伯乐工作过的约翰 · 格兰特和詹姆斯 · 格兰特两兄弟来到露斯镇，开办了格兰冠酒厂。约翰只负责蒸馏和酿酒，而詹姆斯则主管设备和运营事务。酒厂建成后的一年，詹姆斯计划通过ELHC公司（Elgin and Lossiemouth Harbour Co.）来销售威士忌，不过前提是必须要有一条铁路通过这里以方便运输，最终在格兰特兄弟4500英镑的资助下，这条铁路终于建成，这也是他们为露斯镇做出的贡献。

在詹姆斯负责酒厂外部事务的同时，约翰致力于打造酒厂本身，努力赋予它独特的灵魂。大多数威士忌酒厂，生来就具有其独特功能性，无论地理位置如何特殊，建筑如何夺人眼球，它终究还是一个工业化场所。格兰冠却是个例外，约翰是个十分讲究派头的人，在他的悉心经营下，格兰冠不像其他酒厂的低调简朴，而是颇为张扬奢华。1872年他的儿子小约翰（外号“少校”）接手时，各种做派更是有过之而无不及，如同家族精神的传承和象征，这一切直到1978年，酒厂转手给芝华士公司才戛然而止。

“少校”留着精心修理过的八字胡，手杖从不离手，维多利亚时代典型的绅士形象。他喜欢狩猎和交际，对于机械和技术革新也非常痴迷。他也是高地区第一个拥有汽车并装上电灯（用的是酒厂水力涡轮发电机）的人。露斯镇当地没有葡萄和桃树（时至今日，在当地的商店看到一个柠檬都是很稀奇的事情），而在他的庄园里则种满了这些，奢华作风可见一斑。

参观格兰冠酒厂，仍能感受到“少校”的烙印无处不在。酒厂刚开始只有2座蒸馏器，后来增加为4座，包括一座大型麦芽蒸馏器和小型烈酒蒸馏器，20世纪60年代格兰冠又建造了新的蒸馏车间，用瓦斯来加热蒸馏，而之前都是用煤炭直火加热。

现在酒厂已经拥有8座庞大的蒸汽加热蒸馏器，而麦芽蒸馏器的底座状如德式钢盔，蒸馏器颈部十分粗壮，一旁的莱恩臂以向下的角度伸入到纯化桶中。“这些纯化桶自从少校时期就一直存在，”格兰冠首席酿酒师丹尼斯 · 马尔科姆（Dennis Malcolm）说道，“因为他喜欢更清新一点的酒体。”现在格兰冠刚刚蒸馏出

凯普多尼克酒厂（Caperdonich）的辛酸往事

1898年，“少校”心血来潮想在毗邻铁路线的地方再开一家酒厂，于是凯普多尼克酒厂就此诞生，转眼到了1902年，酒厂突然悄无声息地关闭，直到1965年才重新开厂，不想2003年又再度关厂。“为什么它如此命运多舛？”马尔科姆自己也不知道答案。“两家酒厂使用相同的水，相同的酵母，甚至相同的酒厂经理，只是蒸馏器形状不同，不过即便后来改成了和格兰冠一样的蒸馏器，它酿出的酒依然跟格兰冠不太一样。”而现在那里已经成为福士制造公司的铜加工车间，让人唏嘘不已。

酒厂的水源流经“少校”留下的那座维多利亚时代花园的森林小径，参观者总能被这里的景观深深吸引。

崭新而极具现代感的游客中心，好像在说“请随意享用”。

的新酒有着非常纯净的酒体，青草和苹果的香气以及一丝淡淡的香甜。自从“少校”接手酒厂以来一直努力要把格兰冠打造成更为清新的威士忌，先是把小型烈酒蒸馏器拆除，然后不用煤炭加热，之后连煤气加热也弃用。从1972年开始，泥煤也从酒厂消失，之后便是用波本桶全面取代雪利桶来陈年威士忌。正是这种清新的风格使格兰冠在意大利市场受到极大的追捧，多年以来一直稳居意大利最畅销单一麦芽威士忌头把交椅，这也使意大利酒业巨头Campari 集团下决心以1.7亿欧元从保乐力加手中将酒厂收购。而马尔科姆更是花费了百万巨资重新整修了酒厂和“少校”的庄园。

信步在庄园内，处处鸟语花香，流水潺潺，品着“少校”悉心打造出的佳酿，眺望日出日落并沐浴着霞光，怎能不让人有梦回彼时之感，豪车华宅，绿树成荫，一切皆是那旧时繁华。

格兰冠品酒辞

新酒

色香：非常纯净甜美的香气，青苹果，花香和泡泡糖的味道，后段还有一丝酵母味，调子高雅，令人为之一振。

口感：入口便是果味 / 酯类物质，苹果和菠萝的味道，纯净。

回味：淡淡的芬芳。

10 年款 40%

色香：淡金色，清淡的花香之中隐藏着淡淡的香草味。中段是酯类物质，成熟的水果味，比如菠萝罐头的味道。加水后则是纸杯蛋糕和风信子的香味。

口感：入口清淡，非常多汁。橡木桶的使用非常完美，给予酒体许多乳脂感和香甜。

回味：柔和，青提味。

结论：纯净、清爽。

风味阵营：芳香花香型
参 照 酒：Mannochmore 12 年

MAJOR' S RESERVE 40%

色香：纯净，非常有活力，清脆的苹果和薄荷，黄瓜，猕猴桃，后端则是干燥的大麦香气。

口感：充满活力但不失细腻。有着白葡萄酒般的调性，并带着一些青梅果酱，草莓，醋栗。

回味：紧实纯净。

结论：很好地诠释了格兰冠的个性，非常棒的入门款，加入冰块和苏打水作为开胃酒尤其出色。

风味阵营：芳香花香型
参 照 酒：Hakushu 12 年

V (FIVE) DECADES 46%

色香：经典的格兰冠，非常充满活力和能量，青苹果，果实的花朵，西洋梨和其他黄色水果味，加水后是柠檬黄油和荨麻香气。

口感：活力充沛，精力十足，一直聚集在舌头中央，之后则是甜美的橡木味在蔓延。

回味：悠长，圆润，甜美。

结论：由传奇酒厂经理丹尼斯 · 马尔科姆打造，庆祝他在格兰冠工作了半个世纪之久，这款威士忌中的酒液来自于他职业生涯中的重要年份。

风味阵营：芳香花香型
参 照 酒：The Glenlivet XXV

格兰路思（Glenrothes）

格兰路思，露斯镇

很久以前，露斯镇的墓地里总会建有一座小屋，让守墓人居住。这个风俗源于18世纪，当时每每有人下葬的时候，亲属就得不分日夜轮流值守在墓园以防盗墓者打扰，直到死者尸体腐朽为止。当然也有人猜测这个奇异的风俗其实是为了时刻警惕执法者，便于邻近的私酒酿造和交易。

这个风俗没过多久便已成为历史，1878年，一座新的酒厂格兰路思便在小镇墓地旁矗立了起来，于是墓地恢复了应有的平静，日渐斑驳，而一旁的酒厂则运作得越发热火朝天，由此可见1823年的酒厂合法化法令给斯佩塞的酒厂们带来多大的变革。酿酒者从此不用在荒郊野岭里东躲西藏，能回到镇上正大光明地开厂酿酒。当然，他们还保留了一点点酿私酒时代的痕迹，即便酒厂开回镇上，所选的位置依然避开大路，低调地位于小路边。

格兰路思建厂后不久，由于格拉斯哥银行倒闭而受到牵连，一度面临关厂的窘境。还好救星及时出现，当时看来，这位救星的出现有些不可思议，居然是一个教会为酒厂注入了资金。由此看来在商机面前，信仰也可稍微放一放。

直到今天，去参观格兰路思的人都会为酒厂建在墓地旁而感到讶异。如今的酒厂已经比当年扩大了许多，并且拥有10座蒸馏器（5座麦芽，5座烈酒）。

格兰路思捣碎麦芽的工序非常快速，之后麦芽糊会被导入不锈钢和木制两种发酵槽内。关于这两种发酵槽孰优孰劣的争议一直存在，而很少有酒厂会同时运用这两种。在外人看来，这两种发酵槽之间也许并没有什么区别，但事实并非如此。“我们依然坚持我们的方法，两根木质发酵槽发酵完之后再导入不锈钢槽中继续发酵，”酒厂经理桑迪 · 库茨（Sandy Coutts）说道，“如果全部换成不锈钢发酵槽的话肯定会改变酒的风味。”

在两种发酵槽中的发酵时间各有长短，木槽为90个小时，不锈钢槽则是55个小时，漫长的过程无疑会降低产量，但是却能保留住酒中的风味。发酵的温度也会根据时间来调整，这样做能让风味更统一。

格兰路思，一个19世纪末建立的酒厂，很快就将它们的顶级威士忌运往南方，给调和威士忌厂商们。

格兰路思的酒在老的样品室包装，每瓶酒标上会有制造者签名。

来到格兰路思大如礼拜堂的蒸馏车间里，酒厂经理库茨仿佛一下子来了精神，这里是格兰路思的核心，蒸馏师面对着10座大家伙，要时刻控制好蒸汽的回流以及蒸馏的时间，同样是一个非常缓慢的过程，然而这样却能最大限度保留住酒中那丰富柔和的果香。

蒸馏出的新酒大部分会进入旧雪利桶陈年，这源于酒厂拥有者爱丁顿集团偏爱雪利风味的缘故。而且大部分酒都拿去调和威雀和芝华士之类。格兰路思就这样默默地躲在幕后，无论酒也好，厂也罢，都是那般低调。

近些年来，格兰路思自己装瓶的单一麦芽威士忌在市场上逐渐为人所知，这还要感谢品牌拥有者英国BBR酒业公司的力荐，而后者已经拥有300年以上经营葡萄酒和威士忌的经验。格兰路思上市没有推出基础款，基本上以各个年份的陈年款来展现自身优雅的个性。

格兰路思是一杯需要静下心来慢慢品尝的威士忌，花点时间让它在杯中绽放，感受那香气，再以舌尖拥抱它饱满而不过于厚重的酒体，雪利桶的风味恰到好处，不会过于抢镜，那橡木味、水果味，香料和蜂蜜一并呈现，一副老酒的做派，回味悠长，令人满足。低调而不冒失，优雅而不傲慢，即便酒厂身处幽静之处，这份精彩却难以藏住。

格兰路思品酒辞

新酒

色香：香气纯净，香草味，香奈儿5号香水味，白色果肉的水果，罐头西洋梨，后段则是些许谷物，黄油味。

口感：黄油味、肥脂味。不像麦卡伦那么口感油腻，一些清新的香料/果汁奶冻味，很是饱满。

回味：乳脂感。

珍藏版 无年份款 43%

色香：前段是被雨水打湿之后的花呢布味，谷物/饼干味。中段则是麦芽香和些许新鲜黑李味，最后是白脱油的味道。

口感：坚果味开场，之后忽然跳脱出西洋李的味道，中度酒体，新酒中的香草味涌现，使之更为柔和。

回味：悠长，坚果味。

结论：依然年轻。

风味阵营：水果辛香型
参 照 酒：Balvenie 12年双桶，Glen Garioch 12年

1969年 Extraordinary Cask 42.9%

色香：优雅且复杂度高，伴随大量热带水果味，风貌多变而亮眼，伴随芒果、蜜蜡、芋草、栗子蜂蜜味，之后是黑莓和雪松味。

口感：一开始很清淡，像蕾丝一样，但依然有格兰路思经典的酒体重量；多层次且柔软，清淡的香菇、抛光的木头和热带水果干味。

回味：果味，类似干邑。

结论：优雅至极，经典的老罗斯风格。

风味阵营：水果辛香型
参 照 酒：Tomintoul 33年

ELDERS' RESERVE 43%

色香：饱满，典型的优雅质感；精美，带有些许大麦、奶油橡木和氧化后形成的深度；炖李子和红色水果的甜味。

口感：油腻，天竺葵、苦橙和蜂巢味点缀。加水后出现口感绝佳的霉味和成熟感。

回味：悠长而温和。

结论：虽然是一支无年份的威士忌，但里面最年轻的调和用酒酒龄至少有18年。

风味阵营：水果辛香型
参 照 酒：The Balvenie 17年

THE GLENROTHES
SELECT RESERVE
SPEYSIDE SINGLE MALT SCOTCH WHISKY
43% vol. 700ml

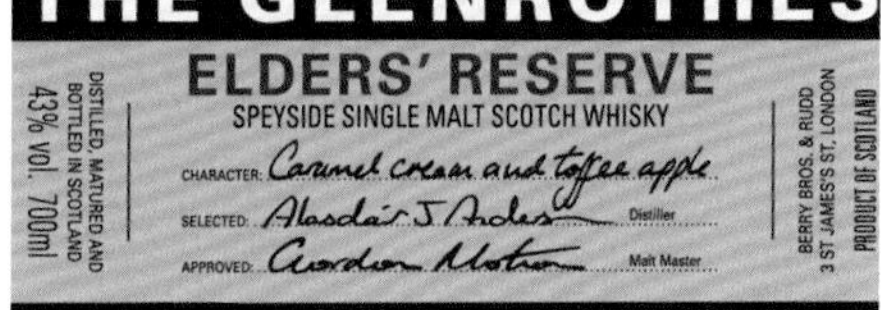

盛贝本（Speyburn）

盛贝本，露斯镇 · WWW.SPEYBURN.COM

从露斯镇前往埃尔金（Elgin）的公路上，会突然发现僻静的山谷中，一座塔形的屋顶赫然探出，你才发觉原来在这之中居然坐落着一所酒厂——盛贝本，很有私酿时期时的风范。事实上如同当地所有酒厂一样，盛贝本直到19世纪末才建厂，远离喧嚣的大路，而选择栖身于幽静的小路边。在公路上眺望酒厂，似乎只能看见那醒目的屋顶，而如果你搭乘火车的话，酒厂的全貌便可以渐渐一览无遗，塔形屋顶原来是蒸馏车间，此外还有仓库，麦芽车间。变换的只是我们的视角而已，不变的是矗立在这里一个多世纪的盛贝本。

盛贝本也沿袭着露斯镇的创新精神，不仅拥有苏格兰第一座酒糟处理车间（蒸馏完的酒渣等处理为动物饲料），还从1968年起使用特殊的滚筒发麦法，当然这也是无奈之举，因为两年前酒厂附近的铁路不再承担货运功能，因此不得不以创新来保持生产水平，盛贝本也渐渐变得默默无闻。

酒厂目前归属于Inver House集团，依然保留了古老的虫桶冷凝法，一如集团旗下另外一家酒厂安努克。酒厂刚蒸馏出的新酒硫磺火药味十足，而深层次的水果花香则隐藏在火药味之下。

几乎被山谷怀抱的盛贝本酒厂，一如它低调的特质。

“盛贝本其实很易饮，”Inver House集团首席调酒师斯图尔特 · 哈维（Stuart Harvey）介绍说，“不过它的酒体比安努克还要强劲，这点区别很明显。”有些威士忌之间的区别可能比较细微，但却值得人们思考这其中的奥妙。“如果你要想弥补这些差异，这完全不可能，”哈维说，“即便你完全照搬安努克的设备以及酿造工艺到盛贝本来酿酒，结果还是不会酿出和安努克一样的酒，威士忌就是有着这样奇妙的地缘性，只有在自己的酒厂里，才能酿出自己的味道来。”

盛贝本品酒辞

新酒

色香： 前段是湿皮革和淡淡的麦麸 / 燕麦味。中段有些许牙买加朗姆和许多柑橘味。最后则是火柴 / 青草之类的硫化物味道。

口感： 酒体强劲，淡淡的面包和肉味，但隐藏着一丝优雅气息，很具复杂度。

回味： 新鲜。

10 年款 40%

色香： 淡金色。淡淡的花香和麦芽糖以及些许柠檬味。纯净、新鲜、柔和。中段是彩色水果糖和大黄的味道，最后则是车厘子花。

口感： 奶油香草和发糕味，之后散发出花香。讨喜的中度酒体，入口很有层次。

回味： 带一点酸度。

结论： 又是一款新酒中的硫化物经过桶陈之后产生更多酯类芳香物质以及提升了酒体的范例。

风味阵营：芳香花香型

参 照 酒： Glenkinchie 12 年，Glencadam 10 年

21 年款 58.5%

色香： 香气饱满，典型的雪利桶味；蛋糕、坚果、西梅、苦巧克力和烤焦的肉味。

口感： 入口便是强劲的欧洲橡木桶迎面袭来，橘子、甜香料、浇了酒的糖蜜司康饼味，而那股焦味已柔和变化了许多。

回味： 甘草。

结论： 桶味很突出，而那丝肉味更让人回忆起曾经的厚重风格。

风味阵营：饱满圆润型

参 照 酒： Tullibardine 1988，Dailuaine 16 年

格兰斯佩（Glen Spey）

格兰斯佩，露斯镇

离开盛贝本，让我们去到露斯镇的另外一头，参观一下小镇的最后一家酒厂——格兰斯佩。

露斯镇就像一位护子心切的母亲，把酒厂们都环抱在视野可及的范围，所有威士忌的酿造都离不开这个小镇。让人感到有些意外的是，苏格兰最老一批酒厂都没有选择在这里安家落户。这里附近拥有多处优质水源，并且毗邻铁路，离南方的大麦种植区也非常近，甚至泥煤储量都极其丰富，因此露斯镇短短数年之内便能拥有如此多的酒厂绝非偶然。

身为露斯镇酒厂的经典代表，格兰斯佩更愿意摆脱公众的瞩目，安静地酿造。

这里每家酒厂都拥有自己的发麦车间（格兰冠和盛贝本自20世纪60年代起换成滚筒式发麦），当地的蒸馏器制造商Forsyth's根据各家厂的要求定制了独有的蒸馏器，再加上盛贝本的酒渣循环处理，你会发现露斯镇拥有一套非常完善的威士忌酿造体系，自给自足一点都不成问题。

而格兰斯佩似乎有些游离于露斯镇之外，酒厂于1878年由一位当地的玉米商人詹姆斯·斯图尔特建造，他当时的本意只是想扩建磨坊时顺便增加一所蒸馏车间而已，之后蒸馏车间又经过扩建，从此正式更名为格兰斯佩酒厂。1887年酒厂被金酒制造商W&A Gilbey收购，成为该公司旗下第一座斯佩塞酒厂（之后该公司又收购了纳康都和斯特拉斯米尔）。

酒厂延续着维多利亚时代的酿酒风范，走的是清淡路线，和斯特拉斯米尔一样，这里的麦芽蒸馏器安装了纯化器，无从得知这个设计灵感来自于何方，或许是当时的酿酒师走访了格兰冠之后受到了启发。蒸馏出的新酒油脂感十足，坚果、杏仁香气浓郁，给予我的感受便是如此愉悦。

露斯镇之旅就此告一段落，初来乍到时完全感受不到这里作为一个威士忌重镇的风采，然而事实证明，那只是表面现象……

格兰斯佩品酒辞

新酒

色香：香气饱满，油脂感十足，爆米花/苏格兰黄油味之中还隐藏着香甜的水果味，中段略咸，最后则是绿杏仁/杏仁油的味道。

口感：纯净、青涩。淡淡的坚果/面粉味。入口干涩、简单。

回味：干涩清爽。

8年款 二次注橡木桶，样品酒

色香：闻上去似乎还未成熟，但香气令人一振。烤木头/烤麦芽的味道，之后则是花生、杏仁和白朗姆，后段则是烤苹果味。

口感：入口集中度很高，中段是榛子粉的味道，清淡纯净。

回味：坚果。

结论：不够成熟，略显风姿。

风味阵营：麦香干涩型

12年款，FLORA & FAUNA 43%

色香：麦芽味很浓，但还隐藏着些许薰衣草和泥土的芬芳。后段则是粉笔灰和标志性的杏仁味。

口感：花生杏仁片。酒体柔和纯净，中段甜美，后段则是丁香花和鸢尾花的味道。

回味：干净清爽。

结论：麦芽味和花香发展得很丰富而又很平衡。

风味阵营：麦香干涩型

参 照 酒：Inchmurrin 12年，Auchentoshan Classic

埃尔金（Elgin To The Western Edge）

埃尔金镇，斯佩塞地区最大的产区，这里处处充满着神秘的气息，好似威士忌的百慕大地带。这里的威士忌为威士忌爱好者以及调和厂商们所喜爱，但普通饮用者似乎并没注意到它们。这里的酒精彩纷呈，无论是清淡的花果芬芳，还是斯佩塞区最重的泥煤味，一应俱全。

夕阳西下，晚霞映红了砂石峭壁。

格兰爱琴（Glen Elgin）

格兰爱琴，埃尔金郡 · WWW.MALTS.COM/INDEX.PHP/EN_GB/OUR-WHISKIES/GLEN-ELGIN/THE-DISTILLERY

即便是埃尔金如此大的一个酒厂区，依然有着那犹抱琵琶半遮面的个性，拥有众多酒厂，然而这其中大部分酒厂隐藏在远离人们视线的地方，而这似乎已经成为斯佩塞地区的某种特质。这里有两大厂牌，格兰莫雷（Glen Moray）和本利亚克（BenRiach），其余几家都在默默地服务于各种调和型威士忌。不要就此以为这些酒厂的威士忌品质欠佳，恰恰相反，这些酒厂都有着独特的个性，被调和型厂商视若珍宝。

格兰爱琴的老式铜制工具，看起来似乎已经在仓库里工作了很久。

格兰爱琴就是典型例子，藏身于狭窄的A941公路旁，不为外人所知。它的特点就是迎面扑来的水果气息，然而酒体却无比饱满结实，入口生津不止，脑海中浮现出仿佛刚吃完水蜜桃，然后桃汁顺着你嘴角往下流的画面。格兰爱琴的威士忌就给人这样美好的感觉。酒厂拥有6座小型蒸馏器外加虫桶冷凝器，理论上来说这样蒸馏出的新酒应该硫化物很重，不过在这里恰恰相反，格兰爱琴拥有自己的酿酒工艺。值得一提的是酒厂的3组虫桶冷凝器中有一组是帝亚吉欧集团近年来新更换的，和另外两组的结构大不相同。

“如果在蒸馏过程中能够去除硫化物的话就能得到清淡紧致的酒体，”帝亚吉欧首席酿酒师道格拉斯 · 穆雷解释道，去除新酒中硫化物的方法是增加酒蒸汽在蒸馏器中与铜更多的接触，同时，还有更重要的一点，就是掌握好麦芽糊的发酵时间。“因此可以这样说，在格兰爱琴，酒的特性早在蒸馏之前就已经被构建。”他继续说道。总的来说，格兰爱琴威士忌那多汁肉感的酒体源于以下因素：漫长的低温发酵过程，以及在蒸馏器中为酒蒸汽营造更多与铜金属的接触时间。

最后才轮到虫桶冷凝器出场。“虫桶给予威士忌复杂度，让酒体更紧致饱满，”穆雷说道，“实际上在我看来，就工艺而言，格兰爱琴和家豪并无太大分别。”然而，格兰爱琴的性感妖娆和家豪的清丽窈窕，两者对比如此鲜明。我想，这便是威士忌的奇妙之处，工艺上别无二致的两家酒厂，营造的风味却如此截然不同。

格兰爱琴品酒辞

新酒

色香：成熟的风味，多汁水果口香糖，红蕉苹果，烤香蕉和绿桃的味道，香气很细腻。

口感：淡淡的烟熏味。纯净，但仍然饱满雅致，入口丝滑。

回味：悠长甘美。

8 年款 二次注橡木桶，样品酒

色香：水果味更柔和，成熟，许多的罐头黄桃，新鲜蜜瓜和奶油味，香气甜美饱满多汁，后段则是淡淡的烟熏味。

口感：入口甜美雅致，浓浓的杏子和花蜜味集中在舌苔中央挥之不去。

回味：柔顺，水果味。

结论：甜美饱满，还需木桶来调节一下。

风味阵营：水果辛香型

12 年款 43%

色香：饱满的金色。甜美的水果味占据主导，之后还隐藏着些许香辛料，一些肉豆蔻和小茴香，而橡木桶还带来一些新鲜水果的香气。

口感：入口柔和，热带水果开场，中段香辛料突然涌现，后段慢慢是花香的桶味。

回味：水果味，干涩。

结论：橡木桶给予酒体复杂度，但酒厂个性依然清晰可辨。

风味阵营：水果辛香型

参 照 酒：Balblair 1990，Glenmorangie The Original 10 年

朗摩（Longmorn）

朗摩，埃尔金郡 · WWW.LONGMORNBROTHERS.COM/HTML/DISTILLERY.HTM

格兰爱琴的近邻——朗摩酒厂，行事也是一样的低调，和大多数喜欢躲在幕后的酒厂一样，朗摩就好像一位地下音乐家，拥有一大批不希望自己偶像抛头露面的铁杆听众，只在那不为人知的地方，默默地为他们献唱演奏。

朗摩于1893年由出生在附近小镇Aberchirder的约翰·达夫出资建造而成，在此之前，他曾经一手打造格兰洛希（Glenlossie）酒厂，之后又远赴南非，帮助当地构建威士忌产业，终告失败之后又返回了家乡，并最终设计建造了朗摩酒厂。这里毗邻丰沃的农场，还有大片的泥煤沼泽，得天独厚的地理条件使得在此建厂再好不过。

19世纪末，达夫破产，朗摩转手卖给了格兰冠酒厂的老板詹姆斯·格兰特，从此，朗摩的威士忌就成为各家调和型厂商的首选基酒。

“朗摩的酒就像一颗宝石，”芝华士公司的首席调酒师科林·司科特（Colin Scott）这样评价道，“有了它，你的调和威士忌才能散发光彩，它就是拥有那种神奇的力量，能够平衡其他基酒，让风味更优雅。”调酒师们太喜爱朗摩了，甚至不舍得让它单独装瓶上市，在酒厂转手之后的日子里，你便只能从调和型威士忌中探寻到它的踪迹。是什么让朗摩如此受人青睐呢？让我们来品鉴一下它刚蒸馏出的新酒：柔和、饱满，香气复杂，这些特质想必是那矮胖型的蒸馏器所赋予的。入口之后甜美、圆润，有厚度，既芳香又有冲击力。和美国桶联姻时它会变得柔美可人，和波特桶相遇时又现火辣浓艳，若是碰见旧雪利桶，它便又展现那饱满凝重的一面。这就是朗摩的特质，无论和谁搭档都能舞出完美一曲。

朗摩复杂的新酒刚蒸馏完就被导入进那形态华丽的烈酒收集器中了。

此外，朗摩酒厂和日本威士忌也有着非常深的渊源。日本威士忌之父——竹鹤政孝，当年正是在朗摩学习如何酿造威士忌，之后便回到北海道建造了余市酒厂。只是，即便我们再翘首期盼，承载着如此多赞誉的朗摩这么多年来只出过一款16年单独装瓶的威士忌，它依然喜欢待在帷幕之后。

朗摩品酒辞

新酒

色香：香气柔和，水果味，确切来说更像水果蛋糕，成熟的香蕉，西洋梨，圆润饱满。后段有淡淡的肉味出现。

口感：依然水果味，成熟悠长。

回味：一丝花香。

10 年款，样品酒

色香：淡金色，水果味越发成熟，但仍有些许绿桃味，之后便是香草奶油味。

口感：入口的水果味有所变化，杏子和芒果味。加水后则是牛奶巧克力和豆蔻味。

回味：些许辛辣。

结论：酒体那绕指柔般的力道给人依然在小睡的印象。

风味阵营：水果辛香型

16 年款 48%

色香：古金色。水果蛋糕味，依然是柔软多汁的水果味之下隐藏着一些香辛料、香蕉干，阿司匹林和柑橘味。加水之后则是法式咖啡、蜜桃和李子的味道。

口感：厚重，又是熟悉的巧克力味道，成熟的热带水果和水果糖味。

回味：姜味饼干。

风味阵营：水果辛香型
参照酒：Glenmorangie 18 年，BenRiach 16 年

1977 年 50.7%

色香：香蕉脆片以及各种热带水果，基调还是谷物味。中段则是蜜桃、花香、中国茶、水果羹以及柑橘味。

口感：深邃，饱满浓郁，随之而来的是檀香木、香根草、西洋李和甜美的水果羹味道。

回味：饱满悠长，肉桂黄油味。

结论：一场味蕾的盛宴，一款令人陶醉的佳酿。

风味阵营：水果辛香型
参照酒：Macallan 25 年黄金三桶

33 年款 DUCAN TAYLOR BOTTLING 49.4%

色香：即便经过了如此漫长的陈年，酒厂的水果风味依然留存。煮温柏、番石榴以及姜汁糖浆的味道。后段则是淡淡的烟熏味。

口感：酒体柔美，水果味十足，铺满你的舌苔。后段是略带刺感的姜味/人参味，味蕾都为之一振。

回味：晒得半干的水果味。

结论：桶味和酒厂个性非常平衡，完美的诠释。

风味阵营：水果辛香型
参照酒：Glenmorangie 25 年，Dalwhinnie 1986

本利亚克（BenRiach）

埃尔金郡 · WWW.BENRIACHDISTILLERY.CO.UK

英国曾经在19世纪末时迎来一次经济的腾飞。工业产出大幅增加，借着这股春风，一批新酒厂也应运而生。然而任何事物都有起有落，繁荣过后便是萧条。威士忌产业下滑的导火索也许是源于1898年Pattison酒业公司的倒闭，它是许多酒厂的大客户，虽然当时混合型威士忌的出口在增长，但是本土市场却开始萎缩，大批新生的酒厂面对库存滞销的局面，多少有些生不逢时。

有些酒厂难以生存，只能选择被调和型威士忌公司收购，另外一些则只能关门大吉。1899年，全苏格兰拥有161座酒厂（包括谷物威士忌酒厂），到了1908年，只剩下132家，其中大部分都是在经济泡沫时期盲目乐观建的厂，未曾想还没开张便就此沉寂。凯普多尼克酒厂（Caperdonich），1898年建厂时被视作格兰冠2号，1902年便关厂。同样，帝国酒厂（Imperial）1897年作为大云2号厂建成，1899年也关闭。当然，最倒霉还算不上它们，本利亚克酒厂在1898年作为朗摩2号厂建立，仅仅两年之后就关厂，此后的65年再也没有生产过威士忌。

那段时间里，本利亚克只是默默地为朗摩承担地板发麦的任务，整座酒厂和那两座孤零零的蒸馏器，都在等待复兴的机会。

终于，到了1965年的时候，本利亚克重新开始运作，之后又增加了两座蒸馏器，出品的酒基本上都作为基酒，那种辛辣、果香拿去调和，能增加一些不一样的风味。而当艾莱岛的酒款库存不够拿来调和时，本利亚克的泥煤款也能够适时补充。除此之外，本利亚克偶尔才会装瓶几款单一麦芽威士忌，水准不错，但是和公司旗下另外两强格兰冠和朗摩相比，它的厂牌却从来没有打响过。

2003年，本利亚克再次面临关厂噩运，只不过这次救世主出现的很及时，在酒厂前任主管本 · 斯图尔特（Burn Stewart）和比利 · 沃克（Billy Walker）的牵线搭桥下，南非英特拉公司（Intra Trading）收购了本利亚克。酒厂从此扬眉吐气，推出了酒厂独立装瓶的威士忌，香气复杂，香料味十足，酒体活泼，强劲，可以推测是在二次注的橡木桶中陈年。本利亚克从此对威士忌爱好者们揭开了自己的面纱，而不再只藏身于调和威士忌之中。

近年来全球范围内，单一麦芽威士忌逐渐走俏，而产量也在逐年递增。"我们花了5年的时间才做到产需平衡，"酒厂经理斯图尔特 · 布坎南（Stewart Buchanan）说，"许多老旧设备需要拆除更新。之前我们基本上没有库存的新酒，为此我们还重新调整了工艺，使产量逐步跟上，这5年虽然漫长，但却值得等待。"

"我们所追求的风格是芳香、甜美、果味足——这点你来到我们的麦芽糖化车间就能充分感受到，那里充斥着果酸的气息。我认为酿造威士忌的关键在于麦芽的处理，我们并没有把麦芽捣得特别碎，这样的话就能保留着麦芽原本的芳香和甜美。"

本利亚克在单一麦芽界只能算是后起之秀，但它那种挣脱调和基酒命运枷锁的精神却值得钦佩，借此呼唤一下沉寂在斯佩塞环抱中的那些潜心静修的酒厂们，是时候走到前台来了，这是属于你们的表演时刻。

捣碎麦芽的工序：这道工序能够让麦芽中的淀粉转化为糖。

多年以来一直作为调和威士忌的基酒，如今的本利亚克终于可以装瓶自己的威士忌了。

本利亚克品酒辞

新酒

色香：香气甜美，蛋糕、水果、西葫芦、茴香、柠檬以及一丝甜饼香，最后则是淡淡的粉笔灰味。

口感：入口集中度很高，些许蜡感，柔软多汁的水果，之后则是朦胧的花香，醇厚。

回味：干净清爽，麦芽味和许多香辛料。

CURIOSITAS 10 年款 泥煤味 40%

色香：拉菲亚叶 / 维他麦的香气开场，之后则是焦层 / 烤木头的烟熏味，后段慢慢变成沥青和黑色水果味。

口感：强烈的烟熏味，之后是甜美的橡木味和淡淡的水果味，口感不错。

回味：依然是烟熏味，还有淡淡的谷物味。

结论：这款酒是芝华士的重要基酒之一。

风味阵营：烟熏泥煤型
参 照 酒：Ardmore Traditional Cask

12 年款 40%

色香：饱满的金色。香辛料和异域花香（鸡蛋花）开场，之后是糖霜和锯末味。加水之后则涌现新鲜的水果和橡木味。

口感：依然留有淡淡的蜡感，入口很黏，水果糖浆般的质感，满是杏子、香蕉和肉桂味。

回味：香辛料来袭，但褪得很快。

结论：美国橡木桶是本利亚克最好的选择。

风味阵营：水果辛香型
参 照 酒：Longmorn 10 年，Clynelish 14 年

16 年款 40%

色香：饱满的金色。之前的那些香气更为成熟深邃，而辛香味褪去，水果味占据上风。后段还有些许烧木头的烟熏味，香蕉干和熟蜜瓜以及一丝坚果味，那份异域香气也依然可辨。

口感：入口更为集中，新鲜的水果味更少，烟熏 / 晒干的果脯味更重，酒体更醇厚，还带着一丝小茴香味。加水之后雪利桶的味道显现。

回味：干橡木味和无核葡萄干。

结论：酒体变得越发强劲。

风味阵营：水果辛香型
参 照 酒：Balvenie 12 年 Double Wood

20 年 43%

色香：放松而成熟的特质：由肉豆蔻皮和隐约的小茴香主导的缤纷香料味，甜味和酸味交错，之后出现干燥的果皮和杏桃味。

口感：成熟且柔和，带有新鲜的果园果汁味，之后变为油桃味。

回味：甜香料味，悠长。

结论：优雅，带有酒厂特质，内敛的橡木味增添了额外的质感。

风味阵营：水果辛香型
参 照 酒：Paul John Select Cask

21 年款 46%

色香：金色，烟熏味，湿草，月桂叶，秋叶以及西洋梨的味道。蜜瓜味还在，但香辛料的味道已经褪减，淡淡地萦绕其中。

口感：烟熏坚果味。核桃壳和鼠尾草的味道，入口依然香醇。橡木味已经变成檀香和樟脑味，但桶味很克制，没有喧宾夺主。

回味：生姜和淡淡烟味。

结论：已经进入到第三个阶段。

风味阵营：水果辛香型
参 照 酒：Balblair 1975，Glenmorangie 18 年

Septendecim 17 年款 46%

色香：花园营火味，均衡的甜味带来了对比，酒上肉桂的烤苹果味。

口感：水果和青草般的烟熏交错，伴随着太妃糖、牛轧糖、蜜桃糖浆和甘草味。

回味：烟熏味再现。

结论：平衡、烟熏感，容易辨别的酒厂特质。

风味阵营：烟熏泥煤型
参 照 酒：Ardmore 独立装瓶

Authenticus 25 年款 46%

色香：又是烟熏味，木质烟熏，桤木和水果树味，扬起淡淡的芳香，类似烟熏肉味。

口感：酒场特质开始显现，带有丰富柔和的果园水果甜味，以及陈年带来的蜂蜡味和飘散的烟熏味。

回味：闷烧感。

结论：成熟、完美的和谐感、均衡。

风味阵营：烟熏泥煤型
参 照 酒：Glen Garioch 和 Ardmore 独立装瓶

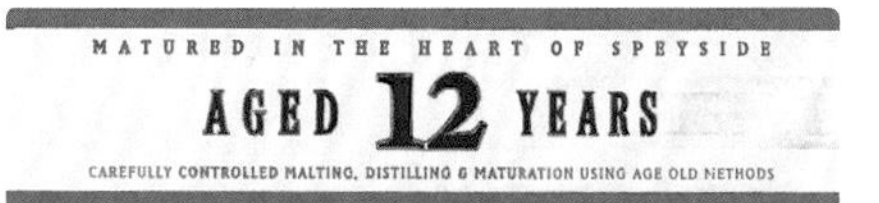

罗塞勒（Roseisle）

罗塞勒，柏格赫德镇

当帝亚吉欧宣布在集团位于罗塞勒的麦芽工厂旁边建造酒厂的计划时，外界的反响充满敌意和消极悲观。酒厂最终还是在2010年开始投入运作。当时有人质疑这间产能1000万公升的酒厂的出现，代表帝亚吉欧已经准备要关闭旗下小规模酒厂，终结手工蒸馏。到时候将一切不复重来。至少传言是这样说的。

结果完全相反，这间有14座蒸馏器的酒厂只是苏格兰最大威士忌集团10亿英镑增产计划的第一步，在之后帝亚吉欧非但没有关掉任何一间酒厂，还建了新厂。

罗塞勒酒厂以最为绿色环保酒厂的理念建造在同名的大型麦芽工厂旁边。有一座生物质能发电厂，可供应自身所需的绝大部分电力，同时将废热加以循环利用，帮助罗塞勒和柏格赫德镇的麦芽厂运转。

这间酒厂还被设计成能生产不同风格的威士忌，以满足调和威士忌基酒的需求，这一点虽然不算特别少见，但它所用的技术非常先进。7对蒸馏器中的6对拥有两组管壳式冷凝器：其中一组和普通的管壳式冷凝器结构相同，内部遍布铜管，另一组则以不锈钢制成。如果需要重酒体，蒸气会被导入后者，因为缺少铜接触，就可获得虫桶冷凝的效果。反之，如果需要的是轻淡风格的酒，就使用那组常规拥有大量铜接触的冷凝系统。

至今为止，除了在刚开始运营后的一段时间内蒸馏过坚果、辛香料风格的新酒之外，罗塞勒一直在生产清淡、青草味风味的新酒。当然其中总有一些细微调整。

发酵时间长达90个小时，蒸馏过程也拉得很漫长，每完成一次蒸馏都会让蒸馏器通风，让铜壁休息复原。此外，每座蒸馏器每周都会进行一次大清洗，然后让它得到6到7个小时的呼吸时间。

而无论是生产哪种风格的威士忌，酒厂规定一周只蒸馏22批次的麦汁。“而一旦选择了清淡风格，就必须放慢步伐。”酒厂经理高登·温顿（Gordon Winton）说：“我们即将完成所有既定目标，调和大师都说罗塞勒的风格与其他青草风味的酒厂不一样。”

那么如果酒厂想要酿造厚重风味怎么办？“当有需要的时候我们也会生产，”这是不是代表要将生产过程要从头调整一遍？温顿笑着说：“是啊，这是为你们而生产的威士忌！永远不能敷衍了事。”

蒸馏房：帝亚吉欧集团旗下雄伟的罗塞勒酒厂。

格兰洛希和曼洛克摩（Glenlossie & Mannochmore）

格兰洛希和曼洛克摩，埃尔金

本利亚克选择走到前台，而此两家酒厂却依然选择留在幕后（最新的那家甚至找起来都很难）。格兰洛希和曼洛克摩仅一墙之隔，前者如同兄长般守护着后者（格兰洛希要比曼洛克摩建厂早很久）。这两家酒厂在威士忌在风味谱上皆属于清淡型，至关重要的一点是，它们为我们展现出威士忌的另外一种风情。

格兰洛希是典型的在19世纪晚期探索清淡风格的酒厂。1876年由格兰多纳前任经理约翰·达夫（John Duff）所建造，他经手的酒厂都会在蒸馏器上加装纯化装置，这个神奇的小发明能够让酒体更柔和。

此外，在蒸馏的时候增加蒸汽的回流也是关键，这样做能够使酒蒸汽在冷凝过程中被反复蒸馏（参考本书14~15页）。格兰洛希的风格就是把清淡柔和做到极致。刚蒸馏出的新酒，香气呈现典雅的青草味，入口无比柔顺，油脂感十足。“通过调整发酵方法可以使酒更具清新香气，而增加回流你便能让酒变得更柔顺，”帝亚吉欧酿酒师道格拉斯·穆雷解释说，“入口油润柔顺的感觉源于青草味的酒蒸汽与蒸馏器之间大量的铜接触。”

可以说是格兰洛希独特的纯化设备营造的纯净柔和之风使得酒厂能够运作至今。而到了1962年，酒厂的蒸馏器已经由4座增加为6座。要知道，一般来说如果是双子酒厂，经营到后面总会选择关掉一家厂。例如克里尼利基（Clynelish）和布朗拉（Brora）酒厂，后者最终关厂，而第林可（Teaninich）和林可伍德（Linkwood）酒厂的老蒸馏车间也遭受了同样的命运，然而在格兰洛希却有一个特例。

1971年，拥有6座蒸馏器的曼洛克摩就在格兰洛希身旁建成（并拥有一座饲料加工厂），并开始出产独特个性的轻盈风格，无明显油脂感，以甜美清新的花香为主，然后逐渐成熟变得肉汁饱满。曼洛克摩非常慎重地处理橡木桶，选用首注雪利桶来进行陈年，其华丽奔放的味道会将其低调自然的风味完全消除。

曼洛克摩在20纪90年代更出惊人之举，昙花一现地推出了一款引起极大争议的“黑色威士忌”——黑湖（Loch Dhu）。它的颜色和酒体如黑色糖蜜一般浓重黏稠，这款麦芽威士忌在上市后立即遭到威士忌爱好者们的不屑一顾，但是由于其独特的个性却使得它近年来成为抢手的收藏级酒品，与此同时，曼洛克摩也已经再次揭开了自己神秘的面纱。

曼洛克摩品酒辞

新酒

色香：香气甜美，胡萝卜，茴香，带核水果的花香，有点像意大利的果渣白兰地。
口感：纯净轻盈，清淡的花香。
回味：短促，内敛。

8年款 二次注橡木桶，样品酒

色香：比新酒的香气更为深邃复杂，湿土和茉莉花的香气。中段是香草和果渣白兰地那有点生涩突兀的味道，最后则是淡淡的粉笔灰味。
口感：酒体饱满肥厚，还未成熟的蜜桃，后段还是香草和花店的香气。
回味：灼热。
结论：看似香气依然清淡，但极具发展前景，黑马潜质。

12年款 FLORA & FAUNA 43%

色香：香气纯净，葡萄藤的花和些许蜜桃汁的香气，后段更是发展出一些苹果派味。
口感：入口略微有点油，一丝辛辣，还有着橘子的清新味，非常优雅舒服。
回味：新鲜，淡淡的柑橘味。
结论：清淡但香气很是雅致。

风味阵营：芳香花香型
参 照 酒：Braeval 8年，Speyside 15年

18年款 SPECIAL RELEASE 54.9%

色香：蜂蜡，坚果和浓郁的肉桂味，非常愉悦。前段是新鲜的橡木味但还包含着许多水果：香蕉、煮大黄和标志性的蜜桃味，最后还有一丝椰子。
口感：鼻尖的盛宴延续到舌尖之上，杏子、橘皮、香草的味道，还有一丝橡木的抓舌感以及不错的酸度。中段则是更多的香辛料，而后段又令人吃惊地复现水果和马卡龙味。
回味：柔和，渐渐地橡木的抓舌感显现，纯净完美。
结论：曼洛克摩的新酒如此清淡，但经过美国橡木桶之后却变得更为饱满厚重（据验证，如果是欧洲橡木桶的话酒厂本身的个性全都会被掩盖）。

风味阵营：水果辛香型
参 照 酒：Craigellachie 14年，Old Pulteney 17年

格兰洛希品酒辞

新酒

色香：香气很是奔放，融化的黄油，白醋栗，湿鹿皮味，青涩中又现油脂味，后段则是油菜籽的香气。
口感：入口油脂感十足，未成熟的水果，糖果盒的味道。
回味：草莓（未成熟）。

8年款 二次注橡木桶，样品酒

色香：香气更为芬芳，以桃子味为主。接骨木花利口酒（有点像林可伍德），淡淡的薄荷，青柠和葡萄柚的味道。成熟的果味。
口感：入口集中度很高，芳香，酒体包裹感强。
回味：清新。
结论：这款酒还处在成长阶段，依然需要时间去除青涩，更具质感。

风味阵营：芳香花香型

1999年，MANAGER'S CHOICE 单桶版 59.1%

色香：融化的黄油，相当宏大，白醋栗、潮湿的鹿皮。青涩带有油脂感，菜籽油。
口感：胡椒和青草味，非常有趣，橡木桶还带来薄荷脑/桉树味，后段是许多的柠檬，清新芬芳。
回味：纯净芬芳，令人愉悦。
结论：又是一款少了些清新之后越发闪亮的酒款。

风味阵营：芳香花香型
参 照 酒：Glentauchers 1991，anCnoc 16年

林可伍德（Linkwood）

林可伍德，埃尔金

斯佩塞地区，还涌动着一股追寻清新风格的热潮。来自不同区域的酒厂都在积极探索全新的风味。然而在这条追寻清新的道路上充满着荆棘坎坷，有些酿酒师尝试改走清新路线之后酿出的酒都不像威士忌了；还有一些则一头扎进青草堆；另一些则口感全无，酒体苍白无力，运气稍好的人，也只酿出那几缕花香的芬芳而已。在这过程中，有一个共识就是清淡风格的威士忌需要悉心呵护和陈年，最好是用二次注的橡木桶来进行陈年，而首注的橡木桶尽量少用，这样桶味才不会掩盖威士忌本身的风味。

酿酒师们面临的另外一个问题就是一些刚刚开始接触单一麦芽威士忌的人，往往追求更为奔放的风味。这个现象和葡萄酒的境地有相似之处：一些新晋的葡萄酒爱好者也喜欢一味地单纯追寻果味。于是，面对这样全新的市场格局，这些酿酒师们还会坚持选择于细微处见真章的酿酒哲学吗？

那么有没有一种威士忌同时具备典雅香气和厚重口感的呢？只有少数酒厂可以做到这点，而林可伍德的一款酒便是其中之一。

帝亚吉欧的酿酒大师道格拉斯·穆雷认为要酿出如此风格的酒非常难，如果要这样做的话似乎就有别于威士忌的酿造方式，因为必须要压制住酒的香气。按照这个原则蒸馏出的新酒，香气也会保持“相对纯净”，这就有些类似于威士忌和伏特加的中间产物。

然而不用担心，林可伍德的新酒香气却并非如此寡淡。它如同

林可伍德坐落于埃尔金镇的市郊农场，它的酒是苏格兰最芳香的威士忌之一。

看似年轻，但是林可伍德会随着岁月日渐成熟。

漫步果园，空气中散落着些许桃子和青苹果的芬芳，酒体却厚重奔放，一入口它便依附在你舌苔中央肆意绽放，这般香气却搭配如此让你意外的口感，非常奇妙的感受。在蒸馏之前，麦芽会被不同程度地捣碎，然后进入糖化缸内分层，再把固态物过滤清，澄清后的麦芽汁进行长时间的发酵。“这些都是为了不让酒的风格过早定形。”穆雷解释道。

林可伍德的蒸馏器非常大，圆润丰满，造型很独特（当然并非独一无二），而烈酒蒸馏器比麦芽蒸馏器还要大一号。但是蒸馏量却不高，因为要保证酒蒸汽在蒸馏器的大肚中有足够的时间与更多的铜接触，以此来去除新酒中不需要的杂质。

最后，酒蒸汽通过蒸馏器外的套管冷凝器进行冷凝，然而位于酒厂一侧的林可伍德老厂依然采用虫桶冷凝法。不过新老厂的酒并无太大区别，令人猜测帝亚吉欧是不是会在老厂房进行某些有关蒸馏和冷凝的实验。

一直以来，林可伍德便是调和酒商们喜爱的威士忌，香气、口感一应俱全，最近他们增加了一倍的产能。即便用雪利桶来进行陈年，它的个性依然不会迷失，而林可伍德经过二次注的橡木桶陈年之后尤为完美，迎面扑来略带青涩味的水果香气，接着便感觉置身在撒满干花瓣的床榻上，仿佛同时跨越四季的感觉，它的岁月痕迹便如此这般展现在你面前。

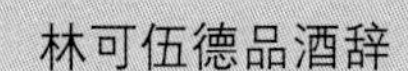

林可伍德品酒辞

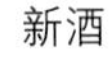

新酒

色香：芬芳。菠萝、桃花/桃皮、温柏、酒精感略强。

口感：入口便是无与伦比的新鲜，各种糕点和苹果味道。轻度油脂感/黏稠感。

回味：纯净且出乎意料地悠长。

8年款 二次注橡木桶，样品酒

色香：稻黄色。青苹果，接骨木花和白色水果香气，那种新鲜感依然令人赞叹。加水之后还有西洋梨的味道。

口感：酒体非常棒。苹果和慢煮西洋梨的味道，后段则是接骨木花酒，包裹感十足。

回味：新鲜、清淡、风味十足。

结论：芬芳香气和饱满酒体的完美结合。

风味阵营：芳香花香型

12年款 FLORA & FAUNA 43%

色香：香气奔放，雅致。洋甘菊，茉莉花夹杂着苹果的香气，非常芬芳和浓郁，而尾段酒精感略现。

口感：入口圆润。油脂感的特性依然留存，并多了些层次感和复杂度，成熟水果和青草味贯穿其中。

结论：随着年龄的增长，这款威士忌越发芬芳和纯净。

风味阵营：芳香花香型

参照酒：Milonduff 18年，Tomintoul 14年

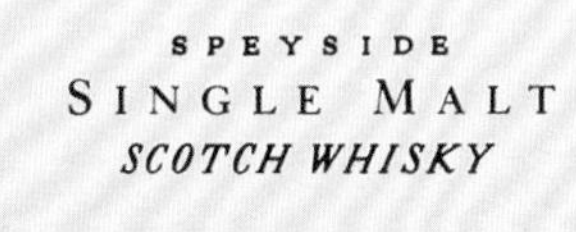

格兰莫雷（Glen Moray）

埃尔金 · WWW.GLENMORAY.COM

格兰莫雷藏身于洛西（Lossie）河畔一片住宅区之中，它的低调不仅仅体现在选址上，还在于它的规模。格兰莫雷原先是家啤酒厂，在19世纪威士忌热潮时曾经在别处也开了一座厂，不过1910年就关厂。然而格兰莫雷并没有像本利亚克那样空窗太久，1923年便重新开始生产。酒厂的蒸馏车间很小，格局紧凑，其余一排皆为发麦车间，车间内全部为酒厂自己设计的萨拉丁发麦箱。

格兰莫雷延续了埃尔金区一贯的丰富果香，一般在美国橡木桶中陈年，又给予它些许黄油香气，且口感十分柔和。如果你偏好水果色拉和冰淇淋的话，那格兰莫雷不会让你失望。

酒厂经理格雷厄姆·科尔（Graham Coull）在描绘酒厂特性时特别提到了酒厂的微气候："酒厂附近的气候偏暖，这样能很好地加强酒的桶陈效果，使得酒能更多吸收橡木桶的风味。而桶陈的仓库位于地势较低的地方（被淹过无数次），使得酒的陈年效果更好。我们大多采用首注橡木桶，因此能够营造出甜美辛辣的风味。"

除此之外，格兰莫雷还尝试着用很多新桶来进行陈年。有一款为SMWS（苏格兰麦芽威士忌协会）特别装桶的威士忌就是用新桶陈年，香气无比丰盈，奶油布蕾、苏格兰黄油、巧克力棒的香气澎湃袭来，而格兰莫雷特有的果味隐藏于后，不时浮现。一直以来作为调和基酒的它近年来也已经开始单独装瓶，崭露头角。即便拥有不俗品质，格兰莫雷还是被前东家格兰杰（Glenmorangie）用低价宣传的方式在市场上亏本销售，一方面为了平衡库存，另一方面也可能为了打响品牌，然而随着格兰杰被酩悦轩尼诗收购，格兰莫雷最终被售卖给了法国酒商La Martiniquaise。

洛西（Lossie）河旁的一大片平原就是格兰莫雷威士忌诞生的地方。

格兰莫雷品酒辞

新酒

色香：非常纯净，水果味（新鲜）十足，还略带一些黄油的味道和淡淡的麦片味。

口感：些许蜡感，之后便是熟透的水果以及苹果派的味道。

回味：纯净。

CLASSIC 无年份款 40%

色香：淡金色。如同大部分无年份款（NAS）威士忌一样，桶味重。清爽的橡木味夹杂着黄油和一些绿色水果以及苹果的味道。

口感：入口很顺滑，口感柔和。

回味：柔和纯净。

结论：一切都还未够成熟，仍在沉睡中。

风味阵营：水果辛香型

参 照 酒：Macallan 10年黄金三桶，Glencadam 15年

12 年款 40%

色香：熟透水果的香气再次回归，西洋梨伴随着淡烟草和香草的香气，而后段则是一丝薄荷味。

口感：入口非常像波本，新桶和松脂味，后段则是淡淡的苹果。

回味：香辛料，奶油太妃糖里的坚果味。

结论：首注的橡木桶使酒体更为柔和。

风味阵营：水果辛香型

参 照 酒：Bruchladdich 2002，Tormore 12年

16 年款 40%

色香：金色。稍老一些年份的威士忌中常出现的树脂味，香气如糖浆般甜美，后段则是奶油椰子糖以及防晒油的味道。

口感：入口桶味稍重，但之后酒厂自己的风味渐渐展现并持续到尾段。

回味：纯净细腻。

结论：非常温顺的一款酒。

风味阵营：水果辛香型

参 照 酒：Macallan 18年黄金三桶，Mannochmore 18年

30 年款 40%

色香：香气非常成熟饱满，各种香料，还有熟悉的烟草味，只不过如今更像是多米尼加雪茄，后段则是淡淡的清漆。

口感：木头烟熏味，山核桃木和木蜡油的味道。

回味：柔和，终了果味显现。

结论：饱满、甜美，木桶影响很重。

风味阵营：水果辛香型

参 照 酒：Old Pulteney 30年

米尔顿达夫（Miltonduff）

米尔顿达夫，埃尔金

20世纪30年代时，经济大萧条席卷了整个英国，并且极大地影响到了整个苏格兰威士忌工业，许多酒厂不得不关门，产量也剧减。唯一值得安慰的是加拿大对于苏格兰威士忌的需求在持续增长，而其中大部分酒都直接从加拿大进口商手中流入美国私酒市场，禁酒令使整个美国的酿酒业停滞，然而并没有影响苏格兰。有远见的酒商在当时已经预见到禁酒令即将解除，而美国市场对于威士忌的需求将会井喷，机会即将到来。

1933年美国禁酒令解除，然而销量并没有急速上升，原因在于美国政府要征收每加仑5美元的威士忌进口税，到了1935年税率减半，贸易量大增，使得来自加拿大的Hiram Walker-Gooderham& Worts烈酒公司有能力和信心收购旗下的第二家苏格兰酒厂，那便是米尔顿达夫。此外它还收购了百龄坛调和威士忌公司和登巴顿谷物威士忌酒厂，并开始酿造最“加拿大”的苏格兰威士忌。

米尔顿达夫也是家颇具传奇色彩的酒厂，原先是家毗邻Pluscarden修道院的磨坊，后来改建为酒厂，并于1824年取得执照。

据说米尔顿达夫的现址是一所古老修道院的啤酒厂。

米尔顿达夫也是一家从未停止过创新的酒厂。“酒厂在19世纪末曾经采用三次蒸馏法，并且一度认定此举能够使自己威士忌的口味类似于高原骑士（Highland Park），”芝华士公司的酒厂经理艾伦·温彻斯特解释说，“之后Hiram Walker母公司叫停此种做法，改变蒸馏方法并延续至今。”不仅如此，米尔顿达夫还于1964年增加了一对新型的罗门蒸馏器（Lomond stills）用来酿造一款叫作Mosstowie的谷物威士忌。而温彻斯特对于酒厂风味的调整有着自己的看法。禁酒令期间，整个北美大陆的口味都随之变得更为清淡，这也影响了苏格兰威士忌的革新，米尔顿达夫也好，百龄坛也好，都在迎合着这种口味变化的趋势。从20世纪至今，一直向着更柔和典雅的口感而去。米尔顿达夫的新酒充满花香和青草味，口感圆润、轻柔，经过悉心桶陈以后它的复杂度更会显现无疑，瞬间便在你口中绽放。

米尔顿达夫品酒辞

新酒

色香：甜美，黄瓜味。青涩/油脂以及青柠花和葡萄花的香气。

口感：酒体集中度高但很平衡，淡淡的黄油味。

回味：清爽，花生。

18年款 51.3%

色香：香气圆润但依然纯净。洋甘菊、接骨木花的味道。非常娇嫩优雅，如鲜花绽放。

口感：有一些桶味，入口甜美，花香略重，风信子、玫瑰花瓣的味道，口感很棒。

回味：纯净、芳香。

结论：爱尔兰威士忌风范。

风味阵营：芳香花香型

参 照 酒：Linkwood 12年，Speyburn 10年，Hakushu 18年，Tormore 1996

1976年 57.3%

色香：清淡芬芳如石楠花、玫瑰、香草、椰子和兰花飘香。

口感：入口圆润饱满，橡木味，新酒那浓郁集中的口感依然留存，许多彩色软糖的味道，逐一呈现。

回味：纯净清淡。

结论：花香的芬芳依然留存。

风味阵营：芳香花香型

参 照 酒：Tomintoul 14年

本诺曼克（Benromach）

福勒斯（Forres）· WWW.BENROMACH.COM

本诺曼克酒厂就像一个谜。当1994年独立装瓶厂商Gordon & MacPhail收购它时，酒厂已从1983年开始关闭了10年之久，它也是20世纪80年代初期受金融危机牵连而关闭的酒厂之一。G&M买入它时，酒厂完全是个空壳，如今在酒厂看到的设备——麦芽糖化缸、木质发酵桶、蒸馏器以及外接冷凝器都是被收购之后安装的。而G&M公司同时面临一个难题：那就是重新酿造全新风格的威士忌呢，还是复制本诺曼克以前的风味？有意思的是，最后他们选择两样同时进行。

如我们之前介绍的那样，20世纪60年代至70年代之间建造的酒厂，风味同属一个阵营。然而本诺曼克并非如此。它的新酒能够让你联想到老派斯佩塞的作风，即便是有些清淡，但酒体算是中等强度，还略带一点烟熏味。可能不似慕赫、格兰花格或者巴门纳克如此厚重强烈，但肯定要比大多数清淡系的要饱满许多。“过去40年来由于原料和工艺的改变，斯佩塞的风味日趋清淡，”G&M公司的经理厄温·麦金托什（Ewn Mackintosh）介绍说，“而当我们决定要重塑本诺曼克时，就已经打算要重回20世纪60年代之前的传统风味了。”

因此，本诺曼克如今的风格依然有些神秘莫测。它的蒸馏器和早先的造型完全不同，而且要更小。但麦金托什解释说在对比了新老酒厂的新酒后，居然能够发现一丝同根同源的迹象。“而现在唯一和老厂一样的只有水源和发酵桶用的木头，”他继续说道，“苏格兰威士忌总是透着一丝神秘，关于酒的个性来自于何方这个问题始终没有人能够解释清楚。”换句话来说，即便把酒厂的设备换个遍，冥冥之中总会有某种神秘力量使得本诺曼克始终能酿出很“本诺曼克”的威士忌来。

而且这并不是简单的复制。新本诺曼克会用葡萄酒桶、新橡木桶来陈年，麦芽方面选择更是广泛，有机大麦、重度烟熏大麦，甚至还有百分百的黄金诺言大麦（Golden Promise，用它酿出来的酒更饱满、圆润）。经过了漫长的沉寂之后，G&M公司让本诺曼克又重新恢复了以往的勃勃生机。

本诺曼克品酒辞

新酒

色香：非常甜美的香气，香蕉和麦芽味，略饱满，此外还有白蘑菇和淡淡的烟熏味。

口感：入口醇厚饱满，还有香软水果的味道。

回味：干净，略带一丝泥煤味。

2003 桶陈样品 58.2%

色香：果味和轻微油质感（油菜籽）。非常轻柔的烟熏味，夹杂着浓烈的百合和其他花瓣的香气。

口感：入口伊始是烟熏味，但非常平衡，伴随着油脂感的花香以及一些半干涩的果味。

回味：悠长温和。

结论：本诺曼克是需要时间慢慢成熟的威士忌。

10 年款 43%

色香：淡金色，些许雪松和橡木味。中段则是菠萝、黄油、麦芽、全麦面包和香蕉皮的味道。

口感：略微有点抓舌感，酒体很饱满。麦芽味中还透着淡淡的杏脯，似乎比新酒要更油一些。

回味：木头的烟熏味，悠长。

结论：橡木桶使得酒体更为饱满丰富，而这又是一款崭新的具备老派斯佩塞风格的威士忌。

风味阵营：水果辛香型
参 照 酒：Longmorn 10 年，山崎 12 年

25 年款 43%

色香：类似于 10 年款的那种雪松味，此外还有一些皮革味。中段则是柑橘、奶冻、坚果和一丝与陈年不太相衬的青草味。加水之后更清新，还有淡淡的泥煤味。

口感：非常甜美，与 10 年款一脉相承，只是多了一些老酒应该有的香辛料。后段则是姜粉和水果羹的味道。

回味：青草味，很干涩。

结论：尽管更换了蒸馏器，但是酒厂依然保留着原来的风格。

风味阵营：水果辛香型
参 照 酒：Auchentoshan 21 年

30 年款 43%

色香：轻柔和微妙的烟熏味，温暖的水上浮木，柔软的皮革，蜜饯和香料，以及丰富的油脂味。

口感：非常具有蜡质感，粘腻在口中，紧贴舌头。之后杏子味脱颖而出，依然具有清新活力。

回味：悠长充满活力。

结论：与 DCL 时代的风格完全不同，可以看到当代本诺曼克是如何在橡木桶中陈年并展现身姿的。

风味阵营：水果辛香型
参 照 酒：Tomatin 30 年

1981 年 VINTAGE 43%

色香：桃心木色。香气奔放，树脂，黑色水果，非常典型的雪利桶的味道。中段香气变得甜美可人，还有一些木头味，其中还隐藏着许多干果味。后段则是熟透香蕉，塞维利亚血橙和棉花糖的味道。

口感：入口强劲，集中度高，清漆和淡淡的油脂感，曲奇/坚果味，后段还有些许五香味。

回味：烟熏味和香浓的果味。

结论：它的酒体足够应付雪利桶。

风味阵营：饱满圆润型
参 照 酒：Springbank 15 年

格兰伯吉（Glenburgie）

格兰伯吉，福勒斯

距离米尔顿达夫酒厂13千米处便是格兰伯吉酒厂，同样也属于加拿大Hiram Walker公司。1955年同样也采用由Alastair Cunningham设计的罗门蒸馏器，而且在蒸馏器粗壮的颈部有一处活动挡板。因为在公司看来，只生产较重风味的威士忌过于单调。于是便采取这样的设计，以便让酒厂能够用一座蒸馏器就能营造出不同的风格。通过调整活动挡板，就能调节蒸馏时的温度、回流，从而能够创造出不同的风味来。

然而问题在于他们还不能很自如地运作。因为当麦芽蒸馏器工作时这层挡板会被蒸馏所生产的固态物所覆盖，这样就会使最后蒸馏出来的新酒带一丝焦味。于是这对罗门蒸馏器很快便被拆除、肢解，直接退休了。现在只有斯卡帕酒厂（Scapa）还在使用这种罗门蒸馏器，不过他们把活动挡板给拆除了，当作普通蒸馏器来使用。近年来布鲁莱迪酒厂安装了一座来自于Inverleven酒厂的罗门蒸馏器，他们管它叫作“丑女贝蒂”（罗门蒸馏器算是最不具美感的蒸馏器，毫无线条可言，就是一个直桶）。

从某些方面来看，米尔顿达夫和格兰伯吉酒厂堪比帝亚吉欧旗下的格兰洛希和曼洛克摩酒厂。“我们有时候会分不清这两家，”芝华士公司的酒厂经理艾伦·温彻斯特介绍说，“不过对我而言，格兰伯吉要更甜美，青草地的味道更足一些。”

在罗门蒸馏器时代，格兰伯吉曾经出品过一款名为“Glencraig”的威士忌，时至今日随着罗门蒸馏器的落幕，格兰伯吉重回1823年酒厂大革命时代的风味。当时它还只是大路旁边的一个小作坊而已。即将要离开这里的我们，同时也意味着我们就此便要离开斯佩塞地区。这片孕育了无数酒厂的地带，四处是沼泽、河流和毗邻大海的平原，保守和激进在这里对抗，传统和创新亦在此交织。斯佩塞，既代表着威士忌的起源，又让人看到威士忌的未来。此地缤纷繁复的风味、酿造工艺和造酒理念，无时无刻不引领和影响着人们所钟爱的苏格兰威士忌。

现如今仅存的格兰伯吉旧址存放着酒厂珍贵的陈酿。

格兰伯吉品酒辞

新酒

色香：非常纯净清淡，一抹青草味，亚麻籽油和阵阵甜香。

口感：淡雅芬芳，但是入口油脂感很足。

回味：坚果味，浓郁。

12年款 59.8%

色香：淡金色。还是青草味，但在橡木桶的作用下椰子味更重。

口感：加水之后（纯饮的话口感太灼热刺舌）很是甜美柔和。橡木桶带来的香草荚味，而酒体那柔美的包裹感很是有趣。

回味：青草味，中国白茶。

结论：可以断定橡木桶和酒体本身的甜美十分搭调。

风味阵营：芳香花香型

参 照 酒：anCnoc 12年，Linkwood 12年

15年款 58.9%

色香：金色。许多丙酮，杏仁牛奶味。清淡甜美。

口感：青草味已经化作拉菲亚叶和野牛草的芬芳，而后段则有令人愉悦的放牛牧场的味道。

回味：淡淡的香料味，纯净。

结论：柔美诱人。

风味阵营：芳香花香型

参 照 酒：Teaninich 10年

高地（Highlands）

斯佩塞之旅让我们充分意识到即便是两家毗邻的酒厂，也不可能酿出相似风格的酒，那么现在我们来到的这片地区，从格拉斯哥一直到朋特兰湾，情形会如何呢？从法定意义上来划分，高地产区意味着北高地线以北的除了斯佩塞以外的所有地区，然而这条政治意义上的线在1816年被废除，并重新以地理概念来划分这片地区，从那时起，低地区便从高地区独立划分出去。

苏格兰高地有着致命的吸引力。一如大多数游客心中所想的苏格兰：群山密布，遍地沼泽、湖泊，一座座庄园孤立其中，雄鹰在高空翱翔，牡鹿在山谷中跳跃。换句话说，苏格兰代表着过去，从未改变。高地的酒厂和他们的威士忌向我们展现了那如诗如画般的风景。高地威士忌的存在是高地人和大自然交战的成果，高地人依靠着代代相传的智慧和技术，凭着一把硬骨头（苏格兰语称thrawn）和不妥协的精神，一次次倒下，又一次次地站起，威士忌的存在更体现出了高地人不同寻常的精神，这也是高地产区能够挣脱出斯佩塞的缘由所在。

高地威士忌常常会给人惊喜。你会从中发现青草的清新，烟熏，蜡质感，热带水果，醋栗，含蓄内敛和娇艳奔放一并交织。然而高地的风格也并不单一，这里的风味之旅依然多元化：汀斯顿酒厂（Deanston）和达尔维尼酒厂（Dalwhinnie）的蜂蜜芬芳，东北海岸的各色水果风味，以及威鹿酒厂（Garioch）那突如其来的泥煤冲击，无不令人陶醉。

而高地似乎还有许多让人费解之处。比如说为什么珀斯郡（Perthshire）这片富饶而又不甚辽阔的地区会聚集如此多的酒厂，而且各家有各家的风格。而同样肥沃的东海岸地区却少有酒厂问津？又为什么阿伯丁（Aberdeen）和因弗内斯（Inverness）没有酒厂？

即便是高地的东北海岸地区，如此狭小的地方也拥有众多酒厂，几乎每个火车站旁边都有一家酒厂，这里同样充满着许多惊奇。马里湾（Moray Firth）以北的黑岛，苏格兰第一个威士忌品牌在这里诞生，亦在这里消失。景色同样摄人心魄，公路一边是皑皑雪山，另外一边则是无尽沼泽，强烈的对比体现出典型的高地风格。这里曾经拥有古老的皮克特文化（Pictish），现在又是重工业区，苏格兰的一切仿佛从这里起源。这里既是石油产区，又拥有众多威士忌酒厂，四处是雾气弥漫的平原，不远处却是无尽的大海，这里的酒厂争相斗技，各家都处心积虑地想胜人一筹。面朝北方，望向远处海岸那片被遗忘的大地，忽明忽暗的灯光闪烁其间，能感受到苏格兰人为了捍卫自己的独立精神而不断斗争的决心，这决心在你脚下这片土地不断蒸腾。

苏格兰大部分地区是高地，而且地形多变，群山沼泽遍布，所以才能孕育出各种不同的威士忌风味。

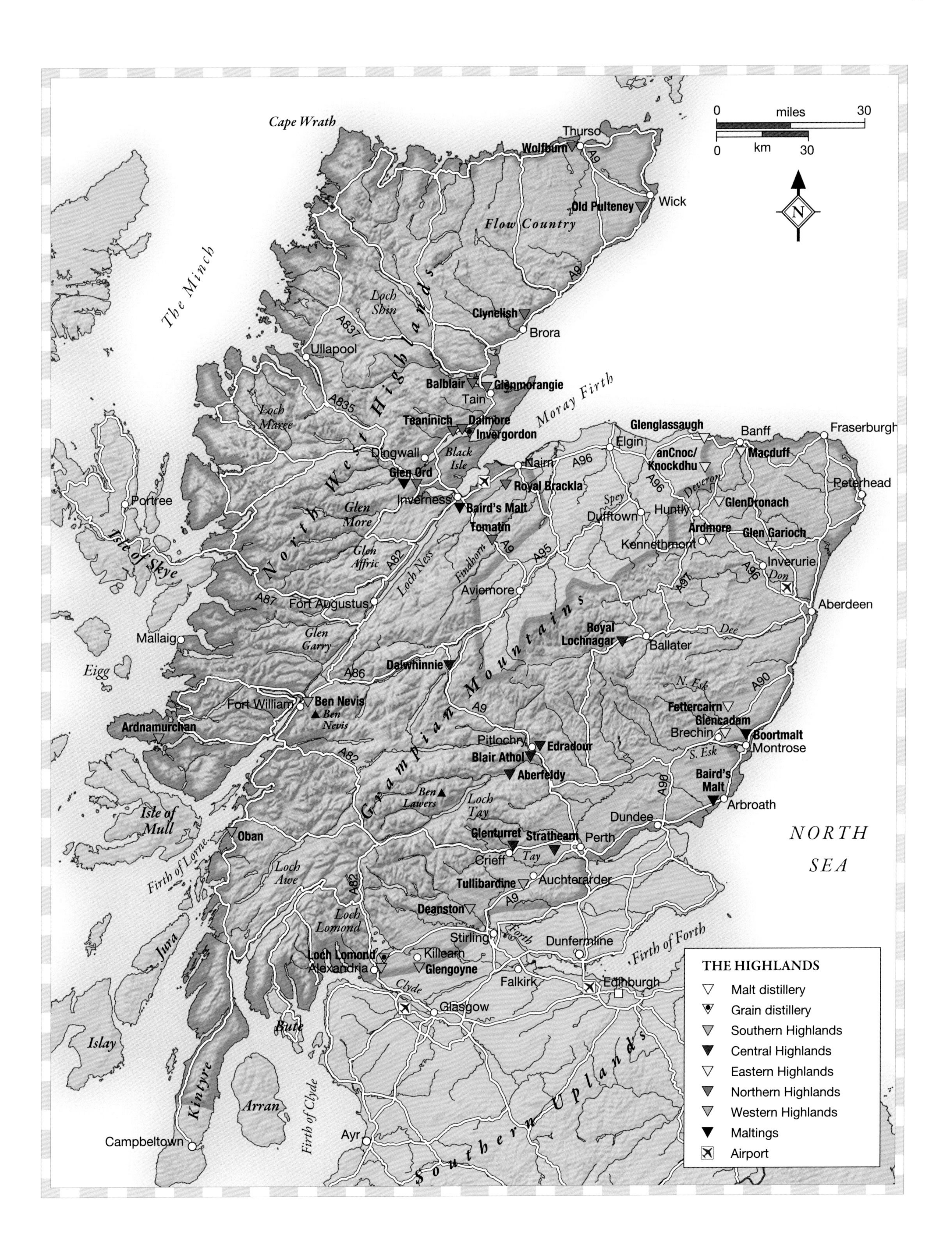
THE HIGHLANDS
Malt distillery
Grain distillery
Southern Highlands
Central Highlands
Eastern Highlands
Northern Highlands
Western Highlands
Maltings
Airport
miles
km
NORTH SEA
Cape Wrath
The Minch
Flow Country
North West Highlands
Grampian Mountains
Southern Uplands
Moray Firth
Firth of Forth
Firth of Lorne
Firth of Clyde
Isle of Skye
Isle of Mull
Islay
Jura
Kintyre
Arran
Bute
Eigg
Thurso
Wick
Brora
Tain
Ullapool
Dingwall
Inverness
Nairn
Elgin
Banff
Fraserburgh
Peterhead
Huntly
Dufftown
Kennethmont
Inverurie
Aberdeen
Ballater
Aviemore
Fort Augustus
Mallaig
Portree
Fort William
Pitlochry
Brechin
Montrose
Arbroath
Dundee
Perth
Crieff
Auchterarder
Stirling
Dunfermline
Killearn
Alexandria
Falkirk
Edinburgh
Glasgow
Ayr
Campbeltown
Wolfburn
Old Pulteney
Clynelish
Balblair
Glenmorangie
Teaninich
Dalmore
Invergordon
Glen Ord
Royal Brackla
Baird's Malt
Tomatin
Glenglassaugh
anCnoc/ Knockdhu
Macduff
GlenDronach
Ardmore
Glen Garioch
Royal Lochnagar
Dalwhinnie
Ben Nevis
Ardnamurchan
Fettercairn
Glencadam
Boortmalt
Edradour
Blair Athol
Aberfeldy
Baird's Malt
Glenturret
Strathearn
Oban
Tullibardine
Deanston
Loch Lomond
Glengoyne
Loch Shin
Loch Maree
Glen More
Glen Affric
Loch Ness
Glen Garry
Findhorn
Spey
Deveron
Don
Dee
N. Esk
S. Esk
Ben Lawers
Loch Tay
Tay
Loch Awe
Loch Lomond
Forth
Clyde
Black Isle

南高地（Southern Highlands）

南高地区毗邻格拉斯哥北郊，这里的4座酒厂风格并不统一，各自有着自身独特的魅力和个性。有家厂尽管很小却一直在创新，另外一家看上去更像一座老农场，还有一家则拥有苏格兰最美的田园风光，此外还要走访一家重获新生的酒厂，让我们一家家开始寻访吧。

罗曼山（Ben Lomond）就耸立在南高地上。

格兰高依（Glengoyne）

基勒恩，格拉斯哥 · WWW.GLENGOYNE.COM

无论你如何来界定高地这个定义，从地理上也好，或者从19世纪时按税率来划分的概念也好（如今这个划分已经成为法定产区划分），格兰高依酒厂从古到今都应该算是一家血统纯正的高地酒厂。

格兰高依酒厂外墙漆得雪白，看上去非常干净舒服，完全一副小农场的模样。它身处肯普西丘陵最西面的一处峡谷中，再往南便是格拉斯哥的郊外。

这是家非常有趣的酒厂，规模很小（非常适合新手来此学习酿造威士忌）。刚蒸馏出来的新酒酒体轻柔，有强烈的青草味，陈年一段时间以后水果芳香显现，口感更圆润、舒展。酒厂经理罗比 · 休斯（Robbie Hughes）对于蒸馏和发酵时间有着自己的理解。“我们保证至少有56个小时的发酵时间，这样便使蒸馏出的酒有着坚果的香气。”

蒸馏时间相应也被延长，这便意味着更多的铜接触。“我们尝试让酒蒸汽和铜接触达到最大化，”休斯说道，“让蒸馏过程变得缓慢，这样就能增加酒中的酯类物质。在这期间，我们会很仔细地控制温度，不会让温度过高，这样就能在蒸馏器中不断形成回流，使酒心变得更纯净，从蒸馏器到最后的烈酒收集器，我们都用铜管来进行连接。”

格兰高依充满活力和水果芬芳的新酒非常适合在首注的雪利桶中陈年。过去，这是一家几乎快被遗忘的酒厂，而现在已经慢慢地向着顶级酒厂的方向迈进。

格兰高依的糖化缸

格兰高依品酒辞

新酒

色香：香气集中度很高，唤醒你的鼻尖。青草（香甜干草）和淡淡的水果味。

口感：入口甜美，中段略显强劲，很棒。

回味：有点紧，咖啡脂的香气一闪而过，辛辣。

10年款 40%

色香：淡金色。很明显的雪利味，发酵过的葡萄汁味。中段是加了奶油的司康饼，之后则是沼泽/蕨类植物的味道。

口感：清淡，纯净，有点干涩，中段甜美。加水后蛋糕味显现。

回味：有点紧，干涩，再慢慢变得辛辣。

结论：如果说新酒的特质是清淡的话，那这款则展现出格兰高依的活力。

风味阵营：水果辛香型
参照酒：Strathisla 18年，Royal Lochnagar 12年

15年款 43%

色香：优雅，清晰可辨的个性，格兰高依标志性的辛香味，并且不失清新。除此之外还带有榛子、提子干和微妙的氧化风味，雪利桶的味道并不过于张扬。

口感：成熟，带有温和甜美的香料味。口感非常具有层次，并带着一些纯净甜美的水果味，加水之后优雅尽显。

回味：复杂悠长。

结论：慢速成熟的单一麦芽威士忌，这里开始已经进入第二阶段。

风味阵营：水果辛香型
参照酒：Craigellachie，Glenrothes Quercus Robur

21年款 43%

色香：香气更为稠密复杂。蘑菇和一抹马鞍油，水果蛋糕以及些许五香味。中段则是黑樱桃干，如新酒般酒精感略强，最后还是各种水果蛋糕的味道。

口感：前段是伯爵茶和干玫瑰花瓣，之后则是意式浓缩咖啡，麦芽味中透着香甜。加水后草莓干的香气显现。

回味：单宁感。

结论：桶味占据主导，但酒厂风味依然清晰可辨。

风味阵营：饱满圆润型
参照酒：Tamavulin 1963，Ben Nevis 25年

罗曼湖（Loch Lomond）

亚历山大 · WWW.LOCHLOMONDDISTILLERY.COM

罗曼湖酒厂，苏格兰最引人注目的酒厂之一（或许也是最鲜为人知的），坐落在亚历山大小镇上，靠近罗曼湖南岸。这是片概念十分模糊的区域，位于工业化的低地和如梦如幻般的高地之间，既是乡村野外，又有着住宅区和高尔夫球场，逐渐被城市化。而酒厂的风格也映射出这种多重性（让人很难界定）。高地，还是低地？或者兼而有之？罗曼湖同时拥有谷物和麦芽酒厂，从种植到酿酒完全自给自足，调和型威士忌、单一麦芽威士忌，无一不酿，真是一家让人有些看不懂的酒厂。

罗曼湖的麦芽酒厂拥有4组蒸馏器，包括3种不同的型号：1966年的老蒸馏器，1999年的标准型号，以及一组复制老蒸馏器并加大尺寸的型号。这组复制老蒸馏器的设计很有趣，乍看之下会让人以为是罗门蒸馏器，但其实是颈部装有精馏塔的壶式蒸馏器。

而在蒸馏过程中新酒可以在不同阶段被收集，因为酒厂会调整蒸馏器颈部长度，这样做能直接改变酒的风格。酒厂一共拥有8种麦芽威士忌（包括泥煤味），再用旗下谷物酒厂的产品调和，便形成了高地司令（High Commissioner）调和威士忌。

创新精神是罗曼湖酒厂的重要元素之一。拿酵母来举例，苏格兰的酒厂尽管风格大都不同，但通常都会使用相同的酵母，罗曼湖则不然。酒厂已经使用葡萄酒酵母有10年之久了，这比蒸馏酒用的酵母要贵一倍，但是我们认为它能给威士忌带来些不同的东西，它能把威士忌提升高度带来更多的花香。

罗曼湖另外一处引发争议的是它使用柱式蒸馏器（参见16页）来生成麦芽威士忌，而苏格兰威士忌协会则宣称这是非传统的做法（尽管柱式蒸馏器自19世纪以来便诞生）。不过罗曼湖并不在乎这些，依然坚持自我。或许在不远的将来，罗曼湖的执着将会成为他人的榜样。

2014年，罗曼湖被一家私募基金公司收购。

罗曼湖品酒辞

SINGLE MALT 无年份款 40%

色香：金黄色。香根草、发麦箱、天竺葵和柠檬的香气。加水后各种蔬菜味以及香甜的木头酚类物质。

口感：草本/坚果以及些许燕麦的清爽，中段有点包裹感，最后则是铜味。

回味：油脂感。

结论：轻盈的酒体和新桶结合得不错。

风味阵营：麦香干涩型

参 照 酒：Glen Spey 12年，Auchentoshan Classic

29年款 WM CADENHEAD 装瓶款 54%

色香：香气很轻盈，棉花糖、面包粉以及苹果海绵蛋糕里透出来的糖粉味。后段则慢慢变成绿蕨和黄瓜味。

口感：麦芽的香甜开场，很柔和。

回味：干净短促。

结论：酒在桶中成熟得很慢，一缕夏日的清新。

风味阵营：芳香花香型

参 照 酒：Glenburgie 15年

SINGLE MALT 1966 年 45%

色香：金黄色。香根草、发麦箱、天竺葵和柠檬的香气。加水后各种蔬菜味以及香甜的木头酚类物质。

口感：入口紧致，木油和松树的味道。后段则是牛至叶和柠檬皮碎。

回味：干涩。

结论：纯净，清淡的酒体，橡木桶的风味很活跃。

风味阵营：水果辛香型

参 照 酒：Maker's Mark，Bernheim Original Wheat，Glen Moray 16年

INCHMURRIN，12年款 46%

色香：甜美的蜜饯，清爽宜人，纯净。之后还有些许柠檬，奶油，以及苹果和白巧克力。

口感：清新的果香，拥有力度和口感，非常好地和橡木味平衡在一起。加水后带出来一些柠檬香草和水煮西洋梨的味道。

回味：温和纯净，中长。

结论：平衡柔和，平易近人。

风味阵营：水果辛香型

参 照 酒：Bruichladdich 10yo

RHOSDHU（连续式蒸馏麦芽威士忌）48%

色香：甜美的大麦，些许干草，清新的梨子，但都非常清淡。

口感：充满了许多水果和花香，非常芬芳，之后是杏仁力娇酒和淡淡的坚果味。

回味：精油。

结论：用连续式蒸馏方式，以大麦麦芽作为原料生产的威士忌。

风味阵营：芳香花香型

参 照 酒：Nikka Coffey Malt

12年款 单一有机调和威士忌 40%

色香：麦芽的香甜带着些许干草，清新的果味。

口感：依然是水果和花香，以及淡淡的坚果味。

回味：芬芳。

结论：一款具有个性的调和威士忌。

风味阵营：芳香花香型

汀斯顿（Deanston）

汀斯顿，斯特灵 · WWW.DEANSTONMALT.COM · 周一至周日全年开放

必须说，汀斯顿是一座最不像酒厂的酒厂，18世纪时，它还是一家纺织厂，珍妮纺织机（Spinning Jenny）就是在这里改进的，并由此彻底改变了整个纺织工业。建厂在这里的原因是附近充足的水资源。时至今日，泰斯河（River Teith）的流量可达每小时2 000 万升，酒厂毗邻于此不仅解决了自身的电力问题，还能额外为国家电网输电，非常绿色环保。

汀斯顿也是一家非常新的酒厂，1964年纺织厂关闭，才改建为威士忌厂。昔日为Invergordon酒业公司所有，如今则归于Burn Stewart酒业公司旗下，酒厂总经理伊恩 · 麦克米伦（Ian MacMillan）就在此工作。

这也是家让人眼前一亮的酒厂：所有设备都与众不同，无论从尺寸上（容量11吨的敞开式糖化缸），还是细节上。譬如，4座粗壮的蒸馏器的颈部都有铸黄铜圈，莱恩臂的角度微微上扬等。

对于那些最近没喝过汀斯顿的人来说，最大的惊喜是那种熄灭的蜡烛以及蜂蜡般的香气质感，后者在经过陈年以后还会发展成蜂蜜的甜蜜。这种特质对于一家新酒厂来说尤为难得。

“这种蜡感是汀斯顿最原始的风味。”麦克米伦解释道，“不过在Invergordon管理时（1972年–1990年）这种风味被丢失了，而我接手后的任务就是要把它重新找回来。”那究竟是怎么办到的呢？“一点一滴地开始调整，不过最主要的是降低麦芽汁的浓度（比如说降低糖分的比例），从而能够帮助酵母生产。延长发酵时间和蒸馏时间，让蒸馏器内的酒蒸汽拥有充裕的蒸馏时间，总而言之，我信仰古法。”这种蜡感风格在威士忌里难能可贵，因此得到调和师们至高的评价。

酒厂的储酒仓库的圆顶有着非常夸张的弧度，所有威士忌都由有机大麦酿造，采用非冷凝过滤，以46%的酒精度装瓶。“如果用冷凝过滤法就意味着你会失去更多芳香和风味，”麦克米伦说，“我们花了12年才孕育出这些风味，所以为什么要剔除它们呢？我希望人们能够真正享受到这些独特的风味！”

汀斯顿品酒辞

新酒

色香：气味很重，熄灭蜡烛 / 蜂蜡味。中段是野蒜，后段则是湿芦苇，还隐藏着些许谷物味。

口感：酒体纯净，但不失厚重，包裹感很强。加水后略有谷糠味，大部分仍然是蜡味。

回味：略微有点黏稠。

10 年款 样品酒

色香：金色。美国橡木桶带来强烈的椰子味。蜡感似乎已经褪去，但蜂蜜味显现，后段还有防晒油，淡淡的士力架的味道。

口感：橡木桶赋予的甜美，非常柔和，蜂蜜味十足，和新酒有些类似。

回味：柔和，咸太妃糖味。

结论：蜡感和橡木桶结合之后创造出更多的蜂蜜味。

12 年款 46.3%

色香：浅金色。香气纯净甜美，黄糖浆，些许太妃糖、桃子罐头和牛奶巧克力的味道。后段则是香甜的谷物味和一丝柑橘味。

口感：非常甜美集中，蜂蜜，米饭布丁和些许蜡感，尾段更有橡木的清爽。

回味：略微带麻刺感，些许辛辣。

结论：酒精度 46.3%，非冷凝过滤，比老款 12 年更柔和，更具风味。

风味阵营：水果辛香型
参 照 酒：Aberfeldy 12 年，Benriach 16 年

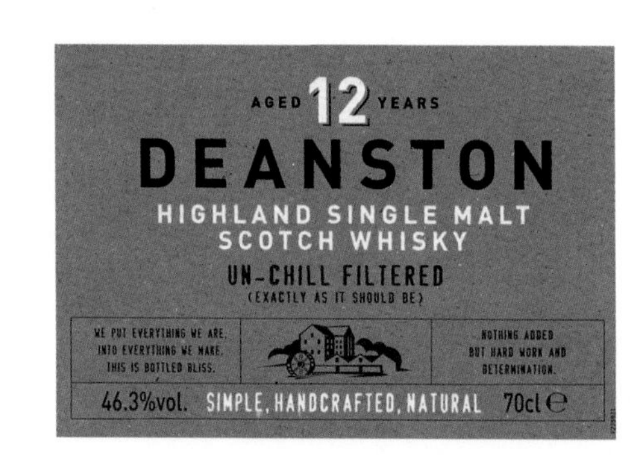

28 年款 样品酒

色香：金 / 琥珀色。典型的成熟风味。许多香辛料，还有一丝皂味。中段则是刚刚上过漆的家具味和新酒中的蜂蜡味，尾段是焦糖和山核桃的味道。

口感：干涩，淡淡的类似于 16 年款中的草莓味和熟悉的蜡感，娇艳欲滴。

回味：纯净，略微有点刺舌，肉桂味。

结论：汀斯顿的风味如同过山车般跌宕起伏。

风味阵营：水果辛香型
参 照 酒：Aberfeldy 12 年，Benriach 16 年

杜丽巴汀（Tullibardine）

奥奇特阿德 · WWW.TULLIBARDINE.COM

杜丽巴汀酒厂位于奥希尔丘陵山脉北面的小镇布莱克福德（Blackford），选址在此值得称道。这里拥有丰富而优质的水源，著名的高地春泉（Highland Spring）矿泉水就取自于此，而且1488年起当地就开始酿造啤酒。最早的杜丽巴汀酒厂建造于1798年，如今看到的酒厂是1949年战后酒厂潮时由一座旧啤酒厂改建而成的。由著名威士忌厂建筑师威廉 · 德尔梅–埃文斯（William Delmé-Evans）设计和拥有，1953年Brodie Hepburn公司接手后更换了糖化缸和发酵槽，而原先的设备则装到12.8千米外的格兰塔酒厂（Glenturret）去了。

杜丽巴汀最后是由怀特马凯（Whyte & Mackay）集团接管，1994年封存，直到2003年为了要收回成本，才将一些旧仓库出租变成零售商业区。

2011年杜丽巴汀再度易主，由法国葡萄酒与烈酒集团皮卡（Picard）买下，皮卡旗下有高地女王（Highland Queen）与银玺（Muirhead's）等品牌。国际销售经理詹姆士 · 罗伯森说："皮卡接手的时候说，他们把自己定位为监护人，而不是业主。他们更重视长期投入。"零售商业区正在慢慢收回，恢复原来的用途，蒸馏器也开始全负荷运作，还投资购买了新的设备。对于消费者来说更有意义的是，杜丽巴汀的酒款系列已经妥善安排，重新包装后再度上市。

购买任何封存的老酒厂都要应对库存上的不足；而杜丽巴汀的情况，则是要想办法把放在已经过于陈旧的橡木桶中的威士忌，转变成可用于调和威士忌的年轻而充满活力的基酒。而酒厂若是想要装瓶单一麦芽威士忌的话，这种需求刚好相反。最初他们想用大量的换桶来克服木桶的问题，但之前的产品太庞杂，缺乏统一性及可辨识的酒厂特色。

幸好这一切都改变了。上一任东家对于选用橡木桶的英明策略终于有了成果。先前在传奇人物约翰 · 布雷克（John Black）的带领下，对酒做了调整。布雷克有57年的威士忌酿造经验，是苏格兰最资深的蒸馏师；遗憾的是他在2013年过世，但我相信他的传奇会发扬光大延续下去。

杜丽巴汀的大门曾经关闭了整整9年，如今它又重新焕发生机。

杜丽巴汀这个案例告诉我们，威士忌不是瞬间可以成功的烈酒。扭转一家酒厂的状况需要耐心和毅力。不过，杜丽巴汀的确做到了。

杜丽巴汀品酒辞

Sovereign 43%

色香：像是乳状、淡淡甜甜燕麦糊，上面撒了粗红糖，鼻腔后方带着柔软果味。比以往更芬芳，少了些麦芽味，细致的香味。加水后会有新鲜绿叶的气味。

口感：柔软新鲜，带着花俏感。加水后变得更甜、更丝滑些，凸显出花香味。

回味：些许麦芽味。

结论：比以往的杜丽巴汀更富花香、更大胆。

风味阵营：芳香花香型
参 照 酒：Linkwood14年、Glen Keith

Burgundy Finish 43%

色香：紧密，带着酒桶赋予的轻盈特色，酒桶让味道转变成覆盖子果酱浮渣与硬糖果的气味。

口感：油滑感，主要是淡淡的蜜饯味。

回味：泰莓（tayberry）与蓝莓。绵长。

结论：不同的元素（酒厂/二次填充/葡萄酒桶）彼此平衡得很好。

风味阵营：芳香花香型
参 照 酒：Glenmorangie Quita Ruban

20年款 43%

色香：木头、粉味，带着些许新鲜烘焙全麦/壳物面包的气味。有因熟成而产生的典型淡淡油脂味。

口感：橡木增添酒的丰富度，但也保留了大量壳物味。

回味：坚果味。

结论：特色与年份较低的酒很不一样，壳特味重得多。

风味阵营：麦香干涩型
参 照 酒：Glen Garioch

中高地（Central Highlands）

这里是位于珀斯郡中部的酒厂区，和其他产区相比，这里有着两项不寻常之处。其一，在此我们能探寻到很多故事，关键词有神秘、私酿、磨坊、皇室、调和酒商和寻根酒厂。其二，这里曾经是威士忌酿造的中心地带，然而时至今日，剩下的酒厂却寥寥无几。要问它们幸存的理由——坚持品质和个性。

泰河（River Tay）流经的乡村成为古已有之的威士忌王国。

格兰塔、斯特拉森（Glenturret & Strathearn）

克里夫 · WWW.THEFAMOUSGROUSE.COM · 威雀威士忌酒厂体验园区所在地
斯特拉森，METHVEN · WWW.FACEBOOK.COM/STRATHEARNDISTILLERY

中高地和其他产区大致相似的是，大部分酒厂都会集中在一个地区——珀斯郡中部。各家酒厂离得近也方便彼此互相帮衬，这无可厚非。只是如今这里只剩下为数不多的酒厂还在运作，要知道在巅峰时期，珀斯郡曾经拥有超过70座酒厂，大部分是在1823年酒厂合法化改革之后涌现的，如同《圣经 · 旧约》第2章第4节写的那样——铸剑为犁，马放南山。私酿者们告别了非法酿酒的岁月，安定合法地建立起了真正的酒厂。

不过其中许多人发现想要规模化、体系化地酿造威士忌与在自家后院酿造一些品质参差不齐的酒之间存在着巨大的差异，加之18世纪40年代的经济衰退，珀斯郡的大部分酒厂在19世纪中叶便销声匿迹了。

位于克里夫（Crieff）郊外的格兰塔或许还保留了些许当年的风貌。酒厂的糖化缸只有一吨的容量，蒸馏器也是粗笨的基本款，给人的第一印象像是牛棚、柴房改建而成，完全不像精心设计建造的酒厂。事实上格兰塔于1929年被关闭拆除，被遗忘了整整30年。现在它是一座再建型酒厂，归属爱丁顿（Edrington）集团旗下，为威雀威士忌生产基酒，成为苏格兰最忙碌的酒厂之一。从某种程度上来说，作为基酒多少有些埋没了格兰塔的光彩，即便它现在的风味也是经过重构的。“1990年当我们刚刚购入格兰塔时，约翰 · 拉姆塞（John Ramsay，爱丁顿集团前任首席调酒师）便更换了酒厂所有的设备，调整了产量和分馏点，从而稳定了酒的品质，”拉姆塞的继任者戈登 · 摩逊（Gordon Motion）介绍说，“格兰塔以前的风格很不统一，非常多变，蒸馏出的原酒有时候还会有婴儿吐奶味，拉姆塞对此非常在意，想方设法去掉了这种味道。”现在格兰塔的原酒异常纯净，散发些许柠檬的清香，展现了很好的品质。酒厂另外还生产泥煤风味的威士忌，用来调和黑雀威士忌（Black Grouse）。

经历了重组之后，格兰塔是否还是原来的格兰塔呢？“我们没有办法更换蒸馏器，所以酿出的酒应该还是原来那样，”摩逊继续说，“接手任何酒厂都会面临这样的问题——传承下来的和你自己想要重新赋予酒厂的东西如何调整以及如何平衡，这就是我要做的工作。”

斯特拉森酒厂：小批量生产威士忌

当你看到这座酒厂的地址是：巴奇尔顿农场（Bachilton Farm Steadings）的时候，就应该很清楚它的规模。斯特拉森是苏格兰最小的酒厂之一，2013年开始在麦瑟文村（Methven）的古老农场里开始运作。这里的一切都非常迷你：酒汁蒸馏器的容量只有800公升，烈酒蒸馏器则只有450公升，新酒会在50公升的小桶中进行陈年。然而，这间酒厂却很会灵活变通，目前它还推出了一款金酒，以及其他一些很有创意的新产品，譬如一系列让游客自己动手定制蒸馏的活动。斯特拉森虽然很小，但创意却是无限的。

格兰塔是珀斯郡为数不多的农场式酒厂，它的酿酒规模非常小。

格兰塔品酒辞

新酒

色香：绿苦橙，柑香酒和些许硫化物的味道，后段则是甜玉米和玻璃涂料的味道。

口感：坚果味十足，带着墨西哥辣椒的灼热辛辣，质感很奶油，尾段略现硫化物味，橡木桶带来的清新感贯穿其中。

回味：干净。

10年款 40%

色香：浅金色。香气甜美，面包、油布和橘花的味道。

口感：入口芬芳，但是酒体很肥美。加水后干花香交织着自家后院种的大黄味，尾段一丝柑橘味很是提神。

回味：芳香清新。

结论：香气略淡，但酒体厚重，经得起长期的桶陈。

风味阵营：芳香花香型
参 照 酒：Bladnoch 8年，Strathmill 12年

艾柏迪（Aberfeldy）

艾柏迪，帝王威士忌所在地 · WWW.DEWARS.COM

一路欣赏着珀斯郡的风光，满眼青山绿地，如诗美景，典型的苏格兰风光，一下子你便会爱上这里。而离开公路，步入乡间，则完全是另外一种感受，3座海拔在1 000米上下的山峰矗立在你眼前：Ben Lawers、Meall Garbh、Schiehallion——后者更是1774年著名的榭赫伦实验（Schiehallion Experiement）所在地，英国皇家科学会在此测量出地球的密度，这也为等高线的发明和地图绘制做出了巨大的贡献。

艾柏迪位于公路和群山之间的草原上，在原始风光的映衬下，这座农场般的酒厂就融于此间，来到这里仿佛能够把人带回遥远的过去。如果从酒厂沿着里昂谷（Glen Lyon）开车的话还会经过Fortingall村，那是片几乎全部被树荫笼罩的教区，全欧洲最古老的紫杉就生长在此，树龄都在5 000年以上。再往西就是河谷尽头，一片名为Rannoch Moor的泥煤沼泽。

1805年，约翰 · 帝瓦（John Dewar，帝王威士忌创始人）就出生在离艾柏迪3千米外的小村庄Shenavail。23岁时他成为一位木工学徒，之后又前往珀斯郡投靠一位做葡萄酒生意的远亲。直到1846年他拥有自己的事业并开始涉足威士忌领域，到19世纪末时，帝王威士忌已经在全球范围内售出百万箱之多，于是公司在1898年建造了艾柏迪酒厂。

艾柏迪酒厂由约翰 · 帝瓦的儿子们建造，离他出生的农庄只有3千米。

约翰 · 帝瓦的儿子们可以选择在任何地方建厂，但为什么就偏偏建造在这里呢？当时，最合理的选址应该是在斯佩塞地区。但他们还是选择了父亲的出生地，因为这里是约翰 · 帝瓦儿时嬉戏玩闹，捡泥煤换学费，长大成人的地方，帝瓦家族对这里有挥之不去的情怀。

艾柏迪的工序也不走捷径，麦芽糊发酵时间很长，蒸馏过程也很缓慢，酒厂的蒸馏器呈洋葱型，颈部很细，蒸馏出的新酒极具蜜蜡和蜂蜜的风味，十分优雅，非常适合在首注或者二次注的美国橡木桶中陈年，而那种蜜蜡感在经过漫长的桶陈以后会使酒体变得更饱满厚实。

艾柏迪的威士忌被打造成非常适合做调和基酒的风格，但酒厂所处之地又寄托着那不同寻常的情怀，理性也好，感性也罢，便一同在此交织。

艾柏迪品酒辞

新酒

色香：甜美，淡淡的蜡感和白色水果味。

口感：入口纯净、集中，非常甜美，蜡感十足。

回味：悠长，慢慢转为干涩。

8年款 样品酒

色香：金色，甜美，丁香蜂蜜和麦芽味，后段则是西洋梨。

口感：甜美，入口丝滑，出乎意料地辛辣，但那种冲击感又被厚重的甜美束缚住。

回味：纯净。

结论：依然还处在发展状态。

12年款 40%

色香：琥珀色。陈放八年之后蜂蜜味更浓郁，更香。梨味消失，新酒酯味的花香与成熟苹果味呈现出来。新鲜橡木与覆盆子果酱。

口感：主要橡木味，绽现出奶油糖的甜蜜。圆润，奶油蛋糕与梨汁味。

回味：甜而悠长。

结论：火力全开状态。

风味阵营：水果香料型

参 照 酒：Bruichladdich 16年，Longmorn 10年，Glen Elgin12年

21年款 40%

色香：琥珀色。香气中等偏强，烟熏味更足。黄糖浆，夏威夷果的味道，之后橡木的味道显现，还有一抹蜂蜡和椰浆味。加水后则是石楠花蜂蜜和泥煤味。

口感：烟熏味出乎意料的强，依然芬芳（略微干涩），入口甜美丝滑，尾段则是淡淡的薄荷/蜡感。

回味：悠长柔和辛香。桶味一闪而过。

结论：非常迷人的一款酒。

风味阵营：水果辛香型

参 照 酒：Glenmorangie 25年

埃德拉多尔和布勒尔阿索（Edradour & Blair Athol）

埃德拉多尔，皮特洛赫里 · WWW.EDRADOUR.COM
布勒尔阿索，皮特洛赫里 · WWW.DISCOVERING-DISTILLERIES.COM/BLAIRATHOL

埃德拉多尔酒厂位于皮特洛赫里（Pitlochry）小镇，珀斯郡的商业中心，繁华宽敞的街道很有维多利亚时代的风范。然而在18世纪和19世纪时当地的商业中心并不是这里，而是5千米外的小镇Moulin。有关Moulin这个词的含义至今仍存在争论，而在盖尔语中，它的字面含义更接近于“磨坊”，如我们所知，在古老的苏格兰，有磨坊就有酒厂。Moulin镇曾经有4家酒厂，如今只剩1家了。

有关埃德拉多尔是否是当今苏格兰最小的酒厂依然存疑，因为近年来新建了一些更小的酒厂。而它的另外一个独特之处在于自维多利亚时代起存活至今，且仍然在酿酒，这实属不易。想了解珀斯郡的酿酒史吗？在这里便能一窥究竟。

“从设备上来说我们基本保持酒厂原貌”来自于圣弗力装瓶商（Signatory Vintage，2002年收购埃德拉多尔）的戴斯 · 麦卡提（Des McCagherty）介绍说，“老式的敞顶糖化缸，木制发酵槽，小型蒸馏器和虫桶冷凝器，我们唯一更换的是虫桶，由于设备寿命原因不得已而为之，取而代之的则是摩逊公司生产的不锈钢冷凝设备。”蒸馏出的新酒有些许大麦茶的香气，入口饱满浑厚。“最后就是木桶的选择了。埃德拉多尔的风味更适合作为单一麦芽威士忌装瓶而非拿来调和，所以我们都会选择首注或者二次注的木桶来进行陈年。大部分是雪利桶，而Ballechin（埃德拉多尔的新款泥煤风味威士忌）则用首注的波本桶。相对来说，雪利桶更适合埃德拉多尔。”

而在麦卡提眼中，除酒厂之外还更应该保护当下为数不多经验丰富、掌握各种技法的独立酿酒师，他认为，如果某天酿酒师这个职业消失的话也将意味着威士忌酒厂的消亡。

皮特洛赫里镇还拥有另外一座酒厂，那就是帝亚吉欧公司旗下的布勒尔阿索。它从1798年起就开始正式生产，1933年被Bell’s公司收购，老板阿瑟 · 贝尔（Arthur Bell）同时也是位酿酒师，他对于旗下的酒厂有着相同的酿酒原则：麦芽汁不经过澄清过滤，发酵时间短，采用管式冷凝器，最后的风格入口辛辣，坚果味十足。而布勒尔阿索更是把这种风格发扬到了极致。布勒尔阿索在蒸馏之前不会让麦芽汁彻底过滤干净，即便如此，蒸馏出的新酒辛辣依旧，要经过桶陈以后才会展现它丰富的果香，如同埃德拉多尔一样，布勒尔阿索的最佳拍档也是旧雪利桶。

布勒尔阿索品酒辞

新酒

色香：非常强烈的麦芽香，饲料 / 黑麦的味道。中段则是种子和坚果味，而尾段是酚皂味。
口感：焦炭和麦芽味。酒体厚重，劲道十足。
回味：非常干涩。

8年款 二次注橡木桶 样品酒

色香：什锦早餐脆片、葡萄干、燕麦片。香气饱满，水果味在后段显现。
口感：灼热感，酒体异常饱满，些许泥土味，入口力道十足，略显干涩。
回味：干涩悠长。
结论：厚重的酒体需要新桶和时间带出它蕴藏的风味。

12年款 FLORA & FAUNA 43%

色香：深琥珀色。大麦茶、紫罗兰，麦芽面包和一些提子干的味道。尾段些许蜡感和淡淡的西梅味。加水后香气更为甜美。
口感：厚重甜美。提子干味开场，还隐藏着干麦芽 / 坚果的味道。焦炭的风味被橡木桶带去，只留下饱满和深邃的风味。加水后是胚芽乳的味道。
回味：苦味巧克力。
结论：欧洲橡木桶使得这支强壮的威士忌更具层次感，但还需平衡一下。

风味阵营：饱满圆润型
参 照 酒：Macallan 15年雪利桶，Fettercairn 33年，Glenfiddich 15年，Dailuaine 16年

埃德拉多尔品酒辞

新酒

色香：香气厚重，蜂蜜和一丝油脂味。中段是黑色水果，香蕉皮和牧草 / 草垛的味道，最后则是大麦的香气。
口感：入口甜美，油脂感足，葡萄干之类的味道。强劲香醇，包裹感十足，谷物味很浓。
回味：悠长，但越来越干涩。

BALLECHIN 新酒

色香：和埃德拉多尔一样厚重，但谷物味和烟熏味（燃烧桦木条的味道）更重。
口感：突如其来的烟熏味，之后则是深色水果的味道，酒体很油，很平衡。
回味：油脂感但不失果味，很强劲的一款酒但依然平衡。

1996年 OLOROSO FINISH 57%

色香：饱满的金色，榛子油，干草，一抹香辛料和淡淡的泥土味，尾段是烤坚果味。加水后则是草本、杏仁的味道。
口感：坚果味开场，油脂感贯穿其中，中段甜美感显现，入口的包裹感很好。酒体柔美。
回味：大茴香。
结论：非常有趣的一款威士忌，有点像西班牙的勒班陀白兰地。

风味阵营：水果辛香型
参 照 酒：Dalmore 12年

1997年 57.2%

色香：古铜色。香气较1996年那款略微收敛了些，淡淡的水果羹、李子和水果蛋糕的味道。加水后有一些类似于红酒中的石墨和煮西洋梨的味道。
口感：蜂蜜般的甜美特质，但并不过分张扬，新鲜的红色水果，覆盆子干和草莓味，还隐藏着一丝巧克力的味道。
回味：甜美。
结论：和大多数埃德拉多尔一样，有着些许葡萄酒的个性。

风味阵营：饱满圆润型
参 照 酒：Dalmore 15年，Jura 21年

皇家蓝勋（Royal Lochnagar）

巴拉特（Balater）· WWW.DISCOVERING-DISTILLERIES.COM/ROYALLOCHNAGAR

接下来这家位于中高地的酒厂坐落在美丽的迪塞（Deeside）乡间，Moulin镇向北一小时的路程。步入此间，有皇家封地气魄的青葱森林和整洁的小镇便立即映入眼帘，让造访此间的游客赞叹不已。不过在很久以前，这里曾经是私酿者的天堂。四周的高山遍地是牧草，古时牛羊贩子便通过这里一路赶着牲口前往中部的市集。私酒贩子也是通过这条路来往于斯佩塞和迪塞。维多利亚女王和阿尔伯特王子选择在此建造行宫——Balmoral城堡，也是因为喜欢这里与世隔绝的清静。在这里的每一天，都能够让女王陛下醒来时享受到只属于自己的清晨。

行宫四周散布着许多旅舍、屋棚，包括酒厂。这里仿佛是世外桃源，很少有外人进入，安静、隐秘，让人全身心放松。然而一切并非那么简单，迪塞地区的第一家酒厂（詹姆斯·罗伯逊建造，位于Crathie河畔）就因为从非法私酿转为合法酒厂后遭到报复，被当地其他的私酿者放火焚烧，毁于一旦。

1845年，皇家蓝勋酒厂（皇家的称号由维多利亚女王授予，她当时非常喜欢喝这个酒厂的威士忌和红酒混合后的饮品）建成，它就坐落在迪河上游的一小片平原上，当地花岗岩和云母打造的酒厂砖墙在雨后的阳光下格外耀眼。

它也是帝亚吉欧旗下最小的酒厂，当你看到厂房内两座小型蒸馏器和虫桶冷凝器时你也许会猜想这是家走厚重路线的酒厂。事实恰好相反，它的风格更类似格兰爱琴（参见90页），让酒蒸汽和蒸馏器之间产生更多的铜接触，从而让酒体更轻柔。

“皇家蓝勋承担的酿酒任务非常轻松，”酒厂经理唐纳德·伦威克（Donald Renwick）说，“蒸馏器每周只工作两次，而且每次蒸馏完都会打开蒸馏器通通风，让它们充分休息下。而虫桶冷凝器的水温始终保持微热，能够让铜接触更有效活跃。”这样的做法能够去除酒中的硫化物味道，取而代之的则是青草味，不过皇家蓝勋的青草味略有不同，没有太多清新感，有点干涩，酒体和香气都不够大气，很好地体现了酒厂小家碧玉的形象（俯瞰酒厂，一眼就可以看个通透），照此看来，皇家蓝勋应该需要长时间的桶陈才会发展得更好。不过在这里，谁也说不准，很多事物并非外表看上去那般简单……

皇家蓝勋品酒辞

新酒

色香：干稻草，淡淡的西洋梨，熟透的水果和一丝烟熏味。香气强烈，尾段青草味。

口感：清新纯净，烟熏味挥之不去，酒精感略明显。

回味：干净。

8年款 二次注橡木桶，样品酒

色香：些许橡木桶带来的香草/白巧克力令人一振，中段依然是干草/稻草的味道，但水果味越发成熟柔和，尾段淡淡的烟熏味。

口感：入口是愉悦的柠檬、苹果味，之后越发甜美，入口很是饱满，看似马上就要发展出其他风味。

回味：西洋梨，干草味又浮现。

结论：虫桶冷凝给予这支青草味略重的威士忌额外的复杂度。

12年款 40%

色香：香气很纯净，剪过的青草味夹杂着一抹谷物味，具有大自然的清爽。后段则是干草、榛子和淡淡的莳萝籽以及柠檬的味道。

口感：比你预想中的更为甜美。酒体略轻，但很平衡，干涩（麦芽/干草）和甜美（果仁糖/淡淡的水果）相互交织，尾段是肉桂味。

回味：柔和纯净。

结论：清新动人。

风味阵营：水果辛香型

参 照 酒：Glengoyne 10年，山崎12年

SELECTED RESERVE 无年份款 43%

色香：雪利桶的风味非常强烈。甜美的果脯（圣诞布丁的原料），些许朗姆和提子干还有一点糖蜜的味道。

口感：水果蛋糕，还有淡淡的五香味。青草味已经全部褪去，但是酒体的厚重足以应付得了桶味的影响。

回味：甜美悠长。

结论：很奔放的一款威士忌，但是酒厂的个性被稍许压制了。

风味阵营：饱满圆润型

参 照 酒：Glenfi ddich 18年，Dailuaine 16年

达尔维尼（Dalwhinnie）

达尔维尼 · WWW.DISCOVERING-DISTILLERIES.COM/DALWHINNIE

离开迪塞之后，来到中高地酒厂区的最后一站，达尔维尼。酒厂位于Cairgorm和莫纳利亚山（Monadhliath）之间高处的平原上，景色之雄伟壮观令人赞叹。酒厂的所在地非常显眼，这让达尔维尼成为苏格兰海拔最高的酒厂（当然这个荣誉要和布拉弗酒厂一同分享），同样，这里也是英国有人居住的最为寒冷的地方。达尔维尼曾经有一间工人宿舍，可以让受恶劣天气影响而无法回家的员工们休憩。

为什么要建在这里呢？答案就在于酒厂背后的铁路线。这又是一家维多利亚时代的酒厂，借着调和型威士忌需求大增的“东风”于1897年建成。从这里可以很方便地去中部枢纽，是否为了酿酒才在这里建厂还没有明确答案，但是有一点很清晰，当年这里可是许多私酒贩子的必经之地。

如同中高地某些酒厂一样，达尔维尼的风味甜美逼人，蜂蜜的香气不可抵挡地扑来。饱满、厚重、香甜的酒体更是迎合了酒厂的地理特性，如此寒冷的地方，来上一杯，瞬间便让你心情解冻。不过达尔维尼的新酒中并没有展现出蜂蜜的香气。而它的独到之处就在于厂房入口处两座巨大的木制的虫桶冷凝器（参见113页图）。

于是从它的新酒中你便能够感受到酒蒸汽在蒸馏冷凝过程中并没有进行太多的铜接触，甚至可以说是匮乏，最后残余的硫化物味道如同汽车尾气般浓重。这样的酿酒方法并不多见。为什么帝亚吉欧不能通过技术手段来去除这股硫化物的味道呢？“想要真正营造酒厂自己的风味，这便是你要付出的代价，”帝亚吉欧酿酒大师道格拉斯 · 穆雷解释说，“如果你去除了新酒中的硫化物味道，如同我们在皇家蓝勋做的那样，那新酒就会展现青草味或者果香。但是如果你保留住硫化物的味道，青草和果香就被取代，将会以清淡典雅的风格来收尾。新酒中的硫化物味道只是一切的开始，真正的风味全部隐藏在它身后。”

然而你要领略到这些风味需要等待很久，它们一直在沉睡，经过长时间的桶陈以后才能展现风采，酒厂装瓶的达尔维尼15年能让你体会到个中魅力。长时间桶陈的另外一个好处就是发展出了先前提到过那蜂蜜般的香气口感，不过这又带出了另一个疑问——这份甜美从何而来？

“我认为蜂蜜风味只是达尔维尼发展到某个阶段的表现而已，但并不能代表它的全部，”穆雷说，“简单来说当我们讨论新酒中的蜡感、青草味或者果香的时候，你不能极端地去追求某种风味，得让酒自己变化，从某种味道慢慢变成你想要的那种风味才行。”甜美和蜡感的风味一并存在时很有可能能到最后发展成蜜蜡般的香气口感，如同艾柏迪和汀斯顿那般。

达尔维尼四周都是平原，高山和沼泽，平静美丽，时光仿佛都在这里凝固。当访客们一路奔波来到此处，喝上一口威士忌，会发现它能立刻平复你的心跳，放松你的身心，让人沉醉不知归处，这就是达尔维尼真正的魅力。

虫桶冷凝法和管壳式冷凝法

作为最原始的冷凝方法，虫桶冷凝如今已经非常罕见，20世纪以来管壳式冷凝法席卷了整个威士忌工业，因为它更有效率，但缺点是它会改变原先的风味，使得复杂度欠佳。佐证就是达尔维尼曾经拆除了酒厂的虫桶冷凝器，改用新式冷凝器，然而之后酿出来的酒完全不像达尔维尼。然后酒厂又赶紧换了回来，达尔维尼的风味也回归了。

达尔维尼刚刚蒸馏出的新酒通过虫桶冷凝之后流入烈酒收集器中。

苏格兰最高的酒厂之一，也是英国境内有人居住的最寒冷的地方。

达尔维尼品酒辞

新酒

色香：豌豆汤、德国酸菜、硫化物味很浓，香气厚重还略带一些泥煤味，尾段还有些许汽车尾气的味道。

口感：干涩之中隐藏着深邃的甜美，酒体饱满厚重。

回味：硫化物味。

8 年款 二次注橡木桶，样品酒

色香：树叶、些许木头、硫化物味依然（西兰花），但已经变得更多蜂蜜味，更多黄油味。

口感：非常深邃复杂，你能感受到酒中还蕴含着许多其他风味，厚重的酒体仿佛还在沉睡中，依稀透露出蜂蜜、石楠花和一些柔软水果的味道。

回味：沉闷、烟熏。

结论：还在沉睡中，和其他新酒中有硫化物味的诸如盛贝本、安努克和格兰肯奇一样，需要时间才能绽放出自己的光彩。

15 年款 43%

色香：香气圆润甜美，美国橡木桶 / 奶油布蕾的风味，略带一丝烟熏味。尾段是蜂蜜和柠檬皮碎。加水后花粉味很重，非常好。

口感：入口即能感受到它的厚度，烟熏味轻柔但不难察觉，各种甜品混杂着希腊酸奶，金合欢蜂蜜和清爽的橡木味。

回味：悠长柔和。

结论：它还没有完全睡醒，硫化物味已经完全散去，又披上了蜂蜜味的外衣。

风味阵营：水果辛香型
参 照 酒：Balvenie 12 年签名版

DISTILLER'S EDITION 43%

色香：深金色。香气饱满，奶油味和新鲜橘子果酱。比 15 年款更为芬芳顺滑，还多了些坚果味，烟熏味褪去。尾段是苹果派和甜水梨夹杂着一丝蜂蜜味。

口感：入口甜美圆润，略微有些抓舌感，烤坚果味很浓，尾段是橘花蜂蜜和杏仁味。

回味：更为悠长但清淡了一些。

结论：略微有些娇嫩，但非常吸引人，也很平衡。

风味阵营：水果辛香型
参 照 酒：Glenmorangie The Original 10 年，Balvenie 12 年签名版

1992 年，MANAGER'S CHOICE 单桶 50%

色香：亮金色。马鞍皂的味道，但又隐藏着许多花香（百合花），醋栗叶，尾段还是有一丝硫化物味。

口感：入口非常香醇，果味浓。就像在苏格兰的家庭旅馆里享用着早餐，一点杏子，橘子果酱和蜂蜜味，清新。

回味：生奶油，短促。

结论：桶味不太明显，硫化物味还在。

风味阵营：水果辛香型
参 照 酒：Aberfeldy 12 年

1986 年，20 年款 SPECIAL RELEASE 56.8%

色香：亮琥珀色。香气饱满雅致。淡淡的烧荒味，但立即散去，之后便是欧洲蕨的味道，深邃。如同浇在煎饼上的煮秋季水果，桃脯、石楠花蜜和葡萄干蛋糕，桃子派和太妃糖布丁。加水后焦糖水果糖和圭亚那红糖以及薄荷味显现。

口感：入口柔和，淡淡的烟熏味和以往一直没有显现的香辛料，时间终于让它展现风姿，深邃、甜美。各种香料、苦橙、蛋糕、太妃糖等成熟的味道。

回味：柔和悠长，成熟水果。

结论：曾经隐藏着的风味如今全部被展现。

风味阵营：水果辛香型
参 照 酒：Balblair 1979，Aberfeldy 21 年

东高地（Eastern Highlands）

东高地拥有肥沃的土地，人烟相对稀少，酒厂也不多。这其中的原因一如当地的威士忌般复杂难解。就如之前我一直强调的，东高地的风格同样很难具体界定，这里有泥煤味最重的威士忌，而这里还拥有最具雅致花香的威士忌。

麦克达夫酒厂旁的德福隆河蜿蜒着汇入莫雷湾中。

格兰卡登（Glencadam）

布里琴 · WWW.GLENCADAMDISTILLERY.CO.UK

东高地是个充满回忆的地方，这里曾经有许多酒厂，而它们却相继关闭。布列钦的北港酒厂（Brechin's North Port），斯通黑文（Stonehaven）的皇家格兰格诺里酒厂，还有阿伯丁（Aberdeen）曾经拥有过的所有酒厂，这些都已经成了过往云烟。而我们的故事从蒙特罗斯（Montrose）开始，这里也曾经自豪地拥有3家酒厂：格兰内斯克（Glenesk，又名山边酒厂），生产单一麦芽和谷物威士忌，拥有自己的发麦设备；洛赫塞德（Lochside）同样也是既生产谷物又生产麦芽威士忌，还有一家就是格兰卡登。因此，当这3家酒厂关闭的时候，人们似乎也要把东岸酿酒区扫进故纸堆里了，转机出现在2003年，Angus Dundee酒业公司买下了格兰卡登，而更鲜为人知的是格兰卡登已经作为基酒拿来调和百龄坛和斯图尔特麦芽威士忌（Stewart's Cream of the Barley），那就让我们来一探它的究竟吧。

格兰内斯克和洛赫塞德都曾经酿过各种威士忌，而前者甚至拥有发麦设备，可见当地的农作物是相当的丰富。为什么它们就倒闭了呢？有些人说是由于当地缺乏酿酒的水源导致，但是最根本的决定性因素还是市场需求。

麦芽威士忌的魅力在于它的个性。酒厂经常会面临的问题是，你是否有足够的个性。东海岸都是一些被大公司所掌控的小酒厂，对于公司方面来说，它手头有足够的酒厂和风味可供选择，谷物威士忌到处都可以酿，而麦芽威士忌，小厂的产品和大厂相比也毫无竞争力。因此当遇上了经济危机的时候，譬如20世纪70年代，市场萎缩，大公司不得不减产关厂，一切变得残酷，而威士忌也不再美妙。

庆幸的是格兰卡登还是活了下来。它那芳香宜人的风格很容易让人联想到林可伍德（Linkwood，参见92-93页），口感又是如此绵密，Angus Dundee公司的调酒师洛恩 · 麦克基洛普（Lorne MacKillop）相信这般清新爽快的劲儿是源于格兰卡登那微微上扬的蒸馏臂，这样会增加蒸馏过程中的酒液回流，“作为一款单一麦芽威士忌，格兰卡登还不算知名。但是我们会加强它的香气，让它更芬芳，还有最后装瓶的时候我们会采用非冷凝过滤方式，并且不会加焦糖着色。”

格兰卡登的崛起或许不能代表着整个东海岸地区威士忌酒的复兴，但它仍然提醒着我们，这里不该被遗忘。

格兰卡登品酒辞

新酒

色香：芳香 / 花香，一些水果白兰地的香气和青提味，尾段更有一丝爆米花的味道。

口感：非常甜美。舌头中央有青涩感，尾段则是更为浓郁的花香味。

回味：干净清淡。

10 年款 46%

色香：淡金色。优雅的花香和新鲜的杏子，刚刚成熟的西洋梨以及柠檬味。

口感：柔和顺滑，入口甜美，香草、肉豆蔻和卡布奇诺的味道。中段又是花香，尾段则是缤纷的水果味。

回味：苹果花。

结论：优雅，但仍有极大的潜力。

风味阵营：芳香花香型
参 照 酒：Glenkenchie 12 年，Speyburn 10 年，Linkwood 12 年

15 年款 46%

色香：金色。香气有点内敛，淡淡的干树叶味。花香味略重，橡木桶则给予平衡的坚果味。

口感：入口比 10 年款更为强劲，但包裹感很好，坚果味和些许枣子味。尾段则是成熟的水果。

回味：果味完全绽放。

结论：清爽的口感，甜美浓郁，桶味也不重。

风味阵营：水果辛香型
参 照 酒：Scapa 16 年，Craigellachie 14 年

1978 年 46%

色香：深琥珀色。香气饱满雅致，雪利味很重，还有些许老酒的腐味。果味已经转变为以秋季成熟水果为主，青苹果也变成了焦糖苹果的味道。中段还有许多巧克力和巧克力酱的香甜，尾段则是雪茄盒。

口感：入口有力但依然顺滑。成熟的甘栗和巧克力味依然，尾段则是高地太妃糖的味道。

回味：柔和，坚果味。

结论：虽然是一款酒体较轻的威士忌，但成熟的情况依然很不错。

风味阵营：饱满圆润型
参 照 酒：Glengoyne 17 年，Glenfiddich 15 年，Hakushu 25 年

费特凯恩（Fettercairn）

费特凯恩 · WWW.FETTERCAIRNDISTILLERY.CO.UK

作家路易斯 · 格拉丝克 · 吉邦（Lewis Grassic Gibbon）的《苏格兰之书》三部曲向我们描绘了苏格兰从农业社会向工业社会发展的历史变迁，作为一部后浪漫主义的作品，书中就人和土地及信仰之间的关系进行了探讨，而书中的一切都发生在默恩斯洼地（Howe of the Mearns），种种兴衰跟威士忌的历史非常相似。这里，也是费特凯恩酒厂的所在地。

酒厂坐落在平地，毗邻美丽的小镇，望着远处的海岸，一如作家在书中描绘的那般。而费特凯恩背后便是高山耸立，如果一定要把它跟哪家酒厂做比较的话，让我想一下……平原版的皇家蓝勋？

酒厂内部看上去十分传统，甚至有些简陋，马上会让人联想到私酿时代的光景。厂房里的麦汁桶没有顶盖，而蒸馏器则配备有减少麦芽汁沸腾时起沫的装置，看上去十分原始，唯有酒厂的仓库让人感受到一点点现代工业化的气息。

由于费特凯恩是Whyte & Mackay's的基酒，因此Whyte & Mackay's的大师级调酒师理查德 · 帕特森（Richard Paterson）在这里进行了一些变革以及试验——比如全部采用新橡木桶陈年，这样做是为了减少低年份费特凯恩中那烧煳的蔬菜味。“这项任务非常艰巨，”帕特森说道，“这里从1995年到2009年一直用不锈钢冷凝器，这就难免会有一点那种怪味道，所以我用美国橡木桶来使得它更为甜美芬芳，而且必须是新桶。”

默恩斯的草地环绕在古老的酒厂周围。

费特凯恩的酒貌似有点先天不足，需要花很长时间去陈年，直到褪去那份青涩，然而却还会带有几分未成熟时的风味，只是更能让人接受，让人想要坐下来静静喝一杯，无论如何，相信你一定不会拒绝它。

费特凯恩品酒辞

新酒

色香： 面粉、蔬菜和淡淡的硫化物味，甜美隐于其中。

口感： 入口有力，些许水果味，酒体厚重，有些封闭。

回味： 清爽短促。

9 年款 样品酒

色香： 腌柠檬和大头菜的味道，还有一点焦味。桶味很重，香草和橡木刨花的味道。

口感： 入口感觉比香气好些，糖果盒和一些红苹果的味道。

回味： 坚果味。

结论： 依然还在和橡木桶相互影响，这款费特凯恩还未开始成熟。

16 年款 40%

色香： 淡琥珀色。香气浓郁甜美，椰子 / 无核葡萄干的味道，还夹杂着些许烟熏味，更为平衡了。

口感： 入口是木头燃烧的烟熏味，之后便是阿萨姆红茶和一些提子干和巴西核桃的味道。

回味： 太妃糖，非常圆润饱满。

结论： 还需要一些甜度和更为鲜明的个性，现在的它还有些非主流。

风味阵营：饱满圆润型

参 照 酒： Dalmore 15 年，The Singleton of Glendullan 12 年

21 年款 样品酒

色香： 淡淡的意大利黑醋味，些许果汁和一抹酒糟味。

口感： 入口单宁味很重。有点像曼萨尼拉雪利酒，杏仁和燃烧的青草味。加水后有一点点烟熏味。

回味： 有力，紧致。

结论： 桶味很重，但能够打动你的舌尖。

30 年款 43.3%

色香： 琥珀色。开场的香气非常柔和，一丝奶油，之后是泥土、皮革味。后段则是水果和烟熏味。

口感： 黑色水果、水果蛋糕，雪茄的味道，皮革味依然很重。

回味： 略显娇弱，但很平衡。

结论： 这款威士忌已经被贴上了已成年的标签，如同一位叔父坐在真皮座椅中端详着你。

风味阵营：饱满圆润型

参 照 酒： Benrinnes 23 年，Tullibardine 1988

格兰盖瑞（Glen Garioch）

旧梅尔德拉姆（Old Meldrum），阿伯丁北部 · WWW.GLENGARIOCH.COM

“盖瑞（Garioch）河谷的源头，是利斯庄园（Leith Hall）的所在地——厄斯菲尔德，瘦黑的农夫耕作正忙……”这首民谣在农业革命开始的最初时被吟唱，描绘了当时雇农们在此地辛勤劳作。这片位于因弗鲁里（Inverurie）西北至斯特拉斯伯吉（Strathbogie）之间，面积达到388平方千米的土地无比富饶，它直到18世纪末才被开垦。这里水源也十分丰富，四周河水环抱，我想如果吟唱歌谣的农民在给刻薄的雇主干完活之后能够喝上一杯当地3家酒厂出品的威士忌，或许心情又会不同。

格兰盖瑞也许是当地最古老的酒厂，1798年建厂，20世纪时被DCL集团（帝亚吉欧集团前身）收购，和近邻阿德莫尔酒厂一样，使用当地泥煤酿造与众不同的烟熏风格的高地威士忌。1968年，DCL集团需要增加烟熏味威士忌的产量来保证调和威士忌的生产，但是又宣布由于当地水源不足的缘故关闭了格兰盖瑞酒厂，并另外寻址开厂，于是就有了北高地的布朗拉（Brora）酒厂。

然而当地是否真的水源匮乏呢？酒厂曾经的拥有者斯坦利 · P.莫里森（Stanley P Morrison，一度拥有过Bowmore，Auchentoshan，Glen Garioch三家酒厂，现在都已转卖给三得利公司）不信这个邪，他雇用了一位当地的探水者（拥有古老神秘的寻水方法）进行探究，之后便找到了一处全新的充沛水源。

格兰盖瑞的蒸馏器依然矗立在保存完好的老蒸馏车间内，酿造着饱满甜美的佳酿。

来到酒厂，一眼便能看到刚建厂就有的蒸馏车间，以现在的眼光来看未免小了些，而格兰盖瑞也早已经放弃泥煤风味，不过酒厂的小型蒸馏器依然赋予新酒强劲的力度。“我们的新酒醇厚，油脂感十足，经过长时间的桶陈以后会逐渐褪去，从而使酒的复杂度和层次感更好，”集团麦芽酿酒大师伊恩 · 麦卡伦（Ian McCallum）解释说，“在我看来，格兰盖瑞代表着狂野不羁。”很明显，你能感受到他言语中的赞许和自豪。

历经多年的沉寂之后，格兰盖瑞酒厂再次重装上阵，以全新的姿态向全世界展现自己。“格兰盖瑞一如苏格兰其他一些瑰宝级酒厂，”麦卡伦继续说道，“只是默默酿着酒而已，却很少抛头露面。”的确如此，在世界的这方，威士忌的起源地，一切就是如此平静而又不平凡地发生着。

格兰盖瑞品酒辞

新酒

色香：煮蔬菜味：卷心菜、荨麻。中段则是浓重的肉汁味夹杂着全麦面包。加水后，酒酿和牛棚的味道显现。

口感：入口很粉，甜美，悠长。酒体饱满，硫化物味很重。

回味：坚果味。

FOUNDER’S RESERVE 无年份款 48%

色香：淡金色。硫化物的味道已经消散，一些檀香和草本 / 皮革味开始展现。中段蜂蜜味，尾段则是橡木桶带来的柑橘焦糖布蕾以及松树汁的香气。

口感：入口很是干涩，原本结实的酒体在桶陈之后变得柔和许多。加水后是黄油曲奇的味道。

回味：悠长，爽冽。

结论：甜美，还有很多潜力。

风味阵营：麦香干涩型
参 照 酒：Auchroisk 10年

12年款 43%

色香：饱满的金色。烤谷物的香气，酒酿般的甜美香气依然贯穿其中。尾段还有一抹肉豆蔻和石楠花的香气。

口感：入口是巴西核桃和一些胡椒味。中段则是非常饱满的水果味。加水后淡淡的蜂蜡和草本味又出现。

回味：悠长，淡淡的坚果味。

结论：奔放且不失柔和。

风味阵营：水果辛香型
参 照 酒：Glenrothes Select Reserve，Tormore 12年

阿德莫尔（Ardmore）

肯尼土蒙特（kennethmont）· WWW.ARDMOREWHISKY.COM

位于盖瑞的另外一家酒厂，是一家调和威士忌公司自己建造的酒厂。一如艾柏迪之于帝王，家豪之于尊尼获加，阿德莫尔则是由总部在格拉斯哥的调和商Teacher's于1898年建造，位于肯尼土蒙特郊外。从它的规模可看出母公司并非泛泛之辈。亚当·提彻（Adam Teacher）在附近造访时发现此地，并以自己家乡的名字来命名酒厂。

在这里建厂出于3个原因：原料易得（当地种植大麦并产泥煤），水源丰富，交通便利。酒厂毗邻因弗内斯和阿伯丁之间的铁路线。厂房庞大，这里曾经还是萨拉丁箱式发麦工厂，它那重型工业的原始气息依然保留着维多利亚时代的印记，直到2001年煤炭加热炉被拆除后才有所改变。

阿德莫尔是一家风格有些相悖的酒厂，既有重泥煤的烟熏味又充满着花果香，那种如同在苹果园中燃烧的篝火风味十分独特，这也使它备受调和酒商的青睐。酒厂的木制发酵槽也对它那独特的风味有一定的影响，然而来到蒸馏车间时，一切才真相大白。"取消煤炭加热是因为立法规定的缘故，"酒厂经理阿里斯泰尔·朗威尔（Alistair Longwell）说道，"改用蒸汽加热之后，我们要想方设法保持当初煤炭加热时的风味——那种厚重感。最后整整花了7个月的时间才调整过来，这期间，我们调整了分馏点，还改造了蒸馏器的内部结构。"

然而最近酒厂推出了一款无烟熏款的威士忌（Ardlair），多少有些让人奇怪，因为正是烟熏味成就了阿德莫尔。"为了迎合市场我们已经不生产此类非泥煤的威士忌，"朗威尔说，"然而老的Teacher's调和威士忌恰恰是这种风味。就当是为了保留一丝老Teacher's的血脉吧，并非出于商业目的，纯属纪念。"就在此地，阿德莫尔这家酿酒风格有些矛盾的酒厂却仍然在延续那古老的传统。

阿德莫尔品酒辞

新酒

色香：木头燃烧的烟熏味和淡淡的油脂味，之后还有一丝青草味。后段则是苹果皮、青柠和轻微的谷物味。

口感：甜美，烟熏味十足。酒体很活泼，油脂感足，一抹柑橘和干花香令人一振。非常复杂的一款新酒，很难判断它究竟会向哪个方向发展。

回味：淡淡的烟熏味，纯净。

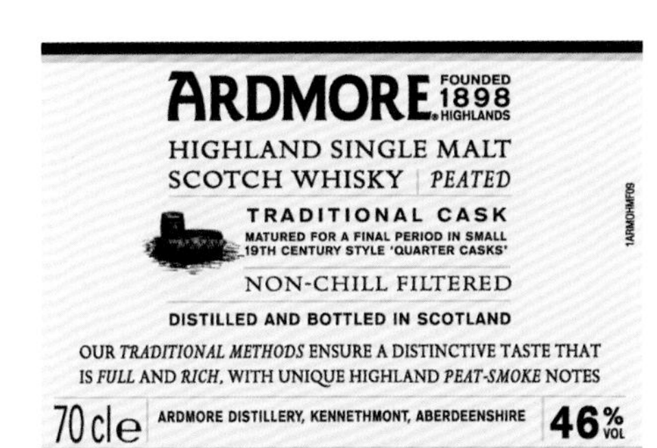

TRADITIONAL CASK 无年份款 46%

色香：饱满的金色。甜美的橡木桶味，燃烧的树叶、干草和些许异域香氛。中段是焚香、苹果泥，切割后的青草在篝火上燃烧的味道。尾段则是清新的木头味。

口感：比新酒果味更足，烟熏味在可接受的范围之内，现在则变得有些像烟熏火腿的味道，再是胡椒味。油脂感依然，尾段是香草奶油般甜美。

回味：胡椒烟熏味。

结论：这款威士忌在小桶中陈年，虽然年轻，但已经展现出阿德莫尔那水果味和烟熏味交织的个性。

风味阵营：烟熏泥煤型
参照酒：Yound Ardbeg，Springbank 10年，Connemara 12年，Bruichladdich Port Charlotte PC8

TRIPLE WOOD（三次换桶陈年）55.7%

色香：非常重的桶味，开场是磅礴的香草奶油，随之烟熏味出场，还有水果蛋糕，尾段则是青柠利口酒的清爽。

口感：木桶的作用使得油脂感仿佛消散了一般，而新酒中的柑橘味则更浓烈了。

回味：纯粹的烟熏味。

结论：三次换桶陈年：5年旧波本桶，3年半在小桶，最后在欧洲橡木桶中陈年了3年。酒厂个性依然保持得很好。

25年款 51.4%

色香：淡金色。干涩，烟熏味、苹果木，些许泥土、雪松、坚果以及重泥煤和印度咖喱味，非常棒。

口感：典型的阿德莫尔风味，各种风味都开始展现，青苹果皮已经变成成熟的水果味，显得很是典雅，但烟熏味依然贯穿始终，并混杂着各种风味阵阵袭来。

回味：悠长，烟熏味。

结论：颜色偏淡是由于此刻是在二次注橡木桶中陈年，和新酒的风味一脉相承。

风味阵营：烟熏泥煤型
参照酒：Longrow 14年

1977，30年 OLD MALT CASK BOTTLING 50%

色香：香气独特，干草夹杂着牧场的味道，烟熏味依旧，还有些许柠檬，很成熟。尾段则越发清新，最后是女贞的味道。

口感：纯净，树叶味，略带一些酸度。果园，榛子和淡淡的烟熏味，很平衡。

回味：紧致，烟熏味。

结论：非常成熟，平衡。而那充满着水果芬芳的烟熏味也使得这款威士忌被归入芳香型阵营。

风味阵营：芳香花香型
参照酒：Hakushu 18年

格兰多纳（The GlenDronach）

佛格，亨特里（Huntly）附近 · WWW.GLENDRONACHDISTILLERY.COM

盖瑞三剑客的最后一位即将登场，它位于小镇Forgue，1826年由一群当地的农场主集资建造。在这个行业中，酒厂被财团收购是很寻常的事，然而格兰多纳却多年未被收购，直到1960年才被Teacher's酒业公司收购，而它的邻居阿德莫尔，就是旗下酒厂之一。

酒厂前收购者联合酒业集团曾经想把酒厂打造为单一麦芽品牌，然而却曲高和寡，不温不火。这种情况在2006年被本利亚克酒厂的Billy Walker收购之后才有了改观。

格兰多纳的调性十分厚重，酒厂经理艾伦·麦科诺基（Alan McConochie）认为这源自于酒厂传统的酿酒技法，譬如说带耙式搅拌器的糖化缸。"说起来这很有趣，"他说道，"这里用的麦芽和本利亚克的一模一样，但当你把头伸进糖化缸中闻一下，会发现两家的香气完全不同。是不是源于水源的不同，我也不敢肯定。"

糖化之后的麦芽汁会在木制发酵槽中发酵很长时间，蒸馏过程同样缓慢。"会有一点点回流，"麦科诺基解释说，"但基本不会发生酒在蒸馏器中被反复蒸馏的情况。"至于2005年改用蒸汽加热，他认为这并没有多大影响。

格兰多纳有点让我联想到前首相戈登·布朗（Gordon Brown），他在12岁时便显出了成熟气质，那抹年少气质只是一闪而过，此后的凝重感仿佛把你带回混沌开天之时。

酒厂的新主人现在尝试先让酒在旧波本桶之内桶陈5年，之后再转入oloroso或者PX雪利桶。"一提到格兰多纳人们就会联想到它的雪利风，"麦科诺基说，"所以无论怎样换桶都很难改变这点，这真是个甜蜜的烦恼！"格兰多纳，经过默默积蓄之后终于又一次展现出它的力量。

酒色深，香气雅致，格兰多纳浓墨重彩的风情全拜旧雪利桶所赐。

格兰多纳品酒辞

新酒

色香：香气厚重，甜美饱满。些许泥土、水果味。

口感：入口非常强劲但酒体却有着黄油般的质感，很具厚度。

回味：非常长，果味、李子味。

12年款 43%

色香：深金色。甜美，雪利桶的味道，李子和谷物味交织在一起。

口感：入口有力，饱满，各种果脯，油脂感十足，西洋李子的味道。加水后葡萄味显现。

回味：泥土和煤油灯味。

结论：已然非常饱满深邃，颇有成熟风范。

风味阵营：饱满圆润型

参照酒：Glenfiddich 15年，Cragganmore 12年，Glenfarclas 12年

18年款 Allardice，46%

色香：严肃、经典的雪利酒味。层次分明、气味醇和，带大量干燥红色水果味、麝香、葡萄干，还有蒸馏精华的深度。糖蜜太妃糖。加水后会有不羁的野性感。

口感：糖蜜太妃糖，甘草根的甜味与深度。微微的附着力。

回味：甜且长，带有浓郁的果味。

结论：这是还未重建、老式的单一麦芽威士忌。

风味阵营：丰富圆润型

参照酒：Karuizawa（20世纪80年代），Macallan 18年

21年款 Parliament，48%

色香：木油味、紫杉树，淡淡的尘土味。雄壮，层次分明的干果味、葡萄干、无花果与枣子。些许咖啡渣味、摩卡与糖浆。

口感：成熟、饱满，一开始就相当扎实。加点水才会显露深层、略带烟熏的甜味。加水会尝到一股野味的气息。

回味：烤水果的味道，绵长有分量。

结论：强劲而复杂。

风味阵营：丰富圆润型

参照酒：Karuizawa（20世纪70年代），Glenfarclas 30年

安努克和格兰格拉索（anCnoc& Glenglassaugh）

安努克，诺克 · WWW.ANCNOC.COM/GLENGLASSAUSGH /
格兰格拉索，波索伊 · WWW.GLENGLASSAUGH.COM

这是一个反常的现象，竟然有一座酒厂没有属于自己的名字，也不知道自己属于哪个区域，这就是洛克杜酒厂（Knockdhu），位于小镇Knock，1893年由调和商John Haig公司建造。当它被Inver House集团收购之后本打算以单一麦芽品牌上市，后来发现酒厂的名字和纳康都酒厂（Knockando）过于相似，因此便改名为安努克（anCnoc）。

安努克离斯佩塞区非常近，然而法定产区的界定将它纳入高地酒厂。而更有趣的是，Inver House集团首席调酒师斯图尔特 · 哈维（Stuart Harvey）这样告诉我："大多数喝过安努克的人都认为这是家斯佩塞酒厂。事实上，它的风格甚至比大多数斯佩塞酒厂还更斯佩塞！" 习惯了花香味、清淡酒体的人一定会惊讶于安努克的新酒：一派硫化物的味道，深层次中透着些许柑橘的清香。它的个性只有在装瓶后才能完全展示于人。

"实际上它甚至比老富特尼（Old Pulteney）的味道都要重一些，" 哈维说，"因为蒸馏过程中很少有回流，而最后的虫桶冷凝又为新酒注入了些许蔬菜味。苏格兰威士忌的风味发生巨变就是从虫桶冷凝器被管式冷凝器代替开始。后者也许更有效率，但由于去除了本该有的硫化物味道，因此使得酒的复杂度和层次感大减。" 在安努克，硫化物的味道被保留了下来。酒厂另外还酿造一款重泥煤的威士忌，但只用来调和。有关这点，我只能说，无妨，反正安努克不同寻常的地方太多了！

格兰格拉索就坐落在美丽乡村波索伊（Portsoy）旁的海边悬崖上。它可能是苏格兰最幸运的酒厂，它建于1878年，刚好赶上19世纪调和威士忌的热潮，很快就成为高地威士忌厂的一分子。

如其他晚期的酒厂一样，格兰格拉索也没逃过第一次的危机。调和威士忌制造商面临平衡库存的问题，不得不选择关闭较新的酒厂，因为它们还未证明自己的价值，而且没那么多有深度陈年的库存。

格兰格拉索在1907年被关闭，一段时间成为面包工厂，之后在20世纪50年代，由于美国对于威士忌的需求提升，使得它在1960年重新开业。

可惜它的未来还是风雨飘摇。格兰格拉索常被认为是 "不讨好" 的威士忌，曾试图以笨拙的一己之力对抗群体性的调和潮流。如果当时有单一麦芽威士忌的市场的话，也许故事又是另一种结果。20世纪80年代的另一波危机袭击，不少酒厂成为牺牲者，格兰格拉索也没有逃避过无情的斧头。1986年它再度关闭，人们似乎感觉它永远不会有东山再起的机会了。

然而在2007年，它被拯救了，一年后开始生产威士忌。但是要处理如此庞大的库存落差非常棘手，格兰格拉索聪明地调整推出新的产品系列并取得平衡，同时推出正在研发的新作 "复兴（Revival）、演化（Evolution）"，与较陈年的顶级别桶酒精选。2013年它再度易主，与本利亚克、格兰多纳威士忌同成为本利亚克酒厂公司（The Benriach Distillery Company）的一员。对于被世人遗忘的老酒厂，本利亚克有着许多成功的起死复生的经验，这正好是格兰格拉索理想的归宿。（译者注：目前本利亚克公司及旗下三间酒厂已经被美国酒业巨头百富门公司所收购）

安努克品酒辞

新酒

色香： 卷心菜 / 西兰花之类的硫化物味，但之后却是清新的葡萄柚和青柠气息。

口感： 硫化物味又出现，中度酒体，味道则是柑橘皮和花香。

回味： 纯净悠长，令人惊叹的劲道。

16 年款 46%

色香： 更多橡木桶的味道，但酒本身的风味也在不断成长，苹果花、插花、青柠以及一丝薄荷味。

口感： 甜美，橡木桶使得酒体更显饱满。绿葡萄，非常清新（桑塞尔白葡萄酒）。

回味： 粉尘感，之后才恢复 12 年款中的草本味。

结论： 清新，但也十分娇嫩。

风味阵营：芳香花香型
参 照 酒： The Glenlivet 12 年，Teaninich 10 年，Hakushu 12 年

格兰格拉索品酒辞

新酒 69%

色香： 非常滋润，有果汁味，几乎像是水果橡皮糖。干净香甜，很有力道。些许黑醋栗汁与温室的香气。

口感： 有会过度干涩的微甜。涌现辛辣感。加水后，口感干净，带些许青梅味。

回味： 乳脂味，淡淡麦芽味。紧绷。

Evolution 50%

色香： 闻到些许干净的橡木味。甜，刚锯下来的木屑味。青梅的味道持续，有更多的香草味浮现得以平衡。加水后有醋栗味。

口感： 主要是木桶的影响，有浓浓的香草醛味，但还有香蕉与新鲜的熟成果味。

回味： 多汁紧致。

结论： 命名得很适当，这是新酒的同一系列产品。

风味阵营：水果辛香型
参 照 酒： Aultmore、Balblair2000

Revival 46%

色香： 有橡木与氧化的味道，放大了新酒的麦芽味。有一丝枣子味。加水会更新鲜。

口感： 成熟，有些许雪利酒桶味（用来收尾）。有很像乳汁 / 炼乳的味道。

口感： 成熟，有些许雪利酒桶味（用来收尾）。有很像乳汁 / 炼乳的味道。

回味： 微微麻感，紧致。

结论： 宜人的中段口感，有酒厂的特色。

风味阵营：水果辛香型
参 照 酒： Glenrothes Select Reserve

30 年款 44.8%

色香： 强健，有杏仁与干果香气。成熟、腐叶味，深厚浓郁。

口感： 非常成熟丰富，有糖渍果皮味，持久。

回味： 微微显露出陈年的风味。

结论： 仍旧拥有果味与紧致的混合。

风味阵营：饱满圆润型
参 照 酒： 噶玛兰 Solist、Glenfarclas 30 年

麦克达夫（Macduff）

麦克达夫，波特索伊

东部高地在莫瑞湾入海的地方还有一座酒厂，名叫麦克达夫，它似乎和洛克杜一样也经历了小小的自我认同危机，一直以来麦克达夫酒厂都是以格兰德弗伦（Glen Deveron）这个名字装瓶威士忌。但如今它采用了全新名字：德弗伦（Deveron），这就很适合了，毕竟麦克达夫就位于德弗伦河的入海口。德弗伦河有许多鲑鱼与海鳟鱼逆流而上，沿着潺潺的水流一路蜿蜒着游回到它们在卡布拉奇（Cabrach）这处石楠荒野的出生地，因此这里也是高地区最棒的河钓地点。

一座有7个桥拱的石桥横跨在河口，将麦克达夫与它的近邻班夫镇（Banff）分开。班夫以前也有自己的酒厂，然而最终在1983年停业。它大概是有史以来最不幸的酒厂，曾经两度失火，还被德国人轰炸过，之后还发生过一次爆炸，令人匪夷所思的是甚至在停业后仓库还着过火。而毗邻的麦克达夫则一直比较幸运，这种诅咒似乎没有波及它。

可以预见到的是，这两个城镇彼此竞争非常激烈。班夫是皇家自治城镇，它认为自己比稍晚成立的麦克达夫更有文化底蕴。麦克达夫是1783年由法夫伯爵詹姆士·达夫（James Duff）所创建的示范城镇。这里有一处避风港，而麦克达夫也是重要的鲱鱼捕获港口。

麦克达夫酒厂就位于达夫庄园以前的花园里面，占地面积大得出奇，一路向着山丘还散布着许多仓库（可惜现在都是空的）。酒厂本身很现代化，外墙是代表帝王威士忌的乳白色和红色，由总部位于格拉斯哥的威士忌公司布罗迪·赫本（Brodie Hepburn）于1962至1963年间建造；这家公司也经手过汀斯顿（Deaston）与杜丽巴汀（Tullibardine）酒厂的业务。它的目标是什么？就是从调和威士忌的新时代中获益。而设计师威廉·德美-埃文斯（William Delme-Evans）受邀来设计这座崭新的海滨酒厂，事实证明他是最合适的人选。

麦克达夫后来在多家公司之间转手，像是格雷·布拉克（Block,Grey & Block）、史丹利·莫里森（Stanley P.Morrison）等等，之后因为威廉·劳森（Wm Lawson）需要为同名品牌的调和威士忌寻找作为核心的麦芽威士忌基酒，才在1972年买下这间酒厂。1980年，它又被马天尼集团（Martini）收购，几年之后马天尼与百加得（Bacardi）合并，而这已经是前帝王时代的事情。虽然麦克达夫历

杰出设计师：威廉·德美-埃文斯（WILLIAM DELME-EVANS）

威威廉·德美-埃文斯（1929-2003）是20世纪公认的最伟大的酒厂设计师之一。所有他设计的酒厂无论是建筑或是现代化设备的运用，都以节能作为为目的。1949年他在布莱克佛德（Blackford）买下一座废弃的啤酒厂，建立了杜丽巴汀，就此展开他的威士忌生涯。后来他把杜丽巴汀卖给威士忌代理商布罗迪·赫本，自己又继续设计建造了吉拉（Jura）（1963），中间他还学会了开飞机，接着是麦克达夫；生涯最后一件作品是他最现代化的设计格兰纳里奇（Glenallachie）（1967）。

经多任东家，但至少得以幸存，而不像班夫落得那么悲惨的下场。

威廉·劳森通过不断拓展市场，成为年销量百万箱的调和威士忌品牌（如今它最大的市场在俄罗斯）；在此同时，德弗伦则以性价比超值的麦芽威士忌形象在法国市场上推出。

麦克达夫拥有20世纪60年代酒厂该有的模样：机械自动化、莱特糖化槽（Lauter tun）、不锈钢发酵槽、冷凝器经及蒸汽加热的蒸馏器等，这一切都让人觉得它的酒会非常清新。但麦克达夫的威士忌还拥有层次和深度，这让人有点摸不着头脑。

酒厂糖化过程速度很快，发酵时间很短，但它的蒸馏器却有点让人看不懂。首先，麦克达夫有5座蒸馏器，两座是酒汁蒸馏器，三座是烈酒蒸馏器。第五座在1990年安装，当时由威廉·劳森管理。酒厂原来可能打算再安装第六座蒸馏器，或者是要尝试三次蒸馏，但最终却没有这样做，于是麦克达夫成为苏格兰少数蒸馏器数目为单数的酒厂之一，另一座相似的酒厂是泰斯卡（Talisker）。

麦克达夫所有蒸馏器的林恩臂都微微上扬，然而上扬到一半时突然往右弯。这个奇异的弯度可不是德美-埃文斯一不小心手滑画歪了的结果，而是为了要增加特定风味的刻意设计。冷凝器的角度也很有讲究，连接到烈酒蒸馏器的外壳与管子都呈水平状，还加装有后冷却器（after-cooler），让冷凝器可以保持温暖，延长铜接触的时间。毫无疑问它生产的是麦芽风味的威士忌，但却不是清淡的饼干味，而是有分量又带果味的类型，也就是复杂的威士忌。

等进入橡木桶之后，新酒似乎会再次回到原点，麦芽粒的外壳仿佛再次被剥开，才蕴藏在里面的甜美与果味慢慢散发出来，当然这需要时间。

此外，调和威士忌制造商与单一麦芽装瓶商的需求并不相同。带有浓郁强烈的坚果和辛香料风味的威士忌可能很受调和商青睐，但在单一麦芽威士忌的市场却不怎么走红。

麦克达夫的威士忌在陈年过程中会褪去一些很奇怪的气味，譬如像是蒸馏过程中残留的硫味、大豆以及大麻叶等，然而这必须依靠运用较有活力的橡木桶来达成。而从以德弗伦为品牌发布的新款威士忌来看，酒厂已经深谙其道。

这处避风港使麦克达夫成为重要的鲱鱼运输港口。

麦克达夫品酒辞

新酒

色香：青涩，麦芽香气。花生油和蚕豆，之后则是浓重的谷物味。

口感：厚重油润，带着些许硫磺味，然后是强烈的黑醋栗味道。

回味：突如其来的干涩感。

THE DEVERON 1982 年 样品酒 59.8%

色香：甜美，浓醇，有着果脯和巴西坚果等香气。之后则是强烈的烘烤麦芽香气和畜牧饲料味。加水后是晒干的欧洲蕨类植物，以及许多生姜和豆蔻的辛香料味道。

口感：厚重，香醇，让人联想到巧克力榛果酱涂抹在面包上，之后还有些许单宁感。

回味：悠长成熟。

结论：浓浓的麦芽香气萦绕在口中。

1984 年
BERRY BROS & RUDD 装瓶款 57.2%

色香：桃心木色。八角和麦芽味，尾段则是皮革和烟草味。

口感：入口有些干涩，但马上又转为多汁水果，两者交织在一起很是独特。

回味：坚果味十足，之后则是淡淡的白胡椒味。

结论：独具风味。

风味阵营：麦香干涩型
参 照 酒：Deaston 12 年

北高地（Northern Highlands）

这里是被遗忘的海岸线，连接因弗内斯和威克（Wick），这里又是苏格兰最大的麦芽威士忌厂牌诞生地，而其余的几家却鲜为人知。而在这里你也许还能找到全苏格兰最特立独行的酒厂。威士忌的香气、口感和风味在这里被推向极致。

北方的土地。这片被威士忌遗忘的土地止于瑟索（Thurso）湾，而我们的旅程将从远处那片陆地和奥克尼岛开始。

汤玛丁（Tomatin）

汤玛丁，因弗内斯 · WWW.TOMATIN.COM

如果你想直观地了解一下苏格兰威士忌的变迁，那汤玛丁一定是个不错的去处。酒厂于1897年建厂，当时拥有2座蒸馏器，1956年增加为4座，1958年6座，1961年变为10座，1974年14座。20世纪80年代初，它同许多酒厂一样因经济衰退而关厂，到了1986年日本宝酒公司（Takara Shuzo）收购了酒厂，并一下子把蒸馏器增加为23座，为当时调和威士忌的市场急需补缺。

目前酒厂只剩下六对蒸馏器在运作，产量也从最高时一年1 200万升下降到如今的200万升。不过汤玛丁并未因此而抱怨。“我想说其实这些年来我们进步了，”销售经理斯蒂芬·布雷姆纳（Stephen Bremner）说，“这归功于我们对市场战略的调整，从调和型基酒转向更注重品质的单一麦芽威士忌。”仔细想来，市场的确也是在如此转型。汤玛丁的发酵时间很长，蒸馏器比较小，采用空气冷凝的方式，它的新酒有着水果的芳香，有点辛辣。汤玛丁的主要进步体现在它原本呆板的用桶策略上（汤玛丁是为数不多拥有自己的制桶车间的酒厂），它现在增加了首注的波本桶和雪利桶来进行桶陈。

这些努力改变之后的成果就是一系列全新的单一麦芽威士忌，向大众展示了几十年来大家可能曾经错过的好味道。而这要归功于1961年加入汤玛丁酒厂的大师级酿酒师道格拉斯·坎贝尔（Douglas Campbell）。一直以来汤玛丁都以水果味作为酒厂个性，而橡木桶则赋予了它更多不同的色调，经过数十年完全成熟之后变得更加丰腴饱满。这种柔顺的酒厂特质在Cù Bòcan这款威士忌中就能发现，它有着轻微泥煤味，是以苏格兰当地民间传说中的地狱恶魔而命名，而这款威士忌给人的感觉就像一只小狗：尽管刚见面时会冲着你咆哮，但很快它就会欢喜地舔起你的脸来。

汤玛丁品酒辞

新酒

色香：香气很集中，水果白兰地、西洋梨白兰地的味道，尾段则是淡淡的花香。

口感：淡淡的植被味，酒体厚重甜美，预示着它一定会有更多的风味展现给我们。

回味：灼热。

12 年 40%

色香：典型强烈的酒厂特色，迸发活力。年轻，仍旧稍微紧致，带有黄色水果的气味，橡木仍在累积的阶段。

口感：非常清爽干净。中段带有细致的丝滑口感，接着是蜂蜜与焦糖的味道。

回味：削过的木棍味。

结论：清爽干净的开胃酒。

风味阵营：芳香花香型
参 照 酒：Teaninich 12 年

18 年 46%

色香：闻得出是汤玛丁，混合着成熟苹果、淡淡蜂蜜、黑葡萄与栗子蜂蜜的味道，还飘出微微木头烟熏的芬芳。

口感：成熟氧化的深度。些许桃子、乌龙茶味，有蜂蜜的丰富度，接着是咖啡味。

回味：橘子巧克力。

结论：来自二次注橡木桶18年威士忌，与雪利桶结合融合，增添了细致的深度。

风味阵营：水果辛香型
参 照 酒：Glenrothes 1993

30 年 46%

色香：热带水果、百香果，过熟的芒果、番石榴；此许乳脂与悠闲的橡木味。加水后会有一点姜味，甚至有点干草味。

口感：一直都是柔软的果味，带点刺激的辛辣感。干净绵长，复杂有深度。

回味：橡木味变强，温和的干涩感。

结论：温和、成熟陈年威士忌的古典味道。

风味阵营：水果辛香型
参 照 酒：Tomintoul 33 年

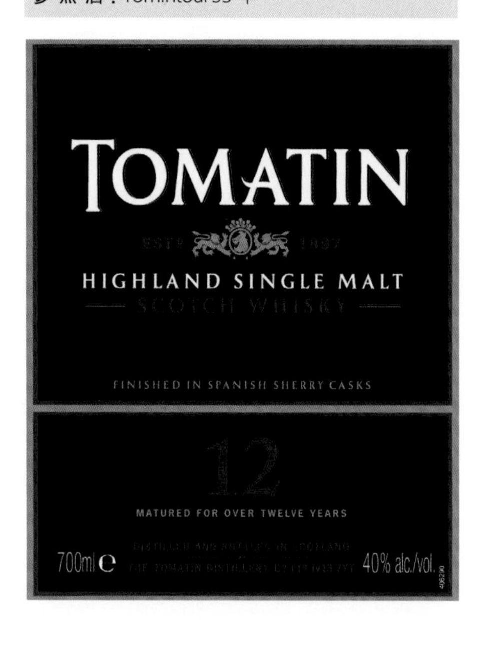

Cù Bòcan 46%

色香：温和的木头烟熏味。比标准的酒更干涩，有胡椒、泥土地的特色。加水会后有淡淡巴萨米可香醋味。

口感：立刻有余烬的热感，与橡木的甜味。绿叶味。加水后有甜味。

回味：细致的烟熏味。

结论：这款烟熏版的汤玛丁很均衡，酒体轻但带有酒厂特色。

风味阵营：烟熏泥煤型
参 照 酒：BenRiacn Curiositas

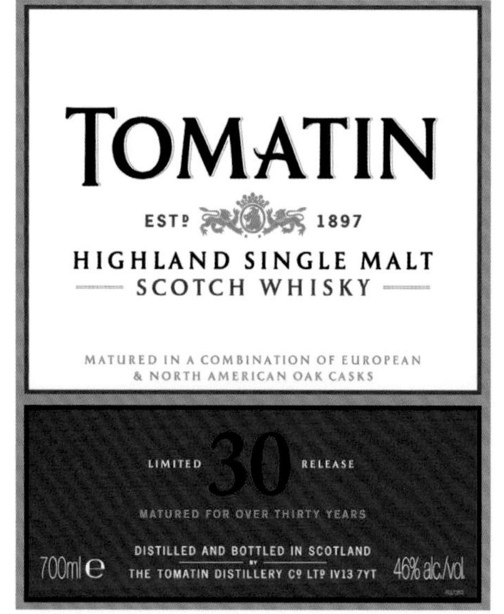

皇家布莱克拉（Royal Brackla）

皇家布莱克拉，那恩（Nairn）

当你抵达皇家布莱克拉酒厂之时，踏上的是一块曾经染满鲜血之地。库洛登古战场（Cullonden battlefield）与考德城堡（Cawdor Castle）就在附近，而莎士比亚作品中的麦克白，就是在考德城堡中弑君，而已经荒凉许久的库洛登荒野也在不远处。好在皇家布莱克拉留给人们的印象不是死亡、幽魂与杀戮，而是一片宁静。

从酒厂糖化室进入蒸馏室之后，从旁拉开一扇沉重的安全门，才能看见有天鹅在游弋的酒厂湖泊，这景色必须要从4座蒸馏器的中间2座之间望出去才能见到。而今年大麦收割的味道与从烈酒收集器飘出来醉人的酒蒸汽交融在一起凝聚在空中。

自从1812年威廉·弗雷泽（William Fraser）上尉建立造了酒厂之后，新酒就源源不断地在这片充满田园风光的土地间流淌。而在当时，这座酒厂建成之后让当地靠着酿私酒为生的居民们感到相当懊恼。但与此同时，弗雷泽的威士忌慢慢开始建立起自己的声誉，1835年成为首家获得国王威廉四世颁予皇室认证的威士忌酒厂。从此，皇家布莱克拉的品牌就成了品质的保障。

据说1836年皇家布莱克拉的一段广告词是这么写的："国王专属的威士忌，是由弗雷泽的皇家布莱克拉酒厂专为国王陛下而酿制。这或许是唯一一款能够同时满足各国鉴赏家的味蕾以及达到他们鉴赏标准的麦芽威士忌。有泥煤味但绝不过分，入口奔放但不刺激，可调制出最精致的宾治酒（Punch）或托迪酒（Toddy）。

让人感到惋惜的是皇家布莱克拉高品质的秘密通常只被深锁在调和大师的工作室里，几乎从未外传。这又是一款为其他调和威士忌（如帝王，它拥有这座酒厂）无私默默奉献，为其增加复杂度的顶级单一麦芽威士忌。不过，令人惊讶的是为何历任酒厂拥有者都没意识到这样一个地方其实拥有相当的旅游观光潜力。

为了酿造出个性强烈又带着酯类风味的新酒（酒厂近年来已经不再用泥煤），皇家布莱克拉采用的方法与它所处的这片土地一样温文尔雅。缓缓地将麦芽掏碎，然后加水过滤后获得清澈的麦汁，再缓缓地进行长时间的发酵，之后的蒸馏过程依然很缓慢，增加了回流，在点滴之间结合创造出带有酯类风味、口感又强烈的新酒。酒体相当厚重而不轻盈，更加经得起在欧洲橡木桶中的陈年。

好消息是酒厂现在已经对游客开放参观。并且已经开始推出酒厂原厂装瓶的威士忌，以及曾经是国王专属的酒款（雪利桶陈年）。

对于酒厂正在发生的变化，相信弗雷泽上校与他的老顾客们肯定也会非常赞同的。

皇家布莱克拉是苏格兰最具田园风情的酒厂之一。

皇家布莱克拉品酒辞

新酒

色香：水果/油脂味，伴随一丝清凉，尾段黄瓜味。

口感：入口尖锐。菠萝、青苹果和未成熟的水果味，非常纯净，淡淡的油脂感。

回味：青草味。

15 年款 二次注橡木桶，样品酒

色香：非常重的辛香料的味道，可以断定来自于橡木桶。熟透的苹果和肉桂/豆蔻味，尾段的黄瓜依旧。

口感：入口依然非常纯净。淡淡的花香/丁香花。舌头中央有焦糖布蕾般的甜美，而尾段则是苹果白兰地和烧焦的枫糖味。

回味：成熟，奶油太妃糖，最后是一抹清爽的酸度。

结论：已经发展出第二级甚至第三级的香气，需要非常注意桶陈环境。

25 年款 43%

色香：檀香，香甜的麦芽味、车厘子、香辛料和花生壳的香气。尾段则是法式奶冻。

口感：甜美的水果：西瓜、杏子。中段则是香草奶冻，还隐藏着些许坚果味，桶味很重。

回味：干涩，坚果味。

结论：比新酒的麦芽味更重，非常甜美。

风味阵营：水果辛香型
参照酒：Macallan 18 年黄金三桶

1997 年 样品酒 56.3%

色香：淡淡干草味，强烈，还有油脂味。相当紧致，朗姆、松叶/云杉芽混合青苹果的气味。新鲜有活力。

口感：纯净，带些许奇异果味，甚至有一丝黄瓜味，非常新鲜。加水后会有一点丰润感浮现，还有些许温和的口感。

回味：紧致、干净、有酸味。

结论：强烈的口感很有布克莱的风格。

格兰奥德和第林可（Glen Ord & Teaninich）

格兰奥德 · 因佛内斯北部 · 缪勒夫奥德 · WWW.DISCOVERING-DISTILLERIES.COM/GLENORD

细想一下，黑岛其实并不能算是一座岛，当然，岛上也并不全是一片黑色。实际上，它是位于Moray和克隆马提湾（Cromarty Firths）之间的海角，拥有肥沃的黑土地，非常适合种植大麦，而这里也曾经孕育了很多家优秀的酒厂。譬如17世纪末由当地领主邓肯 · 福布斯（Duncan Forbes）建造的Ferintosh酒厂，福布斯由于帮助国王詹姆斯镇压叛乱而得到嘉奖，他可以在自己的领土上酿酒并且享受免税待遇。最后他一共造了4家酒厂，每年赚取18 000英镑的利润（相当于现在的200万英镑）。18世纪末，全苏格兰几乎三分之二的威士忌市场由他占据，直到1784年他的免税待遇到期之后这种情形才开始发生变化。

Ferintosh酒厂的旧址现在已经难以寻觅，它的继任者是格兰奥德，当地优质的麦芽吸引它扎根在此。格兰奥德酒厂完全实现自给自足，它自己的发麦车间还能为帝亚吉欧旗下另外6家酒厂提供麦芽，包括泰斯卡（Talisker）。

酒厂四周都是绿野，所以酒中也透着青草味，并略有一丝泥煤味穿插其中。格兰奥德一直尝试作为单一麦芽威士忌推向市场，最新的装瓶则是由帝亚吉欧推出的Singleton系列，用雪利桶陈年。

被格兰奥德的绿意环绕，沿着海岸线来到另一座酒厂——第林可，第林可的威士忌入口更为顺滑，因为酒厂会把麦芽汁过滤得非常清澈，而且大块头的蒸馏器能够提供足够的铜接触。第林可的酒很具异域风情，有日本抹茶、中国绿茶、柠檬草和香子兰的气息。

相对于格兰奥德那中等强度的酒体、非常容易陈年的个性来说，第林可则孤傲许多，它那突兀的个性实在很难被木桶驾驭。作为帝亚吉欧集团生产扩张的一部分，两座酒厂的产能都翻了一番。一座全新的"Roscle"式酒厂也在Teaninich旁策划建设。

格兰奥德品酒辞

新酒

色香：刚刚割好的青草味和些许淡淡的烟熏味。加水后则是剪枝的味道。

口感：酒体很棒，青草／女贞树味，好像口中在嚼着春天的树叶和豆苗。加水后，烟熏味显现。

回味：正在发酵中的白葡萄酒味。

THE SINGLETON OF GLEN ORD 12 年款 40%

色香：深琥珀色。无花果酱，鲜枣，麻绳和花园里的篝火味，之后则是巴西核桃。加水后越发甜美，梅子和姜汁面包的香气显现。

口感：煮熟的水果拼盘，轻度酒体，有些许烟熏和腰果味。中段则是提子蛋糕，香草味最后浮现，非常厚重。

回味：淡淡的青草味。

结论：酒厂个性鲜明，一切都围绕着那甜美的风味。

风味阵营：饱满圆润型
参 照 酒：Macallan 10 年，Aberlour 12 年，Aberlour 16 年，Glenfarclas 10 年

第林可品酒辞

新酒

色香：香气雅致，芬芳，盆景、割草机、日本抹茶和绿菠萝的香气。

口感：入口集中度很高，青涩，酸度高。加水后柔和了许多，很有桶陈潜力。

回味：女贞，短促灼热。

8 年款二次注橡木桶，样品酒

色香：香气集中，纯净，中国白茶，香子兰、柠檬草的味道。加水后则是桉树叶味显现。

口感：入口非常尖锐，酒体紧。水仙花和青草味。后段则是打湿的竹叶。加水后酒体柔和许多。

回味：纯净顺滑，薄荷味。

结论：非常独特，很具亚洲风情。

10 年款，FLORA & FAUNA 43%

色香：依然是异域风情的柠檬草的香气，之后则是中国绿茶，与 8 年款相比奶油味有点浓，更为圆润。加水后绿茵芹的香气涌现。

口感：入口很柔和，草本和辛香料的味道。中段又略微紧了些。加水后则更顺滑。

回味：草本味。

结论：轻盈复杂。

风味阵营：芳香花香型
参 照 酒：Glenburgie 15 年，anCnoc 16 年，Hakushu 12 年

HIGHLAND
SINGLE MALT
SCOTCH WHISKY

The Cromarty Firth is one of the few places in the British Isles inhabited by PORPOISE. They can be seen quite regularly, swimming close to the shore less than a mile from

TEANINICH

distillery. Founded in 1817 in the Ross-shire town of ALNESS, the distillery is now one of the largest in Scotland. TEANINICH is an assertive single MALT WHISKY with a spicy, smoky, satisfying taste.

AGED 10 YEARS

43% vol　Distilled & Bottled in SCOTLAND. TEANINICH DISTILLERY, Alness, Ross-shire, Scotland.　70 cl

大摩和因弗戈登（Dalmore& Invergordon）

阿尔内斯 / 因弗戈登，米尔顿

大摩当之无愧是东西北海岸边不输于第林可的酒厂，它的饱满、厚重令人陶醉。如果说第林可仿佛让你永远置身于春寒料峭的话，那矗立在克隆马提湾岸边的大摩会让你感觉这里一直四季如秋，它那莓果般的香气很难令人忘怀。

大摩建于1839年，怪异的蒸馏方式使得大摩以及苏格兰威士忌能够一直独领风骚。大摩的麦芽蒸馏器是平顶，一旁有莱恩臂，烈酒蒸馏器的腰间还加装了一个水汽环绕装置，能够增加蒸汽回流又保留特殊的风味。不仅如此，大摩所有的蒸馏器都尺寸不同。它拥有两个蒸馏车间。老车间的一对麦芽蒸馏器大小不一，新车间的那对彼此一致，但跟老车间的那组不一样。导致初蒸馏出来的酒有完全不同的个性和酒精度。烈酒蒸馏器也是形状相同，但尺寸完全不一致。

每家酒厂都会再蒸馏一遍初酒的酒头和酒尾。然而在大摩，由于蒸馏器不同，蒸馏出的酒的酒精度也各不相同。度数较低的初酒经过烈酒蒸馏器蒸馏后产生的酒尾度数也就相应低，反之亦然。最后要把不一样的酒尾混合起来再进行一遍蒸馏。在其他酒厂，初酒蒸馏后酒尾的比例会极大地影响新酒的风味。但在大摩，这个比例则非常多变，因此它的新酒也异常复杂。“我不知道其他酒厂碰到这种情况会怎么办。”大摩的品牌大使戴维 · 罗伯逊（David Robertson）笑着说，“反正对我们来说这简直就是一种煎熬，好在这让酒的口感增加了复杂性，所以酒好的话我们也无需再去改变什么。”

大摩厚重的酒体也决定了它的用桶方法。在旧的雪利桶中长时间桶陈能够提升酒体的甜美饱满以及复杂度，桶陈5年开始吸取桶味，即使是12年依然未够成熟，大概15年的桶陈以后，大摩的酒才真正变得圆滑顺口，展现风姿。

近年来，这座酒厂屡屡因其高年份酒款被拍出高价而重新闪耀。乘势，他们又推出天狼星（Sirius）、星钻（Candela）、月神（Selene）三款桶陈超过50年的威士忌，更让威士忌收藏界为之疯狂。“我经常想，说不定就是因为这些古怪的蒸馏器使得大摩拥有如此强的陈年能力，”罗伯逊继续说道，“或许在年轻的时候它还不够优雅，但是它就是有能力在桶中陈年四五十年。”

沿着海岸往上走约5公里，一种谷物被熬煮的味道弥漫在空气之中，这里便是苏格兰最北的谷物威士忌酒厂——因弗戈登。一直以来的工业化发展和肥沃的土地成就了这家酒厂。1981年之前这里曾有一座铝加工厂和海军造船厂。如今风力发电和石油钻井平台的设备以及维修厂也都建在内格湾（Nigg Bay）两侧。海军造船厂于20世纪50年代末关闭，当地需要新的就业岗位，于是建造威士忌酒厂成为非常理想的解决方案。

1960年，因弗戈登酒厂先用一座科菲连续式蒸馏器来进行生产，后来又增加到了四座，现在则是轮流使用小麦和玉米来蒸馏略带乳酸和辛香料味的新酒，每年的产量高达3 600万公升，主要用于酒厂东家怀特马凯公司旗下的调和威士忌，但未来也会供给其他公司制作调和威士忌。20世纪90年代早期，酒厂也曾推出过一款以因弗戈登为品牌、以女性为目标客户群的单一谷物威士忌。这里曾经还有一座麦芽威士忌酒厂本维斯（Ben Wyvis），从1965年起营业了12年，关厂之后它的蒸馏器如今正在格兰盖尔酒厂运作着（Glengyle，参见第189页）。

大摩品酒辞

新酒

色香： 甜美的黑色水果挤进一点橙汁 / 金橘的味道。尾段则是醋栗味。

口感： 入口成熟，厚重和不易察觉的谷物味。

回味： 清新，柑橘味。

12年 40%

色香： 香气怡人，清爽，与新酒相比麦芽味更重些。后段还有一些果脯味。

口感： 纯净，许多圣诞蛋糕、橙皮和黑加仑叶的味道。

回味： 悠长，果味。

结论： 已经很甜美，但仍在成长中。

风味阵营：水果辛香型
参 照 酒： Edradour 1996 Oloroso Finish

15年款 40%

色香： 甜美，重雪利风味。果酱以及小浆果，香气浓烈，厚重。

口感： 入口柔美，果脯和柑橘白毫茶的味道。

回味： 金橘。

结论： 酒体和雪利桶结合得很好。以这个年份来说，酒厂个性和桶味算很平衡的了。

风味阵营：饱满圆润型
参 照 酒： Glenrothes 1991，The Singleton of Duff town 12年

1981年 MATUSALEM 44%

色香： 香气饱满圆润，桑葚、咖啡，以及一抹老酒才有的奶酪味，还有核桃和塞维利亚血橙的香气。

口感： 悠长、柔和，但并不缺乏力度。罗布图雪茄，落叶堆以及意式特浓咖啡的味道。

回味： 悠长，微微有点抓舌感。

结论： 经过陈年以后酒体已经发展得很好，而这要归功于甜美的雪利桶。

风味阵营：饱满圆润型
参 照 酒： Aberlour 25年，Macallan 18年雪利桶

因弗戈登品酒辞

因弗戈登15年款，样品酒 62%

色香： 甜美，略带一些酸味，淡淡的草本植物和花瓣香气，夹杂着些许芝士皮和刚刚割好的青草味。

口感： 入口很像特立尼达产的朗姆酒，甜美并且有着淡淡的酚类物质香气（不是烟熏味），谷物威士忌的特色非常鲜明，并且还有着烤焦吐司边的香气。

回味： 苦涩的黑巧克力。

结论： 苏格兰最具个性的谷物威士忌。

格兰杰（Glenmorangie）

泰恩 · WWW.GLENMORANGIE

小镇希尔顿外矗立着一块卡德伯尔石（Cadboll），上面雕刻当时北苏格兰的先民皮克特人的文化图腾，而奇妙的是正反两面的图案略微有些不对称。最古老的卡德伯尔石存放在博物馆中，如今的这块则是由雕塑家巴里 · 格鲁夫（Barry Grove）复制的。“皮克特人喜欢不对称感，”格鲁夫说，“他们认为这样才能使自己找到什么是真正的平衡。”

而卡德伯尔石底部的图案，也被格兰杰酒厂作为酒厂印章嵌入酒标中，仿佛一个个纠缠着的旋涡组成的迷宫，还体现出水对于格兰杰威士忌的影响。这无可厚非，因为酒厂所采水源都来自于古老的泰洛希涌泉（Tarlogie Springs）。

泰洛希涌泉的水属于硬水，富含镁、钙等矿物质，这也影响着格兰杰的风味。“如果拿百分比来算的话，水的风味占了格兰杰的5%，”格兰杰首席酿酒大师比尔 · 梁思敦（Bill Lumsden）介绍说。

格兰杰的前身是一座啤酒厂，古朴凝重的红砂岩厂房建于19世纪，位于多尔诺克湾的山脚下。山上种麦，山下酿酒。在当时，建厂选址的原则基本如此。

格兰杰糖化和发酵工序都是在不锈钢桶中完成，但是其他不同之处需要慢慢发掘，如同在卡德伯尔石的图腾中找出旋涡的源头。

格兰杰第一个与众不同的地方在于它那如T台模特般高挑的蒸馏器，而且它的颈部几乎平行地和冷凝器连通。业内最高的蒸馏器带来的是大量的铜接触。

最后取得的新酒的调子十分高雅，一点点指甲油和小黄瓜的香气，之后又弥漫出柑橘、香蕉、蜜瓜、茴香和其他浆果味。雅致芳香，十分纯净，深层次中还始终穿插着淡淡的谷香，使得果味没有过于突兀，而这正是比尔 · 梁思敦想要达到的效果。

之后便是陈年了。如今所有酿酒师都意识到了橡木桶的重要性，而梁思敦更是痴迷于此。他执着于二次桶陈的方式，且

格兰杰的厂房由当地的红色砂石建成，起初它只是小镇泰恩（Tain）的一座啤酒厂。

第一次进桶陈年时也选择美国橡木桶。而在这间潮湿泥地的木桶仓库内，许多已经使用过一次的木桶存放在此，他向我解释了为什么要让木桶在此休憩："装过一次酒以后，木桶会有一个自行氧化的过程，从而会让二次注的时候更具复杂度。这里阴暗潮湿的环境最适合进行这种储藏。"

格兰杰经典威士忌（The Original，也就是以前的格兰杰10年）全部用美国橡木桶陈年，先用首注的木桶桶陈，它会赋予威士忌椰子和香草的风味，之后再进二次注的木桶，它会带来奶油和薄荷味。进行过这两次桶陈之后，格兰杰会慢慢变得甜美可人，水果的香气也开始展现，此时会有一定比例的酒会再置入特别定制、自然风干的密苏里橡木桶中陈年，这就是另外一款格兰杰Astar——"始于经典，旅程起步"。它的爆米花、桉树叶和奶油布蕾的香气更是无比诱人。

特别定制的木桶堆放在格兰杰的各个仓库，它对于橡木桶的多元化运用在业内算是佼佼者。

梁思敦博士对于木桶的使用一直有着自己的创新，二次换桶时会选用风味犹存的桶。如果用得好，自然是锦上添花，用不好却会过犹不及。"木桶可以打造一款威士忌，也能毁掉一款威士忌。"他对我说。达到平衡才是关键。很多时候来看，格兰杰的运作方式有点像皮克特人的铭文，总是想在威士忌的酒厂特性和木桶调性之间找到平衡。橡木桶的确会使得酒甜美芳香，但它也会压掉某些酒厂的特质，还是要像皮克特人在石碑上所篆刻的那样，返璞归真才更好。

格兰杰品酒辞

新酒

色香：香气集中，芬芳，糖渍水果和水果软糖的味道。中段则是柑橘和香蕉，最后是茴香味。

口感：入口甜美，集中度高，非常纯净的果味，些许花香和坚果味隐藏其中。尾段则是粉笔灰和棉花糖。

回味：纯净。

THE ORIGINAL 10年款 40%

色香：浅金色。柔软水果，锯末、白桃、荨麻，些许薄荷，香草、香蕉皮以及椰子冰淇淋，芒果雪芭和橘子味。

口感：桶味很轻，入口是香草冰淇淋，肉桂，最后还有一抹百香果。

回味：薄荷，清凉。

结论：橡木桶和酒结合得非常完美，各种风味完全呈现。

风味阵营：水果辛香型
参照酒：Glen Elgin 12年，Aberfeldy 12年

18年款 43%

色香：奶油布蕾、巧克力、桉树叶、松脂、草莓、蜂蜜，焦糖布丁和茉莉花的香气。

口感：入口是果脯、薄荷味，很成熟，酒体厚重，淡淡的梅子和太妃糖味道。

回味：五香和胡椒味，还有香根草。

结论：更长的陈年时间使桶味更具层次，但酒厂原本的风味依然闪耀。

风味阵营：水果辛香型
参照酒：Longmorn 16年，Glen Moray 16年，Yamazaki 18年，Macallan 15年黄金三桶

25年款 43%

色香：香气非常成熟，甜美。蜂巢、蜡感以及柑橘皮和些许奶油杏仁糖。中段则是坚果和雪茄纸，尾段是红色水果和桃核，些许丁香，而百香果的味道又重现，夹杂着浓烈的太妃糖和陈皮味。

口感：入口包裹感十足，肉豆蔻、蜂蜜、红辣椒，刚开始感觉很甜美，之后便能感受到橡木桶带来的深邃感。后段是橙味奶冻、草莓、橘花水，非常复杂。

回味：太妃糖、覆盆子叶，香辛味的蜂蜜和热托蒂鸡尾酒。

结论：层次感十足。

风味阵营：水果辛香型
参照酒：Longmorn 1977，Aberfeldy 21年，Balvenie 30年

巴布莱尔（Balblair）

泰恩，艾德顿 · WWW.BALBLAIR.COM

从丁沃尔（Dinwall）一路行到小镇泰恩（Tain）的北部，这里是一片肥沃的黑土地，位于群山和海岸之间。阳光透过云层射下，照耀在那开满石楠花的山脊上，不断拉长变幻着山峦的影子，而巴布莱尔酒厂就置身于这片景色里。这里也是著名的泥煤产区，漫山遍野的石楠花可以印证这一点。1798年，老酒厂建在艾德顿（Edderton）村庄附近，之后为了毗邻铁路方便运输，便于1872年在此建造了新厂，老厂作为仓库使用。

酒厂很小，但给人一种持之以恒、专注酿酒的态度和沉稳的气质。今天运气稍好，恰好碰到酒厂全员工作的日子（在格兰杰参观时也是，20名员工全体在岗），而平时，可能会连一个人影都看不到。“我们只有9名员工，”酒厂助理经理格雷姆 · 鲍伊（Graeme Bowie）告诉我，“我还是倾向于手工酿造威士忌。我可以理解其他一些酒厂实现全自动化，但一座威士忌酒厂应该有灵魂和生命，不是吗？所以传统的酿酒方法就是最好的方法。”

传统这个词拿来形容巴布莱尔再贴切不过，苏格兰最古老的酒厂之一，这里的一切都保留着过去的模样。“你可以很现代化地运营一座酒厂，像啤酒厂那样，”来自于Inver House集团的首席调酒师斯图尔特 · 哈维（Stuart Harvey）对我说，“但是那种无菌化的全自动生产方式很可能让你失去酒厂本该拥有的风味。”

酒厂的发酵槽是木制的，很传统。但是真正形成巴布莱尔DNA的还得靠蒸馏器。鲍伊解释说：“巴布莱尔有着独特的香料味道。我们在蒸馏之前会过滤澄清麦芽汁，因此会产生花香柑橘等酚类物质，同时又具有果香和层次感。”然后便轮到蒸馏器出场，巴布莱尔的蒸馏器看着像一朵倒着的蘑菇，矮胖粗短，一共有3座，但只有2座承担蒸馏任务。

“我们只有一组蒸馏器配备冷凝装置，”哈维说道，“但是它们蒸馏出的酒却极具复杂度，且酒体饱满。蒸馏过程中酵母会随着酒蒸汽升腾，从而带出了果味，这点和勃艮第的搅桶（battonage，勃艮第葡萄酒酿造工艺，可以使沉淀在桶底的酵母悬浮于酒液中）类似，而这些风味会被粗短的蒸馏器立即捕获。我们想要口感醇厚并且硫化物丰富的新酒，因为经过桶陈之后它会产生黄油太妃糖的迷人风味。”

较为厚重的新酒需要更长时间的桶陈。尽管我们可以把巴布莱尔和格兰杰的特点都归纳为“果味型”，但它们全然不同。格兰杰十分轻盈，裹挟着木桶的风味；巴布莱尔则饱满圆润，它更需要时间来陈年。

经过耐心的陈年，巴布莱尔完全具备一流威士忌的风范，它被重新打造并进行销售（新的系列采用更现代的酒瓶，瓶身上印有皮克特的符号，并以各个不同的年份来分别装瓶发售），且深受消费者青睐。水果味和太妃糖是巴布莱尔年轻时的特质，长时间陈年后会发展出异域香料的风情，入口更是值得细细品味，层次感、复杂度一应俱全。

“北高地的酒厂都有自己的特点，”哈维说，“我认为它们要比斯佩塞的威士忌更有个性，说实话，也更复杂。”这想法跟另外一位出生在当地的作家N.M. 冈恩（Neil M. Gunn）不谋而合，他曾经这样描绘老富特尼酒厂（Old Pulteney）：“它会让你见识到那种只属于北方的雄浑有力。”这句话适用于任何在北高地东北海岸线附近的酒厂生产出来的威士忌。

巴布莱尔品酒辞

新酒

色香：蔬菜味（卷心菜）、硫化物味以及水果味，灼热，强烈，尾段则是晒干的皮革味。加水后奶油味。

口感：些许坚果味但以香辛料和水果味为主。

回味：辛辣。

2000年 样品酒

色香：浅金色。香气纯净，甜美，香辛料足，微微有点刺鼻的姜味和豆蔻味，尾段还有淡淡的椰子和棉花糖的香气。加水后滑石粉和柠檬味显现。

口感：入口非常辛辣，摩洛哥香料的味道，仿佛在你舌尖上跳舞。还隐藏着一些未成熟的果味，甜美柔软，酒厂的个性非常鲜明。

回味：充满活力，许多的香辛料味。

结论：或许它还需要一点时间使得果味更为柔和，但巴布莱尔的香辛料风味已经展露无遗。

1990年 43%

色香：饱满的金色。热带水果和淡淡的谷物味，还有一些刚刚成熟的杏子和檀香木的味道，尾段则是橙味巧克力碎。

口感：入口更为黏稠，抓舌感也更强，这是橡木桶赋予的，而后香草荚和许多的甜美香料味道，而果味也变得更为成熟，如同烤过之后的味道，还有一丝柑橘味。加水后则是法式奶冻和玫瑰花瓣的味道。

回味：葫芦巴和干橡木桶味。

结论：桶味如同融化在果味中一般，柔和，外加些许谷物香气，而抓舌感和烧烤的味道更是隐藏其中。

风味阵营：水果辛香型

参照酒：Longmorn 1977，Glen Elgin 12年，Miyagikyo1990

1975年 46%

色香：深琥珀色。香气深邃，淡淡的树脂味，很复杂。中段则是香辛料的味道：豆蔻、芫荽籽、黄油。皮革味越发陈腐，伴随着浓烈的茉莉花香，略带一点烟熏味。加水后清漆味显现。

口感：入口强劲，烟熏味十足，糖蜜、豆蔻和生姜，非常日式的风味，纯饮最佳。尾段是淡淡的雪茄，石墨和玫瑰粉饼的味道。

回味：依然是香辛料，还有雪松和玫瑰粉饼。

结论：这款威士忌的独特之处在于各种香辛料味和果味相互交织、绽放。

风味阵营：水果辛香型

参照酒：BenRiach 21年，Glenmorangie 18年，Tamdhu 32年

克里尼利基（Clynelish）

布罗拉 · WWW.DISCOVERING-DISTILLERIES.COM/CLYNELISH

来到凯思内斯（Caithness）郡的深处，你会发觉这里被一座座山谷所分隔，人迹罕至，只有零星几堆石块，些许残存的牧场围栏才会提醒你这里曾经用来放牧耕种。1809年之前，这里曾经是一片草场，许多农户在此生活，而附近的敦罗宾城堡居住着萨瑟兰公爵和夫人——拥有这片土地的领主。圈地运动中他们二人和管家帕特里克·塞拉（Patrick Sellar）把农户们从这里驱逐出去，强迫大家搬到海边居住。由于耕地不足，有些人去做了渔夫，而另外一些人则到公爵那位于布罗拉（Brora）镇的煤矿上打工，就在克林（Clyne）教区之内。

煤矿改变了布罗拉镇，这里有了砖厂、瓦厂、花呢纺织厂，甚至还有盐田。1819年，克里尼利基拔地而起，酿酒原料完全自给自足，公爵也因此收益颇丰。19世纪末，酒厂出品的威士忌在市场上的价格居高不下，且经常供不应求。如此受追捧，这也使它成为尊尼获加调和威士忌中的重要基酒之一。为了提高产量，1967年DCL公司又新建了一座酒厂。

新厂建成之后，老厂本来就此关闭了。不曾想1968年艾莱岛遭遇干旱，产量大减。而DCL集团旗下专供泥煤味威士忌的酒厂都在艾莱岛，因此克里尼利基老厂又恢复生产，并承担酿造重泥煤风格威士忌的任务，从1969年一直到1972年艾莱岛产量恢复，对泥煤风味的需求量下降。而旧厂索性改名叫布罗拉（Brora），1983年关厂。

布罗拉有一丝烟熏味，入口顺滑，略带辛辣，还隐藏着一点青草味。而克里尼利基则是另一番风味，它的新酒闻上去像刚熄灭的蜡烛，还有湿油布的味道。如果说布罗拉的风味令人愉悦，那兄弟酒厂克里尼利基的味道就见仁见智了，那种蜡感来自于酒厂酒头酒尾收集器中的沉淀物质，其他酒厂会清洗去除掉，而在这里则被保留了下来。

从克里尼利基的蒸馏车间望去，可以看到落寞的布罗拉爬满了青苔，一副破败的模样，在这边现代化的映衬下，那边的陈旧格外醒目。

克里尼利基品酒辞

新酒

色香： 蜡封、酸橙的香气、非常纯净、尾段则是熄灭的蜡烛和油布味。

口感： 入口便是克里尼利基典型的蜡感，包裹感很好。深邃，层次丰富，酒体的质感要好过香气。

回味： 悠长。

8年款 二次注橡木桶，样品酒

色香： 香气上那种蜡感似乎已经褪去，杏子果酱，松树，香甜的柑橘皮味道。加水后蜡烛的味道又再次显现。

口感： 纯净柔和，质感依旧，只是更多了些甜美的水果，可可豆和很浓的柑橘味，尾段则是一丝桶味。

回味： 蜡感回归。

结论： 已经开始发展，但仍然需要时间。

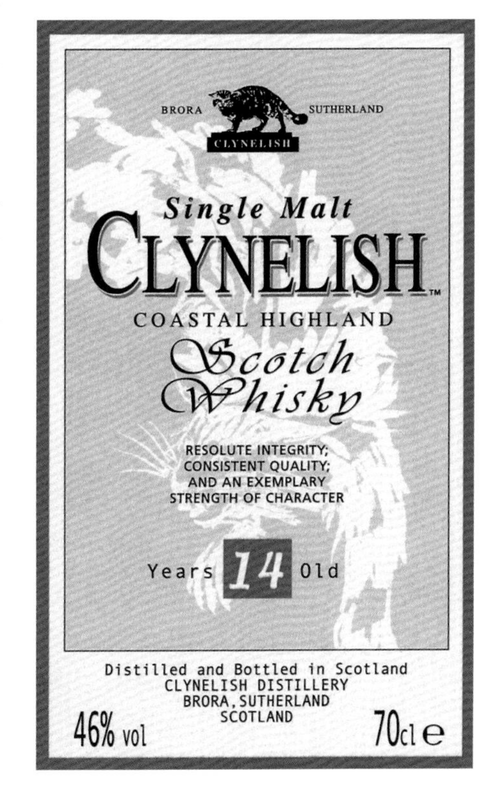

14年款 46%

色香： 那股吹灭的蜡烛（夹杂着橘子）的香气依然留存。纯净，油脂还略带青草和封蜡味，奔放清新，尾段则是生姜。加水后海风味。

口感： 入口感觉非常好，很多难以描述的风味，而蜡感被那股芬芳衬托，似乎还有淡淡的柑橘味，以及难以察觉的海水味。

回味： 悠长柔和。

结论： 它的香气与8年款的酒相比变化不大，只是风味更具层次，桶味更重了些。

风味阵营：水果辛香型

参 照 酒： Craigellachie 14年，Old Pulteney

1997年，MANAGER'S CHOICE 单桶款，58.8%

色香： 亮金色。香气芬芳，淡淡的草本味，蒿类植物和马郁兰以及提神的柑橘味。中段则是金橘和柠檬，而尾段又变成夏季水果的芬芳（苹果、温柏）。

口感： 刚入口非常辛辣，之后则柔和温顺许多，还有一丝海水味。加水后黄油味显现，甚至能感受到法式奶冻的味道。

回味： 悠长顺滑，些许柑橘。

结论： 拥有蜡感特质的威士忌中的代表，温柏的香气似乎也能视作它的特性之一。

风味阵营：水果辛香型

参 照 酒： Old Pulteney 12年

沃尔夫本（Wolfburn）

瑟索（Thurso）· WWW.WOLFBURN.COM

当你在一条路上走到尽头时总有一种无止境的满足感，天际仿佛变得更为辽阔，地平线在你面前展开，似乎象征着未来拥有无限的可能性、而无需缅怀过去。瑟索（Thurso）这个位于英国大陆最北边的城镇就是如此。当你站在悬崖上，眺望彭特兰湾（Pentland Firth）汹涌的波涛，看到的是霍伊（Hoy）那映照在夕阳下的峭壁。这里曾经是走私贩子、船只打捞者、渔夫、船长以及酿酒人聚集的地方。

到达英国最北的地方，一些微妙的改变已经开始发生。你的足迹已经开始进入维京人的领土。瑟索的深水港庇护了古维京人的长船，这个城镇的名字则是来自挪威语的“Thjórsá”，意为“公牛之河”。维京人似乎都很喜欢用动物来命名河流的，而苏格兰最新的酒厂之一就在瑟索，名字就叫沃尔夫本（Wolfburn，意为狼溪）。酒厂起这个名字不是因为市场营销部门开会经过激烈讨论后而决定的名字，原因在于酒厂的水源就来自于狼溪。

1821年到1860年间，一座以沃尔夫本命名的酒厂在此地营业，在这短暂的一段时期内还成为凯瑟尼斯镇上（Caithness）最大的威士忌酒厂。而如今的继任者在2013年1月25日着手再次进行酿造威士忌，令人感到难以置信的是，距离建厂时间只有短短五个月。

酒厂的掌门人是肖恩·弗雷泽（Shane Fraser），他曾在皇家蓝勋酒厂（Royal Locknagar）的麦克·尼可森（Mike Niclson）手下工作并且开始了自己的职业生涯，之后又成为业界翘楚格兰花格酒厂（Glenfarclas）的经理。“肖恩非常清楚他想要的威士忌风味是什么，”业务发展经理丹尼尔·史密斯（Daniel Smith）说，“清澈的麦汁、长时间的发酵能够创造出复杂度，之后一系列独特的蒸馏方法让威士忌在拥有果香后还会拥有些许麦芽味。让他最喜出望外的是他第一次尝试便得到了自己想要的风味，当时我还从来没有见过一个人可以那么的兴奋激动。”

新酒有85%装进波本桶，15%装进雪利桶陈年。如今开始会释出少量的威士忌，但80%的产品会放着用来长时间陈年。从第一批酒就受到市场的火热订购看来，大部分的产品已经供不应求。

这里不是终点，而是一段即将开始的旅程。

肖恩·弗雷泽（右）与伊恩·科尔（Iain Kerr，左）正专注精心地写下北部威士忌传承新的一章。

沃尔夫本品酒辞

WOLFBURN 样品酒，60%

色香：甜且干净，淡淡炖煮水果的气味，些许红苹果与考密斯梨（comice pear）。微微草本味，底带点玫瑰味。

口感：饱满，甘美多汁，宜人亲切。瓜类、梨的味道。加水后有丝滑感。

回味：大麦甜味。

结论：90% 波本桶与 10% 的雪利桶。虽然年轻，但已经展现非常好的平衡感。

老富特尼（Old Pulteney）

威克 · WWW.OLDPULTENEY.COM

苏格兰本土最北面的小镇威克，同样拥有苏格兰最北的酒厂——老富特尼。威克镇其实更像一个小岛，大片的湖泊与泥煤沼泽把它和苏格兰本土隔绝。这里不仅仅是地图上的一个点而已，更代表了一种精神。像威克镇这样孤立于大陆的地方居然有一家酒厂，多少让人有些惊奇。当地发达的捕鲱业促成了威克镇的建立，而因威克镇人丁日益兴旺，老富特尼酒厂便应运而生，一切就这么简单。

当地繁荣的捕鲱业吸引了很多人前往，酒厂也随之建造起来。老富特尼酒厂的名字来源于老富特尼镇，小镇由托马斯 · 特尔福德（Thomas Telford）所建造，他也是当地的一位酒厂主，而小镇的名字则是为了纪念威廉 · 老富特尼爵士，正是他在这个遥远的地方开设了码头，发展渔业，而他的规划至今仍能够满足巨大的港口吞吐量。到了19世纪，这里更是空前繁华，如同加拿大的淘金地克朗代克般热闹，只不过人们来这里不是为了金闪闪的黄金，而是银灿灿的鲱鱼。

而纷至沓来的人流使得当地对威士忌的需求也日益加大。恰好此时詹姆斯 · 亨德森（James Henderson）来到此地，他曾经在老家Stemster酿过酒，威克镇火热的市场前景吸引他到这里建厂。然而真正对酒厂风格起到影响的并不是亨德森，而是继任者艾尔弗雷德 · 巴纳德（Alfred Barnard），是他对酒厂的蒸馏设备进行了改建。他曾经这样形容老富特尼的麦芽蒸馏器"就像私酒贩子手里的铜酒壶"，由此可见其形状之怪异。老富特尼的麦芽蒸馏器顶部是平的，而中间的沸腾球则大得吓人，而烈酒蒸馏器则加装了纯化器，配备了环形的莱恩臂，如同皮克特石碑上雕刻着的动物，之后再通过虫桶冷凝。这些看上去是有些放浪形骸的设计，但管用。"麦芽蒸馏器是老富特尼的关键。"来自Inver House集团的斯图尔特 · 哈维介绍说。

威克港，还有老富特尼酒厂，它们都满足了小镇捕鲱船队的需要。

"这样的造型在蒸馏过程中会产生很多回流，因此只有最上面的酯类物质才会被捕获，甚至有一些皮革味。老富特尼不像巴布莱尔那样芳香且充满香料味，但它油脂感更强。"太另类了，我想很难用其他词来形容这样一个地方，这样一座酒厂。

老富特尼品酒辞

新酒

色香：香气很重，划火柴和乳脂味。中段是亚麻籽油，隐藏着些许盐粒 / 香辛料。尾段则是柑橘皮 / 橘子筐的香气。

口感：入口饱满厚重，柔软水果味，尾段还有一抹香草。

回味：果味。

12 年款 44%

色香：果味越发强烈。柿子和桃子味，还有淡淡的海盐和油脂，枸杞果冻以及西瓜的味道。

口感：入口有油脂感，黏稠厚实的酒体，些许果汁感，但只是淡淡的绿色水果味。

回味：芬芳。

结论：厚重，包裹感强。

参 照 酒：Scapa 16 年

17 年款 46%

色香：一丝面包味（涂抹了黄油的面包），温柏以及烤木头的味道。橡木桶的影响越发明显。

口感：酒体上来说比 12 年款更为宽广，乳脂感也更明显。

回味：悠长，生津。

结论：橡木桶使得酒更为成熟，但同时也降低了油脂感。

风味阵营：水果辛香型

参 照 酒：Glenlossie 18 年，Craigellachie 14 年

30 年款 44%

色香：琥珀色。香气饱满，树脂味。发展得很成熟。鞍革皂、牛脚油、甜坚果和雪松的味道。尾段还隐藏着些许酵母味，非常纯净。

口感：入口都是蛋白杏仁糖，然后又是一丝提神的柑橘味，而油脂感又变得明显。

回味：厚重。

结论：非常典型的一款老富特尼，极高的复杂度。

风味阵营：水果辛香型

参 照 酒：Balmenach 1993，Glen Moray 30 年

40 年款 44%

色香：琥珀色。香气非常芬芳。腌柠檬、肉桂、鞍革皂，还有淡淡的烟熏味和干花香气。这么晚才开始绽放的一款威士忌，个性非常独特。

口感：入口有迷迭香的味道，集中度高，典型的老富特尼的油脂感，包裹在舌头上，而烟熏味又增添了别样的层次。

回味：芬芳，悠长。

结论：浓郁，柔和。

风味阵营：水果辛香型

参 照 酒：Longmorn 1977

西高地（Western Highlands）

欢迎来到苏格兰最小的威士忌“产区”，尽管这里毗邻漫长蜿蜒的西部海岸线，但只拥有两家酒厂。而它们能够延续至今的原因不仅仅在于它们身处交通便捷的小镇，还在于它们依然保有自己的风骨，或者说，那种坚持用古老方法酿造威士忌的信念。

锡尔岛离欧本很近，是前往西部群岛的中转站。

欧本（Oban）

欧本 · WWW.DISCOVERING-DISTILLERIES.COM

欧本酒厂的选址很奇怪，好像被夹在悬崖峭壁和大海之间，这让此间的气氛多少显得有些逼仄，而酒厂所在的小镇则一直光鲜亮丽地迎接着过往的游客。对于当地的加尔文教徒来说，这才是让人感到体面的事情，而酿造威士忌却不是。所幸约翰和休 · 斯蒂文森（John and HughStevenson）两兄弟并不信这套，他们依靠阿吉尔公爵提供的为期99年的贷款于1794年建造了欧本酒厂，此前这里只是座啤酒厂而已，不久后还取得了合法执照。对于斯蒂文森家族来说，酿威士忌就是件绝对体面的事情，他们的后代一直在经营这家酒厂，直到1869年。

西高地也曾拥有过一批酒厂，但大多由于交通原因纷纷关厂。而欧本却有着得天独厚的地理位置。这里是主要的交通枢纽，有火车站、渡轮码头，还是格拉斯哥通向西部高速公路的终点站。

当然欧本在酿酒方面也有着自己的特点。酒厂只有两座小蒸馏器，造型像一颗洋葱，连接着虫桶冷凝器。如果你就此推测它的新酒充满硫化物味道且口感厚重，那就大错特错了。

相反欧本的新酒有着强烈的水果和柑橘香气。酒厂在每次蒸馏结束之后都会打开蒸馏器通风，让铜离子恢复活力，这样就能在下一次蒸馏时把硫化物都吸附在蒸馏器内，从而使通向莱恩臂的酒蒸汽保持纯净。而虫桶冷凝器的水温控制得较高，延长了铜接触的时间。欧本水果味背后还隐藏着一丝香料的辛辣，十分令人着迷。

欧本的发酵槽中，麦芽汁的发酵才刚刚开始。

欧本品酒辞

新酒

色香：水果味，之后烟熏味慢慢散发。还有烘烤桃子和很重的柑橘 / 橙子果箱的味道，芬芳复杂，很深邃的香气。

口感：入口有乳脂感，柔和，然后橙皮味在口中弥漫。

回味：烟熏。

8 年款 二次注橡木桶，样品酒

色香：泥土、花香、青香蕉 / 绿橙以及桂花的味道。香气厚重，微微泛咸。

口感：入口甜美饱满，非常多的柑橘味，浓郁好喝。

回味：一抹撩拨人心的烟熏味。

结论：给人的感觉是既清新又不失劲道。需要长时间的桶陈，而且即便是新桶应该也能驾。

14 年款 43%

色香：香气清爽纯净。淡淡的香草味，一些牛奶巧克力和许多甜香辛料的味道，芬芳中还带着一丝烟熏味。后段则是晒干果皮的味道，桶味颇重。

口感：入口柔美，悦人的个性依旧，非常纯净，伴随着橙子的清新，最后还有薄荷和糖浆味。

回味：非常辛辣刺舌。

结论：纯净、平衡，而且香气也已经开始绽放。

风味阵营：水果辛香型

参 照 酒：Arran 10 年，BenRiach 12 年

班尼富、阿纳姆瀚（Ben Nevis&Ardnamurchan）

威廉堡 · WWW.BENNEVISDISTILLERY.COM/ 阿纳姆瀚，格兰贝格（Glenbeg）

辗转去了许多酒厂，再重新审视我们刚开始那种“老酒厂”的风格必然是厚重的那种观念，这似乎已经很难再站得住脚，而班尼富的出场更是很好地证明了这一点。位于不列颠境内最高的山脚下，理应酿出雄壮饱满的酒，然而它那轻盈的风味似乎与周遭环境格格不入。

班尼富于1825年建成，同年便取得合法执照。而在酒厂的酿酒历史中，还曾经安装了科菲蒸馏器来酿造谷物威士忌，并与麦芽威士忌混合后桶陈，这种做法在苏格兰绝无仅有。

1989年，酒厂被日本Nikka公司收购，许多人以为班尼富会采用现代化的方式来酿酒。但是一切一如既往，没有任何改变。同样守旧的日本人延续了古老的威士忌酿造方法，饱满浓郁，水果味十足，陈年之后还会有微妙的皮革味涌现。

已经在班尼富供职多年的酒厂经理科林·洛斯（Colin Ross）也是一位尊重传统的人，他说：“一直以来我严格遵循传统的酿酒方法，并把它贯穿于班尼富的生产过程中。酒厂酿造威士忌的历史已经超过185年，一切都顺其自然地发展至今，在我看来，任何突兀的改变不仅仅是对这项神圣事业的破坏，更是对威士忌的不尊重。”

这份对于传统的执着体现在酒厂的各个方面。木制的发酵槽，以及选用最传统的酵母。甚至于在Nikka公司的坚持下，班尼富也是苏格兰唯一一家仍沿用啤酒酵母来进行发酵的酒厂，这无疑也给它营造了独特的风味。

“这两方面能够给我们的酒带来不一样的个性，”洛斯说道，“我的前任经理一直告诉我，发酵过程是最关键的，但还有其他很多因素也影响酿酒，比如，蒸馏时的环境，蒸馏器是否被清洗干净，从而使酒蒸汽与其进行更亲密的铜接触。”从口感上来说，班尼富的酒并没有给我太多传统的感觉，但是从酿酒的态度和精神上，他们无疑是最守护传统的酒厂之一。

2014年艾德菲（Adelphi）公司的阿纳姆瀚酒厂在这座同名的半岛上开幕，于是这片小地方又拥有了第三位成员。19世纪时期，母公司艾德菲公司在英格兰、爱尔兰与苏格兰经营大型酒厂，但近几年来开始专攻独立装瓶事业，阿纳姆瀚酒厂的开业等于它开始回归蒸馏威士忌的主业。

选择在阿纳姆瀚半岛建厂是因为两位酒厂厂主在这里拥有土地，大约靠近麦克林之鼻（MacLean's Nose）凸出的那块岩石部位，凑巧的是公司顾问查尔斯（Charles）也是姓麦克林（MacLean）。这里有些偏僻（坐帆船过去可能是最方便的方式），酒厂预计每年要蒸馏50万公斤含泥煤与不含泥煤的新酒，长期来看这里还是有着非常大的潜力。而且酒厂的销售和市场总监艾力克斯·布鲁斯（Alex Bruce）在法夫（Fife）有大麦农场可供给酒厂使用。

班尼富品酒辞

新酒

色香： 香气饱满圆润，些许肉感的硫化物味，而果味隐藏其中。

口感： 入口稠密甜美。中段酒精感明显，纯净香醇，酒体很饱满，比闻香时的肉味淡了些，而红色水果和甘草味更明显。

回味： 厚重。

10 年款 46%

色香： 饱满的金色。前段是椰子夹杂着山羊皮的味道，香气和新酒一样肥美，各种水果糖浆的气息，而尾段则是些许坚果味。

口感： 入口又是椰子味，确切来说应该是椰浆，还有一丝太妃糖的味道，浓稠甜美。

回味： 悠长，淡淡的坚果味。

结论： 非常圆润的一款威士忌，用新桶来搭配陈年的话肯定会十分美妙。

风味阵营：水果辛香型

参 照 酒： Balvenie 12 年签名版

15 年款 样品酒

色香： 浅金色。纯净清新的香气，更有许多新绽放的芬芳。皮革味依然明显，香气甜美厚重。后段有淡淡的泥煤烟熏味。

口感： 入口厚重香醇，现在有了些甘栗、蜂蜜的味道。加水后乳脂感更强，还散发出一丝果仁糖的味道。

回味： 柔美悠长。

结论： 经过橡木桶的陈年之后变化了很多，但酒厂个性依然保持得很好。

25 年款 56%

色香： 深琥珀色。香气饱满，浓郁的太妃糖搭配着淡淡的果脯味。而皮革味也有了变化：从原本的山羊皮味变成如今的老旧的真皮摇椅味。

口感： 入口非常浓郁。苦太妃糖、黑巧克力以及车厘子味，很像老年份的波本。

回味： 椰子干，甜美悠长。

结论： 浓郁甜美的酒体使桶陈效果非常好。

风味阵营：饱满圆润型

参 照 酒： GlenDronach 1989，Glenfarclas 30 年

低地（LOWLANDS）

德鲁姆夏佩（Drumchapel）、贝尔谢尔（Bellshill）、布罗克本（Broxburn）、埃尔德里（Airdrie）、门斯特里（Menstrie）和阿洛厄（Alloa），这些并不是苏格兰足球丙级联赛的球队名单，而是苏格兰威士忌最不为人知的秘密基地。这些地方都在低地区，苏格兰威士忌的大规模生产、陈年和调和都在这里进行。

低地区的威士忌业人士的心态有别于高地区。他们向来都在想着如何做大，如何满足更多人的需求以及取得商业化成功。在18世纪，当北部和西部的威士忌酒厂只是努力满足毗邻地区的需求时，低地酒厂如翰格与史坦家族（Haigs and Stains）蒸馏的烈酒已南下销往英格兰，其中有些会被再次蒸馏成金酒，然后统统流进斯皮塔菲尔德（Spitalfields）和沙瑟克（Southwark）等地区居民的肚中。

虽然从苏格兰出口烈酒到英格兰的确是个赚钱的好方法，但当时出口执照很难申请，并且政府会以蒸馏器的容量来征收高额度的税金（最高时曾达到惊人的每加仑（3.78升）54英磅），于是在低地区想要生存下去的唯一办法就是加速生产。1797年，根据苏格兰税务局的报告，卡农米尔斯（Canonmills）酒厂的容量为253加仑的蒸馏器"……以每12小时里蒸馏47次的超高速来运作"，这根本没有什么时间来让酒蒸气和铜进行对话。

于是这种蒸馏后的烈酒尝起来有烧灼感并且都是杂醇。或许只有再次被蒸馏成金酒后才可以被接受，但如果不再次进行蒸馏直接就销售给低地区当地的消费者呢？即便当时高地区那些私酿的麦芽威士忌品质不及今日，但也远比这种粗制滥造的酒好很多。

1823年后，新一代单一麦芽威士忌开始出现，于是低地区的酒厂重整旗鼓想方设法增加产量，并使用新设计的蒸馏器来同时提升产量与品质。1827年，基尔巴吉（Kilbagie）的罗伯特·史坦（Robert Stein）发明了"连续式（continuous）"蒸馏器，接着在1834年，埃尼斯·科菲（Aeneas Coffey）进行改进的专利连续式蒸馏器被安装到位于阿洛厄（Alloa）的格兰吉酒厂（Grange）。从此低地区便成为不可否认的威士忌重镇。

然而低地区威士忌的历史并非只有谷物威士忌，数以百计的麦芽威士忌酒厂自19世纪时便开始运作（如今大部分已关闭）。即便如此，低地区的威士忌仍然被低估甚至不为人所知。它们的形象仿佛就是与那里的山脉、石楠花植物以及旷野完全没有任何关系。

有关低地区威士忌的风格，很容易被人轻描淡写地用"轻淡"这个词来形容，事实上就是缺乏个性的意思。但如果仔细观察之后便会发现，这里的威士忌拥有各种风味阵营，有三次蒸馏，也有泥煤烟熏味。

但事实上低地区是苏格兰麦芽威士忌发展最快速的产区。艾尔莎贝（Ailsa Bay）、达夫特米尔（Daftmill）、安南戴尔（Annandale）、金斯巴恩（Kingsbarns）等酒厂正在营运，英尺戴尼（Inchdairnie）已经开张，甚至在苏格兰边区（The Borders）以及格拉斯哥、波塔瓦迪（Portavadie）、林德洛斯（Lindores）等地区都有新酒厂开幕。

而这些新酒厂每一间都会用自己的方法来酿酒，并从中认识到自己的酒厂可以产出什么个性的威士忌。它们的出现再一次给低地区带来新气象。是的，低地区是拥有非常高的产量；但它们还有代表着苏格兰威士忌最真实的象征：调和威士忌的产地；而格拉斯哥依然还是像达夫镇（Duffftown）那样的威士忌之都；即便低地区的威士忌非常商业化，但如今也渐渐开始回归乡土本源。

无需一路向北，就留下来好好探索一番吧。

边界之地——从卡里克角（Carrick Point）眺望威格镇湾（Wigtown Bay）对岸的约翰山（Ben John）和凯哈罗山（Cairnharrow）。

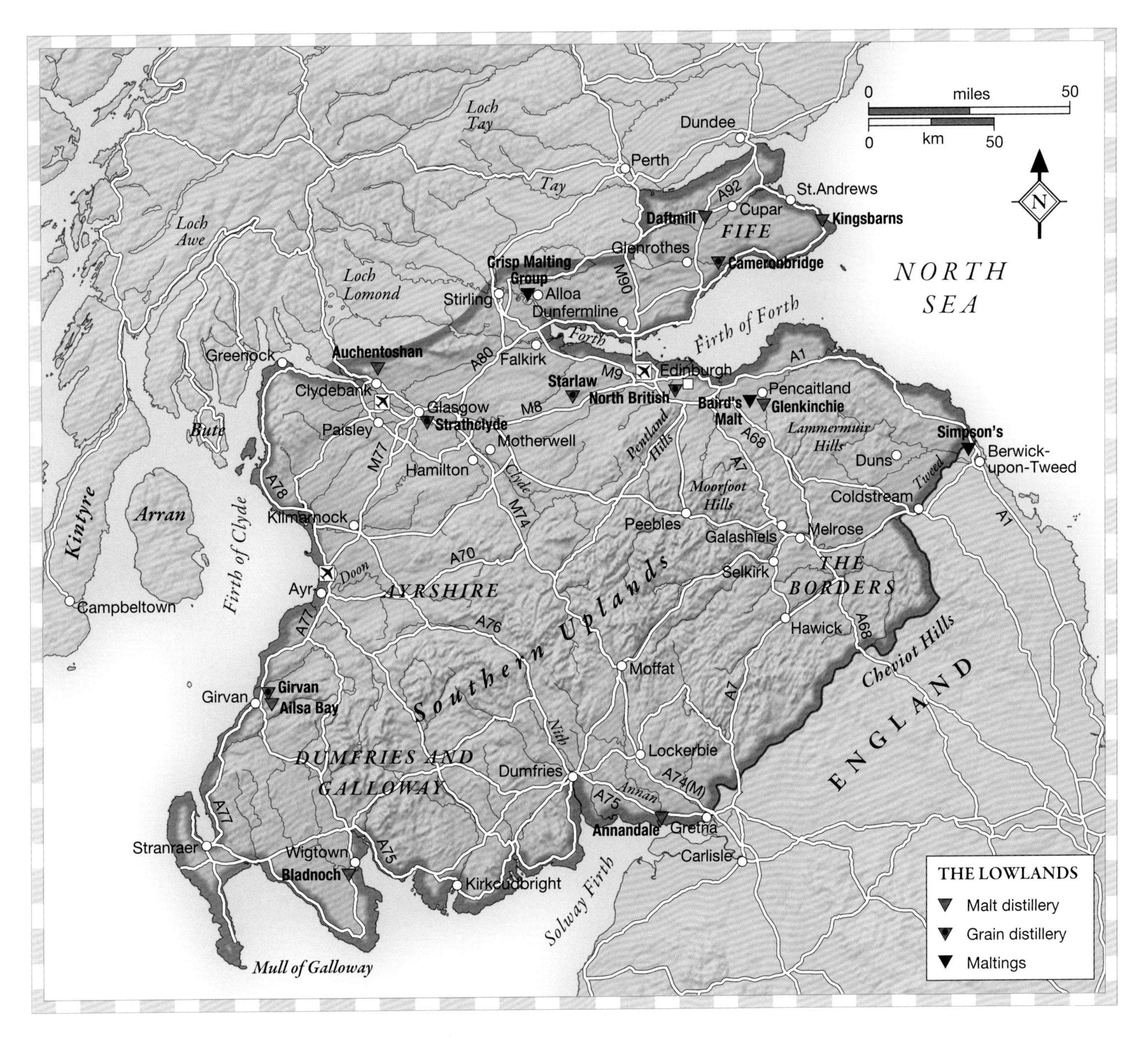
THE LOWLANDS
Malt distillery
Grain distillery
Maltings
0 miles 50
0 km 50
N
NORTH SEA
ENGLAND
Loch Tay
Loch Awe
Loch Lomond
Tay
Dundee
Perth
St.Andrews
A92
Cupar
Daftmill
Kingsbarns
FIFE
Glenrothes
Cameronbridge
Crisp Malting Group
Alloa
Stirling
M90
Dunfermline
Firth of Forth
Forth
Greenock
Auchentoshan
A80
Falkirk
Clydebank
Starlaw
M9
Edinburgh
Pencaitland
A1
Glasgow
M8
North British
Baird's Malt
Glenkinchie
Paisley
Strathclyde
Motherwell
Pentland Hills
A68
Lammermuir Hills
Simpson's
Berwick-upon-Tweed
Bute
M77
Hamilton
Clyde
A7
Duns
Tweed
A78
Moorfoot Hills
Coldstream
Kintyre
Arran
Firth of Clyde
Kilmarnock
M74
Peebles
Galashiels
Melrose
A70
Southern Uplands
Selkirk
THE BORDERS
Ayr
Doon
AYRSHIRE
Campbeltown
A77
A76
Hawick
A68
Cheviot Hills
Moffat
Girvan
Girvan
Ailsa Bay
Nith
Lockerbie
DUMFRIES AND GALLOWAY
Dumfries
A74(M)
Annan
A75
Annandale
Gretna
Stranraer
Wigtown
A75
Carlisle
Bladnoch
Kirkcudbright
Solway Firth
Mull of Galloway

平静祥和，一如威格敦唯一的麦芽威士忌酒厂。

低地区的谷物酒厂

史特拉斯克莱德 · 格拉斯哥 / 卡梅伦布里格 · 利芬 / 北不列颠 · 爱丁堡 · WWW.NORTHBRITISH.CO.UK / 格文 · WWW.WILLIAMGRANT.COM/EN-GB

苏格兰产量最大的威士忌风格却一直鲜为人知，这绝对是莫大的讽刺。谷物威士忌在19世纪产生，因为低地区的大型酒厂需要更有效率地增加威士忌产量，其初衷是运到英国作为琴酒的基酒，到了19世纪，成为调和式苏格兰威士忌的主要成分。

如今，全苏格兰7座谷物酒厂中有5座都位于低地区：Givran、Stathclyde、Starlaw、The North British，以及Cameronbridge，总共年产量逾3亿公升。

谷物威士忌酒厂蒸馏出的新酒酒精度虽高（见第16页），但并不是缺乏风味的。一般而言，每座谷物酒厂的风格都因其使用谷物不同而相异：Givran、Stathclyde、Cameronbridge使用小麦；Starlaw 使用小麦和玉米；而The North British 只使用玉米。克罗曼甚至在蒸馏柱中使用大麦芽麦汁，而蒸馏过程也各有千秋，从科菲双柱蒸馏法，到格文与史塔洛的真空蒸馏系统。

它们的陈年方式也不同。帝亚吉欧集团倾向于让Cameronbridge酒厂使用首注橡木桶，爱丁顿集团的The North British以及格兰父子公司旗下的Givran酒厂都使用二次注橡木桶来陈年。这些不同酿制方式创造了多种不同的新酒与熟成特征（见下方品酒辞）。

因此，谷物是调和威士忌中富有活力并且极具风味的元素，但并不会稀释威士忌的原有特色。“谷物威士忌的基础风味，奠定了调和式威士忌的特质。”格兰父子集团的首席调和师布莱恩 · 金斯曼（Brian Kinsman）说：“如果没有格文的谷物威士忌，几乎就不可能有格兰威士忌。就多方面而言，谷物威士忌决定了调和的方向，而麦芽威士忌则创造了风格。”

爱丁顿集团的首席调和师克斯顿 · 坎贝尔（Kirsteen Campbell）也拥有同样信念：“大家都把焦点放在麦芽威士忌上，但要是没有优质的谷物威士忌，调和威士忌整体品质不会过硬。”

渐渐地，谷物威士忌也开始单独装瓶。Cameronbridge单一谷物威士忌（Cameron Bring）在市场销售很长一段时间；Givran的黑桶威士忌（Black Barrel）虽已停产，但2013年，一系列的新风味在市场上出现。Edrington推出了Snow Grouse，2014年帝亚吉欧与大卫 · 贝克汉姆（David Beckham）合作推出Haig Club。谷物威士忌忽然成为时尚所趋。更有独立装瓶厂例如Clan Danny，以及以调配威士忌而著称的威海指南针公司（Compass Box），其所推出的Hedonism也非常令人刮目相看。

低地区谷物威士忌酒厂品酒辞

Strathclyde 12 年款 62.1%

色香：柠檬味、激烈，带有轻柔花香底蕴，坚定且有青草味、少许棉花糖味。

口感：同样紧密，稍微有聚焦感，伴随柠檬及红橘味。味蕾感到甜且轻柔。

回味：紧密坚定。

结论：滋味无穷。

风味阵营：芳香花香型

Cameron Brig 40%

色香：年轻、酸甜交错。杏桃核味、接着是绵滑的白糖味。加水后出现一丝土味。

口感：淡淡巧克力和甜椰子味。油滑特质与新鲜美国橡木结合，使酒有实体感。厚实。

回味：酸且有青草味。

结论：被低估的品牌及风格。

风味阵营：水果辛香型

North British 12 年款 样品酒 60%

色香：温和，却是谷物酒中最沉重的。油滑绵密，带一缕残留的硫磺味。

口感：强劲饱满、厚实有嚼感。加水后香草和熟软果实味更明显，并带有一丝朝鲜蓟味。

回味：半干。

结论：最厚重且复杂的谷物威士忌。

Girvan “25 年以上” 42%

色香：新鲜且精致，清凉并明确。带少许花朵 / 香草植物气息，和淡淡巧克力味。隐约的木头味及一丝柑橘味。

回味：辛辣。

结论：充满活力且非常干净。

风味阵营：芳香花香型

Haig Club 40%

色香：立即涌上的甜味。朗姆和柠檬皮、煎牛油和豆蔻。然后是青苹果和煮沸的甜品、野花、烧焦 / 烤过的橡木和棉花糖味。加水后带出天竺葵与淡淡枫糖浆味。

口感：类似朗姆酒的味道，伴随着柑橘、煎车前草和中心足够的柔和甜味，使风味得以停留；柑橘和新鲜酸味。

回味：鲜奶油和柠檬味。

结论：非常多彩多姿，代表谷物酒的新方向。

风味阵营：水果辛香型

达夫特米尔、法夫（Daftmill & Fife）

达夫特米尔，库帕 · WWW.DAFTMILL.COM / 京士班斯，圣安德鲁斯 · WWW.KINGSBARSDISTILLERY.COM / 英取戴尔尼，格伦洛西 / 林多尔修道院酒厂，纽堡 WWW.THELINDRESDISTILLERY.COM

我们这一代人在成长过程中绝对离不开法夫带给我们的产品。法夫为我们提供了火炉里的煤炭、餐桌上的鱼、厨房地板上的油布，还有在学校里捣蛋时被惩罚用的皮带。但如今这些记忆中的事物都已不复存在，煤矿早已关闭，抽皮带也已经被禁止。法夫的规模逐渐变小只剩下捕鱼、农业和迅速发展的音乐社群……当然还有威士忌。近年来，法夫所有的威士忌都产自Cameronbridge酒厂（见左页），但在19世纪时这里曾拥有14座麦芽威士忌酒厂。1782年私酿时代初期，这里共有1940座蒸馏器被没收。

通常情况下这些酒厂（无论违法或合法）大部分都源于农场。2003年弗朗西斯和伊恩 · 卡斯伯特（Francis Ian Cuthbert）这对农场兄弟，申请把他们的达夫特米尔农场（Daftmill）上的3座建筑物改为酒厂。（对了，Daftmill的地名由来，是因为这里的小溪看似由下往上流——并非因为你已经灌了几杯烈酒。）

当时两兄弟创业开始生产威士忌被认为是鲁莽之举，但如今卡斯伯特兄弟已被誉为威士忌业的创新先驱。因为他们复兴了威士忌的手工精神，自己种植大麦，酒糟用来喂牛，每年根据大麦的收成状况来决定酒厂的产量：平均年产2万公升，犹如过去那样酿造威士忌。

写这本书的时候，达夫特米尔尚未推出任何酒款。（译者注：2018年4月，达夫特米尔已经推出了第一款威士忌。）

"我们的确有考虑在2014年开始自己装瓶，"弗朗西斯说，"新的酒厂在各地涌现出来，我们也最好赶上这波行情！"他表露出完美主义者的风格，"当酒第一次从蒸馏器流出，我们以为已经取得成功了；但八年过去，我认为我们还可以将酒调整到更好。"然而，酒厂个性随着时间渐渐崭露。"在橡木桶陈年过程中酒会呈现出香草味，此后还会增添细腻顺滑的口感，而这一切都需要光阴慢慢酝酿。"

产量小并不因为酒厂三心二意；与弗朗西斯交谈过程中可以感受到他已经全身心投入于威士忌，他已经不再是一位农夫，要让自己的威士忌拥有独一无二的品质需要时间，从这点上来看已经证明他是一位真正的威士忌专家。

2014年，独立装瓶公司威姆斯（Wemyss）旗下的金斯巴恩（Kings Barns）酒厂也效仿了同样的事情，它也是一座由农场改造而成并使用当地大麦的酒厂，目标是生产风味较淡的单一麦芽威士忌。（Kings Barns意为国王的谷仓，这里曾是14世纪苏格兰国王大卫一世储存粮食的地方。）

法夫的第3座麦芽酒厂英尺戴尼（Inchdarinie）位于格伦洛西（Glenrothes），由印度蒸馏酒业集团（Kyndal）兴建，竣工后将生产烈酒远销印度和亚洲市场。最后，林多尔斯（Lindores）也在2016年拥有了自己的酒厂。煤炭、油布和体罚的皮带也许已经销声匿迹，但高尔夫、海滩、音乐和威士忌会继续发扬光大。

麻雀虽小五脏俱全的**达夫米特**，可以了解时间的重要性。

达夫特米尔品酒辞

2006 年首次充填波本桶样品酒 58.1%

色香：干净甜美，像维多利亚海绵蛋糕；淡淡果香：草莓、野花、生苹果。加水后出现浓郁梨子、奶油与接骨木花味。

口感：轻淡、精巧、甜美且不带新酒特质。中段温和柔软。

回味：甜美绵长。

结论：已达到良好平衡并极富特色。

2009 年 首次充填雪利桶样品酒 59%

色香：甜，且（居然已经）成熟，伴随大量葡萄干、太妃糖、香草和焦糖布丁味。加水后出现紫罗兰香水 / 花朵味。

口感：浓稠；之后出现红色水果味，伴随少许肉桂味。抓舌感不强且富含果味底蕴。

回味：甜美优雅。

结论：早熟，已完全熟成。

格兰昆奇（Glenkinchie）

潘凯特兰村（PENCAITLAND）· WWW.DISCOVERING-DISTILLERIES.COM/GLENKINGCHIE

对于低地区来说，如果不是因为威士忌的话，这里或许一文不名。我们沿着海岸线一路往东行进，突然一片似曾相识的田园风光映入眼帘，格兰昆奇酒厂就坐落在此，周围拥有广袤的耕地，可见酿酒的原料肯定是不会缺乏的。酒厂建于1825年，而名字则取自于曾经拥有这片土地的deQuincey家族（从此就叫Kinchie）。

酒厂于1890年重建过，如今的建筑看上去很是体面光鲜，布尔乔亚之风弥漫。酒厂是砖结构，牢固坚挺，给人那种经历兴衰之后依然屹立不倒的感觉。格兰昆奇是专为酿酒而建造，产酒无数，过往的酒厂主都曾经在它身上赚足钞票。

而步入酒厂的蒸馏车间你会略微惊讶，它只有两座蒸馏器，然而体型都极其庞大。其中麦芽蒸馏器的容量是32 000升，苏格兰第一，而它的形状又会让人联想到与酒厂重建同时期的爱尔兰那些威士忌厂的蒸馏器模样。可以这样来思考，需求上升就必须加大蒸馏器来增加产量，而蒸馏器增大就使威士忌的风味由重转淡。由此可见低地威士忌之所以会这样柔和与风土无关，完全是市场主导的。

即便低地威士忌再努力向上攀登，却依然伤感地泯然于大多数人眼中。

然而你去闻一下格兰昆奇的新酒，却感觉不到些许温存，或许用卷心菜汤来形容更合适。那异常大的蒸馏器的莱恩臂角度是向下的，连接到外面的虫桶冷凝器。这很像达尔维尼、盛贝本和安努克，略微带点成熟气息，又不失硫化物的味道。当然，我们都知道硫化物对于这些酒厂来说可是好东西。

格兰昆奇的这股卷心菜的味道一闪而过便消失了，比达尔维尼的要散得快，之后的香气很纯净雅致，还有一丝青草味隐藏其中，但是经过虫桶冷凝的酒体，依然厚度十足。酒厂装瓶的格兰昆奇10年还略显青涩，硫化物气息依稀可辨，12年的话就好很多，只是多了两年的桶陈，酒体的架构便已经完全搭建起来，香气也更完满，各种花果香扑鼻而来，而硫化物等一些不成熟的味道则完全消失无踪。

格兰昆奇品酒辞

新酒

色香：划火柴和淡淡的卷心菜味。花香隐藏于其后，来自于乡野田间的芬芳。

口感：入口便是强烈的硫化物味道，之后是干草和煮蔬菜味。到底会是什么样的风味会隐藏其中呢？

回味：硫化物味。

8年款二次注橡木桶，样品酒

色香：先是潮湿的干草味，然后是丁香、打湿的亚麻绳，硫化物已经消失。加水后，番石榴果冻的香气显现。

口感：甜美集中。非常纯净的干花芬芳，尾段则是一丝残存的硫化物味道。

回味：柔和，些许划火柴的味道。

结论：正在破茧而出。

12年款 43%

色香：香气纯净，草原般的芬芳。淡淡的花香，苹果以及橙子味。

口感：甜美，略带一丝坚果味，口感丝滑。风格简单明了，尾段一丝香草味。

回味：柠檬蛋糕和一丝花香，很是提神。

结论：香醇诱人，完全展现了自己的风姿。

风味阵营：芳香花香型
参 照 酒：The Glenlivet 12年，Speyburn 10年

1992年，MANAGER'S CHOICE 单桶版 58.2%

色香：初夏的芬芳，百里香、柠檬精油、甜瓜、麝香、葡萄以及夜间灌木丛的香气。

口感：入口柔和，花香再次袭来，还裹挟着一丝奶油和新鲜无花果的味道。

回味：微苦，柠檬味。

结论：清淡芳香型威士忌的典范。

风味阵营：芳香花香型
参 照 酒：Bladnoch 8年

DISTILLER'S EDITION 43%

色香：金色。香气比12年款更为饱满丰富，成熟的果脯，烤苹果和晒干的橡木味。中段是淡淡的甘草，果酱夹层蛋糕，尾段还隐藏着一丝无核葡萄干的味道，没有硫化物味。

口感：入口并没有之前那种甜美，而在口中却极为饱满。一些麦芽糖，杏脯，花香味更重，丰满可人，尾段则是淡淡的热带水果。

回味：清淡。甜美辛香料和柑橘油味。

结论：回味增添了新的风味，酒厂个性也被保持得很好。

风味阵营：水果辛香型
参 照 酒：Balblair 1990

欧肯特轩（Auchentoshan）

欧肯特轩 · 克来德班 · WWW.AUCHENTOSHAN.COM

让我们来到欧肯特轩，低地区的另外一座酒厂，所在之地并没有太多亮点，位于克莱德河和连接格拉斯哥与萝梦湖的公路之间，而它的独特之处在于清淡：用三次蒸馏方法酿造。19世纪时，三次蒸馏还很普遍，尤其是在低地区，因为当地有很多爱尔兰人移民，但也有可能是酒厂想迎合一下当时最受欢迎的清新风格。然而世事变迁，目前欧肯特轩（亦称Auchie）是苏格兰唯一一家还在坚持三次蒸馏的酒厂。

欧肯特轩的新酒结构饱满，入口清淡，收尾集中度高，感觉清爽。酒厂在进行最后一道蒸馏也就是终馏的时候，第三座蒸馏器中的酒汁还留存着酒精度非常高的酒头，而之后最终蒸馏出的酒更是会达到80%~82%的酒精度（参见第14–15页）。

“这样的方法使得我们的酒非常清新纯粹，不过我也不想它太过平淡。欧肯特轩应该是甜美的，充满麦芽香气和柑橘味，经过桶陈之后还会有榛果味。”酒厂调酒师Iain伊恩 · 麦卡伦 McCallum介绍说。而欧肯特轩那与生俱来的微妙特质也就使得麦卡伦不能对它用桶过重，从而压过它本身的风味。

“由于我们的酒比较清淡，因此如果桶陈不慎的话很容易让桶味压过威士忌原本的风味。我还是倾向于保留住欧肯特轩特有的气质，只属于酒厂自己的标签，”麦卡伦说，“因此欧肯特轩的桶陈必须要有耐心。”由此看来，清淡却不失风骨才是低地威士忌最容易被人忽略的特质。

因此，需要用聪明的方法来对待年轻的新酒，而来自橡木桶的助力，可以赋予它更多层次的味道。同样，在高年份的威士忌中，保障温和而不张扬的桶味也是关键。

欧肯特轩清淡的酒体，使得它比其他厚重型的威士忌更具灵活性，因此一直被众多调和威士忌用作基酒。

欧肯特轩品酒辞

新酒

色香：香气清淡，集中。大黄、糖果盒、香蕉皮以及树叶味。

口感：入口紧致，灼热。些许曲奇味，然后则是令人一振的柠檬清香。

回味：短，苹果味。

CLASSIC 无年份款 40%

色香：淡金色。甜美的桶味，还有一些花香。尾段还是来自于橡木桶的椰子味。

口感：入口甜美，坚果和许多香草味，之后又是巧克力，新酒中那高雅的个性依旧延续。

回味：清新。

结论：桶用得恰到好处，风味完全绽放。

风味阵营：麦香干涩型
参 照 酒：Tamavulin 12年，Glen Spey 12年

12年款 40%

色香：又是非常明显的桶味。热糕点，辣味烤杏仁，最后则是一抹提神的柑橘味。

口感：入口柔和，纯净。谷物味淡去，取而代之的则是辛香料的味道，尾段则还是那熟悉的落叶。

回味：清爽纯净。

结论：一款很典型的欧肯特轩。

风味阵营：麦香干涩型
参 照 酒：Macduff 1984

21年款 43%

色香：老年份酒特有的成熟味道，还有饱满浓郁的黑色水果，之后则是香辛料（香菜）、烤甘栗，集中度依然很高。清新感依然。

口感：入口饱满，甘草，薰衣草般的芬芳在口中弥漫。

回味：花香。

结论：即便是一款21年的老酒，这款酒体偏轻的威士忌依然保持住了自己的酒厂个性。

风味阵营：水果辛香型
参 照 酒：The Glenlivet 18年，Benromach 25年

布拉德诺克、安南戴尔和艾尔莎贝 (Bladnoch, Annandale & Ailsa Bay)

威格敦 · WWW.BLADNOCH.CO.UK / 安南戴尔，安南 · WWW.ANNANDALEDISTILLERY.CO.UK / 艾尔莎贝，格文

离威格敦郡1.6千米外的地方，有一座酒厂坐落在蜿蜒曲折的布拉德诺克河岸边，这里便是我们参观低地区的第一站，酒厂与河流同名。布拉德诺克是座不小的酒厂，步入其中，气氛悠闲自在，而酒厂背后还有一大片仓库，散布在乡野田间。与众不同之处是，在酒厂的各个建筑中穿梭，你会发现都是从后门出入，这里好像都没有前门。

布拉德诺克看上去并不是一座只为酿酒而兴建的酒厂，酒厂的建筑结构很简单，由当地的砖石砌造而成，而其中一座堆满酿酒设备的便是酒厂车间。剩下的一些建筑包括了一家商店、咖啡馆、办公室，一家面积是市政厅两倍的酒吧，一座比郡教堂大一倍的老砖窑，甚至还有一大片露营地。与其说布拉德诺克是一家酒厂，不如说它是一个社区，在这里你能了解到自1817年以来当地几乎所有的风土人情。

参观酒厂每个房间几乎都能发现让人称奇之处，从麦芽车间开始（从边门进入），你会看到这里有6座俄勒冈松木制成的发酵槽，里面的麦芽汁略显混浊，发酵的过程从容不迫，用酒厂主人雷蒙德 · 阿姆斯特朗（Raymond Armstrong）的话来说就是“只比3天的光景短了4个钟头”。而蒸馏车间更是简单得像一座蒸馏室，两座蒸馏器赤裸裸地矗立在你面前，周围没有护栏、扶梯等，蒸馏师约翰 · 哈利（John Herries）通过一个非常简陋的操作台控制所有的工序，一旁还有个木盒子，里面尽是各种开关和阀门。布拉德诺克这种即兴发挥式的酿酒风格很是让人感到震撼了。

事实上，它如今能够再酿酒就已经是个奇迹。1938年酒厂一度关闭，直到1956年重新开始运作，1992年又关厂（后期曾作为Bell's的基酒），1994年来自贝尔法斯特的执证测量师雷蒙德 · 阿姆斯特朗买下了酒厂，起初他只是想把这里打造成一个度假农庄，并没有想酿酒，于是当时和帝亚吉欧订下协议，不能再生产酒。然而阿姆斯特朗在酒厂度过的那段岁月里，又萌生了重开酒厂，酿造威士忌的冲动。于是这个喋喋不休的北爱尔兰人开始不断游说帝亚吉欧允许他再次酿酒。

拗不过对方的执着，帝亚吉欧最终同意他每年生产100 000升酒。2000年起，布拉德诺克恢复了生产，为此阿姆斯特朗还做了大量工作，签署文书以及重新购置安装设备等。“当时Bell's公司的人撤走之前，把所有设备包括蒸馏器和发酵槽等都拆除了，确保酒厂无法再运作。”

哈利一边微笑着看着车间里新酒正在生产，一边向我讲述着这段过去。

艾尔莎贝：任务在肩的新酒厂

离开布拉德诺克往北1小时车程，克莱德海岸旁，坐落着格兰父子公司旗下的谷物威士忌酒厂格文（Girvan），同时这里又是苏格兰最新建造的麦芽威士忌酒厂之一——艾尔莎贝酒厂所在地。然而它并不是一座典型的“低地区”酒厂，公司首席调酒师布莱恩 · 金斯曼解释说：“对于我们来说，根据公司现有资源我们想把它打造成一座更达夫镇风格的酒厂，或者说完全复制那里的风格。”艾尔萨完全参照公司旗下的百富酒厂所建造，“这里的蒸馏器也和百富的形状一样，我们既把它作为单一麦芽品牌来打造，又需要它为公司旗下调和威士忌来补充产量。”酒厂一共酿造4种风味的威士忌：芬芳、麦芽、清淡还有泥煤。这样看来，艾尔萨所要承担的任务比想象中还要多。

苏格兰最南面的酒厂，拥有咖啡馆、市政厅还有露营地。

每次蒸馏完毕之后蒸馏器都要打开休息，这样才能保证布拉德诺克的芬芳气质。

而老酒厂那种芳香风格也随之重新回归。“1992年关闭之前酒厂的产量很高，”哈利回忆道，“酿酒的过程比较急功近利，而现在我们则又恢复到比较悠闲的酿造方式，不追求速度。”这就不难解释在布拉德诺克17年和18年威士忌中你能发现布莱尔阿苏的影子，而酒厂的新酒和阿姆斯特朗重启酒厂后酿造的8年款中有着饱满的花蜜的芳香。

“现在我们面临的问题在于低地酒的微妙之美很难让大部分威士忌爱好者喜欢，”雷蒙德·阿姆斯特朗，这位让酒厂重生的威士忌传道士说道，“因此我们要身体力行地来说服他们，让低地威士忌再次得到肯定。”

布拉德诺克品酒辞

新酒

色香：香气清新柔和，纯净的花香和淡淡的柑橘味。

口感：入口纯净，别具风味，还有很好的酸度，花香味依旧，最后还有一抹蜂蜜味。

回味：干净短促。

8 年款 46%

色香：淡金色。棉花糖、花束和香甜的苹果味之中还隐藏着一丝蜂蜡。尾段则是柠檬泡芙。加水后，丁香和蜂巢的香气显现。

口感：入口纯净，些许黄油味。非常柔和，芬芳的花香以及那熟悉的蜂蜜味。尾段则变得些许辛辣。

回味：清淡纯净。

结论：清新如春日的一款酒。

风味阵营：芳香花香型

参 照 酒：Linkwood 12 年，Glencadam 10 年，Speyside 15 年

17 年款 55%

色香：淡金色。香气充盈，坚果味更为突出，依然香甜。麦芽糊的味道比蜂蜜味要来得重些。尾段则是刚烤好的面包和杏子果酱以及热黄油吐司。

口感：入口是些微的花香，之后又变成蜂蜜坚果玉米片的味道。

回味：辛辣，些许皂感。

结论：非常典型的上古时期风格。

风味阵营：芳香花香型

参 照 酒：Glenturret 10 年，Strathmill 12 年

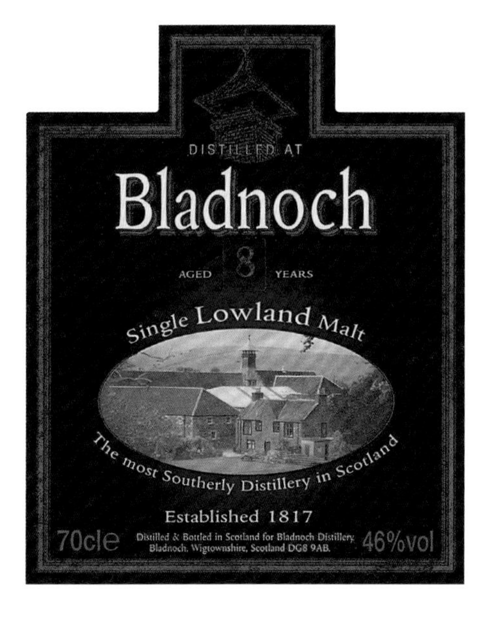

艾尔莎贝品酒辞

由于目前酒厂还没有陈年好的酒，因此只有尝试各种不同风格的新酒。

1 号

色香：清淡，酯类物质的香气。菠萝味夹杂着一丝黄铜味，干涩。

口感：非常纯净，菠萝味的酯类物质，西洋梨、口香糖的味道，最后还有蜜瓜味。

回味：短促柔和。

2 号

色香：香气干净，柔和清爽，淡淡的谷物味。

口感：异乎寻常的纯净味道，青草味。中段油脂感很足。

回味：清爽。

3 号

色香：坚果味和一抹蔬菜之类的硫化物味道以及酒糟，很是厚重。

口感：入口很肥，成熟浓郁，有小扁豆的味道。

回味：成熟大气。

4 号

色香：谷物和丙酮的香气，此外还有绿杏仁，不似前几款那般重。

口感：入口纯净，充沛的坚果和其他水果味。干涩纯净。

回味：一丝甜美感稍纵即逝。可以考虑用非常规的方式来陈年。

5 号

色香：芬芳的泥煤烟熏味。香气复杂多变，雪茄、火腿，燃烧的木头，泥煤和球鞋的味道。

口感：入口尽是干涩的烟熏味，酒体结实却十分甜美，非常有冲击力的一款酒。

回味：烟熏味弥漫再慢慢褪去。

6 号

色香：花园篝火和一丝油脂味，厚重干涩的香气。

口感：非常强劲，略带泥土味。纯净，但很难说它是何种风格。

回味：悠长。

所有艾雷岛的酒厂都在海岸线旁，非常便于原料和威士忌的运输。

艾雷岛（ISLAY）

艾雷岛的南部风平浪静。锁链般一连串的岛屿保护着入海的航道，行驶的小船带起一阵阵尾波，古铜色的海藻在水面下摇曳着。海豹用它们大大的眼睛看着我们。船的龙骨下是一片白沙滩，对面的白墙上似乎有一行字慢慢划过—旅程的终点。你可以选择坐飞机到艾雷，但为了完整地体会到岛屿的魅力，你必须坐船来这里。毕竟，海洋以及这片土地描述出了艾雷的风土，岛屿与大陆完全不同。

坐在Opera House Rocks上，西边的太阳已经开始落下，向远处望去，大海在绿松石色的天空下翻腾，风飞速地刮过沙地，小小的世界里充满柔和的光，一切事物似乎都在闪闪发光。海的另一边是加拿大，此刻，你正坐在世界的尽头。

艾雷岛早在一万年前就有人类活动的痕迹，但艾雷的现代史开始于海岸区域，比如St Ciaran（Kilchairan）的小教堂。来自爱尔兰的传教士在寻找隐居之地时发现了这个西北部的不毛之地。

最好是像St Ciaran这样的人将蒸馏技术带到了艾雷岛，但事实并不遂人愿。蒸馏的艺术11世纪时从岛屿西部进入了艾雷。然而，艾雷可以成为苏格兰蒸馏圣殿还要归功于精通蒸馏技术的麦克贝萨（MacBeatha）家族（也被称为Beaton）的到来。1300年，爱恩·奥卡珊（Aine O'Cathain）嫁给安格斯·麦克唐纳（Angus MacDonald），麦克贝萨家族随之成了艾雷之王麦克唐纳（MacDonalds）的世袭医生。艾雷岛的酒厂以及威士忌从此有了支点。从此这个岛屿不再孤立，成了广大世界的一部分。

到了15世纪，威士忌开始出现，虽然那时的酒和今天的差距很大。这种威士忌使用一系列的谷物，使用蜂蜜增加甜味，也使用各式的香料增添风味，而且烟熏味道已经出现。在艾雷岛你是无法逃脱泥煤的，这已经成了艾雷岛基因的一部分。在这里，地理的风土不仅仅是发出声音，而是在咆哮。

艾雷岛威士忌的生命始于泥煤苔。它们的香气来自数千年的浸泡、压缩、腐烂与转化。艾雷岛的泥煤不同于大陆的泥煤——也许这是海藻、药物、鱼干一样风味的来源。

我问乐加维林前经理麦克·尼科尔森（Mike Nicolson），作为一个外来者，在岛上是种什么感觉，他回答说："酒厂的经理与当地社区的关系非常紧密，在作出决定前，你要对后续影响作出足够的预估。你必须了解，你实际上是一个已经拥有非常悠久历史的社区的一部分，这使你不断地被提醒，生命是短暂的，你在效仿那些前人，那些在这个地方酿出了一代又一代一流威士忌的前辈。"

这个浅海湾的岸边即是一个坐着看日落的完美地点，还是一个来思考艾雷岛魔力的完美地点。

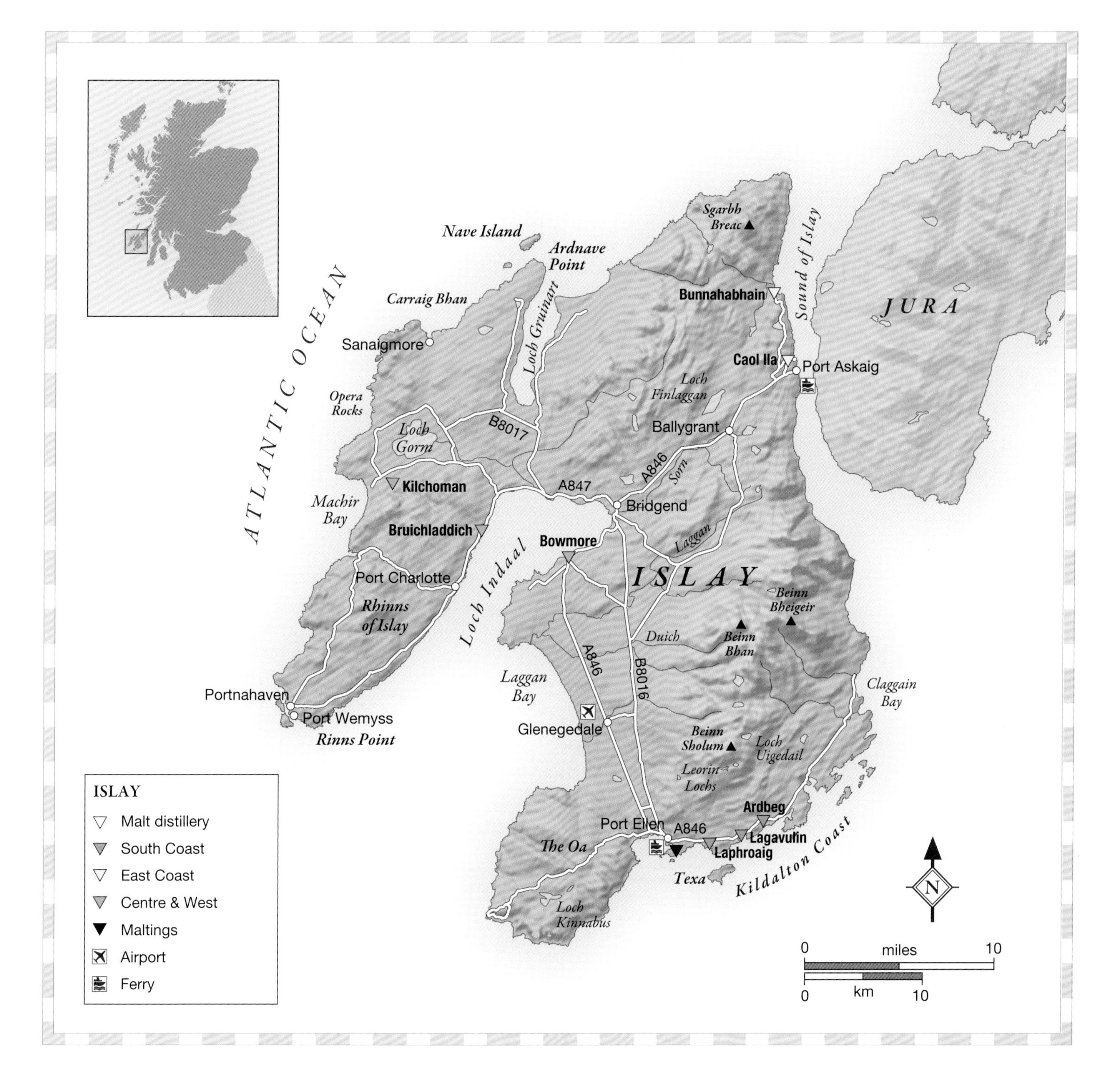

ATLANTIC OCEAN
Nave Island
Ardnave Point
Carraig Bhan
Sanaigmore
Loch Gruinart
Opera Rocks
Loch Gorm
B8017
Kilchoman
Machir Bay
Bruichladdich
A847
Bridgend
Bowmore
Port Charlotte
Rhinns of Islay
Loch Indaal
Portnahaven
Port Wemyss
Rinns Point
Sgarbh Breac
Bunnahabhain
Sound of Islay
JURA
Caol Ila
Port Askaig
Loch Finlaggan
Ballygrant
A846
Sorn
Laggan
ISLAY
Beinn Bheigeir
Duich
Beinn Bhan
A846
B8016
Laggan Bay
Claggain Bay
Glenegedale
Beinn Sholum
Loch Uigedail
Leorin Lochs
Ardbeg
Port Ellen
A846
Lagavulin
Laphroaig
The Oa
Texa
Kildalton Coast
Loch Kinnabus
N
ISLAY
Malt distillery
South Coast
East Coast
Centre & West
Maltings
Airport
Ferry
0
miles
10
0
km
10

南部海岸（SOUTH COAST）

艾雷岛的南部海岸遍布着离岸礁，小海豹经常出没，是古代凯尔特人的居住地，还是基尔达顿海岸三杰的家乡，3家传奇酒厂酿出了泥煤味道最为强烈的威士忌。千万别被第一印象所蒙蔽——在烟熏外衣的下面是一颗甜美的心。

艾雷岛的魅力不仅仅是威士忌，这里也是一个世界闻名的赏鸟中心。

雅柏（Ardbeg）

埃伦港 · WWW.ARDBEG.COM

炭烟，这是你闻到最明显的味道，就像在清扫一个烟囱，但却有一些柠檬的味道，或者是一些西柚。接着有一些长在石头上红皮藻（dulse，当地海草），爆炸性的紫罗兰，接着是一些香蕉，长在木头上野生大蒜的味道。雅柏是一种烟熏与甜美、煤烟与水果互相平衡的酒。这种香气弥漫在整个酒厂里，融入了砌墙的砖块里。但那些甜味来自哪儿呢？秘密隐藏在酒厂里。

由一节管道连接着蒸馏器的莱恩臂与腹部，将浓缩的烈酒又转移回蒸馏器里。这种回流的设计不仅仅构建起了复杂度，同时蒸汽与铜接触的增多也进一步淡化了威士忌。结果就是雅柏的这种甜味。

酒厂近年的历史是威士忌产业完美的缩影。这是一种长期投资，库存在经验与乐观的市场预期的双重作用下越来越多。在20世纪70年代末，这是一种盲目的乐观主义。销量降低但库存却在不断攀升。到了1982年，威士忌行业开始了一次洗牌，而雅柏就是其中之一。

到了20世纪90年代，这个地方几乎就被忘却了。当你关掉了酒厂的供暖，剩下的就是渗入骨髓的寒冷。寒冷的金属回音让你意识到酒厂拥有自己的精神。

但到了90年代末，威士忌开始流行起来，格兰杰在1997年花费710万英镑买下了酒厂及其库存，还额外投入了几百万修缮酒厂使其恢复生产。

制酒的几个细节有了轻微的调整。“我们延长了发酵时间，”格兰杰的总监与蒸馏师比尔 · 鲁姆斯顿博士说，“更短的发酵可以使口感变得更绵密，并增加一些酸度。蒸馏器是一样的，泥煤是一样的，但威士忌蒸馏加强了一些。”

在木桶使用上首注美国橡木桶的比例开始增大。“主要的变化

泥煤与烟熏

雅柏的确使用大量的泥煤，但很简单。雅柏、乐加维林、拉弗格与卡尔里拉的烟熏水平都差不多，而各家威士忌中的烟熏味道的性质却不尽相同。为什么？大部分原因在于蒸馏。蒸馏器的形状、尺寸，蒸馏的速度，以及至关重要的分割点（参照14~15页）。酚类不仅仅出现在最终的威士忌里，它们贯穿于整个生产流程，浓度、构成也会不断改变，这意味着那些在蒸馏初期的威士忌与蒸馏后期的威士忌有质的不同，分馏点可以用于保留或者排出特定的酚类。

用拆下来的木桶做的屋顶，雅柏的仓库面对大海，这对威士忌特质的形成有何影响很值得思考。

艾莱的泥煤——成垛的泥煤。这是创造出雅柏独有风格的主要原料。

在于木桶的质量，”鲁姆斯顿说，“现在我们可以完全去除木桶里的生涩的味道。”

格兰杰买下雅柏后，经过了相当长的一段时间才发售了第一批威士忌，这批酒的发售也标志着雅柏的产量正在增长。

“我的目标是重新创造出酒厂原来的风格，”鲁姆斯顿说，“虽然Young系列不是非常严肃的作品，但是展现了我们正在做的事情。传统的雅柏带有厚重的煤烟和焦油味道，但质量不稳定，每年都有所不同，我们需要一致性。”问题是对雅柏的膜拜正是建立在这样的不稳定上。威士忌蒸馏师恨死了的年份区别，威士忌狂热者们却非常喜欢。为了使大家都开心就需要小心翼翼地保持平衡：在拥有核心系列的同时引入多样的鲁姆斯顿口中的“出色的古怪作品”（wonderful oddities）。比如最近发售的使用大量泥煤的Supernova。

库存上的漏洞意味着需要用极富创意的混酿来弥补，而这么做正好在年份问题上解放了雅柏。“Uigeadail给人一种老旧风格的感觉，Corryvreckan是使用法国橡木桶的雅柏，Airigh nam Beist则代表了我对原先的17年款的敬意。”鲁姆斯顿解释道。

这些年来雅柏又变得受欢迎起来，酒厂再度重生。“很难用经验来谈论酒厂对最终威士忌的影响，”鲁姆斯顿说，“但我觉得对雅柏而言，酒厂决定了30%，剩下的特征则来自这个地方，来自我们的历史。我们必须在赞同历史的基础上再求发展。酒厂是有生命的！”

雅柏品酒辞

新酒

色香：香气甜美，一抹被煤灰熏黑的紫菜/海藻和石塘的味道。些许油脂和泥煤烟熏味，未成熟的香蕉、大蒜，紫罗兰根和番茄叶的味道。加水后木馏油和川贝枇杷膏以及有机溶剂的香气展现。

口感：入口饱满强壮，煤烟味。集中度高，些微胡椒味。中段甜美，然后是磅礴的泥煤味，还有葡萄柚。

回味：燕麦饼。

10年款 46%

色香：甜美的烟熏，柠檬味，并带有些许酯类物质香气。清新氧气夹杂着海藻，以及潮湿苔藓、山椒粉和肉桂香气。

口感：入口很是甜美，朗姆酒巧克力，除此之外带着薄荷、冬青、尤加利叶的清新，随之而来是澎湃的烟熏泥煤香气。

回味：悠长的泥煤。

结论：甜美酒体和干涩烟熏气息结合得非常平衡。

风味阵营：烟熏泥煤型
参 照 酒：Stauing Peated

Uigeadail 54.2%

色香：饱满馥郁，带有明显的黑色水果香甜和些许泥土气息。羊毛脂、墨汁和难以察觉的肉味。加水之后绿茶、水薄荷和蜜糖味展现。

口感：入口之后是毫不掩饰的汹涌澎湃，而那份甜美穿过厚重的烟熏味脱颖而出，夹杂在浓厚泥煤烟熏之中的还有西班牙PX雪利酒、海水拍打着岸礁、机油以及果脯等味道，极具复杂度。

回味：悠长，带着提子干的味道。

结论：经典的重口感雅柏。

风味阵营：烟熏泥煤型
参 照 酒：Paul John Peated Cask

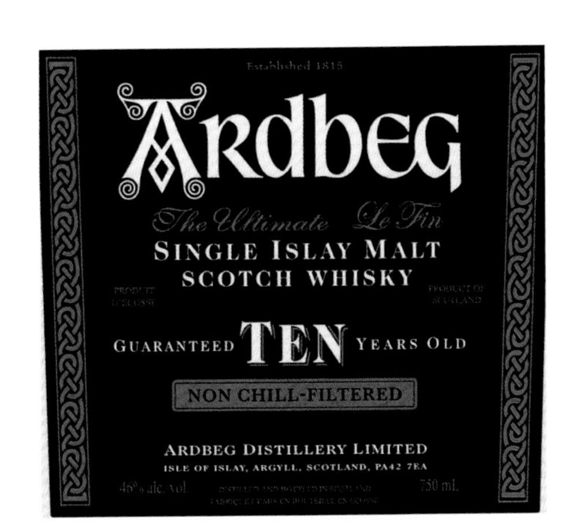

Corryvreckan 57.1%

色香：内敛，但依然能够感受到那种爆发力。炙烤橡木、红色水果、燃尽的篝火。那股臭氧味变淡，但肉味更重。

口感：焦油味。土耳其烟草/烟斗的味道，厚重而深邃。但中段却涌现出水果片的甜味。加水之后烟熏味更为明显，并且略带一些酸度。

回味：清爽的酸度和烟熏味。

结论：饱满的烟熏味，但依然平衡。

风味阵营：烟熏泥煤型
参 照 酒：Balcones Brimstone

乐加维林（Lagavulin）

波特艾伦 · WWW.DISCOVERING-DISTILLERIES.COM/LAGAVULIN

基尔达顿海岸分布着岩石小海滩，岩石的裂面覆盖着薄薄的土壤，这是一个与世隔绝的隐居地。从这里你可以从另一个角度看到蒸馏的发源地：对岸的琴泰半岛滑入海底，蓝色的安特利姆山位于地平线上。荒废的Dunyvaig 城堡守卫着乐加维林海湾，这里正是1300年爱恩 · 奥卡珊（Aine O' Cathain）婚礼舰队的终点。

如果说雅柏沿着海滩蔓延开来，那乐加维林的空间似乎被其挤压，所有的建筑都被迫朝上发展。现在主导着过去，漆成白色的高墙俯视着城堡黑色的遗址，远处的山上传来一阵阵的宁静。王朝的日子已经成为历史，也许意味着威士忌的年代即将到来。

当年，两家合法酒厂于1816年和1817年在当地农场建立时，规模远没有如此宏大。在艾雷岛税务官员和领主开始取缔这些酒厂时，这片海滩被认为是岛上威士忌生产的中心，10家小型非法酒厂在这里运行着。到了1835年有一家酒厂一路发展，到世纪末时成了艾雷岛上最大的酒厂。

乐加维林的麦芽车间经历过改建，如今看上去很有后维多利亚时代的风貌，相比原先寒酸的老车间可谓面貌一新，而所需的水源则是直接通过管道把山泉引入车间内。深呼吸一下，烟熏味又再次涌现——酒厂一位前任经理是从苏格兰大陆调过来的，第一次来到乐加维林时他闻到这里的烟熏味还误以为着火而拉响了火警。值得一提的是，这里的烟熏味和雅柏的又有所不同。乐加维林所有的麦芽都是在同一个地方用泥煤烘焙的——波特艾伦（Port Ellen）的发麦车间，而它也曾经是家重泥煤的酒厂。

随着烟熏味来到蒸腾着的糖化车间，这里高浓度的二氧化碳让人有些透不过气来，而从糖化缸里传来一阵类似维他麦的香气，紧接着又是一股烟熏味袭来，之后却又有变化，烟熏味依旧，但一股

波特艾伦（PORT ELLEN）：活在记忆里

乐加维林的控股方帝亚吉欧还是卡尔里拉（Caol Ila）和波特艾伦麦芽作坊的所有者，这两家为岛上大部分酒厂供应泥煤烘焙过的麦芽，后者曾经也是一座酒厂，然而到了1983年被关闭。波特艾伦酒厂建造于1830年，19世纪时便出口单一麦芽威士忌，后来随着20世纪70年代卡尔里拉酒厂的扩张，加上经济衰退的双重压力，被迫关厂。如今它是一款最受膜拜的麦芽威士忌，它那独特的泥煤和花香为无数人所追捧。（译者注：帝亚吉欧在2017年宣布，波特艾伦酒厂即将在2020年进行翻修之后重新开厂进行生产。）

乐加维林海湾曾经也是岛上领主的居住地。

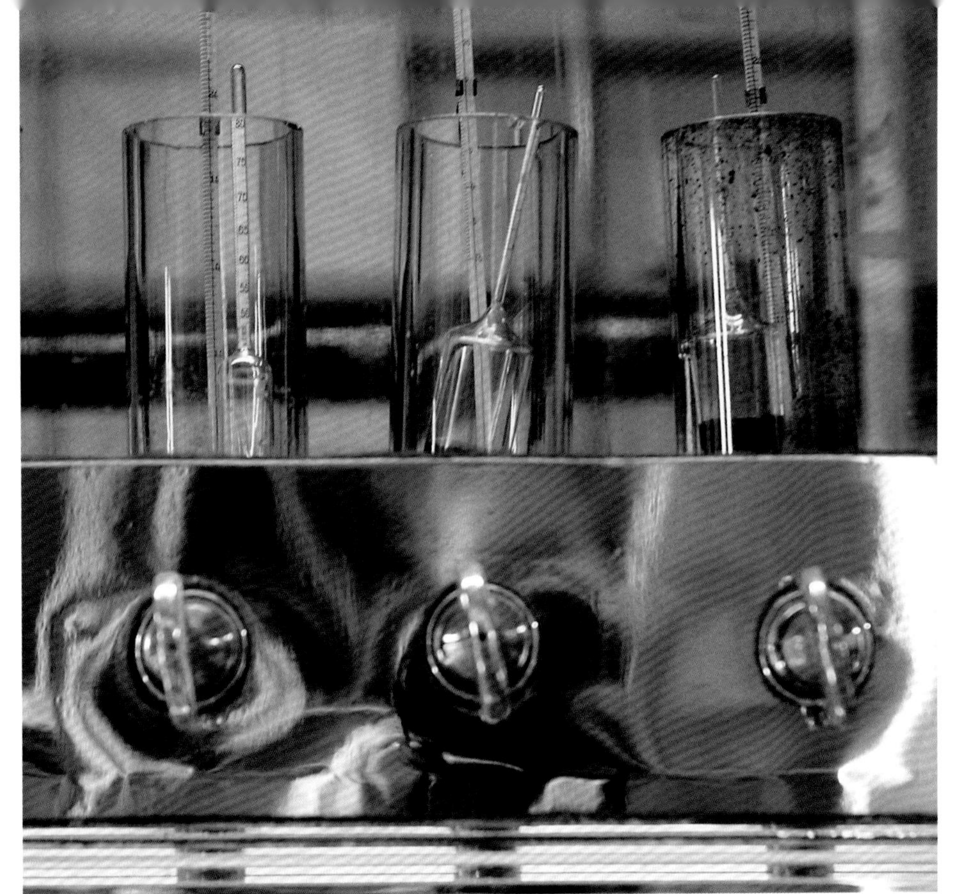

缓慢异常的二次蒸馏过程营造出乐加维林的复杂度。

排山倒海般的甜美香气扑面而来，还伴随着一些异域的香辛料味道。倒一些乐加维林的新酒在手心搓揉之后再闻一下，跟雅柏那宛若烟囱煤灰般强烈的烟熏味比较，乐加维林更像是海边那燃烧的篝火，烟熏的外表下隐藏着那甜美的内心。很明显是蒸馏器的不同导致这其中的差异。乐加维林的麦芽蒸馏器体型巨大，而且莱恩臂直挺挺地向下通往冷凝器（乐加维林是帝亚吉欧旗下知名的“六君子酒厂”之中唯一不采用虫桶冷凝的一家）。厚重风格是否就此形成？再看烈酒蒸馏器，明显比麦芽蒸馏器小很多，底座如同象足般扁平肥大。在这里蒸馏时火候会降下来，使得蒸馏器内的回流最大化，提纯净化，保留下烟熏味而舍弃掉硫化物的味道。

这种蒸馏方法如同外科手术般精确，拨开层层烟熏之后才让你感受到深藏其中的那份甜美，而这注定是一款平衡、成熟的威士忌。

新酒如果作为单一麦芽来桶陈的话，一般会使用二次注橡木桶，而仓库则由经验丰富的管理员伊恩·麦克阿瑟负责照看，他时不时会从特选的桶中取出点样品来观察下陈年的效果，是否又增加了新的复杂度。乐加维林的美在于它那鲜明的层次感，如同回到那遥远的过去，走出艾雷岛上的城堡，来到码头边向远处眺望，爱恩和她的船队从远处驶来，这便是那美好的开始。

乐加维林品酒辞

新酒

色香：煤灰般的烟熏味，很像篝火。烟雾缭绕的感觉，很像身处烧窑内，龙胆根、捕鱼箱、海藻味，尾段一丝硫化物味道。

口感：入口强劲复杂，各种令人一振的芬芳，花香味绽放同时，泥土/海岸边的火堆味也很明显。

回味：悠长泥煤味。

8 年款，二次注橡木桶，样品酒

色香：香气复杂，晒干的蟹爪，海藻味。潮湿的泥煤浅滩，还隐藏着些许未成熟的橡胶味，烟斗和烧窑味，甜美，烟熏味十足，香气厚重又提神。

口感：入口又是煤灰味，熄灭的火堆，成熟的水果，石楠花和覆盆子以及海藻味。深邃且充满活力。

回味：泥煤，香辛料，燕麦饼和贝壳味在口中爆发。

结论：步入成年过程中。

12 年款 57.9%

色香：稻黄色。非常集中的烟熏味。酚皂，淡淡的烟熏黑线鳕的味道，但依然香甜。桃金娘沼泽，沾了芥末的鲱鱼以及臭氧味，尾段还是那淡淡的煤灰味。

口感：入口干涩，非常浓烈的烟熏味开场，然后是烟熏芝士、燕麦粥，舌苔感觉略紧，但依然活跃，非常芳香，绝不妥协的个性却又如此奔放。加水后甜美显现，依然很年轻。

回味：强烈的烟熏干涩味。

结论：浓郁复杂的烟熏味和甜美感。

风味阵营：烟熏泥煤型
参 照 酒：Ardbeg 10 年

16 年款 43%

色香：香气非常强劲复杂。烟熏味，烟斗烟草、烧窑、海滩篝火和烟熏房中成熟的水果味。尾段则是一抹木馏油和正山小种红茶。

口感：入口略油，烟熏味明显。果味率先袭来，烟熏味散去之后则是一丝消毒水和香杨梅的味道。很优雅。

回味：悠长复杂，海藻和烟熏味交织。

结论：酒体打开很快，而且已经开始展现出精致的海岸泥煤风情。

风味阵营：烟熏泥煤型
参 照 酒：Longrow 14 年，Ardbeg Airigh nam Beist 1990

21 年款 52%

色香：非常强烈复杂，混合了马鞍、黑巧克力、普洱茶、天竺葵和紫罗兰及微微的烟熏气味。

口感：炖肉和蜜糖味道，有烟味。橡木桶增加了酒体结构却没有掩盖主导风味。厚重、强烈、有层次、复杂。

回味：悠长，水果和烟熏味。

结论：熟成于首次充填的雪利桶。

风味阵营：烟熏泥煤型
参 照 酒：Yoichi18 年

DISTILLER'S EDITION 43%

色香：桃心木色。香气比 16 年款更复杂，有些许葡萄酒的香气。晒干的黑色水果，嗅觉上的感受并不太明显，略显封闭，需要时间醒开或者加水才能充分展现。

口感：入口的烟熏味似乎有些被分流（或许是因为这款比以往的更为甜美）。饱满的酒体混杂着果脯和肉桂吐司的味道，非常棒。

回味：厚重、轻柔的烟熏味，柔和甜美。

结论：一款不同寻常的甜美型乐加维林。

风味阵营：烟熏泥煤型
参 照 酒：Talisker 10 年

拉弗格（Laphroaig）

波特艾伦 · WWW.LAPHROAIG.COM

基尔达顿海岸三杰最后的成员，酒厂距离乐加维林只有数千米之遥。同样也带着烟熏味，但这种烟熏味道与邻居的相比再次有着本质的不同，拉弗格展现出来的烟熏味道更为厚重，带有更多根系的味道，就像大热天走在一条新铺设的柏油路上。这是一种曾经被邻居们羡慕的风格。乐加维林的老板彼得 · 麦基爵士（Sir Peter Mackie）在1907年失去了拉弗格的代理权。因而他在乐加维林里建造了一个名为Malt Mill的完全一样的复制品，使用同样的水，同样的蒸馏器，甚至相同的蒸馏师（在金钱的诱惑下），可是酿出的威士忌依旧不同。"这是一些科学没办法解释的东西，"拉弗格的经理约翰 · 坎贝尔（John Campbell）说，"特征与地点息息相关，也许这是为什么酒厂遍布苏格兰，而不仅仅只有一家超一流的酒厂的原因。可能是海拔，也许是与海的距离，也可能是湿度……我不知道具体原因是什么，但这确实存在。"

酒厂使用的流程也有着一定的影响。拉弗格依然还拥有地板发麦的车间，20%的大麦由这里提供。对于坎贝尔而言，地板发麦并不是单纯为参观者准备的酒厂参观流程，即使在成本上不太划算，但是地板发麦的确为威士忌提供了一些不同的风味。"与来自波特艾伦的麦芽相比较，我们自己的有一些特别的烟熏味。"我们有自己的烘焙方法，先泥煤熏过之后再低温干燥。这使我们的甲酚物质（泥煤味中极为重要的一种酚类物质）含量更高，让你能在酒中感受到类似于煤焦油的香气。如果不用地板发麦的话则没有那种特殊的味道。"

蒸馏车间同样也和别家不同。这里一共有7座麦芽蒸馏器负责第一道蒸馏，而烈酒蒸馏器分为两种不同的尺寸，其中一座是另外3座的两倍大小。"实际上我们会蒸馏两种不同风味的新酒，然后在桶陈之前再进行调和配比。"坎贝尔告诉我说。

雅柏和乐加维林都通过增加蒸馏时的回流来增加酒的甜美。而拉弗格则另辟蹊径。坎贝尔想要获得更多的煤焦油味的酒头，因此初馏时间很长（45分钟），因此那些甜美的酯类物质在蒸馏初期就已经在蒸馏器内被循环蒸馏而并没有被采集（参见本书14~15页）。"我们截取酒头时要求达到60%的酒精度，比另外一些厂要高一些，但是这也使我们酒中的酯类物质更少，烟熏味更浓，使酒更加重口感。"

而存在于拉弗格威士忌的甜美则来源于美国橡木桶的使用——所有桶来自于美格。"这是为了保持拉弗格一贯的风味。"坎贝尔说。美国桶能够磨平新酒那粗糙的棱角，使之变得更顺滑，再激发出酒中蕴含的甜美潜质，并赋予它香草的芬芳。一个很好的例子就是拉弗格推出一款名为"四分之一桶"（Quarter Cask）的威士忌，它就是经过普通陈年之后又额外在只有常规木桶四分之一大小的新桶（美国橡木）中陈年，这款酒的香草味和烟熏味的结合堪称巅峰之作。

在坎贝尔看来，影响拉弗格的最大因素并不是技术，而是人。"我

基尔达顿的第三杰——拉弗格，酒厂边散布着海水退潮时留下的海藻。

拉弗格相信自己的标志性风味有一部分要归功于地板发麦。

得说拉弗格能够取得如今的成就全是酒厂每个员工的功劳，他们的工作热情和态度渗入到每一瓶酒中。而先驱人物伊恩·亨特（Ian Hunter，1924年~1954年在酒厂工作）更是为我们留下了宝贵的财富，正是他订制了配比的方法。20世纪20年代时我们的酒还一团糟，直到40年代美国禁酒令结束，他高瞻远瞩开始使用旧波本桶来进行桶陈，这才有了后面的一切。”

最后让我们来到拉弗格的陈年仓库，“我们的仓库还是比较传统的，所有酒桶都堆放在潮湿的地上，相比更节约空间的堆架式仓库，这种方法能够让酒桶更好地呼吸，桶陈效果更好。我们同时拥有这两种仓库，因此我知道其中的区别。”或许他还应该把这番话告诉远在天堂的麦基爵士（白马威士忌创始人，他推动了调和威士忌上市，加快了威士忌业的生产速度）。

拉弗格品酒辞

新酒

色香：香气厚重，煤油烟熏味。比起近邻那两家油脂味更明显，一股淡淡的消毒水味（碘酒）夹杂着清爽的麦芽香和龙胆根的香气，很具复杂度。

口感：入口是灼热的余烬和饱满的烟熏味。黑色而又纯净，如同夏日骄阳下漫步在海边的公路上。

回味：干涩纯净，烟熏味，清爽。

10年款 40%

色香：饱满的金色。烟熏味被甜美的桶味所遏制。木油、松木、海岸和冬青的香气，还隐藏着坚果味。加水后碘酒味明显。

口感：入口顺滑柔和，香草味很浓，之后烟熏味占据上风，桶味平衡，尾段煤油味显现。

回味：悠长，淡淡的烟熏胡椒味。

结论：这款威士忌很好把握住了干涩（烟熏味）和甜美（桶味）之间的平衡。

风味阵营：烟熏泥煤型
参 照 酒：Ardbeg 10年

18年款 48%

色香：饱满的金色。香气内敛柔和。烟熏味明显受到橡木桶的影响，带着些许青苔味，且更为辛辣。尾段还是新酒中那碘酒和龙胆根的香气。

口感：入口都是坚果味。核桃，被威士忌浸透的提子干，以及些许柑橘味从烟熏味中慢慢透出。

回味：烟熏盐焗腰果。

结论：泥煤风味被加以遏制的一款典范。

风味阵营：烟熏泥煤型
参 照 酒：Caol Ila 18年

25年款 51%

色香：烟熏味又再次回归。酱油、捕鱼箱、柏油块，呛鼻的烟草以及燃烧着的龙虾螯的味道。

口感：相比浓烈的香气，入口倒很是柔和。长期的陈年使酒体更为黏稠，酒厂个性和桶味的完美结合更增添许多异域的风情。

回味：焦油味。

结论：烟熏味没有消失，而是变得更为集中且融合了酒中其他的风味。

风味阵营：烟熏泥煤型
参 照 酒：Ardbeg Lord of the Isles 25年

东海岸（East Coast）

在艾雷岛的东海岸，每天都可以聆听到从吉拉岛（Jura）那高耸的海岸向北部海岸急速拍打过去的潮水声。这里两家酒厂的产量为岛上之冠，令人有些诧异的是它们也许还是艾雷岛上最默默无闻的酒厂。

凝望着对面拔地而起的海岸，这份奇景只有这里的酒厂能欣赏到。

布纳哈本（Bunnahabhain）

艾斯格港 · WWW.BUNNAHABHAIN.COM

19世纪末时艾雷岛的东北岸还没有人烟，一直到艾雷岛酒业公司入驻以后才发生改观，公司不仅仅建造了酒厂，甚至还兴建了整个小镇，它们都叫做布纳哈本。公路、港口、房屋，还有市政厅……当然还有酒厂，布纳哈本又是一家在19世纪80年代威士忌热潮时期建造的厂子，也是一家完全由母公司操盘的酒厂。

1886年，苏格兰威士忌文化教父阿尔弗雷德·巴纳德造访这里，艾雷岛酒业公司（IDC）竭力想使新酒厂得到他的赞许。“此处原本是艾雷岛上最蛮荒的地方，”他这样写道，“但随着酒厂的诞生，这里宛若新生，成为一片文明开化之地。”尽管只是寥寥几字，但在当时看来已经算是给足了IDC面子。

布纳哈本原本是为了调和而生。建厂6年之后与格兰露斯酒厂一起被并入高地酒业公司，从而使这座产量颇高又地处偏远的酒厂在母公司的护佑下，安然度过了20世纪早期的威士忌衰退期。

酒厂的第一支单一麦芽威士忌直到20世纪80年代才发售，之前布纳哈本从未收获过属于自己的赞许。它的蒸馏器体型庞大，蒸馏出的新酒非常纯净，略带一点生姜味，但完全不具备艾雷岛那怪兽般的泥煤味。

这种情况自2003年后新酒厂主本·斯图尔特接手后发生改观。每年开始采用重泥煤烘焙麦芽，而在此之前，酒厂原来的拥有者一直抗拒这种风味。“有关布纳哈本不走泥煤风的说法纯属无稽之谈！”公司首席调酒师伊恩·麦克米伦对我说。“布纳哈本在20世纪60年代之前一直有泥煤味，而此后出于调和的需要才去掉了泥煤。而我想要重塑它1881年刚建厂时的风味，从而让更多人意识到这也是一支‘艾雷’威士忌。”当然需要补充的是，艾雷岛那些没有泥煤味的威士忌也同样出色。

望着远处云雾缭绕的**吉拉岛**，不难想象布纳哈本是艾雷岛上最远的酒厂。

“而岛上各家陈年的方法也都不太一样，”伊恩继续说道，“岛上的桶陈环境受海岸的影响比较深，而布纳哈本的陈年仓库在Bishopbriggs（不在艾雷岛上），因此跟岛上其他酒厂相比，我们的威士忌与众不同。”

布纳哈本品酒辞

新酒

色香：香气甜美饱满，淡淡的油脂和一丝酵母味，还隐藏着些许硫化物味。尾段则更像番茄酱（加了香料）的味道。加水之后许多麦芽味显现。

口感：入口便是奔放的紫罗兰。中段很是甜美，之后慢慢变得干涩。

回味：生姜般辛辣。

12年款 46.3%

色香：非常强烈的雪利桶气息，让人联想到西班牙的雪利白兰地。黑色莓果之中夹杂着些许漆和烟熏味，以及水果蛋糕和坚果香气。

口感：甜美饱满，随之而来的是姜糖巧克力和咖啡香气，以及巧克力利口酒的浓醇。

回味：浓郁的辛香料味。

结论：拥有着与之年份相匹配的浓醇。

风味阵营：饱满圆润型
参 照 酒：Macallan Amber

18年款 46.3%

色香：并不张扬；深邃的雪利味。蛋白杏仁糖、糖霜、生姜和黑色水果之中还带有淡淡泥土气息。

口感：太妃蜜糖，苔藓、漆木和冷泡阿萨姆红茶，之后氧化味占据上风，略带一些抓舌感。

回味：悠长，略带饼干味。

结论：比12年款更为大气甜美。

风味阵营：饱满圆润型
参 照 酒：Yamzaki 18年

25年款 46.3%

色香：甜美异常；浓郁的太妃糖和雪利气息。随之而来的是深色水果香气，复杂妖娆，非常深邃。

口感：非常具有层次的甜美感，随后是饱满浓郁的提子干，非常悠长。

回味：平衡悠长。

结论：比之前的酒款更为馥郁饱满。

风味阵营：饱满圆润型
参 照 酒：Mortlach 18rh

Toiteach 46%

色香：微甜，带有一抹羞涩的烟熏味。清晰可辨的烘烤香草气息，就像是新年份的赛美蓉葡萄酒，之后则是石楠花香的烟熏悄然而上。

口感：非常平衡，甜美的内在特质展现无遗，随之而来烟熏味涌现，其后则是柔嫩水果与淡淡的谷物香气。

回味：燕麦蛋糕。

结论：作为探索泥煤味布纳哈本的一款酒，熟成带来的甜美使得泥煤味更为平衡。

风味阵营：烟熏泥煤型
参 照 酒：Cao lla 12年

卡尔里拉（Caol Ila）

艾斯格港 · WWW.DISCOVERING-DISTILLERIES.COM/CAOLILA

艾雷岛上有两个渡口，一个便是艾斯格港（Port Askaig），而卡尔里拉酒厂就离它一步之遥，但人们往往乘上渡船时才会发现原来这里也有座酒厂。1846年由赫克特·亨德森（Hector Henderson）建造，而之后他又兴建了两座酒厂，然而潮起潮落，没多久之后萧条期到来，酒厂纷纷易主或关闭。

艾雷岛威士忌，作为单一麦芽威士忌的一个产区，其重要性如今已不言而喻，而在一个多世纪以前，调和酒商们更看重它那独特的烟熏味，他们认为调和威士忌中略带些许烟熏味能够给酒增加复杂度和一丝神秘气息。而调和也长久以来存在于卡尔里拉的血脉中。它是岛上产量最大的酒厂又是最默默无闻的酒厂，卡尔里拉那平静外表下的狂放个性也使它一直能和岛上另外几家酒厂相抗衡。而从酒厂经理比利·斯蒂切（Billy Stitchell）身上你也能感受到那种平静的力量。

巨大的卡尔里拉厂房旁边是一座小船库。

卡尔里拉在调和威士忌中的重要性使得旧厂主在1974年花重金扩建了这座老酒厂，现在的厂房焕然一新，和以前大不相同。由SMD公司设计的敞开式的蒸馏车间更让人眼前一亮，从这里望出去的无敌海景使人陶醉，对面吉拉岛的田园风光映衬着巨大的蒸馏器，从这个角度来看，全苏格兰其他酒厂的蒸馏车间都不及它。

卡尔里拉的酒属于内敛型。它的烟熏味并没有浓烈到夸张，也不具备基尔达顿海岸三杰那种煤油和海藻的味道，取而代之的是烟熏培根、贝壳以及一些青草味。尽管它的麦芽也是由乐加维林提供的，但泥煤味并没那么重。这里的一切都和其他的酒厂不一样……糖化、发酵，还有蒸馏器的尺寸以及分馏点。想要知道卡尔里拉的PPM值（泥煤指数）可要比赢得知识趣味问答比赛还要难，因为在蒸馏过程中你丝毫感觉不到泥煤味的存在。

在卡尔里拉你还能找到零泥煤的威士忌，自从20世纪80年代起，它就已经开始用不经泥煤烘焙的麦芽作为原料，而且蒸馏方法也不一样。如果有机会能够喝到这款无泥煤版威士忌的话你可以感受到它的甜美雅致，新鲜蜜瓜的芳香悠然而上。卡尔里拉就是如此，不鸣则已，一鸣惊人。

卡尔里拉品酒辞

新酒

色香：花香和烟熏味交织在一起。杜松子和湿草，鱼肝油和打湿的苏格兰裙，淡淡的麦芽香和一抹海岸的清新。

口感：入口是干涩的烟熏味，之后油脂感和松木味突然爆发，灼热。

回味：青草，烟熏味。

8年款 二次注橡木桶，样品酒

色香：青草味依然在延续。油脂味则已经向培根味发展，杜松子味也在继续。香气肥美，烟熏味足，甜美，油脂感和干涩交织在一起。

口感：入口油脂感足，十分香醇。比新酒略咸一些，西洋梨和臭氧味明显。尾段则是新鲜水果和汗水的咸味。

回味：强烈的烟熏味。

结论：烟熏味之后其他风味纷纷呈现。

12年款 43%

色香：香气平衡，清新的臭氧，烟熏火腿和一丝海藻味。然后一股非常纯净清淡的烟熏味透着香甜悄然现身。尾段则是当归和海岸边的清新味。

口感：入口油脂感十足，紧紧包裹在舌头上。西洋梨和杜松子味，烟熏味出来之后变得干涩，尾段很芬芳，非常平衡。

回味：柔和的烟熏味。

结论：又一次让人感受到了平衡。

风味阵营：烟熏泥煤型
参 照 酒：Glan ar Mor，Kornog（法国），Highland Park 12年，Springbank 10年

18年款 43%

色香：香气强烈，海水/海岸、熏鱼、风信子，烟熏火腿以及那甜美的橡木桶味。

口感：入口柔和、饱满，油脂感略微轻了些。烟熏味褪去少许，桶味和果味结合在一起继续绽放。

回味：淡淡的烟熏和草本味。

结论：新桶的活性平复了酒中原本的泥煤风味。

风味阵营：烟熏泥煤型
参 照 酒：Laphroaig 18年

中西部地区（CENTRE & WEST）

艾雷岛最后一个产区，拥有3家酒厂。其中两座位于Indaal海湾岸边，而另一座则是全苏格兰最西面的酒厂，也是岛上最新的酒厂。欢迎来到这片风景如画之地，古老气息和创新精神在此交织，这里可能还拥有苏格兰最古老的酒厂。

Indaal 海湾的落日，美得令人窒息。现在让我们翻到下一页……

波摩（Bowmore）

波摩 · WWW.BOWMORE.COM

波摩镇的酒厂外墙也是抵御Indaal海湾那汹涌潮水的防汛墙的一部分，守卫着酒厂后面那干净、洁白的镇子，而这片防汛墙早在1768年就已建成。在那个时候，农业的急速发展改变了苏格兰很多地方的风貌。1726年，一位值得纪念的人物，来自于Shawfield的丹尼尔·坎贝尔（Daniel Campbell）花了9 000英镑买下了艾雷岛，这笔钱是政府给他的赔偿金，补偿他在格拉斯哥被抗议者们（抗议政府对威士忌课以重税）烧毁的房子。而他的孙子继续着爷爷的事业，又建造了波摩镇，从此整个岛便越发生机勃勃，商业气氛日渐浓郁。这里有着纺织业、捕鱼业，而且还开垦了农场种植了二棱大麦，这使当地具备了酿造威士忌的先决条件，也意味着更广阔的商业前景。

于是建造一所酒厂便是理所当然的事情，一方面这里离海岸线很近，位置隐蔽，十分适合私酿。而且酒厂就位于小镇里面，蒸馏时多余的热能还能加热游泳池，而空气中则弥漫着酒厂的烟雾。波摩酒厂从此便在这里生根发芽。

时至今日，波摩的塔形屋顶上依然不时飘出青烟。这里和拉弗格一样，还保留着地板发麦的做法。“我们使用的麦芽40%是经过地板发麦的，”酒厂调酒师伊恩·麦卡伦介绍说，“作为一个产业，人们一直在讨论继承和传统，然而我们不光说，而且还脚踏实地按照传统方法来酿酒。这就是为什么人们喜欢波摩的原因。”当然这其中也有其他因素，岛上麦芽产量有限，从大陆运麦芽过来又受天气等条件制约，因此有必要进行地板发麦。

波摩的泥煤味也与众不同。即便不是岛上泥煤味最重的酒厂，那股烟熏味也很明显，而且是非常纯净的泥煤味。如同许多苏格兰大陆酒厂的新酒有着硫化物味道，然而深层次中还隐藏着许多其他香气，泥煤味的新酒之下也包含着许多其他风味，只有等到桶陈之后才会逐步展现。

波摩经过桶陈之后会散发出热带水果的香气，新酒闻上去都是泥煤味，然而经过首注的雪利桶陈年之后，那种水果香气会一下子迸发，仿佛把人一下子从寒冷的英国小岛拽到了温暖的加勒比。这也是波摩众多拥趸所最钟爱的风味。

“我们最近产出的一些20世纪70年代的酒，和传奇般的60年代相比毫不逊色，”麦卡伦告诉我说，“我们的威士忌非常棒，但是营销、宣传等方面不是我们的长项。作为一个酿酒公司，我们曾经生产过调和威士忌，然而现在我们把注意力集中在单一麦芽威士忌的市场上，精简产品线，只发售品质上乘的威士忌。”酒厂

Indaal 海湾的暴风雨不时拍打着波摩酒厂的仓库，而它一直帮助守护着身后的小镇。

波摩酒厂的麦芽有很大一部分来自于自家酒厂，可以看到没有彻底烘干的麦芽居然开始发芽生长了！

花了很长时间转型到单一麦芽方向，改进了用桶策略，现如今已是硕果累累（无论销量和存酒的质量）。

“我们所有的单一麦芽威士忌都是在酒厂内陈年，”麦卡伦继续说道，“我们毗邻水源，而且这里的微气候也很独特。使得波摩的酒中总有一丝咸味。我学过化学，因此知道实际上酒里并不含盐分，因此这也只能算是波摩威士忌的一种风味吧，也许就是那潮湿低矮的桶陈仓库赋予它这种神秘的咸味。”

波摩品酒辞

新酒

色香：香气异常甜美，芳香的泥煤烟熏味，金雀花/豌豆荚和一抹湿草，大麦以及香草味。加水后，防水油和浓郁的果冻味纷纷展现。

口感：入口便是那浓重的泥煤味覆盖在舌苔上，坚果味隐藏于其下。加水后变得甜美，核桃味显现。

回味：芳香的烟熏味。

Devil’s Caks 10 年 56.9%

色香：浓重。李子、无花果干、盐水太妃糖、制鞋皮革、玫瑰花瓣、海洋的咸味。马麦酱（Marmite）和烟味。

口感：甜味持久，混合黑樱桃、烟斗中的烟草和丁香的味道。

回味：烟熏味悠长。

结论：熟成于首次充填雪利橡木桶。波摩最强烈的一支。

风味阵营：烟熏泥煤型
参 照 酒：Paul John Peated Cask

12 年款 40%

色香：饱满的金色。烤过的橡木桶和一些枣子味。中段焦炭味夹杂着泥煤味使得香气越发厚重。尾段还有一抹芒果和橙皮碎的味道。

口感：入口更为深邃，果味更浓。甜美的草本，太妃糖味，微咸，而烟熏味直到后面才显现。

回味：烟熏味之后是烤焦麦芽香。

结论：平衡，依然在稳步发展中。

风味阵营：烟熏泥煤型
参 照 酒：Caol Ila 12 年

15 年款 DARKEST 43%

色香：琥珀色。香气复杂，非常明显的雪利桶的味道，之后则是被巧克力包裹住的车厘子，糖蜜，橙皮碎和沙滩篝火。

口感：入口饱满，带着一抹薰衣草的味道。类似于 PX 雪利酒，苦/咸味巧克力和咖啡味。拜雪利桶所赐，新酒中的油脂感再度回归。

回味：浓厚悠长。烟熏味现在完全绽放，但热带水果味则完全消失。

结论：强劲饱满，烟熏味很平衡。

风味阵营：烟熏泥煤型
参 照 酒：Laphroaig 18 年

46 年 1964 蒸馏（Distlled 1964）42.9%

色香：热带水果像是幻觉般强烈；番石榴、芒果、菠萝、葡萄柚。一抹淡淡的泥煤烟熏味。

口感：酒精度虽不高，但口味很集中。丝滑、迷醉、令人难以忘怀。气味在空杯里久久不散。

回味：优雅地变干。

结论：经典老波摩味。

风味阵营：水果辛香型
参 照 酒：Tomintoul 33 年

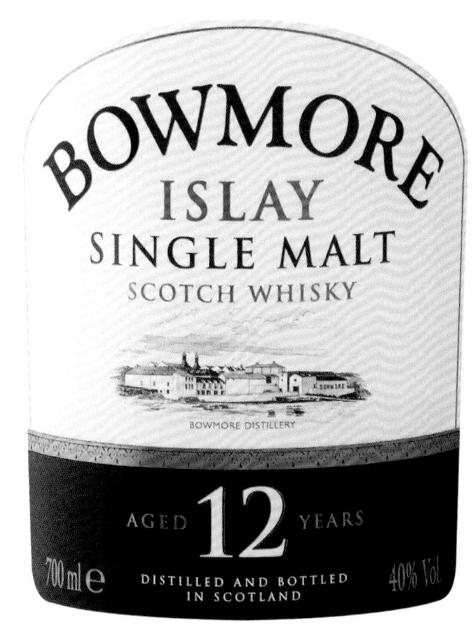

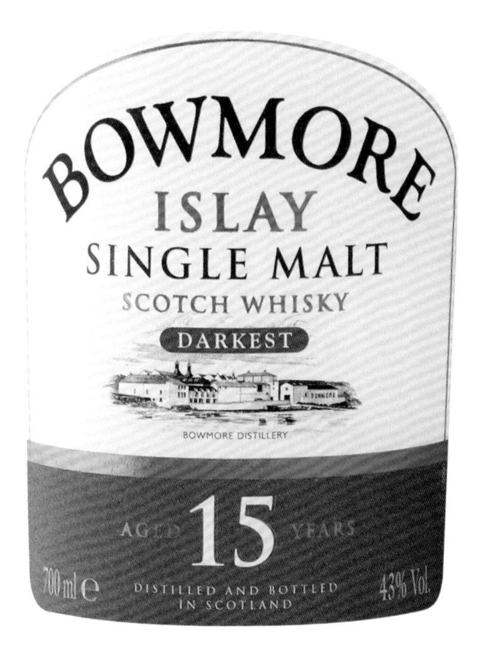

布赫莱迪、齐侯门（Bruichladdich & Kilchoman）

布赫拉迪 · WWW.BRUICHLADDICH.COM 齐侯门，布赫拉迪 · WWW.KILCHOMANDISTILLLREY.COM

距离2001年5月29日已经过去很久，正是在那一天，布赫拉迪酒厂尘封了7年之久的厂门重新开启。尽管在复厂之后布赫拉迪经历了许多，但这么多年之后再度漫步其中，你会发现这里依然没有什么改变。麦芽研磨机还是1881年装设的Heath Robinsonian机型，糖化槽依旧维持开放式，发酵槽仍是松木的，蒸馏室内还是铺着木头地板。不过接着你会注意到一些细节，例如厂内的角落有一座巨型罗门式蒸馏器，生产布赫拉迪的Botanist金酒。

你大概也会注意到一些来自于法国的影响。2012年，法国人头马集团豪掷5800万英磅收购了布赫拉迪酒厂。如果有这样一个“威士忌酒厂身价在十年内能提高多少“的认证铭牌的话，颁给它就好了。2001年布赫拉迪的售出价格只有600万英磅。

人头马集团对于这笔收购信心满满，对于酒厂来说这不仅意味着更好的销售通路，也意味着全新的目标。布赫拉迪目前财务状况非常稳定，并且还有多余资金可投资。多年以来一个稳定的团队一直在维持着酒厂的运作——尤其是了不起的设备工程师邓肯 · 麦吉弗瑞（Duncan MacGillivray）——虽然不知道他们是怎样做到的，但如今布赫拉迪的远景规划可以成真了。

而在这里，梦想往往比实际更要来得更为庞大。酒厂决定在厂内装瓶威士忌，这虽然提高了成本，却也创造了工作机会9位当地农场主与酒厂签约在岛上种植威士忌所用的大麦（占布赫拉迪所需的25%），这是自19世纪末以来从未有过的事。虽然这种做法非常耗费成本，但从长远来看能够深度开发艾雷岛上的未知荒土。

布赫拉迪基本款的威士忌保持着蜂蜜、甜美和柠檬麦芽糖的味道，而拥有泥煤风味的Port Charlotte系列和Octomore系列，则一改鲁莽轻狂的形象，进而成熟蜕变为已经学会深思熟虑、略微有点嬉闹的少年。

过去繁多的威士忌品项被简化，橡木桶的品质提高（已经不再需要多次使用），如今的当务之急是树立一个有识别度的品牌便于量产，但这不表示充满探索精神的前任总酿酒师吉姆 · 麦克伊万（Jim McEman）在退休之后酒厂就没有令人兴奋的创意了。

就如同众多“新”酒厂（重生）一样，布赫拉迪需要进行许多深度深思：“我是谁？我能够做些什么？”答案是：“我拥有很多种可能性。我可以做任何事，任何可以反映艾雷岛特色的事。”

2013年秋天我遇见了一件很奇怪的事情。当时我收到一支2007年齐侯门新装瓶的样酒，而在闻香后我不假思索地写下了：“标志性的齐侯门个性。”虽然熟成并不等同于成熟，但通常情况下威士忌需要在优质橡木桶中熟成至少10年，少能充分显现成熟面貌；而齐侯门以令人意想不到的速度达到了这个里程碑。

然而目前艾雷岛上最新且最小的酒厂是位于卡尔里拉和布哈纳哈本之间的Ardnahoe，传奇人物吉姆 · 麦克伊万（Jim McEman）是这座新酒厂的酿酒师，它将重现艾雷岛上最为传统和老派的酿酒风格。

齐侯门位于岛上不靠海的齐侯门教区的肥沃土地上，眺望着蔚蓝的哥姆湖（Loch Gorm），这里也是14世纪比顿家族（Beatons）安身立命之处。晚夏时节，大麦在两侧辽阔的田野中随风摇摆，然后是收成、发麦、蒸馏，并在当地进行熟成。这是传统农场酿酒的现代重现，反映出昔日艾雷岛上的居民如何依靠大地的恩赐来酿制威士忌。

如今在管理酒厂的约翰 · 麦克莱伦（John MacLellan）曾在布纳哈本酒厂工作，他仿佛是一位握着酒桶取样管（valinch）出生的艾雷岛人。由他负责创造的新酒，充满着烟熏和海岸风味，伴随着些许丁香与柔和的水果气息。虽然出道已经如此巅峰，但它和其他威士忌一样，必须籍由橡木桶来平衡并增添风味。

布赫拉迪的敞开式糖化桶也是业内为数不多的还在使用的设备。

海滩边如缎带般延伸出去的建筑物，除了布鲁莱迪的厂房以外还有许多酒厂的实验室。

优质的橡木桶使得齐侯门的威士忌成熟得很棒，它的风味不只是烈酒加上橡木，而是两者间天衣无缝的结合。经过橡木桶熟成之后，原本新酒中海岸的调性发展成为海水和海蓬子的味道，水果味变得更为柔和且成熟；香草等草本植物气息展现，入口之后尾端的厚实度向人们展现了它的无穷潜力。

齐侯门的酒款以玛吉湾（Mahir Bay）作为主力，其中大部分酒液是波本桶熟成，少许酒液是雪利桶熟成。酒厂还会推出年份酒款，每年会发布百分百在艾雷岛上生产的威士忌，都是限量发行酒款。与此同时，酒厂还拥有大量库存，证据就是在康宁斯比（Conisby）新建的仓库里。虽然如此，酒厂还是拥有一些看似古怪实则相得益彰的细节，告诉人们务实的农场作风并未完全消失。譬如说有一次我看见单桶的新酒是用旧茶壶倒出来装瓶——就某方面而言，这也是百分之百艾雷岛的本色。

布赫拉迪品酒辞

Islay Barley 5 年款 50%

色香：新鲜。龙舌兰糖浆、些许绵滑，带有淡淡山谷百合和柠檬海绵蛋糕气息。

口感：壳物特质被压制，味蕾上有隐约焦味，伴随香蕉、柑、桂皮和粉红色棉花糖。

回味：缓慢升起的花香，带着些许白胡椒味。

结论：使用生长于岩边农场（Rockside Farm）的大麦。

风味阵营：芳香花香型

参 照 酒：Tulibardine Sovereign

The Laddie 10 年款 46%

色香：非常温和甜美，拥有酒厂鲜明的清新特质。花香、淡淡香草味、柠檬皮、甜瓜和蜂蜜。

口感：绵密且散发大麦的味道，仍然清新但会依附在舌头中央，柔和水果味。

回味：甜美温和。

结论：是这个新团队的指标性作品。

风味阵营：芳香花香型

参 照 酒：Balblair 2000

Black Art4 23 年款 49.2%

色香：调性成熟，混合了蜂蜡打亮的教堂长椅、少许玫瑰水、芒果干、玫瑰果糖浆和干燥花瓣气息。

口感：帕玛紫罗兰糖，衬着淡淡的紫罗兰味，混合着肉味、麦卢卡蜂蜜（mauka honey）、柠檬干和石榴味。

回味：杏桃核、柠檬干。

结论：混合了木桶、过桶和一些不知名的风味来源。

风味阵营：饱满圆润型

参 照 酒：Hibiki 30 年、Mackmyra Midvinter

Port Charlotte Scottish Barley 50%

色香：海滩上的篝火、炙热的沙滩、隐约的气球味，橄榄油、腌渍柠檬和尤加利树。

口感：浓稠，草莓糖的甜味将泥煤味向后推。

回味：营火的烟味。

结论：年轻但有实体感。

风味阵营：烟熏泥煤型

参 照 酒：Coal Ila 12 年、Mackmyra Svensk Rök

PORT CHARLOTTE PC8

色香：酒体呈金色。烘烤过的泥煤味；木头烟味、燃烧的树叶和干草味。芳香、年轻。

口感：强烈，石南花特质。烟味像雾一般地覆盖味蕾。

回味：炽烈的余烬。

结论：干净，风味发展饶富兴味。

风味阵营：烟熏泥煤型

参 照 酒：Longrow CV、Connemara 12 年

Octomore，Comus4.2 2007 年 5 年款 6%

色香：像是站在烟窑旁。保留了酒厂的甜味特质，并伪装成菠萝和香蕉的香气。

口感：尤加利润喉糖和淡淡麦芽味，接着出现莱迪系列的浓稠感，使甜度提升。

回味：绵长且有烟熏味。

结论：强劲但均衡。

风味阵营：烟熏泥煤型

参 照 酒：Ardbeg Corryvreckan

齐侯门品酒辞

Machir Bay 61%

色香：烟味、海蓬子和软皮果子，扇贝和白桃。加水后出现海水冲击过的岩石、浅色花朵以及炙热沙滩的味道。

口感：甜且酸，烟味隐约带着石灰的味道，味蕾微刺辣。加水后释出花朵绽放与枪烟味。

回味：微带烟味、甜。

结论：新鲜且有烟熏味。

风味阵营：烟熏泥煤型

参 照 酒：Chichibu Peated

齐侯门 2007 年 46%

色香：五彩缤纷的贝壳和新鲜海草，混合着搅拌的牛油、浮木和刚刚经过窑烤的泥煤味。

口感：海蓬子、泥煤、甜大麦和一股香草植物味。

回味：淡淡烟熏和丁香味。

结论：完全融合了橡木与酒厂的特质。

风味阵营：烟熏泥煤型

参 照 酒：Talisker 10 年

岛区（ISLANDS）

人人都爱岛。那种隔绝感使人兴奋，那种情绪难以名状，离开大陆去小岛不仅仅是身体的脱逃，更是心灵的休憩。那就让我们离开此前那片已经熟悉于心的大陆，去往苏格兰各个曼妙的岛屿。这里有着翡翠般的海水，粉红色的花岗岩，沉睡的古迹，那斑驳的片岩和火山喷发过后留下的熔岩带，还有着升腾的海滩，呼啸的海风和避风港。而不时游弋的逆戟鲸、须鲸、海豚以及空中翱翔的塘鹅和海鹰，更让岛区的生活变得激动人心。

岛区那独特的气息包含着湿绳和咸咸的海风，开满石楠花和桃金娘的沼泽，海鸟粪、海藻、原油，甚至晒干的寄居蟹壳，凤尾草和鱼箱。还有一些神秘的风味则藏于地下，隐于石间。石楠花被吹落之后陷于泥中，经年累月便化作拥有优雅香气的泥煤——拿奥克尼（Orkney）岛来说，它的泥煤味就跟艾雷岛的大为不同。

一直以来，在这些岛上，威士忌始终存在，无论是自酿自足还是以商业为目的。最西面的内赫布里底群岛曾经拥有两座持照酒厂，并早在18世纪时就开始出口威士忌。穆尔（Mull）和艾伦（Arran）两岛也各自拥有酒厂，而外赫布底里群岛也曾经是威士忌的产区。

如今呢？只有零星几座酒厂还散布在赫布底里群岛，这多少让人觉得有点吃惊。要知道这里曾经拥有比现在多得多的酒厂。历史上，岛区的酒厂曾经遭受过大清洗，仅仅一座泰尔岛上便有157名私酿者被逮捕，更多的人则被驱逐，有些人坚持下来创建了更大的酒厂，如泰斯卡（Talisker）和托伯莫瑞（Tobermory）。而19世纪时市场对于威士忌的需求使得酒厂必须规模化生产，而在岛区这片远离大陆的产区，这样做的成本尤其昂贵，这也使得许多人无力维持，直到今日依然如此。

抛开浪漫情怀让我们站在实际角度来看待岛区酒厂所要面临的问题：通讯、原材料、更高的设备维修费用以及物资的缺乏，只有靠苏格兰本土支援。“如果我要买条新裤子的话我还必须得赶到因弗内斯。”泰斯卡酒厂一位前任经理如此抱怨。所有初来乍到者，如果抱着一夜暴富的心态的话，那必将遭到当头一击，因为这在岛区是不可能发生的事情。这里的一切都无法变快，岛区的生活只会让时间拉长……当然，这很适合威士忌。岛上的人生如此精彩，却又无比艰辛。

位于苏格兰的最西面，这里的威士忌是否也拥有如同这片产区般神奇而不可思议的特性呢？你唯有顺着它们的脾性与它们沟通才能了解其中奥妙。这也是为什么岛区的威士忌并不那么热门，这里的酒厂并不因市场需求而随波逐流，无论你爱或不爱，它们从不妥协。

崎岖的地形，具有鲜明个性，苏格兰的岛区特质也折射出这里的威士忌同样也是这般毫不妥协。

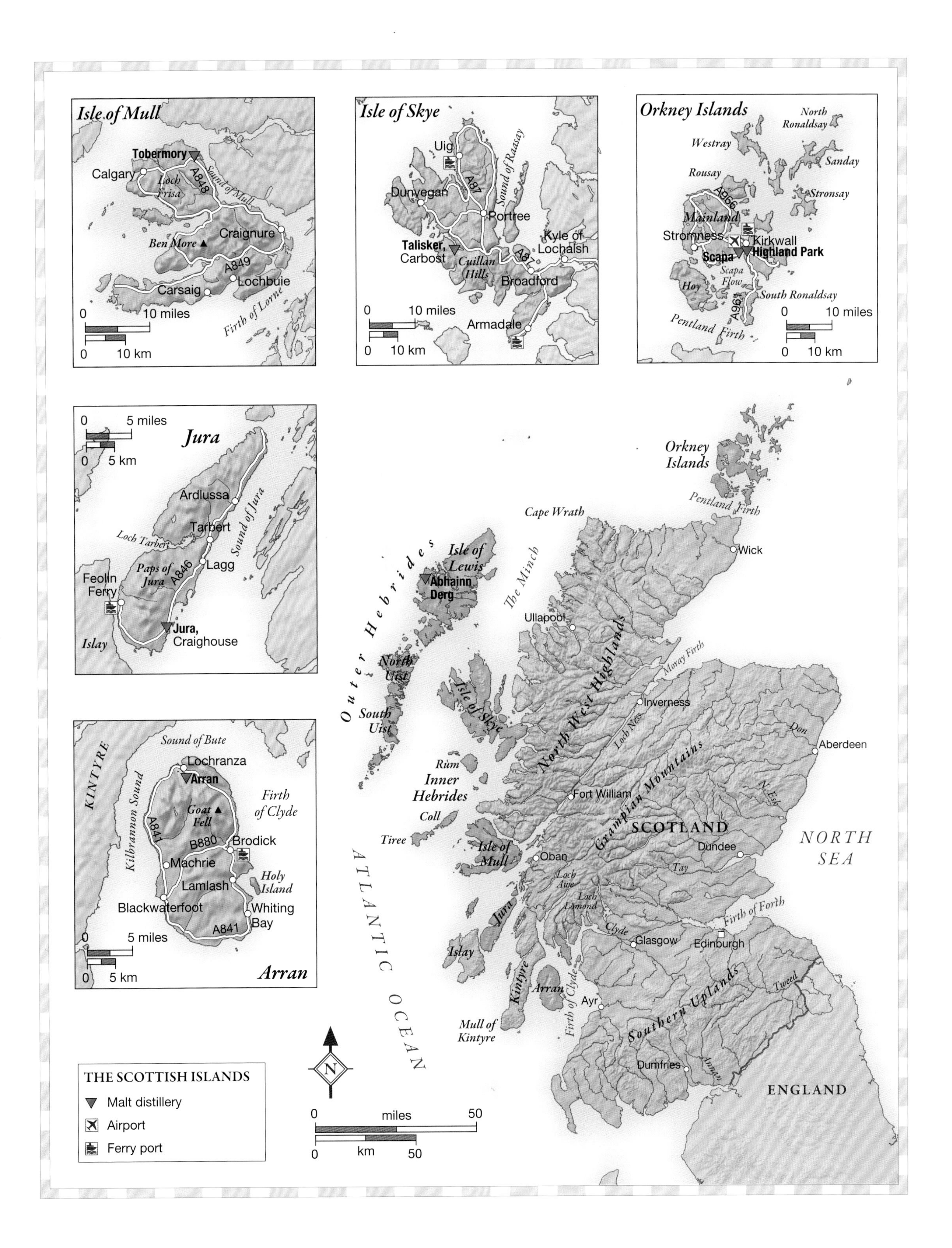
Isle of Mull
Tobermory
Calgary
Loch Frisa
A848
Sound of Mull
Craignure
Ben More
A849
Lochbuie
Carsaig
Firth of Lorne
0 10 miles
0 10 km
Isle of Skye
Uig
A87
Sound of Raasay
Dunvegan
Portree
Talisker, Carbost
Kyle of Lochalsh
Cuillan Hills
A87
Broadford
Armadale
0 10 miles
0 10 km
Orkney Islands
North Ronaldsay
Westray
Sanday
Rousay
Stronsay
A966
Mainland
Stromness
Kirkwall
Scapa
Highland Park
Scapa Flow
Hoy
A961
South Ronaldsay
Pentland Firth
0 10 miles
0 10 km
Jura
0 5 miles
0 5 km
Ardlussa
Tarbert
Loch Tarbert
Sound of Jura
Lagg
Paps of Jura
A846
Feolin Ferry
Jura, Craighouse
Islay
Sound of Bute
KINTYRE
Lochranza
Arran
Kilbrannon Sound
Firth of Clyde
Goat Fell
A841
B880
Brodick
Machrie
Holy Island
Lamlash
Blackwaterfoot
Whiting Bay
A841
0 5 miles
0 5 km
Arran
Orkney Islands
Pentland Firth
Cape Wrath
Wick
Outer Hebrides
Isle of Lewis
Abhainn Derg
The Minch
Ullapool
North West Highlands
Moray Firth
North Uist
Isle of Skye
Inverness
South Uist
Loch Ness
Don
Aberdeen
Rum
Inner Hebrides
Grampian Mountains
Fort William
N. Esk
Coll
SCOTLAND
NORTH SEA
Tiree
Isle of Mull
Oban
Dundee
Tay
Loch Awe
Loch Lomond
Jura
Firth of Forth
Clyde
Glasgow
Edinburgh
Islay
ATLANTIC OCEAN
Kintyre
Arran
Firth of Clyde
Ayr
Southern Uplands
Tweed
Mull of Kintyre
Dumfries
Annan
ENGLAND
N
0 miles 50
0 km 50
THE SCOTTISH ISLANDS
Malt distillery
Airport
Ferry port

斯卡维格湖（Loch Scavaig）和库林斯山脉（Cuillins）的后山，这片雄伟的山脉后面便是泰斯卡酒厂。

艾伦（Arran）

罗克兰扎 · WWW.ARRANWHISKY.COM

艾伦是一座威士忌酒厂，这显而易见，但是想要把它定义为一座岛区酒厂则很难。从地理环境上来说，这里恰好位于高地分界线，地质学家们的天堂。这里拥有各种地貌，花岗岩岩系、达拉德岩系、沉积岩、冰川谷以及海滩高地。艾伦岛的北部是崎岖的高山，而南部则是一片草原。这里究竟是高地还是低地？还是干脆称它为一座苏格兰酒厂罢了。而艾伦的威士忌同样复杂。酒厂位于北部的罗克兰扎（Lochranza），从地理特征上来说这里属于高地，然而别忘了，这是在一座岛上，所以……应该把它归纳为岛酒吗？当然，如何定义只是书面上的文章而已，并无太大意义。值得一提的是艾伦的规模很小，因此酒厂的酿酒态度是要全力打造自己的独特个性。

艾伦是座不按常理出牌却又往往给人以启迪的酒厂。它所在的罗克兰扎恰好是英国著名地质学家詹姆斯 · 赫顿（JamesHutton）发现“地质不整合面”的地方。此地有一处悬崖，悬崖底部的灰岩是垂直的，而上面还有一层水平沉积的红色岩石，他当时想如果所有岩石都是水平沉积的，那就无法解释垂直的灰岩。因此他认为灰岩一定是因为地质运动被顶起，然后浮出海面，经过海水侵蚀以后又沉入海底因此才会造成上面的红岩沉积，由此可以推定出地球一定是在不断地运动中，而且地球的地质时间一定非常久远。

酒厂建于1995年，略微迟了点，因为岛上原本只有在私酿时代时才有过酿酒史。这又引出下一个疑问。为什么新酒厂会建在北部，而不是曾经拥有过许多私酿作坊的南部？

“当时选了很久，也考察了很多地方。”酒厂前任经理戈登 · 米切尔（Gordon Mitchell）告诉我说，选择这里是因为水源。“酒厂附近的纳大卫湖的水，pH值很符合我们的发酵要求，而且附近没有草原，不会有羊群污染水质。”

和大多数新建的酒厂一样，艾伦是一体化车间，看上去很漂亮大气却总感觉哪里有点不对劲，好像一座巨型盆栽。酒厂原本不自己磨碎麦芽，不过现在新安装了一台研磨设备。“因为我想要控制整个酿造过程。”酒厂现任经理詹姆斯 · 麦克塔格特（James MacTaggart）告诉我，他是一位土生土长的艾雷岛人，曾经在波摩工作过很多年。理所当然地，艾伦每年还会生产泥煤风味的威士忌。

艾伦的新酒一直有着柑橘的香气，之后新鲜的麦芽味慢慢显现。“很难说清楚这种风味是怎么来的，”麦克塔格特说，“我们的蒸馏器很小，因此我会花很长时间来进行蒸馏，并让酒蒸汽有充分的回流，大概就是因为这样才会有柑橘味吧。”

而选择走清新路线也是出于商业目的。作为一家新酒厂，如果想要快点推出产品的话就必须要选择生产能够快速陈年的酒。而要做到易于桶陈就必须得走清淡路线。艾伦如今已经运营18年，还处于成长阶段。近年来艾伦还尝试了运用雪利桶和各种风味的橡木桶来进行陈年，而且值得称道的是这些酒都没有丧失酒厂自己的风格，要做到这点很不容易，它依然坚强地一步步走下去。

用“不整合面”来形容艾伦酒厂或许再好不过。既非高地又非低地，甚至把它归为岛酒都有些勉强，但是艾伦依然走得很稳，如我们所见，酒厂从不给自己贴上什么标签，它只是做好它自己，做好艾伦。

阿伦品酒辞

新酒

色香：香气清新提神，柑橘味非常重，新鲜的橙汁，未成熟的菠萝以及谷糠 / 燕麦味，很青涩。

口感：入口刺舌感非常明显。纯净浓烈的柑橘味，非常浓郁甜美，尾段则是谷物味。

回味：纯净紧致。

Robert Burns 43%

色香：清新芳香、浓郁酯味，紫香李与蜜拉贝尔李。艾伦柑橘的特色在此以柚子的香气展现。加水后有香气。

口感：跟闻起来很类似。浮现果树花叶与剪下花朵的味道。起泡的，带淡淡粉笔味。

回味：轻快，带柑橘味。

结论：年轻但已经平衡得相当好。

风味阵营：芳香花香型
参 照 酒：Glenlivet 12 年

10 年款 40%

色香：展现更多以谷物为主的特色，有橘子与些许香蕉味。加水后的乳脂味增添滑顺感。

口感：压抑，艾伦混合谷物与果味的经典特色。加水后更为柔软。

回味：辛辣，姜、南姜。

结论：年轻但已有自信。

风味阵营：水果辛香型
参 照 酒：Clynelish 14 年

12 年款，CASK STRENGTH 52.8%

色香：甜且均衡。粉笔味在这年份出现，还有柠檬白皮与刚锯下的淡淡橡木味。

口感：甜且浓郁。惬意，混合着花香、柑橘与成熟的榛果味。

回味：柠檬、大麦、糖。

结论：充足的特色深度足以盖掉酒味。

风味阵营：水果辛香型
参 照 酒：Strathisla 12 年

14 年款 46%

色香：柔和、温暖、烘烤过的橡木。清爽表涩，有些许茴香、柠檬草香气。甜。

口感：淡淡甜味，熟成得很好，有更浓的橡木味作为平衡。卡士达酱与柚子。

回味：还是有点紧绷。

结论：回味的紧绷感，显示还需要更多时间让蒸馏物浮现。

风味阵营：芳香花香型
参 照 酒：Strathisla 12 年

吉拉（Jura）

克雷格豪斯 · WWW.ISLEOFJURA.COM

在吉拉岛上能够经营一座酒厂是一件非常了不起的事情，吉拉岛是赫布里底群岛中人烟最为稀少的岛之一，这里交通极为不便，所有物资都必须经过艾雷岛运输而来，因此设备维护成本非常高。当位于Craighovse（有很多名称：Caol nan Eilean、Craighouse、Small Isles、Lagg、Jura）的酒厂在1910年关闭后，当地人如果要喝威士忌就只能从邻居艾雷岛那里买了。

1962年当地的两位土地所有者罗宾·弗莱彻（Robin Fletcher）和托尼·赖利-史密斯为岛上的人口日益稀少而倍感忧虑，因此雇用了威廉·德尔米-埃文斯（William Delme-Evans）在岛上新建一座酒厂来激活小岛的生机。

值得一提的是吉拉岛上泥煤储量非常丰富，然而酒厂却并没有使用泥煤的打算。根据记载，吉拉的前身，Small Isles酒厂曾经酿过重泥煤的威士忌，只不过弗莱彻和赖利-史密斯两人的客户苏纽公司需要清淡无泥煤的酒用于调和。如同20世纪60年代大多数酒厂一样为了迎合市场的需求，吉拉也走起了清新风，因此酒厂的蒸馏器也是大尺寸。

即便没有泥煤，岛上的风土也能给予吉拉威士忌其他一些标志性的芳香：各种蕨类植物，潮湿的夏季树木上爬满的苔藓清香，还有晒干风尾花的芳香，以上种种，都被包裹在饱满的谷香之中。吉拉的新酒个性很强，难以驾驭。“如果要用雪利桶来陈酿它的话，在入桶之前必须先要使它安抚下来，”怀特马凯公司首席调酒师理查德·帕特森（Richard Paterson）说，“它就好像在对你说，我要穿西装，而不是貂皮大衣。太早把我放进雪利桶的话肯定适得其反。”

经过16年在橡木桶中的精心陈年之后，吉拉才能一展风姿，而想要领略它最为动人的一面必须是21年或者更老年份的酒款。原本的“无泥煤”法则也被摒弃，吉拉已经推出了重度泥煤款的威士忌——Superstition，风味复杂迷人，如同在迷雾遮掩，长满蕨类植物的松树林中漫步，不时袭来阵阵温暖优雅的烟熏泥煤味。吉拉酒厂也终于不再违背自身风土，转而拥抱周遭的一切，对于它来说，要想走得更长远，这也是最好的选择。

吉拉，唯一化的小岛。一条路，一个镇，一座酒厂。

吉拉品酒辞

新酒

色香：开场是干涩、灰尘、绿蕨的味道，还有淡淡青草味。

口感：入口非常紧致，酒体较轻。中段有一抹香水味，然后是面粉。

回味：甜美，坚果味。

9 年款 样品酒

色香：金色。面粉/灰尘味被绿麦芽的香气所替代，还有一些榛子味。柑橘亦或柠檬味贯穿其中，绿蕨味依旧，只是更多了一抹牛轧糖味，清爽。

口感：非常干涩强劲。杏仁片，未成熟的水果和麦芽味。

回味：直到非常后面酒体才打开，被包裹住的甜美开始显现。

结论：延续了简单纯净的新酒风味，但能感受到它蕴藏着的力量。

16 年款 40%

色香：琥珀色。饱满浓郁的桶味，香草，甜美的果脯，西梅、甘栗和树莓果冻味。尾段还有些许奶味，依然能感受到它干涩的个性。

口感：入口比 9 年款要圆润柔和许多，非常顺滑。成熟的水果和干草（由绿蕨味变化而来）的味道。

回味：甜美的雪利和强有力的酒体交织在一起。

结论：活跃的橡木桶慢慢带出了酒中的甜美。

风味阵营：**饱满圆润型**

参 照 酒：Balvenie 17 年 Madeira Cask，The Singleton of Duff town 12 年

21 年款 样品酒

色香：桃心木色。香气成熟，如翻江倒海般袭来，五香、生姜，提子干和晒干的果皮。然后是糖蜜和花呢布的味道（或许干涩味从此淡去），风姿越发绰约。

口感：入口都是雪利桶的味道，Palo Cortado 干雪利酒。风味甜美可人，水果蛋糕和核桃的味道交织，圆润悠长。

回味：成熟甜美的水果。

结论：迷人的香料味终于姗姗来迟。

托伯莫瑞（Tobermory）

托伯莫瑞 · WWW.TOBERMORYMALT.COM

任何一个在苏格兰西海岸航行的人，在享受那世上最壮观瑰丽景色的同时又得时刻面对大自然的挑战，狂风暴雨、滔天巨浪可能随时吞噬掉你。托伯莫瑞，穆尔（Mull）岛的首府，也是暴风雨来临之前渔船们的避风港，它庇护着那些日夜和苍天做斗争的人们。当你蹒跚着从船上下来，迎面便能看见斑驳老旧的Mishnish旅馆，岛上的第一座建筑。而托伯莫瑞酒厂亦是这番模样，古朴沧桑，很难说它漂亮，却足够吸引人。

酒厂的历史其实和小岛的历史密切相关，建于18世纪末，刚开始只是一座啤酒厂，之后经历了多次转手，最后被伯恩·斯图尔特公司（Burn Stewart，还拥有汀斯顿和布纳哈本酒厂）收购。接手之后，酒厂总经理伊恩·麦克米伦（Ian MacMillan）下决心要改变用桶策略："只要是木桶，不管什么桶，我们都要用起来。"

改变之后的酒厂获得了成功。托伯莫瑞的新酒油脂感十足，略带点蔬菜和青苔的味道，奇怪而又有趣，经过陈年之后则会发展成红色水果味。而酒厂的蒸馏器顶部安装有向下倾斜并呈现S型的莱恩臂。"这个扭曲的莱恩臂也是关键。它能在蒸馏过程中产生更多的回流，从而让酒体更为清爽。"麦克米伦解释说。

这种清爽的个性也扎根于重泥煤版的威士忌Ledaig中，它的新酒充满黄芥末和贝壳的味道，而那如烟囱里升腾而出的烟熏味十分强劲。老年份的Ledaig（30年以上）不仅具有泥煤的爆发力，也同样显现了柔美优雅的一面。

换句话说，这些颇具个性的酒，吉拉、托伯莫瑞，都需要时间去等待它们的绽放。"有些酒需要你静下心来慢慢等候，这就是它们的风格，"麦克米伦补充道，"谁说酿造威士忌是一蹴而就的事情？"

酒厂山墙也是欢迎水手和渔船来此避风的标志。

托伯莫瑞品酒辞

新酒

色香：油脂，蔬菜混杂着甘草，香气很奇特，而之后则是苔藓和黄铜味，以及朝鲜蓟和谷糠的味道。

口感：入口有油脂感，酒体肥厚，但尾段又变得干涩。

回味：强劲短促。

9年款 样品酒

色香：果味十足（欧宝水果糖和青柠利口酒），还有一些草莓味。中段则是湿饼干和葫芦巴的香气，依然油脂但伴随着一丝雪利桶的味道。

口感：入口是亚麻籽油的味道，比果味更浓，之后全麦面粉的风味展现，越发甜美。加水后有些许巴尔萨木头味。

回味：清爽。

结论：如同新酒，甜美干涩的个性依然在争斗。

15年款 46.3%

色香：深琥珀色。强烈的雪利桶味，青涩中带着无核葡萄干的味道，还有一些薄荷巧克力和果酱味，还在变化中。

口感：入口辛辣，一些车厘子（雪利桶味）味，红色水果味也开始展现，尾段则是榛子味。

回味：干涩中突现一丝糖蜜的甜美。

结论：陈年使得酒体更为圆润，但依然如前几款一样，个性依旧。

风味阵营：饱满圆润型
参 照 酒：Jura 16年

32年款 49.5%

色香：深琥珀色。香气成熟，接骨木、提子干，淡淡的烟熏以及秋天的树木和落叶味。尾段那抹苔藓味又显现。

口感：入口强劲，抓舌感，非常明显的雪利桶味，雪松和柔美的乳脂感交织在一起。

回味：缓缓淡去。

结论：终于等到它成熟绽放。

风味阵营：饱满圆润型
参 照 酒：Tamdhu 18年，Springbank 18年

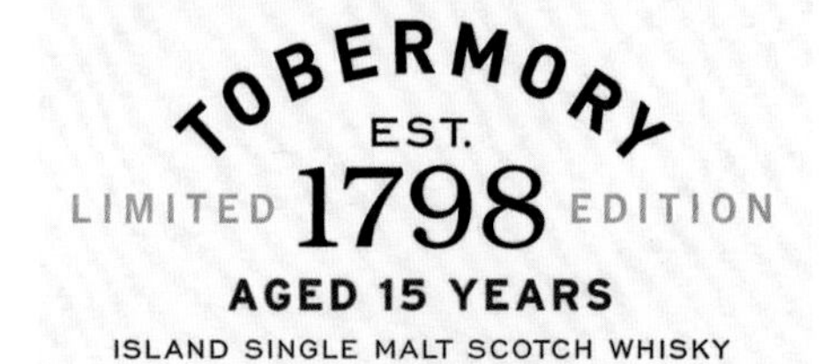

阿倍因迪格（Abhainn Dearg）

阿倍因迪格，路易斯岛，卡尼许（Carnish）· WWW.ABHAINNDEARG.CO.UK

凡是去过西部群岛就会知道，当地人对于威士忌的喜爱可以追溯到几个世纪以前，不过令人意外的是，这条漫长的外围岛链在1840年到2008年间，并没有生产自己的威士忌——至少合法的没有。而最后一间酒厂曾有个非常梦幻的名字叫休伯恩（Shoeburn），据记录显示它曾经供应相当大量的酒给路易斯岛（Lweis）的首府斯托诺威（Stornoway），但却没多到可以贩售到岛屿之外。就像我说过的……

2008年，马克·泰伯恩（MarKo Tayburn）决心要改变这个现状。然而建造新酒厂这件事需要耐心、远见，还有充裕的资金，以及泰伯恩所说的："……大量的时间是坐在那里填一大堆表格。"

在英国本土盖一座酒厂就很棘手了，更别提在西北海岸最西端的圣基尔达岛（St Kilde）会有多艰巨，但他做到了。他在雷德河（Red River）找到一间古老的鱼类养殖场，自己设计蒸馏器，运用当地的大麦开始进行生产威士忌。酒厂的目标是自给自足，毕竟岛屿的实际情况就是如此，如果有需要做的事，立马动手做就是了。

"我们一直都知道自己要什么。"马克说的是他那大胆而又带泥煤味的威士忌。"大家想喝的是与众不同又有辨识度的酒，我们用自己知道的唯一方式来制造威士忌，这酒是所有元素的总和，可是……"他停顿了一会儿，"它也展现了外赫布里底群岛的一部分，像是低地草原、泥煤、沙子、水质以及群山等等。"

"那些大酒厂都很棒，"他说。"但我想要让人看到能够反映出不同风土人情的小酒厂。"只要与马克交谈，最后都会讲到人与自然环境，你可以明显感受到他以身为赫布里底群岛居民为荣。阿倍因迪格的威士忌不仅仅是酒，而是本土思想文化的展现。

尽管地处偏远，但不少人为了要来看看这座酒厂特意地造访路易斯岛，这让马克颇为惊讶。这座英国最偏僻的酒厂不仅忠于自我，也与扩大的威士忌世界建立起关系。

建造一座新酒厂如今就像开通一条新的公车路线，很多年之前就有人提议要在哈里斯岛（Harris）与巴拉岛（Barra）建造酒厂，而如今这些计划都已经成为现实。全新的威士忌文化是否已经在赫布底里群岛上诞生？

阿倍因迪格在外赫布里底群岛展开酿酒业的复兴运动。

阿倍因迪格品酒辞

单一麦芽 46%

色香：暗琥珀色。成熟，接骨木莓与葡萄干的香气。淡淡烟熏味，有一丝秋天森林与腐叶味，一样有青苔味。

口感：一路都有细致烟熏味，舌上有明显蒸馏物精华的口感。辛辣芥末、油润，皮革保养油。

回味：谷类味。

结论：依旧年轻，沉重与轻快的有趣混合，需要时间在活性木桶中熟成。

风味阵营：水果辛香型
参 照 酒：Kornog

泰斯卡（Talisker）

TALISKER · CARBOST · WWW.DISCOVERING-DISTILLERIES.COM/TALISKER

泰斯卡位于斯凯（Skye）岛上的卡波斯特（Carbost）小镇，就矗立在哈伯特（Harport）海湾旁边，而它也是全苏格兰拥有最壮观景色的酒厂之一，汹涌的海水拍打着岸边的山崖，无不摄人心魄。而酒厂背后，朝着南面便是拔地而起的柯林斯山脉，那峥嵘嶙峋的山脊如同屏障般把泰斯卡包围在它和大海之间，迎面而来是那强烈的海水和海草气息。泰斯卡的新酒中也有这种味道：此外还有烟熏、生蚝和龙虾壳味。泰斯卡仿佛把自己的一切都酿于酒中。当然喽，这只是我浪漫的梦呓，在苍茫的奥克尼岛上，你才能感受到生命是如此的渺小。

休·麦卡斯基尔（Hugh MacAskill），绰号“Big Hugh”，也是岛上领主的侄子，他从叔叔手里继承了这片土地，在前任领主治下，当地经济状况和佃户生活非常糟糕，为了改善这个状况，麦卡斯基尔便建造了这座酒厂。

如同克里尼利基酒厂，泰斯卡也是一家命运多舛的酒厂，历史上多次被转手。掌管酒厂的人们往往只有两条路可走：留在这个孤寂的岛上酿酒或把它卖了返回大陆生活。而泰斯卡至今仍能端坐一方，不失魅力，除了要感谢它那独一无二的地理位置，还要感谢19世纪的那些资本家们。“斯凯岛不是空无一人的，”英国作家罗伯特·麦克法伦（Robert MacFarlane）写道，“只是人都离开了。”

而它的威士忌最初也并非这样极尽复杂。有关泰斯卡的关键词是回流、纯化器和泥煤。还有“酿造过程”等，总之最终会让你的舌尖感受到那来自大海的味道。斯凯岛的贫瘠使得酒厂必须自己想办法寻找水源，最后一共引了21处泉水进厂才能满足需求；而麦芽都是经过泥煤烘焙（如今泰斯卡使用的麦芽都来自于黑岛）；发酵过程十分漫长且都是在木制发酵槽中完成。发酵完毕之后麦芽汁便进入两座造型优美的麦芽蒸馏器中进行蒸馏。

而泰斯卡真正的秘诀就在于它的蒸馏器。它的蒸馏器上安装有特殊的U型莱恩臂，使得酒蒸汽的移动非常困难，因此大量酒汁在此聚集，再通过纯化管回流到蒸馏器中进行再蒸馏，最后会经由管道通往墙外的虫桶冷凝器进行冷凝，这套设备最大程度上保留了酒的风味。初馏后的酒液会再经过三座烈酒蒸馏器进行最后的蒸馏，看似是二次蒸馏，但由于初馏时的大量回流，因此实际的效果不亚于三次蒸馏，因此新酒具备非常高的复杂度（泰斯卡一直使用三次蒸馏，直到1928年才改成二次蒸馏，而用此方法也是想使二次蒸馏的方法达到三次蒸馏的效果）。

被柯林斯山脉和海湾所包围，泰斯卡酒厂所处的地理位置在苏格兰众多酒厂中堪称独一无二。

新酒有着明显的烟熏味，还有硫化物的味道：这得归功于酒厂的虫桶冷凝法，而那圆润甜美的酒体则要感谢那两座体型庞大加装了纯化器的麦芽蒸馏器，而硫化物味最终会变成泰斯卡酒中那标志性的胡椒香气。

那么，这是否意味着泰斯卡即便离开这片土地也能酿出这样的威士忌呢？“你当然可以另外找个地方用同样的方法酿酒，”帝亚吉欧首席调酒师道格拉斯·穆雷告诉我说，“但是你无法把属于泰斯卡当地的风味赋予酒中……泰斯卡之所以独特，就因为它生于斯长于斯。我们永远无法知晓这一切是如何发生的，也不会去钻这个牛角尖。”威士忌的风土性又一次得到了验证。

所有这些岛酒之所以能够生存下来源于它们的务实精神——酿造威士忌是这些地方为数不多的产业之一，而岛区独有的泥煤、水土等等属于这片大地的一切更是构成了那些让人欲罢不能的风味。一方人酿一方酒，这大概就是所谓风土的意义吧。

查看正在陈年的威士忌。泰斯卡的胡椒烟熏风味源于漫长细致的橡木桶陈年过程。

查看正在陈年的威士忌。泰斯卡的胡椒烟熏风味源于漫长细致的橡木桶陈年过程。

泰斯卡品酒辞

新酒

色香：淡淡的烟熏味开场，香甜中又带着一些硫化物味道。尾段则是生蚝、海水、龙虾壳和芳香的烟熏味。

口感：入口干涩，烟熏味和硫化物依然。些许柏油味，还有皮革，柔软水果。尾段咸。

回味：悠长，烟熏味，胡椒和硫化物味慢慢显现。

8 年款二次注橡木桶，样品酒

色香：香气弥漫，石楠花 / 泥煤味，白胡椒以及类似于消毒水的味道。海水和生蚝的味道依然留存，此外还有碘酒和干薄荷味。加水后香杨梅和落叶松味显现。

口感：非常强烈的白胡椒味冲击，还有海水，入口厚重油脂感十足，非常复杂。

回味：先干涩，再甜美，又干涩，最后则是胡椒味。

结论：已经很具成熟风范。

10 年款 45.8%

色香：金色。烟熏味，石楠花、甘草根和越橘味。还有一股混杂着篝火、猪油渣和一抹海藻味。甜美隐身于其中，平衡，些微复杂度。

口感：入口立即绽放，饱满复杂，胡椒味然后是甜美的柔软水果，而煤灰 / 苔藓般的烟熏味始终笼罩其中，还有一丝不易察觉的硫化物味和海水拍打海岸的味道。甜美，灼热又不失烟熏味。

回味：胡椒味，干涩。

结论：看似矛盾的各种风味却平衡地被整合在一起。

风味阵营：烟熏泥煤型
参 照 酒：Caol Ila 12 年，Springbank 10 年

风暴 STORM 45.8%

色香：磅礴的烟熏和海水味，以及些许硫磺气息，加水温柔了一些，糖浆和甜美果味浮现，之后则又是烟熏和海水。

口感：非常典型的泰斯卡，入口甜美，但之后则完全爆发，烟熏味十足。

回味：海盐和胡椒。

结论：虽然是无年份款，但依然是泰斯卡标志性的泥煤风格。

风味阵营：烟熏泥煤型
参 照 酒：Springbank 12 年

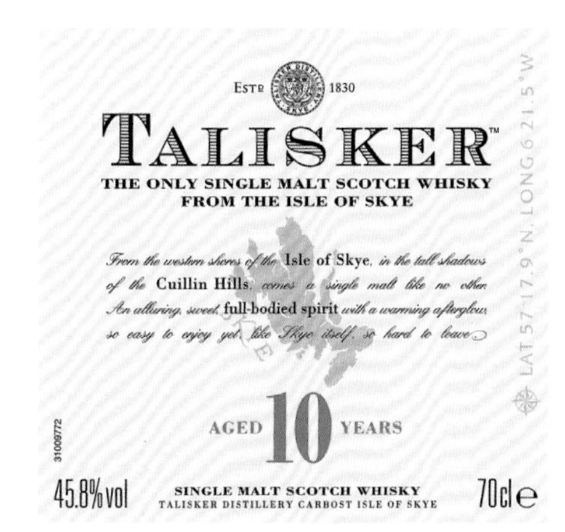

18 年款 45.8%

色香：金色。香气复杂，燃烧的石楠花，甜丝丝的烟草，陈旧仓库以及熄灭的篝火味。而杏仁牛轧糖，黄油曲奇味隐藏其中，似乎还有一丝草本味，烟熏味依然浓烈，饱满复杂。

口感：入口之后并没有急于表现，胡椒味，然后是淡淡的熏鱼味，而重要的是那份如水果糖浆般的甜美给予酒体平衡感，循序渐进。尾段依然冲击力十足。

回味：红胡椒。

结论：典型的泰斯卡的冲击力，但甜美度也在不断成长。

风味阵营：烟熏泥煤型
参 照 酒：Bowmore 15 年，Highland Park 18 年

25 年 45.8%

色香：芬芳的紫罗兰，打湿的绳子，海水和帆布，绿色蕨类和皮革以及篝火余烬。

口感：非常复杂，草莓与磨碎的黑色胡椒，月桂叶，海藻和烟熏味。

回味：咸味巧克力。

结论：平衡，成熟，神秘。

风味阵营：烟熏泥煤型
参 照 酒：Lagavulin 21 年

奥克尼群岛（ORKNEY ISLANDS）

从地图上来看，奥克尼仿佛独立于整个苏格兰之外。这里四处矗立着新石器时代遗留下来的石碑，还有几处古老的教堂。滔天的巨浪不时拍打着悬崖边的峭壁，这里也曾留下维京人的足迹。这是片仿佛被施过魔法的地方。奥克尼拥有的两家酒厂也用各自独特的方式展现自己的魅力。

恍若隔世：奥克尼岛上的古迹依然完整地保留了下来。

高原骑士、斯卡帕（Highland Park & Scapa）

高原骑士，科克沃尔 · WWW.HIGHLANDPARK.CO.UK · 斯卡帕，科克沃尔 · WWW.SCAPAMALT.COM

飞机的螺旋桨划破厚厚的云层，那波澜起伏的苏格兰西海岸便渐渐浮现在眼前，从高处往下望，那情景就好像大海和陆地之间有人在跳着优雅的华尔兹。无论景色、人文抑或威士忌，奥克尼岛都不像苏格兰其他地方。虽然身处苏格兰，但这片翠绿的群岛还保留着些许当年北欧海盗入侵时留下的印记。这里的居民有着与生俱来的岛民心理，崇尚自给自足的生活状态。这里拥有两座酒厂，高原骑士和斯卡帕，代表着威士忌酿造的两种方式——一家仰仗自然风土，另外一家则靠技术起家。

高原骑士，厂如其名，坐落于奥克尼岛首府科克沃尔（Kirkwall）旁边的山顶上。酒厂完全由深色的岩石所砌成，乍一看就像是从山体里直接生长出来一般。迈入那扇印有“建于1798年”的酒厂大门，如同一下子来到另一个世界，街头巷尾四处悬挂着小旗帜，所有建筑仿佛应酒厂需求般有序扩张出来。

酒厂有20%的麦芽来自本岛地板发麦而成，分为泥煤烘焙和焦炭烘焙两种，中/重度的烟熏风味，然后和来自苏格兰大陆的无泥煤麦芽进行混合调配。高原骑士采用干酵母，发酵时间很长，蒸馏过程也同样漫长。得到的新酒香气混杂着烟熏味和令人精神一振的柑橘味，非常芬芳。高原骑士一入口便很甜美，烟熏、蜂蜜、柑橘和各种水果在舌尖上起舞，有时烟熏味占主导，但那份甜美将烟熏味淡化，经过长时间的陈年之后这两者——饱满的蜂蜜香甜和优雅的烟熏味会结合得更好，更为平衡。

高原骑士酒厂的DNA始终贯穿于它的威士忌之中。作为爱丁顿集团旗下的酒厂，它的用桶策略全由大师乔治·埃斯皮（George Espie）制定，从2004年起就不再使用波本桶（因此也不会有焦糖影响酒体的情况发生）。酒厂全部采用由欧洲和美国橡木制成，再风干4年的旧雪利桶进行陈年。“这样能保持酒厂一贯的风味和个性，”品牌大使格里·托什（Gerry Tosh）告诉我说，“这是一个巨大的挑战，尤其是我们一共有7个年份的酒款，但绝没有风味桶之类的换桶款。”埃斯皮和酿酒师马克斯·麦克法兰（Max MacFarlane）掌控着酒厂的节奏并且无意尝试其他新款，他们把

斯卡帕：一座变革的酒厂

斯卡帕河的上游，距离高原骑士大约1.6千米的地方便是酒厂所在地。从风格上来说，它的酒和其他厂相比并无太大不同。没有泥煤味，只有奔放的水果香气，而营造这一切全凭酒厂那一对罗门蒸馏器。蒸馏器上的调节板被拆除，粗大的颈部和纯化器使蒸馏过程中产生大量的铜接触，口感顺滑非常易饮。如今斯卡帕已被收入芝华士公司旗下，这座美丽的酒厂也因此而愈来愈受到关注。

高原骑士酒厂中那陡坡小巷使得这里弥漫着一股中世纪的气息。

高原骑士的一切都托付给奥克尼岛本身。

酒厂每年要从Hobbister沼泽挖取350吨泥煤，漫步其中，你能够感受到来自于这片土地的芳香，松树的清新以及各种草本植物的香气，这也贯穿于威士忌之中。想要探寻高原骑士与众不同的原因，还得从这里到Yesnaby的峭壁，站在那里，脚下的海水不断翻滚奔腾着，你能看见那层层叠叠的海浪变幻着各种色彩，蔚为壮观。此地一年中有80天的风速超过160千米每小时。“奥克尼的泥煤使得高原骑士与众不同，”托什说道，“然而一切都是从这里起源，强烈的海风使得岛上没有树木，只有漫山遍野的石楠花，经过岁月的变迁腐化为泥煤，并且赋予它们独特的香气，正是这造就了高原骑士。”

高原骑士便这样一直深深植根于这片孕育它成长的土地上。

高原骑士品酒辞

新酒

色香：烟熏和柑橘味。非常清新甜美。之后则是新鲜的金橘皮和淡淡的多汁水果味。

口感：入口些许坚果味，非常甜美的柑橘味，最后是芬芳的烟熏味。

回味：还在变甜，西洋梨收尾。

12 年款 40%

色香：淡金色。水果味充沛，使得烟熏味柔和了许多。依然是强劲的柑橘味，湿润的水果蛋糕，树莓以及橄榄油味。加水后，烤水果和轻柔的烟熏味显现。

口感：入口柔顺，葡萄干和泥煤味在口中弥漫，基本上都集中在舌头中央。

回味：甜美的烟熏味。

结论：已经开始成年并积累复杂度。

风味阵营：烟熏泥煤型
参 照 酒：Springbank 10 年

18 年款 43%

色香：饱满的金色。香气较 12 年款更为成熟肥美，更为成熟的果味，马德拉蛋糕，车厘子和更多的香辛料味。中段是软糖和淡淡的蜂蜜味，尾段则是壁炉里散发出来的烟熏味。

口感：入口更为浓郁，桃脯、蜂蜜，刚刚抛光的橡木桶，核桃和果汁以及些许果酱味。

回味：一脉相承的酒厂个性，桶陈使得这款酒体更厚重。

风味阵营：饱满圆润型
参 照 酒：Balvenie 17 年马德拉桶，Springbank 15 年，Yamazaki 18 年

25 年款 48.1%

色香：琥珀色。香气甘美，许多的果脯味。而石楠花香的烟熏味夹杂着花蜜更是胜过 18 年款。老年份威士忌的老酒味诸如清漆和湿土味也很明显。

口感：入口就是糖蜜和浓郁的果糖味，之后则是五香、肉豆蔻，依然十分甜美。

回味：陈皮和芳香的烟熏味，大吉岭红茶。

结论：已经迈入第三阶段，但酒厂个性依然保持完好。

风味阵营：饱满圆润型
参 照 酒：Springbank 18 年，Jura 21 年，Ben Nevis 25 年，Hakushu 25 年

40 年款 43%

色香：香气成熟，些许老酒味。非常具有异域风情。山羊皮和性感迷人的麝香味，之后烟熏味开始散发，软糖般的甜美也随之涌现。加水后芬芳的烟熏味更为强烈，还有些许淡淡的鸢尾草香气。

口感：入口起初很干涩，但之后油脂感显现，包裹感十足。皮革味带着些苦杏仁、提子干和晒干果皮味。尾段依然是那挥之不去的烟熏味。

回味：清爽甜美。

结论：非常成熟，但也非常高原骑士风范。

风味阵营：烟熏泥煤型
参 照 酒：Laphroaig 25 年，Talisker 25 年

斯卡帕品酒辞

新酒

色香：酯类物质和香蕉，绿豌豆、温柏和加应子味。尾段则是湿土和一丝蜡感。

口感：入口甜美，略油，水果口香糖味。

回味：干净短促。

16 年款 40%

色香：金色。许多美国橡木桶的味道，香蕉和果肉，清淡。尾段则是一丝百里香。

口感：入口依然有点油，非常肥美的感觉，但不知为何又有一丝轻盈感。橡木桶带来淡淡的烤吐司味，而果味则在舌头中央。

回味：润滑，成熟。

结论：非常具有活力，很愉悦。

风味阵营：水果辛香型
参 照 酒：Old Pulteney 12 年，Clynelish 14 年

1979 年款 47.9%

色香：金色。香气更成熟融合，淡淡的可可豆，香蕉糊 / 熟透的香蕉味，温柏味回归，饱满且活力四射。

口感：入口饱满复杂，巧克力夹心饼干，番石榴，烤橡木桶的味道，很是甜美。

回味：柔和的香辛料和果味。

结论：依然极具酒厂个性，但相比 16 年款似乎太过温驯，还需要时间来变得更有力些。

风味阵营：水果辛香型
参 照 酒：Craigellachie 14 年

坎贝尔敦（Campbeltown）

“坎贝尔湾的海水啊，我只愿你化作威士忌。”一首古老的苏格兰歌谣曾经这样传唱道。从某方面来说，这位歌者的美梦亦已成真。这座位于琴泰半岛的小镇曾经拥有至少34座酒厂。其中15座在19世纪50年代的大萧条时期时关厂，但到了19世纪末时坎贝尔敦的威士忌又一下子热门了起来，它的烟熏味和圆润饱满的口感都迎合了调和威士忌的需求。由此坎贝尔敦又一度恢复了兴旺。

坎贝尔敦的深水避风港使它成为一座重要的渔港和连接低地的码头。

海湾东部依然留存的大片别墅区便是当时繁荣景象的证明。这里曾是酿造威士忌的天堂。当地拥有天然优质的深水港，储量丰富的煤层，附近还有20座发麦工厂能够对当地、爱尔兰以及苏格兰西南产的大麦进行加工，酒厂更是曾经挤满整个街区。然而到了20世纪20年代末，这里只有一座酒厂Riechlachan还在运作，它也并没有坚持多久，1934年便关厂，之后只有两座酒厂重新开张并生产至今，那便是云顶（Springbank）和格兰帝（Glen Scotia）。

有关另外17座酒厂究竟是如何陨落的从来没有真正的答案。说法有很多：产量过大导致品质的下降（威士忌曾经被注入鲱鱼桶中进行陈年），酒厂没有能力进行排污（19世纪时有种说法便是“由于酒厂过多，产生大量酒糟，由此镇上的猪都用酒糟喂养，以至于最后猪不爱吃其他饲料”），还有当地的煤矿被开采一空导致燃料缺乏。由此可见，并不是某一种因素导致坎贝尔敦酒厂的集体消失，而是诸多连锁反应汇集成一股风暴席卷了当地的酿酒业。

20世纪20年代，调和威士忌商人把精力都集中在手中最受欢迎的几款酒上，坎贝尔敦那烟熏/圆润的威士忌便非常符合要求。然而另一方面他们还要应对“一战”以后的消费量下降，而产量也在下降，两者之间难以平衡，有时库存的酒无法满足市场需求。除此之外，英国政府在1918年和1920年之间大幅提高了酒税，而酒厂又无法把这部分税收转嫁给消费者，从而使增加库存的成本大大上升。此时美国的禁酒令和大萧条又使出口变得雪上加霜。日益提高的成本和不断下滑的销量让很多小酒厂主难以维持经营。

这是一段人们想要试图淡忘掉的历史。整个苏格兰在20世纪20年代有50座酒厂被关闭，而到了1933年，只剩下两座还在生产。危机过后，DCL集团（帝亚吉欧集团前身）开始重振整个行业，拯救那些符合他们要求的酒厂，以此步入威士忌新纪元。然而，坎贝尔敦的小酒厂显然不在此列之中，它们已经无法再适应这个全新的世界，所谓苏格兰威士忌荣耀一生的说辞从此也成为了一句笑谈。

好在故事的结局还算美好。如今坎贝尔敦已经重新成为一个威士忌产区，拥有3座酒厂以及5种威士忌品牌，其中一家是新浪潮的代表，小型而且独立；另一家则是经历了重生，恢复生产。坎贝尔湾也许永远无法注满威士忌，但坎贝尔敦已经宣告了自己的回归。

这片海面上曾经倒映着34座酒厂，如今只剩下了3座。

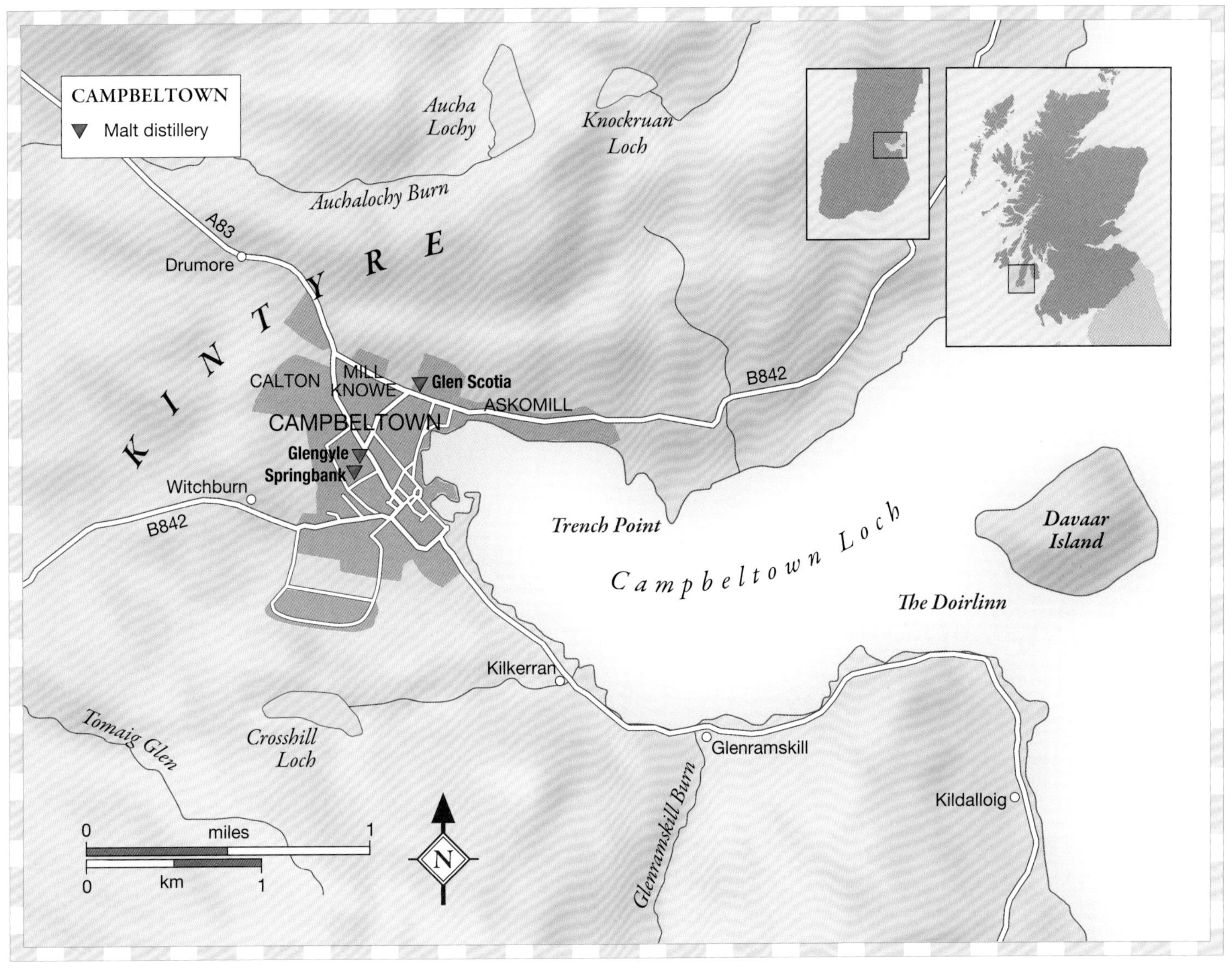
CAMPBELTOWN
Malt distillery
Aucha Lochy
Knockruan Loch
Auchalochy Burn
A83
Drumore
KINTYRE
CALTON
MILL KNOWE
Glen Scotia
ASKOMILL
B842
CAMPBELTOWN
Glengyle
Springbank
Witchburn
B842
Trench Point
Campbeltown Loch
Davaar Island
The Doirlinn
Kilkerran
Tomaig Glen
Crosshill Loch
Glenramskill
Glenramskill Burn
Kildalloig
0
miles
1
0
km
1
N

云顶（Springbank）

坎贝尔敦 · WWW.SPRINGBANKWHISKY.COM

云顶酒厂藏身于窄巷之中，一座教堂的身后，1828年之后便一直由一个家族所拥有，这在苏格兰酒厂的历史上也是绝无仅有的。自给自足也是酒厂的格言，所有工序包括发麦、蒸馏、桶陈、装瓶都在酒厂之内完成，全苏格兰也只此一家。这种独立自主的做法并非由来已久，云顶只是在经历过各种危机之后，才发现只有把命运牢牢掌控在自己手里，不为他人所牵制才是唯一的生存之道。

酒厂最引人注目的一点就是在传统和创新之间的平衡做得非常好，先来看一下酒厂的松木发酵桶。"我们一直想要复制酒厂自有记录以来最古老的发酵方法。"车间总监弗兰克 · 麦克哈迪（Frank McHardy）告诉我说。云顶的麦芽糊浓度较低，发酵时间超长，达到100个小时，最后发酵完成的麦芽汁酒精度保持在4.5%和5%之间（行业标准一般为8%到9%）。"这么长的桶中发酵时间能够带来更多的果味，而较低的酒精度则能产生更多的酯类物质。"

酒厂一共拥有3座蒸馏器——一座直火加热的麦芽蒸馏器，两座酒精蒸馏器，其中一座还配备了虫桶冷凝器，可以蒸馏出3种风格迥异的新酒。云顶威士忌采用的是2.5次蒸馏法：初步的麦芽发酵汁（wash）会控制发酵到4%~5%的酒精浓度，进行正常的二次蒸馏，但是不像一般做法直接取其酒心，反而取平均大约50%abv的酒尾，这50%abv的酒尾，收集起来当作A液。然后再取只进行了一次蒸馏的酒液，约20%abv，收集起来当作B液，80%的A液加20%的B液，混合再进行第三次蒸馏，取68%~63%abv的酒心，这就是云顶的新酒，这也是2.5次蒸馏的由来。

"这种做法是遵循酒厂古老的记录而为之，"麦克哈迪告诉我说，"有一件事非常肯定，那就是在坎贝尔敦只有云顶一家还在采

云顶酒厂一直保留着传统的威士忌酿造工序，许多新酒厂也以它为榜样。

从大麦到威士忌。云顶从发麦、蒸馏到装瓶等所有工序都在自己酒厂内完成，也是全苏格兰唯一一家这样做的酒厂。

用这种蒸馏方法。”这也是云顶能够屹立不倒的原因。

酒厂还拥有另外两个牌子的威士忌，清爽芬芳，无泥煤味，经过三次蒸馏更像低地或者说北爱尔兰酒的哈泽本（Hazelburn），因为麦克哈迪曾经在爱尔兰的布什米尔酒厂作为经理工作过13年。另外一个品牌朗格罗（Longrow）的风味更为传统，重泥煤，两次蒸馏，也许更接近坎贝尔敦最初的味道，年轻时狂放不羁，欠缺一份成熟。而这对于一款年轻的泥煤味威士忌来说或许有些不妥，但经过岁月的磨砺之后便会拥有更多的复杂度。

这3种威士忌的风格大相径庭。云顶酒厂几乎囊括了所有威士忌应该具备的风味，打破常规，精益求精。从某种程度上说，你大可以把云顶看成一座有关威士忌酿造的博物馆。它竭力维护原来的传统，又不会拘泥于此，不时大胆进行创新，最好的例子就是它那宽松的用桶策略，而自力更生的态度更是被其他一些新酒厂奉为楷模，云顶不仅仅代表着过去，还承载着未来。

云顶最终能够傲立于世多年，依靠的还是自己的实力。

云顶品酒辞

新酒

色香：香气奔放，愉悦复杂。烧烤，柔软水果，些许香草、发胶以及非常淡的谷物味，甜美饱满厚重。加水后，烟熏味和一点酵母味显现。

口感：入口厚重，油脂感足，酒体非常饱满，烟熏味和一丝海水感以及泥土味，非常成熟。

回味：泥土味，饱满。

10年款 46%

色香：淡金色。些许刮擦橡木桶味，烟熏味，成熟的水果，特级初榨橄榄油和芳香的木头味。香气饱满，又带点焦味，尾段是吐司和一抹清新提神的柑橘清香。

口感：入口甜美，之后黑橄榄夹杂着海水味袭来，很紧致。

回味：烟熏味，悠长。

结论：相比新酒，10年款成长得较为缓慢。如年轻的勃艮第或雷司令般，年轻时便很好喝，但会更期待它陈年之后的表现。

风味阵营：烟熏泥煤型

参照酒：Ardmore Traditional Cask，Caol Ila 12年，Talisker 10年

15年款 46%

色香：烟熏带海水味，风暴过后海滩的气味。黑橄榄、淡淡草味，接着是烤杏仁、瓜类、酸梅味、稳健的油润深度。

口感：平衡丰富。高强度增加了烟熏味的影响。浓郁果味、油润且深刻，带一丝柑橘味。

回味：绵长、温和烟熏味。

结论：平衡、复杂、层次分明。

风味阵营：烟熏泥煤型

参照酒：Talisker 18年

哈泽本（HAZELBURN）品酒辞

新酒

色香：香气纯净辛辣，调子高雅，青柠和一抹淀粉味隐藏其中，浓郁纯净.尾段则是青苹果味。

口感：入口更为清淡，紧致但不失柔和。

回味：青梅。

12 年款 46%

色香：饱满的金色。香气非常雪利，阿蒙提拉多雪利酒的坚果味夹杂着糖蜜、西梅和葡萄干。而尾段的甜美更是怡人。

口感：入口柔和。橡木桶使得酒体更为厚重，也磨去了那份紧致感，而后段柑橘味更明显，橙子和甜美的果脯。

回味：干净。

结论：饱满、平衡，酒厂个性和桶味结合得很好。

风味阵营：水果辛香型
参 照 酒：Arran 12 年

朗格罗（LONGROW）品酒辞

新酒

色香：香气非常甜美，黑加仑、烟尘和湿石板味。

口感：入口甜美浓郁，之后强劲的烟熏味袭来。尾段则是番茄沙司香味。

回味：非常干涩，烟熏味和一抹刺舌的咸味。

14 年款 46%

色香：香气圆润。烟熏味依然明显但受桶味影响已不占主导，沼泽地和烟囱，丁香花和欧洲蕨，篝火和湿石板味，更多风味彰显。

口感：入口有力，淡淡的麦芽味。之后则是干涩的木头燃烧的烟味，新酒中的黑色水果也已经化作更为甜美的枣子味。

回味：烟熏味如波涛般袭来，久久不散。

结论：正处在上升势头中。

风味阵营：烟熏泥煤型
参 照 酒：Yoichi 15 年，Ardbeg Airigh nam Beist 1990

18 年 46%

色香：烘烤过的大麦、焦糖味，接着是烟熏与大量甜味。加水后会带出碳酸（creosote）、热浮木、甘草、芝麻味。

口感：迸发的烟熏味、泥土味、果味。

回味：悠长、油润、丰富足。

结论：直接加热虫桶与泥煤的组合，创造出丰富雄壮的麦芽威士忌。

风味阵营：烟熏泥煤型
参 照 酒：Yoichi 15 年

基尔克兰（KILKERRAN）品酒辞

新酒

色香：香气纯净。湿草堆、烧烤和些许硫化物味。尾段是酵母味和一丝很难界定的风味。

口感：酒体如云顶般厚重，甚至更为肥美，棉花糖的香味也更重。果味开场，之后则变得干涩，麦芽味涌现。

回味：芳香。

3 年款 样品酒

色香：饱满的金色。非常早熟的香气。许多椰子味。尾段则是湿草 / 拉菲亚叶以及法式糕点味。

口感：入口成熟甜美，芒果味，些许谷物味，有点抓舌感，但非常饱满。

回味：悠长甜美。

结论：受活跃的桶性影响，已经颇具风骨，但似乎成长得过快了些。

WORK IN PROGRESS NO4 46%

色香：甜且干净。形态佳，带柑橘甜味、煮过的大黄与罐装水蜜桃味。

口感：非常轻微的麦麸味。醇厚带嚼劲，橙皮和香草、苏格兰方块糖（Scotch tablet）。在舌后方有些许酸味。

回味：淡淡龙蒿味和持续的甜味。

结论：酒厂带甜甜果味的特色在这年份完全展现。

风味阵营：水果香料型
参 照 酒：Oban 14 年、Clynelish14 年

格兰盖尔、格兰帝（Glengyle & Glen Scotia）

坎贝尔镇 · WWW.KILKERRAN.COM

有关坎贝尔敦威士忌酿造业的衰败，从现今镇上的一些建筑中就能窥探一二，四处都有着酒厂留下的印记——剥落褪色的墙壁，似乎还留有某些酒厂的名字，而一些公寓楼窗户的形状也揭示了它的前世，还有镇上超级市场那突兀的塔形屋顶更是明白地告诉人们这里曾经发生过的一切。这景象看似令人陶醉，却又无一不在昭示着威士忌产业的脆弱。然而一味地追忆往昔对于镇上那些曾经的酿酒者来说只会造成伤害。因此坎贝尔敦不属于那些来此挖掘威士忌过去的人，而是属于打心底里真正热爱威士忌的人们。

赫德利·赖特（Hedley Wright），他的家族从1828年起便一直拥有云顶酒厂。2000年，他买下自家隔壁的一座酒厂，这便是格兰盖尔——曾经关闭了80年之久的酒厂。

酒厂的外观被整修一新，内部所有都根据酿酒的需要重新设计，而一对蒸馏器则来自已经关厂的Ben Wyvis，且曾经在Invergordon谷物威士忌厂使用过一段时间。"这对家伙刚安装到这里时有些水土不服，"酒厂酿酒师弗兰克·麦克哈迪解释说，"为此我们请了工匠来重新改造蒸馏臂的角度和蒸馏器的形状。莱恩臂也被调整到上扬的角度来增加更多的回流。"格兰盖尔最新发售的威士忌则展现了轻度泥煤、中度酒体的个性，而这支威士忌拥有一个全新的名字：齐亚兰（Kilkerran）。

再让我们来到坎贝城的第三座酒厂，格兰帝。阿尔弗雷德·巴纳德（Alfred Barnard，著名威士忌史学家）曾经在书中这样描写道："格兰帝酒厂总是躲藏在人们的视线之外，正如它的酿造工艺，如同天大的机密般绝不肯在人前展现。"

格兰帝酒厂并未改变太多，至今它仍是全苏格兰最神秘的酒厂之一，盛传前任酒厂主邓肯·麦卡勒姆（Duncan MacCallum）因为经营压力太大跳水自尽，之后他的鬼魂一直在酒厂里游荡。2000年萝梦湖酒业公司接手之后格兰帝恢复了生产，而且用总监加文·杜宁（Gavin Durnin）的话来说："在此之间从来没有得到过云顶酒厂的帮助。"而这似乎又给酒厂增添一层迷雾，格兰帝的泥煤版12年款威士忌已经在市场上进行发售。

死而复生。格兰盖尔经历了80年的沉寂之后，于1999年再度恢复生产。

格兰帝品酒辞

10年款 46%

色香：淡淡薄荷味，新鲜的世纪梨味（Comice pear）。之后会呈现一些水仙花香。加水会有矿物的气味。

口感：柔软、淡淡的油润感，主轴有些甜味。柔顺、花香呈现，类似百合的味道。

回味：即使简短，但有柔软感。

结论：压抑又平衡的酒款。

风味阵营：芳香花香型
参 照 酒：秩父

12年 46%

色香：强健带泥土味，有坚果、谷物和古老硬币的气味。加水后有湿石头和一般蔬菜或郁金香的气味。

口感：饱满、谷物味、油润。加水软化后，会有些坚果味。

回味：粉笔味。

结论：旧式风格的格兰帝。

风味阵营：麦香干涩型
参 照 酒：Tobermory 10年

左图：嗅香。爱丁顿集团的首席调酒师戈登·摩逊正在工作。

右图：尽管历经变革，但调和的基本工序仍然保持当年的模样。

苏格兰调和威士忌（Scotch Blends）

苏格兰的单一麦芽威士忌厂有着自己的个性，体现了当地的风土，然而若不是作为苏格兰调和威士忌中的基酒，大部分酒厂也将不复存在，毕竟行销全球的苏格兰威士忌中有90%是调和威士忌。当人们在谈论“Scotch”这个词的时候，它往往代表的是调和威士忌。而调和威士忌也拥有许多属于自己的故事。

调和威士忌无关风土，它与时代息息相关，而它的风味也代表着这个时代的气息。苏格兰威士忌历史上曾经多次面临危机，每一次复苏都源于它能够重新审视自己，并对风味进行调整。

19世纪30年代，酿造威士忌被视作“捞快钱”的行业，然而之后的20年由于产能过剩整个行业岌岌可危。当时朗姆才是苏格兰人的首选，其次是爱尔兰威士忌，而苏格兰威士忌在苏格兰的境遇……“主要是因为当时的酒风格太过单一”，DCL集团创始人之一，威廉·罗斯（William Ross）回忆起当时皇家酒类管理委员会在此情况下于1908年颁布了有关苏格兰威士忌的法律定义。

1853年，一条法令被修改，允许同一家酒厂可以使用不同年份的威士忌进行调和后销售，而这样做可以在税收上享受更大的优惠，这也使得酒厂必须进行更多的实验来保证产品的一致性。一年之后，阿什牌老麦芽调和威士忌（Usher's Old Vatted Glenlivet，也是第一支调和威士忌）诞生。而如今我们熟知的酒厂调和部正是从1860年发展起来的，当时酒类零售牌照的放开，也使得越来越多的调和威士忌被广大零售商推向市场。

其中一些颇具头脑的经销商抓住了这次机遇，逐渐壮大，诸如尊尼·沃克（Johnny Walker）和他的儿子亚历山大（Alexander），芝华士（Chivas）兄弟，还有葡萄酒商约翰·帝瓦（John Dewar）、马修·格洛格（Matthew Gloag）、查尔斯·麦金利（Charles Mackinlay）、乔治·巴兰坦（George Ballantine）和威廉·提彻（William Teacher）。

熟悉各种不同的酒，并把它们进行调和，使之标准化、一致化，对这些酒商来说驾轻就熟。而改变不止于此，他们又发现如果把口感柔和的谷物威士忌与个性强烈的单一麦芽威士忌进行调和后，能够使酒体更顺滑且更易入口。最后，这些酒商把自己的名字印上酒瓶，以此作为自家威士忌的品质保证。从此之后，调和威士忌便成了苏格兰威士忌的未来，而这些调和商也决定着威士忌的风味。

19世纪末时，一大批新酒厂纷纷涌现，其中大部分都为调和而生或由调和酒商出资建造。这种情形在斯佩塞地区尤为明显，调和商们都中意于斯佩塞柔和的个性。原因何在？市场需求。

而精明如沃克（Walker）和帝瓦（Dewar）家族，以及詹姆斯·布坎南都已经把触角伸向英格兰市场，了解那些中产阶级的人们想要喝什么样的威士忌，并迎合他们的需求。同样的做法开始席卷全球，调和商们想出各种营销策略来推广调和威士忌，无论是饮用方法的宣传（比如发明威士忌苏打的喝法），还是何种场合适合饮用（餐前、看歌剧前）。苏格兰威士忌已然被打造为成功人士的标志。

这种应势而为的运作手法从始至终贯穿于时代之中，通过美国禁酒令和“二战”后的调整，时至今日，苏格兰威士忌的口感已经变得越发清爽，它也因此风靡全球。无论是在伦敦的复古酒吧，还是巴西的海滩，抑或上海的夜店，甚至在非洲索韦托的小酒馆里，你都能看到它的身影。随着周遭而流动，你改变，它也改变，调和威士忌如影随形，无处不在。

调和的艺术（The Art of Blending）

芝华士兄弟 · WWW.CHIVAS.COM · 亦见 WWW.MALTWHISKYDISTILLERIES.COM/ 帝王，艾柏迪 · WWW.DEWARSWOW.COM/ 尊尼获加 · WWW.FLHNNIEWALKER.COM/WWW.DISCOVERING-DISTILLERIES.COM/CARDHU/ 格兰父子，达夫镇 · WWW.GRANTSWHISKY.COM/WWW.WILLIAMGRANT.COM

对于苏格兰威士忌而言，“历史是由胜利一方所书写的”这个论点未必成立。对于一位操着一口英语的人看来，威士忌的历史有两个地方值得关注，一是单一麦芽威士忌是如何被品质略逊的调和威士忌所逆袭，二是如今原有秩序是否将要恢复。然而，销往全世界的苏格兰威士忌中有90%是调和威士忌，并且销量还在持续增长中，因此调和威士忌依旧是胜利的一方。

但看任何事情都不应该如此简单。调和威士忌与麦芽威士忌其实是处于愉快共存的状态，不但彼此需要，而且在威士忌世界中也是各占一方，没有孰优孰劣的问题，因为其实两者完全不同。

麦芽威士忌讲究的是个性，单一麦芽威士忌则是将这种个性放大到最大，而调和威士忌则是为了要创造整体感。

看上去调和威士忌的生产似乎很简单。只要把一些谷物威士忌与一些麦芽威士忌调配在一起，味道令人满意即可。如果只是这样来一次，或许可以调配出一瓶好喝的威士忌，但如果每年需要调配几百万瓶，那该怎么办？调和威士忌都必须确保每一批次的风味都是一样的，但问题是其中所用的每一种酒可能都会变，因为每一桶威士忌都有不一样的风味。调和威士忌品牌必须熟知各种风味的搭配组合，不但得知道威士忌A是什么味道，还得清楚A和威士忌B、C、D加在一起会变成什么样的味道。他们得尽可能积累众多调配选项，才能维持风味的一致性，因为无论何时都得保持品牌的风格。

由于普罗大众认为单一麦芽威士忌较为优越，所以调和威士忌饮用者会想要知道其中包含的麦芽威士忌种类、比例与年份。这个问题的答案很简单：适合的种类、适合的比例与适合的年份。调和威士忌主要是看风味与一致性，怎么做到这些并不是重点。

而具体运用哪种麦芽威士来进行调配必须依据它与其他威士忌如何交融而定：有些是为了前调，有些是为了增加集中度，有些是要滑顺度，有些是要丰富度，有些则是要烟熏味。有的威士忌可能会放在老旧的橡木桶中来增加活力，有时则可能会用更重的桶味（overwoded）来创造集中度。

而有关麦芽威士忌的比例究竟是多少，只要能够创造出某个风味轮廓就是正确的比例；熟成度也是一样，但和年份的概念不同。年份是时间长短，而熟成度则和橡木、烈酒与氧气之间的交互作用有关，不同程度的熟成会产生不一样的风味。调和并不是数字的游戏，而是风味的游戏，把一系列的酒厂特色、木桶特色以及熟成度的各方面拿来进行排列组合，就能创造出复杂度。

谷物威士忌也是不容忽视的。尊尼获加的首席调和师吉姆 · 贝弗里奇（Jim Beveridge）总是强调谷物威士忌拥有改变调和威士忌的力量，除了增加自身风味之外，谷物威士忌还有助于将其他各种基酒的新风味引导出来。谷物威士忌不是简单的填充或是稀释，它能塑造并且赋予调和威士忌更好的连贯性与一致性。在品饮调和威士忌时，你所感受到的那个似乎引领着风味往前走、而又包裹住你舌头的柔软元素，就是谷物威士忌提供的。它增添了风味与口感，谷物威士忌是让麦芽威士忌——更广义地说，是让调和威士忌中潜藏的复杂度显露出来的一种方式。

“麦芽威士忌的特色个性有时可能会太过强势，比如说烟熏味。”格兰父子公司（William Grant & Sons）的首席调和大师布莱恩 · 金斯曼（Brian Kinsman）这样说，“谷物威士忌的功用就是降低它的侵略性，让其他辅助或者说没那么明显的味道显露出来。酒厂的核心特色依旧保持着，但却可以增加更为丰富的内涵和层次。”

“个中关键在于麦芽与谷特威士忌间的平衡——不是比例上的平衡。调和威士忌不会因为加入很多谷物威士忌而品质变差，而是因为不平衡才会变差。麦芽威士忌比例高的调和威士忌也是一样。”

事实上每一间谷物威士忌酒厂都拥有自己的特色，调和威士忌通常会以某款单一谷物威士忌（如果自家拥有谷物威士忌酒厂，通常会用自家的）作为调和威士忌的主轴，但也会为了获得其他风味而使用其他谷物威士忌来辅助。

“North British酒厂的新酒用了玉米，所以它的典型特色就是那股润滑的奶油调性。”Cutty Safk的首席调和师克莉丝汀 · 坎贝尔（Kristeen Campbell）说。“熟成时这些香气会变得更甜、更像香草的风味。这些味道跟随油润的质地会赋予酒体宜人滑顺的口感，成为爱丁顿旗下调和威士忌代表性的甜美风味。而如果使用品质不佳的谷物威士忌，就好像是用廉价面粉去做蛋糕一样。最重要的是谷物威士忌能增添顺滑感，与麦芽威士忌较为强烈刺激的味道相辅相成。如果熟成时间再久一些，谷物威士忌也会变得非常复杂，会拥有更丰富的桶味和些许香料味。

威士忌调和的关键不仅仅只是把不同风味与质感的酒液混合在一起，而是要了解这些截然不同的元素彼此之间如何和谐共处，还要打造出适合佐餐与某些特定场合的威士忌。埃尼尔斯 · 麦克唐纳（Aeneas MacDonald）在1930年是这么写调和威士忌的：“调和威士忌能适合不同的天气与不同阶层的顾客，威士忌能有庞大的出口量，主要就是因为调和威士忌为整个产业带来的巨大灵活性。”

这种灵活性如今依然还是适用。调和威士忌品牌不单单要思考调和威士忌里要使用哪些酒，还得考虑消费者们的饮用偏好。通常情况下，调和威士忌不会拿来纯饮，大多数是要加水或是加冰饮用，甚至是用于鸡尾酒中，只有这样才能将它们的魅力完全展现。

正因为有了调和威士忌，正因为调和威士忌拥有如此的多样性和灵活性，苏格兰威士忌才能成为风靡世界的酒饮。

苏格兰调和威士忌品酒辞

Antiquary 12 年款 40%

色香：甜，蒸糖浆布丁蛋糕味，柔软、桃类的果味、淡淡香草以及爆米花似的谷物味。

口感：温和但有深度。谷物显露出淡淡牛奶巧克力味。甜香料。

回味：甜且绵长。

结论：平衡细致。

风味阵营：水果辛香型

Balantine's Finest 40%

色香：清新有活力。法式甜点香气、草味与酯味。隐约的甜味，有一丝青涩感。

口感：新鲜芬芳。淡淡花香、绿色果类，主轴是多汁的口感。

回味：酸爽新鲜。

结论：细致，加姜汁汽水就会活跃起来。

风味阵营：芳香花香型

Buchanan 12 年 40%

色香：丰富繁盛，芒果、木瓜、柔软的谷特味与乳酯般的橡木味。

口感：干净的橡木味增添些许的结构感，有点烘烤过的味道。淡淡椰子味，果味仍在。

回味：微微的干涩与辛辣。

结论：柔软丰盛。

风味阵营：水果辛香型

Chivas Regal 12 年款 40%

色香：清爽、谷物味。干草、枫糖浆的甜味与淡淡香草味。

口感：新鲜。菠萝、红色果酱，些许无籽葡萄的味道替干草元素增添了深度。

回味：新鲜干涩。

结论：似乎很细致但却有实质的厚度。

风味阵营：芳香花香型

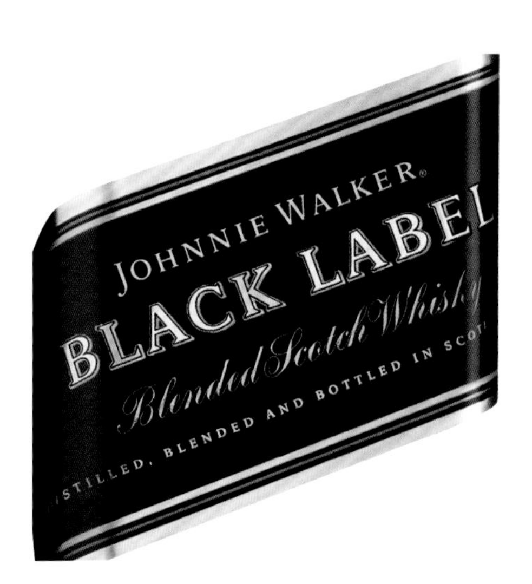

Cutty Sark 40%

色香：明亮、冒泡。白杏仁、柠檬起司蛋糕、香草与些许青梨 / 苹果味。

口感：酒体的活力加上些许谷物的丝滑感，增添了深度。

回味：果皮味。

结论：非常活跃，加苏打水或姜汁汽车味道最好。

风味阵营：芳香花香型

Dewar's White Label 40%

色香：非常甜，香蕉泥、融化的白巧克力冰淇淋。温和谷物鼓掌，些许蜂蜜味。回味的丁香与豆蔻，赋予了适量的辛香能量。

口感：温和带乳酯味。希腊酸奶、柑橘与苹果做的甜点味。

回味：丁香、豆蔻。

结论：是主要调和威士忌中最甜的。

风味阵营：水果辛香型

The Famous Grouse 40%

色香：非常均衡，有橙皮味、熟香蕉、一丝丝橄榄及太妃糖的香气。

口感：滑顺，带淡淡坚果味、成熟果类、太妃糖，接着是些许葡萄干的味道增添了深度。

回味：淡淡辛辣口感，有甜姜味。

结论：中等酒体、优雅。

风味阵营：水果辛香型

Grant's Family Reserve 40%

色香：新鲜、带谷物的丝滑感，烤过的棉花糖与杏仁片、淡淡花香。

口感：蜡味、黑巧克力、红色果类与焦糖，创造出更浓郁的厚实感。

回味：绵长，带些许干果味。

结论：中等酒体、均衡。

风味阵营：水果辛香型

Great king Street 46%

色香：美国冰淇淋汽水、西洋梨、山谷百合与温和的谷物味。明显花香、清新。

口感：甘美多汁、柔软，些许绿豆蔻、大茴香、柠檬与油桃味。

回味：温和，相当持久。

结论：麦芽谷物比例较高，也用了更多首次装填木桶的酒。可以试试加苏打或汽水。

风味阵营：水果辛香型

Old Parr 12 年款 40%

色香：皮革味，丰富、成熟，有葡萄干、枣子与核桃味，间杂紫丁香、紫罗兰味，点燃的橙皮、香菜、芫荽味背后，带着些许清爽芬芳的柑橘香气。

口感：厚实、黑醋栗带果味的嚼劲，还有香菜、芫荽籽的味道。皮革味再度浮现。

回味：雪利酒味、深刻。

结论：旧式风格丰富的调和威士忌。

风味阵营：饱满圆润型

尊尼获加黑牌（Jonnie Walker Black Label）40%

色香：黑色果类，蓝莓、煮过的李子、葡萄干、些许水果蛋糕味。加水后会有淡淡的海边烟熏味。

口感：柔软丰富，带雪利酒的深度，些许橘酱味替干果增添了滋味。

回味：淡淡烟熏味。

结论：复杂、丰富。

风味阵营：饱满圆润型

爱尔兰

在很长一段时间内，人们似乎都已经淡忘了爱尔兰威士忌曾经拥有过的辉煌，直到近10年来这种情况才开始有所改观。要知道早在苏格兰之前，爱尔兰可能就已经开始用大麦作为原料来蒸馏烈酒，人们以此为荣，更以爱饮善饮而闻名于世。16世纪时莎士比亚就曾经写道："我可以放心地把我的生命之水（aqua vitae）交给一名爱尔兰人，可我不放心让我的妻子独守空房。"

前页插图：直到19世纪，大部分爱尔兰的威士忌都是由小农场主制造的。

下图：几世纪以来，威士忌酿造一直都是爱尔兰乡村的一部分。

然而让爱尔兰闻名于世的并非是生命之水，而是usquebaugh（盖尔语，威士忌Whisky这个词的来源）。与莎士比亚同一时代的爱尔兰绅士旅行家费恩斯·莫里森曾经这样描述："相比我们英国人自己的生命之水aqua vitae，我更偏爱usquebaugh，因为里面混合着提子干、茴香籽和其他风味。"在19世纪以前，这种以威士忌作为基酒制作而成的加香烈酒一直是爱尔兰的特产。

爱尔兰威士忌的发展历程和苏格兰威士忌非常相似：非法私酿与合法威士忌一直在进行着抗争，大部分非法私酿都是乡间农夫蒸馏的普汀酒（Poitin），口感粗劣。经过议会批准允许合法蒸馏的威士忌绝大部分产自都柏林，也有的来自于科克、高威、班登、特拉莫尔等地。彼时，都柏林已经成为相当重要的贸易港口，威士忌正是新兴产业之一。如约翰·尊美醇和他的儿子们就从1823年的威士忌合法化中受益，而该法案也激励了更多资本涌入，使得都柏林成为当时的世界威士忌之都。

爱尔兰人选择了与苏格兰同行们截然不同的道路。连续式蒸馏器生产出的威士忌对于爱尔兰人来说太过清淡，于是他们运用了壶式蒸馏器，以大麦麦芽和未发芽的大麦、黑麦和燕麦作为原料来蒸馏威士忌：这样既能够确保风味的统一，又能保证产量。如果在19世纪中叶享用威士忌的话，那你很可能喝到的是爱尔兰单一壶式蒸馏威士忌（Irish single pot still）。

但好景不长，进入20世纪后，爱尔兰威士忌产业遭受了前所未有的重创。不仅仅是由于全球范围内的经济不景气，还因为独立战争使得大英帝国切断了与爱尔兰的贸易往来，与此同时，美国禁酒令时期爱尔兰又拒绝与私酒贩子合作从而导致彻底丧失美国市场；国内的闭关锁国政策，外加高昂的税负和出口禁令，使得爱尔兰的威士忌行业彻底崩溃。20世纪30年代，爱尔兰的威士忌蒸馏厂只剩下了6座；到了60年代，硕果仅存的3座酒厂联合组建了爱尔兰制酒公司［参照第一版，全书统一］（Irish Distillers Limited，简称IDL）。

如今来看，直到70年代位于科克郡米德尔顿镇的中央威士忌蒸馏厂建成、IDL推出了尊美醇调和威士忌之后，爱尔兰威士忌才开始峰回路转。

就在本书写作之时，已经有19份建造新酒厂的申请提案正在审核之中。"新近组建的爱尔兰威士忌协会刚刚召开了第一次会议，"奇尔贝肯酒厂（Kilbeggan）（前身是库利Cooley酒厂）的首席酿酒师诺尔·斯维尼这样说道，"这大概是19世纪之后首次有如此众多爱尔兰威士忌酿酒师齐聚一堂。"

爱尔兰终于把这份祖先的遗产传承下来，"我们只剩下了3座酒厂，而且也从来没有重视过爱尔兰威士忌文化的传承，这实在令人感到羞愧，"新酒厂丁格（Dingle）的老板奥列佛·休斯说到，"不要忘记爱尔兰人的饮酒文化在全世界可是最出名的！"

如今，爱尔兰威士忌究竟是什么呢？简而言之，就是爱尔兰自己酿造的威士忌。就像这个国家一样，爱尔兰威士忌也同样丰富多彩。谷物威士忌、麦芽威士忌、调和威士忌、单一壶式蒸馏威士忌、烟熏威士忌以及无烟熏威士忌。有些来自于大酒厂，有些来自于小酒厂，整个爱尔兰遍布着威士忌产区。而无论是纯饮、热饮、长饮或是调成鸡尾酒，爱尔兰威士忌都可以。

找一把椅子，倒上一杯威士忌，让爱尔兰来亲近一下你。一切都是如此惬意，时光仿佛都已凝滞。而在爱尔兰，总是有着大把的时光。

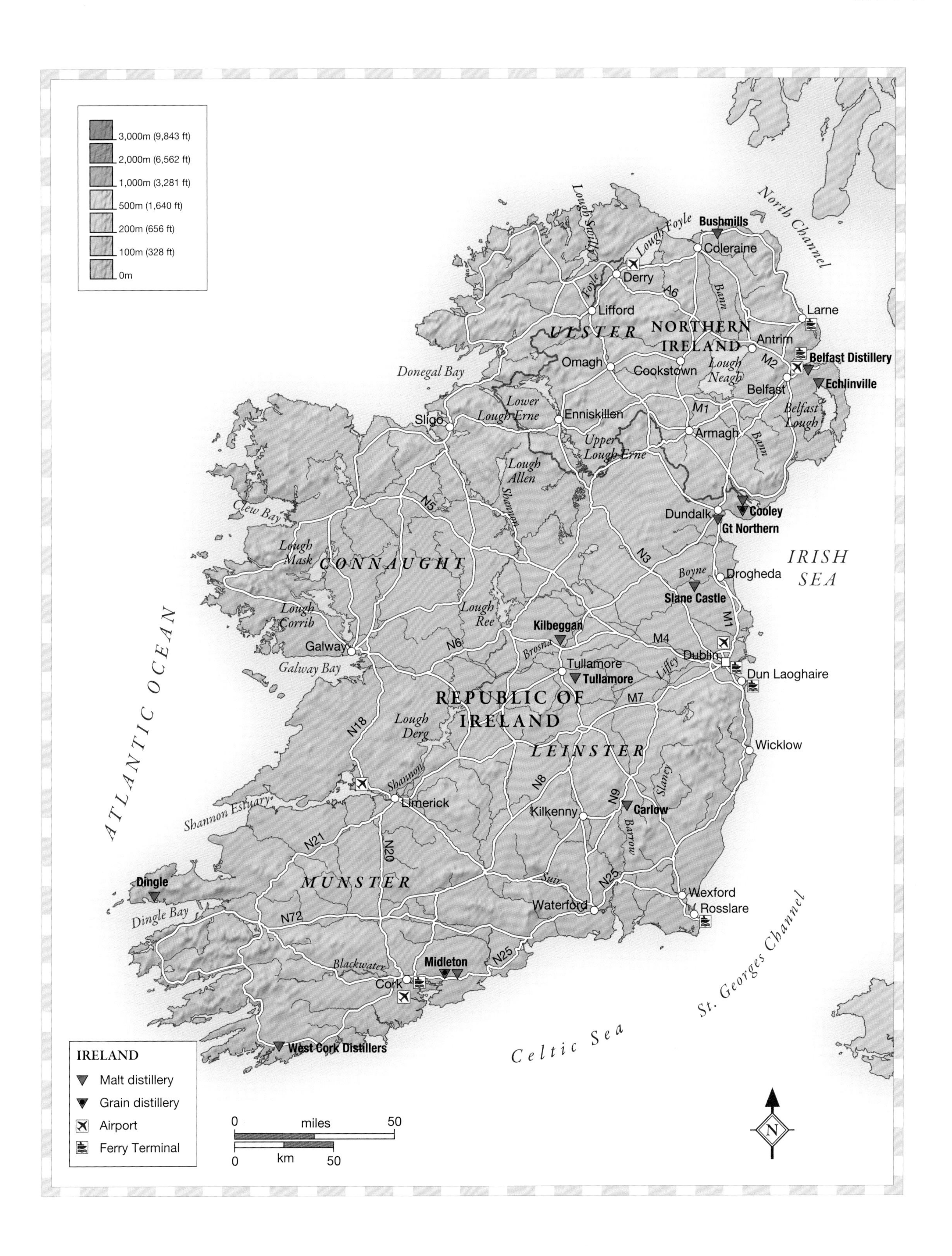
3,000m (9,843 ft)
2,000m (6,562 ft)
1,000m (3,281 ft)
500m (1,640 ft)
200m (656 ft)
100m (328 ft)
0m
North Channel
Bushmills
Coleraine
Lough Foyle
Lough Swilly
Derry
Foyle
A6
Bann
Larne
Lifford
ULSTER
NORTHERN IRELAND
Antrim
Belfast Distillery
M2
Omagh
Cookstown
Lough Neagh
Echlinville
Donegal Bay
Belfast
Lower Lough Erne
Enniskillen
M1
Belfast Lough
Sligo
Armagh
Upper Lough Erne
Bann
Lough Allen
Shannon
N5
Clew Bay
Cooley
Dundalk
Gt Northern
Lough Mask
CONNAUGHT
N3
IRISH SEA
Boyne
Drogheda
Slane Castle
Lough Corrib
Lough Ree
M1
Kilbeggan
Galway
N6
Brosna
M4
Dublin
Galway Bay
Tullamore
Tullamore
Liffey
Dun Laoghaire
ATLANTIC OCEAN
REPUBLIC OF IRELAND
M7
N18
Lough Derg
LEINSTER
Wicklow
Shannon
Shannon Estuary
Limerick
N8
N9
Slaney
Carlow
Kilkenny
Barrow
N21
N20
Dingle
MUNSTER
Suir
N25
Wexford
Rosslare
Dingle Bay
Waterford
N72
St. Georges Channel
Blackwater
Midleton
N25
Cork
Celtic Sea
West Cork Distillers
IRELAND
Malt distillery
Grain distillery
Airport
Ferry Terminal
0 miles 50
0 km 50
N

威士忌的蒸馏技术或许就是从爱尔兰这片岩石海滩传播到苏格兰的。

布什米尔（Bushmills）

布什米尔 · WWW.BUSHMILLS.COM

北海峡一直以来都是爱尔兰和苏格兰之间繁忙的水路。数年来分享同样的故事、歌谣和诗歌，共享政治、科学，以及人文思想的潮流。威士忌也是其中不可或缺的一部分，特别是不得不提的布什米尔。公元1300年，毕顿（Beaton）家族不正是从这里将威士忌的酿造工艺带往艾雷岛的吗？布什米尔理所应当成为威士忌历史中的一份。虽然这是在爱尔兰，但为了了解真相，你首先需要做的就是清除那些半真半假的说辞。

举例来说，虽然早在1608年附近区域就被准许进行合法蒸馏，然而镇上的第一座酒厂直到1784年才诞生。到了1853年，酒厂进行了改善并且在那时才装上了电灯。不过，在开启电力仅2周后，酒厂就在大火中毁于一旦。这两者之间是否存在关联至今仍是个谜团。

当威士忌编年史作者阿尔弗雷德·巴纳德在19世纪80年代到访此地时，他在他的记录上热情洋溢地提到这间如今完成扩建的酒厂，“对一切现代发明都十分敏感”。不过该厂当时并没有酿制三次蒸馏威士忌，这种方法直到1930年才开始采用。苏格兰人吉米·莫里森（Jimmy Morrison）被任命为经理，负责改善产品质量。他给出的方案就是尝试使用3种不同形式的壶式蒸馏器，当时，这种方法在其他任何地方都前所未见（参见17页）。直到20世纪70年代，泥煤处理才开始被使用。

如今，布什米尔酿制清淡、青草味突出的三次蒸馏麦芽威士忌以及自己的混调酒——浓郁、果味突出的Black Bush和新鲜、带生姜味的原味（Original）系列。它可即时饮用并且容易被接受，同时又不失复杂度。这多少符合你对这个形态多变的地区出产的威士忌的期望。

布什米尔的精髓在于从它的9个蒸馏器中酿制出的烈酒。这些蒸馏器看似随意地分散在蒸馏房内，细长的颈部挤压蒸汽使其与蒸馏器内壁的铜亲密接触，加速了回流。

这里追求的是清淡的风格，所有原料都会在蒸馏器中进行三次蒸馏。酒头进入低浓度酒接收器，接着酒心会被收集入高浓度酒液接收器。需要注意的是，低浓度酒尾最后进入了低浓度酒液接收器。（参见17页）。

用来进行烈酒蒸馏的两大蒸馏器随后分别装入7 000升的高浓度其余酒尾。最终只有一点点酒心（从86%至83%）被收集成烈酒。不过其余被收集成高浓度酒尾的蒸馏物继续进行蒸馏。当然，低浓度酒尾和多余的酒液还会重新进行蒸馏、分馏、再蒸馏，最后被统统收集起来。与此相比苏格兰的摩特拉克和大摩酒厂的做法就显得十分简单了。

与其费劲地试图弄懂这些酿造过程，还不如就站在蒸馏室里看一看、嗅一嗅，以及静静聆听。酿酒师就站在蒸馏室中央，围绕在他身边的是烈酒收集器，看上去就像是一位站在音乐厅中央的乐队指挥，不同之处在于他把控的是威士忌的风味。而那嘶嘶作响的蒸汽声夹杂着阀门的轰鸣声就像是动人的音符一般，弥漫在空气中的香气又似各种不同的旋律，时而轻柔时而强烈，时而低沉时而高亢。布什米尔完全不是那种寻常平淡、乏味无趣的威士忌；它的风味一直在喷涌着，不断变化着，层层叠叠，包罗万象。

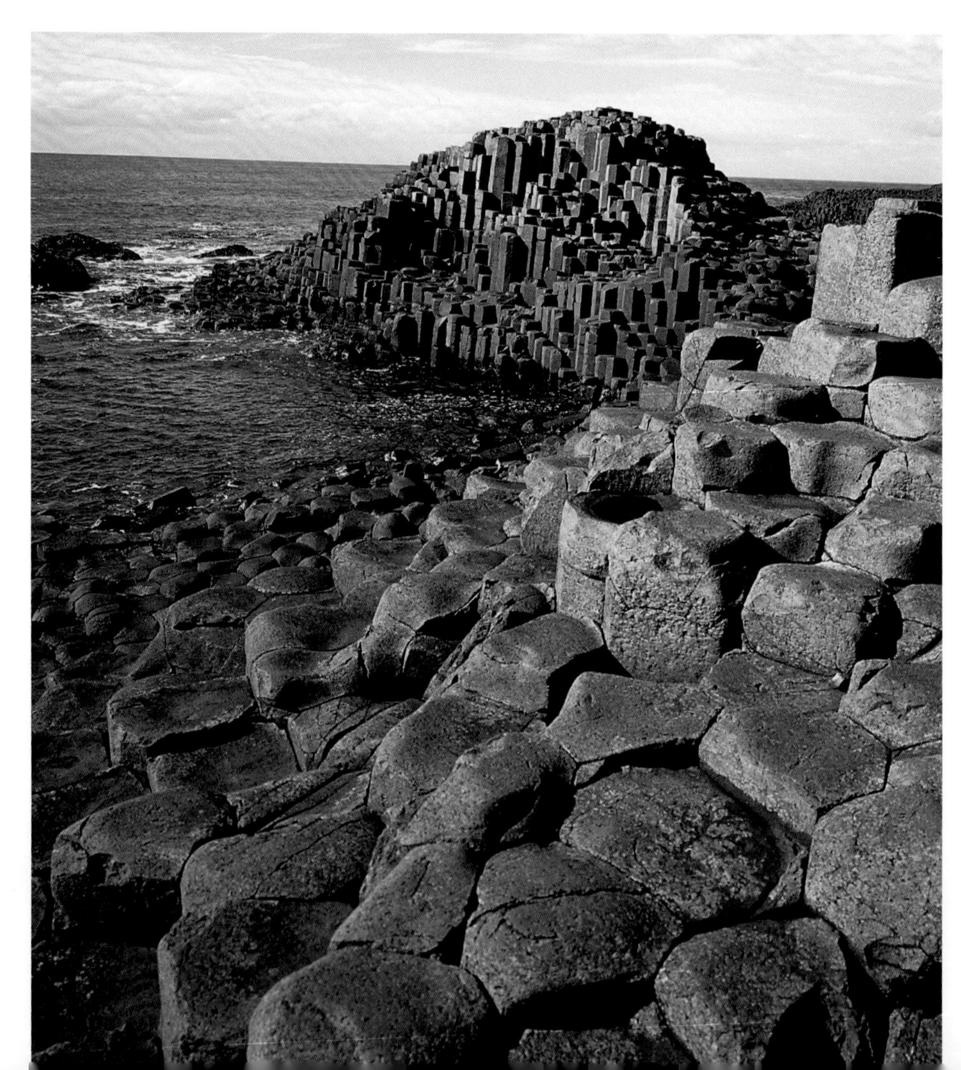

岩石上的威士忌。巨人之路的玄武岩柱离布什米尔酒厂非常近。

巨大且布局零乱的酒厂，布什米尔在它漫长和多样的历史中被赋予了各种化身。

如今，新式的做法是将酒放入高比例的一次桶中进行陈年。“这样威士忌的风格清淡、复杂却没有了机油味，”伊根如此说道，“如果你的酒十分精致，你绝对不敢把它放入劣质的木桶中。”

酒厂的一切和它酿制的不断进化的威士忌都向我们叙述了一个永远具有自我意识的地方。它所选择的是一条看似非常规的路线，一条困难重重的道路。不过无论这个决定是有意识的还是直觉使然，都无疑是酒厂能够幸存的原因。它酿制的从来就不是“爱尔兰威士忌”，而是布什米尔威士忌。布什米尔的风味以及它创造风味的方法诠释了它的历史、文化和风土条件，令它显得与众不同。这是世界上将威士忌酿造融入血液里的地方之一。安特里姆郡安静的街道，锯齿状的海岸线孕育了天生的酿酒师们，他们将质疑的心态和信仰融入了反传统的个性中。

布什米尔品酒辞

ORIGINAL Blend 40%

色香：浅金色。清爽中带着一丝草本气息，热黏土及带有香气的草味。

口感：甘甜，带有一丝尘土味。甜美的气息中带着柑橘花、蜂蜜的风味，随之转化成青草味。

回味：脆爽带生姜味。

结论：适合用来制作混合威士忌。这已经算是恭维了。

风味阵营：芳香花香型
参 照 酒：Johnnie Walker Red Label

BLACK BUSH Blend 40%

色香：金色。干净的橡木。香料及哈密瓜香气中夹杂着一些枣子和黑葡萄汁味道，椰子和雪松的气息随之而来。加水后，李子蛋糕和煮大黄的味道显露出来。

口感：多汁、果味突出，圆熟。水果蛋糕、麦芽糖风味。浓郁，集聚在舌苔中央。

回味：浓稠绵长。

结论：建议饮用时加入一块冰块。

风味阵营：饱满圆润型
参 照 酒：Johnnie Walker Black Label

10 年款 40%

色香：金色。绿色青草的香气演变成清淡的干草、麦芽桶的气息，随后是清新的石膏和轻木风味。带有丁香味。

口感：脆爽，不过同时带有来自前美国波本桶的香草甜味。略带芳香。

回味：干青草和灰香料风味。

结论：比之前的产品略微饱满些。

风味阵营：芳香花香型
参 照 酒：Cardhu 12 年，Strathisla 12 年

16 年款 40%

色香：深琥珀色。甜雪利风味，雅致集中的黑色水果，李子的芳香伴着甜美的橡木气息。保留了多汁的特点。带有葡萄干和茶点面包的香气。

口感：圆熟带有葡萄的风味。桑葚果酱、醋栗的味道夹杂一丝单宁气息，紧随而来的黑樱桃和太妃糖。

回味：同样带葡萄风味。

结论：在三种木桶内陈年，但仍不够风韵。

风味阵营：饱满圆润型
参 照 酒：Balvenie 17 年 Madeira Cask

21 年款 MADEIRA CASK FINISH 40%

色香：大气，浓郁。转化成裹着黄油的咖啡蛋糕气息。加水后会令人想起雪利酒窖的味道，薄荷，柑橘皮碎和清爽的鞣制皮革的味道随之而来。带有磨粉谷物的甜味。

口感：甜美诱人，深色干果、糖浆和红色甘草的风味。

回味：紧实，带坚果味，干净。

结论：双重木桶处理加重了酒体。

风味阵营：饱满圆润型
参 照 酒：Dalmore 15 年

艾克林威和贝尔法斯特酒厂（Echlinville & Belfast Distillery）

艾克林威，科库宾，唐郡

自从1978年克莱茵（Coleraine）酒厂关闭之后，北爱尔兰就只剩下了一座酒厂：布什米尔。北爱尔兰和爱尔兰共和国的情况相仿，大部分有关威士忌酿造的传承工艺都已经被遗忘。蒸馏器不再运作，记忆也如同杯中的香气一般逐渐散去。贝尔法斯特曾经名噪一时的家族酒厂邓威尔（Dunville's）也只剩下了褪色的酒标和锈迹斑斑的酒吧招牌。

然而过去并非如此。早在19世纪初，北爱尔兰就已经用壶式蒸馏器生产了数量非常可观的威士忌，而到了19世纪末，这里又成了谷物威士忌的主要产区。北爱尔兰的谷物威士忌大大打压了苏格兰谷物威士忌的价格，使得苏格兰威士忌有限公司（DCL）损失非常惨重。

20世纪20年代，威士忌的产量过剩造成滞销，DCL开始在北爱尔兰进行了一连串的收购动作。1922年至1929年期间，它收购了贝尔法斯特的阿维翁（Avonviel）和孔斯沃特酒厂（Connswater），以及德里的沃特赛德（Waterside）和阿比（Abbey）酒厂，然后将它们全部关闭。到了20世纪30年代中期，唯一一间尚在盈利的大酒厂只剩下了位于贝尔法斯特的皇家爱尔兰（Royal Irish），然而这家酒厂也在1936年由于种种原因关张。

如今，位于北爱尔兰阿兹半岛的艾克林威庄园之中，一场复兴运动正蓄势待发。2013年，北爱尔兰第二座合法酒厂在这里开业，推动了这一切的是一位当地人——肖恩·布莱内夫，在此之前他就已经拥有了自己的威士忌品牌——弗金爱尔兰威士忌（Feckin）和斯特兰福德金牌（Strangford Gold）。这两个品牌的酒液都是他2005年时从库利酒厂（Cooley）购得。但当库利酒厂被金宾收购之后，布莱内夫便失去了供给。于是他想到了一个解决方法，很简单：自己生产威士忌。

"我一直都有着这样一个目标，"他这样说道，"当我自己品牌的威士忌一年能够卖七个集装箱的时候，我们就很清楚得造一间自己的酒厂了。"布莱内夫种植了40.5公顷的大麦，并且开始进行地板发麦。"当你在酒标上看到'从农场到瓶中'字样时，那可是实打实的，"他这样说道。并且布莱内夫一直坚信，阿兹半岛的独特气候能够让这里成为从种植大麦到熟成威士忌的完美之地。

"我的原则是品质至上，"他说道，"虽然如今各行各业都越来越把价格看得无比重要，但我坚信只要我能够酿造出全世界最棒的威士忌之一，我必将会得到应有的回报。"

布莱内夫并不是孤军奋战。在此书写作之时，另外一座全新的酒厂也正无所畏惧地在北爱尔兰拔地而起。曾经是一名公交车司机的彼得·拉瓦瑞在2001年时中了乐透彩票大奖，于是他拿出一部分奖金计划在贝尔法斯特已经废弃的克伦林路监狱区（Crumlin Road Gaol）内建造一座威士忌酒厂——贝尔法斯特酒厂，以三次蒸馏方式来生产单一麦芽威士忌，预计年产量将为30万公升。

拉瓦瑞已经注册了"泰坦尼克（Titanic）"这个新的品牌，出于复兴贝尔法斯特威士忌品牌的目的，他还买下了一个已经停产许久的北爱尔兰威士忌品牌"麦康内尔（McConnell's）"，贝尔法斯特酒厂未来将会以这个品牌来装瓶自己的威士忌。随着布莱内夫收购了邓威尔，拉瓦瑞又准备让麦康内尔重生，可以预见到的是北爱尔兰威士忌不仅仅只打算重整旗鼓而已，而是想要再度书写下属于自己的光辉历史。

艾克林威蒸馏厂宏伟的外观。

库利（Cooley）

位于爱尔兰的劳斯郡，这里不仅仅是一间威士忌酒厂的所在地，并且还是中世纪爱尔兰史诗名著《夺牛记》(The TáinBóCúailnge) 中最为重要的一处场景。这部史诗讲述了一对国王和王后为了争夺一头魔法公牛而引发的战争。而这似乎非常巧妙地隐喻着从1988年开始发生的一场有关争夺"爱尔兰威士忌之魂"头衔的斗争。

库利是由约翰·帝霖 (John Teeling) 创办的，他的目的是让爱尔兰威士忌消费者拥有更多的选择。因为1966年以来，整个爱尔兰只拥有IDL这样一家威士忌公司，于是IDL的风格就被定义为整个爱尔兰威士忌的风格：三次蒸馏法，不使用泥煤来烘干大麦。而库利的出现打破了这一局面，20世纪90年代，库利推出的爱尔兰威士忌包括二次蒸馏麦芽威士忌、泥煤风味麦芽威士忌、单一谷物威士忌以及调和威士忌。从此之后爱尔兰威士忌又重新变得多姿多彩。

这里原先是一处用马铃薯加工酒精燃料的工厂，建筑风格朴实无华，只是普通的水泥厂房而已。很明显，选择在这里建厂，实用是第一位的。虽然酒厂外表看上去不怎么华丽，然而跨入酒厂之后，嗅觉上却是非常受用。扑面而来的尽是玉米面包和爆米花的甜美香气，这是格林诺尔 (Greenore) 单一谷物威士忌的味道：以玉米作为原料，采用由28层金属板组成的巴贝特柱式蒸馏器 (Barbet column) 进行蒸馏，最终的酒液非常甘美香醇。

除此之外，库利还拥有一对壶式蒸馏器，角度上扬的林恩臂内装有冷却管以获得蒸馏过程中更多回流。因此即便是泥煤风味的康尼马拉也能拥有非常细腻的内在神韵，恰好能够平衡那浓烈的泥煤味。

而调和工序一直以来都是库利威士忌的重要部分；采用二次蒸馏这种方式就是由于酒厂需要麦芽威士忌来增加酒体的厚度。自2011年被宾三得利(Beam Suntory)收购之后，库利更名为奇尔贝肯(Kilbeggan Distilling Company)，酒厂把重心放到了经营奇尔贝肯这个品牌之上。"我们不再供酒给那些装瓶公司和非合约客户，"首席酿酒师诺尔·斯维尼这样说道，"我们现在开足马力生产奇尔贝肯威士忌。"而许多新晋的爱尔兰威士忌公司之前都是由库利为他们供酒的。

虽然目前市场上橡木桶的供给比较紧张，但奇尔贝肯蒸馏公司依靠金宾集团拥有着可观的波本桶供应，因此比其他竞争对手更占上风。即便如此，橡木桶似乎还是不太够用。

"你知道吗，"斯维尼说道，"我最近跟爱尔兰的林业部长说，别再种什么云杉了，应该多种一点橡木。我们必须要自给自足才行！"

老库利的精神一丝一毫都没有消亡。

严谨有效的大量投资在橡木桶上让库利受益匪浅。

库利品酒辞

Connemara 12 年款 40%

色香： 芬芳；刚刚割过的青草味，竹叶以及苹果干，带着些许泥煤味。但就如酒厂的新酒一样，泥煤味若隐若现，非常含蓄……

口感： 入口之后泥煤味就不再掩饰自己，并且还混杂了小茴香籽，杏仁和香蕉。

回味： 泥煤和烟熏辣椒粉的味道。

结论： 相当平衡。

风味阵营：烟熏泥煤型

参 照 酒： Ardmore Traditional Cask，Bruichladdich，Port Charlotte PC8

Kilbeggan 40%

色香： 油脂味十足并且带着强烈的新鲜橡木的味道；刚刚开箱的跑步鞋；以及浓烈的烟熏山核桃香气。

口感： 饱满厚重。甜美并且带着强烈的新鲜橡木味。

回味： 清爽的多汁水果；抓舌感有油脂感。

结论： 磅礴而又不失圆润。

风味阵营：水果辛香型

参 照 酒： Chichibu Chibidaru

奇尔贝肯（Kilbeggan）

奇尔贝肯 · 塔拉摩尔 · WWW.KILBEGGANWHISKEY.COM

在过去，参观爱尔兰的威士忌酒厂让人略微感觉有点像是参观陵园。因为每当整个游览过程结束之后，你会拿到一杯酒来向酒厂致敬。爱尔兰人非常珍视他们的历史，因此无论参观酒厂的过程是多么有趣，结局总会略带伤感，奇尔贝肯酒厂之旅就是如此。

马修 · 麦克马努斯（Matthew McManus）是爱尔兰第一批意识到蒸馏威士忌商业化是能够赚钱的人。于是在1757年，他在爱尔兰的米德兰小镇（Midlands）建造了一间威士忌酒厂，这间酒厂在1843的时候被约翰 · 洛克所收购，一直到20世纪40年代之前都被洛克家族所拥有。就像当时大部分爱尔兰酒厂一样，它在20世纪也受整个爱尔兰威士忌行业的大崩盘的波及，1952年时酒厂停止生产，并且荒废了很久，直到1982年才作为一间威士忌蒸馏博物馆得以恢复新生。

这是一间非常迷人的酒厂，但它又让人感到有些哀怨。一方面是因为它保存得非常完好，完美展现了18世纪威士忌酒厂的风姿：水车驱动着两座巨大的石磨；硕大的敞顶式糖化槽；一台蒸汽机提供热能，而酒厂外面摆放着三座拥有庞大底座，铜锈斑斑的蒸馏器。它们好像就在对你沉吟，“这里从未改变过。”

1988年的时候，库利把这座蒸馏博物馆给收购了，起初只是想要利用它的仓库和品牌；但到了2007年，人们在这里发现了一座非常古老的球状壶式蒸馏器，于是库利便把中央酒厂已经蒸馏过一次的初酒（low wines）拿到这里来进行再蒸馏。2010年时，这里进行了翻修，并且安装了第二座蒸馏器，奇尔贝肯酒厂终于再度回归。

库利曾经把这里当作一间实验性酒厂，譬如生产单一壶式蒸馏威士忌和黑麦威士忌，但如今这里只生产奇尔贝肯品牌的威士忌，并且就是奇尔贝肯这个品牌的代表。

宾三得利对于奇尔贝肯的定位非常明确：尽可能地提高产量，使其能够与其他爱尔兰威士忌大品牌相抗衡。酒厂进行了一些微调，包装经过重新设计，并且目前主打美国市场。

于是这里就从原先特立独行从不按理出牌的库利，摇身一变成为了焕然一新、专注于品牌营造的奇尔贝肯，曾经的狂野少年如今开始变得循规蹈矩。

这里究竟发生了怎样的变化？“答案都在帝霖先生那里！”首席酿酒师诺尔 · 斯维尼开玩笑说，“爱尔兰对于威士忌的态度已经发生了天翻地覆的变化。原本只有我们在做一些实验性的尝试，但如今大家都开始变得积极主动。新产品，新创意，一切都变得多元化。”

那些新晋崛起的威士忌酒厂一定会同约翰 · 帝霖和他的团队在20世纪80年代时面临同样的问题：“究竟什么是爱尔兰威士忌？爱尔兰威士忌未来究竟会变得怎样？”

往昔是如此美好。在20世纪爱尔兰威士忌大衰退之前，奇尔贝肯可是家喻户晓的品牌。

图拉多（Tullamore D.E.W.）

图拉多 · WWW.TULLAMOREDEW.COM

“赋予每个男人专属的甘露（DEW）”——这句一语双关的广告词设计得非常巧妙，尤其是对于威士忌来说，而这句广告词还蕴含着丹尼尔·埃德蒙顿·威廉姆斯（Daniel Edmund Williams）的憧憬，他曾经担任位于塔拉摩尔（Tullamore）的戴利威士忌酒厂（Daly distillery）的总经理，之后还成为了业主。1887年时，他重新改建了酒厂，并把自己名字的缩写DEW放到酒厂的新名字里面——Tullamore D.E.W.，而那句脍炙人口的广告词也由此诞生。

即便是在爱尔兰威士忌最艰难的20世纪，威廉姆斯家族依然经营着图拉多酒厂，只在1925年至1937年这13年间暂停歇业过。1947年，他们安装了一座连续式蒸馏器，开始生产更为清爽的调和威士忌，以此来迎合已经发生改变的美国人所偏好的口感。将单一壶式蒸馏威士忌、麦芽威士忌以及谷物威士忌进行调和在当时虽然也是一种创新，但依然难以力挽狂澜。酒厂于1954年关厂停产，而图拉多这个品牌则被包伟士公司（Powers）收购，1994年又被转卖给坎特雷尔与柯克兰饮料公司（Cantrell & Cochrane，简称C&C），而威士忌则交由IDL（请参阅207页）根据原来的配方来进行生产酿造。

这样一种发展态势似乎并不令人感到意外，然而就在2010年，格兰父子公司收购了图拉多这个品牌，并且随即宣布要在塔拉摩尔建造一座新酒厂。

图拉多自1974年起，便一直由约翰·奎因（John Quinn）担任全球品牌大使。当他得知后，“当年C&C买下图拉多之后，就一直有传言说要盖新酒厂。而当格兰父子宣布要建厂的时候，我简直激动得寒毛直竖。因为这件事情无论是对于我，还是对于塔拉摩尔来说都是一件大事，这让我感到无比自豪。”威士忌不仅仅只是一种饮品而已，它还能够赋予人们归属感和认同感。

2014年，新的图拉多酒厂正式建成并且开始生产。新酒厂不仅仅拥有铜制壶式蒸馏器用以生产麦芽威士忌，还拥有连续式蒸馏器生产谷物威士忌，这也就意味着酒厂还能推出调和型威士忌。“新酒厂的蒸馏器尺寸比较小，因为我们想要让威士忌的风味和之前IDL生产时一模一样，因为消费者追求一致性。”奎因介绍说，“创造出全新的事物虽然能够令人激动，但你不能改变威士忌原本的风味。”

而想要生产单一壶式蒸馏爱尔兰威士忌也是个问题：几十年来整个爱尔兰只有IDL拥有这样的经验。“格兰父子公司懂得如何蒸馏威士忌，他们在苏格兰拥有好几座威士忌酒厂（譬如格兰菲迪和百富），”虽然奎因并没有说太多，但显而易见的是新酒厂那些苏格兰订制蒸馏器正在源源不断地蒸馏出新酒液，无论原料是麦芽还是未发芽的大麦。

能够生产三种不同类型的威士忌显然能够扩大新酒厂的产品线，“在此之前我们的确无能为力，”奎因笑着说，“但如今再瞧瞧这地方，现在我们可以做到这一切。”

图拉多品酒辞

图拉多 40%

色香：非常清新的青草气息，若有若无的柠檬味以及贯穿始终的谷物香气。加水后些许橄榄，葡萄以及烤橡木的味道涌现。

口感：纯净，酒体介于轻度与中度之间，非常饱满结实，带有红苹果和牛奶巧克力的味道。

回味：略带酸度。

结论：清新，适合加水后再享用。

风味阵营：芳香花香型

参 照 酒：Lot 40

Special，Reserve Blend 12 年款 40%

色香：汹涌澎湃，水果和乳脂味，以及芒果，水蜜桃和香草气息。除此之外还有太妃糖，美国橡木，些许生姜和涂抹了奶油的司康饼味道。

口感：成熟的果味，淡淡的橡木味中夹杂着熬煮大黄的味道。加水之后带来黑醋栗和更多果味。

回味：香料味，紧实。

结论：清爽而带有酸度，非常复杂的果味和橡木味。

风味阵营：水果辛香型

Phoenix Sherry Finish 55%

色香：非常浓烈，水煮西洋梨，无花果果酱，丰富而有层次，还带着些许雪利酒，酒心巧克力和黑莓香气。

口感：入口之后力道十足，高酒精度使得原本轻柔的酒体变得更为强烈，而雪利桶换陈年增添了层次感和坚果味，之后是淡淡的酸橙和醋栗味。

回味：香料以及姜味。

结论：酒体厚重，极为出色。

风味阵营：饱满圆润型

10 年单一麦芽威士忌 40%

色香：活泼清新，类似于长相思葡萄酒的醋栗香气，些许糖果和隐约的橡木味。加水后更多热带水果香气涌现，并且还有着石墨和成熟厚重的果味。

口感：入口果味十足，醋栗，蓝莓以及其他小浆果。随后是柔和的水蜜桃夹杂着无籽葡萄味，桶味被果味完全压过了风头。

回味：清爽，圆润，柔和。

结论：一场盛大的水果宴会。

风味阵营：水果辛香型

参 照 酒：Langatun Old Deer

丁格尔（Dingle）

丁格尔 · WWW.DINGLEDISTILLERY.IE

奥利佛·休斯（Oliver Hughes）是一位天生的拓荒者，他的丁格尔酒厂位于爱尔兰遥远的西南方。早在1996年，他就打造了爱尔兰第一座自酿啤酒屋——波特屋（Porter house），位于都柏林著名的坦普尔酒吧区（Temple Bar）。这非常超前，因为手工自酿啤酒直到近年来才开始慢慢在爱尔兰兴起。“或许一直以来我都走在时代之前，”他开玩笑地说，“有时你会感觉自己是先锋人物，但要记住一点：最先抵达新大陆的那些先锋者都被印第安人射杀了，而接过他们地盘定居下来的都是后来者。”

如今他又再一次引领潮流。早在爱尔兰的新酒厂如雨后春笋般涌现之前，丁格尔就已经成为先驱。“从自酿啤酒跨界到蒸馏威士忌，感觉还挺顺理成章的。”休斯说道，“显而易见的是市场对于爱尔兰威士忌的需求越来越强烈，30年前我就想要建造一座威士忌酒厂，现在这个地方应该在爱尔兰威士忌的历史中占据一席之地，这里需要一座威士忌酒厂。”

怀揣梦想建造一间酒厂不等于它能够顺利运营。“你必须要和别人不一样才行，这是事实，”休斯说道，“这不仅仅意味着产品和别人不一样——譬如我们还蒸馏金酒和伏特加——并且我们所生产的威士忌的风格也得和其他人不一样。”

“当我们刚开始运营的时候，我和酒厂顾问约翰·麦克道格（John McDougall）进行过多次长谈。他告诉我爱尔兰威士忌通常要比苏格兰威士忌更为甜美，因此我们的蒸馏器上有沸腾球的设计。这一切都是为了让威士忌拥有与众不同的风味。”对于休斯而言，这样的风味带来一种奢华感。2012年12月18日，运用了旧雪利桶和旧波特桶就威士忌装瓶出售。

“我想让这些威士忌在不同的地方进行陈年，无论是在半岛之内或是其他边远岛屿，”休斯解释说，“我已经有计划要推出一些特殊的限量版。”

原先手工自酿啤酒方面的经验是否会对生产威士忌有所帮助呢？“有的，因为自酿啤酒也需要很多创新。我们有一款酒精度为11%的世涛黑啤就是用威士忌桶陈年的，我还想尝试把这些橡木桶再陈年威士忌。我用了经过烘烤的不同种类的大麦麦芽来酿黑啤，但没有人知道如果把这些烘烤过的麦芽作为威士忌的原料会怎样，我相信那会非常有趣。”

如今肯塔基的奥特奇公司已经在都柏林建造了一间新酒厂；帝霖（Teeling）家族也已经在邓多克（Dundalk）和都柏林分别建造了新酒厂；美国的百富门公司也在著名的斯莱恩城堡内建造了一座爱尔兰威士忌酒厂。

爱尔兰威士忌正发生着天翻地覆的变化，这绝对值得所有人关注。

爱尔兰手工威士忌酒厂从丁格尔开始。

丁格尔品酒辞

新酒

色香：非常甜美，奶冻味，以及苹果酥皮派和覆盆子叶味道，加水后谷物味显现。

口感：果味十足，然后是烤过的谷物。有着毫不妥协的个性，最后是淡淡的乳脂感。

回味：成熟的果味。

波本陈年样品 62.1%

色香：香草味迅速出现，随后是焦糖布丁，覆盆子的甜味以及香蕉味。

口感：清爽的橡木桶气息带出酒中扑面而来的柠檬味，清新，纯净，香甜。

回味：青涩，收紧。

结论：纯净，精致，成熟得很快。

波特陈年样品 61.5%

色香：红醋栗丛和枝叶味；非常柔和，之后蔓越莓和覆盆子果汁味涌现，加水之后香气更为明显。

口感：入口之后莓果味明显，还带着蔓越莓的爽脆感，略带一些泥土气息（可能是橡木桶带来的），细腻而精致。

回味：年轻，清新酸爽。

结论：橡木桶赋予其更多元素，但酒体依然保持着自己的个性，值得关注的新酒厂。

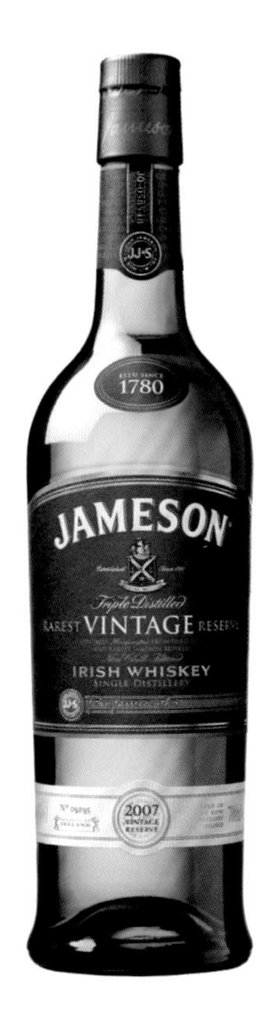

爱尔兰蒸馏有限公司与西科克酒厂（IDL & West Cork Distillers）

米德尔顿 · WWW.JAMESONWHISKEY.COM/UK/TOURS/JAMESONEXPERIENCE
西科克厂 & 斯基伯林 · WWW.WESTCORKDISTILLERS.COM

爱尔兰的科克（Cork）一直以来都和威士忌有着密不可分的关系。这里拥有很多让人流连忘返的小酒馆，几杯威士忌和自酿黑啤外加那独一无二的氛围，便能够让你惬意地度过漫漫长夜。这座城市也拥有了不起的威士忌酿造传统。1867年时，这里的4座威士忌酒厂——北摩尔（North Mall）、河道（Watercourse）、约翰街（John Street）以及格林（The Green）与邻近的米德尔顿（Midleton）联合组成了科克蒸馏公司（Cork Distilleries Company，简称CDC），使得这里成了爱尔兰威士忌的重镇。

老米德尔顿酒厂的规模异常庞大，这里原本只是一座羊毛纺织厂，在1825年被颇有商业头脑的墨菲兄弟收购。他们投入了重金。很快，米德尔顿就以产量和品质的优势把CDC另外几间酒厂甩在了身后。早在1887年，米德尔顿的年蒸馏量就高达450多万公升，并且当时它还拥有全世界最大的壶式蒸馏器。

20世纪70年代，当爱尔兰制酒公司关闭了属下John's Lane和Bow Street酒厂之后，所有威士忌的生产都被转移到了米德尔顿。而在这里，爱尔兰威士忌被挽救了下来。1975年，IDL在原址后方建造了一座全新的高科技威士忌酒厂。

对于米德尔顿来说，人们必须仔细检视一下IDL的威士忌究竟应该是怎样的，以及它们会发展成什么样。一方面公司需要保留原有的配方和蒸馏方式；另一方面，他们在拥有了一座新酒厂之后，理所当然想要创造出一些新的东西。

于是，像爱尔兰单一壶式蒸馏威士忌这样传统的事物被非常好地保留了下来，恰逢当时宽松的林业政策，IDL超越苏格兰率先开始了量身定制橡木桶的策略。

威士忌需要时间和耐心，巴里 · 科罗吉特（Barry Crockett）、巴里 · 沃尔什（Barry Walsh）、布莱顿 · 蒙克斯（Brendan Monks）、戴夫 · 奎因（Dave Quinn）、比利 · 莱顿（Billy Leighton）以及其他人都在为此默默贡献。当你在老米德尔顿酒厂那充满岁月痕迹的

爱尔兰威士忌的创新：西科克酒厂

2013年，科克的第二座威士忌酒厂——西科克酒厂已经开始生产，它位于爱尔兰最南端的小镇斯基伯林（Skibbereen）。它能够生产多种不同类型的烈酒，并与许多装瓶公司签约供酒，以此来保障酒厂的现金流。如今西科克已经拥有两组霍斯坦蒸馏器（Holstein Stills），所有威士忌生产都采用爱尔兰传统的三次蒸馏方式。除此之外酒厂也会推出调和威士忌、装瓶其他酒厂的威士忌，而这些威士忌都由IDL前任首席蒸馏师巴里 · 沃尔什博士挑选。酒厂的联合创始人约翰 · 奥康内之前曾在嘉里食品集团以及联合利华工作过，他发现运用不同的酵母和技术能够让威士忌的风味变得很不一样。“我们必须要创新，”他说道，“爱尔兰威士忌之所以会在20世纪彻底崩溃，原因之一就是人们拒绝创新，所以我们不能再犯下同样的错误。”

新米德尔顿酒厂是当前威士忌界里最棒的酒厂之一。即便曾身处逆境，仍不屈不挠，使得爱尔兰威士忌的旗帜依然高高飘扬。

橡木桶专家。IDL首创的多种橡木桶管理策略如今已经成为业界的标准。

建筑中游览时，早已沉寂多时的厂房仿佛在诉说着当年的黄金岁月。与此同时，透过那扇深锁着的大门，你可以窥见一座全新的酒厂，爱尔兰威士忌未来的蓝图正在那里被勾勒着。

经过了多年的努力，终于到了收获的时候。母公司保乐力加（Pernod-Ricard）一亿欧元的投资开启了全新的纪元。如今在米德尔顿可以看到全新的发酵车间、壶式蒸馏室以及谷物威士忌酒厂，这也使得新米德尔顿的年蒸馏量可以达到惊人的6 000万公升。

新厂的壶式蒸馏器矗立在巨大的落地玻璃窗后，那里的过道直接通向老酒厂。所有的一切浑然一体，过去和现在联结在一起，而现在则通往未来。

对于世界上大部分品酒者来说，尊美醇几乎就是爱尔兰威士忌的代名词。1972年尊美醇被重新打造成一种崭新、清爽的爱尔兰调和威士忌。爱尔兰威士忌为了迎合口味正变得越来越清淡的全球市场，已经对原先的重口味着手调整。既然大众的口味已经开始改变，那强迫他们接受单一壶式蒸馏威士忌也就显得毫无意义。虽然这样的改变让那些喜爱包伟士（Power's）、绿点（Green Spot）、十冠（Crested Ten）以及知更鸟（Redbreast）的人略微感到沮丧，但打造单一品牌的策略成功了。持之以恒的广告投放和市场推广让尊美醇一跃成为国际知名品牌。

成功的关键在于尊美醇完美地利用了新米德尔顿酒厂的多样性生产。滤桶式糖化槽能够带来更为澄清的麦汁和酯类物质。如今的单一壶式蒸馏器已经能够蒸馏出不同厚重感的酒液，但为了能够打造一款全新的调和威士忌，三座全新的连续式蒸馏器用于蒸馏口感清爽、纯净，香气芬芳的谷物威士忌；而那这样的谷物威士忌，它就是尊美醇的秘密武器。

之后，尊美醇家族渐渐地开始壮大，每一款新品的口感都会略微加重一些。采用壶式蒸馏器生产的酒液被调配到更高年份的酒款中，并辅以不同类型的橡木桶。尊美醇金标（Gold）用的是全新的美国橡木桶；年份珍藏系列（Vintage）用的是波特桶；订制的美国橡木桶则用于精选系列（Select），除此之外尊美醇也开始尝试单一壶式蒸馏威士忌。

如果说尊美醇想要迎合的是全球化的口感，那真正的爱尔兰威士忌风味则要到包伟士中去找寻。这个古老的都柏林威士忌的酒液中拥有比普通款尊美醇更高比例的单一壶式蒸馏威士忌（并且初装橡木桶运用得更少），因此口感更为饱满顺滑，让人更为享受。而在科克，人们依然对当地的调和威士忌帕蒂（Paddy）情有独钟，这支威士忌的名字是为了致敬CDC的金牌销售帕蒂·弗莱赫迪（Paddy Flaherty），因为只要他去到酒吧，就会请每一个人喝一杯他负责销售的威士忌。不久后人们都会嚷嚷着“我也要一杯帕蒂请的酒”。以致于帕蒂的销售奖金都花在了请人喝酒上面，自己没留下一分钱。

“我们不得不进行各种各样的尝试，”前任米德尔顿首席酿酒师巴里·科罗吉特（Barry Crockett）在谈到酒厂早期的境遇时这样说道。但我并不这么认为，他们并非必须这样做，而是他们想要去这样做，因为只有这样才能为全新的爱尔兰威士忌市场奠定基石。

单一壶式蒸馏威士忌

IDL所推出的每一款全新的调和威士忌，其核心总离不开单一壶式蒸馏威士忌。这种威士忌才是爱尔兰威士忌最珍贵的财富（有关单一壶式蒸馏威士忌请参阅第17页）。虽然一直以来爱尔兰和苏格兰都在用大麦麦芽和未发芽大麦，以及黑麦和燕麦作为原料来生产威士忌，但爱尔兰单一壶式蒸馏威士忌直到1852年才被确认下来，当时大麦麦芽被课以重税，因此爱尔兰的酒厂为了避税，选择了在大麦麦芽中混合未发芽大麦作为原料来生产威士忌。

更改谷物原料的配方比例意味着风味的重大改变。使用未发芽的大麦能够为威士忌增加质感，让口感更为饱满顺滑，带有油脂感，并且能够带来清爽和辛香的回味。正是这样的风格成就了爱尔兰威士忌。事实上，直到20世纪50年代之前，爱尔兰威士忌就是单一壶式蒸馏威士忌的代名词。

而尊美醇和图拉多则想要摆脱这种风格，因为当代品酒者的口感变得日趋清淡，不再喜欢口感过于厚重的威士忌。

但真正的威士忌爱好者们却不认同这种改变，这些年来想要找回原先那种纯正的爱尔兰威士忌却变得很难，或许只有在知更鸟（Redbreast）还有绿点（Green Spot）威士忌中能够找寻到这种特质，当然，从包伟士（Power's）以及十冠（Crested Ten）这样以单一壶式蒸馏威士忌作为重要基酒的调和威士忌也能从中得到慰藉。

不管怎样，依然有人在生产单一壶式蒸馏威士忌，就像米德尔顿。事实上它不仅仅只是生产一种，而是生产了一整个系列的单一壶式蒸馏威士忌。口感上都极具包裹感，但风味各自不同，有苹果味、香料味，以及黑加仑味。而通过更改谷物原料的配方比例和蒸馏方式——不一样的蒸馏器的注入量，蒸馏酒精度以及分馏点，能够创造出四种不一样的风格：轻酒体，两种中等酒体和重酒体。由于IDL是全世界最早开始采用量身订制橡木桶策略的公司，因此通过运用不同类型的橡木桶，也使得风格被极大地拓宽，从而能够打造出拥有全新口感、酒体、浓郁度以及风味的威士忌，而这些新风格也能很大程度上丰富IDL的调和威士忌产品线。

而2011年之后，情况发生了翻天覆地的变化。除了知更鸟和换了新包装的绿点之外，包伟士的约翰小巷（John's Lane）和巴里·科罗吉特传承（Barry Crockett Legacy）也加入了这个行列之中。而在那之后，这个队伍又增加了两款全新的知更鸟和Yellow Spot（Yellow Point），越来越多的爱尔兰单一壶式蒸馏威士忌出现在市场上，一场轰轰烈烈的复兴运动就此大功告成。

这是一种极具挑逗性，并且很容易让人上瘾的威士忌，只要你稍作徘徊，它就会在你耳边低吟“再来一杯吧”，从此你便欲罢不能，然而又有谁能够抵挡单一壶式蒸馏威士忌的魅力呢？

IDL 与西科克酒厂品酒辞

Jameson Original 混合 40%

色香：金色。香气浓郁。草本、热土壤、琥珀、香木和焦糖苹果。带有类似蜂蜜酒的风味。新鲜可人。

口感：柔和还有许多香草味。多汁的中段口感过后开始变干，稍显细腻。香料味开始显现。

回味：莳萝、轻木风味。干净。

结论：平衡且芳香雅致。

风味阵营：芳香花香型

Jameson12 年款混合 40%

色香：香气不如“标准”款那么浓郁。带有更多蜂蜜，一些无核葡萄，太妃和奶油糖果的气息。煮苹果、干草本和热木屑的风味。

口感：更多汁，酒体比标准款更厚重，带有更多椰子、香草和一丝干果风味。丰饶。轻微的樟脑味。

回味：只有香料味。

结论：质地和口感加重的壶式蒸馏酒。

风味阵营：水果辛香型

Jameson18 年款混合 40%

色香：金色。刚开始时略显收敛，随后壶式蒸馏酒的厚重香气开始展露。三部曲中最精致且油脂感（亚麻籽）最强的一款。带有一些松脂和干草本的气息。

口感：耐嚼且雪利香气突出，比起无核葡萄，更类似葡萄干的风味。加水后，甜姜饼的味道开始显现。

回味：仍然辛辣，不过这款带有肉豆蔻干皮和蜂蜜腰果的风味。

结论：酒厂个性一脉相承，但是质地更厚重。

风味阵营：饱满圆润型

Powers12 年款混合 46%

色香：大气、多汁，类似花朵的香气。带有更多的桃子味。与 Jameson 相比带有更多新鲜水果味且更丰饶。

口感：大量的香蕉奶昔风味交织着桃汁和蜂蜜的甜美气息。质地厚重，带有腰果 / 开心果气息。饱满。

回味：圆熟且带有香菜和姜黄的气息。

结论：似油膏的质感。

风味阵营：水果辛香型

Redbreast 12 年 40%

色香：丰富柔和的水果味，清爽柔嫩，并且伴随着潮湿麂皮味；之后则是蛋糕粉，生姜，烟叶味，以及坚果和些许奶冻粉香气，之后则是醋栗叶味道。

口感：入口之后非常纯净。雪茄和深色水果，并且有着壶式蒸馏带来的清新风味，包裹感十足，非常厚重。

回味：干涩，香料味。

结论：单一壶式蒸馏的入门款。

风味阵营：饱满圆润型
参 照 酒：Balcones 纯麦

Redbrest15 年款式 100% 壶式蒸馏 46%

色香：雅致。秋天的水果（红果和黑果），太妃糖和淡淡的皮革、檀香及花粉香气。精致的橡木风味。浓郁。

口感：丰饶圆熟。软皮革过后开始散发大量的香料味。层次丰富的莳萝，生姜香气交织着新皮革、干果、烤苹果气息。风味复杂。

回味：绵长圆熟，黏稠。

结论：与 Jameson 极其相似。经典的壶式蒸馏酒。

风味阵营：饱满圆润型

Powers John's Lane 46%

色香：相比知更鸟更为奔放饱满，油脂感明显，伴随着胡椒，皮革以及晒干的玫瑰花瓣。包裹着巧克力衣的樱桃，夹杂着植鞣革的味道，除此之外还有着檀香，雪茄盒以及黑醋栗味。

口感：非常馥郁，成熟，油脂感十足，有着包伟士标志性的水蜜桃（芒果和百香果）。饱满顺滑，个性鲜明。

回味：芫荽籽，干涩的泥土味。

结论：各种风味在口中荡漾，相当厚重的威士忌。

风味阵营：水果辛香型
参 照 酒：Collingwood 21 年

绿点 Green Spot 40%

色香：甜美活泼，片刻之后油脂味立现，并且带着苹果皮，西洋梨，杏干以及香蕉片的味道，尾端还带着微微的橡木桶甜味。

口感：入口时很清新，旋即醋栗，丁香和小茴香味道涌现，加水后辛香味更为明显。之后则是芝麻和菜籽油，尾端是白醋栗香气。

回味：大茴香和咖喱叶风味。

结论：最清淡威士忌的典范。

风味阵营：水果辛香型
参 照 酒：Wiser's Legacy

Midleton Barry Crockett Legacy 46%

色香：蜂蜜，甜美的榛果和新鲜大麦。随之而来的是青柠、青草、醋栗叶、青芒果、西洋梨和香草以及橡木味。

口感：柔和顺滑，带着明显的蜂蜜味，佛手柑和新鲜柑橘相继涌现。中段非常香醇，之后则是丰富的小豆蔻和肉豆蔻味。

回味：悠长，带着橡木桶的椰子和深色水果味。

结论：优雅而不张扬。

风味阵营：水果辛香型
参 照 酒：Miyagikyo15 年

日本

访问轻井泽酒厂（Karuizawa distillery）的途中，我看见过一幅海报。海报上的男人架着一副瓶底厚的眼镜，蓄着山羊胡，横眉怒目地注视着这个世界，他就是种田山头火（Santoka），日本最著名的俳句诗人。山头火一生好酒，而至于俳句，在他看来就如同制酒一样，是将生活经历蒸馏提炼成诗的语言，是敲动出的“生命之息”。因而，就日本的文人雅士而言，威士忌可能是另一种形式的俳句，它在各种风味汇聚和更广阔的文化展示层面，绝妙地契合了日本文化的精神实质。

前页：似曾相识却又截然不同，日本威士忌就如同这风景一样。

对于一个外国人来说，如果细心地打量日本与威士忌勾连的历史，或许就能够切身领略到日本人的精工细作和卓绝的感知能力，也许能成为你对日本文化的一次有意义的寻访。

1872年，岩仓使节团从西方带回一箱老伯威士忌（Old Parr），自此拉开了日本酿造威士忌的序幕。在后来的数年间，日本人仿造出了很多洋酒。1899年，鸟井信治郎（Shinjiro Torii）创办了葡萄酒商店“寿屋”，随着售卖烈酒的成功，他萌生了兴建一座日本本土酒厂的想法。这时，一个叫竹鹤政孝（Masataka Taketsuru）的年轻人出现在他面前，竹鹤曾于1918年赴格拉斯哥（Glasgow）学习过威士忌蒸馏技术，并娶了一位苏格兰妻子丽塔·考恩（Rita Cowan）。之后他又分别在哈泽本（Hazelburn）和朗摩（Longmorn）酒厂当过学徒，非常了解苏格兰威士忌的酿造工艺。初遇竹鹤，鸟井信治郎深感相见恨晚，两人一拍即合，共同创建了山崎酒厂（Yamazaki）。但好景不长，由于种种原因，两人分道扬镳，鸟井信治郎创办了三得利公司（Suntory），而竹鹤政孝也拥有了自己的一甲公司（Nikka）。值得庆幸的是，两位先驱的公司至今依然是日本威士忌界的两大支柱。

曾有一种说法，由于日本的威士忌酿造技术是从苏格兰引入的，因而，日本威士忌和苏格兰威士忌喝上去没什么两样。事实并非如此，如果细细品味，你会深刻地感受到这种流言的谬误，日本威士忌有着鲜明的个性和自身独特的风格。也总有人以为日本人的酒厂就是一栋栋远离乡土并充斥着瓶瓶罐罐的实验室，然而他们依然大错特错。日本的威士忌生产者确实擅于利用高科技手段以明确他们的目标。但有着200多年历史的酒厂，总不能一直是守着那些祖传方法过日子。事实上，从1923年鸟井信治郎建立山崎酒厂并聘请酿酒师竹鹤政孝起，就开启了苦心钻研、艰苦创业的艰辛历程。他们是凭借良好的口碑、不认输的匠人精神以及别具慧眼的市场触觉，经营着三得利和一甲公司，并一直保持着日本烈酒业的领军地位。

其实我们不难发现日本工匠对威士忌本土化的孜孜追求。日本酒厂不但严格遵循威士忌的基本酿造工艺，同时，它们更注重根据实际情况的需要，运用高科技手段加以调整、改进，让威士忌融入更多的日本风格。品尝日本威士忌，从某种意义上说，是在感受他们的文化、饮食、经济，以及他们对于威士忌的定义——一天辛苦劳作后的犒赏。

日本威士忌并不一定都很清淡，但香气却都很纯净，非常好分辨，抿上一口便令人念念不忘、口齿生津。与苏格兰威士忌不同的是，日本威士忌的麦芽香味并不明显，甚至可以说有点缺失，这跟他们使用具有强烈特殊气味的日本橡木桶（水楢桶）有关。如果说苏格兰威士忌像一座岩浆肆意喷薄的火山，各种香气与风味交汇激荡，那么，日本威士忌就如同清池，所有的一切都隐藏在水面之下。

一直以来，日本威士忌都非常关注风味的集中度，这似乎与日本文化的诸多方面不谋而合。日本人将“涩”（shibusa）这种强烈而独特的本性作为基本原则，其核心在于朴实简单、且深刻自然。日本威士忌的“纯粹”正深得这一理念的精髓。日本文化中的另一个词——侘寂（wabi-sabi）与涩一脉相承。它代表着一种思想，一种美学，提倡把审美的眼光聚焦到那些朴素、平凡，不会永远存在的事物上，从残缺中发现美。辩证地看，用化学家们的话来说，永远不会有“完美”的威士忌。威士忌中所含的芳香烃都是“不完整的”，因而，酿造威士忌的精髓在于找到人为手段和自然（气候、橡木、土壤）之间的平衡点，就像竹鹤先生所说的那样：“酿造威士忌就是一次天人合一的过程。”这些观念在日本美学中根深蒂固，潜移默化地影响着日本威士忌的酿造。日本威士忌酒厂也许在数量上并不那么令人瞩目，但其独具匠心的风格却使它风靡西方市场，赢得瞩目，成为酒迷心目中的新宠。

令人遗憾的是，日本威士忌在威士忌历史长河中也许会是昙花一现。目前，三得利、一甲和很小的秩父（Chichibu）都在大量出口，轻井泽和羽生（Hanyu）的库存很快就会消耗殆尽。而明石（Eigashima）酒厂生产威士忌的次数极少，一年只运营2个月；富士御殿场（Gotemba）即使是在日本本土的威士忌市场上也极为罕见；信州（Mars）也只是最近才开始重视威士忌；冈山县（Okayama Prefecture）最近仅新开了一家酒厂。在全球威士忌市场迅猛发展，国外产品不断压境的形势下，如果日本一直处于停滞不前的状态，那么，我们可能看到的是，曾经用血汗打下的那片天地很快就会被人们慢慢遗忘。

平静、温和、集中……而且不失神秘。那就让我们来慢慢揭开日本威士忌的面纱吧。

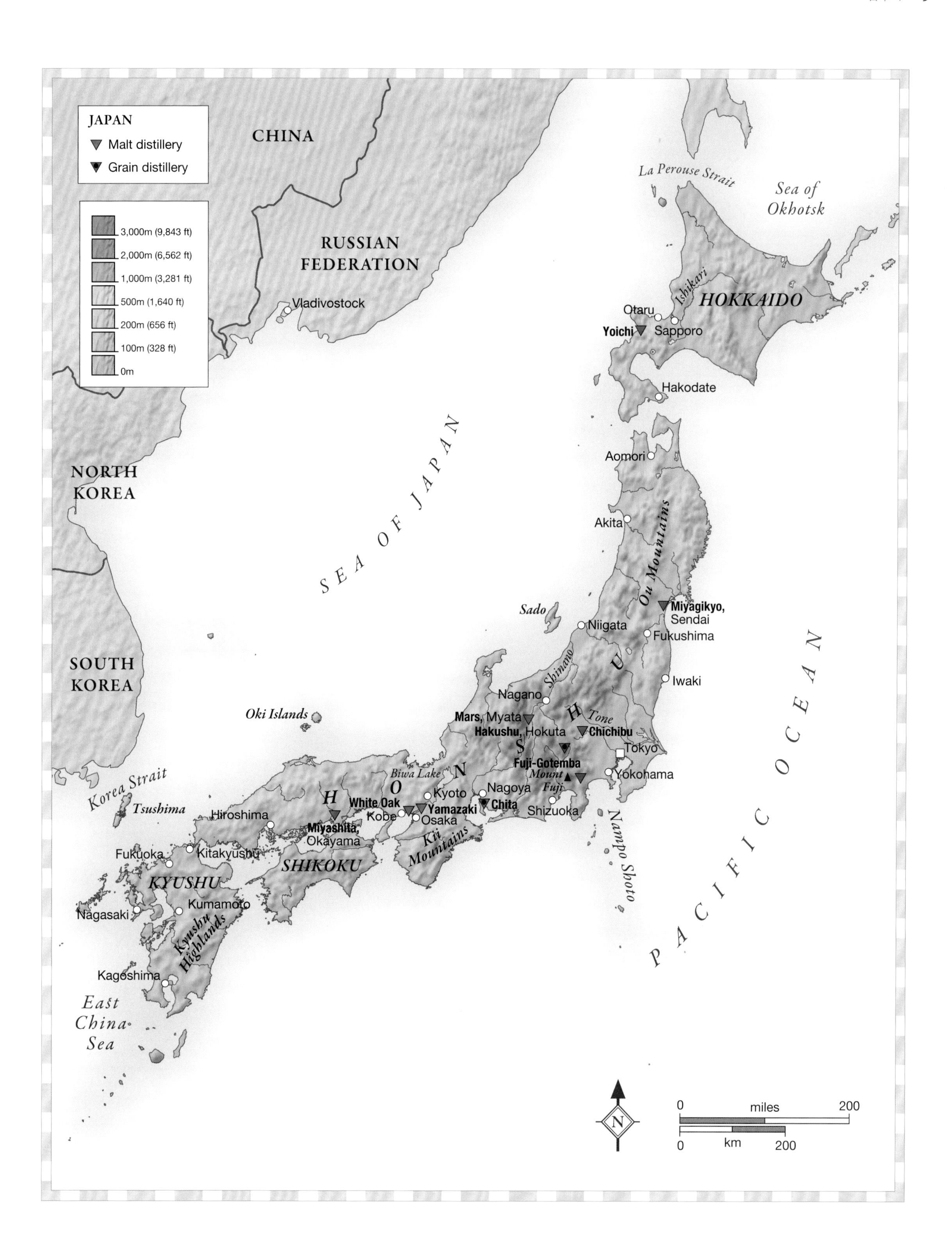
JAPAN
Malt distillery
Grain distillery
3,000m (9,843 ft)
2,000m (6,562 ft)
1,000m (3,281 ft)
500m (1,640 ft)
200m (656 ft)
100m (328 ft)
0m
CHINA
RUSSIAN FEDERATION
Vladivostock
NORTH KOREA
SOUTH KOREA
SEA OF JAPAN
La Perouse Strait
Sea of Okhotsk
HOKKAIDO
Ishikari
Otaru
Sapporo
Yoichi
Hakodate
Aomori
Akita
Ou Mountains
Miyagikyo, Sendai
Sado
Niigata
Fukushima
Iwaki
Shinano
HONSHU
Nagano
Mars, Myata
Hakushu, Hokuta
Tone
Chichibu
Tokyo
Fuji-Gotemba
Mount Fuji
Yokohama
Nagoya
Chita
Shizuoka
Biwa Lake
Kyoto
White Oak
Yamazaki
Kobe
Osaka
Kii Mountains
Miyashita, Okayama
Hiroshima
Oki Islands
Korea Strait
Tsushima
Fukuoka
Kitakyushu
SHIKOKU
KYUSHU
Nagasaki
Kumamoto
Kyushu Highlands
Kagoshima
East China Sea
Nampo Shoto
PACIFIC OCEAN
N
0 miles 200
0 km 200

山崎（Yamazaki）

大阪 · WWW.THEYAMAZAKI.JP/EN/DISTILLERY/MUSEUM.HTML

一切就从这里开始，山崎酒厂正坐落在京都西南郊外天王山麓的山崎峡谷中。这里夏季闷热，冬季却又寒冷刺骨。鸟井先生选址在此有很多原因。首先这里邻近两大城市，紧靠公路，商业氛围成熟。其次，山崎地区更是木津川、桂川、宇治川三条河流汇聚之处，水源丰富。而最后一点，也是最重要的一点，这里曾是日本茶道的起源地。早在16世纪，此处古而有之的“离宫之水”，曾吸引日本茶道鼻祖千利休在此筑庵烹茶，并创立了令全世界惊叹的茶道。山崎酒厂也以相同的水源酿制各种新酒，将名水的精神注进了威士忌之中。

建在这样古老的地方并不意味着山崎就是墨守成规；正相反，在保留传统的同时，山崎也在不断地进行创新。至2005年，山崎已经完成第三次重建。这次，山崎把所有的蒸馏房全部整修一遍，蒸馏器比以往更大，并采用了直火加热方式（用火直接在蒸馏器底部进行加热），从而让酒的风格也产生了变化，香气更复杂，更具层次感。当你品鉴日本威士忌的时候，首先要把所谓的苏格兰风味置之脑后，抱着全新的态度去认识这完全不同的风格，体会这技法和创新巧妙融合的产物。

苏格兰一共有118座酒厂，所以混合威士忌厂可以互取所长，调配出自己想要的风格。日本有三得利和一甲两个领头的威士忌公司，他们一共拥有4 家威士忌酒厂，但酒厂之间并不互通有无，如果他们想做混合威士忌，就只好关起门来自己慢慢研究。

山崎有两个糖化槽，分别用于糖化轻度和重度烟熏的大麦，并得到澄清的麦芽汁。然后在木制或不锈钢材质的发酵槽中加入两种酵母的混合物。来到蒸馏车间，第一眼就让人颇感意外：一共有8对结构大小不一的蒸馏器，其中8个低酒精蒸馏器采用直火蒸馏，其中一个蒸馏器采用虫桶冷凝。山崎使用5种橡木桶来进行陈酿：雪利桶（美国橡木和欧洲橡木）、美国波本橡木桶、美国新橡木桶以及日本水橡木桶。

这样做会让威士忌具备截然不同的风味。在苏格兰，每一家酒厂都力求保持产品风味的统一，也就是说一款18年的威士忌和一款15年的唯一不同之处只是前者比后者在橡木桶里多待了3

山崎坐落于京都和大阪之间的古道上，而它也是日本第一家专为酿造威士忌而建造的酒厂。

让酒桶翻滚起来吧。一种新的陈年方法，还是酒厂扩大规模之后不得已而为之呢？

山崎酿造出各种不同风味的威士忌。

年而已。而在山崎，每个年份酒款所代表的却是迥然各异的风格。山崎18年并不是山崎12年多存放了6年后的酒款，而是在装瓶前6个月，由各种不同的新酒调和而成。

然而山崎最令人心驰神往的不仅仅是它多样化的风格，更是所有的山崎都具备一致性，我把它叫做"山崎之舞"。当酒体轻触味蕾的那一刻，四溢果香在你舌尖舞动，同时又带出雪利桶的圆润柔滑和水楢桶（日本橡木桶）特有的伽罗熏香，回味悠长、辛辣，然而这一切都被饱满的酒体紧紧裹住，如同日本威士忌发展史的写照。鸟井信治郎在早期的造酒生涯中，一直在营造更适合日本人清淡口感的威士忌。然而后期一批新的威士忌爱好者要求酒要更具个性，风味更强烈，更多样化，山崎由此也在不断妥协、适应和改变。

尽管山崎运用了很多创新技术（还有很多未公开展示）进行变革，但它仍然保留了酿酒最初的态度，不疾不徐，执着严谨，东西合璧又融古贯今。这样的威士忌才是真正的浑然天成。

山崎品酒辞

新酒 中度风味

色香：香气柔和甜美，水果和浓烈的花香（百合），苹果以及草莓味。

口感：入口圆润，当酒液接触到舌尖时，山崎之舞立即显现，果味和香辛料瞬间绽放，非常具有活力。

回味：顺滑悠长。

新酒 重度风味

色香：香气深邃饱满，非常淡的蔬菜味和饱满的果味。

口感：香醇饱满，非常强烈的香子兰味，酒体成熟黏稠，还隐藏着些许烟熏味。

回味：略有点封闭。

新酒 重泥煤风味

色香：香气纯净，鸢尾花和朝鲜蓟，烟熏味依然弥漫，但很芬芳。

口感：入口甜美厚重（最为明显的个性）。海滩篝火般的烟熏味直到尾段才开始散发。

回味：辛辣。

10 年款 40%

色香：淡金色。香气清新，更多香辛料味，还有烤橡木桶和酯类物质。

口感：入口纯净，充满活力，淡淡的柑橘味，一丝榻榻米和绿色水果味。

回味：柔和，之后变得清爽。

结论：典雅纯净。适合用水割（加冰块和苏打水）的方法来饮用，春日的感觉。

风味阵营：芳香花香型
参 照 酒：Linkwood 12 年，Strathmill 12 年

12 年款 43%

色香：金色。果味开始展现，成熟的蜜瓜、菠萝、葡萄柚以及许多花香，尾段还是榻榻米和些许果脯味。

口感：入口都是甜美的果味，非常多汁，之后则是糖浆，半熟的杏子和一抹香草味。

回味：淡淡的烟熏味和果脯味。

结论：中等酒体，但个性十足，充满着夏日风情。

风味阵营：水果辛香型
参 照 酒：Longmorn 16 年，Royal Lochnagar 12 年

18 年款 43%

色香：淡琥珀色。弥漫着秋季水果的芬芳。成熟的苹果，半干的桃脯，提子干和淡淡的落叶堆。烟熏味更重些，花香味更深邃，越发芳香。

口感：入口是桶味，饱满的雪利味，核桃，西洋李子和些许苔藓，舌苔中央有一点抓舌感，非常复杂。

回味：甜美的桶味，饱满。

结论：更为深入地感受到了山崎的用桶，恍若步入秋天。

风味阵营：饱满圆润型
参 照 酒：Highland Park 18 年，Glengoyne 17 年

白州（Hakushu）

北杜市 · WWW.SUNTORY.CO.JP/FACTORY/HAKUSHU/GUIDE

日本南阿尔卑斯甲斐驹岳（Mount Kaikomagatake），雄伟壮丽，不时有微风从矗立在花岗岩山坡上的松树林中穿过。而在山与林之间，就坐落着白州酒厂。很难说清楚酒厂到底有多大，直到站上连接酒厂双塔顶部（博物馆所在地）的天桥，踏在透明玻璃走廊上，你才会由衷赞叹此地的广袤和秀丽。一边是国家森林公园，另一边则是存放着450 000 桶酒的白州酒厂。20世纪70年代，日本酿酒者对于威士忌无穷尽的野心和渴望伴随着日本经济的大爆发，造就了这座曾经是世界上最大的威士忌酒厂。

当地尾百川溪谷充足优质的水源（日本百大名水，现已有瓶装水产品）吸引了三得利来这里建厂，不幸的是当时的勃勃野心却被20世纪90年代的亚洲金融危机所击倒，随之而来的通货紧缩政策也让这个国家举步维艰。

两扇巨大的铁门背后就是日本威士忌的缩影。在白州酒厂西区，总调酒师福与伸二（Shinji Fukuyo）推开它们，顿时有一种庄严肃穆的感觉，我们仿佛步入古老的宫殿，到处是巨型的铜管。福与伸二先生介绍说，白州拥有东西区两个酒厂，曾经一年最多可以蒸馏3 000万升的酒液。

而现在，大部分的蒸馏工序已经转移到东区厂房，产量也减少了三分之一。和山崎一样，市场的剧变让白州开始改变自己。1983年，他们完成了史上规模最大的一次整修。

临收工之前，福与伸二先生在西厂区做了些测试，将其中某个蒸馏器改装成了平顶。“哦，是的，这就是我干的，”他很悠然自得地说，“我想多做一些改变，然后看看接下来会发生些什么。”这是日本酿酒人很典型的做法，经常进行一些让人吃惊的改变，想到就去做，而不会考虑过多。

和山崎的不同之处是，白州的技术革新更大刀阔斧。白州使用4种大麦，从无烟熏到重度烟熏，糖化以后提取纯净的麦芽汁，装入木质发酵槽中进行发酵，同时会投入两种酵母——蒸馏酒酵母和啤酒酵母。“木质发酵槽和啤酒酵母会帮助产生更多乳酸菌，”福与伸二先生解释道，“这会让我们的酒产生更多酯类物质，喝上去乳脂感更足。”

而更让人瞠目结舌的是，这里的6组蒸馏器外形尺寸大相径庭：

对于橡木桶近乎偏执的迷恋是日本威士忌品质的关键。
下左：迷恋是日本威士忌品质的关键。**下右**：正在重新组装。

一派田园牧歌景象。白州就栖身于此，日本阿尔卑斯山脚下。

高、矮、胖、瘦，莱恩臂（蒸馏器上那根铜管）朝上、朝下，虫桶和冷凝器也各不相同。非常奇妙的组合，当然这也跟山崎保持一致，同样追求酒风味的多样化。

不过，即便拿白州最重泥煤风味的酒来说，也跟山崎追求深度的风格完全不同，白州走的是简单直接的路线。低年份的酒就完全彰显出与众不同的个性：清新，仿佛置身雨后的竹林，充满各种树叶和苔藓的味道。美国橡木桶和在木质发酵槽中更长时间的发酵赋予它乳脂感十足的酒体，最后的烟熏味若有若无，耐人寻味。

白州的风格形成可能跟酒厂周围的环境有关。“这里的温度保持在4~22 摄氏度之间，”福与伸二先生说，“山崎大概是10~27 度，而这里的夏天，湿度更是高得惊人。”试饮了白州10 年的樽出新酒，满是清新的松木味道，但是很难相信它还有继续陈年的潜力。再试25年的酒，酒体和烟熏味更重，只是风格同样一目了然，清新的薄荷不时浮现，一如文章开头描述的那样，仿佛沐浴在穿过松林迎面扑来的微风里。

值得一提的是，2010年酒厂为进行实验配置了一台连续性蒸馏器，目前已经尝试过用玉米、小麦、大麦等谷物作为原材料酿造威士忌。

白州品酒辞

新酒 轻泥煤风味

色香：非常纯净。黄瓜、果肉和一丝青草，雪梨和车前草味。尾段烟熏味显现，非常精致。

口感：入口甜美浓郁。甜瓜味和非常高的酸度，清新。烟熏味依然在尾段才开始绽放。

回味：……直到终了。

新酒 重泥煤风味

色香：香气非常强劲，一抹坚果，它的泥煤味不像苏格兰威士忌那般缭绕，而是更为清澈芳香，湿草和柠檬味。

口感：入口别有风味，柑橘味和极具层次的烟熏味。

回味：柔和，淡淡褪去。

12 年款 43.5%

色香：稻黄色。香气清爽，淡淡的香氛。素心兰、青草和些许花香，一抹松柏、鼠尾草和青香蕉味。

口感：入口柔顺丝滑，伴随着一丝薄荷和青苹果味，还有竹子和潮湿的青苔、青柠以及洋甘菊味。

回味：只留下一丝烟熏味。

结论：清新典雅，但依然很具骨架，风格明显。

风味阵营：芳香花香型
参 照 酒：Teaninich 10 年，anCnoc 16 年

18 年款 43.5%

色香：金色。曲奇和生姜以及杏仁 / 蛋白杏仁糖的味道。中段些许蜡感，梅子和甜美的干草以及青草，青苹果。尾段则是黑加仑叶。

口感：中等酒体，入口纯净（酸度依然很好），芒果、熟透的北海道蜜瓜、青草味依旧。尾段则是典雅的木头烟熏和烤橡木桶味。

回味：纯净，淡淡的烟熏味。

结论：泰然自若，烟熏味并不张扬，有节有度。

风味阵营：芳香花香型
参 照 酒：Miltonduff 18 年

25 年款 43%

色香：琥珀色。香气浓郁，许多果脯和打蜡家具味。还有淡淡的焦糖水果、烤苹果、葡萄干、蕨类 / 苔藓和蘑菇以及干薄荷味，尾段依然是烟熏味。

口感：入口强劲有力，种种风味在口腔中绽放，如葡萄酒般丝滑，略带单宁，尾段是果仁糖。

回味：桶味伴随着挥之不去的烟熏味。

结论：饱满丰厚，酒厂个性鲜明，依然不失那清新的酸度。

风味阵营：饱满圆润型
参 照 酒：Highland Park 25 年，Glencadam 1978

THE CASK OF HAKUSHU 重泥煤风味 61%

色香：金黄色。香气浓郁，怡人带着臭氧般的清新味。康乃馨、洋葱及慢慢涌现的烟熏味。加水后烟熏味更重，芳香依旧，果肉和湿泥煤味。

口感：入口同样浓郁，酒精感和白州风味同时席卷整个口腔，只留下蜜瓜和强烈的烟熏味。

回味：柔和悠长。

结论：平衡，与众不同的个性依然存在。

风味阵营：烟熏泥煤型
参 照 酒：Ardmore 25 年

宫城峡（Miyagikyo）

仙台 · WWW.NIKKA.COM/ENG/DISTILLERIES/MIYAGIKYO/INDEX.HTML

宫城峡是一甲的第一座酒厂，坐落在本州岛的东北部仙台市以西45分钟的车程。此处有很长一段是盘山路，酒厂就藏身于枫树环绕的山林中，人迹罕至。四周的山谷有许多处温泉，一副世外桃源的景象。与报道相反，这家酒厂并没有受到东北海啸、福岛核电厂泄露的辐射影响。

一座酒厂的诞生，总是离不开水。20 世纪60 年代，竹鹤政孝，日本威士忌的奠基者之一，继创办了一甲之后，想再建造一所酒厂。他先去了寒风萧瑟的北方（有关余市酒厂，见224 页），随后又花了整整3 年时光才找到这里，新川（Nikkawa）和广濑川的两河交汇处，宫城峡的所在。走在布满灰色鹅卵石的岸边，喝着清洌纯净的河水，竹鹤政孝做出了决定。1969年，仙台酒厂建成。

竹鹤政孝对于水质的要求异乎寻常地高。而其他酒厂一般都认为水从本质上并不能直接决定酒的风味，需要注意的是酒厂周围水源的水量，水的温度（要冷），和水的硬度在发酵过程中产生的影响。1919 年，当竹鹤还在朗摩酒厂（参见87页）做学徒的时候，他初次提问酒厂经理的13 个问题中，有两个就是关于水的。当他发现酒厂的水源后，问道："你们是否分析过这水的成分呢？" 答案是没有。于是他接着问，"苏格兰的酒厂会不会用到显微镜等仪器设备"，答案是不会。 有人证实当初在考察宫城峡时，竹鹤不但喝了这里的水，而且还把水带回实验室做分析研究。可见从一开始，他就严格把控着关于水的每一个细节。

宫城峡酒厂扩建过两次，拥有一个麦芽车间和一个谷物车间。它的威士忌是经多重蒸馏酿造而出，遵循日本人自己的方法，这点跟三得利酒厂大不相同。

宫城峡的大部分麦芽都没有经过烟熏，偶尔会使用中度或重度烟熏过的麦芽分别处理变成麦芽汁，前者清澈，后者混浊，并在发酵过程中加进多种酵母。所有的蒸馏器形状都大体一致：体积大，巨型的底部，单加热器以及非常粗的蒸馏颈，跟朗摩酒厂的非常像。

身处这片青山、翠林和温泉之中，宫城峡正是凭借着这里优质的水源而建造。

当品尝宫城峡的时候，你就能清楚地感受到它与竹鹤政孝创立的另一家酒厂余市风格的截然不同。余市的酒体厚重饱满，伴随着强烈的烟熏味，而宫城峡，却是另外一种风情，非常清爽、纯净的口感。如果说余市是一款仿佛坐在皮革摇椅上慢慢抽着烟的冬日威士忌，那宫城峡则是充满水果芬芳的夏日。不得不赞叹日本酿酒人在平衡和完善产品线的同时，还能兼顾创新和传统。

这里还有一组格拉斯哥制造的圆柱状科菲（Coffey）蒸馏器，用来完成3 种谷物威士忌的蒸馏：玉米，玉米混合麦芽，还有纯麦芽。最后会以极少的产量装瓶，并命名为“科菲麦芽威士忌”，这是非常能够体现日本酿酒人创新精神的一款酒。事实上，早在竹鹤在苏格兰学习酿酒技术的时候，科菲麦芽威士忌在当地就是很常见的一款酒，回到日本后，他也许一直保留着当初的这份记忆，然后想找个合适的地方、合适的时间来把它付诸现实。或许就在这里，深秋时漫天枫叶在岸边飞舞，孩子们清脆的欢笑声响彻天空的地方。

这里四季分明，也使宫城峡的陈年环境别具一格。

宫城峡品酒辞

15 年款 45%

色香：饱满的金色。香气柔和甜美，许多太妃糖、牛奶巧克力和成熟的柿子味。

口感：入口柔和清新，桃子和雪利桶的风味很明显，尾段则是淡淡的提子干和一抹松柏味。

回味：悠长，果味。

结论：甜美易饮。

风味阵营：水果辛香型
参 照 酒：Longmorn 10 年

1990 年 18 年款 SINGLE CASK 61%

色香：乌龙茶，腌柠檬的香气，纯净清淡。中段则是焦糖，伴随着草莓，橡木内酯和些许油脂味。加水后巧克力曲奇和芳香的橡木味显现。

口感：入口简单明了，非常肥美，果酱味十足，包裹感强，极具层次感。中段是煮苹果和白加仑味，尾段则绽放出百里香和柑橘，略微有点酸度。

回味：淡淡的桶味。

结论：酒液包裹住舌苔的感觉很棒。

风味阵营：水果辛香型
参 照 酒：Balblair 1990，Mannochmore 18 年

NIKKA SINGLE CASK COFFEY MALT
单桶科菲麦芽 45%

色香：防晒油，拿铁，夏威夷果的香气。此外还有成熟的热带水果，伴随着芳香的木头和鞋油味。加水后淡淡的花香和焦糖水果，平衡且不失复杂度。

口感：入口乳脂感非常强，白兰地火焰香蕉和白巧克力味。

回味：悠长润滑。

结论：个性非常强。

风味阵营：水果辛香型
参 照 酒：Crown Royal

轻井泽和富士御殿场（Karuizawa & Fuji-Gotemba）

轻井泽，长野 · WWW.ONE-DRINKS.COM

富士御殿场，富士山 · WWW.KIRIN.CO.JP/BRANDS/SW/GOTEMBA/INDEX.HTML

轻井泽，日本一个玲珑别致的世外桃源，坐落于海拔800米的长野县（Nagano Prefecture）境内。轻井泽久负盛名，从17世纪到19世纪，它是连接京都和江户（Edo）之间中山道（Nakasendo）上的小镇；然后又成了基督教徒的避难所，以及后来日本上流社会人士的健身疗养基地；现如今它是日本具有代表性的滑雪胜地和泡温泉的好去处。这里毗邻日本最大最活跃的火山——浅间山（Mount Asama）。

轻井泽酒厂的前身是大黑葡萄酒株式会社，于1955年改建成威士忌酒厂。轻井泽独辟蹊径，从来不拘泥于只做单一麦芽威士忌，而是将麦芽威士忌作为基酒，创造出一种调和威士忌——海洋（Ocean）。

轻井泽的风格一成不变。它只使用黄金大麦，重度烟熏，小型蒸馏器，旧雪利桶，浓郁的老派苏格兰酒厂的复古风范。但是喝起来依然非常具有日本风情。乌黑浓重的酒体油脂感十足，带着小豆蔻的香气，入口有厚重的蜂蜡感和血性——只有日本人才能酿造出这样的酒。

然而，后来的几年，由于经济不景气及周转不济，酒厂偏执于只追求酒质忽视效率，因而被迫停产关闭。不过，轻井泽却深深地扎根在一批忠实老饕的心中，他们一直盼望着麒麟公司（Kirin）能够将其东山再起。事与愿违的是，一家房地产开发商买下了这个酒厂。幸好英国的一番公司（Number One Drinks Company）买断了轻井泽的全部库存，但却并没有获得再酿批准，有些轻井泽单一麦芽威士忌被混合在一起发售，商家美其名曰浅间山。

尽管轻井泽还有很多追随者，但复兴无望已成事实，这意味着世界上一款顶级的威士忌轻井泽也将消失。

富士御殿场：扑面而来的轻柔风味

富士御殿场的选址更令人称奇，邻近富士山自然不必说，奇特的是酒厂的后花园还是日本自卫队的靶场。从酒的风格上说，它跟轻井泽完全不一样。酒厂是1973年由麒麟和加拿大施格兰（Seagram）公司合作建造，由一个麦芽车间和一个谷物车间组成（后者更多地被用来酿造威士忌），整体上来说简直就是迷你版的金姆利（Gimli）酒厂（见第276页）[与第二版对应，待核]，甚至连蒸馏器的形状，车间的布局都非常相似。酒液大部分都陈年在美国橡木桶中，并针对日本的菜肴来严格调配风味。这款单一麦芽威士忌缺乏宣传，且被低估，但我认为他具有非常大的潜力。

富士御殿场品酒辞

富士山麓 18 年款 40%

色香：非常高雅的酯类物质香气，但不够奔放。木漆、桃核、紫罗兰味。加水后白花香和葡萄柚味显现。

口感：甜美芬芳，蜂蜜味。尾段是清新提神的柠檬和锯末味。

回味：柔和，荔枝味。

结论：非常纯净清澈。

风味阵营：芳香花香型

参照酒：Royal Brackla 15 年，Glen Grant 1992 Cellar Reserve

18 年款 SINGLE GRAIN 40%

色香：金色。香气甜美浓郁，黄油味，还有许多蜂蜜、芝麻以及椰子冰淇淋味。

口感：入口厚重柔和，甜美。肥美的玉米调性伴随着烤香蕉味贯穿始终。

回味：悠长，糖浆味。

结论：柔和，圆润甜美，非常怡人。

风味阵营：芳香花香型

参照酒：Glentauchers 1991，Glenturret 10 年

轻井泽品酒辞

1985 年 CASK #7017，60.8%

色香：如鸽血般凝重的颜色。香气深邃，略带几分狂野，翻过的泥土味夹杂着糖蜜，天竺葵、黑加仑和雪松味，尾段则是西梅裹挟着阿萨姆红茶。加水后湿煤仓、清漆和提子干以及硫化物味。

口感：入口饱满，煤灰和烟熏味很重，还有一丝橡胶味。强烈的桉树味让人回想起化痰剂。加水后硫化物味又很唐突地显现。

回味：煤烟味，悠长。

结论：典型的轻井泽，毫不妥协的个性。

风味阵营：饱满圆润型

参照酒：Glenfarclas 40 年，Benrinnes 23 年

1995 NOH SERIES CASK #5004，63%

色香：树脂、清漆、凤仙花 / 万金油、天竺葵、鞋油、西梅以及油脂感非常重的桶味，尾段则是伏牛花和紫檀盒。加水后万年青、煤烟和皮革味显现。

口感：入口感觉有些封闭、内敛，桐油味，有点苦。加水后桉树叶和其他千奇百怪的味道。

回味：能感受到它在体内摩挲着你的胸膛。

风味阵营：饱满圆润型

参照酒：Benrinnes 23 年，Macallan 25 年，Ben Nevis 25 年

秩父（Chichibu）

秩父，江井岛，神户 · WWW.EI-SAKE.JP

初看酒厂时，你很难说服自己将它与乐活（LOHAS）所倡导的那种健康以及循环不间断的生活体验联想在一起，不过这一点在参观秩父酒厂时被完全颠覆。社长肥土伊知郎（Ichiro Akuto）的行事作风也跟其他酒厂大不相同。早在1625年，他的家族就开始在幽静的秩父酿造清酒和烧酒了。随后在20世纪80年代，他们在附近的工业小镇羽生建造了威士忌酒厂，麦芽糖化用的水都是从秩父运送来的。然而时势弄人，经济危机突然就降临了，日本的威士忌市场瞬间崩塌。2000年，伊知郎先生不得不选择关闭酒厂，只留下400桶左右的存酒（就是2014年发行的扑克牌系列威士忌）。2007年，他回到了故乡秩父，在离城外两座山距离的地方买下一小块地，一年之后，秩父酒厂正式开始运营。

如今的新酒厂尽管非常小，但拥有一个年轻有活力的团队，一群曾经在轻井泽工作过的人。整个酿酒车间比一间会议室大不了多少，整洁有序，所有设备都是崭新的，非常迷你。这是我去过的唯一一家在参观前需要换上橡胶拖鞋的酒厂。

伊知郎先生将带动当地经济的发展作为酒厂发展的一个重要目标。虽然仅有10%的麦芽是当地种植的，但对于麦芽长期依赖进口的整个日本威士忌行业来说，已然是一次很大的进步。酒厂使用当地的泥煤烘干大麦。泥煤的强劲程度也和艾雷岛（Islay）的齐侯门（Kilchoman）相近，所酿之酒因而会带有轻微的檀香味。

伊知郎先生作为秩父酒厂理念的创造者，一直尝试酿制不同的新酒与熟成风味的探索。有一款产品就是他与他的团队在诺福克采用传统地板发芽酿制的，这款酒与传统日本威士忌风格的差异明显，带有更突出且柔和的谷物香甜。目前为止秩父只生产3款威士忌（包括重泥煤），通过调节冷凝的温度来营造不同的风味——较低的温度蒸馏出口味较重的酒，反之则是相对清淡的口感。由于酒厂非常小，所以伊知郎能够有精力关注造酒过程中的每一个环节。陈年用的酒桶也是各式各样的，只不过所有酒进桶前都要过日本特有的橡木——水楢桶（mizunara）、500升（110加仑）的美国橡木桶、葡萄酒桶和一种四分之一桶（chibidarus）。仓库里最后一批轻井泽橡木桶作为二次装填，也会慢慢地给威士忌熟成带来一种特殊的风味。此外，他们目前正在建立一个制桶厂。

385年以来的积累和沉淀，造就了秩父酒厂前所未有的宏远志向。

我问他造酒过程中最让人感到神奇的事情是什么？“森林水土，种植和蒸馏环环相扣，掌握好这些，保持一致性，就能做出好的威士忌。我以前一直以为用桶才是酿酒的重点，现在我才认识到蒸馏的重要性。蒸馏才是酿酒的全部啊。”

轶夫品酒辞

ICHIRO’S MALT, CHICHIBU ON THE WAY DISTILLED 2010 年 58.5%

色香： 拥有竹笋和粉红大黄的香气，沁人心脾的花香与草莓酱和奶油交织在一起。加水后，菠萝和甜瓜等热带水果的香甜气息逐渐飘溢而出。

口感： 入口些许白垩土的矿物味，随后呈现更多的是浓郁的草莓和香草风味。

回味： 百花盛开的味蕾之宴。

结论： 香甜，又富有层次感。

风味阵营：芳香花香型
参 照 酒： Mackmyra

THE FLOOR MALTED 3 年款 50.5%

色香： 扑鼻而来的麦芽和谷壳香，隐约间闻到丝丝坚果香气，接着又化作葡萄和草本植物的幽香。

口感： 各类热带水果的清新甜蜜之感交错，与谷物的味道相得益彰。

回味： 新鲜自然，结构紧致。

结论： 完全使用诺福克（Norfolk）的精选大麦蒸馏而成。

风味阵营：麦香干涩型
参 照 酒： St George EWC

PORT PIPE 2009 年 54.5%

色香： 这是一款充满活力的酒，但橡木桶的香气非常明显。置于鼻下有轻微酒精的辛辣感，覆盆子、蔓越莓的水果香气突出，伴随着荨麻和青草味。加水后，夹杂类似粉笔的矿物气息。

口感： 舌苔中感受到的甜度瞬间俘获你的心，令人愉悦，还有一点点来自橡木桶中的覆盆子和焦糖的复杂美味。

回味： 这是一款有结构、有深度，口感丰富的美酒。

风味阵营：水果辛香型
参 照 酒： Finch Dinkel

CHICHIBU CHIBIDARU 2009 年 54.5%

色香： 不得不赞美这款酒体现出的优秀美妙的深度。清甜的柠檬蛋白味和新鲜的柚子包裹着一丝丝夜来香的芬芳，摄人心魄。

口感： 令人垂涎欲滴的柑橘，酸酸甜甜之中，又深切地捕捉到肉豆蔻和草莓的味道。

回味： 跳跳糖的惊喜口感不断在舌尖轻舞。

风味阵营：水果辛香型
参 照 酒： Miyagikyo 15 年

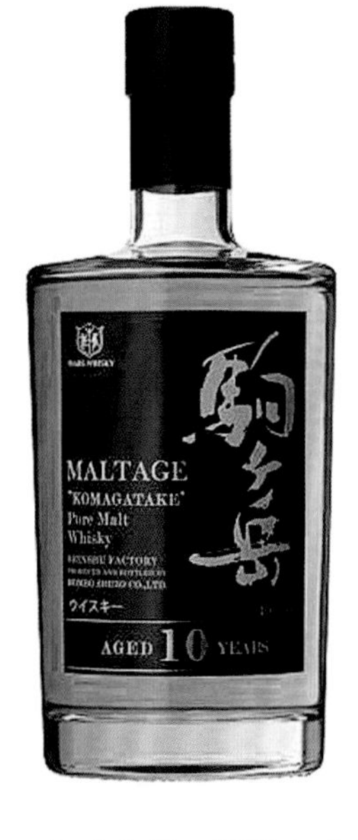

信州（Mars Shinshu）

信州，宫田村，鹿儿岛县 · WWW.WHISKYMAG.JP/HOMBO-MARS-DISTILLERY

信州与三家酒厂有着千丝万缕的关系，它位于郁郁葱葱的日本阿尔卑斯群山高处，四季景象唯美动人，与日本威士忌的起源息息相关。

1949年，酒厂的老板本坊（Hombo）就拿到了酿造威士忌的执照。但直到1960年，本坊都没有在此地生产威士忌，而是在山梨县（Yamanashi）的一个专门建造的酒厂里酿酒。运营这家酒厂的是岩井喜一郎（Kijiro Iwai），他在20世纪初曾做过竹鹤政孝的下属。当时他们在摄津酒厂（Settsu Shuzo）工作，并想一起建立第一家日本威士忌酒厂。可是，当竹鹤从苏格兰学成回国时，摄津酒厂已经关闭。之后竹鹤加入山崎酒厂，后又创办了一甲公司，此后便是现在大家熟知的历史了。那么，如果摄津威士忌酒厂建成了，历史又将如何书写呢？

岩井也是一个痴迷威士忌的人物，在山梨县的酒厂开始运营后，他去资料室翻出了当年竹鹤酿制威士忌的报告。毫无疑问，这样出品的威士忌具备了竹鹤的风格，口感较重且带烟熏味。在山梨县运营了9年后，他们决定停止生产并关闭蒸馏厂，并转向生产葡萄酒。蒸馏的工作转移到了九州岛的南部——鹿儿岛（Kagoshima），他们在那装设了两座小型铜制蒸馏器，继续生产浓重烟熏的麦芽威士忌。

直到1984年，生产线才搬到了长野县的信州，选择这里的原因是海拔高的地区可以缓慢地熟成威士忌，同时拥有石灰岩过滤过的优质水源。酒厂酿制的风格也有了翻天覆地的变化，转向轻盈的路线。

这段时期熟成的威士忌将日本威士忌的甜蜜展现得淋漓尽致，同时既柔和又香甜的水果味充满整个口腔，平衡中又有些诱人，令人怦然心动。这样的产品本可以在日本销售很好，但造化弄人，他们再一次与时机擦肩而过。因为此时正是日本威士忌泡沫塌陷，同时价格高昂又不利出口的当口，信州酒厂终于在1995年停产关闭。

值得庆幸的是，本坊对威士忌的认知相比于轻井泽的老板更为清晰。重整之后的信州开始销往国内外，并在2012年恢复生产。目前，信州酒厂只生产无泥煤和泥煤（这是对岩井的致敬）两种风格威士忌。他们善于将老酒与新酒进行调配，同时，在一些特别节日里发行高年份的单桶。

坐落于美丽的日本阿尔卑斯高山上，信州在17年后涅槃重生。

信州品酒辞

新酒 LIGHTLY PEATED 60%

色香：精致的青梨和轻微烟熏香气，仔细闻香后，还有硫化物气息飘荡其中。

口感：口感甜美柔和，烟熏味逐渐在口中蔓延，随后呈现的硫化物香气增添了一丝别样风味，经过时间的沉淀会展现得更加迷人。

回味：甜蜜细致。

KOMAGATAKE SINGLE MALT, 2.5 年款 58%

色香：像是坠入了充满水果的无底洞，香气纯净自然，冰镇白桃、甜瓜瓜皮、水果糖浆和精致的橡木香气巧妙地融合在一起。

口感：甜蜜的感觉在口中散开，进而缓缓甜进心底里。活力充沛，结构立体，但可以看出这是一支平衡感极佳，且具有发展潜力的酒。

回味：能够感受到酒中水果味的不成熟，陈年后的出色表现令人期待。

结论：这款酒的实力不容小觑，成为酒厂的领军角色指日可待。

风味阵营：水果辛香型
参 照 酒：Arran 14 年

明石（White Oak）

江井岛，神户 · WWW.EI-SAKE.JP

明石酒厂就是一个谜。该酒厂坐落在神户（Kobe）附近的明石海峡（Akashi Strait），它本应该是日本第一个酿制威士忌的地方，1919年酒厂就已取得了酿造威士忌的执照。但是明石大部分时间都是生产烈性酒，只有在20世纪60年代的几年内酿制过威士忌，以用作调和威士忌的新酒。明石的风格规模与信州及羽生相似，也一样是在市场开始下滑时才发行产品。酒厂恢复生产后，名石的产量和发行产品极其有限。

江井岛酒厂是明石的持有者，企业重心在清酒、烧酒、梅子酒、葡萄酒和白兰地。可以想象，酒厂蒸馏器的运作是非常频繁的。在如此丰富的产品线上，威士忌想要与其他酒平起平坐是很艰难的。每年花在生产威士忌的时间，确切地说只有1个月。明石酒厂只生产无泥煤风格的威士忌，并且在美国波本桶和雪利桶中陈年。

日本威士忌博客Nonjatta创始人史帝芬 · 范 · 艾肯（Stefan van Eycken）在最近一次的访问中得知，明石对橡木桶的使用比以前更加复杂。酒厂会选用产自山梨县的白葡萄酒陈年，最有创新色差的是以枹栎木（Quercus serrata）做成的老清酒桶中陈年。这款酒在2013年发行了限量版。此外，独立装瓶商邓肯泰勒（Duncan Taylor）直接购买了明石酒厂的新酒，并在其苏格兰仓库中陈年。

最近发行的大多都是很年轻的威士忌。但在日本威士忌爱好者和我看来，威士忌需要在橡木桶中长时间的打磨和锤炼，才能彻底唤醒它的魅力。然而，商业需求远远超过了那些威士忌迷的需求，年轻的酒会继续出售。而很遗憾的是，酒厂的产量依旧非常小。从商业的逻辑来看企业在烧酒和清酒方面获益最多，这将持续成为他们主要推动的方向，毕竟创造利润才是一个酒厂生存下去的原动力。

另一个烧酒和精酿啤酒酿造商——宫下酒厂（Miyashita），于2012年开始在冈山县（Okayama）小规模的酿制威士忌。目前酒液正在不同风格的橡木桶中陈年，酒厂计划在2015年发行他们的产品。

明石品酒辞

5年 BLEND（BOTTLED FOR NUMBER ONE DRINKS）45%

色香：轻盈、纯净，犹如冰面上的芭蕾舞者。清澈自然的香水味，恍如天使降临在你的面前。一丝蜂蜡气息，随后是占据主导的烤茶优雅香气。加水后，酵母、黄瓜、琉璃苣和青柠的清新芳香扑鼻而来，带给您一场无与伦比的嗅觉交响曲。

口感：圆润香甜，香草奶油冻和甜甜的姜汁，这种口感的融合吃在嘴里就感觉是入口即化的熟梨子。

回味：柔和顺滑，轻盈洁净。

结论：细腻精致，平衡感极佳。

风味阵营：芳香花香型

明石临近神户，是日本第一家获得威士忌执照的生产商。

羽生（HANYU）

肥土伊知郎家族（参见秩父，221页）1625年开始涉足酿酒业，主要生产清酒。20世纪40年代，羽生就拿到了威士忌执照，酒厂位于利根川（Tone River）岸边，但直到1980年才开始威士忌的酿造。其大胆独特的风格并没有获得威士忌酒界的认可，但羽生没有放弃，而是在逆境中不断寻求市场。20世纪90年代，由于日本威士忌市场的崩塌，羽生被迫关闭。2000年，羽生彻底被拆除，伊知郎不甘家族的心血白白废弃，想尽一切办法将剩余的400桶新酒买下。发行了最具市场影响力的是“纸牌系列”，全系列是以一副扑克牌花色为酒标。据伊知郎表示，并没有对特定风格的卡片分配特定的意义，但是麦芽威士忌爱好者仍然在热炒和猜测。2014年以“大小鬼”的推出宣告这个系列全部发行完毕。

余市（Yochi）

余市 · WWW.NIKKA.COM/ENG/DISTILLERIES/YOICHI.HTML

从本州岛的中部横穿到北部，参观过的威士忌酒厂都离东京很近。原因很简单，可以更方便地供应周边市场，其中，酒吧占第一位。那余市酒厂在哪儿呢？抬眼向北方望去，直到遥远的北海道，坐船沿着青森至函馆之间的海岸线，途经札幌，再往西50千米就到达目的地。北国之地，对面就是符拉迪沃斯托克。为什么当大多数酒厂都建在东京附近时，作为日本威士忌奠基人之一的竹鹤政孝会选址在这里呢？

其实竹鹤政孝一直就把目光放在北海道，那里才是他心目中的完美之处。当他还在哈泽本酒厂工作时，就一直在考虑日本的水质。在笔记中他写道："即使是在苏格兰，也偶尔会发生缺乏优质水源的问题，因此如果要建厂，没有必要选址在住吉（大阪）这种只有地下水的地方。"

"综观日本的地理条件，我们要找到一个能够源源不断提供优质水源，并且能够种植大麦，提供燃料、煤炭以及原木的，最好还有铁路和港口航船的地方。"

所有这一切都把他的目光领向北海道，但当时他的老板鸟井信治郎却和他意见相悖，认为北海道周边根本没有市场可言（不像山崎）。

需要补充一点的是，有关两位教父级人物当时究竟是如何携手的一直都无法得到考证。传闻说那年竹鹤政孝正好应聘去横滨管理白札酒厂，由此两人结识。然而白札酒厂同年就迅速关闭，它的威士忌口感太强烈，烟熏味又重，让当时的日本人完全无法接受。

1934年，竹鹤政孝与鸟井信治郎签订的合同到期，在大阪一些财团的赞助下，竹鹤和他的苏格兰妻子丽塔前往北方寻找酿酒之地，

苏格兰还是日本？余市酒厂既承载着竹鹤政孝的精神寄托，又是酿造出具备独一无二风味的日本威士忌的先驱之一。

直火加热造就了余市厚重、油脂感的个性。

最后他来到了北海道，对外宣称他是在建设苹果汁加工厂，实际上他已经完成了自己的最终目标，把酒厂选址在一个叫余市的小渔港，四周群山环抱，迎面就是令人战栗、巨浪滔天的日本海。

1940年左右，余市出品了第一款酒，酒体雄浑，烟熏味十足，用鸟井信治郎的话来说就是一点都不“日本”。酒厂的炉窑车间有着漂亮的砖红屋顶，非常高，站在上面可以一直望到石狩湾。然而，时至今日，它早已不再喷云吐雾。和日本其他威士忌酒厂一样，余市也是从苏格兰进口麦芽，自然而然地拥有多种不同的处理方式（具体有几种，酒厂的人委婉地回避我这个问题），按照烟熏程度的不同来划分（从无烟熏一直到重烟熏），不同的酵母菌株，发酵时间以及分馏点。

要达到不同的分馏点，关键在于蒸馏器底部炭火的掌控。这简直就是一门艺术，蒸馏师会根据经验预先判断出何时加炭、何时减炭来控制跃动的火苗，就可以蒸馏出不同浓度的酒，然后进行冷凝。余市用的还是老式虫桶冷凝器，冬天，温度大致保持在零下4度，夏天22摄氏度。

余市是一款风格非常强劲的酒，入口油脂感足，烟熏味和花果的芬芳兼而有之，有深度有层次，却又能清晰地把这些变化以及复杂度呈现在你面前。但是它的厚度又和轻井泽的那种重剑无锋的浑厚稍有不同，略带海风的咸味。好几次我脑中突然浮出阿贝的影子，然而也只是稍纵即逝，紧接着黑橄榄的味道瞬即涌现，随之而来的是烟熏味……不太像雷莱岛的风格，更有那种身处琴泰半岛的感觉，望出去有个小渔港，离开小镇几里远……不会吧，这里可是有着完全不同的酿酒方式。余市或许更像坎伯镇，那里是竹鹤曾经工作过的地方，那里有他曾经驻留过的酒厂。即便余市在骨子里似乎残存着那么一些苏格兰的魂魄，但它就是它，独一无二的一款日本威士忌。

竹鹤政孝留下了一个谜，他究竟是实用主义者还是浪漫主义者？也许两者都是。

他前往北海道仅仅是为酒厂的条件考虑，还是因为他想去一个能够尽情享受海风，畅快呼吸，并且可以把他带回过去的地方呢？

余市品酒辞

10年款 45%

色香：淡金色。香气纯净清新，带着非常活跃的烟熏味。煤灰和淡淡的咸味。加水后层次感和油脂感显现。

口感：入口油脂感很足，使得各种风味都附着在舌尖上，淡淡的桶味，清爽的苹果味，夹杂着那股强烈的烟熏味。

回味：略显酸度。

结论：平衡年轻……适合配苏打水喝吧。

风味阵营：烟熏泥煤味
参 照 酒：Ardbeg Renaissance

12年款 45%

色香：饱满的金色。裹挟着海水的烟熏味袭来，之后则是蛋白杏仁糖的尾段。比10年款更具花香，些许烤过的桃子、苹果和可可豆的味道。

口感：入口依然很油，烤苹果味，还有那蛋糕般的甜美感，一丝黄油，尾段则是腰果和烟熏味。

回味：烟熏味持续弥漫。

结论：花香和海水的风味交织，但依然平衡。

风味阵营：烟熏泥煤型
参 照 酒：Springbank 10年

15年款 45%

色香：深金色。恰到好处的烟熏味，而油脂感越发强了，酒厂个性彰显无遗。雪茄、雪松和核桃蛋糕，尾段更有黑橄榄味。

口感：入口依然非常余市，完美的油脂感和包裹感，带着雪利桶味，丁香以及12年款中的可可豆味，只是现在已经化作黑巧克力。

回味：微咸。

结论：强劲且不失优雅。

风味阵营：烟熏泥煤型
参 照 酒：Longrow 14年，Caol Ila 18年

20年款 45%

色香：琥珀色。香气浓郁，依然是那大海的风情。晒干的渔网、湿海藻、船机油和龙虾壳的味道。中段是檀香和浓郁饱满的果味，尾段则是普罗旺斯橄榄酱和酱油味。加水后香辛料味更足，葫芦巴和咖喱叶。

口感：入口深邃，树脂味。烟熏味极具层次，油脂感依旧，而淡淡的皮革味更带来一份清香。

回味：亚麻籽油和一抹香辛料，之后则又是烟熏味。

结论：强劲有力的外表下却有着优雅的个性。

风味阵营：烟熏泥煤型
参 照 酒：Ardbeg Lord of the Isles 25年

1986年，22年款重泥煤 50%

色香：金色。橙皮碎、焚香、泥煤烟熏味，饱满的果味，黑橄榄和非常明显的烟熏味，此外还有醉鱼草，硬太妃糖和烘焙过的甜美香辛料以及凤仙花。

口感：入口依然是强烈的烟熏味，夹杂着水果蛋糕和煤油绳，殷实复杂，需要加水后才更柔和，果味也更明显。

回味：丝滑，所有的复杂度都停留在舌尖上。

结论：圆润，但充满力量。

风味阵营：烟熏泥煤型
参 照 酒：Talisker 25年

一款酒就足以呈现余市的多样性。

日本调和威士忌（Japanese Blends）

日本威士忌，和苏格兰一样，大部分还是以调和威士忌为主，也正是由于市场对于调和威士忌多样化的需求才促使那些单麦酒厂不断进行创新和改进。时至今日，年轻人对于麦芽威士忌的需求剧增，而调和威士忌正好可以填补这个巨大的市场空缺，从调和威士忌中也能找到各个单麦酒厂独特的风格。就技术层面看，日本调和威士忌的生产方法和苏格兰的别无二致，然而在品尝过程中，却仿佛能聆听到酒中那娓娓道来的声音，带你领略日本的风土人情。

日本第一支威士忌，白札（白标），1929年正式发售，口感强烈烟熏味十足。不过销售情况非常惨淡。鸟井信治郎开始重绘蓝图，推出更适合东方人口感的清淡型威士忌。随后推出的三得利角瓶，大受欢迎，并一直保持着日本销量第一威士忌的头衔。从此鸟井吸取了经验，把市场方向瞄准了战后的新新人类。与此同时，日本经济也开始腾飞。

当时，工薪族们下班以后都想要找个地方放松和减压，于是许多酒吧如雨后春笋般出现。那他们喝些什么呢？啤酒。日本人喝啤酒跟德国人一样，如同日常食品——早餐时来一杯啤酒在日本是随处可见的事情。那威士忌呢？纯饮的话显然不是很受欢迎，因为在潮湿温暖的日本，人们更想喝些清爽的饮品。于是聪明的日本人发明了新的喝法：威士忌水割，即混合型威士忌加冰块再加水稀释。这在如今看来完全是不靠谱的，不过水割法的好处是能让酒量不好的人也可以喝很多。

日本调和威士忌的产量十分巨大。20世纪80年代，三得利老牌威士忌在本土就销售出1 240万箱，这几乎相当于尊尼获加系列目前在全球的销量。“那时和现在没法比，”三得利首席调酒师解释道，“当时最畅销的依次是三得利红标、白标、角瓶、金标、珍藏版和皇家版，如同金字塔的结构一般，那时的人也是如此，职位越高就越想喝更高端的酒。你的名片换了，于是你喝的威士

谁说调和是件很简单的事情？这些架子上的酒都是调酒师拿来做实验用的。

忌也换了。”

那现在呢？“日本现在的等级观念也淡化了。现在你想喝一款‘更好’的威士忌，纯粹只是因为你想尝试一下而已。所以即便是刚入门的威士忌爱好者也会尝试高端款或者单一麦芽威士忌。”时代的变迁和年轻人观念的转变也影响着威士忌。

现在威士忌消费有趣地朝着两个方向发展。一方面，大部分年轻的消费者（以男性为主）开始停止饮用他们父辈日常饮用的烧酒，而逐渐转向单一麦芽威士忌或嗨棒（威士忌加苏打水）的饮用。另一方面，高端调和威士忌的发展，如1989年三得利发行的高端调和威士忌系列——響。響12年在竹炭中过滤，一部分的新酒在梅酒桶中陈年；一甲公司发行的“From the Barrel”调和威士忌针对的是那些排斥麦芽威士忌口感的消费者们，同时他们公司调酒室中提供了让消费者感受不同威士忌按不同比例调和出来的场景。调和看起来似乎很冰冷，但是充满了艺术色彩。三得利的总酿酒师福与伸二说：“我们目标是成为工匠大师，但这个称号是来之不易的。工匠的目的是创造出新的东西，更准确地说他们是创意者，而我们对于创意的职责是要一直保持我们质量的稳定性，这也是我们一直坚持的诺言。”

每款酒都会被品鉴、评估。

日本调和威士忌品酒辞

NIKKA，FROM THE BARREL 51.4%

色香：春日里的树木味，树皮、苔藓、绿叶与淡淡的花香以及迷迭香精油，最后则是新车的味道。加水后香气更浓郁，咖啡蛋糕。

口感：柔和内敛，甜瓜、桃子和甜柿味。尾段略显干涩，苔藓味显现。

回味：紧致的橡木桶味。

结论：浓郁平衡，麦芽威士忌爱好者也会喜欢这款。

风味阵营：水果辛香型

NIKKA SUPER 43%

色香：古铜色。香气清爽，淡淡的果脯、焦糖及一丝烟熏味。之后则是覆盆子和些许根茎，花香味。

口感：入口纯净，丝滑柔顺的谷物威士忌调性。淡淡的柑橘味，香气更为甜美。

回味：中长，纯净。

结论：一款值得慢慢品味的调和酒。

风味阵营：芳香花香型

HIBIKI 12 年款 43%

色香：香辛料味（肉豆蔻）。浓郁的青芒果/青梅和菠萝以及柠檬味。

口感：柔和甜美，香草冰淇淋，桃子味，辛辣。

回味：悠长的胡椒、薄荷脑和芫荽子。

结论：极具新意的一款调和酒。

风味阵营：水果辛香型

HIBIKI 17 年款 43%

色香：柔顺的果味，一抹柠檬精油及橘叶，之后则是可可豆、杏子果酱、香蕉和榛子味。

口感：柔顺的谷物威士忌调性搭配丰富的太妃糖般的风味，果脯味在后面，伴随着黑樱桃和葡萄干蛋糕，悠长成熟。

回味：蜂蜜般甜美。

结论：丰富的层次感展现了日本威士忌的酿造工艺。

风味阵营：水果辛香型

CHITA SINGLE GRAIN 48%

色香：开瓶缓缓倒入杯中，一缕缕黄油气息便从瓶中弥漫到空气中。加一些水，仿佛在这舒适愉悦的芳香中，软糖、橙皮、奶油糖和青香蕉的酸甜气息，浓郁复杂。

口感：甜蜜的太妃糖和酸酸的类似红樱桃、红李子等红色水果味，达到了极佳的平衡，给味蕾带来至臻享受。

回味：美妙的口感经久不散，令人回味，仿佛让人感受到和家人一起在海边共赏夕阳西下的那份温馨与轻松。

结论：加了酒的丹麦酥饼。

风味阵营：糯香玉米型

美 国

凡是酿酒的人，都懂得善用身边的作物，所以对他们来说，来到任何一个新的国家酿酒其实并不可怕，因为他们可以适应环境的改变，并使用新的原料来发挥创意。在墨西哥，移民者学会了把龙舌兰制成龙舌兰酒，在加勒比海地区，人们也可以用甘蔗制造朗姆酒。新移民刚来美国不久，就开始拿苹果和其他的水果来制作白兰地。但直到18世纪中叶，才纷纷开始制作威士忌，制作者主要来自于德国、荷兰、爱尔兰以及苏格兰，他们定居在马里兰州、宾夕法尼亚州、西弗吉尼亚州以及南、北卡罗来纳州，他们种植的黑麦，奠立了美国第一批本土威士忌的风格。

肯塔基的石灰石阶地不仅对酿造波本威士忌十分有利，还很适合养马。

用玉米酿造的威士忌直到1776年才出现，这完全归功于弗吉尼亚政府颁布的《玉米地和小屋权利法》，使肯塔基县的新移民能够在未开垦的荒地上种植玉米和建造房屋。他们把“印地安玉米”拿去蒸馏，渐渐发现这是一个商机，8加仑重量的玉米只能卖50分钱，但等量的玉米可蒸馏出约23升的威士忌，能卖到2美元，所以说酿酒的人都非常懂得运用自己身旁的作物。

到了19世纪60年代，工业革命带动了威士忌的发展。酒厂纷纷扩建，而新修建的铁路也让肯塔基的威士忌销往各地，这其中还要感谢一个人，肯塔基老奥斯卡胡椒酒厂（the Old Oscar Pepper distillery）的詹姆斯·克罗（James Crow），正是他改进了酿造工艺，才能让肯塔基威士忌如此蓬勃发展（详情见232页，236-237页）。

现在回过头来想一下，如果当初不是因为美国禁酒令的影响，现在威士忌世界会是怎样的光景呢？威士忌产业的主导者很有可能是美国，而不是苏格兰了，但我们永远不会知道答案。

1915年，包括肯塔基在内，美国已经有20个州禁酒。到了1917年，由于战争需要大量工业酒精，导致所有美国威士忌的酿造都被迫中止。不过这一切都比不上1920年1月17日开始实施的全国禁酒令。据1929年的统计，美国人饮用的酒精总量已低于1915年，虽然酒精饮料饮用量开始减少，但是人们的口味却变重了，因为人们从喝啤酒改成喝威士忌，所以这遏止了过往75年来的威士忌销量下滑。

然而社会历史学者却指出，实际上在禁酒令实行的13年里，消耗掉的烈酒比颁布禁酒令之前更多，而且让美国酿酒者们感到欣慰的是，年轻人也都喜欢威士忌，尽管都是从苏格兰和加拿大进口的，却能让人看到希望。当1933年禁酒令解除时，美国人对于威士忌的口味早已改变，本土威士忌的存量又非常少，本来也许有机会可以让这些品饮者重新回到黑麦和波本威士忌的口感里，但随之而来的第二次世界大战又使美国酿酒业彻底停滞，于是当战争结束的时候，虽然酿酒业开始复苏，但是美国已经停止生产威士忌近30年，在面对本土生产的威士忌时，美国人觉得很陌生。

复兴之路无比漫长，原因是多方面的。首先，酿酒者必须要等待消费者的口味转变回来——为此他们特意稀释了原本口感过于强烈的美国威士忌，然后期待公众能重新爱上这种雄浑的风味。这种境遇和加州葡萄酒很像，某些迹象表明，新一代的美国人已经做好重拾本土威士忌的准备。

现如今，黑麦威士忌已卷土重来，而波本威士忌也忙着推陈出新。手工蒸馏的风潮纷纷扎根，连波本威士忌的灵魂故乡肯塔基州也不例外，美国现在各地都有人在制造波本、玉米威士忌、黑麦威士忌还有小麦威士忌，此外蜂蜜、樱桃、姜饼、辛香料等各种口味的威士忌都在创造着新的市场，各式的怀旧口味也开始大放异彩。那个同样的问题，“什么是威士忌？”，在美国也被提及。

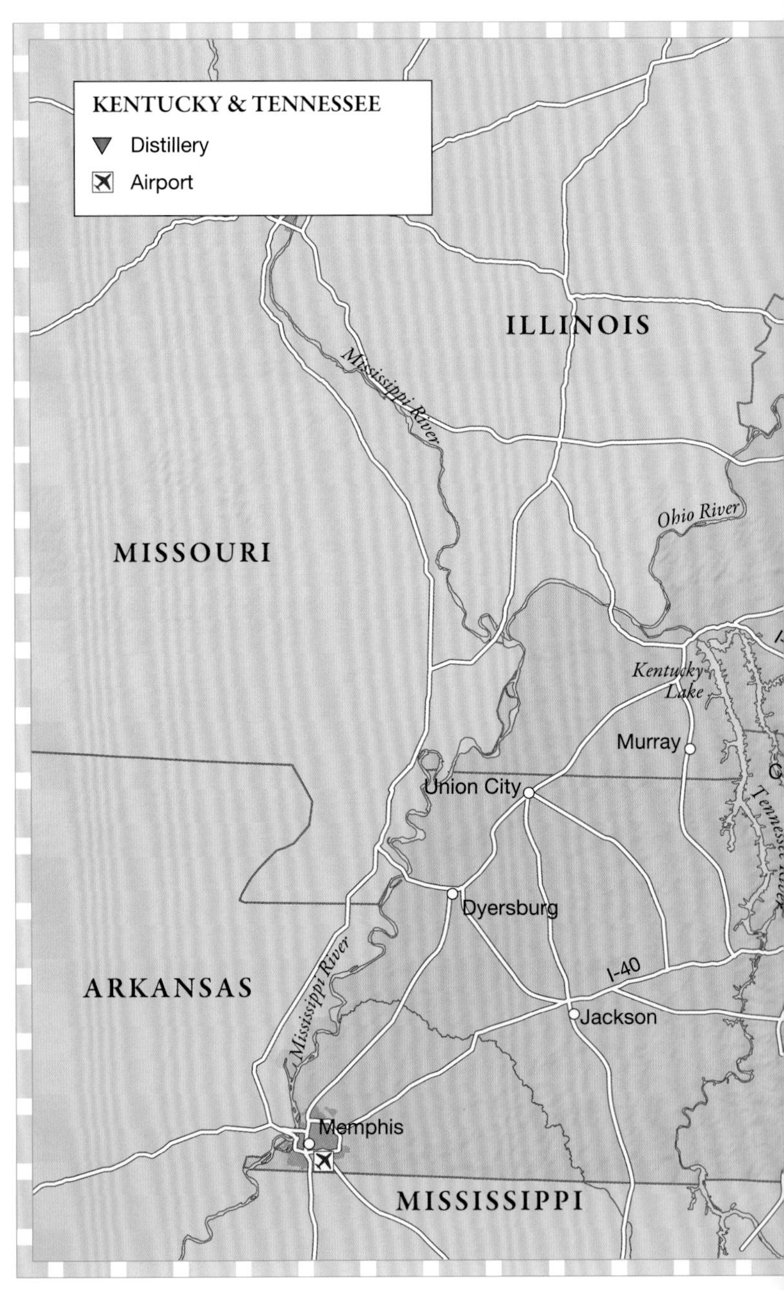

前页：从蒙大拿州斯威特格拉斯县望向落基山脉。

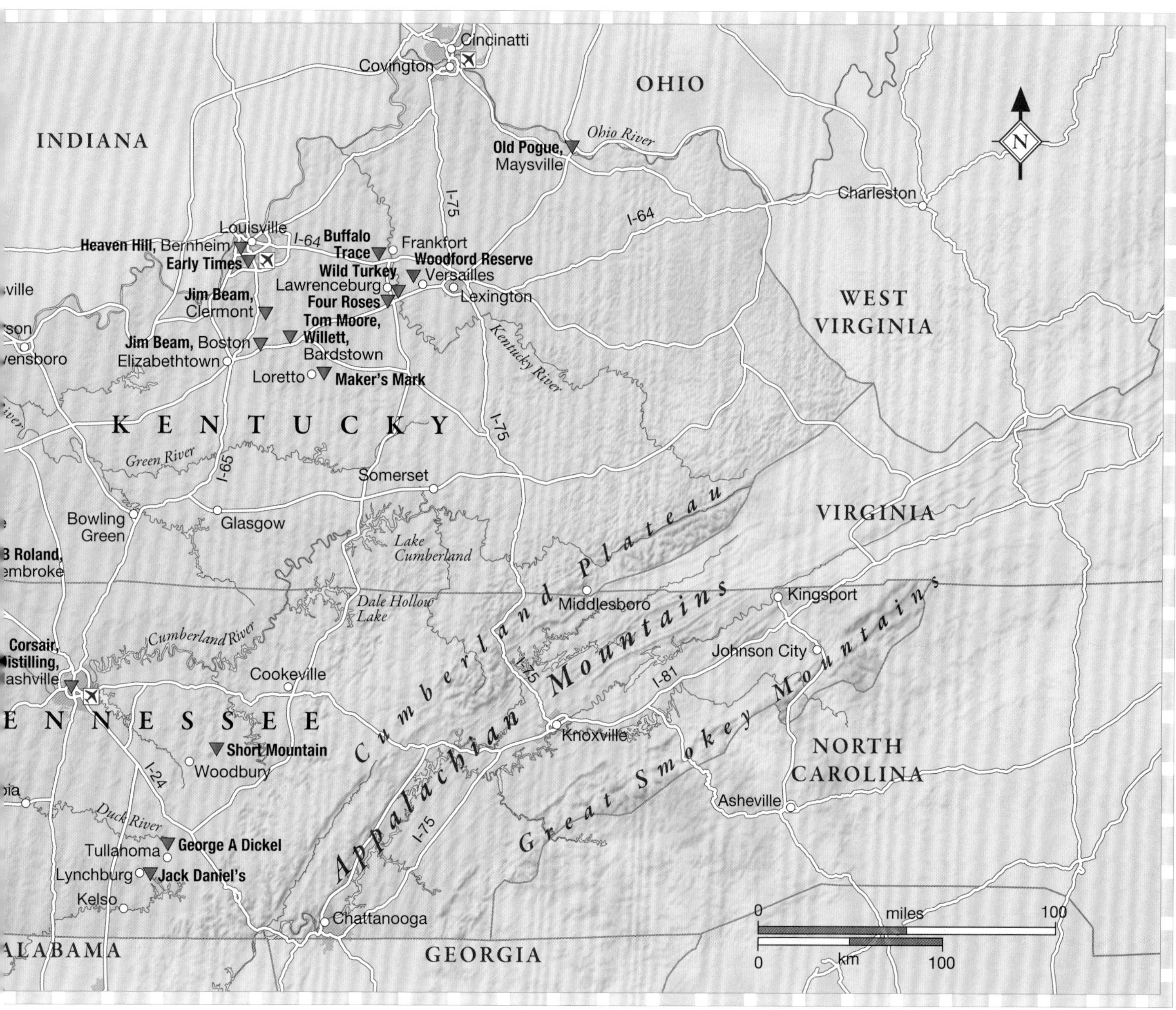

Cincinnati
Covington
OHIO
INDIANA
Old Pogue,
Maysville
Ohio River
I-75
Charleston
I-64
Louisville
Heaven Hill, Bernheim
Buffalo
Trace
Frankfort
Early Times
Woodford Reserve
Wild Turkey
Versailles
Lawrenceburg
Lexington
Jim Beam,
Clermont
Four Roses
Tom Moore,
Willett,
Bardstown
Jim Beam, Boston
Elizabethtown
Loretto
Maker's Mark
WEST
VIRGINIA
Kentucky River
KENTUCKY
Green River
I-65
Somerset
Bowling
Green
Glasgow
Lake
Cumberland
VIRGINIA
Cumberland Plateau
Middlesboro
Kingsport
Dale Hollow
Lake
Cumberland River
Corsair,
Cookeville
Appalachian Mountains
Johnson City
I-81
Great Smokey Mountains
Knoxville
NORTH
CAROLINA
Short Mountain
Woodbury
I-24
Asheville
Duck River
George A Dickel
Tullahoma
Lynchburg
Jack Daniel's
Kelso
I-75
Chattanooga
GEORGIA
miles
km
0
100

肯塔基（Kentucky）

虽然美国威士忌在任何地方都能制造，但波本威士忌的故乡是在肯塔基州，所有初次尝试制造波本威士忌的酿酒师都会先造访这里，向那些创造出“美式风格”的先驱们致敬，但为什么波本威士忌的故乡会是肯塔基州呢？

18世纪，移民们因为种植玉米而获得免费的土地，玉米的广泛种植也使得肯塔基州联邦政府抢先开始了威士忌的生产。农场变成了小型酒厂。到19世纪初，威士忌沿着俄亥俄河往下运到密西西比河，再从密西西比河运到新奥尔良。

当时这些烈酒质量粗糙，都是在运送至市场的路途上顺带进行熟陈，但其实也有争议性的说这是第一批具有陈年风格的威士忌。直到苏格兰人詹姆斯·克罗改变了这种状况。从1825年开始，直到31年后他逝世前的这段时间里，他将科学般的严谨带入了威士忌酿造中：酸渣、糖量计和pH测试。克罗创造出了一致性。

有了更好的烈酒和不断变化的市场，陈年和使用全新的碳化木桶成了标准。没有人知道这是由谁倡导的，虽然这很有可能源自美国最早的烈酒——朗姆酒。朗姆酒蒸馏商熟知木头可以对粗劣的烈酒进行改造，并且从17世纪就开始使用碳化木桶，使用酸渣的技法可能也是受到朗姆酒的制作过程的启发。

随着蒸馏技术的进步，波本威士忌开始有了固定的味道——甚至是在法律上。如今，“纯波本威士忌”是采用玉米含量不低于51%的发酵麦芽浆酿制而成的不超过160°（80%abv）的威士忌，放入木桶时酒精度不超过125°（62.5%abv），并在新碳化橡木容器中陈年2年或更长时间。

当然其中仍有弹性，比如对于木桶的尺寸并无要求，也没有规定一定要使用美国橡木桶。51%的比例可以衍生出不同的原料配方和精确的玉米/谷物比例。波本就是在这些方面进行的一系列即兴创作的成果：调整玉米对黑麦的比例以带出香料味或玉米的丰饶感，用黑麦代替小麦以实现柔顺的口感，使用不同的酵母制造出特定的芳香。最后，还有肯塔基这个元素。

波本威士忌的故乡是肯塔基，它也在这片土地上幸存了下来，因为它是肯塔基。该地区的石灰质硬水需要经过酸渣作用处理，这也为酒带来了风味。空气中的难以驾驭的野生酵母有助于形成酒厂自己的特色，它的土壤孕育了玉米和黑麦，而它的气候极大地影响了波本威士忌最终的风味。最后还有人文因素，就是这些威士忌制造者所建立的王朝：奔驰家族、山缪斯家族、罗素家族、夏皮拉家族。波本威士忌真的是由“人”所制造出来的。

整个肯塔基州的酒厂都在扩建，是为了适应持续增长市场需求。酿酒师们在研究波本威士忌还能变成什么模样，风味如何组成，陈年周期能够改变什么。木桶成为他们研究的焦点，一部分原因是因为工作过程中自然而然产生的好奇，也有部分原因是因为担心是否有足够木材以应付制作新木桶的需求。在认真研发商品的同时，几乎每个星期都会有新风味推出，肯塔基从没有制造过这么多种威士忌。

波本街，新奥尔良：肯塔基州生产的威士忌经由密西西比河运到这里。

美格（Maker’s Mark）

洛雷托 · WWW.MAKERSMARK.COM

1844年，名副其实的《尼尔森记录》(Nelson Record）报道，泰勒 · 威廉 · 塞缪尔斯（Taylor William Samuels）在肯塔基Deatsville的酒厂“结构良好，配备所有蒸馏产业已知的现代改良设备”。泰勒 · 威廉似乎一直遵循着家族传统。自1780年起，塞缪尔这个拥有苏格兰和爱尔兰血统的家族就将他们的玉米做成了威士忌，一直未曾改变，他们一直依循着这个传统。

美格的故事讲述着一种文化传承和坚持不懈的精神，它有着所有酿酒者体内的那种固执。但是有一个非常重要的转折点，那就是波本威士忌的故事。故事都撷自于家族历史，其实多是半真半假，当所有的推论并在一起时，就如同一条过时的拼布棉被，可能会惹恼一些历史学家，但是对营销却是一大帮助。故事里不断出现的模式之一，就是在禁酒令解禁过后，酿酒师们重新站起身，拂去身上的灰尘，然后再次开始动工，这样的精神表现是非常美国式的，很值得表扬，而且通常这些都是真的。

1953年，当老比尔 · 塞缪尔斯（Bill Samuels Senior）在Star Hill农场决定重建家族传统时，他却没有沿用这个方法。他爬起身，环顾四周，然后说：“这次我们要做点不一样的。”换句话说，他不仅仅是要重建酒厂，还要从最核心的部分开始下手。对老比尔来说，市场上的波本威士忌酒精度高，口感粗糙而且低价，销量比不上苏格兰威士忌。他心想，如果想让波本威士忌有未来，就必须提高它的品质并且改变风味。

在哈丁溪旁灌木丛生的山谷中，一间自1805年就开始酿造烈酒的酒厂里，老比尔在酿制自己单一风格的威士忌（他非常坚持苏格兰酿造方法）。原料配比中不含黑麦，而是加入小麦。但美格并不是市场上常见的纯小麦波本威士忌。老比尔求教于小麦风格威士忌的倡导者帕比 · 凡 · 温克尔（Pappy Van Winkle），最后决定采用70%玉米，16%小麦和14%麦芽的原料配比。

“他做了许多与众不同的事情，”美格的品牌大使简 · 康纳(Jane Conner）说道，“大环境很糟，所以他反其道而行。”

这些独树一格的做法，在现在的美格酒厂仍然看得到。一台

“内壁经过烧烤的木桶，是创造美格特征的重要元素。”

防止谷物烧焦的滚磨机；使用开放的蒸煮器慢度蒸煮，萃取玉米的精华；使用自家的瓶装酵母，在装了加倍器的三个铜制啤酒柱式蒸馏器中蒸馏至130º（65% abv）。这样就能制造出温顺且风味集中的白狗（美国人对新酒的称呼）。

“陈年是一大关键，”康纳说道，“我们的橡木桶需要经过12个月的自然干燥，并且出于风味的考虑，桶内壁会进行较轻微的烧烤处理。我们想要的并不是其他波本那种过于腻甜的口味，老比尔想要的是一款更加顺滑的波本。虽然这年头说‘易饮’这两字好像不太好。但我并不明白这是为什么，酿制一些好喝的东西不是件好事吗？”

陈年的威士忌散布于厂区各处涂满黑漆的仓库里。美格仍旧会轮流调换这些木桶：从较凉爽的底层抽出缓慢陈年的木桶，然后和顶层接受阳光炙烤的木桶对调。科纳说这么做是为了保持一致性。不过如果只酿制一款波本威士忌，分成两半来处理陈年不是更方便吗？“如果你只有一间仓库，那么分成两半或许可行。但我们有19间仓库，并且每一间都不同。所以轮流调换的方法更合适，因为在肯塔基，陈年环境是十分炙野的。”

美格从1953年开始就维持着柔和又不失活泼的风格，但在2010年它推出了美格46号威士忌。木桶是风味的关键：要试着强化木桶的影响，而不去破坏味道的平衡。和“独立桶材”公司合作的解决方案，不是重度烧烤木桶，而是灼烧法国橡木条，这样子在抑制鞣酸感的同时，也强化了焦糖味。

最后一道手续，是把标准版的美格威士忌从木桶里取出，去掉初段酒，放进10根橡木条；之后再把木桶加满酒，陈年3至4个月。苏格兰威士忌公司康沛勃克司（Compass Box）的老板约翰·葛雷萨曾经尝试过类似的技术，结果他酿制的威士忌却被禁止贩卖。看起来似乎美国的态度比较开放。

黑与红。美格看似有些隐喻的厂区外表，和其开放的波本威士忌风格形成了鲜明对比。

美格品酒辞

新酒 45%

色香：甜美、优雅、纯净；带有玉米的油脂感。带着些浓烈花香、苹果和麻布的气息。

口感：丰饶带有成熟的红色夏日水果的风味。芳香，质地柔和。非常活泼，充满活力。

回味：集中且带有茴香气息。

MAKER'S MARK 46　47%

色香：肉桂味司、枫叶糖浆、肉豆蔻、丹麦酥、樱桃和香草味。

口感：成熟而饱满。厚实的焦糖味；糖渍橙皮；太妃糖，以及柔软的红色水果味。

回味：辛香味且甘甜。

结论：干净，甜美，香气集中且带着辛香料味。

风味阵营：饱满桶味型

参 照 酒：Four Roses Single Barrel

Maker's
Mark
KENTUCKY STRAIGHT BOURBON
WHISKY
Handmade
Distilled, aged and bottled by the Maker's Mark Distillery, Inc. Star Hill Farm, Loretto, Ky. USA
750mL 45%alc./vol.

MAKER'S MARK　45%

色香：柔和，带有奶油和橡木桶气息，绵密感。酒浸樱桃、檀香木和最先察觉的苹果味，熟果味。加水后散发更多的花香，平衡的木质气息。

口感：圆润、甜美、优雅，很有嚼感；带有一些月桂、糖浆和椰子味。

回味：柔和。

结论：相较于裸麦威士忌的强烈嚼感；这款作品透过橡木桶的互动，呈现出柔和酒体的优雅感。

风味阵营：甜美小麦型

参 照 酒：WL Weller Ltd Edition，Crown Royal 12年

时代波本和伍福德（Early Times & Woodford Reserve）

时代波本 · 刘易斯维尔 · WWW.EARLYTIMES.COM 伍福德 · 凡赛尔 · WWW.WOODFORDRESERVE

刘易斯维尔是贵族和蓝领的迷人结合体，一个拥有令人难忘的带铁制品装饰的砖砌建筑物的州府，一座棒球博物馆，酒店带有供走私贩逃走的密道。它还是，穆罕默德 · 阿里的出生地以及美国音乐无声革命的发源地。不过像夏夫利这样的地区则到处是仓库和旧工厂，这曾是威士忌酿造者的故乡。

刘易斯维尔两家尚在运营的酒厂就位于此处附近：天堂山（Heaven Hill）的伯尔尼海姆（Bernheim）和百富门（Brown-Forman）的时代波本（Early Times）。自1940年开始运营起，时代波本就开始酿造同名威士忌以及Old Forester。“它们是两种截然不同的威士忌，”酿酒师克里斯 · 莫里斯（Chris Morris）说道，“时代波本是随性的，Old Forester 则是风格明确的。”时代波本的“老派的乡村风味”从79%玉米，11%黑麦和10%麦芽的原料配比开始。“我们采用自20世纪20年代开始使用的IA酵母菌株，”莫里斯说，“它能带来与众不同的风味，有助于柔顺特点的形成。我们还进行20%的酸化处理，即20%的麦芽浆进行过搅拌，这能使发酵罐顶部的麦芽浆酸化并沉淀下来帮助发酵。Old Forester 的原料配方有着更高的黑麦对麦芽比例，18%~72%，有助提升香料味。它也有自己的酵母并只进行12%的酸化处理。”

麦芽浆的酸化是一个令人疑惑的问题。许多波本爱好者都说比起其他的品牌更喜欢“酸化过的”，仅仅是因为酒标上会显示这个术语。事实上，所有的纯威士忌都是酸化处理过的。肯塔基和田纳西位于石灰质地块，意味着那里的水富含矿物质但同时又是硬质的碱性水。进行搅拌有助于酸化麦芽浆，避免潜在的感染，并令发酵过程更顺利。酸化的比例对最终的风味有着深远的影响。正如莫里斯解释的那样：“酸化得越多，酵母用来工作的糖分就越少，因此时代波本采用20%的酸化和3天发酵能够降低酒中的杂醇物质（杂醇过多会让人头晕），而Old Forester 12%的酸化和5天的发酵则带来更多风味和更加新鲜的麦芽浆，因为酵母拥有更多的工作材料。Old Forester 的麦芽浆闻起来像玫瑰花瓣，波本时代则像玉米片。”最后都会蒸馏至140°（70% abv）并稀释至125°（62.5% abv）然后进行装桶。

当时代波本乐于坚持酿制具美国南方特征，易饮的波本（或经过二次陈年的肯塔基威士忌）时，Old Forester则开始涉足特别产品领域。生日木桶精选就是注明了酿制日期的老波本（酒龄10~14年）。“这样我们就能够开发特殊产品系列，”莫里斯说，“举个例子，曾经有只松鼠溜进了接线盒里，中断了电源，当然自己也难逃一死。但是留给我们一个三天发酵的麦芽浆，使我们得到了一个不同的风味。”

这只松鼠也许在百富门其他的酒厂内会觉得更加自在，比如伍福德。伍福德位于养马场区域的中心地带，靠近格兰溪谷。19世纪30年代，奥斯卡 · 佩珀（Oscar Peeper）雇用了现代波本威士忌之父詹姆斯 · 克罗（James Crow）。如今，这些黯淡的石灰石建筑包含着一家独一无二的波本酒厂，该厂使用壶式蒸馏器——犹如小型格兰杰——进行三次蒸馏法。

“这个酒厂是为了纪念佩帕和克罗，”莫里斯说道，“但它并不是19世纪威士忌的重制版本。”反而是伍福德延续了克罗对威士忌风味可能性的探索与分析。它与Old Forester 采用同种原料配方，但

木桶紧紧地贴在 Woodford Reserve 酒厂厚厚的石灰墙后。

仅做6%的酸化处理，并使用不同的酵母持续发酵7天。虽然新酒从第三支蒸馏器采集时酒精度为158º（79% abv），但与柱式蒸馏器相比，这座较低效能的壶式蒸馏器，在相同酒精度的酒产出时，却能带出比柱式蒸馏器更多的风味。

Distiller's Select波本在110º（54.5% abv）时进入自然风干的橡木桶，其入桶的酒液经过与夏夫利（Shively）酒厂的酒进行调制混合。而"双桶熟陈"是指使用一个轻度烧烤桶和一个重度烘烤桶。

克罗那种"有何不可？"的态度，延伸到了Master's Collection限量版的发行项目中。"我们的波本有5种香气来源，"莫里斯说，"谷物、水、发酵、蒸馏和陈年。蒸馏和水是恒定的，因此任何相关的创新，只能从另外3个方面着手。"目前发布的包括一种含有4种谷物的原料配方，一款甜酒渣、一款夏多内过桶、一款黑麦、一款四重木桶（在波本桶中熟成，再以oroloso雪莉桶、波特桶和枫木桶过桶），这两款单一麦芽威士忌，都用了100%发芽的大麦，其中一款放入二次桶，另一款放入全新的烧烤橡木桶，这就是克罗精神的延续。

老奥斯卡·佩珀酒厂是伍福德的前身。詹姆斯·克罗将严谨的科学态度带入波本威士忌蒸馏技术里。

时代波本与伍福德品酒辞

EARLY TIMES　40%

色香：金色，芳香，带有类似蜂蜜的风味和大量棉花糖及爆米花的气息。椰子和一丝蜂蜜味。

口感：中等酒体，口感柔和。玉米风味与香草软糖的气息完美融合，深邃的烟草风味带来一丝肃穆。

回味：柔顺绵长。

结论：甜美易饮。

风味阵营：柔顺玉米型

参照酒：Geogre Dickle Old No.12，Jim BeamBlack Label，Hedegehog（France）

WOODFORD RESERVE DISTILLER'S SELECT 43.2%

色香：深琥珀色。柔顺的蜂蜜香气，柠檬和浓郁的柑橘风味。煮苹果、肉豆蔻和柠檬蛋糕的气息。橡木带来糖浆/麦芽糖的风味。加水后，碳化木头、玉米叶和桐油的味道开始显现出来。

口感：开始时干净清淡。个性鲜明，棱角分明，风格明快紧实。百里香的气息以柑橘皮的风味收尾，黑麦巧妙地柔和了口感。

回味：混合了柑橘和甜香料的气息。

结论：平衡且十分干净。

风味阵营：辛辣黑麦型

参照酒：Tom Moore 4年，Maker's Mark

野火鸡（Wild Turkey）

劳伦斯堡 · WWW.WILDTURKEYBOURBON.COM

外表包覆着一层铁皮，外墙刷成黑色的野火鸡酒厂，位于肯塔基河上悬崖边。在很长一段时间里，这里象征着波本产业的旧日景状。波本之所以能够幸存下来要归功于一个人的努力，这个人就是吉米 · 拉塞尔（Jimmy Russell），他在这里担任酿酒师已长达60年之久。事实上，可以说吉米那个世代的酿酒师，坚决抵制任何在风格上和质量上进行妥协的改变，传统波本威士忌的价值才得以幸存。

吉米和野火鸡已经形成了一种相互依存的状态。野火鸡是一款口味丰富的波本，它厚实饱满的特质让所有的饮用者都能从容品味。它代表着缓慢、悠闲的时光。吉米带着老派酿酒者对科学家礼貌地蔑视，每当被问及有关野火鸡的DNA问题时，他会以善意的玩笑口吻回应，“我只是以我一贯的方法去酿制它，”他似乎是在表达，“前辈如何传授给我的，我也一样传授给埃迪”（埃迪是吉米的儿子，他担任了野火鸡酒厂35年的蒸馏师）。

野火鸡准则永远是关于风味的形成，关于如何将这种波本的风味停留在口中。“我们仅采用70%的玉米作为原料，因此剩下的接近30%则由小粒谷物组成。”吉米说，“其他的同业有的采用高于70%的比例，有些采用70%的比例，甚至有人使用小麦——但是那是不同的产品——我们使用小麦的比例是最低的。我们的

上图：两个世代的天才，埃迪 · 罗素（左）和吉米 · 罗素（右）是野火鸡的风味管理人。
下图：在木桶中灌装酒精度稍低的新酒，是野火鸡的特色之一。

酒的风格是传统的，带有更多酒体、更多风味以及更多特点。”

这样的特点需始于敞开式的蒸煮炉，并且采用单一酵母菌株进行发酵。“这个菌株的历史有多久？我在这里已有55年之久，而它在我到来之前就已经存在了！”吉米说，“它当然对风味也有影响，我用它就是为了协助形成较为厚重的风味。”

新酒在124º~126º（62%~63% abv）时从蒸馏器中被采集，并在110º（55% abv）时进行装桶。“我的感觉是酒精比例越高，你所得到的风味就越少。由于我们的酒在进入木桶时酒精度不高，随后在110º（55% abv）的时候进行装瓶，因此我们不会损失太多的风味，这也有助于酿造出老式风格的威士忌。”

或许这种风格连瑞彼兄弟（Ripy brothers）都认同。他们家族自1869年就开始酿造波本威士忌，在1905年从位于宾夕法尼亚州泰伦（Tyrone）地区的家族酒厂搬迁至此。到了20世纪40年代，奥斯汀·尼科尔斯（Austin Nichols）买下了Ripy酒厂，并在它成为每年猎野火鸡季里最受欢迎饮料之后，将酒厂重新命名为野火鸡。这家酒厂最后被纳入保乐力加旗下，但它的潜质始终未被发掘。直到2009年,它又被金巴利（Campari）集团买下。也许放手，才是管理这个酒厂最好的方法。吉米继续酿造具有自己风格的波本，而如今市场也回到了风味的原点。

“我认为消费者又回到了多年前他们想要的风格，”他说道，“喝野火鸡的不再只是老一辈的人,那些追寻风味和酒体的新生代，也可以尝试并且享受它。现在仿佛回到禁酒令之前的状态了。”甚至是纯黑麦威士忌，这种只有少数酒厂（包括Turkey）才保留住的风格，如今又都流行了起来。

美国橡木的甜美，与丰厚的玉米及黑麦结合，再加上一点点魔法，就做出了野火鸡。

在如今波本变得清柔的趋势下，吉米会不会也尝试改变呢？“我们无法去参与那块市场。我想这有一部分取决于老板对于经济效益的考虑,以及部分我个人的理念。我们想保留波本原有的风貌，而不是那种被稀释过的风格。”

金巴利已经投资了一亿美金，要在这里打造新的游客中心和装瓶厂，其中5 500万美元的资金，要用来扩建酒厂让其产能翻倍。

如今，野火鸡已展翅高飞。波本威士忌已走出低谷，开始迈入充满风味的世界。吉米·罗素也证明了他的理念是对的。

野火鸡品酒辞

101 度 50.5%

色香：太妃糖、焦糖、丰富的水果气息。相当多汁、樱桃干、栗子太妃糖和带着辛香味的黑麦，还有很好的深度。有着年轻的清新感。

口感：焦糖，以及一种近似于皮革的成熟气息，厚实、悠长、甜味和轻柔的单宁感。

回味：可可脂味。

结论：显得比 8 年款的野火鸡更为节制。

风味阵营：柔顺玉米型
参 照 酒：Buffalo Trace

81 度 40.5%

色香：容易亲近且相当细致，甜美，枫木糖浆的气息。烘烤过的水果，带着辛香气息的黑麦引出来一些热度。

口感：舒适；依然有着酒厂的风格萦绕在舌中，柠檬和熟果味。

回味：优雅。

结论：野火鸡的轻适版。

风味阵营：柔顺玉米型
参 照 酒：Wiser's Deluxe

RUSSELL'S RESERVE BOURBON 10 年款 45%

色香：大气，散发着香草、巧克力、焦糖的甜美风味。烘烤桃子、水果糖浆的香气之后，有着和野火鸡 101 度一样的栗子蜂蜜味，和希腊松树蜂蜜的风味。厚重，接近蜡质的感觉。加水后，更多黑麦的风味开始显现；肉豆蔻味。

口感：除了香气之外额外添加了土耳其软糖和橡木的气息，杏仁味。甜美。

回味：厚实的酒体平衡了突出的黑麦味、肉桂和烟草气息。

结论：复杂，层次丰富。

风味阵营：饱满桶味型
参 照 酒：Booker's

RARE BREED 54.1%

色香：深琥珀色 / 古铜色。不及 Russell's Reserve 那么厚重，带有更干净的甜味。橙子和多香果的香气夹杂一丝之前难以察觉的皮革气息。芳香且精细。

口感：明显的香料风味。油漆、烟草叶味道，最后是辛香的黑麦风味。

回味：绵长，混合了甜美太妃糖和香料的气息。

结论：小批次的 6 年至 12 年波本产品，装瓶时不做稀释。

风味阵营：饱满桶味型
参 照 酒：Pappy Van Winkle Family Reserve 20 年

RUSSELL'S RESERVE RYE 6 年款 45%

色香：淡金色。开始时散发着浓郁的黑麦气息，但之后变得如蜂蜜般的甜美。不像一些黑麦威士忌那么有尘土气味，但绿色小茴香籽，赤松,和园艺用的细麻绳气息十分明显。加水后，樟脑、酵母以及甜美的橡木气息散发出来。

口感：蜂蜜的风味慢慢绽开。硬糖风味及紧随其后的干黑麦气息将甜美的气息转化成干净的酸度。

回味：冰沙细致的辛香。

结论：相当优雅的黑麦威士忌。

风味阵营：辛辣黑麦型
参 照 酒：Milestone Rye 5 年（Holland）

天堂山（Heaven Hill）

路易威斯 · WWW.HEAVEN-HILL.COM

目之所及之处皆是仓库。大量的铁制威士忌库房遍布在地势起伏不平的肯塔基，看起来像是个大型房地产项目，被某个偏离轨道的龙卷风卷起后丢在这里。天堂山不同的酒厂酿造着不同的威士忌，其产量之大从仓储的面积之广就可看出，它也是市场上品牌最纷繁多样的美国酒厂。

看到这个场景你会有种永恒的感觉。这里是波本的心脏地带。天堂山的两大品牌都是以这片盛产玉米的土地上的传奇酿酒先锋命名的：埃文 · 威廉斯（Evan Williams）和以利亚 · 克雷格（Elijah Craig）。不过，天堂山的历史相对较短，起源于一片因禁酒令而荒废的土地。上百家酒厂中只有一小部分在20世纪20年代禁酒令实行之前就开始进行贸易，并且在禁令废止后继续酿造威士忌，其中的一些酒厂重新开始运营。

不过也有些新加入者从中嗅到了商机。沙皮拉兄弟（Shapira brother）正是如此。零售店店主出身的他们，在20世纪30年代买下了巴兹敦（Bardstown）外的一片土地并于1935年开始酿酒事业。他们把自己的酒厂叫作天堂山，并非大众猜想的出于任何浪漫的想象，而是为了纪念原来的主人William Heavenhill。当战后运营开始迈入正轨，他们雇用了一个酿酒师。在肯塔基，还有比姆（Beam）更好的选择吗？这里说的是吉姆的外甥厄尔 · 比姆（Earl Beam）。如今，真正管理着威士忌酿造的是厄尔的儿子帕克（Parker）和他的孙子克雷格（Craig），同时，沙皮拉家族仍然拥有该产业。

现在天堂山在巴兹敦镇的厂区包含了公司总部、一个获奖的游客中心和仓库，但却没有酒厂。这是有原因的，这里曾经有一个酒厂，

波本 / 苏格兰的分野

波本产业与苏格兰威士忌的不同之处，在于它具有个性化色彩浓郁的风格。由于禁酒令，美国威士忌不得不重新开始。酒厂的风格更多依赖于酿酒师的创造。帕克师从他的父亲，但他并没有采用一个多世纪以来传承下来的方法（这是苏格兰人的一贯作风）。这里物质与精神有直接的联系。有时候，重要的不是生产的地理位置，而是酿酒师的个性。

这不是巴兹敦（Bardstown）的房地产项目，而只是天堂山（Heaven Hill）巨大的仓库群。

色彩绚烂的生命，波本现在已准备好迎接生命的新阶段——进入瓶中——进入你的酒杯中。

在山脚下。1995年，仓库被一道闪电击中，燃烧的酒液流入了蒸馏间，厂房就爆炸了。

如今，所有的天堂山品牌，都在从前的UDV（如今的帝亚吉欧）位于刘易斯维尔的Bernheim酒厂酿制，饮料界巨头曾在1999年关闭了该厂。而更换厂址不是件容易的事情，正如帕克用其标志性的保守口气说道："在我们能够准确定义天堂山的特征之前，我们在这里还有一些结需要解开。"

Bernheim酒厂已经实现了完全的计算机化，但是帕克和克雷格已经习惯了亲力亲为。"威士忌是一种需要亲自实践的事业，"帕克说道，"你必须赋予它个性，这也是我们一直在努力的方向，并且我觉得我也不知道还有其他什么方法。"他喜欢自己的威士忌带有岁月的印记，甚至是天堂山的旗舰产品 Evan William，也都熟陈了7年，这正是一支波本应有的适当年龄。

事实上，这两位父子团队所酿制的威士忌，是完全符合美国传统的。Evan William和Elijah Craig是以玉米和黑麦为主，Old Fitzgerald是玉米和小麦，Rittenhouse和Pikesville是纯黑麦，以及最新发行的Bernheim Wheat是使用纯小麦。

我能感受到帕克和克雷格沉静的个性，进入了帕克同名系列产品里。那份平静和低调也包容在创新的系列中。

天堂山品酒辞

BERNHEIM ORIGINAL WHEAT 45%

色香：优雅中散发着奶油和刚出炉的烘焙味，红色水果气味和及牙买加胡椒。纯净且具辨识度。

口感：新桶的刺激活力，让人联想到融化的冰糖，伴随着些许太妃糖和薄荷脑味，非常细致。

回味：非常绝妙的一款威士忌，柔和且极具异域风情。

结论：优雅，好喝极了！一个鼓动着希望的全新世界。

风味阵营：甜美小麦型
参照酒：Crown Royal Limited Edition

OLD FITZGERALD 12 年款 45%

色香：复杂的泥土气息伴随着甘草气味，雪茄烟气，皮革以及核桃蛋糕味。

口感：极具气势以及深度的一款波本；在蜂蜜和巧克力味涌现之间，有着奶油糖和香草味在游动着；有着木质气味的表现，还有些许坚果味。

回味：橡木味，美妙的平衡。

结论：深邃强劲，让人想抽支雪茄。

风味阵营：饱满桶味型
参照酒：W L Weller，Pappy Van Winkle

EVAN WILLIAMS SINGLE BARREL VINTAGE 2004 年 43.3%

色香：淡琥珀色，带有该品牌惯见的辛香甜味，烟熏柑橘，黑麦味立现。平衡、优雅且节制，成熟的甜味。加水后出现一些冬青和蜂蜜味。

口感：轻柔、甜美、细致，带着橙花的蜂蜜味；后段有酸味，辛香味随之释放。加水后浮现维他命发泡锭的气味。

回味：清爽且干净。

结论：熟韵，但并未被橡木桶主导，非常杰出的单桶年份系列。

风味阵营：辛辣黑麦型
参照酒：Four Roses Yellow Label

RITTENHOUSE RYE 40%

色香：俏皮的甜气和酸香搅和在一起，樟脑、松香水、清漆和丰富的橡木味。浓重的香辛料味。加水后出现坚果味，抛光的木头和点燃橙皮的味道。

口感：入口浓郁辛香，嚼感十足，口感紧实的单宁之后又泛起浓稠的甜味，柠檬，接着出现了干燥玫瑰花瓣的香味。

回味：悠长、泛苦，典型的黑麦！

结论：入门者想要了解黑麦威士忌的首选之款。

风味阵营：辛辣黑麦型
参照酒：Wild Turkey，Sazerac

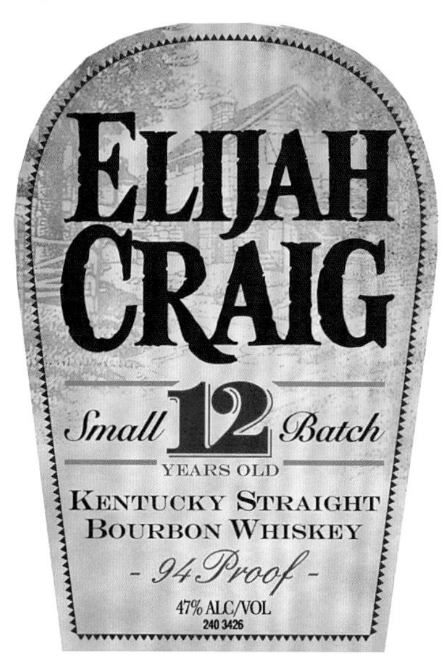

ELIJAH CRAIG 12 年款 47%

色香：香气甜美雅致，杏子酱、煮水果和烤桶味。之后则是奶冻、雪松和一抹烟叶的味道。

口感：入口圆润，开场非常甜美，甘草味，尾段则是香辛料和苹果味。

回味：甜美，糖果和橡木气味。

结论：香甜丰厚，非常平易近人的一款老派波本。

风味阵营：饱满桶味型
参照酒：Old Forester，Ealge Rare

水牛足迹（Buffalo Trace）

法兰克福 · WWW.BUFFALOTRACE.COM

最初，一群水牛在一年一度的大迁徙途中，发现了这个位于肯塔基河转弯处的浅滩。随后，李氏兄弟（Lee）在1775 年创建了交易站“Leestown”。如今，这里有间大酒厂似乎一路走来更迭过许多名字 —— OFC、Stagg、Schenley、Ancient Age、Leestown ——和现在的水牛足迹。

这是纯威士忌蒸馏的大学。红砖建筑群更增添了几分学术氛围。与美格的单一配方不同，在这里，多样化才是最终的目的。这里有小麦波本（WL Weller），黑麦威士忌（Sazerac，Handy），玉米/黑麦波本（Buffalo Trace）和单桶威士忌（Blanton's，Eagle Rate）。Pappy Van Winkle系列也是在这里酿制的。

此外，这里每年还会限量发布antique collection，以及偶尔出现的试验性的波本。看起来水牛足迹似乎尝试以一己之力，将波本的品牌数量恢复到禁酒令前的水平。

虽然身兼数职，但首席蒸馏师哈伦·惠特利（Harlen Wheatley）看起来镇定自若：“我们有5个主要配方”，他说道，“不过我们每次只使用其中一个。因此我们会有6~8周酿制小麦威士忌，然后是黑麦和波本，然后再由3种不同黑麦配方挑选一种来做。我们希望对每种威士忌都尝试一下。”

虽然制作过程的细节是机密，但在加压蒸煮过程中，他们并不会加入酸渣回流。（参见18~19页）。“这是获得所有的糖分更好的方法，”惠特利说，“这样能够保证更持续的发酵。”发酵时仅使用一种酵母菌株，不过发酵槽的尺寸各异，因此发酵环境和效果也各不相同。每个品牌的发酵都截然不同，回流和蒸馏的强度也存在差异。

蒸馏只诉说了故事的一半。一系列复杂的不同新酒，都对应着复杂的陈年条件。我们很容易会认为当木桶存放在仓库时，熟化的状况是平均的。但事实是，每个木桶都是不同的，每间仓库的微气候也是各异的。当你理解了这些原理，你就能增加酒体的复杂度。

“我们总共拥有75种不同的陈年楼面，”惠特利解释道，“它们被分散在3个不同的厂区。有砖造的、石制的、高温型的和多层木构型的。鉴于每种楼面和每间仓库都不相同，因此木桶的陈年位置变得很重要。”

不仅是原料配方和蒸馏方式会带来不同，木桶实际的安放位置也会产生不同的效果。“Weller 已经陈年7 年，因此我们不打算将它放在顶层或底层。Pappy 23年需要我们极其精细的关注——大概会把它的陈年放在第二或第三层，而Blanton's有它自己独立的陈年仓库，这能产非常独特的陈年效果。”

威士忌的多样性，是人类知识集结的产物。

世界上没有任何一间蒸馏厂，会像他们一样如刑事鉴定般地观察不同的陈年过程。这里甚至还盖了全新的微型蒸馏厂，持续实验各种比例黑麦和小麦威士忌的装桶浓度，这间蒸馏厂一直在研究，使用橡木的顶端或是底部来打造橡木桶是否会影响酒体。橡木每个部分所含的化学复合物都不一样，底部高浓度的木质数能带来更多的香草醛，而顶部高浓度的鞣酸，则可以让酒体更有结构，并且能够促进脂化 。

这个实验砍下96棵树，每棵树制成两个橡木桶。这些橡木桶

水牛足迹的风格多变，擅长酿造各种风味，使它成了波本威士忌的红砖学府。

都分别装入原料配方相同，但浓度不同的威士忌新酒，然后放在不同的仓库中进行陈年。在写作本书的当时，实验仍在继续进行，甚至发展出了极端的“X仓库”计划，这当初是由于陈年仓库的屋顶被龙卷风吹坏，仓库里的酒桶暴露在开放的空气和阳光下好几个月，使得桶内的波本威士忌味道变得明显不同。

X仓库有4个陈年仓室以及一条“穿堂”，里面存放了150桶威士忌，每间仓室的日照量都不同（其中有人造光以及人为控管的自然光），每一间的湿度也都受到控制，只有穿堂的空气可以自然流通。“这仓库会赋予风味”，已故的艾默尔（Elmer T. Lee）说。至于这产生多少影响，以及用什么方式影响，在接下来的20年答案就会揭晓。

最终的灌装封瓶，这表示这几瓶水牛足迹已经通过了酒厂检验。

水牛足迹品酒辞

新酒，MASH NO 1

色香：甜美丰饶。玉米片和玉米糊的风味。百合，带坚果味的烤玉米和大麦的香气。加入水后散发出一丝植物甜酒的气息。
口感：入口清新振奋。巴马紫罗兰的浓郁风味过后，耐嚼的玉米风味开始在口中弥漫。
回味：绵长柔顺。没有粗糙感。

Buffalo Trace 45%

色香：琥珀色。混合了可可黄油和椰子香气，带有紫罗兰/草本芳香。杏和香料以及干净的橡木味。加香蜂蜜、黄油软糖和橘子的气息。
口感：刚入口时辛辣，带有甜美的柑橘味，随后是香草和桉树味，接着苦精的风味开始显现。丰饶大气，中等酒体。最终显现出新鲜豆蔻粉的风味。
回味：略显紧实，带有黑麦的辛香。
结论：成熟饱满，十分平衡。

风味阵营：柔顺玉米型
参照酒：Blanton's Single Barrel，Jack Daniel's Gentleman Jack

EAGLE RARE 10年款 SINGLE BARREL 45%

色香：琥珀色。比Buffalo Trace更加浓郁。带有更多黑巧克力和干橘子皮风味以及酒厂标志性的香气。糖浆，生动的香料，一些樱桃止咳药和八角茴香的风味。醇厚的橡木味。加水后，精致的木质地板风味开始显现。
口感：柔顺厚实。与Buffalo Trace的感觉不同，带有更多单宁和脆爽的橡木味。香根草的气息突出。
回味：干，酸度突出。
结论：总体来说是一款更为饱满大气的酒。

风味阵营：饱满桶味型
参照酒：Wild Turkey，1792 Ridgemont Reserve 8年

W L WELLER 12年款 45%

色香：干净清淡。豆蔻粉，牛皮纸，烘烤咖啡豆的气息。蜂巢和玫瑰花瓣的香气夹杂着一丝花朵气息。
口感：干净且带有突出的蜂蜜气息，橡木带来的清爽香料气息与融化的巧克力风味融合在一起。
回味：带有檀香的风味
结论：将谷物特有的醇厚发挥出来的小麦波本。

风味阵营：甜美小麦型
参照酒：Marker's Mark，Crown Royal Ltd Edition

BLANTON'S SINGLE BARREL NO 8/H WAREHOUSE 46.5%

色香：琥珀色。更多煮水果和焦糖的香气。大量的香子兰果，玉米和桃子派的风味。甜美、干净，略带辛辣味。
口感：开始时带淀粉质感，随后花香味变得突出——几乎类似新酒（white dog）的茉莉和百合花香。木质风味开始变得紧实，有点类似太妃糖味。几乎带有烟熏碳化的味道。
回味：姜黄和干燥的橡木味。
结论：与Eagle's Talons相比更加柔顺。

风味阵营：柔顺玉米型
参照酒：Evan Williams SB

PAPPY VAN WINKLE'S FAMILY RESERVE 20年款 45.2%

色香：浓郁的琥珀色。香气圆熟带橡木味。甜美果酱和浓郁的枫树糖浆气息，一丝香料气息。加水后，木陈年烈酒带有的霉菌味开始显现出来。
口感：橡木和干皮草味。雪茄与樟脑丸香气之后干薄荷、干樱桃和干草的风味显露出来。
回味：柔和，橡木味突出。
结论：木质味突出的陈年款威士忌。

风味阵营：饱满桶味型
参照酒：Wild Turkey Rare Breed

SAZERAC RYE & SAZERAC 18年款 45%

色香：年轻的那款带有粉尘味、巴马紫罗兰以及加入橘子汁和红樱桃的酵母面包香气。18年款同样带有芳香，但是浓郁度明显减弱且转换成了皮革和油漆的气息。樱桃芳香也变成了黑色浆果味。
口感：具有张力的矿石味，带有大量樟脑气息，很具复古风范。18年款展现出更多橡木和烘烤黑麦面包的气息。比起燧石风味，油脂感更强，但仍芳香四溢。
回味：多香果和生姜的气息。18年款保留了生姜的味道，加入了茴香和黏喉的甜美风味。
结论：与苏格兰威士忌的泥煤味相似，黑麦的特质并没有流失而是被完全融入了酒中。

风味阵营：辛辣黑麦型
参照酒：年轻款：Eddu（France），Russell's Reserve Rye 6年；陈年款：Four Roses 120th Anniversary 12年，Four Roses Mariage Collection 2009，Rittenhouse Rye

占边（Jim Beam）

克莱蒙特 · WWW.JIMBEAM.COM

苏格兰的酿酒者们完全有理由为他们的威士忌酿造传统而自豪，然而就我所知，苏格兰没有一家酒厂能够媲美比姆（Beams）家族所构筑的酒业王朝。据家族宣称雅各布 · 比姆（Jacob Beam）自1795年便开始在华盛顿郡开始酿酒。1854年时，他的孙子戴维 · M · 比姆（David M. Beam）把酒厂搬到铁路附近的克里尔溪旁，而他的两个儿子，吉姆和帕克也是在此开始学会酿酒。这段历史有些平淡，占边真正的精彩历史是始于禁酒令之后。

1933年，70岁的吉姆申领到了牌照，并在克莱蒙特（Clermont）建造了一座新酒厂，和帕克还有他的儿子们一起开始重新酿造威士忌。之后，吉姆把酒厂传给他的儿子杰里迈亚（Jeremiah），接着是他的孙子布克 · 诺埃（Booker Noe）接任。现如今占边酒厂则由布克 · 诺埃的儿子弗雷德（Fred）掌管一切。当你联想到天堂山酒厂的掌门人帕克（Parker）和克雷格（Craig），都是帕克 · 比姆（Park Beam）的孙子，你会恍然大悟，是比姆家族开创了美国威士忌的新纪元。于是你禁不住会想肯塔基州是否应该考虑一下更改州名。

唯有当你了解这段家族传承历史之后，你才会明白为什么一位已经70岁的老人，下定决心要复兴家族的酿酒业。如果不做这件事，老吉姆还能做什么呢？在他血管里流淌奔腾的就是波本威士忌。

而他做出了什么改变吗？可以说有，也可以说没有。甜美口感，特殊酵母，这些东西都是家族世代流传下来的，而蒸馏器的改变则归功于20世纪的科学进步。我清楚记得有次当我喝下一杯禁酒令前出品的波本时，那股令人难以忍受的机油味让我一下子就呛到了，而布克 · 诺埃低沉地说：“但你要明白，有些事情需要改变。”

禁酒令时期之后的占边故事，几乎就是在大品牌的商业需求和纷繁的市场变化间寻求平衡。而这促动着布克朝着“大波本”的路线前进。在这种具创造度的张力之下，这个世界出现了一款最畅销的波本；而与此同时，酒厂在1988年推出一系列非商业化的小产量品牌，诸如“straight from the barrel”、Booker's和4年之后推出的“the Small Batch”系列。

成为主流品牌的坏处是威士忌迷可能会对整个产品体系不屑一顾，还好占边位于克莱蒙特和波士顿的两座酒厂，也如同其他许多酒厂一样有着许多创意。而那份被视为绝对机密的酿造配方更是占边独特风味的来源。“酵母是重中之重，”品牌大使厄尼 · 柳伯斯（Ernie Lubbers）告诉我说，“当然我们拥有不止一份配方，但首要的问题应该是，蒸馏之后的新酒酒精度是多少，入桶时的强度为多少，以及这些酒桶会被存放在哪里。看看苏格兰威士忌，都是使用大麦，但却创造成百上千种的风味。所以配方并不代表一切。”

占边的新酒都会保证一定的强度以确保有发展的潜力。白标和黑标新酒的酒精度都为67.5%，装桶的强度在62.5%，而酒桶则会分散堆放在仓库的上中下各处。Old Grandad是黑麦为主的威士忌，新

自从比姆家族在克莱蒙特开始酿酒，这里的一切也就必然改变了。

占边品酒辞

白标 WHITE LABEL 40%

色香：香气清新活泼，非常有朝气。淡淡的黑麦和柠檬的辛香味，之后则是姜和茶味，芳香而有活力。

口感：香气如此精力充沛，入口却非常丝滑，伴着非常清楚的薄荷脑和薄荷烟，以及奶油太妃糖的味，清爽。

回味：甜美。

结论：平衡而充满活力。

风味阵营：柔顺玉米型
参 照 酒：Jack Daniel's

黑标 BLACK LABEL 8 年款 40%

色香：香气柔和，一丝糖蜜，橙子和 WHITE LABEL 中熟悉的那股清新辛辣味，最后则是可可豆和雪茄灰。

口感：橡木气味的停留，雪松和焦炭。酒体强劲有力，很平衡，比白牌有着更多辛香料味。

回味：糖浆。

结论：橡木气味，充满活力。

风味阵营：柔顺玉米型
参 照 酒：Jack Daniel's Single Barrel，Buffalo Trace，Jack Daniel's Gentleman Jack

KNOB CREEK 9 年款 50%

色香：琥珀色。香气饱满甜美，非常纯粹的果味。焦糖水果糖，龙舌兰糖浆，淡淡的椰子和杏桃味，最后是雪茄烟叶。

口感：入口强劲，甜美，令人满足。肉桂，黑樱桃和棉花糖味在口中绽放。

回味：橡木及奶油味。

结论：饱满但依然有着占边的活力。

风味阵营：饱满桶味型
参 照 酒：Wild Turkey Rare Breed

BOOKER'S 63.4%

色香：香气强劲柔和。烤水果和糖蜜 / 黑糖浆，热带水果和熟透的香蕉味，深邃有力。

口感：入口甜美，非常像利口酒，酒体强壮，巧妙配搭奔放的橡木味。黑樱桃果酱和烧糖，尾段则是橘花蜂蜜味。

回味：木质味和热度。

结论：一次奔放肆意，毫无拘束的体验。

风味阵营：饱满桶味型
参 照 酒：Russell's Reserve 10 年

酒强度略低，63.5%，装桶强度和前两者一样也为62.5%。

占边的品牌体系，把酒精强度和陈年环境对风味的影响发挥到了极致。白标和黑标新酒的酒精度都为135°（67.5% abv），而入桶时强度在125°（62.5% abv），陈年时则会分散在仓库各层：上层、底层、边缘以及中央。Old Grandad除了是以黑麦为主，其余处理方式皆近于白标和黑标，但其新酒强度略低，是137°（63.5% abv），入桶强度和前者一样也是125°（62.5% abv）。

占边旗下的小品牌在这方面的区别更为明显。Knob Creek新酒强度为130°（65% abv），并在125°（62.5% abv）强度时入桶。柳伯斯解释说："这款威士忌需要陈年9年，因此我们会避免在仓库边缘或顶层来存放酒桶。" Basil Hayden也是一款黑麦为主的威士忌，然而新酒强度却控制在120°（60% abv），和Knob Creek一样陈年于仓库中间几层。Baker's的新酒和入桶强度都为125°（62.5% abv），但是它被放置在上层陈年7年，"因此它的口感十分强劲"。Booker's的新酒和入桶强度也都是125°（62.5% abv），而它则是被放在第五和第六层进行陈年。

"你知道的，"柳伯斯说，"布克总是经常上去，去那儿观察陈年中所发生的变化。"保有梦想，并找出方法去实践——人的角色就是这样渗入的。

四玫瑰（Four Roses）

劳伦斯堡 · WWW.FOURROSESBOURBON.COM

20世纪30年代末，纽约时代广场上最早出现的几个霓红广告牌里，四玫瑰的广告就是其中之一，既然它熬过了禁酒时期，那之后怎么又从美国本土消失的呢？这个答案要往方北方找起，1943年，四玫瑰成为施格兰（Seagram）旗下位于肯塔基州的五间酒厂中的一间，他的新东家做了一个奇怪的决定：让四玫瑰成为外销的主要品牌，不让它在美国本土贩卖。据说是因为施格兰的总裁小艾德加 · 布朗夫曼（Edgar Bronfman）想以在美国国内贩卖他的加拿大威士忌。

1960年，四玫瑰被一款调和的版本取代，两者外型相似，但口味完全不一样，毫无意外，生意一落千丈，后来才被日本的麒麟公司从施格兰的废墟中解救出来。

其实，解救了四玫瑰的也是一位“波本人”，就如同吉米 · 罗素，布克 · 诺埃和艾默尔他们一样，吉姆 · 拉特利奇（Jim Rutledge）对波本抱持着信念，培育它、保存它直到今天能再将它展现出来。

施格兰也留下了一个传统，就是对酵母菌的执着，施格兰在加拿大的总部有300多种酵母菌株，旗下在肯塔基的每一间酒厂里也都有自己的酵母菌株，当这些酒厂关闭后，全部的教母菌株都移存到四玫瑰酒厂。

从某个角度来看，拉特利奇的手上有10家酒厂可以运用，不是只有一间而已。他有两种配方：OE（75%玉米，20%黑麦，5%发芽大麦），以及将黑麦增加到35%的OB。拉特利奇说这可是纯波本威士忌里最高的黑麦含量，然后这些谷物会再以5种酵母菌发酵：K带来信辛香料味，O能强化果味感，Q产生花果香气，F带出草本香料气息，V带出细致淡雅的水果味。接着这10种蒸馏新酒分别进行桶陈，这使拉特利奇在制作调和威士忌时，拥有了能同时拥抱多种风味的可能性。

由于每个木桶都有自己的个性，就连在单层的仓库里，放在底部和第六层架子上的，都可能产生差异，因此拉特利奇可以弹性的创造出复杂口味且质量一致的产品，也能调制出变化多端的作品。

同时，他也能为每个系列调制出不一样的威士忌，黄牌（全部的10种变体都用上）和单一桶装（OBSV）截然不同，小批次系列则是以不同酒龄的OBSK、OESK、OESO和OBSO调制而成。

黑麦呈现手法的不同，是每款威士忌里最有趣的地方。一般来说，当你品饮威士忌的时候，风味总会有阶段性的变化，从诱人的柔顺玉米味和最初的橡木气息，到最后扑来的黑麦辛香，就像看似温和的秘书，突然从提包里拿出铁棒来痛击你一样。但四玫瑰并不会这样，它虽然含有丰富的黑麦，但从甜味到辛香味之间的转换非常流畅，那个可能的重击被乔装成轻柔的抚摸：比较不像铁棒，倒像一把短剑。拉特利奇的工艺最终征服了世界。

四玫瑰品酒辞

BARREL STRENGTH 15年款 Single Cask 52.1%

色香：香气如棉花糖般甜美，青梅、桉树和橡木桶的味道。

口感：入口依然芳香，甜美丝滑伴随着活泼的香辛料味，尾段的拔丝苹果和辛辣味则相互交织，很平衡。

回味：紧致而辛香。

结论：平衡，丰满。

风味阵营：辛辣黑麦型
参 照 酒：Sazerac 18年

Yellow Label 40%

色香：优雅，微甜，花香元素涌现。一丝的水蜜桃味，然后是淡淡的甜香料味。

口感：香醇的滋味持续着，还有一些香草荚。然后出现有些刺激的丁香和柠檬皮味；柔软的果味中还有着一些苹果味。

回味：悠闲，黑麦味只短暂地出现了一下。

结论：节制而有个性。

风味阵营：柔顺玉米型
参 照 酒：Maker's Mark，157

BRAND 12年款 SINGLE BARREL 54.7%

色香：大量的薄荷脑/桉树；磨成粉的香料；高度的黑麦特质，然后是杏仁膏跟椰子味，浓烈且高调。

口感：芳香，炽热，再次出现许多薄荷脑味。抓舌、带出口感结构的橡木味。带着橙皮跟黑巧克力的苦味，但有着足够的甜味来平衡这两者。

回味：甜美而浓郁。

结论：紧实的甜味。

风味阵营：辛辣黑麦型
参 照 酒：LOT 40

BRAND 3 SMALL BATCH 55.7%

色香：高度的黑麦辛香味，牙买加胡椒粒，五香粉，浓烈的樟脑味，以及表皮擦破了的红色水果，后面跟着橡木的木质甜气，浓烈而迷人。

口感：起初是胡椒薄荷味，伴随着樱桃喉糖的味道，有一种纯粹的醒脑特质。中段出现舒服的粉尘味，同时底层还带着丰厚的柑橘和炖煮的水果味。

回味：肉桂苹果和橡木味。

结论：均衡、浓郁且优雅。

风味阵营：辛辣黑麦型
参 照 酒：Wiser's Red Letter

巴顿 1792（Barton 1792）

巴兹敦 · WWW.1792BOURBON.COM

大多数的酿酒师都不喜欢藏身于山谷中，避开公众的目光，但是在某一间曾经有过许多名字的蒸馏厂，却另有一群酿酒师多年来都乐于过这样的生活，其他的蒸馏厂擅于让旗下的酿酒师致力于创造新的风味，但这些藏身在巴兹敦外山谷里的人只会埋头苦干，酿制好喝的波本威士忌，还以非常实在的价格贩卖，就算从来没有人来参观过也没关系，倒不是说他们过去（或现在）不好客，他们只是觉得没有必要加入营销的游戏。如此看来，它就像那些总待在幕后的斯佩塞蒸馏厂，只不过这是肯塔基州的版本。

自1972年巴顿的母公司成立以来，曾拥有过萝梦湖和格兰帝两家苏格兰酒厂，这就是为何你可能会称它为“前”苏格兰酒厂。Mattingly & Moore在1876年时的厂址就在这里，1899年时改为Tom Moore。禁酒令时期结束后，奥斯卡 · 盖茨（Oscar Getz）旗下的巴顿酒厂收购了这座酒厂，并在1944年开始运营（巴兹敦那间令人赞叹的波本威士忌博物馆，也是以盖茨来命名）。

建于20世纪40年代的红砖酒厂拥有一系列的原料配比方案(具体配方保密)，还拥有自家的酵母，以及一座铜顶的柱式啤酒蒸馏器，用来延长进入二次蒸馏前的回流时间。巴顿在1999年被卖给了星座集团（Constellation），同时改名为Old Tom Moore，后来在转手被Sazerac公司买下之前，又马上改回了巴顿这个名字，还加上了1792（这是肯塔基州加入美国联邦政府的那一年），但更值得关注的是他们在那时开了一间游客中心。

其实这些人还是希望有人来看他们的。

Barton 1792 体系使用高质量玉米做为原料，这给了黑麦和橡木桶铺陈了一个可以尽情发挥的宽广舞台。

巴顿 1792 品酒辞

WHITE DOG FOR RIDGEMONT

色香：香气甜美饱满，非常纯净，后段紧实，玉米油和淡淡的灰尘味。

口感：入口即非常辛香，巨大的冲击，之后则慢慢变得舒缓（几乎是逆向回归正常），紧致。

回味：有点儿放不开，还需在橡木桶中待些时间。

TOM MORRE 4 年款 40%

色香：香气清新，非常年轻，由橡木桶主导，星毛栎、伐木林场的气味。之后则是天竺葵、树叶和雪松，以及刚刚翻动土壤的气味。

口感：入口芳香，紫檀味中隐现着甜味，最后是淡淡的爆米花味。

回味：太妃糖味。

结论：年轻充满活力，为了威士忌的调制而生。

风味阵营：辛辣黑麦型

参 照 酒：Jim Beam White Label，Woodford Reserve Distiller's Select

VERY OLD BARTON 6 年款 43%

色香：茶叶般的香气，刚刚抛光的橡木，研磨香辛料时的气味。非常活泼清新，但有点干涩。很好地体现了酒厂的特性。

口感：入口柔和甜美，奶油肉豆蔻，玫瑰、葡萄柚和咖啡味。

回味：雪茄盒味。

结论：清脆且干净。

风味阵营：辛辣黑麦型

参 照 酒：Evan Williams Black Label，Jim Beam Black Label，Sazerac Rye

RIDGEMONT RESERVE 1792 8 年款 46.8%

色香：香气深邃，些许来自于新酒的油脂气味，经过橡木味的润饰后则变得细致。

口感：成熟，带着些新鲜柑橘，一抹香草，以及那种出现在年轻酒龄里的茶叶味。酒体较为厚重。

回味：雪茄（从盒子里取了出来）。

结论：这是一款能够吸引苏格兰威士忌爱好者的波本威士忌。

风味阵营：饱满桶味型

参 照 酒：Eagle Rare 10 年 Single Barrel

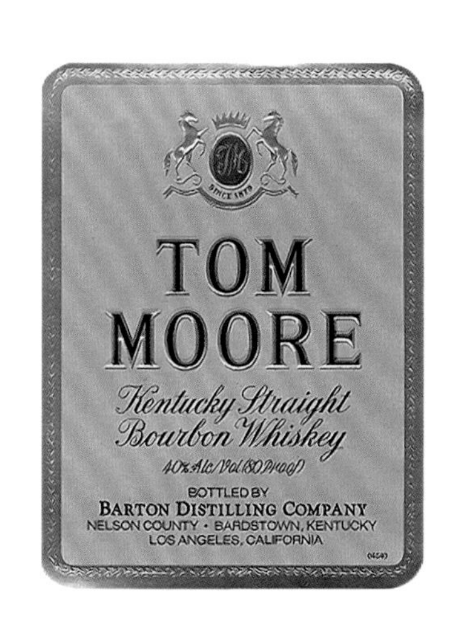

田纳西（TENNESSEE）

从某种程度上来说，田纳西威士忌的境遇近似于肯塔基：先是一片蓬勃，再是遇上禁酒令，之后才又逐渐恢复元气。但其差别在于，肯塔基在20世纪30年代禁酒令结束之后，主要的酿酒者都重回当地继续酿酒。而田纳西则是自从1910年起就都只有小规模的酿酒业，以至于解禁之后只有一家酒厂立刻投入运营：杰克丹尼（Jack Daniel's）。且直到25年之后，田纳西州的第二座合法酒厂，乔治迪克（George Dickel）才开张。

合法这个字眼是刻意加上去的，田纳西州可说是美国人跟酒精之间矛盾情谊的缩影。州内的山区隐匿着数目庞大的私酿作坊，许多私酒作坊的位置，都很靠近那些倡导酒是邪恶饮品的基本教义派教会。而当地的音乐（田纳西州有着丰富的音乐历史文化），对于饮用威士忌是既赞颂又谴责。有很多歌形容喝酒的美妙，但有更多的歌把喝酒（通常指威士忌）视为绝望和崩溃的象征，是那些自艾自怜，心碎傻瓜的避难所。无酒不欢的乡村乐手乔治·琼斯（George Jones）在《再一杯就好》如此唱到："把酒瓶放在桌上别再动它，直到我去到哪儿都再见不到你的脸……一杯……再一杯就好……然后又再来一杯。"

而在小镇莲芝堡（Lynchburg），这种两面性体现得尤为明显。这座因杰克丹尼酒厂坐落于此而被全世界所熟知的小镇，但是你却别指望能在小镇找到一家酒吧喝上一杯。小镇禁止饮酒。除非你去酒厂参观，否则别想尝到一口威士忌。

换句话说，田纳西人行事与众不同，而这点也体现在酒中，田纳西威士忌的黑麦比例非常低（参见18~19页）。蒸馏工序则完全遵循纯波本的酿制方法，蒸馏出的新酒要想变成田纳西威士忌还得经过"林肯郡处理法"：装桶之前必须用糖枫木烧制的木炭进行过滤，使酒体更为柔和轻盈并让酒色更深。

然而这是否是田纳西的独创呢？据考证早在1815年，肯塔基就有人采用这个方法，但并没有持续多久。杰克丹尼的首席酿酒师杰夫·阿内特（Jeff Arnett）告诉我们那是由于采用这道工序成本会非常高。

事实证明"林肯郡处理法"并非是田纳西的独家秘籍，但某人却阴差阳错地使它在这里得到发扬光大。如今的杰克丹尼酒厂位于卡文泉边，在"林肯郡处理法"还没有诞生的时候，有一个叫阿尔弗雷德·伊顿（Alfred Eaton）的人在这里酿酒，他用卡文泉里的石灰岩来进行过滤。1825年之后才改用木炭过滤。试想一下如果伊顿先生没有及时发明木炭过滤方法，恐怕卡文泉里的石头都不够用了。

没人说得清楚这方法究竟源自何处。因为当时伏特加也使用木炭过滤方法，但除非有俄罗斯酿酒师流亡至此，否则这样的技术是很难直接传入的。这个疑问至今仍没有答案，成为众多的田纳西秘密之一。

左图：木炭过滤（这道工序使田纳西威士忌与波本威士忌不同）。

右图：杰克丹尼一直以自家的怀旧风味为傲。

JACK DANIEL DISTILLERY
LEM MOTLOW, PROP. INC
TAX-PAID BOTTLING HOUSE
NO. 1
KEEP OUT
NO SMOKING

烧钱：为了烧制木炭，杰克丹尼每年都要花费 100 万美元以上。

杰克丹尼（Jack Daniel's）

林赤堡 · WWW.JACKDANIELS.COM

“驰名商标”这个用词在饮料领域里有时可能被过度滥用，但偶尔还是可以有使用得宜的时候，杰克丹尼就是一个例子。许多摇滚乐明星曾把它握在手中，四方的酒瓶和黑底白字酒标，同时象征着享乐式的叛逆精神和朴实的小镇的价值。品牌建构的101堂课，得由杰克丹尼开始。

有关酒厂的历史也众说纷纭。1846年左右出生的杰克 · 丹尼，幼年时不堪忍受继母的虐待独自离家出走，和一位叔父一起生活。14岁那年他给一位零售店老板兼传教士丹 · 考尔（Dan Call）打工，此人在劳斯溪谷（Louse Creek）有一座酒厂。南北战争爆发后，丹离开酒厂去参战，而杰克则跟随着酒厂的老农奴尼尔斯特 · 格林（Nearest Green）学酿酒，时刻想独自发展的他，于1865年离开了劳斯溪谷（或许当时杰克对营销已有想法），而老格林的两个儿子，乔治和伊莱也一同追随而去。

之后杰克来到莲芝堡镇，并接手位于小镇郊外卡文泉的伊顿（Eaton）酒厂，开始自己的酿酒生涯，这是大部分人认定的“林肯郡处理法”发源地（因为当时莲芝堡镇位于林肯郡）。“杰克丹尼的独特起源于水，”酒厂首席酿酒师杰夫 · 阿内特介绍说，“这里的水温全年都保持在13摄氏度，而且矿物质含量极其丰富，这也成了酒厂风格的一部分，如果我们换了其他水的话，特性也会改变。”从有回音的岩洞里流出的凉爽泉水，被注入低比例黑麦的配方中（8%左右），使蒸馏出的新酒不会过于辛辣，而酸渣也是用酒厂自己的酵母来协助发酵。在铜蒸馏器中经过两次蒸馏后得到的新酒酒精度大概在140°（70% abv），随后便经过枫木（必须要达到3米厚度）木炭过滤、柔化，这才成为真正的田纳西威士忌。

究竟为什么田纳西威士忌一定要先经过柔化过滤呢？“我想是因为当年开始酿酒的时候，有些事情杰克并无法控制，而用木炭

隐匿于一片林海中，这只是杰克丹尼众多仓库之一。

柔化就能摆脱掉这些烦事，”阿内特继续说，“这解决了事情，又可以利用当地生长很快的糖枫树，他做了很多事情都是切于实际考虑。”

“如果你品尝一下未过滤的新酒，会觉得很涩，但过滤后的新酒会有不一样口感，感觉纯净和轻柔，”他又补充了一句，“从技术上来说，我们在并没有遇上当年杰克·丹尼先生所面临的问题，但如果不经过滤的话，我们的酒厂特性就会改变。”

如果说这道工序如此有效，为什么没有被广推呢？“这太贵了！我们一共有72个过滤槽，每隔半年就要更换一次木炭，一年就要花去100万美金。”

你愈调研杰克丹尼，就愈发感受到这一切都和木头有关，或者说木炭和橡木桶。“所有橡木桶都由我们自己制作，”阿内特说道，“我们有自己的木桶采购人员、干燥流程和烤桶流程。这都能营造出复杂的特性，当你尝到烘烤桶味和香甜，就意识到这是杰克丹尼。”

长久以来的宣传策略——从不曾揭露杰克是个著名派对动物的那一面——你是否相信相信它只是幽谷中的小酒厂？然而事实并非如此，这庞大的运营规模仅仅是为了做出一种酒，虽然它是以三种形式出现。

最近这些年他们做了些改变，提升了“田纳西蜂蜜”和“田纳西火焰”的风味，还推出“Arnett's无年份田纳西黑麦威士忌”，以及向最有名的杰克丹尼爱好者致敬的Sinatra精选，这款威士忌使用深刻纹路的橡木板材做成的木桶，好让新酒跟酒桶的接触面积达到最大。耗资1亿3 000万的厂房扩建计划正在动工，或许下一款产品应该要向迟获认可的尼尔斯特·格林致敬吧？

铜质的麦芽蒸馏器，使得蒸馏后的新酒变得轻柔。

杰克丹尼品酒辞

黑标 BLACK LABEL，OLD NO.7 40%

色香：金黄琥珀色。烟熏和些许焦糖以及毛毡布味，之后是鸢尾花，烤肉时散发着使用桉木熏烤的气味，香甜。

口感：淡淡的甜味，干净。香草、柑橘果酱海绵蛋糕，底层的口感展现着年轻和坚定。

回味：一抹香辛料味，平衡呈现的些许苦味。

结论：不复杂的甜味，可用来调制。

风味阵营：柔顺玉米型
参 照 酒：Jim Beam White Label

GENTLEMAN JACK 40%

色香：比标准版的Jack Daniel's，少些烟熏味和橡木味，但多了些香草奶油味。还有燃烧的篝火味，已经更多的奶冻和熟香蕉的气味。

口感：非常柔顺。多汁又有嚼感的果味，口感里藏着标准版 Jack Daniel's 的坚实。

回味：香辛料味。

结论：更为柔顺和优雅。

风味阵营：柔顺玉米型
参 照 酒：Jim Beam Black Label

单桶 SINGLE BARREL 45%

色香：深琥珀色。更多的香蕉味，更饱实和更多的酯类气味，木质气味，像是松柏的味道，加水后浮现出烧烤桶味。

口感：有着标准版 Jack Daniel's 威士忌的活力，也有着 Gentleman Jack 的甜美，同时迎来了一股强烈的辛香料味。平衡的口感。

回味：干净，淡淡的香辛料味。

结论：撷取了前两款 Jack Daniel's 作品的优点。

风味阵营：柔顺玉米型
参 照 酒：Jim Beam Black Label

乔治迪克（George Dickel）

瀑布谷，位于纳什维尔与查塔努加之间 · WWW.DICKEL.COM

这一间位于瀑布谷的酒厂，把我们带回了由传奇和神话交织而成的品牌故事里。美国威士忌的历史跌宕起伏，许多酒厂曾多次更换名号，如果这里开不下去了，就换个地方换个名字重新开张。更不用提禁酒令时期对于整个行业毁灭性的打击，以至于当时的酒厂名册都已不复存在。还有一点，19世纪时的田纳西对于酿酒业并不如21 世纪这般尊重，因此想要真正了解酒厂的真实历史很难，一切都早已被尘封。

乔治 · 迪克的状况便是如此，经过粉饰的官方说法是，1867年他和太太欧古斯塔驾着轻便的马车来到塔拉荷马时，就决定在这里盖酒厂了，但其实乔治 · 迪克从来都不是瀑布（Cascade）酒厂的业主，他甚至从没酿造过威士忌。

乔治 · 迪克是一位德国移民，1853年时来到纳什维尔，并在当地开了家小商店，一开始卖靴子，之后便售卖各种杂货，包括威士忌，生意从此越做越大，一跃成为大批发商。1881 年时他的妹夫维克托 · 施瓦布（Victor Shwab）也加入进来，此人也是纳什维尔当地“极点酒吧”的老板，听名字就知道这是个乌烟瘴气的地方（其实是个赌场），而施瓦布能够加入乔治的生意还得多多感谢私酒贩子迈耶 · 萨尔茨考特（Meier Salzkotter）的推荐。而接下来我们就要说说这三个曾是靴店老板、酒贩子和开赌场的人是如何成为酒厂业主的。

乔治 · 迪克是一位德国移民，1853 年时来到纳什维尔市，一开始是个卖鞋的零售商。美国内战期间，在他成为杂货和威士忌的批发商之前，他是个私酒贩子。在小舅子维克托 · 施瓦布（Victor Shwab）和迈尔 · 沙尔斯卡特（Meier Salzkotter）的协助下，生意蒸蒸日上，他们以施瓦布拥有的“高潮酒吧”为贩卖通路——这个酒吧的名字非常贴切地表达了它就是纳什维尔市里邪恶之窟之一。1888年，维克多 · 施瓦布以个人名义买下了瀑布酒厂（建于1877 年）三分之二的股份，而乔治 · 迪克则拥有销售权和灌装权。

10年后，施瓦布收购了整座酒厂的股份。当时的经营者麦可 · 戴维斯是一个货真价实的酿酒师。1911年，也就是田纳西禁酒的第二年，施瓦布家族和迪克的遗孀把瀑布酒厂的生产线，连同木炭过滤流程，一起迁到了Stitzel酒厂。

1937年，乔治 · 施瓦布把公司卖给的Schenley企业，Shenley在1958年派出拉夫 · 杜波斯到田纳西，在瀑布酒厂原址附近的一间新蒸馏厂生产乔治迪可威士忌，故事到这里就结束了。乔治是一名成功的批发商，毕竟在威士忌界里，能够以自己的名字来命名威士忌的没有几个人。

乔治迪可酒厂现在位于昆布兰高原边缘的一座绿树成荫的窄山谷里，附近就是诺曼底湖。这里的谷物和玉米都经过加压蒸煮，然后加入酒厂自己培养的酵母发酵三至四天。但作为一款田纳西威士忌，木炭过滤的重要性甚至大于陈年，不过这里的过滤方法与29 千米之外的杰克丹尼酒厂并不相同。

迪可的新酒在过滤前，都先经过冷凝来去除脂肪酸。木炭过滤槽的顶部和底部都铺了羊毛毯，顶部的毯子是为了让新酒在大量灌入时可以均匀分布槽内，底部的毯子是为了阻止木炭通过。经过10天后装瓶，然后放在山顶的单层仓库中陈年。

乔治迪可的风格和杰克丹尼完全不同，迪可有着浓郁的果味和甜气，虽然它在2016年推出的黑麦威士忌的配方中，含有95%的黑麦且只陈年4年，但这种温和的果味特质，仍然得以展现。

这间酒厂在1999年到2003年之间关闭，直到母公司帝亚吉欧最终发现，其实多年以来这里一直都拥有着一支世界级的威士忌，于是又开始全力生产，现在他们要弄清楚这支威士忌背后的历史，才对得起施瓦布和麦可 · 戴维斯。

当维克多 · 施瓦布买下瀑布酒厂后，这里就起了变化。

糖枫树材准备要烧成木炭。

由这个直立式蒸馏器产出的新酒会被过滤。

乔治迪克品酒辞

SUPERIOR NO.12 45%

色香：琥珀色。香气非常甜美，略带蜡感。苹果派和柠檬，淡淡的丁香和金色糖浆味。

口感：入口非常顺滑，些许草本香料味，之后是百里香和薄荷芹的味道，尾段则是姜、青柠花和蜂蜜味。

回味：纯净柔和，烤苹果味，和突然涌现的肉桂卷味道。

结论：优雅而柔顺，但有着真实的个性。

风味阵营：柔顺玉米型
参 照 酒：Early Times，Baby Bourbon

8 年款 40%

色香：甜气很浓，有水果味，带着丰富的杏桃馅饼气味；一些捣碎的香蕉和水蜜桃气味；细致且丰富的水果糖浆味；橡木味越来越明显。加水后，带出柑橘和些许的葡萄柚气味，伴随着甜甜的辛香料味。

口感：干净以及浓度很高的果味；淡淡的橡木味。背景里有着烧烤桶味，但是木质味被控制得很好，平衡而且是多汁的感觉。

回味：简单，短促。

结论：诱人而悠长。

风味阵营：柔顺玉米型
参 照 酒：Jameson Gold

12 年款 45%

色香：成熟；出现了一些橡木味后，水果气息稍微消退；有点干涩的气味转向乌龙茶和焦糖油桃味。

口感：非常精准，许多新鲜的樱桃味，在适当的橡木、椰子和迪克威士忌特有的优雅果甜之间取得平衡。

回味：烘烤过后的干燥辛香料味。

结论：成熟而高雅。

风味阵营：水果辛香型
参 照 酒：The BenRiach 16 年

BARREL SELECT 40%

色香：香草伴随着橙味涌现，紫藤以及果汁味，有着 8 年版威士忌的果汁口感，但增添了乳脂感，和一些用奶油煎过的肉桂和肉豆蔻味。

口感：展现出果皮的淡淡抓舌感，淡柠檬皮味，以及少许的胡椒味。

回味：更加柔和。

结论：优雅而迷人。

风味阵营：柔顺玉米型
参 照 酒：Forty Creek Copper Pot Reserve

黑麦款 45%

色香：戴着黑麦威士忌最舒服、温和的伪装。优雅，具配着狄可威士忌典型的甜味；柿子及水蜜桃的味道，转变成了薄荷药膏和草莓味，加水之后出现丁香味。

口感：优雅的辛香味，不是那种吓唬人的黑麦味，而是一种极力要讨好人的味道。加水之后出现更多的辛香料味。

回味：芳香。

结论：早餐时饮用的黑麦威士忌。

风味阵营：辛辣黑麦型
参 照 酒：Crown Royal Reserve

精酿酒厂地图

CANADA
PACIFIC OCEAN
MEXICO
Rocky Mountains
WASHINGTON
OREGON
IDAHO
MONTANA
NORTH DAKOTA
SOUTH DAKOTA
WYOMING
NEBRASKA
NEVADA
UTAH
COLORADO
CALIFORNIA
ARIZONA
NEW MEXICO
TEXAS
Missouri
Rio Grande
Golden, Bow
Bainbridge, Bainbridge Island
JP Trodden, Woodinville Distilling, Woodinville
Heritage, Gig Harbor
Seattle
Carbon Glacier, Wikeson
5 o'Clock, Cashmere
Batch 206
Ellensburg
Dry Fly, Spokane
Glacier, West Glacier
Whistling Andy, Bigfork
Stone Barn
Portland
Bull Run
Black Heron, West Richland
Ransom, Sheridan
McMenamins/ Edgefield, Troutdale
Rogue/ Clear Creek
House Spirits
Stein, Joseph
Helena
Oregon Spirit, Bend
RoughStock, Wildrye, Bozeman
Trailhead, Billings
Cascade Peak, Ashland
Boise
Wyoming, Kirby
American Craft Whiskey, Redwood Valley
Spirit Works, Sebastopol
1512 Spirits, Rohnert Park
Stillwater, Petaluma
Charbay, Stillwater, St. Helena
Churchill, Fallon
Taho Blü, Reno
Salt Lake City
High West
Cheyenne
Feisty Spirits, Fort Collins
Syntax Spirits, Greeley
Amador, Jackson
Anchor Distilling
San Francisco
St. George Spirits, Alameda
Black Canyon, Longmont
Dancing Pines, Loveland
Denver
Leopold Bros, Centennial
Downslope
Stranahan's
Seven Stills
Old World, Belmont
Valley Spirits, Modesto
Peach Street, Palisade
Colorado Gold, Cedaredge
Breckenridge
Deerhammer, Buena Vista
Distillery 291, Colorado Springs
Lost Spirits, Salinas
Trailtown, Ridgway
Wood's High Mountain, Salida
Las Vegas
Bowen's, Bakersfield
Las Vegas Distillery, Henderson
Arizona High Spirits, Flagstaff
Don Quixote, Los Alamos
Santa Fe
Los Angeles
Saint James, Irwindale
Albuquerque
Ballast Point,
San Diego
Phoenix
Arizona Distilling Co, Tempe
Hamilton Distillers, Tucson
Garrison Bros. Hye
Ranger Creek
San Antonio
THE USA
Craft distillery
0 miles 400
0 km 400

MAINE
Penobscot Bay, Winterport
Augusta
Sweetgrass, Union
New England, Portland
Green Mountain, Stowe
NEW YORK
VT
NH
Sea Hagg, North Hampton
Ryan & Wood, Gloucester
MA
Bully Boy, Nashoba, Boston
Saratoga Galway
Nashoba Bolton
Damnation Alley, Belmont
Hillrock Estate Ancram
Berkshire Mountain, Great Barrington
R.I.
Triple Eight, Nantucket Is.
CT
Sons of Liberty, South Kingstown
Delaware Phoenix, Walton
Catskill, Bethel
Finger Lakes, Berdett
Lake Ontario
Tuthilltown, Gardiner
Long Island, Baiting Hollow
New York
Tirado, Bronx
Breukelen Distilling, King's County, Noble Experiment, Brooklyn
Nahnias & Fils, Yonkers
PENNSYLVANIA
Mountain Laurel Bristol
Pittsburgh Distilling
Philadelphia
Cooper River, Camden
NJ
MD
DE
Catoctin Creek, Purcellville
Washington, D.C.
Pinchgut Hollow, Fairmount
W. Virginia Distilling, Morgantown
Copper Fox, Sperryville
Mount Vernon, Smith Bowman, Fredericksburg
Belmont Farms, Stillhouse, Culpeper
Reservoir, Richmond
VIRGINIA
W. VIRGINIA
Smooth Ambler, Maxwelton
Virginia Distillery, Eades Hollow
Isaiah Morgan, Summersville
John McCulloch, Martinsville
Piedmont, Madison
NORTH CAROLINA
Blue Ridge, Bostic
Dark Corner, Greenville
Ivy Mountain, Mt.Airy
SOUTH CAROLINA
Appalachian Mountains
Atlanta
GEORGIA
Georgia Distilling Milledgeville
Thirteenth Colony, Americus
ATLANTIC OCEAN
St. Lawrence
D
A
Lake Superior
INNESOTA
her,
kis
WISCONSIN
Lake Michigan
Lake Huron
45th Parallel, New Richmond
neapolis
Civilized Spirits, Grand Traverse, Traverse City
Great Lakes, Milwaukee
MICHIGAN
n's Door, Old Sugar, Yahara Bay Madison
New Holland, Holland
Red Cedar, East Lansing
Lake Erie
Detroit
Aeppeltreow, Burlington
Northshore, Lake Bluff
FEW, Evanston
IOWA
Cedar Ridge, Swisher
npleton
Quincy Street, Riverside
Koval, Chicago
Big Cedar, Sturgis
Flat Rock, Fairbairn
Journeyman, Three Oaks
Ernest Scarano, Gibsonsburg
Des Moines
Mississippi River, Le Claire
INDIANA
OHIO
Middle West, Watershed Columbus
ILLINOIS
Dancing Tree, Shade
Indianapolis
Woodstone Creek, Cincinnati
McCormick, Weston
Kansas City
Pinkney Bend, New Haven
Angostura, Lawrenceburg
Mad Buffalo, Shawneetown Spur
Square One, St Louis
Alltech
Barrel House, Lexington
Ohio
KENTUCKY
Horse,
nexa
MISSOURI
Corsair, Bowling Green
Copper Run, alnut Shade
Nashville
TENNESSEE
ARKANSAS
Arkansas
Mississippi
Memphis
Prichard's Distillery Inc., Kelso
Rock Town, Little Rock
Witherspoon,
s Distilleries,
Cathead, Madison
MISSISSIPPI
ALABAMA
Robertson,
Jackson
LOUISIANA
Yellow Rose, Pinehurst
Houston
New Orleans
FLORIDA
Tampa
Gulf of Mexico
Miami

当纪录蓬勃发展的美国酒厂时，你得接受自己永远无法涵盖到全部最新资料这件事。这张变幻莫测无限延伸的酒厂地图，实在变化太快了，在这里写下这个句子的同时，说不定又开了两间新的酒厂。所以，理解这些酒厂的背后想法，比单纯纪录现况显得更为重要。

随着这些新酒厂的经营理念浮出水面，你看到的不只是21世纪为了探索可能的创举，更是要重写美国威士忌历史，将已经失衡的业界扶正。精酿蒸馏重新找回失去的东西，来开发新的领域，并重塑如果没有经历禁酒时期、经济大萧条以及内战的美国威士忌产业原有的风貌。

这是一个将品牌概念发挥到极致的国家，酿酒师要和农夫建立新的联结。这些农夫不在农联体系之内，他们保存了世代相传的谷物，也和大地相依相存。精酿蒸馏是美国对自己提出的问题。你可以将它贬为一种怀旧行为，不过是透过墨镜回顾自我的过去罢了，但如果它能够坚持原则，精酿蒸馏将会彻底探测威士忌的各种可能性。

我们已经见识过无年份威士忌的现象（我是站在经陈年后才可称为威士忌的那一派），新式的黑麦、波本、以及单一麦芽威士忌的制造法。此外还有混合不同酒渣，使用新品种谷物，新的烟熏技术和木桶的大小，以酿造啤酒的技术制造威士忌，不同的酵母、陈年环境带来的影响，以及Solera陈酿法的效果。

手工制作威士忌和手工酿造啤酒很像，只有一个地方明显不同。"手工酿造啤酒是对无味啤酒的反制，"新荷兰酒庄（New Holland）的理奇·布莱尔解释说，"然而在蒸馏领域，我们并不是在针对着次级产品。"

思维的角度和规模都定义了精酿蒸馏。"精酿蒸馏师们得了解自己的技术，"巴尔肯斯（Balcones）的奇普·泰特说，"也就是说你得知道前任做了些什么，而不只是抄袭他们，还得自己加上新东西，你得遵照一定的流程，向大师们学习，从学徒开始做起，渐渐熟悉这些技术，唯有如此，你最后才能成为精酿蒸馏师，这是自我纪律的问题。"

但无可避免的，精酿蒸馏也可能是随意（甚至是不老实）贴上的标签。大蒸馏厂留意着那些小厂里的一举一动，临摹一些技术拿去创造自己的副品牌，有些精酿蒸馏公司还会被大公司买下——精酿啤酒业就发生过这种事。另一方面，市场上一些小厂，不过就只是装瓶厂而已，却仍然继续自封为蒸馏厂。换句话说，哪些是精酿，哪些又不是精酿，这个问题将持续让人产生困惑。

最终会成功的，都是一些懂得威士忌基础的人。手工蒸馏是一门技术，但这也是生意，就像High West's的戴维·柏金斯所说的："你总得付得出薪水。"——威士忌是需要时间的。

另一个障碍就是销售问题，一般人不了解美国的销售系统有多复杂。Anchor的戴维·金说："你不能光是在酿制威士忌，比如说在科罗拉多州开发好了一款威士忌，就想能够卖到全国。这是一个注重现金的产业，很多时候有人被甩出了队伍，都是因为商业因素，而不是因为酒的质量。"

精酿蒸馏业则完全相反，它挑战传统——本来就该有人这么做了——结果制造出了世界顶级的威士忌。接下来要介绍的蒸馏公司，都是随机选出来的，他们代表全国各地现阶段的情况。他们在热烈欢迎下，加入威士忌的大家族，和所有知名的酒厂一样，他们也提出了难题。

挑战传统是精酿酿酒师的专长。

图西尔镇（Tuthilltown）

图西尔镇，加德纳 · www.tuthilltown.com

让HUDSON的掌心瓶渐渐在国际市场打出知名度的是格兰父子公司（William Grant & Sons）（目前拥有并销售这个品牌）和制造这支威士忌的图西尔镇蒸馏厂于2010年的合作。这种结合模式可能会越来越多的出现，因为它解决了小型蒸馏厂的一大困境——销售。

拉夫 · 厄伦佐在2003年拿到执照后，成为纽约州自禁酒期以来第一家合法酒厂的经营者，因此他也是第一个问出“我该塑造怎么样的威士忌风格”的人。

“如果你问我爸跟布莱恩这个问题，他们会说，以前都不知道自己在做什么，所以他们创造了一种新的做法，”拉夫的儿子，同时也是图西尔镇酿酒师及品牌大使的盖伯说。他们从以前延续至今的做法，就是对原产地保持绝对忠诚。“我们一直都跟当地的农夫合作，让他们种植传统品种的玉米。”他补充说：“这些成分，至今仍然是主要的风味来源。”

另一个打破美国威士忌生产常规的，是小型橡木桶的使用，一开始都是用2到5加仑的酒桶，产量增加时，酒桶的大小也会随之提升。“目前大多介于15到26加仑之间，”厄伦佐说：“我们还准备了一些53加仑的酒桶，这些酒桶可以带来宽广的风味变化，但HUDSON威士忌的风味，不一定适合使用大型橡木桶，所以我们同时也借着调和不同大小的陈年熟威士忌，来创造出的一致性。”

创新在这里持续着，他们会跟当地的枫糖浆生产者合作，也推出过一支烟熏黑麦威士忌（以无熟陈的方式出售）。就连可能酿成大祸的事件，都有可能被他们化为转机。“2012年蒸馏厂发生火灾时，我们才刚刚装满几个酒桶而已，那些没被烧掉的酒，我们将以双倍烧烤桶味的威士忌推出。”厄伦佐笑着说，他现在也在美国酿酒协会讲授酒厂安全须知。

厄伦佐不认同和格兰父子合作会让图西尔镇变得不再是精酿威士忌的说法，“只要我们还在生产HUDSON，我们就是精酿威士忌，”他这样回答，“就算扩厂，我们也只会制造6万加仑（精酿威士忌限制每年只能生产10万加仑），跟格兰父子合作，改善了我们的生活，我们得到了更多知识，拓展了销售范围，还获得了超过百年的酿酒经验。”如果问他对新入行的酒厂有什么建议吗？“好好利用当地的资源，别妄想成为下一个美格或是国际大品牌。”

换句话说，小型的酒厂，也有它的乐趣所在。

图西尔镇品酒辞

HUDSON BABY BOURBON 46%

色香：先是干涩和有点儿粉尘味，然后转为玉米壳味，接着是甜的爆米花味。

口感：最初甜美而成熟，突显出果园里那种实在的水果味，舌感中段能感受到因木质味所带来的结构感。

回味：再次出现淡淡的粉尘味。

结论：真是令人意想不到的好宝贝儿。

风味阵营：柔顺玉米型
参 照 酒：Canadian Mist

HUDSON NEW YORK CORN 46%

色香：清澈，不需熟陈的玉米威士忌。甜味，有爆米花和来自玉米的野花香味，浓厚的玫瑰百合花香，接着涌现莓果的气味。

口感：捣碎的粉末感，嚼口有劲。口中感受到来自于玉米的油脂感，但被之后来的绿色玉米叶子味给中断。

回味：坚果，粉末颗粒感。

结论：新鲜而有个性。

风味阵营：柔顺玉米型
参 照 酒：Heaven Hill Mellow Corn

HUDSON SINGLE MALT 46%

色香：谷物的甜味，谷物粉；新鲜橡木；加了果干的全麦面包；淡淡的柑橘；一丝酵母味。加水后出现更多糖化槽和麻布味。

口感：橡木味；粉尘；麦芽谷仓味；带一丝丝甜味。

回味：短促而清爽。

结论：清新的美式单一麦芽威士忌。

风味阵营：麦芽不甜型
参 照 酒：Auchentoshan 12 年

HUDSON FOUR GRAIN BOURBON 46%

色香：比HUDSON BABY BOURBON稍微甜一点，甚至多了些青草味，黑奶油的气味，玉米甜味，以及焦糖水果味。

口感：甜美，浓郁的橡木味几乎被利口酒般的浓度给平衡了，罐装的覆盆子味，口感的中段出现黑麦还有新鲜的青苹果元素。

回味：淡淡的粉尘味。

结论：一款新鲜又甜美的波本威士忌。

风味阵营：水果辛香型
参 照 酒：Jameson Black Barrel

HUDSON MANHATTAN RYE 46%

色香：紫杉，底层长满莓果的松木林味。甜美，淡淡的草药味，接着出现黑葡萄和淡淡的苦味。

口感：有点油脂感；澎湃而成熟，舌头两侧有平衡的苦味。

回味：欧式烤塔皮味。

结论：有个性的。

风味阵营：辛辣黑麦型
参 照 酒：Millstone 5 年

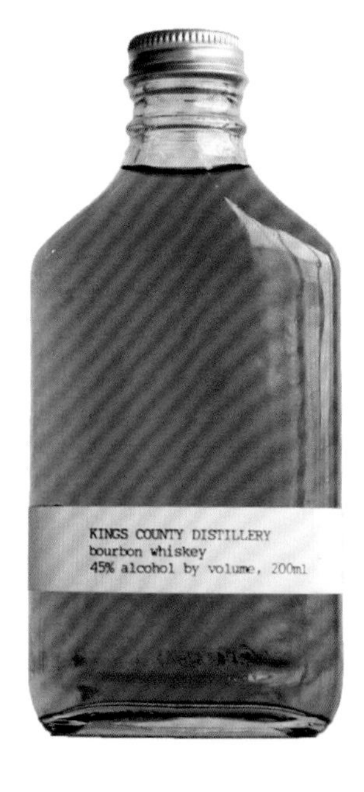

国王郡（Kings County）

国王郡，纽约，布鲁克林 · www.kingscountydistillery.com

几年前，我在布鲁克林品饮威士忌的时候，有人给了我一个小瓶子，里面的液体是这里的一家酒厂的产物。这看起来既刺激，又有点诡异，“手工”这个字会让人想到偏远的林区，连他们的制服（男性员工）——格纹衬衫和胡子——都会让人产生这样的联想，你不会觉得这是来自布鲁克林。

但给我那支瓶子的妮可·奥斯汀告诉我，纽约市区现在约有18家酒厂。她担任酿酒师的那间国王郡，也不再是一间“怪异”酒厂，反而变成潮流的一部分。

她有化学工程师的背景，从没考虑过投入威士忌产业，当有人在酒吧里跟她解释威士忌的制作过程时，她才意识到或许有这个可能性。当她有了这个想法的当下，也恰好是国王郡2010年开始营运的时候。

奥斯汀一直努力推广小型橡木桶，她认为这不仅仅是经济上的明智选择，对风味也有实际的效用，“大家都说如果不使用53加仑的橡木桶是错的，说只有这样才能制造出成熟的威士忌，但我们用的是5加仑的橡木桶，它们也可以制造出质量优良的威士忌。”

但是小型的国王郡酒厂，让他们比较没有办法犯太多的错误。“如果你是一家大型生产商，你就能随意选择自己想用的橡木桶，”奥斯汀解释说，“可我们不行，所以我只能使用目前现有的酒桶。”有限的选择也会造成不便，橡木桶的个别差异因此被放大了。但是这样把注意力放在几支木桶上，不仅让她更容易洞悉陈年过程产生的影响，也有助于型塑国王郡威士忌的风格。

“没有人教我们怎么做，”她接着说，“我们只能尽力去尝试，我们花了一些时间，才抓到诀窍，但不管我们有什么样的愿景，我们都被迫要在现实的市场上生存。”

一不小心就会忽略掉，奥斯汀所谓的“一些时间”其实是4年。不过这只是威士忌历史中的一刹那。“我一开始很怕发生大家说的所谓过度开发的状况，但也许我们不该这么担心，我们得在过程中培养自信，相信自己的判断，我只希望我们能做出一支顶级的威士忌。”

这间酒厂买下了两座新的蒸馏器进行扩建（购自苏格兰铜器制造商Forsyths of Rothes），显然这公司已走上了正确轨道。除了原本的波本威士忌，它们又加入了一支使用当地谷物，但风格类黑麦的威士忌，也开始使用较大的酒桶。

国王郡找到了属于自己的脚步，并且在很快速的发展中。

快速成长中的国王郡蒸馏厂，将蒸馏的风潮带回了布鲁克林。

国王郡品酒辞

BOURBON 样品酒 45%

色香：淡淡的酵母味，多汁的水果，一些柑橘味，变成薄荷巧克力味，淡淡的雪松，抛光的木头，以及撒了胡椒的玉米味。加水后香气提升，口感更为滑顺。

口感：最初很柔和，随后出现酥脆的黑麦味，活力和酸味的加入，抵消了原本的甜味。缭绕而悠长，有一点朗姆的味道。

回味：带着香水气息的苦味。

结论：年轻，但非常值得期待。

海盗（Corsair）

海盗，田纳西州的纳什维尔和肯塔基州的博林格林 · www.corsairartisan.com

难以想象在威士忌世界里最具有创意、追求创新的海盗蒸馏厂，居然是酿酒师德瑞克 · 贝尔跟他的朋友安德鲁 · 韦伯在仓库里制造生物柴油时一时兴起而创造的。“当时我们忙着赶出一批生物柴油，安德鲁随口说，要是我们制造的是威士忌就好了，”贝尔回想当时的情况，“我们很快就开始自己研究蒸馏厂和蒸馏技术，也自己建造蒸馏器来做酒。”不久后，海盗酒厂就成立了，他们目前有两个厂房：一个在肯塔基州，另一个在田纳西州。

创新可以是与众不同，又或者是“如果是这么做会如何？”这类问题的实验探索。但没有人的探索过程——至少在威士忌业界里——能走得像德瑞克 · 贝尔这样的远。

一开始他先研究谷物，从大麦到鹅脚藜，荞麦到苋菜，黑麦到画眉草，每一种谷物都经过了测试。接着的研究不同的烘烤方式，啤酒蒸馏，然后才是制麦和烟熏的过程。

“为了提升我们制造烟熏威士忌的能力，除了建造自己的谷物发芽设备之外，没有别的办法了。”贝尔说，“我们做出了80款烟熏威士忌，使用了我们找到的每一种烟，来自从赤杨木到白橡木的每一种树。”

接下来的这个词，不常和美国威士忌产生关联：调制。“有些烟熏味会影响威士忌的气味，有些则会影响口感，也有的会影响尾韵，但很少能做到三者兼顾。”贝尔解释说，“白橡木烟熏过的麦芽，会带出浓烈的烟熏味和冲击的口感。果树的木头烟熏味能影响色香，一开始就能有一个舒服的甜味。枫木则能添加很棒的尾韵，调制这三款风味你就能够创作出一支有深度和层次的威士忌。”

“然后我们还调制苋菜威士忌和山核桃木烟熏过的麦芽威士忌，制造出一款烟熏味绝佳的作品。现在我们建立了色香数据库，就可以更快研发出新的调和威士忌。这些都给我们提供了更多发挥创意的空间，让我们可以去对风味进行优化，每一种威士忌都是全新的颜色和笔刷，而调和威士忌则是那张画布。”

有时候，你的确会怀疑海盗究竟是一间实验室，还是一间酒厂。

“我们有严重的注意力不足过动症，”贝尔坦诚地说，“虽然我们每年大约有100款新配方，但我们还是想创造新风格，勇敢的迈入其他威士忌不曾造访的领域。从第一天开始，我们就决定要尊重传统，不过，做出来的威士忌可绝不能是老调重弹。”

这又是另一个奇妙的平衡。

“我情愿创造出一种被视为异类的新类别。”他总结说，“现在有多少鹅脚藜威士忌在和我们竞争？完全没有。”

海盗品酒辞

FIREHAWK（OAK / MUIRA / MAPLE）
样品酒 50%

色香：甜美轻微的烟熏皮革味，有些植物绿叶的气味，伴随着胡椒子味。后面有淡淡的蜂蜜与柑橘味，覆盆子和线香的气味。加水后，有了更多的与余烬气味。

口感：最初很丰盛，干涩，有烟熏室的味道，然后转换成鞣制皮革的味道，风味有着很好的扩散，一阵阵的烟熏味被甜度平衡了。

回味：中等长度。

结论：平衡而迷人。

NAGA（BARBERRY / CLOVE）样品酒 50%

色香：芳香，紫色水果的根茎味带出的甘草、深色水果气息和土壤味。更多的灰烬，像刚熄灭的营火，仍然有一些树叶在焖烧。干涩的根茎及辛香料味。

口感：非常干涩，烟熏灰烬让菖蒲根茎的味道涌现；有一点抓舌。

回味：干涩。

结论：同样的威士忌，不同的烟熏味，就有了截然不同的结果。

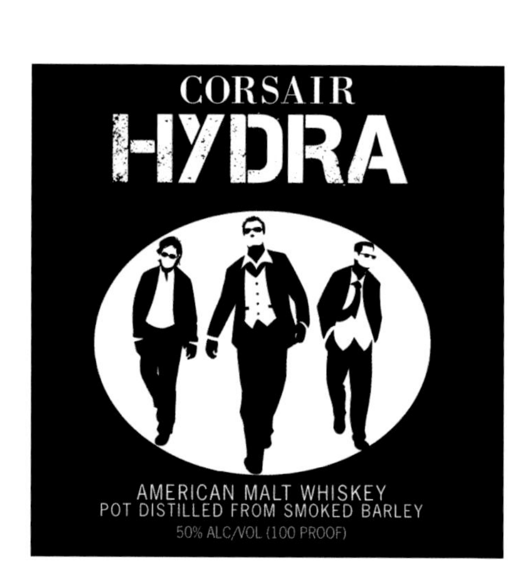

BLACK WALNUT 样品酒 50%

色香：香气升华，桑葚果酱味，丰富的烟熏味和淡淡的苦味；少许雪茄烟灰气味，澎湃有力。

口感：具有浓厚的酒厂特色，但又有点传统。最初很甜美口感，在中段变得柔和。

回味：有点短，且带点儿烟熏味。

结论：丰富、深层、黑色的结实酒体。

HYDRA（BLEND OF SMOKED WHISKEYS）
样品酒 50%

色香：甜美，有如利口酒。厚重的蜂蜜，一些糖浆味，有节制的烟熏味，果气丰富，烟草味。加水就变得干涩。

口感：甜美和干涩的元素在交互作用着。一丝丝的羊毛脂味，中段的口感非常丰富，最后出现了芳香的烟熏木味。

回味：有烟熏味，也有点干涩。

结论：非常好的一款实验作品。

贝尔康斯（Balcones）

威科，得克萨斯州 · WWW.BALCONESDISTILLING.COM

几年前，留着大胡子的奇普 · 泰特曾说："我们不是在得州制造威士忌，我们是在制造得州的威士忌。"世界上有想法的酿酒师都会和这种态度产生共鸣，就地取材，了解自己的特色，并从周遭情境中寻找灵感。

泰特设计并建造了一间酒厂，在这本书写作的时候，他正在盖另一间新厂房。"这个过程很有趣，因为这是我第一次把想法写在纸上，交给工程师去执行，其实我们这次要盖两间新的酒厂。"他补充说，"我趁机重建原来的那间，我已经厌倦了蒸馏器产量不足这件事。现在我们不仅可以满足市场的需求，又可以做我一直想做，但在旧厂根本做不到的事情。我本来只想把心力放在贝尔康斯上，结果是这股热情开始不断蔓烧。"

他的威士忌（贝尔康斯是少数使用Whisky拼法的美国蒸馏厂）复杂，强而有力，但也有细致的层次感。清楚地表达出泰特地产的特色，贝尔康斯蓝玉米，以西南部原住民霍皮人制作的玉米浆煮成糊后制作而成，闻起来像烤玉米片；带着点硫磺气息——来自海橡树——令人联想到树脂；缭绕的萤火烟熏味。得克萨斯州就这样被撞进了这瓶酒里。

"在得州的调研进展良好"泰特说，"我们使用一种不常见的玉米（heirloom），一开始因为农夫种植这种作物，会没有办法进行保险理赔，所以给他们带来了一些麻烦。但我们现在正在跟一名曾是律师，且又熟悉环境法的农夫合作。"

"采用玉米浆，或者是得州矮灌木的做法听来不错，"他补充说，"你得让自己的嗅觉对周遭的气味保持开放的态度，我可以用得州的原生橡木吗？得州的气候跟肯塔基哪里不一样？这种差异会不会影响陈年的变化？没错，就是用科学方法亲自实验，打破传统的熟悉领域，但别忘了，你不能只是为猪擦上口红（美式俚语：虽然美化了表面，但事实上没用）。"

只要是和泰特在一起时，对话就会逐渐导向目的论、工艺以及技术相关的哲学思想，他的家族也认为当一名学徒，是一个酿酒师必经的过程。

"这就像爵士理论，"他说，"一开始你得先学会枯燥的技术，然后你就会遇上那些靠直觉在玩的人了。你品饮、说话、聆听、感受和学习。你可以学会理论，但唯有明白这些理论的源头，它们才能派上用场，并成为你的直觉和美感，这些都需要时间，只有了解了这一切，手工酿酒才会进步。"

贝尔康斯品酒辞

婴儿蓝 BABY BLUE 46%

色香：魅惑而甜美。有柔和的橡木气息和蜂蜜/金黄色的糖浆气味；玉米壳/玉米粉的气味久久不散。加了水后变得更浓，干涩气息发挥了平衡作用。

口感：宽广而澎湃，但也甜美而新鲜，达到一种微妙的平衡；口感丰富，涌出了更多的玉米味。

回味：细致的果味。

结论：为 Balcones 威士忌做出了优雅表述。

风味阵营：柔顺玉米型
参 照 酒：Wiser's 18 年

STRAIGHT MALT V 57.5%

色香：带来感官刺激的木质气味，过熟的野生莓果，些许的檀木气味引着果酱味。全新刨制的木头，红杉，以及土壤上的植披，桑葚味中带着有如雅文邑般的层次。

口感：圆润、丰富、顺口，浓郁又强烈，但如天鹅绒般的手抚顺了它。加水后变得芳香，淡淡的木炭味，还有一点儿谷物味道。

回味：悠长并具有果味。

结论：强劲。德州麦芽威士忌的新风格。

风味阵营：丰富圆润型
参 照 酒：Redbreast 12 年，Canadian Club 30 年

STRAIGHT BOURBON II 65.7%

色香：开瓶就闻到樱桃白兰地味，庞大又圆润。酒精度数虽高，但却不会太刺激，有着许多红色和黑色水果味。复杂，一丝干燥树根味增添了干涩的口感，伴随着可可的苦味。加水后，出现了更多的木质色香。

口感：大量的果味在口中爆发，贝尔康斯虽然丰裕，却不会沉重地要了你的命。有层次，复杂。

回味：悠长且具有果味。

结论：没错，的确是波本威士忌，但不是你以前尝过的那种。

风味阵营：饱满桶味型
参 照 酒：Dark Horse

BRIMSTONE RESURRECTION V 60.5%

色香：丰裕且具有烟熏味，但后面有着贝尔康斯大量的深色果味，焦油和树脂气味，沥青味；橡木的烈焰朝着你吐着缭绕的火舌。油感，滑腻，烟熏肉和干酪味。

口感：突如其来的灼热感，但紧而来的厚重口感跟甜味，拖住了那火烧感。

回味：龙胆草味慢慢收敛。

结论：雄壮且大胆。

风味阵营：烟熏泥煤型
参 照 酒：Karuizawa，Edition Saentis

新荷兰（New Holland）

新荷兰，荷兰市，密歇根州 · WWW.NEWHOLLANDBREW.COM

1996年开始营业时，这里本来是密歇根州荷兰市的一间手工啤酒酿造厂，2005年，它加入了蒸馏的行列。这是因为当时热爱冲浪的酒厂老板布莱德 · 凡德坎普在想有没有可能在美国制造“真正”的朗姆酒，因此啤酒厂就进化成了蒸馏厂。为了要实现这个梦想，他得先说服密歇根州的立法机构修改法条，因为当时禁止使用水果以外的原料来蒸馏做酒。

虽然新荷兰酒厂,现在仍生产朗姆酒，但在经营团队发现并没有太多顾客和他们一样热爱朗姆酒后，便将主要精力放在酿造威士忌上，幸好这些酿酒师们也喜欢威士忌。

“有人认为酿酒厂跨足蒸馏只是为了好玩，”新荷兰的全国项目经理里奇 · 布莱尔说，“但我们在财务上有真正有优势，我们不需要创造利润，啤酒酿造厂的利润允许我们依自己想要的水平来生产威士忌。”

有酿造啤酒的经验，所以他们早就知道可以用哪些方法处理麦芽。“我们选择自家的啤酒酵母，在封闭又有温控功能的发酵槽里，进行长时间发酵。”布莱尔解释说，“我们把细致的新酒放进橡木桶熟成，是为了要增添风味，不是要去柔化它的活力，也就是说，我们发现只要陈年三年就大功告成了。”

新荷兰酒厂旗下的黑麦和波本品牌所使用的新酒，有部分是购自印第安纳州劳伦斯堡MPG蒸馏厂的陈年库存。但这里已经逐渐能够自给自足了，还自行酿产单纯使用大麦麦芽，花费10到14天进行深度发酵制成的齐柏林飞船威士忌（Zeppeline Bend）；以及使用当地谷物及地板发芽方式，来制作的比尔密歇根小麦威士忌（Bill’s Michigan Wheat）。

制酒的版图持续扩张，新荷兰酒厂在2011年买了一台老旧的苹果白兰地蒸馏器。这个老蒸馏器从20世纪30年代，就被放在新泽西州的谷仓中，后来凡德坎普买下了它，并请肯塔基州刘易斯维尔的凡东铜与黄铜工作室（Vendome Copper and Brass Works）将它修复。

“创新非常重要，”布莱尔说，“这一点跟手工酿造啤酒很像，是为做出更好的产品才去创新。我们有一间生意兴隆的酒吧，我们会在那里测试新产品，如果某一次我们搞砸了，那这个产品我们就不会推出。”

采取这种做法，表示他们正在深入调查啤酒与蒸馏酒之间的关系。

“我们大量制造麦芽威士忌，”布莱尔解释说，“美国的麦芽威士忌市场还没有被开发，我们相信适度经过陈年的麦芽威士忌，会是下一波的热门商品。”可是他又加了一句，“不过研发也很耗时间。”

他们真是深思熟虑。

最初的朗姆酒酿造厂已经变成了威士忌酿造专家。

新荷兰品酒辞

ZEPPELIN BLEND STRAIGHT MALT 45%

色香：干净，有苹果酒的元素。锯木厂、冷杉、温和的太妃糖，以及白胡椒味。气味开展成煮过的阿萨姆红茶味。加水会带出干净的谷物、姜黄，以及香草味。

口感：甘甜，明显的朗姆酒元素，深色水果、糖蜜、烤过的柑橘和覆盆子味。

回味：一丝紧实的橡木味，但口感依然均衡。

结论：令人惊艳的新麦芽威士忌风格。

风味阵营：水果辛香型

参 照 酒：Brenne

BILL’S MICHIGAN WHEAT 45%

色香：亮橘色。香气馥郁，有干燥薰衣草和玫瑰花瓣气息，饱满的辛香气息，主要是豆蔻味，接下来黑巧克力气味所带出的厚重感。

口感：酒龄很短，新鲜，有谷物的味道，紧实，有丙酮的元素。接近尾韵时，有着橡木释放的甜味。加水后整体味道更连贯了。

回味：炙热。

结论：只熟成了14个月，口味处理得很好，但需要更多时间来建构复杂度。

风味阵营：芬芳花香型

参 照 酒：Schraml WOAZ

BEER BARREL BOURBON 40%

色香：相当温和，慵懒的气味中带有芳醇的橡木味，久置的香蕉、棉花糖、糖浆，以及深色水果味。加水后闻起来像巧克力布朗尼。

口感：丰富而柔和，虽然展现出酒龄较轻的感觉，但酒体已经有办法配合这样的风味。

回味：浓厚的辛香味，还有着些许茴香味。

结论：在黑啤酒桶里陈年了3个月时间——效果非常好。

风味阵营：饱满圆润型

参 照 酒：Edition Saentis，Spirit of Broadside

西部高地（High West）

西部高地，犹他州，帕克市 · WWW.HIGHWEST.COM

或许一般不会有人认为犹他州的高原会载入威士忌历史的数据库，但犹他州西部高地酒厂的老板兼酿酒师戴维 · 柏金斯决心改变这一点。“西部的威士忌，除了是让牛仔喝到眼睛发红的东西，还有其他值得关注的地方吗？”他反问，“摩门教徒曾经在这里制造威士忌，理查德 · 波顿爵士，来到盐湖城说服民众改信伊斯兰教的时候，做下了这样的纪录。”读到这里，我相信你已经明白西部高地的威士忌历史，可以写成一本书了。

柏金斯在成为西部威士忌的推动者之前，从事与化学相关的工作，当时他发现这两个产业有异曲同工之处。但如果以生化程序的观点来谈论威士忌，会让浪漫的威士忌爱好者打冷颤，不过别怕，这只是故事的一部分而已。

柏金斯热爱威士忌，同时他也了解这是个耗费时间的产业，“四玫瑰酒厂的吉姆 · 拉特立利吉跟我说，‘当你所有的资产都用在木桶上的时候，你要怎么付薪水呢？’他建议我去印第安纳州生产世界顶级黑麦威士忌的MGP看看。当年我以非常优惠的价格，买下了他们的新酒，这年头可没办法再用那种价格买到了，真希望当时能够全买下来。”之后西部高地便开始调制黑麦威士忌“约定”，波本“美国大草原”，以及波本结合泥煤烟熏苏格兰威士忌的“营火”，同时自制的威士忌也已在陈年当中。

这些品牌出名后，柏金斯开始研究酵母菌，继续开发新酒。

“我们很重视酵母菌，我不敢相信苏格兰人，他们居然不认为这是决定威士忌风味的关键。”他若有所思地说，“我们研究了20种酵母菌。”我们使用1840年的配方，并使用其中三种在黑麦威士忌里，蒸馏出全谷物的新酒后，用OMG（Old Monogahela）推出。他们也在实验用索雷拉陈年法来制造黑麦威士忌，还推出了两支燕麦威士忌（褐色山谷和西部燕麦），同时也在研发另一支单一麦芽威士忌。

“我们很认真在研究麦芽威士忌，”柏金斯说，“目前调配了3种不同的配方。”和其他的威士忌一样，这几款麦芽威士忌都是以非浇酒过滤式的发酵酒汁来蒸馏制成，“年轻公司的经营关键，就是要与众不同，所以我们才会选择黑麦威士忌。我热爱麦芽威士忌，它也还有很多创新空间的。”

最终，犹他州也加入到威士忌产业了。“我们位于海拔2134千米的高地，蒸馏器会在较低的温度下沸腾，高纬度和干燥的气候造就了不同的陈年环境。”

过去，从来未真正远离过。

“1890年，美国有14 000家酒厂，”柏金斯补充说，“我们正在恢复昔日盛况。”

西部高地品酒辞

SILVER WESTERN OAT 40%

色香：一款未陈年的橡木威士忌，香气浓郁，微微的药香，药膏碰上剪断的花朵和鲜奶油味，有点刺鼻的茴香味。

口感：相当清爽甘甜，有糖果般的酯香和顺口的橡木味。

回味：红胡椒子味，最后的味道有点短促。

结论：迷人。

风味阵营：芬芳花香型
参 照 酒：White Owl

VALLEY TAN（OAT）46%

色香：大量的酯香，细微橡木味，有正在晾干的岩石气味，被香草、香蕉皮、淡淡的松叶，以及煮过的菠萝味打断。

口感：甘甜、芳香，又多汁。味道有点呛人，但花朵味散开在口中，具橡木力道的乳脂感。加水后变成香蕉船的味道。

回味：甜味有点少。

结论：平衡，非常有趣。

风味阵营：芬芳花香型
参 照 酒：Tulibardine Sovereign，Liebl Coillmor American Oak

OMG PURE RYE 49.3%

色香：刚出炉的黑麦酸面包——还闻得到面包屑、热气和辛香味；芳香浓郁；干燥花、玫瑰花瓣，以及黑葡萄皮味。

口感：最初很干，极为干涩，接着涌出黑麦面粉味，然后又切回厚重的辛香跟油脂感；味道均衡。

回味：香气浓郁。

结论：纯粹而干净。

风味阵营：辛辣黑麦型
参 照 酒：Stauning Young Rye

RENDEZVOUS RYE 46%

色香：甜美而高雅，圆润而平衡，发展成玫瑰花瓣、热金雀花，以及蜜粉强烈的香气。

口感：刚才闻到的优雅气息被厚重的口感盖住了，黑麦的辛香在口中达到最高点。豆蔻味涌现，还出现五香粉和芬芳的苦味。

回味：绿苹果和黑麦的粉尘味。

结论：一个完整的作品。

风味阵营：辛辣黑麦型
参 照 酒：Lot 40

伟士兰（Westland）

伟士兰，华盛顿州，西雅图 · WWW.WESTLANDDISTILLERY.COM

埃默森 · 兰伯（Emerson Lamb）在进入青春期以前，他的父亲就已经会和他坐下来谈生意了。兰伯家族五代人，都住在太平洋西北地区，在那里成功经营木材事业，但是市场发生了变化。“父亲说，以后再也不会有人买2乘4的纸张了，因此在成长过程里，我知道家里的公司不可能一直做同样的生意，我们得做些不同的事。”

于是兰伯联系上高中同学麦克 · 霍夫曼（Matt Hofmann），霍夫曼当时在苏格兰的赫瑞瓦特大学研究酿酒，并计划留在苏格兰找工作。“我认为华盛顿州，有两块世界级的大麦产区，丰沛的水源，以及北美独特的气候，使这里具备了能够让我们制造出理想的威士忌风格的所有元素。”

两个人花了8个月的时间环游世界，参观了130间酒厂，琢磨出了一个点子：要融合苏格兰的传统制程，美国的陈年技术，以及日本威士忌的制造哲学。“苏格兰人说我们一定会搞砸，因为大麦的酒体和复杂度，都不足以和浓烈的橡木味抗衡。”于是他们研究出截然不同的解决方案，他们不像苏格兰选择使用过的酒桶，而是利用对麦芽不同程度的烘烤来强化烈酒，使它能够应付全新橡木桶的强度。目前使用的谷物配方有浅色麦芽、慕尼黑麦芽、特殊麦芽、烘烤麦芽、淡巧克力麦芽以及棕色麦芽，最近还增加了一个泥煤烟熏麦芽。

因为眼光必须放的够远，所以目前他们也有在使用重灌桶，“威士忌陈年4到5年就差不多了。”兰伯说，“但不是所有的威士忌都会在酒龄这么年轻的时候就推出，我们还打算放上40年呢。”

位于西雅图市中心的伟士兰，可不是一间小公司。“我们的目标，是要让华盛顿成为美国单一麦芽威士忌的主要产地，虽然跟苏格兰的酒厂相比，我们只有中等大小，但在美国本土我们算是规模较大的了。要达到这个目标，我们的年产量得有2万箱才行。”

家族的木材事业背景对他们有正面的影响。“要做规模这么大的事，得花不少钱，但我们已经有等待的经验，知道必须要有耐心才行。”

从培育树木，到制造威士忌，如今已是一门生意，那么之后的呢？——谁知道——但这一系列的事业，已经撒下了种子。

伟士兰品酒辞

DEACON SEAT 46%

色香：香气馥郁。龙胆跟巧克力，以及甜美、抛光的橡木味；淡淡的松木和樱桃味；一会出现烘烤过的椰子跟黑樱桃味。加水后出现第一层味道，牙买加朗姆酒般的糖蜜味。

口感：干净、口感佳，浮现柑橘味。加水后，涌现更多的花香，还多了草莓味，口感丰富。

回味：悠长而浓郁。

结论：酒龄只有27个月，但已展现成熟风貌。

风味阵营：水果辛香型
参 照 酒：Chichibu On The Way

旗舰 FLAGSHIP 46%

色香：轻柔，有杏花味；一些谷类的甜味；打碎的蔓越莓味；气味扩散，带有节制的橡木味。

口感：浓郁的水果味，货真价实的甜味后面有淡淡的烤麦芽味。放置了很久的香蕉和一丝香烟味。

回味：淡松木味。

结论：各种元素交相融合。

风味阵营：水果辛香型
参 照 酒：Loch Lomond Single Blend

CASK 29 55%

色香：法式糕点和甜味，同类中辛香味最浓烈；一些酒椰、酯香的元素；一点点的亮光漆跟些许的柠檬味。

口感：丰盈，有些许的木炭、烘烤过的元素，稍具乳酯感，柑橘味与辛香融合出柔顺风味。加水后有橡皮糖的多汁感。

回味：悠长而有活力。

结论：更浓的香气崭露出潜力。

风味阵营：水果辛香型
参 照 酒：Glenmorangie 15年

FIRST PEATED 46%

色香：树林中的营火，后有酒厂烘烤麦芽与柑橘的特色。一些燕麦饼干和一丝药用的酚味，有点油脂感。

口感：薄荷般的凉爽，还带有缓慢涌现的烟熏味，口感良好而平衡。当下没有甜味，但之后会变甜。

回味：燕麦饼干和烟熏味。

结论：酒厂的特色看来已经定型了。

风味阵营：烟熏泥煤型
参 照 酒：Bunnhabhain Toiteach

铁锚 / 圣乔治 / 其他美国精酿威士忌 (Anchor / St George / Other US Craft)

铁锚酒厂，加利福尼亚州，旧金山 WWW.ANCHORBREWING.COM / 圣乔治，加利福尼亚州，阿拉米达 WWW.STGEORGESPIRITS.COM / 清澈溪流酒厂，俄勒冈州，波特兰 WWW.CLEARCREEKDISTILLERY.COM / 斯特纳汉，科罗拉多州，丹佛 WWW.STRANAHANS.COM

手工酿造的威士忌产业，仍持续在美国西岸蓬勃发展，新一批的酒厂追随着如俄勒冈州清溪酒厂的史帝夫 · 麦卡锡，或是华盛顿州斯波坎市的飞蝇钩酒厂等这些先驱的步伐。但无可避免的，这些先驱和其他早期的酒厂如今都不再被人注意了，全世界把目光投向那些有着奇特想法的新生代。现在是时候重新评估这些新酿酒师的作品了，比如：旧金山铁锚酒厂的弗利兹 · 梅塔（Fritz Maytag），或是加利福尼亚州阿拉米达市圣乔治酒厂的兰斯 · 温特斯（Lance Winters）。

"弗利兹想证明一个论点，"铁锚酒厂的总裁戴维 · 金说，"他是从历史学家的角度在看威士忌，他很想知道乔治 · 华盛顿那个时代，威士忌是什么模样，当时使用的应该都是自己种的谷物——很可能是百分之百的发芽黑麦——卖出去的酒浓度都很高，因为不会有人想运水到市场上去卖。那个时代的酒桶，不过就是装酒的容器，只会拿来稍微烘烤，而不是重度烧烤，当时没有人会想要创造出当代的经典威士忌，他们只不过是依循传统做法而已。"

正因如此，1996年时老波翠洛（Old Potrero）威士忌诞生了。这支单一麦芽威士忌走的是18世纪的风格，陈年1年，装瓶时浓度为127.5°（63.75% abv）。而向19世纪致敬的纯黑麦威士忌则是具有脂感和辛香料味，并在酒桶中熟陈3年。两款作品都是不肯轻易妥协的威士忌，这可是个大问题，"要用原味的老波翠洛威士忌来调制一杯曼哈顿鸡尾酒，味道还要平衡，几乎是不可能的事情，"戴维 · 金说，"所以我把这支酒的酒精度降到102°（51% abv），让

功能大于浪漫——位于加州的圣乔治蒸馏厂还有许多空间可以再进行扩建。

它变得更易亲近。”

两款酒都放在内部烧烤的橡木桶里成年，但维持他们大胆的风格。戴维·金形容18世纪就像一份鲁本三明治，如今酒精度90º（45% abv）的纯黑麦威士忌，展现出一种受橡木影响且更甜的风味，每个年份都会有一桶被另外放置，等到进入第二个10年之后再择期装瓶，作为哈特林（Hotalings）系列推出。

“我认为比起追求成功，弗利兹更想当一名拓荒者，”戴维·金说，“手工啤酒开始流行的时候他也在场，光是制造8万桶啤酒就能令他开心了，能否塑造出大品牌反倒成了其次。他很重视质量和历史：比如他生产出了第一支添加啤酒花的印度淡艾尔啤酒，第一支伦敦Dry金酒，第一支100%发芽黑麦威士忌。”

弗利兹·梅塔在2010年退休，铁锚酒厂目前的合作伙伴，有铁锚——普雷司进口公司、贝瑞兄弟&路德公司。他们正在规划一间更大型的酒厂，要安装更多的蒸馏器，生产更多的烈酒。“这样我能便能扩大生产种类，让我们有办法去探索威士忌是什么？它的未来又是什么？”

这些问题，一直都在圣乔治酒厂的兰斯·温特斯脑中酝酿，这间酒厂在1982年由约格·洛夫（Jorg Rupf）建造，用荷尔斯坦蒸馏器，制造生命之水/白兰地。兰斯在1996年来到此地，臂下夹着一瓶自制的威士忌，希望能在这里找到一份工作。一年后，圣乔治酒厂的第一支威士忌装桶了，这支威士忌，是以现今大为称颂的各种创新技术做出来的：使用烘烤程度不同的大麦，用山毛榉和赤阳木去做烟熏，放在重灌的波本桶、法国橡木桶、波特桶以及雪莉桶中陈年。

即便在大众的认知中，这一支酒被一号机棚（Hangar One）伏特加（至今仍在圣乔治酒厂生产）超越，但它仍极具说服力的呈现出美国对以大麦为基底的单一麦芽威士忌的观点。荷尔斯坦蒸馏器赋予它的质感和花香，不同程度地烘烤带出了甜味以及咖啡味，加上用各种不同酒龄的酒去调制，致使每一批次的威士忌，都呈现高度复杂的层次。

我很好奇，温斯特到底是在加利福尼亚州制造威士忌——还是在制造加利福尼亚州威士忌。“加州以创新与重塑而闻名，”他说，“这一支加州单一麦芽威士忌，事实上就是把这种重塑的思维，运用在整个过程上，‘嘿！我要怎么制造出真正带有加州风格的单一麦芽威士忌啊？’我从来没有这样想过，我很确定就算我们开始在其他地方制造威士忌，它仍然会与我们在这里已制造了17年的威士忌一模一样。”

“加州的好处，是我们所接触到的品饮者，比较愿意接受更创新的威士忌，”他承认，“但我不觉得这有影响到我们想制作的产品。”

美国西岸的威士忌，就从这里开始了。

圣乔治品酒辞

ST. GEORGE 加州单一麦芽 43%

色香：香气氤氲，果味浓厚，纯粹的芒果跟杏桃。香气四溢、甜美而干净，底层有一丝烟熏味。

口感：成熟多汁的浓烈香气又回来了，变得比较干涩，带出更多谷物质地。然后中心部位变得柔和，有美式冰淇淋汽水味。

回味：坚实但多汁。

结论：一款让人大开眼界的单一麦芽威士忌，展现出多种现存的可能性。

风味阵营：水果辛香型
参 照 酒：Glenmoragie，Imperial

LOT 13 43%

色香：圣乔治系列的经典花香，冰镇的热带水果混合了细致的花香。微量的麝香葡萄、花粉、剪下的花朵、香瓜，以及绿香蕉味。

口感：柔和的蜂蜜味，层次佳，些许美式冰淇淋汽水味。不需要加水喝，春天的花香味，但中段味道明显，小麦啤酒味。

回味：淡淡的巧克力味。

结论：均衡而高雅。

风味阵营：芬芳花香型
参 照 酒：Compass Box Asyla

铁锚品酒辞

OLD POTRERO RYE 48.5%

色香：果香味十足的黑麦味，还有热气腾腾的面包店气味和坚实的橡木味，混合了甜味与辛香，几乎有点烟熏味，黑麦面粉、焦糖、冬青、以及橡木气息。

口感：滑顺、纯净。黑麦味的中段，带出了烟火般的粉尘感和既苦又甜的辛香料味，厚实且直接。

回味：浓郁又辛香。

结论：一种非常古老的风格（但又在矛盾里显出新颖）。

风味阵营：辛辣黑麦型
参 照 酒：Millstone 100°

其他美国精酿威士忌蒸馏品酒辞

CLEAR CREEK, MCCARTHY'S OREGON SINGLE MALT BATCH W09/01 42.5%

色香：最初是青草及烟熏味，林中的营火、一些山核桃和桦木的烟熏味，藏着优雅而甜美的味道，感觉年轻又新鲜，香气十足。

口感：立刻又出现了烟熏味，但这和苏格兰威士忌之间的不同之处，是在于它明显的香气。正山小种红茶的味道。

回味：烟熏腰果味。

结论：颠覆传统。

风味阵营：烟熏泥煤型
参 照 酒：Chichibu New Born，Kilchoman

STRANAHAN'S COLORODO STRAIGHT MALT WHISKEY BATCH 52 47%

色香：起初清爽而不会太甜，有烘烤的气味，相当低调，接着是橘子、丰富的麦芽、肉桂以及芬芳的粉尘味，一样香气浓郁。加水后则出现天竺葵、太妃糖，以及烘焙咖啡味。

口感：烧烤的橡木桶，赋予了淡淡的煤烟味。有着水果、太妃糖，以及大量的辛香甜味。味道转成了黑醋栗酒/黑莓味，但老是会被坚实的橡木气味打断。

回味：有活力。

结论：均衡而干净，另一种宜人的崭新威士忌定义。

风味阵营：水果辛香型
参 照 酒：Arran 10 年

加拿大

加拿大是威士忌世界里沉睡的巨人，虽然他的产量仅次于苏格兰，但奇怪的是，他常常被人们忽略。为什么有这种产量、历史文化、制酒能力和商业成就的国家会被忽视，且总是事后才想到他呢？

是因为加拿大人是世界上最温和的人吗？他们不喜欢大吼大叫，不会小题大作，有礼、风趣、温和……就如同他们的威士忌一样。在这个——错误的——只推崇重口味的世界里，这样的威士忌很容易被忽略。

可以想见这种温和的特质，也让加拿大威士忌经常被误解——它们只使用黑麦，所有的威士忌都经过混调，使用的不一样的原料配方，这些说法没一个是真的。

大多数的酿酒师都认为，加拿大威士忌蒸馏的典范，是在单一蒸馏厂完成的调配型威士忌（作为基底的威士忌，通常都是玉米蒸馏制成，但也有例外）。然后再加入调味用的威士忌（通常是黑麦，但也会用小麦、玉米或是大麦），这些威士忌通常都会各自陈年，最后才进行调制。

因此，每间酒厂都有自己的个性，这也是加拿大威士忌的乐趣所在，看酿酒师和调酒师如何增加更多的元素，制作出复杂的威士忌。这里威士忌的多样性跟质量，可以和世界上的任何一个地方匹敌。

现在是威士忌发展的大好时机，加拿大可禁不起继续被当成局外人。为了避免这种情形发生，他们得研发出一个风格独特的全新领域。加拿大威士忌一直以来都卖得太便宜了，就连全新的顶级威士忌，都像免费的一样低价。也许威士忌商品化现象延续至今的结果，就是连酒厂都已经很难相信，大众会认真看待这些威士忌了。但物超所值与因售价过于低廉，消费者不相信他的质量能有多好，这两者之间是不一样的。

然而，他们仍看到些好征兆。“最令人振奋的改变，是加拿大国内市场的变化，”47蒸馏厂的约翰·K.霍尔（John K. Hall）说，“这表示加拿大人正在追求质量更好的威士忌，市场上出现了更多的产品，更多的选择，同时也刺激了风格的创新。我们对此期待已久，希望当年轻消费者口味变成熟，不再只是喝伏特加的时候，可能威士忌的复兴就要开始了。”

即使加拿大国内和禁酒主义团体相似的酒精饮料委员会（Liquor Boards）允许，加拿大也没办法喝光所有国内生产的威士忌。他们向来依赖邻国来消化大部分的产量，不过我总觉得这样把各种品牌的威士忌，全数出口到美国的外销策略，并不是对他们最有利的做法，世界上还有其他地方缺乏威士忌的滋润。

然而，各种迹象明显指出他们正在转移重心，八间大型酒厂都各自在研发顶级威士忌，调制和蒸馏的技术也都有了惊人的创新。虽然普遍来说，投入橡木研究的酒厂依然不多，但这只是时间的问题而已，渐渐兴起的手工蒸馏潮流也蓄势待发。

戴文·杜.凯格姆（Davin de Kergommeaux）是一名加拿大威士忌作家和评论家，他协助我深入了解他们国家的威士忌（并提供一些背景资料），对他来说，未来会是“……多元，口味大胆而丰富的顶级威士忌，持续扩张的外销市场。消费者对质量绝佳的加拿大威士忌有了更深的认识之后，有才华的威士忌制造者，会探索橡木的管理，不同的谷类，以及不同风味的威士忌，要注意

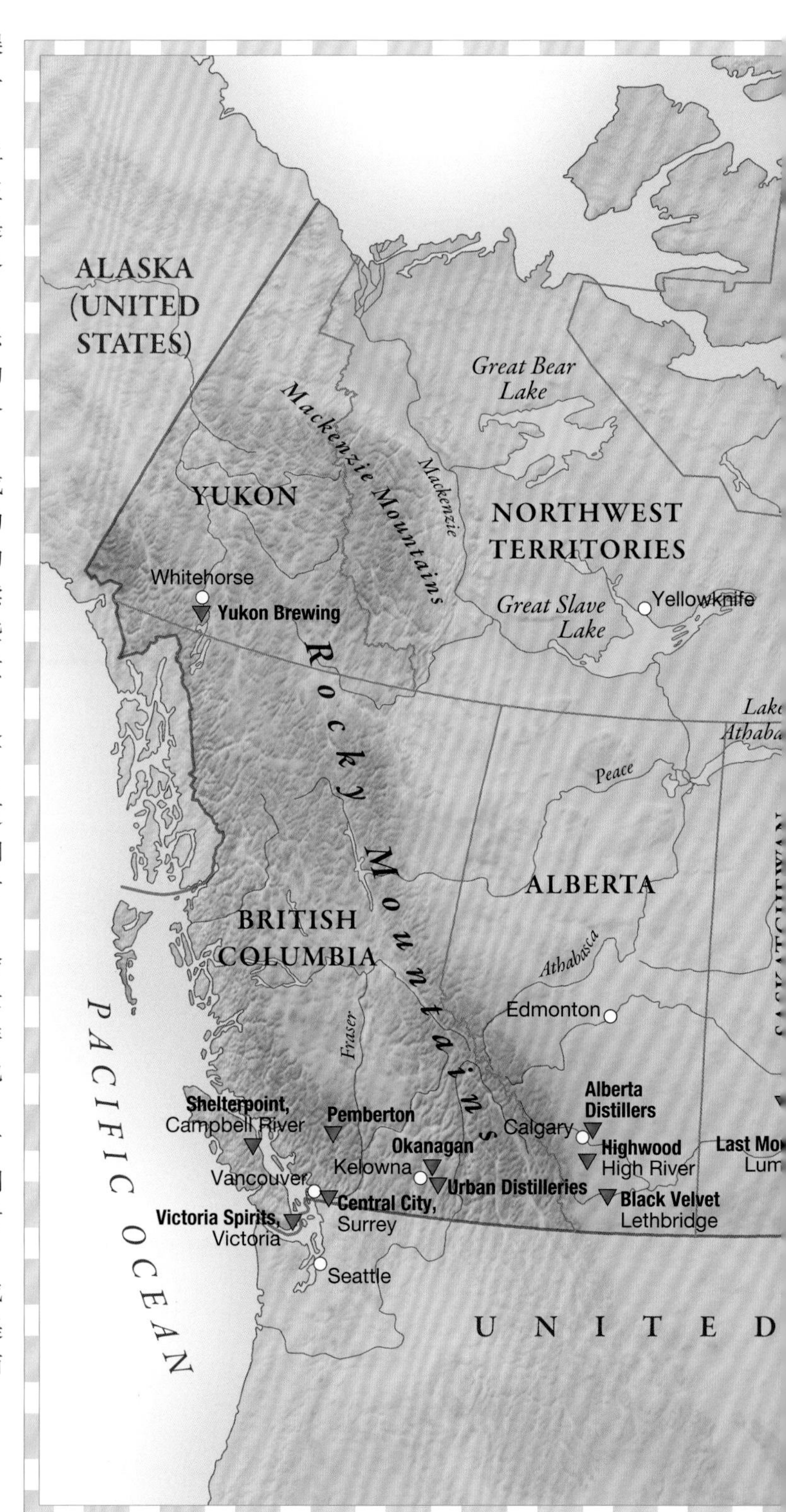

图（前一页）：曼尼托巴省的小麦田——这就是加拿大威士忌的原料之一。

那些以创新为核心的新品牌，以及单次发行的威士忌。”

藉由定义酒厂的风格，这些威士忌制造商——加拿大人和其他地方的人——都在问“什么是加拿大威士忌”。愈是深入探讨这个问题，就出现愈多种答案。别走开，这里有好几支世界顶级威士忌。

把它们找出来吧。

阿尔伯塔酒厂（Alberta Distillers）

阿尔伯塔酿酒有限公司，卡尔加里

阿尔伯塔酿酒有限公司（Alberta Distillers Limited，简称ADL）决定把重心放在黑麦威士忌上，完全是出于实际的考虑。因应没落的农村经济发展计划，这间酒厂在1946年建于卡拉立附近，当地的主要作物是黑麦。即使它四周的田野现在都已变成房舍，ADL依然秉持当初的原则，阿尔伯塔是世界最顶尖的黑麦威士忌专家，他们的产量是美国纯黑麦威士忌产量的3倍以上。

既然加拿大威士忌通常以玉米作为基底，为什么还要称它们黑麦威士忌呢？虽然这种威士忌的谷物配方中没有加入黑麦，但在调制时却用到少许的黑麦威士忌，所带出来的黑麦特质比你预期的还要多。这是加拿大威士忌的特色，以黑麦威士忌来提味，但又不是100%的黑麦威士忌，等你来这里品尝看看就知道了。

每一位接触过黑麦的蒸馏师，都知道它有多么地变化莫测，几乎难以驾驭。黑麦不容易发芽，会黏在糖化槽里，还会在醉酿桶里疯狂地起泡，黑麦那种非常棘手的半驯养风味，在制造过程当中就展现了出来。但总经理罗伯·图尔（Rob Tuer）藉由隔绝一种天然酵素，阻断了黑麦的发泡特性和黏着力，虽然这里制造的多半是100%纯黑麦威士忌，考虑到基底跟调制需求，ADL还是有买进玉米、小麦、大麦跟小黑麦。

蒸馏的过程，是在一套加拿大标准设备中进行：用一台能够提炼出啤酒的柱式蒸馏器去蒸馏，再放入萃取用的柱式蒸馏器，让水跟酒精混合，将不会溶解的（想去除的）杂醇油，跟要保留的成分区隔开来；清理干净后的混合物，接着会经过精馏柱式蒸馏器来处理，在浓度达93.5% abv时，把它收集起来当作基底的烈酒。而调制用的威士忌通常是使用罐式蒸馏器，在浓度77% abv的时候被收集起来。

黑麦威士忌，尤其是酒龄比较大的黑麦威士忌，长期以来都是ADL调制威士忌时的关键。但一直到了2007年，这个秘密成分才首度被完整公开，接着在2011年他们又推出100%黑麦的麦斯特森25年，以及埃布尔达特选30年，复杂度、辛香味、融合感，这些威士忌表现出纯粹成熟的黑麦特质，没有半点常见于美国黑麦威士忌的粉尘感。

黑麦威士忌也代表了未来，它以黑马之姿现身；融合的基底威士忌以及调制用的黑麦威士忌，和一些用来柔化口感的陈年玉米威士忌。

“黑麦赋予我们创新的能力，”生产部经理瑞克·莫菲（Rick Murphy）说，“这间酒厂具备的其他酒厂所没有的选项。

阿尔伯塔品酒辞

ALBERTA SPRINGS 10 年款 40%

色香：火橙色。木头味，干谷物、烘焙用的香料、雪松和一丝呛辣的黄芥末味。

口感：丰富巨乳酯感，很快就变呛辣，清新的柠檬苦味抑制了太妃糖味，刚锯好的木头和未发芽的黑麦味综合了胡椒味。

回味：呛辣的薄荷味，少木头及柑橘皮味。

结论：阿尔伯塔25年特级威士忌引人注目，但酒厂里的人喝的是10年威士忌。

风味阵营：辛辣黑麦型
参 照 酒：Kittling Ridge、Canadian Mountain Rock

ALBERTA PREMIUM 25 年款 40%

色香：柑橘果酱和烤过的香草味；新鲜的黑麦气息中多了一股熟成带出的高雅感。一些红色及黑色的水果味，甜香料，淡焦糖太妃糖味，还是有新鲜感口。

口感：滑顺、柔和、高雅，悠长多汁，几乎有点浓稠。中段口感浓郁。

回味：辛辣黑麦。

结论：成熟高雅。

风味阵营：辛辣黑麦型
参 照 酒：Jameson Distillers Reserve

ALBERTA PREMIUM 30 年款 40%

色香：更多檀木和橡木气息，更为辛香，味道也较为浓烈，淡淡的油脂感让酒体显得更重。

口感：优雅甘甜，许多牙买加胡椒子味。后段口感变的纤细，带着橡木味。

回味：爽脆、不甜。

结论：酒龄有点老。

风味阵营：饱满桶味型
参 照 酒：Zazerac Rye

DARK HORSE 40%

色香：黑樱桃/樱桃酒、苦艾酒香，有些太妃糖味。加水后出现的绿黑麦/女贞花香。

口感：丰裕、更强劲，轻微的焦糖感，有一点木桶的酚味。加水后多汁，带一点莫利洛黑樱桃味。

回味：果味和稍微抓舌的橡木味。

结论：一款澎湃刚劲的黑麦威士忌。

风味阵营：辛辣黑麦型
参 照 酒：Millstone 100°

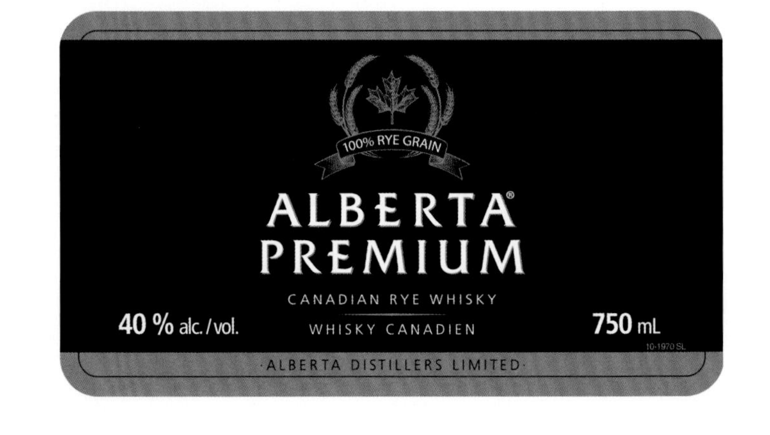

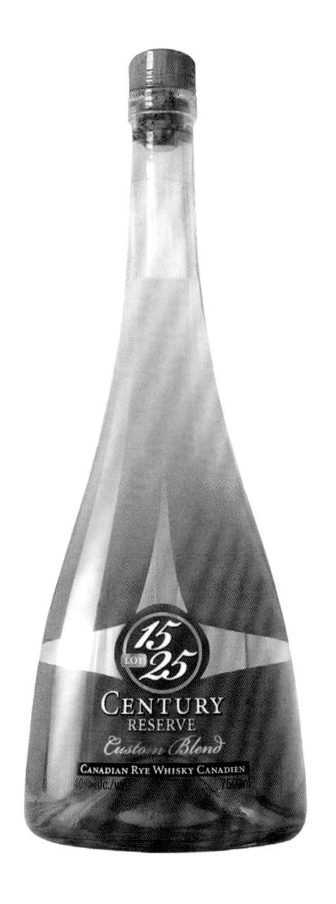

高树（Highwood）

高树，高河 · WWW.HIGHWOOD-DISTILLERS.COM

开车经过阿尔伯塔省的高河小镇，一不小心你就会错过高树酒厂，但这样你就错过了加拿大八大威士忌制造商里最独特的一家。虽然高树的规模并没有海勒姆 · 沃克（Hiram Walker）大，但它是发现市场缺口的专家，还会立刻把这些缺口补起来。不知道是怎么办到的，这里竟然有350种威士忌系列，虽然我们也许会想避开艳星子弹（Porn Start Bullets）系列不谈。但毕竟，这里是威士忌的大本营。

每一间加拿大酒厂，都有自己独门的威士忌制造方法，高树就是一个最佳范例。它是小麦威士忌专家，只使用小麦制作基底和调制。这样做不只是用到了当地的农产品，更接触到了加拿大威士忌起源，19世纪的加拿大酒厂，最初使用的谷物就是小麦。

要释放小麦淀粉，可以采取一个有点儿怪的方法：首先加压烹煮，然后将这些麦浆射向一块金属板，这样就可以震碎任何全谷谷类，接着发酵60小时，再用一台混合啤酒柱式蒸馏器，和铜制罐式蒸馏器来进行蒸馏。"这台蒸馏器很老了，"蒸馏师麦克 · 尼切克（Michael Nychyk）说，"它运作的原理跟旧型的铸铁煎锅一样，它会制造出我们想要的风味跟特性。"

高树所有的产品中，威士忌渐渐成为主力。卖得最好的，是由炭过滤，具有乳脂感的白色猫头鹰。其余的都是调配型威士忌，调制混合购自ADL的黑麦威士忌（请参阅第272页），以及高树在2004年买进波特（Potter）的玉米威士忌库存（波特是一家位于不列颠哥伦比亚省的装瓶厂，他们购入和陈年玉米威士忌。）

高树的成功，归功于它对市场变化的反应速度。然而，投入威士忌制造需要长期的计划——以及橡木桶。就像许多加拿大威士忌一样，高树也会用到波本桶；在储藏酒桶的仓库里，充满酒精发散的气味，吸入过多就会觉得天旋地转。

在仓库里还可以找到一些好东西，例如一支购自波持库存的33年玉米威士忌，口感深邃，带有焦糖化的水蜜桃、果酱以及檀木味。还有一支同样美味的20年小麦威士忌，夹杂着花香、椰子跟香草味。

"我们其实和约翰 · K.霍尔（请参阅第279页）很像，"销售经理薛尔顿 · 海拉（Sheldon Hyra）说，"加拿大需要把精力集中在特级的威士忌上面，人们至今都低估了它的价值。"

高树品酒辞

WHITE OWL 40%

色香：非常优雅甘甜，柔软的水果与鲜奶油拌在一起的味道。
口感：清爽有质感，让细致的果味得以留在舌头上；口感滑顺。
回味：清爽，短促。
结论：这支5年白威士忌是高树最畅销的产品。

风味阵营：甜美小麦型
参照酒：Schraml WOAZ

CENTENNIAL 10 年款 40%

色香：淡琥珀色。味道很特别，丁香、一丝打火石、干谷物、非常成熟的黑色水果，以及煮过的绿色蔬菜味。
口感：口感厚重。太妃糖、胡椒、木屑和一些烘烤用的香料味，之后是柠檬汁的甜味和淡淡的抓舌感。
回味：悠长但节制。太妃糖味淡去，有香料的甜味和胡椒味。
结论：小麦威士忌的柔和调性中带抓舌感。

风味阵营：甜美小麦型
参照酒：Maker's Mark，Bruichladdich Bourbon Cask，Littlemill

NINETY, 20 年款 45%

色香：优雅，浓郁的蜂蜜 / 糖姜味，红色水果，绿苹果，（来自长久熟成的）些微雪松和绿胡椒子味。
口感：丰盈柔和，橡木的甜味带来轻微的抓舌感。黑奶油，一小枝薄荷，草莓和水蜜桃味。
回味：黑麦的辛香忽然窜入，浓郁的众香子和姜味。
结论：黑麦调性浓厚的一款威士忌。

风味阵营：辛香黑麦型
参照酒：Four Roses Single Barrel

CENTURY RESERVE 21 年款 40%

色香：刚开始有烤过的橡木味，开展后发现柔和的甜玉米、干草和烤过的干燥香料味，一丝苹果薄荷味，然后是血橙跟焦糖味。
口感：入口滋味迷人，圆润的乳酯感，太妃糖糖浆，带有柠檬调性的柑橘味乍现，成熟丰盈，舌头上有更多柑橘味。
回味：淡淡的胡椒味，还有些微的橡木味和烤过的可可味。
结论：长度跟深度都是一支纯粹的玉米威士忌。

风味阵营：柔顺玉米型
参照酒：Girvan Grain

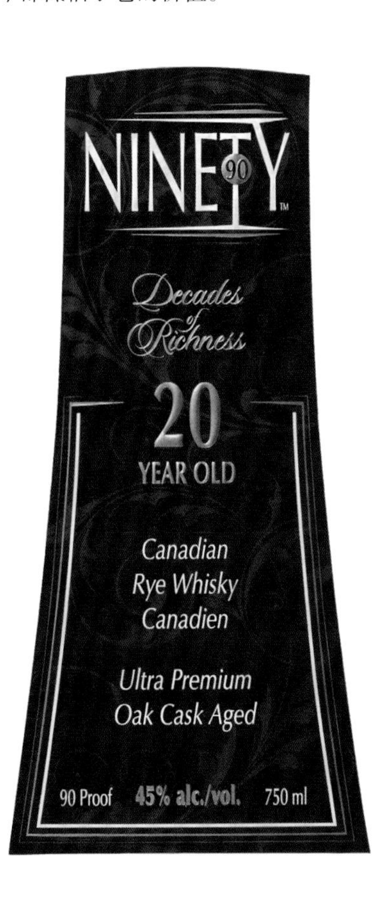

黑美人（Black Velvet）

黑美人，莱斯布里奇 · WWW.BLACKVELVETWHISKY.COM

位于阿尔伯特省的三间酒厂，各自专攻不同的谷物，那么叫做"黑美人"的酒厂专精的谷物想必就是最柔和的一种：玉米，毕竟玉米威士忌是许多加拿大威士忌的基底，这也许并不怎么令人感到意外，因为这里是阿尔伯特省，是小型谷物的国度。

那为什么还要在这里盖玉米威士忌酒厂呢？ 20世纪70年代，加拿大威士忌在美国蓬勃发展。总部在英国的IDV当时拥有黑美人这个品牌，并在多伦多的吉贝酒厂制造黑美人威士忌和思美洛伏特加。基于物流的想法，IDV在阿尔伯特省的莱斯布里奇盖了一座酒厂，用以向加拿大西部供应威士忌、金酒和伏特加。

物价在20世纪80年代暴跌，莱斯布里奇的蒸馏厂几乎就要关闭，但他们说服镇长向位于伦敦的IDV董事会求情，于是多伦多厂被关闭后，莱斯布里奇的这一间仍然能继续营运。

当经理詹姆斯·恩班多（James Mmbando）带着我参观时，那充满活力的故事就在眼前上演：高压，真空，注入酶，淀粉剧烈作用，酸渣加入玉米浆中，即便糖化程序已经完成，猛烈的发酵过程仍然持续进行。四柱式蒸馏器制造出以玉米为基底，96% abv的威士忌；而玉米和黑麦风味的威士忌，则是以啤酒柱的蒸馏器制成，取出分别为67% abv及56% abv。

最后完成的基底威士忌干净/甜美；黑麦威士忌浓烈，带甘菊和黑麦派皮的气味；玉米威士忌则是强劲、紧实，有薄荷脑的调性。

薇琪·米勒（Vicky Miller）管理的调制过程相当复杂。使用于调制的威士忌，都各自陈年2至6年，它们用来使黑麦威士忌增添奶油辛香味，使玉米威士忌带有花香和椰子混合的味道。随后这些威士忌会和无年份的威士忌调制，然后再陈年至少3年。借着在基底威士忌中加入不同比例的调制用威士忌，就可以创造出各种风味。

这些酒液最后会加入OFC和黄金婚礼（请参阅278页）等前申利（ex-Schenley）旗下品牌，以及其他品牌的调配型威士忌里。可别错过黑美人这支经典又丰盛的加拿大调配型威士忌，和姜汁汽水混调之后风味绝佳。

黑美人酒厂也将触角伸向特级威士忌，推出了经过陈年的丹菲尔德斯（Danfield's）威士忌。这款威士忌既复杂又有活力：这间偏远的玉米威士忌酒厂，其制酒能力因此得到了印证。

一台有两个车斗谷物的载货卡车，将玉米运到阿尔伯特省莱斯布里奇的黑美人酒厂。

黑美人品酒辞

BLACK VELVET 40%

色香：丰裕。柔和玉米味，焦糖苹果、朗姆、覆盆子和焦糖太妃糖味，含蓄的黑麦味忽然涌现。

口感：优雅，相当甘甜；一丝粉尘味味，最后有点紧实感。

回味：清爽柔和。

结论：非常顺口，相当适合制成调和威士忌。

风味阵营：柔顺玉米型
参 照 酒：Cameron Brig

DANFIELD'S 10 年款 40%

色香：成熟而复杂，深度佳；淡淡的橡木味；很像酚的味道，但仍相当柔和；淡柑橘味、烤过的水果和奶油玉米味。

口感：柔和干净。中段有淡淡的辛香味，香草豆荚味，复杂但节制。

回味：转为带粉尘感的辛香。

结论：平衡、经典。

风味阵营：柔顺玉米型
参 照 酒：Johnnie Walker Gold Reserve

DANFIELD'S 21 年款 40%

色香：复杂，但有典型的节制感。比10年酒威士忌多了橡木、夏威夷豆和奶油调性。焦糖水果、薄荷、榛果，以及可可、热巧克力味。

口感：一开始是柑橘味，厚实，甜美，有焦糖布丁和干燥橡木味。

回味：烤过的干燥香料味，干净。

结论：复杂而高雅。

风味阵营：柔顺玉米型
参 照 酒：Glenmorangie 18 年

金利（Gimli）

金利，曼尼托巴 · WWW.CROWNROYAL.COM

酒厂经常会聚在同一个地方，不是打算相互帮忙，而是为了靠近市场或销售网络。因此，许多加拿大酒厂都集中在大城市，金利却偏偏不这样做，位于曼尼托巴的金利酒厂将自己完全孤立，和同业相隔遥远，距卡尔加里1 500千米，距温莎2 000千米。选择在这里建厂唯一理由，就是因为这里容易取得原料，金利至今仍然使用当地种植的玉米和黑麦。

金利本身，就像是威士忌曾在20世纪60年代兴盛一时的证据。当时的供给完全应付不了市场需求，虽然金利的母公司施格兰（Seagram）在加拿大已经有四间酒厂，但多盖一间肯定不会是一种损失？

施格兰家族早从1878年开始，就在安大略省的滑铁卢经营酿酒事业。1928年，他们和蒙特利尔的布朗夫曼（Bronfman）家族事业合并。布朗夫曼不仅懂酿酒，也是成功的经销商，在当年，经销其实就等于跨越国界把货品送到喉咙干渴的美国人手中。

富有冒险精神的山姆 · 布朗夫曼也追求声望。他的威士忌名称，都突显了这个特质：芝华士（Chivas Regal，如王者般），皇家礼炮，以及他进奉给国王的第一支威士忌——加拿大皇冠。这一支酒在1939年诞生，是为了纪念皇室成员的参访而制造。

20世纪80年代物价暴跌，重创施格兰旗下的产业。到了20世纪90年代，他们只剩下一间金利酒厂。如今连施格兰这间公司都没了，金利现在已归帝亚吉欧集团所有。金利酒厂只有一个品牌，但它可是加拿大卖得最好的威士忌：加拿大皇冠（Crown Royal）。

要研究加拿大单一蒸馏厂的调配型威士忌现象，金利是一个绝佳案例。它的原则是尽可能创造出多种不同风味，加拿大皇冠就是以两种玉米威士忌作为基底来制成。

其中一种基底威士忌的做法，是把啤酒蒸馏器蒸馏出的低度烈酒，放入罐式蒸馏器再次蒸馏，酒精蒸气会直接进入精馏用的柱式蒸馏器。波本和黑麦威士忌的做法，是以啤酒柱式蒸馏器进行一次蒸馏：优质的科菲黑麦威士忌，则是由科菲直式蒸馏器制成。

这些酒液接着会经过熟陈，放进全新的橡木桶、重灌桶或是干邑白兰地桶进行陈年。酵母菌、谷物、蒸馏程序、不同的木头，最后再加上时间。这里是酿酒师的天堂，借由最大化的风味选择，来打造出极为丰富、柔和又带有蜂蜜味的加拿大皇冠威士忌。

金利品酒辞

CROWN ROYAL 40%

色香：澎湃，甘甜。法式烤布蕾味，令人陶醉，浓稠，红色和黑色的水果味，接着出现全新的木头、辛香和柑橘皮味。

口感：甜美诱人，新鲜草莓味和一丝黑麦的辛香。

回味：黑麦和橡木味带来淡淡的抓舌感。

结论：柔和、优雅，顺服，不得不喜欢它。

风味阵营：柔顺玉米型

参 照 酒：Glenmorangie 10年，Nikka Coffey Grain

CROWN ROYAL RESERVE 40%

色香：木头味，陈年的成熟风味。法式烤布蕾、雪莉、肉桂皮跟覆盆子味，顶层多了一小枝薄荷味。

口感：浓郁。过熟芒果味，甜美，蜂蜜味，接着是柠檬风味的黑麦及烤过的橡木味，带来了酸度和抓舌感。

回味：淡淡的黑麦味。

结论：带有甜美柔顺的酒厂风格，但另外有点抓舌感。

风味阵营：柔顺玉米型

参 照 酒：Tullamore D.E.W 12年，George Dickel Rye

CROWN ROYAL LIMITED EDITION 40%

色香：琥珀色。气味慢慢开展后，出现肉豆蔻、肉桂、苹果汁、太妃糖，以及隐约的香草味，严谨。

口感：复杂地混合了麦芽糖、黑麦辛香、呛辣胡椒和葡萄皮味，酒体重量佳，乳酯般的果味，辛香，些许薄荷味。

结论：加拿大皇冠系列的极品。

风味阵营：辛香黑麦型

参 照 酒：Crown Royal Black Label

海洛姆沃克（Hiram Walker）

海洛姆沃克，温莎，海洛姆沃克中心 · WWW.CANADIANCLUBWHISKY.COM

底特律河的河岸有33座谷仓，透露出沃克维尔的海洛姆沃克蒸馏厂可不是什么小角色。海洛姆沃克是加拿大——说不定也是北美——最大的蒸馏厂，一年生产5500万公升威士忌。换句话说，加拿大大概有70%的威士忌都是由它生产的。加拿大俱乐部和吉普生精选的新酒都是在这里制作的。但其实智者系列、LOT40，跟长毛溪等其他的自有品牌，才是这间蒸馏厂真正的秘密所在。

海洛姆沃克的规模虽然庞大，但看起来不像座工厂。好奇心旺盛的唐 · 利弗莫尔博士（Dr. Don Livermore）负责管理这间酒厂，他象征着加拿大威士忌产业里正在进行的世代交替。加拿大的新酿酒师和调酒师们虽然对传统抱持着开放心态，但他们同时也在问自己：应该怎么做才能引起人们对威士忌的兴趣。

这里的新酒种类繁多。酿酒师不只是选购玉米，还会购入黑麦、发芽黑麦、大麦、发芽大麦以及小麦。蒸馏程序在巨大的蒸馏室进行。在酵酿槽里添加氮气的技术，使得玉米威士忌的酒精浓度上升15% abv，黑麦威士忌的浓度上升8% abv。三柱式蒸馏器制造出的新酒，就是玉米威士忌的基底。调制用的威士忌会被评等为“优等”或是“特级”，前者是以有72块金属板的啤酒蒸馏器去蒸馏，后者则是用罐式蒸馏器再次蒸馏制成。

正如唐 · 利弗莫尔说，“罐式蒸馏黑麦威士忌的味道，像是加的胡椒的玉米。”有了这两种小型谷类分别制作的烈酒，其潜在的成分以及深度，在调制时就变大了。

利弗莫尔最常挂在嘴边的词就是“创新”。生产过程的每一个面向都会被仔细地检视，酵母菌株可能带来的效果的研究可追溯至20世纪30年代，他目前对小型谷物的研究，则包括检验红冬麦可能有的各种潜在风味。既然利弗莫尔是一位林业学博士，那这间加拿大酒厂，有木材管理计划也就不怎么令人意外了。“这样的弹性让我们能在大型蒸馏厂里，做出手工蒸馏的风格，”他说。

虽然这句话听起来好像是空谈，但只要跟他在品饮室待上一天，就知道他说的是千真万确的。大酒厂也可以是改革的开路先锋。

海勒姆沃克品酒辞

WISER'S 40%

色香：首先冒出黑麦味，后头有蜂蜜味和优雅的气息；淡淡的檀木、金黄烟草和茴香味。

口感：枫糖浆味展开，接着是豆蔻、红苹果，以及藏在后头的淡淡橡木味。

回味：果干的甜味。

结论：顺口舒适。

风味阵营：柔顺玉米型
参 照 酒：Wild Turkey 81°

WISER'S LEGACY 40%

色香：智者系列风格，黑麦香被滑顺的太妃糖 / 香草味框住；一段时间后出现花粉、丁香，以及悠长的胡椒味，然后是覆盆子果酱跟淡淡的橡木味。

口感：呛辣黑麦味展开，接着是水蜜桃、杏桃干、淡淡的薄荷脑，以及柑橘味。

回味：干净，辛香的黑麦味。

结论：更澎湃，橡木味更强烈，但仍是智者的风格。

风味阵营：辛辣黑麦型
参 照 酒：Green Spot

WISER'S 18 年款 40%

色香：橘金色。刚锯下的木头、辛香黑麦、酸面包、干燥的谷物、雪茄盒，以及口红胶味。

口感：复杂而丰富的风味。焦糖、锯木厂、白胡椒味，香气馥郁，有粉尘感的黑麦、深色水果、烘焙用的香料味，和橡木单宁的劲味。

回味：悠长、胡椒味；水果的甜味淡去，让位给橡木的丹宁味跟涤净口腔的柠檬苦味。

结论：雪松木盒里装满了甘甜和辛香的美味。

风味阵营：饱满桶味型
参 照 酒：Gibson's Finest 18 年，Alberta Premium 25 年

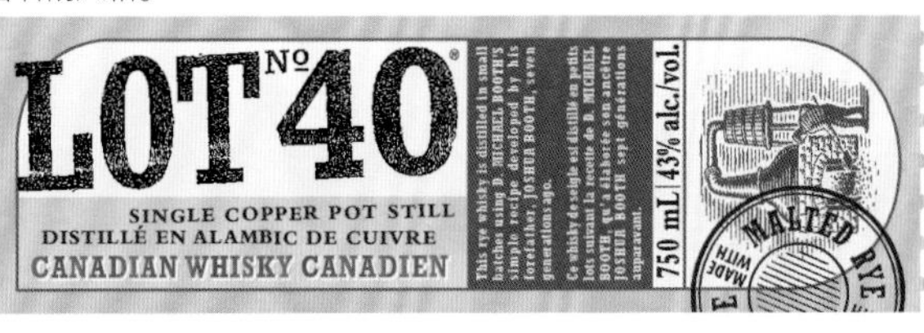

PIKE CREEK 10 年款 40%

色香：红色水果；杏仁膏；少许果酱；覆盆子酱；些许微肉桂跟甜豆蔻味。

口感：更甘甜，多一点香草的调性；香料味变苦，还带有柑橘味；特别是芫荽子味。

回味：优雅，柠檬的抓舌感，接着红色水果味再度涌现。

结论：记住这是加拿大国内贩卖的威士忌；酒龄比用来出口的威士忌更大，还使用波特桶过桶。

风味阵营：柔顺玉米型
参 照 酒：Chichibu Port Pipe

LOT 40 43%

色香：迎面袭来的黑麦香；淡淡的叶片味，然后是黑麦面粉、刚烤好的酸面团味；味道变甜；海边的岩石、草莓、青苹果 / 茴香籽味；丰裕。

口感：辛香，些许绿橄榄果核、众香子；芫荽；淡淡的丁香味；橡木的甜味在加水后开始涌现。

回味：酥脆，丁香般的风味。

结论：以 100% 的黑麦制成。

风味阵营：辛辣黑麦型
参 照 酒：JH Special Nougat，Forty Creek Barrel Select

加拿大俱乐部（Canadian Club）

加拿大俱乐部，温莎 · WWW.CANADIANCLUBWHISKY.COM

21世纪，加拿大威士忌产业中不断发生合并、并购和接管，使得加拿大威士忌的品牌故事变得错综复杂。对加拿大俱乐部（Canadian Club，简称CC）来说，品牌拥有者的联合酿酒公司在2006年解散重整，于是便由占边接管这个品牌，而酒厂则纳入保乐力加旗下。CC的创办人海勒姆 · 沃克所留下的，是他在19世纪为自己盖的豪华办公室，如今成为品牌的文化中心。

海勒姆 · 沃克是威士忌界的查尔斯 · 佛斯特 · 肯恩（Charles Foster Kane，美国电影《大国民》的主角）。爱上了弗罗伦斯的潘多尔菲尼宫？那就复制一间一样风格的办公室吧。要回底特律的家，但又不想等渡轮？那就建一座私人码头，享受专属的服务吧。有一间位于上游72千米处的乡间别墅？那就建一条铁路载你过去吧。有个名叫亨利 · 福特（Henry Ford）的朋友想要投入汽车制造业？那就盖座工厂给他，并换取30%的公司所有权吧。有一间生意越来越好的酒厂？那就给工人们建一座小镇，并用自己的名字为它命名吧。

沃克一开始到了底特律是从事毛皮贸易，在1854年，他成为一名精馏师，开始向当地的酒厂购买新酒，然后自己过滤、调制和装瓶。1858年，他搬到河的对岸，盖了自己的酒厂，在国内贩卖自制的加拿大威士忌。到了19世纪末，他的品牌在绅士俱乐部里，甚至卖得比波本威士忌还要好。1882年，加拿大俱乐部诞生了。若有任何一间美国酒厂以为揭穿这个外国品牌的产地，就可以引起爱国的品饮者对它产生反感，那他们可想错了。海勒姆 · 沃克的调配型威士忌的风味——优雅、清爽、甜美——正好符合消费者的口味。

由于邻近底特律，酒厂在禁酒令时期首当其冲而受害。公司在1926年被哈利 · 哈奇（Harry Hatch）买下，那时他是多伦多古德勒姆和沃兹酒厂的所有者（后来又接管了克比酒厂）；他是“偷运海军的指挥官”，当时他勇猛强渡五大湖区，提供苏格兰威士忌、朗姆酒，以及加拿大威士忌给美国人；他多次用小船载着货物和假扮成修女的船员渡河——或许也使用了海勒姆的旧隧道。

但CC可不是一只传统的调配型威士忌。它太温和，太像加拿大人了，不会摆架子。这款调配型威士忌的质量，尤其是顶级的那几支，就像一抹心照不宣的微笑，暗示着海勒姆的理想就装在瓶中。

加拿大俱乐部品酒辞

CANADIAN CLUB 1858 40%

色香：相当柔和、具柑橘味。橙皮、橙花蜂蜜、麦芽糖果、杏桃果酱和优雅的玉米味，以及一阵黑麦味。

口感：中等酒体；开始是柔和的玉米味，然后出现可可奶油跟白巧克力味，多汁的果味。

回味：淡淡的黑麦味；平衡。

结论：也称为“特级威士忌”，一支绝佳的入门款。

风味阵营：柔顺玉米型
参 照 酒：George Dickel

CANADIAN CLUB RESERVE 10 年款 40%

色香：闻到更多黑麦味，混合了芫荽和长番椒香气，后头有微微的甜味，淡淡的太妃糖及些许的谷物甜味。加水后会带出独特的果味。

口感：最初口感优雅，有浓郁的奶油太妃糖味，然后茴香籽般的黑麦味乍现，加水后出现淡淡的西洋梨、烹煮过的苹果，以及肉桂香料之间的平衡风味。

回味：原本含蓄的苦甜味涌现。

结论：黑麦调性，相当强劲。

风味阵营：辛辣黑麦型
参 照 酒：Tullamore D.E.W.

CANADIAN CLUB 20 年款 40%

色香：悠长、复杂而成熟；果肉丰富的水果，苹果糖浆、刚锯好的木头味，清爽，黑麦的辛香为具成熟深度的酒体增添了活力。

口感：一开始是橡木味，然后有些成熟的莓果味，黑麦带来的刺激柠檬味和众香籽味不断涌现。加水会释出辛香和罐装的枣子味。

回味：淡淡的苦味、丁香和棕榈毯子的纤维味。

结论：成熟而复杂。

风味阵营：饱满桶味型
参 照 酒：Powers'Johnr's Lane

CANADIAN CLUB 30 年款 40%

色香：丰盈而具独特香气，混合了橡木、黑麦辛香，以及难免会有的氧化气味，摩洛哥综合香料/印度综合香料味，皮革、雪茄外包覆的烟叶和黑色水果味，深度几近雅文邑。

口感：柔和，具果味。木头味被抑制住，太妃糖、成熟风味，接着混合香料味忽然涌现。

回味：柑橘和绿胡椒子味。

结论：高雅丰裕。

风味阵营：饱满桶味型
参 照 酒：Redbreast 15 年

瓦利菲尔德 / 加拿大之雾（Valleyfield / Canadian Mist）

瓦利菲尔德，蒙特利尔
加拿大之雾，科灵伍德 · WWW.CANADIANMIST.COM

瓦利菲尔德小镇的名字，和一个美丽的协定息息相关，那就是魁北克人和说英文的加拿大同胞签订的《挚诚协定》（entente cordiale）。瓦利菲尔德制造的威士忌有没有法裔加拿大人的姿态，在这点上可能很难说，不过它倒是挺有美国人的样子。申利集团在1945年建立瓦利菲尔酒厂，有段时间都在制造老乌鸦威士忌跟古老时代波本威士忌，以及吉卜生威士忌、黄金婚礼威士忌和OFC威士忌（Old Fine / Fire Copper，两种名称都有被使用）等品牌。如今它由帝亚吉欧集团接管，生产施格兰83和施格兰VO；或者是为了庆祝托马斯 · 施格兰（Thomas Seagram）的婚礼，1913年由安大略省的滑铁卢酒厂制成。有几支加拿大皇冠威士忌的基底，也来自瓦利菲尔德酒厂。

如今，这间蒸馏厂制造的两支基底威士忌都使用玉米。其中比较清爽的一款，是以标准的多重柱式蒸馏器制成；而另一款较为丰富、具有更多玉米油味的，是以锅炉跟柱式蒸馏器系统（请参阅第275页）制成。它的调制用威士忌，则是购自帝亚吉欧的金利酒厂。

位于安大略省科灵伍德的加拿大之雾，是一间相对现代化的酒厂。巴顿品牌在1967年盖了这间酒厂，以制造加拿大之雾威士忌销往美国。现在的拥有者是布朗 · 佛曼（Brown Forman，也是杰克丹尼尔的拥有者）。当初这似乎是极为明显的组合：一个制造玉米威士忌，另一个以黑麦含量较高的谷物配方，来生产调制用的威士忌。后者使用酒厂自己的酵母菌，并借由长时间发酵来产生更多酯类。而与传言相反，两者都是使用加了铜蒸馏器头的柱式蒸馏器来蒸馏。

加拿大之雾这一品牌，是加拿大另一支口感柔顺到难以置信的威士忌。有时你会怀疑，是否就是因为这种（特别是调成“长饮”时）完全放松的品饮经验，让它被那些“严肃”的品饮者给忽略了。这正是大众诉求的可怕之处。布朗 · 佛曼想要推出科灵伍德来解决这个问题，这支威士忌使用与加拿大之雾不一样的调制方式，它的酒液放进装有烘烤枫木条的大酒桶里，让味道相互融合。你找不到比它更“加拿大”的威士忌了。

加拿大之雾品酒辞

CANADIAN MIST 40%

色香：清爽、新鲜，有淡淡的粉尘感；未熟的香蕉、金黄烟草味。细致，典型的加拿大威士忌甜味。
口感：爆米花，淡淡的糖浆和绿色水果味，然后是柠檬和植物，以及些许生姜味。
回味：淡胡椒味。
结论：所有味道都相当细致，很适合调和用。

风味阵营：柔顺玉米型
参照酒：Black Velvet，Canadian Club 1858

SEAGRAM VO 40%

色香：少许水果的酯香、捣碎的香蕉，以及强劲的黑麦味。
口感：刚开始非常坚实，但加水（最好是加姜汁汽水）后柔和的口感涌现。
回味：清爽而辛香。
结论：适合调和。

风味阵营：辛辣黑麦型
参照酒：JH Rye

COLLINGWOOD 40%

色香：具酯香，香气氤氲；绿茴香籽、中式绿茶、叶绿素、以及细致的花香；新鲜。
口感：绿茶的甜味填满口中每一个角落，淡淡的茉莉、大黄、杏桃干味，纤细的蜂蜜味。
回味：花香，甜味变淡，糖姜味。
结论：这款威士忌在中国会大卖。

风味阵营：芬芳花香型
参照酒：Dewar's 12年

COLLINGWOOD 21年款 40%

色香：成熟，立刻闻到柔和的黑麦味、浓浓的碎胡椒和豆蔻味，野生的草药及大茴香味，接着转甜，化为橙味利口酒、人参、巧克力，以及芒果味。
口感：多汁，花香。许多栀子花跟玫瑰，一丝土耳其软糖味，淡淡的粉末感，接着再度转为厚实的甜味。
回味：稍微的肉桂粉尘味。
结论：绝无仅有的非凡品饮经验。请多生产这种威士忌！

风味阵营：辛辣黑麦型
参照酒：Power's Johnr's Lane

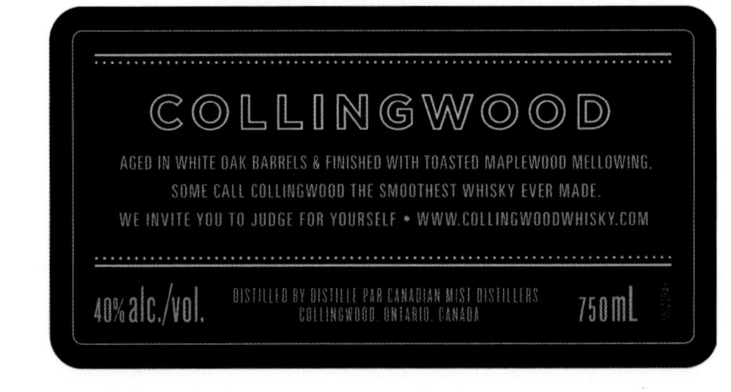

四十溪（Forty Creek）

四十溪酒厂，安大略省，格里姆斯比 · WWW.FORTYCREEDWHISKY.COM

《约翰 · K.霍尔之歌》是一个有趣——也很恰当——的故事。创立四十溪酒厂的男人可不是一位音乐家。歌词一开始讲到一个男人于1993年在靠近尼亚加拉河的地方买下了一座酒庄，在15支蒸馏器都静置未被使用时，他决定制造威士忌。当其他的酒厂都越来越大时，他的酒厂却只是小小一间。但他只身对抗巨人，勇敢的约翰 · K.霍尔一路奋战，在国际上打出了知名度，被视为加拿大精酿蒸馏威士忌之父。这个男人总想着"如果这样做的话呢？"这首诗歌有个快乐的结局，他在2014年成功地以1亿8 500万加币，将酒厂卖给了金巴利公司。

他透过加拿大威士忌的本质，开拓了加拿大威士忌的可能性。"我刚刚进入这个产业的时候，曾沉浸于传统、创意和惊喜之间的加拿大威士忌，已变得老套又疲乏，"霍尔说，"它被人抛在了后面。"

他当下的反应就是将葡萄酒的酿造原理套用到威士忌上——选择酵母菌、将谷物视为葡萄、不同的烧烤、烘烤方式以及不同的橡木桶，并让这些元素融入威士忌。

四十溪这里没有基底威士忌，只有3种新酒：以柱式蒸馏器蒸馏的玉米新酒，通常会放入重度烧烤的橡木桶里陈年；而使用大麦的，则只经由两座精馏罐式蒸馏器蒸馏，再装入中度烘烤的橡木桶中陈年；黑麦威士忌则是采用同样的罐式蒸馏器制成，装入轻度烘烤的橡木桶中陈年。每一种新酒都各自陈年，调制后再经二次陈年。

作为一名新成员，霍尔会不会被迫要开创新局面呢？

"创新不是以数量取胜，是以热情取胜，"他说，"对你的产品、你的客户，还有你的工作伙伴要有热情，创新的背后是耐心。对威士忌没有耐心，你就不会从创新中获益。"

他把不断成长的四十溪威士忌当作音乐看待。

"写歌的人，在构思阶段多半是独立进行，就像一桶桶独自陈年的威士忌一样，需要长时间的等候。歌曲的开头必须引人入胜，才能留得住听众。这首歌还要有灵魂、节奏和反拍，结尾也得令人满意。伟大的威士忌也是如此，那正是我想达到的目标。"

四十溪威士忌持续展示着如何以这种方法，创造出新风味来打破那些认为"加拿大威士忌也只能是这样"的观念。如果加拿大威士忌产业开始创新，绝大部分得归功于那位说了"如果这么做的话呢？"的男人——约翰 · K.霍尔。

四十溪品酒辞

BARREL SELECT 40%

色香：优雅，果味十足；烤箱烤过的水蜜桃、杏桃味。含蓄的黑麦田味悄悄渗入，气味缓慢开展。加水后有麦芦卡蜂蜜及辛香味。

口感：优雅，中等酒体。玉米味滑顺而厚实，良好的均衡口感，混合太妃糖、焦糖和烤香蕉味。

回味：更加清脆，有肉豆蔻味跟黑麦的紧实感。

结论：平衡、放松。

风味阵营：柔顺玉米型
参 照 酒：Chita Single Grain

CONFEDRATION RESERVE 40%

色香：清爽，绿苹果及橡木属树种的味道，苦甜味中带亮光漆味和油脂感。具酒厂放松又甜美的风格，但还有更多丙酮和少许红色水果塔味。

口感：领头的玉米味厚实而缓慢地开展；口感比气味更咬牙，有活力。

回味：青苹果味。

结论：稍微比较清淡的一款，但谷物味更明显。

风味阵营：辛辣黑麦型
参 照 酒：Green Spot

COPPER POT RESERVE 40%

色香：丰富，更多的黑色水果、煮成焦糖的果糖、包覆一层巧克力的夏威夷豆，以及枫糖浆味。厚实、澎湃、甘甜。加水会带出红色水果味。

口感：桶酒威士忌的黏稠版，更多的焦糖、甜果仁和刺激性的甜香料味。

回味：强劲、广阔、饱满。

结论：这款威士忌在中国会大卖。

风味阵营：柔顺玉米型
参 照 酒：George Dickel Barrel Reserve

BOUBLE BARREL RESERVE 40%

色香：橡木味主导，一丝橡木汁液味，锯好的木头味，混合了蜂蜜及坚果味。需要更多时间让味道开展。红色及黑色的水果；黑醋栗酒味。

口感：复杂，从煮过的柑橘味变成新鲜的果皮味，转为硬糖味，又转为橡木味，之后化成蜂蜜味；结构佳。

回味：绿茴香籽味，清脆。

结论：有层次，橡木味，甘甜。

风味阵营：饱满桶味型
参 照 酒：The Balvenie Double Wood 17 年

加拿大精酿酒厂
（Canadian Craft Distillery Hiram Walker）

静水，安大略省，康科德 · WWW.STILLWATERDISTILLERY.COM / 彭柏顿酒厂，不列颠哥伦比亚省，彭柏顿 · WWW.PEMBERTONDISTILLERY.CA / 最后之山酒厂，萨斯喀彻温省，伦斯登 · WWW.LASTMOUNTAINDISTILLERY.COM

如果有任何美国精酿蒸馏师望着国境以北说，为什么相较之下只有那么少数人跟随他们脚步的话，他们可得好好了解一下加拿大酿酒者的处境。正如加拿大威士忌作家兼评论家戴文 · 杜 · 凯格姆所说："各种政府规章限制了酒精饮料的生产和销售，这令有心的酿酒师却步，加拿大甚至没有一个统一的相关规定。陈年也是一大问题，在加拿大，谷类烈酒要陈年3年才能称为威士忌。但是小型酒厂刚蒸馏出来的烈酒，立即就被课税，而不是等到酒卖出后才需要付税。"

"现在（2014年）还在营运的精酿蒸馏厂剩下三十几家，其中八家在制造威士忌烈酒，只有三家会固定将自己蒸馏的酒液装瓶，"凯格姆说，"不过现在还只是加拿大精酿蒸馏运动的初期，才进行不到五年呢。"

康科德的静水酒厂（Still Waters）是其中一间撑过白色烈酒时期的酒厂，他们从2009年3月开始营运。身为安大略省的第一间精酿蒸馏厂，他们得负起开拓者的责任，让酒精饮料控制委员会了解什么是精酿蒸馏。"我很快就明白了这不只是跟威士忌的制造有关，根本是在搞政治，"酿酒师贝里 · 伯恩斯坦（Barry Bernstein）苦笑着说。

这些小巧的酒厂目前制造黑麦、单一麦芽和玉米威士忌，其中黑麦威士忌最具挑战性。"黑麦会在酵酿槽里疯狂的起泡，"伯恩斯坦说，"有一天我们一走进厂房，就被黑麦淹没了脚踝。整个地方一团乱，但闻起来还蛮香的！"现在这种情形已经得到控制了，他们那台装了可移动精馏板的克里斯丁卡尔蒸馏器，让他们能够制造出不同特质及酒体的烈酒。

黑麦威士忌的香气浓郁——几乎就像金酒——展现冬青的味道。这里推出的花梗与酒桶（Stalk and Barrel）威士忌，是一款单一麦芽威士忌，有天竺葵和一点奶油味。诚如伯恩斯坦所说："现在我们的挑战是要怎么赚钱！"

在大不列颠哥伦比亚省的彭伯顿酒厂（Pemberton）里，泰勒 · 施拉（Tyler Schramm）用了更传统的方法制造威士忌。他曾到爱丁堡的赫瑞瓦特大学进修，希望回来后能制造出马铃薯伏特加，但他说："我在那里的第一个星期内，就将计划扩大到制造威士忌了。苏格兰单一麦芽威士忌里的热情和传统确实深深地吸引了我。"

作为一间经过认证的有机蒸馏厂，彭伯顿的外形非常传统。

"我把自己归类为传统派，我想依照苏格兰的传统方法来制造我们的烈酒，"他说，"不过，我们还是可以给自己找点乐趣，每年稍微改一下配方。我认为将我们的地点，我们的水，当地的

静水酒厂是加拿大精酿威士忌的先锋之一。

大麦，以及我们的蒸馏器融合在一起，就能制造出我们独特的威士忌。”

同时，萨斯喀彻温的最后之山酒厂（Last Mountain）也在当地寻找资源。当你站在麦浪中，想都不用想就知道可以使用小麦。“萨斯喀彻温是世界上最棒的小麦产地，”酿酒师柯林·施斯密（Colin Schmidt）说，“所以我们现在把重心都放在小麦上。”

在威士忌熟化的这段时间，他也进行采购、陈年和调制买来的小麦威士忌。“我们慢慢了解到调制真是一门艺术，我们可以在六个月之内，彻底改变一支酒龄3年的威士忌风味。我们把这些技术用在蒸馏新酒上，使用全新的10加仑酒桶来进行陈年，之后调制进入波本桶。我相信倘若波本桶供给不上时，小型酒厂必须要想出有创意的方式，来制造新的威士忌。”

这是新型的加拿大威士忌的开端吗？对施密特来说，肯定是。“约翰·霍尔在前方带路，他正全心全意制作忠于加拿大威士忌本色的复杂威士忌。”泰勒·施拉姆不会不同意，“随着微型酒厂数量的增加，特别是在西海岸一带，我们看到不同的谷类被使用。我相信这会改变人们对加拿大威士忌的想法。许多人认为加拿大威士忌里面一定要有黑麦，才没有这种事。”

那他对约翰·霍尔的精酿威士忌之父形象有什么想法？施密特继续说：“我觉得这对业界来说是件好事。在我的职业生涯中，我见证了精酿葡萄酒厂和精酿啤酒厂的兴起，两者都对各自的业界带来正面影响，但我也见过酿酒产业里的合理化改革。如今，各式的威士忌品牌，新兴的加味威士忌类别，以及新开的精酿蒸馏厂，都引起顾客的兴趣和兴奋感，这提供给他们一种经验，而这种经验直到最近，都仍是我们加拿大威士忌所欠缺的。”

一条五彩缤纷的毯子正要被织成。巨人已不再沉睡。

奥卡纳干酒厂（Okanagan）外形别致的蒸馏器，象征加拿大威士忌的新世界已经变得多么不一样了。

加拿大精酿蒸馏厂品酒辞

LAST MOUNTAIN 样品酒 40%

色香：淡淡的绿意，带有芹菜及青草味；后头是温暖的麦芽糊甜味。加水后有花香和朗姆味，年轻而干净。

口感：甜美、优雅，具蜂蜜味，还有一点罗勒、糖浆，跟一些杏仁味。

回味：优雅、短促。

结论：干净而精致。

LAST MOUNTAIN PRIVATE RESERVE 45%

色香：颜色较深，酒精浓郁，花瓣及浓缩水果，少许的荨麻。加水后表现出它的年轻，但背后仍具质感。

口感：尝得到香气/花香的特质（木槿、草原上的花）；清爽，不甜，结尾有些面粉味。

回味：干净而短促。

结论：味道发展得很好。

风味阵营：甜美小麦型
参照酒：Last Mountain 45%

STILL WATERS STALK & BARREL, CASK # 2 61.3%

色香：新鲜面包、杏仁膏、蔓越莓、饼干面团，以及些许茉莉味。加水后呈现新鲜无花果味和木桶的淡淡奶油味。

口感：干净，新鲜的木桶味；稍微抓舌；干草味，渐浓的酯香。

回味：干净，略紧实，悠长；以辛香味作为结尾。

结论：精致，酒龄虽然低，但令人非常期待再陈年后的口感。

风味阵营：芳香花香型
参照酒：Spirit of Hven

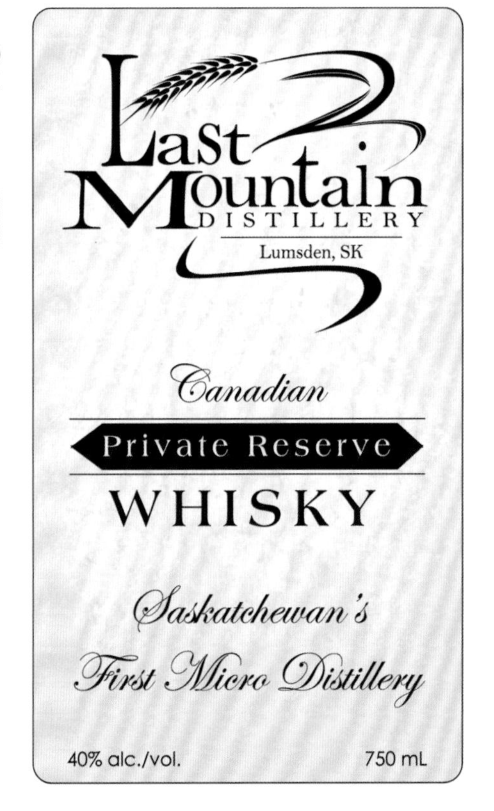

世界其他地区

威士忌主要产区之中当然不乏各类创新，但作为一名威士忌爱好者，只有来到世界其他产区，才能真正体会到整个威士忌场景的革新速度有多快，以及，新酒厂们有多深刻地思考着“威士忌的本质是什么？”这个问题。

威士忌的酿造已经开始席卷整个欧洲，从比利牛斯山到多瑙河，从奥地利到斯堪的纳维亚。

让人尤其惊艳的是，这些新酒厂的根基都相当广泛。许多中欧的新兴威士忌发源自传承数代的水果烈酒酿造工艺，大麦（或任何他们采用的谷物）仅是原料方面的选择之一。即使偶尔在味蕾中段缺乏分量，但这些烈酒都重启了人们对大麦（燕麦、黑麦或斯佩特小麦）本质的崭新认知。

在荷兰，帕特里克·瑟丹（Patrick Zuidam）古代与极现代并存的威士忌酿造风格源自他的金酒酿造背景。在酿酒过程中他选择回收别人蒸馏过的黑麦作为主原料；此外，几世纪以来，欧洲各种烟熏食物的方式也都为他们所试验：举凡丹麦的荨麻、德国和阿尔卑斯地区的栗木、瑞典的杜松子或者冰岛的白桦木和羊粪。这些变体存在的重要性，并不只是让我们这些威士忌狂热粉丝感到兴奋，而是他们都代表着对传统酿酒工艺的挑战。

如奥地利的雅丝敏·海德（Jasmin Haider）所言：“走自己的路，永远都是重要的。威士忌风格千变万化，如同人的品位。创新也是很重要的，不只因为某些创新的想法可能会演变为伟大的事物，在我们甄至成熟时，也只有创新的驱动力，能够引领我们继续进步。想把新想法付诸实践的话，则更需要勇气与历久弥坚的力量。有时候，小小的疯狂未尝不是件好事！”

正因为这些威士忌不能也不应和苏格兰威士忌竞争，所以创新是很有必要的。品尝这些新兴威士忌最愉快的一点，就在于它们真正呈现出了威士忌崭新的一面，并且，对尝试新事物无所畏惧——不将苏格兰威士忌视作对手，而是理解到在苏格兰威士忌为主导的环境之下，必须有其他酒类选择。

但与此同时，这些新兴威士忌也需要创造利润。质量当然是首要关键，产品的一致性也同样重要。当然，对早期发行的酒款版本我们可以稍微放宽标准，但最终，这些威士忌还是要对得起它的标价。对于一个威士忌制造商来说，评判它的好坏不在于第一瓶酒，而在于顾客会不会持续回购，这才是关键。

这意味着烈酒本身不能仅止于“有趣”而已，还必须让人欲罢不能。他们要在竞争者之中说出一个截然不同的故事，且必须是真实、开放且令人沉思而非蓄意捏造的。由于他们没有酿造威士忌的传统，使得这项工作更显困难。新酒厂是先锋，也因此，他们是赤裸裸的。

一座新的酒厂必须从每一桶酒中汲取经验，这也意味着要随时接受错误，宁可重新开始也不要打着似是而非的创新旗号试图掩盖自己的错误。他们应该追寻的是质量一致性（这对单桶来说很难）、独特性以及值得更高价格的原因。曾有一名酿酒师告诉我，“这些东西最多能卖到50英镑，如果你想卖100英镑，那它必须更好喝才行！”

好消息是，接下来我们要讨论的这些最棒的威士忌，完全符合以上条件。他们既非苏格兰威士忌，也不是波本或爱尔兰威士忌。他们不应该和这些威士忌做比较。他们是崭新的，是令人兴奋的。没错，他们有时显得有点疯狂，但请务必要试一试。

布雷肯山的壮丽景色下，威尔士唯一一座威士忌酒厂潘得林便隐身于其中。

欧洲
EUROPE
Distillery
N
0
miles
400
km
0
400
Faeroe Islands
Shetland Islands
Norwegian Sea
NORWAY
SWEDEN
Oslo
Vänern
Vättern
Stockhol
Öland
North Sea
DENMARK
Copenhagen
Baltic S
Dublin
IRELAND
Lakes
UNITED KINGDOM
St George's
see inset
Penderyn
Cotswolds
Adnams
London Distillery,
East London
Liquor Co.
Hicks & Healey's
ATLANTIC OCEAN
NETH.
Amsterdam
Hamburg
Elbe
Berlin
Vistu
War
POLAN
Brussels
Rhine
Claeyssens
BELGIUM
GERMANY
Northmaen
Warenghem
Glann ar Mor
Menhirs
Luxembourg
Frankfurt
Paris
Prague
CZECH REPUBLIC
Kaerilis
Loire
Pays d'Othe
Grallet
Dupic
Hepp, Bertrand
Elsasser
Meyer
Holl
Bay of Biscay
FRANCE
SLO
Balthazar
Rouget de Lisle
Revermont
Vienna
Bratisla
Brunet
Michard
Bern
AUSTRIA
Budapest
HUNGAR
Bordeaux
SWITZ.
ALPS
Ljubljana
Garonne
Rhône
Castan
Domaine des Hautes Glaces
SLOV.
Zagreb
CROATIA
Danube
Toulouse
Pyrenees
Ebro
Douro
Destilerias Y Crianzas Del Whisky
SAN MARINO
Belgrad
BOS. & HERZ.
PORTUGAL
Segovia
ANDORRA
MONACO
ITALY
Sarajevo
Madrid
Lisbon
Barcelona
Corsica
MONTENEGRO
SPAIN
Mavela
Podgorica
Rome
KOSOVO
Tirana
ALBA
Guadalquivir
Sardinia
Balearic Islands
Granada
Liber
Mediterranean Sea
Sicily
MALTA

North Sea
Groningen
Leeuwarden
Den Helder
Us Heit
NETHERLANDS
Amsterdam
The Hague
Vallei, Leusden
Utrecht
Gorter, Schiedam
Rotterdam
Rhine
GERMANY
Kampen, Bruinisse
Eindhoven
Zuidam, Baarle-Nassau
Antwerp
Filliers, Deinze
Gent
Het Anker, Mechelen
Brussels
Owl, Grace-Hollogne
Rademacher, Raeren
Lille
Liège
FRANCE
BELGIUM
LUXEMBOURG
Diedenacher, Niederdonven
Luxembourg
0 miles 100
0 km 100
Lake Onega
Lake Ladoga
RUSSIAN FEDERATION
Tallinn
Riga
LATVIA
Moscow
Minsk
BELARUS
Kiev
Dnieper
UKRAINE
Carpathian Mountains
MOLDOVA
Chisinau
Volgograd
KAZAKHSTAN
Rostov-on-Don
Praskoveyskoye
Krasnodar
Caspian Sea
Bucharest
Danube
BULGARIA
Sofia
Black Sea
GEORGIA
AZERBAIJAN
ARMENIA
Istanbul
Ankara
TURKEY
IRAN
Athens
SYRIA
Baghdad
Nicosia
Crete
CYPRUS
IRAQ
Beirut
Damascus
Milk & Honey
Jerusalem
Amman
ISRAEL
JORDAN

英格兰（England）

圣乔治蒸馏厂，诺福克，东哈林 · WWW.ENGLISHWHISKY.CO.UK / 阿纳姆斯铜屋蒸馏厂，绍斯沃德 · WWW.ADNAMS.CO.UK / 伦敦蒸馏公司，伦敦西南 11 区 · WWW.LONDONDISTILLERY.COM / 湖区蒸馏厂，坎布里亚，巴森斯威特湖 · WWW.LAKESDISTILLERY.COM

东英吉利肥沃的平原上坐拥两座酒厂不应该让人觉得意外，但有趣的是，二者都是新建成的。事实是，英格兰从来不怎么热衷于酿造威士忌，虽在19世纪的伦敦、利物浦和布里斯托地区都曾有过大型酒厂，但英格兰仍以金酒作为烈酒的首选。

2006年，从农场主约翰和安德鲁·尼尔斯特罗普（John and Andrew Nelstrop）在诺福克开设圣乔治酒厂（St George's Distillery）的那一刻起，情况开始好转。自2007年开始，酒厂主戴维·菲特（David Fitt）也不断思考着“英国威士忌的本质是什么”这个问题。

菲特的酒厂短小精悍：仅一座容量一吨的糖化槽、三只发酵罐与两座弗尔斯（Forsyth）蒸馏器。以低温、长时间的发酵积累酯类物质，再以慢速蒸馏搭配向下倾斜的林恩臂蒸馏出一道甜美、带细致果香与丰富层次的新酒。

一切看来循规蹈矩，直到菲特开始从酒窖中汲取样酒，这才开始展现出他的啤酒酿造历练：他以发芽大麦、水晶麦芽、巧克力麦芽、燕麦与黑麦等配方佐以处女橡木桶陈年，酿出一批“谷物威士忌”；或者一批三次蒸馏的泥煤麦芽威士忌；还有马德拉桶和朗姆桶。“我们可以做和苏格兰不一样的事，”他说，“在这里你不受限制。就算他们想让我酿一批很疯狂的酒，我也可以做到！”

往东约72千米的邵斯沃德地区（Southwold），同样为啤酒酿造出身并加入英国威士忌阵营的阿纳姆斯（Adnams）也有着类似的观念。在这里，啤酒酿造的专业被套用在威士忌上面。他们以自有酵母、清澈的麦芽汁在温控发酵罐内经过三天的发酵后达到52%abv。百分之百发芽大麦与大、小麦组合两种配方的威士忌先经过“啤酒分离塔”再注入有固定隔板的罐式蒸馏器中。“新酒浓度在近期才被下调至85% abv。”因为88% abv的新酒实在太干净了，”酒厂主约翰麦卡锡说，“稍微下调才能得到更多聚合物。”

那种“有何不可”的态度在此也展露无遗：以美国和法国橡木制成的哈杜（Radoux）葡萄酒桶被运用在两种不同配方的威士忌上；将啤酒直接蒸馏，成为一款称为布洛赛德烈酒（Spirit of Broadside）的产品；目前更有陈年中的黑麦威士忌。英国黑麦威士忌？你可能会问。麦卡锡的回答是：”当然！我们可以做任何想做的事！”

英格兰迟来的威士忌产业不仅限于东部地区。2014年1月，时隔一百多年后的伦敦终于又见威士忌酒厂，被“挤”在泰晤士河畔一座新开发的码头建筑中。“我们的计划是重返1903年，看看当年的伦敦单一麦芽会是怎样的面貌，”伦敦蒸馏公司（The London Distillery Company）的CEO兼酒厂主达伦·路克（Darren Rook）说，“我们会从最古老的大麦和酵母品种开始试验并逐步更新，并在最后调制出我们心目中最能反映伦敦单一麦芽风格的配方。我们想酿出真正的伦敦威士忌。”

酒厂选址是关键。“这里遍布历史足迹，”路克说，“乔叟在14世纪90年代就写到过蒸馏的麦芽汁（worts distilled），人们却依旧认为威士忌起源于苏格兰。这里早就有酒厂在酿酒了，我们在做的就是复兴这项古老的传统。”

回到东英吉利，圣乔治酒厂创立时是没有窗户的，因为尼尔斯特罗普听到有人计划在湖区建酒厂的传闻。虽然此计划最终付诸流水，但在书写此段文字的同时，另一项坎布里亚的梦想已几乎被实践。在顾问艾伦路瑟佛（Alan Rutherford）的建议下，湖区蒸馏厂（The Lakes Distillery）正尝试以“罗斯艾尔式”的可替换钢铜冷凝器来创造不同的个性。“做苏格兰人做不到的事”这句台词再次为酒厂主人保罗·克里（Paul Currie）所引述，“话虽如此，我们并不想进行过多的试验，”他补充，“免得把人们弄糊涂了，但或许每年可以举办一次‘疯狂三月’，看看我们能做些什么。”

这是个普遍共识。如菲兹所说：“英格兰威士忌就该是众人所期望的模样，我不想看到英格兰威士忌存在单一的特色，而是每座酒厂都有所不同。”对路克来说，提出质疑的权力，就和酿酒牌照同等重要。而当西部的海莉与希克（Heyley & Hicks）酒厂也静悄悄地桶陈着他们的康沃尔威士忌（Cornish，见下文H&H），英格兰似乎终于要成为一个威士忌国度。

英格兰品酒辞

H&H 05/11 CASK SAMPLE 59.11%

色香：轻盈、烘烤橡木桶味，伴随着些许坚果气息，其后还带着淡淡的苹果白兰地甜香。清新而不乏深度，有蜂蜜酒般的辛香气息。

口感：带柔软的蜂蜜感，香料水果、莓果和苹果风味。相当平衡。热烈醉人，其中的药草味几乎和修士酒有些相似。

回味：梨子和香料。

结论：迅疾而热烈。

EWC MULTI-GRAIN CASK SAMPLE（STRENGTH UNKNOWN）

色香：甜美、丰富。些许桐油味混合着奶油太妃和淡淡的巧克力香。

口感：先由巧克力主导，随之而来的是檀香木、奶油燕麦、云杉与轻微油质口感。

回味：柔和而绵长。

结论：各种烘烤过的燕麦、小麦、黑麦混合在一起。的确，它不是苏格兰威士忌！

ADNAMS, SPIRIT OF BROADSIDE 43%

色香：芳香扑鼻。黑森林水果、湿葡萄干和炖西洋李的味道。柠檬炒茶的香气。麦芽香。

口感：果味鲜明，樱桃、西洋李和黑醋栗的风味。中段呈现颇为厚实的重量感。

回味：甜美，带着淡淡的橡木桶味。

结论：颇具分量。是一个值得深入的方向。

风味阵营：水果辛香型
参 照 酒：Armorik Double Maturation, Old Bear

威尔士（Wales）

潘德林 · WWW.WELSH-WHISKY.CO.UK

对于一家新的酒厂来说，探寻自己的风格如同一次饶有兴味的思想之旅。首先，能不能找到参照物来进行对比和借鉴？其次，你是想遵循古老的方法还是打算从头开始自己撸起袖子干？想要显示出自己的特色可不容易。那坚持走自己的路到底会怎么样？威尔士威士忌公司（WWC）就曾经面临这个问题，10年前，它在布雷肯山国家公园（Brecon Beacons National Park）建造了潘德林酒厂（Penderyn distillery）。然而威尔士没有其他酒厂可以借鉴，只有靠自己摸索，对于潘德林来说这是一个艰苦的挑战又是一次难得的机遇，因为从此以后，它就代表着威尔士威士忌的一切。

有关酒厂的探索过程，举个例子来说，由于紧邻布莱恩啤酒厂（Brains brewery），他们就不必在自己的厂里进行麦芽的粉碎搅拌以及发酵工作了。"麦芽汁是他们特别为我们加工的，送过来的时候已经达到了8%abv的酒精度，"蒸馏师吉莲·麦克唐纳（Gillian Macdonald）这样告诉我，"布莱恩啤酒厂拥有自家的酵母菌株——你知道酿啤酒的都迷恋酵母，着了魔似的—不过这确实给酒带来浓郁的水果味，让我们显得与众不同。"

他们当然也不必装设苏格兰那样的罐式蒸馏器。反之，他们采用戴维法拉第博士（Dr. David Faraday）的设计：一座连接了精馏柱的蒸馏罐，能够单次完成烈酒蒸馏。但原有的精馏柱被一分为二，因为若按照原始长度，那么放置精馏柱的蒸馏室高度将超过建筑法规限定的范围。

第一支精馏柱含6道分隔板，第二支为18道，烈酒在第7道分隔板被汲取出；任何上升至更高版块的酒蒸气将回流至第一支精馏和蒸馏罐。这既可被视作单次蒸馏，也可以说是多次蒸馏同时进行。2500升（550加仑）的酒汁可以产出200升（440加仑）清晰、集中、带西浦香水气息且充满花香的新酒，酒精度在92% abv到86% abv之间。

酒厂在2013年增设了一座全新的法拉第蒸馏器和两座罐式蒸馏器，这不仅可以提升产量，更增添了不同风格的烈酒种类；增设糖化槽的计划也在进行中。生产工作由劳拉·戴维斯（Laura Davies）和艾斯塔·约克尼维西修（Aista Jukneviciute）负责，陈年方面则由威尔士威士忌公司（WWC）的顾问、木桶管理的巨擘吉姆史旺博士（Dr. Jim Swan）主导。他们同样挑战传统：标准款潘德林威士忌（Penderyn，全产品系列皆无年份标示，也没人有过意见）在波本桶中陈年，并于马德拉桶中过桶。雪利款则采70%波本桶和30%雪莉桶。另外，还有一种意外获得的泥煤酒款。

最初他们根本没有想要为威士忌添加烟熏味，且酒厂对所用的二次填充橡木桶（引进自苏格兰）明确要求：不得陈年过泥煤麦芽威士忌，然而不知怎的，烟熏味还是溜了进来。当这批威士忌被作为一次性装瓶陈品推出后，居然销售一空。现在，它成了正式酒款之一。

在撰写本书时，潘德林酒厂仍然是威尔士的唯一一座酒厂。但可以肯定的是，威士忌的酿造热潮迟早也会蔓延至此。

威尔士品酒辞

PENDERYN 新酒

色香： 香气浓郁甜美，素心兰（佛手柑和清新柑橘味），薄荷和冷杉的清香味。

口感： 纯饮的话太过灼热，收得太紧。加水后，花香、玫瑰、新鲜柑橘、绿色水果和谷物脆的味道显现。

回味： 清新纯净。

PENDERYN MADEIRA 46%

色香： 干净甜美的桶味。松柏和香草，春天的树叶/绿树干，尾段是些许梅子味。

口感： 入口纯净、生津，许多杏子蜜和辛辣的桶味，尾段则是仕女伯爵茶。

回味： 纯净，薄荷味。

结论： 新酒中的风味已经在陈年的作用下有所发展。

风味阵营：芳香花香型

参 照 酒： Glenmorangie The Original 10年

PENDERYN SHERRYWOOD 46%

色香： 金色。香气和普通版有明显不同。谷糠味夹杂着柑橘皮，些许坚果和甜美果脯（枣子/无花果）的味道。加水后一些葡萄花味显现。

口感： 还是新酒中那熟悉的花香，只是现在变得更为丰富饱满，依然入口生津，尾段是煮过的水果味。

回味： 无花果，甜美。

结论： 酒体偏轻，桶味复杂，但依然平衡，和新酒的风味已经有所不同。

风味阵营：饱满圆润型

参 照 酒： The Singleton of Glendullan 12年

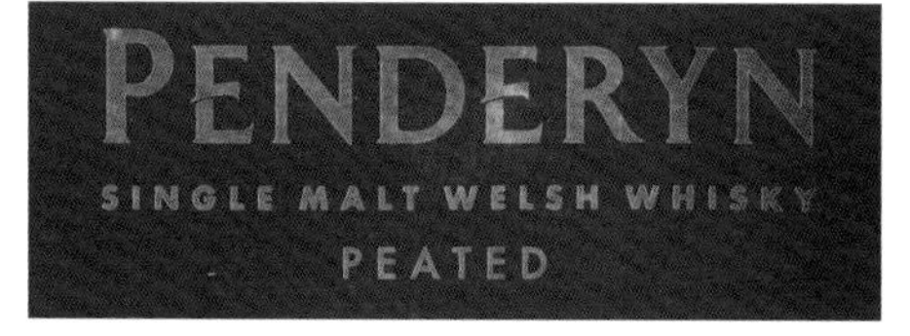

PENDERYN
SINGLE MALT WELSH WHISKY
MADEIRA

PENDERYN
SINGLE MALT WELSH WHISKY
SHERRYWOOD

法国（France）

格兰阿默，拉摩—普勒比昂 · WWW.GLANNARMOR.COM / 瓦伦海姆，拉尼翁 · WWW.DISTILLERIE-WARENGHEM.COM / DISTILLERIE DES MENHIR，普洛莫兰 · WWW.DISTILLERIE.FR/EN / DISTILLERIE MEYER，欧瓦兹 · WWW.DISTILLERIEMEYER.FR / ELSASS，奥贝奈 · WWW.DISTILLERIELEHMANN.COM / DOMAINE DES HAUTES GLACES，隆河阿尔卑斯 · WWW.HAUTESGLACES.COM / BRENNE，干邑区 · WWW.DRINKBRENNE.COM

当谈论到法国新兴威士忌酒厂（现共22家）时，当地蒸馏烈酒的悠久历史总会被提及。他们在蒸馏葡萄烈酒（干邑、雅文邑）、水果烈酒（苹果白兰地）、源自古代药方的草药酒（荨麻酒、苦艾酒）、满足工人阶级的烈酒（茴香酒），以及为一顿餐点圆满收尾的利口酒等方面很专业。

法国拥有如此丰饶的烈酒种类，很容易让人怀疑威士忌存在的必要性。但反过来看，又有何不可？毕竟谷物型烈酒的加入，完整了法国的烈酒体系。无论如何，从法国人饮用苏格兰威士忌的量要多过干邑这一事实来看，法国确实是一个威士忌饮用国。

相较世界其他地区，法国更讲究风土（terroir）这个把产品和产地深深链接的哲学。不过，如果你因而假设这里的威士忌有某种放诸四海皆准的法式风格，那你就错了。“这就好比‘法式葡萄酒’这种无厘头的称呼，”格兰阿默酒厂（Glann ar Mor）的尚·多内（Jean Donnay）说，“举凡法国的葡萄酒就有波尔多、勃艮第和隆河等种类，还有阿尔萨斯葡萄酒和香槟。”

如果不存在相通的酿酒方法，那是否有地区性的特色，比如布列塔尼和阿尔萨斯区的威士忌之间是否有各自的特色以方便区分？“没有，”他回答，“光是在布列塔尼，四座酒厂生产的威士忌风格就大相径庭。”

多内的酒厂位在布列塔尼北海岸的普勒比扬（Pleubian），距海线仅120米。酒厂虽然新，采用的却是古老的酿酒技术，并搭配现代陈年模式：直火加热、慢速蒸馏、搭配虫桶带给新酒层次与味蕾上的重量感，后陈年于初填波本与苏玳桶中（多内是该桶型的世界先驱）。

目前他正通过两批栽种于酒厂旁农田和，通过地板发麦的作物来研究海洋气候对大麦造成的细微影响。“大麦的栽种地点到底有没有影响？答案是有的！”他说，“这让新酒多了一份泥土、谷物的特性。”

他的两款威士忌，无泥煤格兰阿默与烟熏味的柯尔诺（Kornog）都在持续而缓慢地进化，两者都有着浓郁的口感、多汁水果的新鲜风味，以及独树一帜的咸味。

多内想酿造的是凯尔特式威士忌，然后将他的格兰阿默酒厂与苏格兰、爱尔兰、威尔士以及康沃尔（何时才能见到加里西亚的酒厂？）等地串联在一起：目前他于艾雷岛建造的加特布瑞克酒厂（Gartbreck）将他离目标更进了一步。

距离他最近的酒厂，是位在兰尼翁（Lannion）的瓦伦海姆（Warenghem），它是布列塔尼地区最古老的酒厂，其调和品牌WB（布列顿威士忌，Whisky Breton）早在1987年上市；法国首款单一麦芽威士忌阿默里克（Amorik）也在12个月后诞生。两者在近年来都通过对橡木桶的投资、改良品牌配方而使质量得到极大的提升。

若说前两者皆以苏格兰威士忌为样板，那么曾为数学教师的盖·勒拉（Guy le Lat）在普洛默林（Plomelin）创立的门希尔斯酒厂（Distillerie des Menhirs），则在布列塔尼地区的本土谷物上深深着墨。他选择的谷物（实为一种草）是荞麦，最常见于布列塔尼的国民美食咸可丽饼（galettes）中。勒拉很快发现，就连黑麦都比荞麦更好处理，因为荞麦容易在糖化槽中凝结成块。然而，最终他坚持了下来，充满辛香料风味、新鲜而复杂的Eddu威士忌就是他的成果。再算上南部贝勒岛上的Kaerlis酒厂，谱成了布列塔尼地区的酒厂四重奏。

阿尔萨斯五座酒厂生产的威士忌则和凯尔特风格毫无关联。这个法国的东部山区有着久远的水果烈酒酿造传统，使得此区威士忌的共通点较为明显：轻盈、些许果香、素雅。谷物风味突出，木桶

风味作为背景缭绕。

其中产量最大者，位在欧瓦兹（Hohwarth）的梅尔酒厂（Meyer）自2007年就开始酿造威士忌，现在调和与麦芽威士忌皆有；Elsass品牌则在2008年由欧贝耐（Obernai）的雷曼家族（Lehmann）推出，他们从19世纪中叶就开始酿造水果烈酒，酿酒方法已延伸至完全以法国白葡萄酒桶（波尔多、苏玳与莱阳丘）来陈年。如果想尝尝当地葡萄酒桶的效果，可以找找由余柏拉克（Uberach）的赫普（Hepp）蒸馏，丹尼斯汉斯（Dennis Hans）装瓶的AWA品牌烈酒、。

任何法国威士忌的概述都会提到多样化酿酒手法与风味。在科西嘉，Pietra啤酒厂和Domaine Mavela的葡萄酒庄／蒸馏厂合力酿造出世界上最顶尖的香料威士忌，尝起来更像是大麦基底的查特酒，先陈年于玛姆西桶（Malmsey）与帕特里莫尼欧（Patrimonio）小粒种莫斯卡托橡木桶中，再注入“生命之水”白兰地桶中二次陈年。

Michard酒厂的威士忌有着相似的高度香气口感，主要归功于一种奇特的啤酒用酵母。和意料之中的一样，他们陈年的橡木桶取材自酒厂周边的利木赞（Limoisin）森林。

风土概念对佛列德 · 贺沃（Fred Revol）和杰里米 · 布利卡（Jeremy Bricka）来说是至关重要的。他们的酒厂Domaine des Hautes Glaces位在隆河——阿尔卑斯山区海拔900米处。创立自2009年，他们采用当地栽种的有机谷物，法国橡木，并按当地传统以栗木进行烟熏。

“我们的方式，是以法国对发麦、发酵、蒸馏和制桶的先天理解来重新诠释威士忌。”贺沃说，“我们尽可能让酒液与大地结合。我们位于海拔较高处，气候不同，谷物在火山土混杂石灰岩中生长。如果我们采用完全相同的方式在海边酿酒，得到的酒会是完全不同的。”

当试探性地提到把谷物作为水果蒸馏的理论时，他们给予了热情的反响。“我们将谷物视作干果，”贺沃说，“它使我们的烈酒充满花果香。”这也是不过度在意产量才能取得的成果。“如果我们的酒汁里没有酒精，那还会有更多酯类物质来展现该种谷物的典型特性。”一支在恭特里奥桶（Condrieu）中陈年的出色黑麦威士忌，显示出这种方法的极致成果。

要说法国酿酒工艺之间有什么联结，那就在他们对木头的运用都同样温和，如同在葡萄酒中，木桶仅起到支撑架构的作用，而非主导性极强的风味来源。“如果一切都源于大地，我们何必再往里头添加香草浸泡。”贺沃说。

在干邑区酿造威士忌看似有些离经叛道，但布鲁内（Brunet）家族在2005年干邑低潮期时已开始蒸馏谷物酒，并赠送给亲朋好友。可是如果没有纽约的威士忌推动者艾莉森 · 帕提尔（Allison Patel），这些威士忌或许至今都没人注意到。用她的原话说，这让她“开始对非传统产区的威士忌日渐狂热”。

拥有凯尔特人灵魂的兄弟：布列塔尼的海岸线附近涌现出一批酒厂。

在成立自己的公司来将这些酒进口到美国后不久，她很快知道了布鲁内家族威士忌的事。“我很讶异，”她回忆起，“布鲁内家族采用的夏朗德蒸馏器（alembic Charentials）和一种葡萄酒酵母，能让水果气息更加显著。”她唯一做的改动在于陈年部分。“他向来只用利穆赞初桶陈年，而我好奇如果转至某些真正的老桶中过桶会有怎样的表现。”（即干邑陈年的标准作法）。如今的布伦（Brenne）品牌就是遵照这个模式而生。

“或许所谓的法式就是一种兼容并蓄的风格，”贺沃说，“或许这正因为没有传统的束缚。”

法国品酒辞

BRENNE 40%

色香：香气轻盈，甜美果香伴随着高质量苹果醋、糖渍李子和些许法式蛋糕甜香。干邑式的花果香气之下是成熟梨子与葡萄皮风味。加水可以嗅得香芹味。

口感：立即的椰子和融化的白巧克力风味。甜美，后加入香蕉风味。越发觉得甜。加点水更能把水果和甘草的味道释放出来。

回味：温柔而甜美。

结论：可以感觉出在全新橡木桶中陈年，但明显带有干邑的风格。

风味阵营：水果辛香型
参 照 酒：Hicks & Healey（总有一天）

MEYER'S, BLEND 40%

色香：高度芬芳。显著的葡萄风味让人联想到伯姆—威尼斯麝香葡萄酒。带蜂蜜感。几乎能嗅到黏稠感，水果气息非常浓郁。

口感：带香草醛的芬芳感非常明显。味蕾末端稍干。持久度相当不错。

回味：颇为短暂。

结论：甜美而有趣。

风味阵营：水果辛香型

MEYER'S PUR MALT 40%

色香：香轻盈而由谷物香气主导。像麦芽谷仓，以及类似打火机的酚类物质（但并非烟熏味）。加水后有花园麻绳气息。

口感：甜美而节制，味道持久，并且惊人地有深度。随着谷物风味释放，尾点略为尖锐。

回味：烘烤过的谷物。

结论：更像是中欧风格，带着轻盈的谷物调性。

风味阵营：麦香干涩型
参 照 酒：JH 单一麦芽

LEHMANN ELSASS, 单一麦芽 40%

色香：干净而带谷物香气。克制而轻盈，带点自行车内胎的气息，蜂蜜气息随后到来。甜美，些许果香，但仍由谷物主导。

口感：甜味在味蕾上持续，带糖浆混合黄色水果的风味。干净、带非常细微的橡木味。

回味：龙蒿和杏仁糖衣。

结论：此清淡的风格需要中段分量感与橡木风味来支持。

风味阵营：麦香干涩型
参 照 酒：Liebl, Coillmor American Oak

LEHMANN ELSASS, 单一麦芽 50%

色香：更丰富、更饱满，可以嗅得干果和黑莓香气。更干，橡木味更明显，质感更清晰。整体仍是坚果的风味结构。

口感：些许香水感，带酒渍樱桃和杏仁糖衣提点。酒龄似乎不长。同样有着麝香葡萄酒的甜味和芳香。加水使巧克力的味道释出。

回味：果香。

结论：更多甜味在此展现，但作为一种风格和一款威士忌，仍需时间更成熟。

风味阵营：水果辛香型
参 照 酒：Aberlour 12 年、Teerenpeli Kaski

DOMAINE DES HAUTES GLACES S11 #01 46%

色香：花香显著、果味细腻。白色水果和清新的亚麻味，稍有淀粉感。些许干草和草地野花气息随后展现。

口感：柔和的威廉姆斯梨和苹果风味。口感集中，但仍能嗅得年轻威士忌的清脆果壳感，随之而来的是鲜花与青草甜味。些许矿质感。

回味：干净而甜美。淡淡的茴芹和异国辛香料风味。

结论：具存在感。中段充实。相当有潜力。

风味阵营：花香
参 照 酒：Kinivie 新酒、Teslington VI 5 年

DOMAINE DES HAUTES GLACES L10 #03 46%

色香：青草与干草感。克制而冷静。较 S11 更平淡，更多谷物、岩石和泥土的气息。

口感：轻盈而细腻。花香再一次展现。苦艾、当归甚至还有点薰衣草的味道。

回味：紧实。

结论：年轻，但有潜力。

风味阵营：芳香花香型
参 照 酒：Mackmyro Brukswhisky

DOMAINE DES HAUTES GLACES SECALE, 黑麦，孔得里约白葡萄酒陈年 56%

色香：异域风情与香水感。维欧尼葡萄酒桶带来饱满的质感，夹杂着黑麦的香味、烘烤过的温柏。细腻之中，带点酚类物质气息。

口感：甜美而宛如一座花园般的花香气息，但更加辛香，带些许焦油和胡椒，接着是薄荷醇。口感丝滑、持久，些许茴香味，可以感觉出葡萄酒桶的厚重感。

回味：绵长而充满果香。

结论：已臻至平衡。

风味阵营：辛辣黑麦型
参 照 酒：Yellow Spot

WARENGHEM ARMORIK DOUBLE MATURATION 46%

色香：温和、年轻而干净。酵母和酯类物质存在感强烈。十分清新。

口感：浓郁且颇为结实。油质口感，展现出虫桶与直火加热的效果。白色果园水果风味。微咸。

回味：清新而柔和。

结论：系列中的无泥煤作品。年轻却令人印象深刻。

风味阵营：芳香花香型
参 照 酒：Bunna habhain 12 年

GLANN AR MOR TAOL ESA 2 GWECH 2013 46%

色香：温和、年轻而干净。酵母和酯类物质存在感强烈。十分清新。

口感：浓郁且颇为结实。油质口感，展现出虫桶与直火加热的效果。白色果园水果风味。微咸。

回味：清新而柔和。

结论：系列中的无泥煤作品。年轻却令人印象深刻。

风味阵营：芳香花香型
参 照 酒：Benromach

KORNOG, TAOUARC'H 48.5%

色香：非常柔和的烟熏味夹杂一丝遥远的海风。还带有糖衣杏仁、苹果、威廉姆斯梨的香气。

口感：能尝到咸味，山萝卜、龙蒿的味道混合着芬芳的烟熏味。油质口感，中段分量感足。

回味：低调细致的烟熏味。

结论：波本桶熟成的单桶威士忌。Taouarc' h 是泥煤版的布列顿。

风味阵营：烟熏泥煤型
参 照 酒：Kilchoman Machir Bay、Inchgower

KORNOG, SANT IVY 58.6%

色香：更厚重、更鲜明，带更多桐油味和清新的水生植物与葡萄柚气息。烟熏味犹如远处燃烧着的石楠花，随着些许甜香和淡淡的焦油味。

口感：麦芽浆气息，非常有活力。带柠檬味且口感饱满。油质。

回味：余味绵长，低调细致的烟熏味。

结论：单桶。

风味阵营：烟熏泥煤型
参 照 酒：Chichibu The Peated

荷兰（Netherlands）

瑞丹 · 巴勒 - 拿绍 · WWW.ZUIDAM.EU

威士忌在荷兰是个新兴产业还是传承了几世纪的传统产业，取决于你怎么看它。试想：威士忌是什么？是一种以谷物为原料、陈年于橡木桶的蒸馏酒。那么荷兰金酒（genever）的基础是什么？是麦芽酒（Moutwijn）。麦芽酒的酿造方式是以大麦麦芽、玉米和黑麦等谷物糖化发酵，经罐式蒸馏器蒸馏，加入药草并再次蒸馏，然后调和并陈年。老式热内瓦，和最早（加味）的爱尔兰威士忌与苏格兰的生命之水（usquebaugh）其实出自同一体系。

如今荷兰是三座威士忌酒厂的故乡：勒斯登（Leusden）的Vallei小酒厂，菲士兰（Friesland）的啤酒厂与蒸馏厂合二为一的Us Heit酒厂，以及国际最知名的Millstone。其中以Millstone酒厂与荷兰金酒的联结最为深切，它位于巴勒拿绍（Baarle-Nassau）村，由热内瓦酿造者佛列德 · 范.瑟丹（Fred van Zuidam）在2002年建立。目前公司由其子帕特里（Patrick）掌管，并在过去五年内提升了两倍产能。

作为一名天赋异禀的蒸馏者（他酿造荷兰金酒、金酒、伏特加以及水果利口酒），瑟丹酿造威士忌的方法从风车辗压谷物开始，糖化成浓稠的谷物粥后注入温控发酵罐，并按不同谷种延长发酵时间。蒸馏过程同样缓慢，是在有隔水加热（bain maries）的双层锅炉、运用大量铜材的霍斯坦（Holstein）蒸馏器中进行的。

他的产品线日益渐广。其中有一款单一麦芽黑麦威士忌（即使他个人不喜烟熏味但仍推出过泥煤款），因其风味复杂、略带辛香料风味而引起瞩目。“这是我的得意作品，因为它实在太难做了。”他笑道，“黑麦麦芽浆会起泡——这曾令我伤透脑筋；它也黏稠得很。这是属于威士忌酿造的极限挑战。”

不过，还有另一款酒让他同样自豪，使用五种谷物（小麦、玉米、黑麦、发芽大麦和斯佩特小麦）糖化、经过10天发酵后陈年在新橡木桶中。“斯佩特小麦带来一种婴儿油的气息，加上小麦的坚果味、玉米的甜味、黑麦的辛香料风味。在陈年3年时，简直像一首交响曲，完美呈现。”

风车磨好的谷物被堆放在米尔斯顿酒厂里。

这么短的陈年时间其实是个特例。他的烈酒普遍圆滑丰润，倾向于长时间陈年，一般来说，他的威士忌会先在新橡木桶中陈年后转至二次桶中进行温和地氧化，但也会按不同酒款调整。

“我们有不断试验的自由和意志，”他说，“在苏格兰如果达不到每吨410升（90加仑）的酒精产量，你就惨了。对我来说只要酒够好，即使产出低也无妨。总而言之，你必须要有酿出上等威士忌的自由。”

荷兰品酒辞

MILLSTONE 10 年款 美国橡木陈年 40%

色香：香料气息非常强烈，随后带来干橙皮、当归、松脂和些许花香调。氧化的坚果味，以及圣诞香料气息。

口感：结实且具嚼劲，可以尝到烧焦的橙皮味，接着是纯粹的果香。

回味：微苦，使复杂度再上一个层次。

结论：在品控和香气透明性方面，几乎像日本威士忌。

风味阵营：水果辛香型

参 照 酒：山崎 18 年、响 12 年

MILLSTONE 1999, PX CASK 46%

色香：再一次的，烘干柠檬皮是主要香气，混合着葡萄干、传统英式果酱和佛手柑 / 伯爵茶。类似欧石楠的水果风味之后，伴随着柔软的甜香。

口感：结合而富有层次，越往深处可以尝到森林水果、葡萄干、黑醋栗和樱桃的味道。

回味：烟草。

结论：非常成熟且控制得当。

风味阵营：饱满圆润型

参 照 酒：Alberta Premium 25 年, Cragganmore Distillers Edition

MILLSTONE RYE 100 50%

色香：奢华红丝绒般的层次覆盖在黑麦活力丰沛的气息之上。还有标配的香料味：尤其是多香果，还带些苹澄茄和玫瑰花瓣，随后是沙棘，滞重的气味被薄荷醇打破。

口感：入口尖锐，像萨泽拉克鸡尾酒。可以感觉到酒浸樱桃和紧实的橡木味，然后是顺滑、甜美的水果味，带着干药草和红色水果的味道。

回味：辛香、甜美。

结论：即使算不上世界上最棒的黑麦威士忌，也能算最棒之一。

风味阵营：辛辣黑麦型

参 照 酒：Old Potrero, Dark Horse

比利时（Belgium）

猫头鹰酒厂，格拉斯 - 奥洛涅•WWW.BELGIANWHISKY.COM / RADERMACHER•拉朗•WWW.DISTILLERIE.BIZ

作为世界上啤酒种类最多以及酿造工艺最繁复的国家之一，比利时当然有资格成为威士忌家族中的一员。海特安可（Het Anker），作为比利时为数不多的威士忌酒厂中的一员，好几年前就开始把它们出品的金卡路三料啤酒蒸馏出类似于威士忌的烈酒，并在橡木桶中陈年4年。现在这家公司已经搬到位于布拉斯费尔德的新址，毗邻安特卫普。

在东部，小城拉朗的拉德马赫酒厂（Radermacher，酿造荷兰金酒以及其他烈酒已有175年历史）用的则是截然不同的方法，他们从10年前开始酿造威士忌，年份最老的一款是10年谷物威士忌。

然而，猫头鹰（The Owl）酒厂才是最大的生产者。在本书第一版出版时，蒸馏者艾第耶 · 布意翁（Etienne Bouillon）将酒厂从格拉斯—奥洛涅（Grâce-Hollonge）中部搬迁至该村庄外的大农场。旧的水果蒸馏器已经处于半退休状态，新装上的是两座从露斯镇的Caperdonich酒厂（见78页）搬来的蒸馏器。

但酒厂选址和设备的变更，并不代表布意翁将改变其酿酒方法；如果有的话，也只是让他能更进一步实践自己的酿酒哲学而已，即贴近本地风土。“土地的角色，是在发酵过程中带入风味与香气，”他说，“谷物、矿物质都会带来独树一帜的新风味。而我所做的，正是收集那些能与土地相联结的风味。”他只使用特定地理区域产的大麦，现在他们将酒厂搬迁到生产这种大麦的地方，他们已经来到了产品的源头。

然而，新蒸馏器无论大小与形状都与原先的相去甚远。“我知道这会对成果造成巨大的影响，但操作蒸馏器的毕竟还是我们自己。”布意翁说，“切取酒心时我总是依赖自己的嗅觉和味蕾，而不是温度和时间。我花了整整两周来找到对的参数，而现在的烈酒已经没太大区别了——在留住花果香之余，还多了点大麦气息。”

在初填美国橡木桶中陈年，就是为了保留这份风土，而非让它在大片香草醛中失焦。他碰到的唯一问题是，这些酒在他手里都待不久。”我是为了比利时人酿造比利时的猫头鹰威士忌，结果我们总是缺货，所以一直没有机会陈年更长时间。而现在在产能扩充后，我就有足够的产品来满足需求。”也许，来自世界各地的人们都能尝到这道比利时的蒸馏液了。

列日附近起伏的群山已经成为威士忌蒸馏的中心地带。

比利时品酒辞

新酒，FROM CAPERDONICH STILLS

色香：果味（惊人地）强烈。浓重的花香。桃子和煮大黄风味。干净却具分量。谷物油的味道使之变得柔和。

口感：甜美而平衡，恰到好处的刺激。成熟度、持久度都不错，质感饱满。

回味：柔和。

THE BELGIANOWL VNAGEDSPIRIT 46%

色香：甜、有些蜂蜜味，还有水蜜桃核、绿杏桃、水蜜桃花和大麦。

口感：多种花朵和谷物混合。

回味：已经柔顺且平衡良好。

THE BELGIAN OWL 46%

色香：轻盈而清新，干草棚的气息支撑着蓬松的海绵蛋糕、香草奶油和野花的香气。加水后有杏子的味道。恰好成熟。

口感：入口丝滑，带有烈酒的温热感和薄荷的清凉感，谷物的甜味和橡木的味道随之而来。然后是饱满的水果味。

回味：柔和而层次分明。

结论：复杂而柔软。

风味阵营：水果辛香型
参照酒：Glen Keith 17年

THE BELGIAN OWL, SINGLE CASK #4275922 73.7%

色香：显著的太妃糖、焦糖和巧克力软糖作为开场。酒厂的成熟性格使其趋于平缓，果园水果风味开始浮现。维多利亚梅子果酱。加水后带入些许焦糖感和些微的木槿气息。

口感：入口风味显著而甜美。火热而带点辛香料风味。在味蕾上柔软、怡人，还带成熟甜美果香。

回味：些许谷物提点。

结论：平衡而带一股温柔的坚定感。

风味阵营：水果辛香型
参照酒：Glen Elgin 14年

RADERMACHER，LAMBERTUS10年GRAIN，40%

色香：初闻尽是地板漆和香蕉的味道，之后则是酯类物质的强烈气味以及一抹红色棉花糖的香甜。

口感：非常甜美芳香。水果酒、草莓和香蕉味。

回味：香甜。

结论：一款简单易饮的谷物威士忌。

风味阵营：芳香花香型
参照酒：Elsass

西班牙（Spain）

自由（LIBER）· 格拉纳达 · WWW.DISTILLERIASLIBER.COM

一直以来，苏格兰威士忌在西班牙都备受欢迎，在这里你会发现很多年轻人也很喜欢威士忌，而新世纪到来以后，此景更甚。诸如珍宝、百龄坛、顺风这类威士忌如流水般被消耗掉——往装满冰块的杯子里豪迈地倒进很多威士忌，然后加满可乐，西班牙人就这样善于找出新喝法来发现威士忌的乐趣。形成这般繁荣景象的原因有很多，不单单是赶潮流或者是图个新鲜而已。苏格兰调和威士忌在这里好像代表着西班牙在结束佛朗哥军政后的呐喊：我们是民主的，我们是欧洲的，我们已重获新生。

在佛朗哥时期，西班牙实行贸易保护政策，进口威士忌变得非常昂贵（据说佛朗哥本人是尊尼获加的忠实拥趸）导致普通西班牙人根本无力消费。在当时这样的情况下，原本是酿造茴香酒的尼科梅德斯 · 加西亚 · 戈麦斯（Nicomedes Garcia Gomez）萌生了为什么不在当地自己酿威士忌的想法。1958年9月，加西亚在塞戈维亚的帕拉祖洛斯开始建造一所大型的多功能酒厂，包括了麦芽作坊、谷物作坊和6座蒸馏器的车间。1963年，DYC（珍酿酒厂）正式开始开始运作，产品一下子供不应求，以至于1973年时公司还买下了苏格兰的洛赫塞酒厂来补充产量，直到1992年洛赫塞关厂为止。

DYC（现在已是比姆环球葡萄酒和烈酒公司旗下公司）从50年前出品第一支纯正西班牙血统的单麦威士忌发展至今，已经拥有相当丰富的产品线，从欧洲古典派（苏格兰）的威士忌到各种新派包括西班牙自己的威士忌，一网打尽，应有尽有。

不过从历史上看，DYC出产的威士忌并不是西班牙第一单麦威士忌，这份殊荣被一款名为“魅惑”（Embrujo）的威士忌夺走，它使用安达卢西亚雪山（Sierra Nevada）上融化的雪水，经过两个不同寻常的铜制平底蒸馏柱，经过熟成后，放置在雪利桶（旧桶，用美国橡木制成）中陈年。这款杰作凝聚着酿酒师弗兰 · 佩雷格里诺（Fran Peregrino）的心血，融合了苏格兰的工艺和西班牙的风情。“我认为以下几个因素是影响威士忌口感的关键：蒸馏器的形状，木桶的选择，”佩雷格里诺说道，“不过还有一些事情是你无法控制的，比如水和天气。在这里，严寒酷暑的交替非常明显，这就赋予了我们的酒独特的个性和魅力。”

西班牙最近的混合威士忌市场日趋萎缩，原因在于年轻人又把目光投向了朗姆，不过单一麦芽威士忌的销量还在稳步上升，这对于西班牙的威士忌酒厂来说是个好消息。

西班牙最新的 Liber 酒厂背后是壮观的安达卢西亚雪山。

利伯品酒辞

EMBRUJO 40%

色香：香气非常年轻，青草的清新和饱满，带着坚果味的雪利风味。阿蒙提拉多雪利酒的风格，绿核桃、山竹和谷物味。加水后麦芽牛奶和太妃糖味显现。

口感：入口是烤麦芽味，之后则是橡木桶带来的果脯和坚果味，各种风味融合在一起，非常纯净的一款酒。

回味：清淡，最后是一抹葡萄干味。

结论：虽然年轻，但已经具备长时间桶陈的潜力。

风味阵营：饱满圆润型
参 照 酒：Macallan 10年 Sherry

中欧（Central Europe）

创造威士忌，从不仅仅是取一种谷物并将之蒸馏而已。若想在这个过程中取得成功，必须做出“究竟要酿出怎样的成品”的意识决定，以及按所受影响、经验、期望而制定的酿酒手法，还有同等重要的“什么是不想要的”。这样的过程无法被复制，却可以受他人启发，并且最好能在以后也可以启发他人。

而酿酒手法，总会因该特定国家的酿酒背景而增添一层色彩，这或许在德国、奥地利、瑞士、列支敦士登与意大利等新兴产区的威士忌最为明显。而现今，这些原先容易被视作稀奇古怪而被忽略的酒厂，数量已达到150家。

那么，这些威士忌的本源为何？最明显的，莫过于来自酿造水果烈酒的影响。许多酒厂都是数世代专精此领域的家族公司，他们的蒸馏器采用隔水缓慢加热（bain maries）的方式以避免黏稠的水果粥（fruit mash）烧焦，有时还会在颈部增设净化层板，以期轻盈、清澈的酒液。

这样的背景可能也催生了一种风格上的哲学。原料在他们眼里，不仅仅是“每升能产出多少酒精”的谷物，而是一种水果。在此情况下——通常表示得处理更为黏稠的水果粥——蒸馏的目标即是尽可能地捕捉该水果的精髓。这也促使酿酒者们要考虑更广泛的起点：不只是大麦，还有小麦、双粒小麦、黑麦、燕麦和玉米等，斯佩特小麦也是其一。此外，啤酒酿造文化——尤其在德国威士忌——也对酿造威士忌有所影响。啤酒酿造者熟谙不同的烘麦手法、酵母的重要性，以及温控发酵的效果。

葡萄酒产业则提供他们质量顶尖的橡木，并带来当地各类葡萄的不同风味。烟熏味绝大多数来自木头——橡木、接骨木、山毛榉、白桦木——而非泥煤。这是一个完全不同的酿酒环境，不出意外的，这里产出的威士忌自然也与众不同。

那么，这些欧洲酿酒者们对新观念的态度是否更加开放？“当然了，”意大利的乔纳斯·艾本斯伯格（Jonas Ebensperger）说，“即使在风格上倾向苏格兰，但是就像是日本的酒厂一样，当地的环境仍意味着你必须就地取材，最后酿造出具有自己独特风味的产品。”

这种个人化的差异性是奥地利的雅丝敏·海德（Jasmin Haider）的中心思想。“1995年在我们开始酿酒时，”她说，“从没想过才不到20年光阴，威士忌市场会发展得如此旺盛。差异性，是这里的关键词汇。走自己的路永远是至关重要的。威士忌风格存在差异性，如同人的品位一样。”

同等重要的是不能太过急躁；这对饮酒者或酿酒者来说都一样。风格是需要时间打造成型的。而一个国家若存在国家性的整体风格，那么还会需要更久。虽然我们目前仍站在这趟旅程的起点，却也足以让人兴奋了。

德国萨尔兰州的黑麦与大麦田。

德国（Germany）

施瓦姆酒厂，厄本道夫 · WWW.BRENNEREI-SCHRAML.DE / 蓝鼠酒厂，埃格奥尔斯海姆 · WWW.FLEISCHMANN-WHISKY.DE / 斯莱尔酒厂，施利尔斯 · WWW.SLYRS.DE / 芬奇酒厂，内林根 · WWW.FINCH-WHISKY.DE / 李伯尔酒厂，巴德科茨廷 · WWW.BRENNEREI-LIEBL.DE / 泰尔瑟酒厂，列支敦士登，特里森 · WWW.BRENNEREI-TELSER.COM

德国威士忌历史的起步不如一般人想得这么晚。施瓦姆家族（Schraml）自1818年起就在巴伐利亚的厄本道夫（Erbendorf）镇酿造橡木桶陈年的谷物蒸馏液了，当时他们以一种多重谷物粥蒸馏、陈年并作为“白兰地”贩卖（这个词在当时很少用来表示任何棕色烈酒）。“这种‘棕色玉米’的出现很可能是偶然，”第六代酒厂主格雷戈里 · 施瓦姆（Gregor Schraml）说，“在当时，诸如小麦的谷物并非总是触手可及，将之贮存于橡木桶是为了填补间隙。我们无法假设其目的是要取得橡木桶对烈酒的改变效果。”

其父阿洛伊（Alois）曾在20世纪50年代尝试以史坦沃威士忌（Steinwald Whisky）为名来贩卖这种“棕色白兰地”，最后失败了。“……可能因为当时的产区概念仍具有相当的主导性，人们对德国产的威士忌几乎没有兴趣。”他们持续酿造这些烈酒，但仅以“农人烈酒（Farmer's Spirit）”为名来贩卖。格雷戈里在2004年加入公司时重启了这项威士忌计划，发行了斯顿伍德1818巴伐利亚单一谷物威士忌（Stonewood 1818 Bavarian Single Grain Whisky），并且带着对过往的致敬，在老的利慕赞白兰地橡木桶中陈年10年。

产品系列自此持续延伸，包含了一款受小麦啤酒启发，以60%发芽小麦混合40%发芽大麦，以小麦啤酒酵母发酵的WOAZ威士忌，以及一款在白橡木桶中陈年3年，命名为斯顿伍德德拉（Stonewall Dra）的“纯（straight）”单一麦芽威士忌。

拥有超过300座啤酒厂的巴伐利亚地区从来不乏啤酒酿造的专家。所以，当一名海关督导建议罗伯特 · 弗莱舍曼（Robert Fleischmann）尝试蒸馏啤酒浆时，也不觉得有什么奇怪。弗莱舍曼的蓝鼠酒厂（Blaue Maus）自1983年就开始运作，采用数种不同的麦芽，以原有的专利蒸馏器酿酒，并从2013年开始，转至一座配备罐式蒸馏器的全新酒厂运作。

斯德特（Stetter）家族自1928年便在他们的兰登汉默酒厂（Lantenhammer）酿造水果烈酒。1995年，在佛瑞安 · 斯德特（Florian Stetter）接管生意之际，他去了趟苏格兰。按酒厂的市场主管安雅 · 桑默斯（Anja Summers）所说，“他在苏格兰和巴伐利亚之间发现不少相似处——景观、方言、独立性。他随后和朋友打赌自己也能在家乡酿出绝佳的威士忌。”

现今，他的斯莱尔（Slyrs）威士忌酒厂每年产出两万瓶巴伐利亚威士忌。“斯莱尔的一切都是很巴伐利亚的，”桑默斯补充道，“大麦是巴伐利亚的；以山毛榉烟熏；用水则来自山泉。”从长时间的温控发酵也可看出与啤酒酿造的联结。

霍斯坦蒸馏器还在蓝鼠酒厂。

农人汉斯—杰哈 · 芬克（Hans-Gerhard Fink）在斯莱尔酒厂建成同年，也在斯瓦比亚的内林根创立了他的芬奇酒厂（Finch）。“作为一名谷物种植者，我对这种谷物蒸馏液的陈年过程最感兴趣，”仅采用自己的谷物（发芽大麦、小麦、斯佩特小麦、玉米，以及古老的双粒小麦），他得以“将整条生产链掌握在自己手中”。他的经典威士忌（Classic）原料为斯佩特小麦，而在红葡萄酒桶中陈年。酿酒师之选（Distiller's Edition）是一款在白葡萄酒桶中陈年6年的小麦威士忌，而另一款丁克尔波特（Dinkel Port）也同样酿自斯佩特小麦。

在靠近捷克共和国边境的巴德科茨廷（Bad Kötzting），格哈德 · 李伯尔（Gerhard Liebl）的父亲也同样发迹于水果烈酒酿造。他的儿子（也叫格哈德）在2006年转型进入威士忌酿造领域。乍看之下，他们酿造的是相当直截了当的单一麦芽，但采用整粒谷物的做法则将他们划入巴伐利亚的阵营，采用隔水加热手法的水果蒸馏器亦然。“这套蒸馏设备赋予我们绝无仅有的特征，”小格哈德（Gerhard Jr.）说，“也就是说，我们希望在谷物新酒中看到极高的净化效果。”

LIECHTENSTEIN 列支敦士登

基于对苏格兰的热爱，列支敦士登酒厂主马赛尔 · 泰尔瑟（Marcel Telser）从水果烈酒生产者（他的家族公司始于1888年）转而酿造威士忌。他等了8年才得以蒸馏，因为列支敦士登在1999年以前是禁止生产谷物蒸馏酒的。

他在2006年开始酿酒。虽然迷恋苏格兰，但他的威士忌毫无疑问是来自他的家乡。“商业上，直接复制苏格兰威士忌更为容易，但威士忌很显然是与地区以及区域特性相连接的。”泰尔瑟说。为此他采用了一系列特别的技术，比如三种不同的发芽大麦（分别蒸馏，但在陈年前先行调和），以全谷物发酵，并在水果烈酒蒸馏器底下以燃烧木材加热，目的是要取得一道干净的蒸馏液。“我可不想在两杯威士忌下肚后就开始头疼，”他笑道，“我以小心谨慎的方法，酿造出健康的威士忌！”

这种概念也延伸至陈年过程，采用的是本地黑皮诺和瑞士橡木桶。“这是橡木被忽略的一环，因为不同风土会带来不同风味。”他热切表示，“它带有细微的、矿物质感，几乎是咸味的质感。”

仅160平方千米的列支敦士登可能是世界上最小的威士忌生产国，但现在有了这座年产量可达10万升（21,997加仑）的酒厂，它的野心可一点也不小。

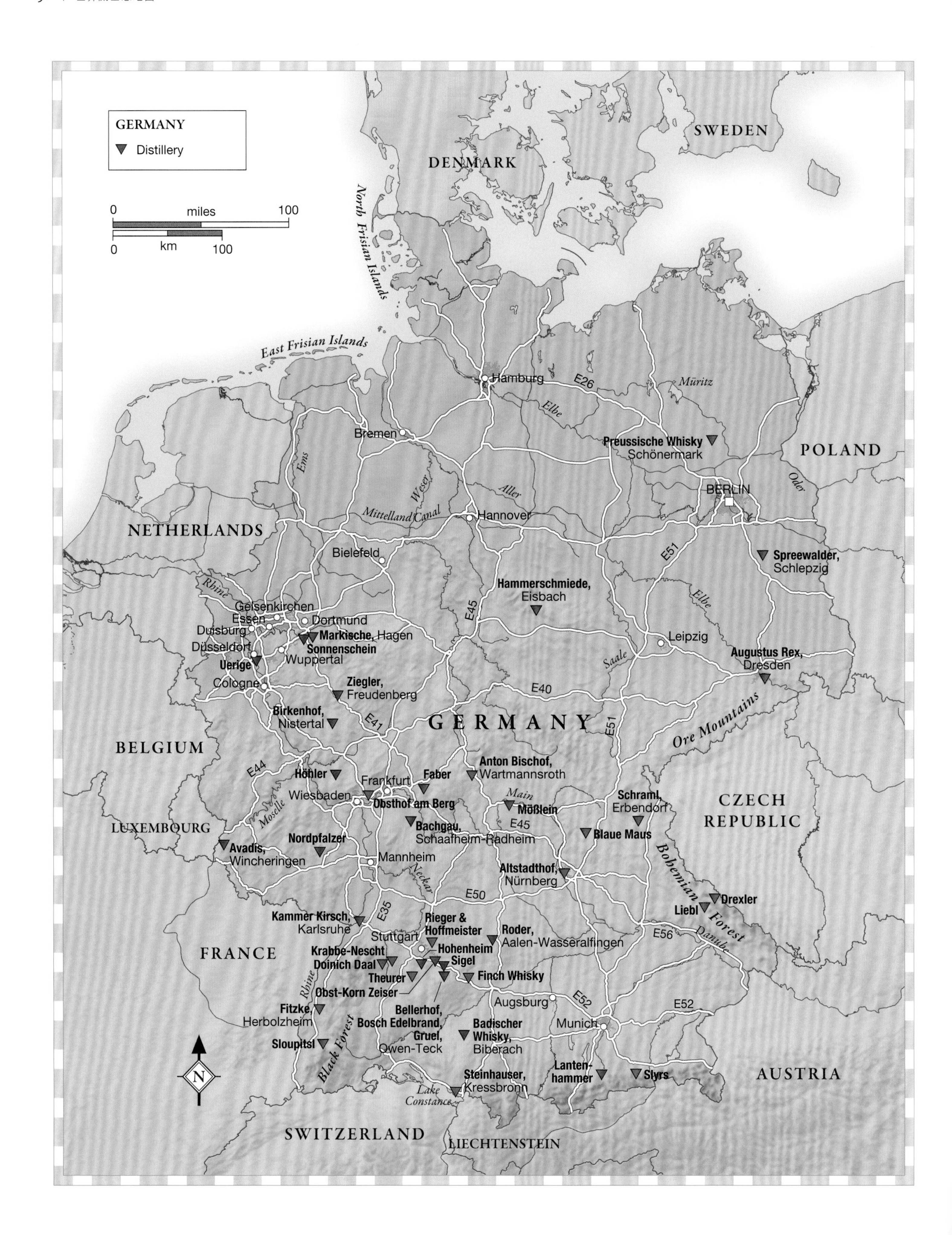

GERMANY
Distillery
0 miles 100
0 km 100
SWEDEN
DENMARK
North Frisian Islands
East Frisian Islands
Hamburg
E26
Müritz
Elbe
Bremen
Preussische Whisky
Schönermark
POLAND
Ems
Weser
Aller
Oder
BERLIN
Mittelland Canal
Hannover
NETHERLANDS
Bielefeld
E51
Spreewalder,
Schlepzig
Rhine
Hammerschmiede,
Eisbach
Elbe
Gelsenkirchen
Essen
Dortmund
E45
Duisburg
Markische, Hagen
Leipzig
Düsseldorf
Sonnenschein
Wuppertal
Uerige
Saale
Augustus Rex,
Dresden
Cologne
Ziegler,
Freudenberg
E40
Birkenhof,
Nistertal
E41
GERMANY
E51
Ore Mountains
BELGIUM
E44
Anton Bischof,
Wartmannsroth
Höhler
Frankfurt
Faber
Wiesbaden
Obsthof am Berg
Main
Mößlein
Schraml,
Erbendorf
CZECH
REPUBLIC
Moselle
E45
LUXEMBOURG
Bachgau,
Schaafheim-Radheim
Blaue Maus
Avadis,
Wincheringen
Nordpfalzer
Mannheim
Neckar
Altstadthof,
Nürnberg
Bohemian Forest
E50
Drexler
Liebl
E35
Kammer Kirsch,
Karlsruhe
Rieger &
Hoffmeister
Stuttgart
Roder,
Aalen-Wasseralfingen
E56
Danube
FRANCE
Krabbe-Nescht
Hohenheim
Doinich Daal
Sigel
Theurer
Finch Whisky
Rhine
Obst-Korn Zeiser
Augsburg
E52
E52
Fitzke,
Herbolzheim
Bellerhof,
Bosch Edelbrand,
Gruel,
Owen-Teck
Badischer
Whisky,
Biberach
Munich
Sloupitsl
Black Forest
N
Lanten-
hammer
Slyrs
AUSTRIA
Steinhauser,
Kressbronn
Lake
Constance
SWITZERLAND
LIECHTENSTEIN

德国品酒辞

BLAU MAUS, 新酒

色香：清爽而微甜。干谷物和干草。些许石墨提点和些微的烧焦气息。麦芽感厚重。

口感：火热，带些许油灰感。

回味：暖和舒适而火热。

BLAUE MAUS GRÜNER HUND, SINGLE CASK 40%

色香：牛轧糖与抛光木材。些许树脂和木材厂的个性，有药草与肉桂气息支撑。粉状感，在加水后带酵母感和面包气息。加水后些许湿狗与皮革味。

口感：绿意盎然、些许树液，混合以绿色坚果、核桃粉和轻微的辛香料——以肉桂和多香果最突出。

回味：轮廓鲜明、干净。

结论：树液且干净。

风味阵营：麦芽干涩型
参 照 酒：Hudson 单一麦芽, Millstone 5 年

BLAUE MAUS SPINNAKER, 20 年 40%

色香：非常甜美且类似波本。甜美的木头和焦糖。随后太妃糖与肉豆蔻浮现。仍带点绿色气息和果仁类坚果感。

口感：轻盈、谷物为主基调。干涩而坚实，带谷物和木质丹宁的组合风味。

回味：些许辛香料。

结论：干净而轻盈。

风味阵营：麦芽干涩型
参 照 酒：Macduff

SLYRS, 2010 43%

色香：极具香水感与果香，带榅桲、黄梅和洋梨气息。花香与火热的锯木屑气息也逐渐显现。

口感：初始略为干涩，带些许火热感和较低的木桶影响。黄色与绿色水果持续。干净而轻盈。

回味：清爽而具酸度。

结论：轻盈且明亮。仍在发展中。

风味阵营：芳香花香型
参 照 酒：Telser, Elsass 单一麦芽

FINCH, EMMER (WHEAT), 新酒

色香：甜美而具香水感、带点婴儿油提点。轻盈的谷物感；纯净却有质感。

口感：圆润；成功结合了优雅与活泼的口感。

回味：略逐渐柔和。

FINCH, DINKEL PORT 2013 41%

色香：石竹花和果香，且带木桶的显著冲击。覆盆子与轻盈、甜美的樱桃，而后那芬芳的斯佩特小麦性格开始展现。

口感：甜美；新鲜水果风味满盈；些许黑刺梨提点。柔和。

回味：柔和而温暖。

结论：这就是波特陈年威士忌。

风味阵营：水果辛香型
参 照 酒：秩父波特桶

FINCH, CLASSIC 40%

色香：极强的糖果感。露天市集风味：棉花糖、娃娃软糖、莱姆果冻。些许油脂感（能嗅得斯佩特小麦和小麦）。加水后转为小熊软糖气息。

口感：柔和的层次再一次展现。加水后带入更多谷物风味。

回味：些许尘土感，相当集中的果香持续展现。

结论：芬芳而强烈。

风味阵营：水果辛香型
参 照 酒：JH Karamell

SCHRAML, WOAZ 43%

色香：由小麦酿造，有小麦的纯粹感和甜味，带点糖果气息和蛋糕糖衣。背后有非常轻盈的柠檬风味——主要是黄柠，以及干涩的谷物底蕴。

口感：甜美、略带乳脂感。清晰、活力，些许柑橘味，细致的木质香。颇具活力。

回味：乳脂般圆润滑顺。

结论：这类威士忌的谷物架构相当显著，佐有小麦的细致甜味。

风味阵营：甜美小麦型
参 照 酒：Highwood White Owl

SCHRAML, DRÀ 50%

色香：优雅而带草药气息。十足的年轻，且仍在添加木桶元素的过程。甜美的苹果与些许青草感。加水后略失层次但仍是一道干净的烈酒。

口感：火烤与烘烤。回到了这些威士忌共有的坚实谷物基底。加水后浮现的红色水果提点展现其潜力。

回味：些许胡椒感。

结论：橡木陈年 15 个月。

风味阵营：水果辛香型
参 照 酒：Fary Lochan（总有一天）

LIEBL, COILLMÓR, 美国橡木陈年 43%

色香：清脆、谷物为主基调。瑞士谷物早餐和玉米片风味。轻盈而令人愉悦，展现大麦较甜美的一面。加水后干涩、带干草堆 / 谷壳气息。具些许甜味。

口感：乳脂感。仿佛撒上巧克力的燕麦粥。味蕾中段轻盈。绿色蕨类。

回味：紧实。

结论：相当有代表性的风格。

风味阵营：麦香干涩型
参 照 酒：High West Valley Tan

LIEBL, COILLMÓR, 波特陈年 46%

色香：淡粉色。果香，带枸杞果冻、覆盆子气息，加水后带入些许茴香花粉与药草风味。短时间后展现芬芳。接骨木果香。

口感：甜美、带土耳其软糖感。酒精稍火辣。加水后，味蕾中段略加充实，并加入野生水果风味。

回味：干净而带些许尘土感。

结论：吸引人且开放。

风味阵营：水果辛香型
参 照 酒：Finch Dinkel Port

列支敦士登品酒辞

TELSER, TELSINGTON VI, 5 年 单一麦芽 43.5%

色香：麦芽香具乳脂感、柔软、带轻微木桶影响。颇具黄油感，但仍保由其强烈性。苹果干和甜美蜜桃、绿香蕉风味。

口感：舌上呈现矿物感。令人垂涎且强烈；火热。美好的辛香料与些许柔和、甜美的果香。

回味：些许药草味。

结论：具安定与节制感。

风味阵营：水果辛香型
参 照 酒：Spirit of Hven

TELSER, TELSINGTON BLACK EDITION, 5 年 43.5%

色香：柔和而甜美，带核果香且几乎有些咸味。些许尘土谷物和低调的烟熏味。矿物感和野生水果。

口感：火辣，带辛香料、咖喱叶和姜黄风味。坚实而显著，矿物感再次展现。

回味：紧实而清新。

结论：波特桶和法国橡木桶带入了水果和辛香料元素。

风味阵营：水果辛香型
参 照 酒：绿点、Domaine des Hautes Glaces

TELSER RYE, SINGLE CASK, 2 年 42%

色香：强烈而飘扬，带些矿物感。是一支非常纯粹地展现黑麦较甜美、辛香一面的酒款。略带薄荷感。

口感：圆润且展示了些许灵活的分量。良好呈现。樟脑、多香果和粉末感。

回味：干净而紧实。

结论：逐渐收聚。

风味阵营：辛辣黑麦型
参 照 酒：Rendezvous Rye

奥地利 / 瑞士 / 意大利(Austria/Switzerland/Italy)

海德，奥地利，罗根海特 · WWW.ROGGENHOF.AT / 桑蒂斯，瑞士，阿彭策尔 · WWW.SAENTISMALT.COM / 朗格顿，瑞士，朗根塔尔 · WWW.LANGATUN.CH / 普尼酒厂，意大利，格洛兰札 · WWW.PUNI.COM

创立于1995年，“为了更好利用自家栽种的大麦并且想做点不一样的事而生”的瑞瑟包尔酒厂(Reisetbauer)的伊娃 · 霍夫曼(Eva Hoffman)，一语总结了奥地利的威士忌酿造方法——以他们的情况来说，就是采用本地的葡萄酒酒桶，比如霞多丽和贵腐甜白酒桶。

此外，在维也纳南边一幢古老的海关建筑里，拉本伯啤酒厂(Rabenbräu Brewery)贩卖两款三次蒸馏的麦芽威士忌：老渡鸦(Old Raven)和老渡鸦烟熏款(Old Raven Smoky)；而位在邵萨尔区圣尼古拉(St Nikolai im Sausel)的韦鲁茨酒厂(Weutz)则有更多产品，包括在麦芽浆中加入南瓜子的绿豹(Green Panter)。拉普尔特斯坦(Rappottenstein)的罗杰纳酒厂(Rogner)采用小麦、黑麦与不同烘烤程度的大麦，而在瓦尔德维特(Waldviertel)东北部的花岗岩酒厂(Granit)则是采用烟熏黑麦、斯佩特小麦与大麦。这些试验的先驱，是1995年在罗根海特(Roggenreith)开始酿酒的约翰 · 海德(Johann Haider)。首款“J.H.”威士忌在1999年发布，它是一支黑麦威士忌。现在这座酒厂和它的威士忌世界(Whisky World)每年吸引8万名游客参访。“我们是奥地利的第一家威士忌酒厂，”约翰的女儿、在2011年接管酒厂的雅丝敏(Jasmin)说，“因为当地没有我们可以学习和对比的对象，我的父亲是靠自己动手试验而学习蒸馏艺术的。我们尝试走出自己的路。”

黑麦威士忌仍是这里的主要聚焦点，从浅至深烘焙，甚至带泥煤的黑麦，全都被采用。他们还有一款黑麦和大麦混合的威士忌，以及两款采用不同烘焙程度的单一麦芽威士忌。和该产区风格相通的是，他们也以全谷发酵。海德的下一步是研究陈年过程：当地重度烧烤的无梗花栎桶(Sessile oak)是当前的主要目标。这里有一种持续创新之感。

“明亮感(Brightness)”是瑞瑟包尔酒厂的伊娃 · 霍夫曼特别点出的奥地利风格特色。该词汇也可以延伸到这个发展快速且迷人的威士忌产区。这般明亮不只体现在风格，也体现在思考上。

瑞士在1999年以前禁止蒸馏谷物烈酒，所以酒厂都相对年轻。最知名的品牌是来自阿彭策尔(Appenzell)旗下洛哈啤酒厂(Locher

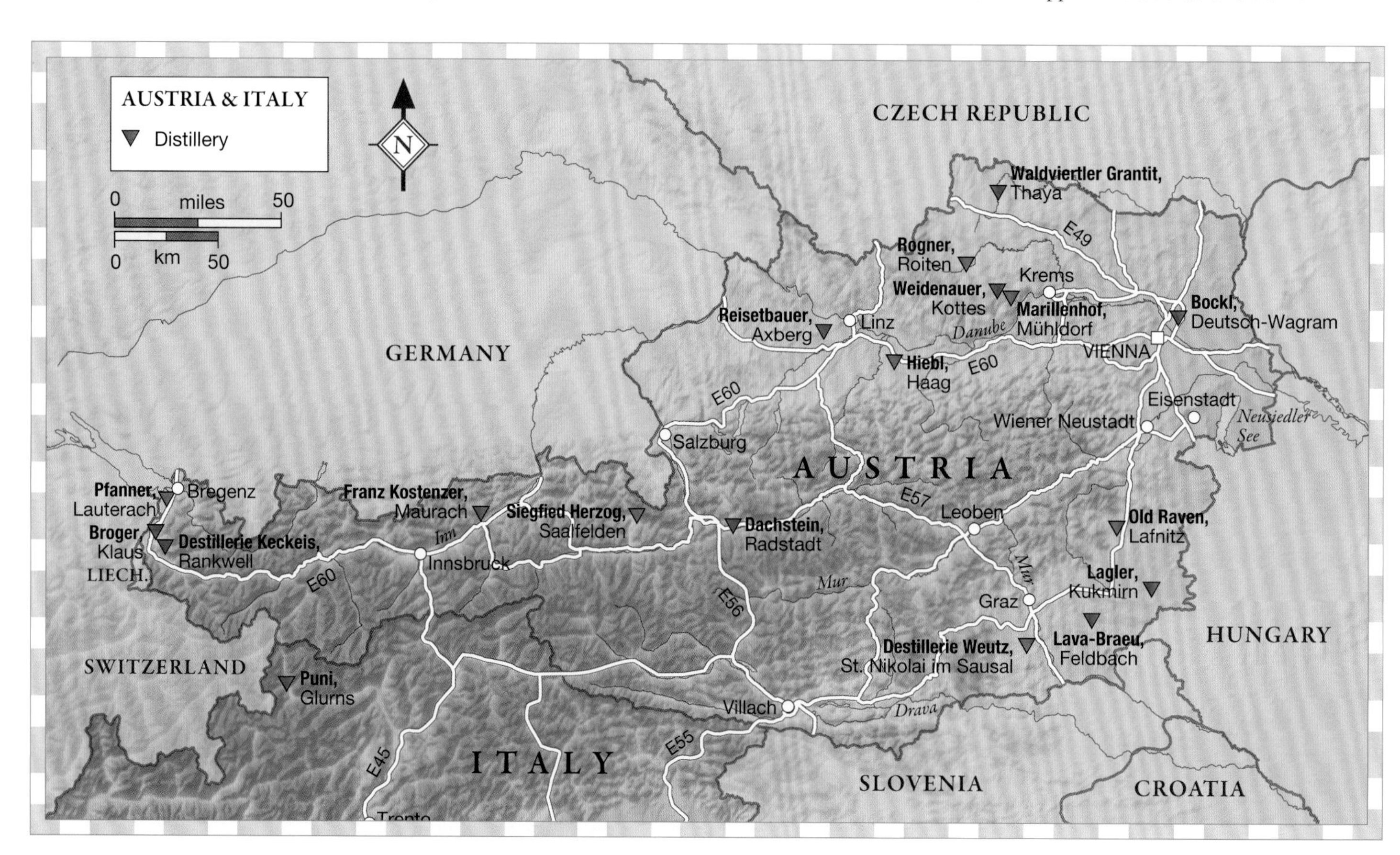

欧洲最值得一提的酒厂之——**普尼酒厂就在这座炫目的方块建筑中。**

Brewery）的桑蒂斯（Säntis）。和许多瑞士的同侪酒厂一样，在此，陈年技术是主要聚焦。

除了采用本地谷物与泥煤，桑蒂斯的奇特之处在于选用拥有60至120年历史、内部被沥青封住的啤酒桶。当沥青破裂时，啤酒就会渗入桶板，接着木桶再被重新封起来。当酒厂在检查这些橡木桶能否作为陈年的容器时，他们除去沥青，并发现数十年的缓慢浸泡赋予这些橡木桶非常饱满的风味。

创立于2002年，位于埃夫林根（Eflingen）的威士忌城堡（Whisky Castle）结合了本地传统（以橡木烟熏）、啤酒酿造技术（采用无盖发酵罐来促进酯类风味生成），以及涵盖栗树、匈牙利与瑞士橡木、多种葡萄酒桶等的多样化木桶选择。

始于2005年的朗格顿酒厂（Langatun）同样拥有啤酒酿造渊源。曾在慕尼黑工作的汉斯·包姆伯格（Hans Baumberger）在回到朗根塔尔（Langenthal）的家乡后，预计开设一座微型啤酒厂。“我憧憬于酿造一种独立的威士忌，不是仿造苏格兰威士忌，”他说，“而是以复杂而多面向的个性让人折服。”不仅在蒸馏酒液，这样的想法在橡木桶上也根深蒂固。他的老鹿威士忌（Old Deer）以霞多丽与雪利桶陈年，而带轻度烟熏味的老熊（Old Bear）则陈年于教皇新堡（Châteauneuf-du-Pape）橡木桶中。

意大利这么一个热爱苏格兰威士忌的国家，居然在2010年才有第一座致力生产威士忌的酒厂，这颇令人讶异。现今的普尼酒厂（Puni Distillery）位在南提洛尔省（South Tyrol）格洛兰札（Glorenza）的一座引人注目的赤陶土方块建筑内。最初生产威士忌仅仅是埃本史伯格家族（Ebensperger）的业余爱好，但很快便发展成为自家空

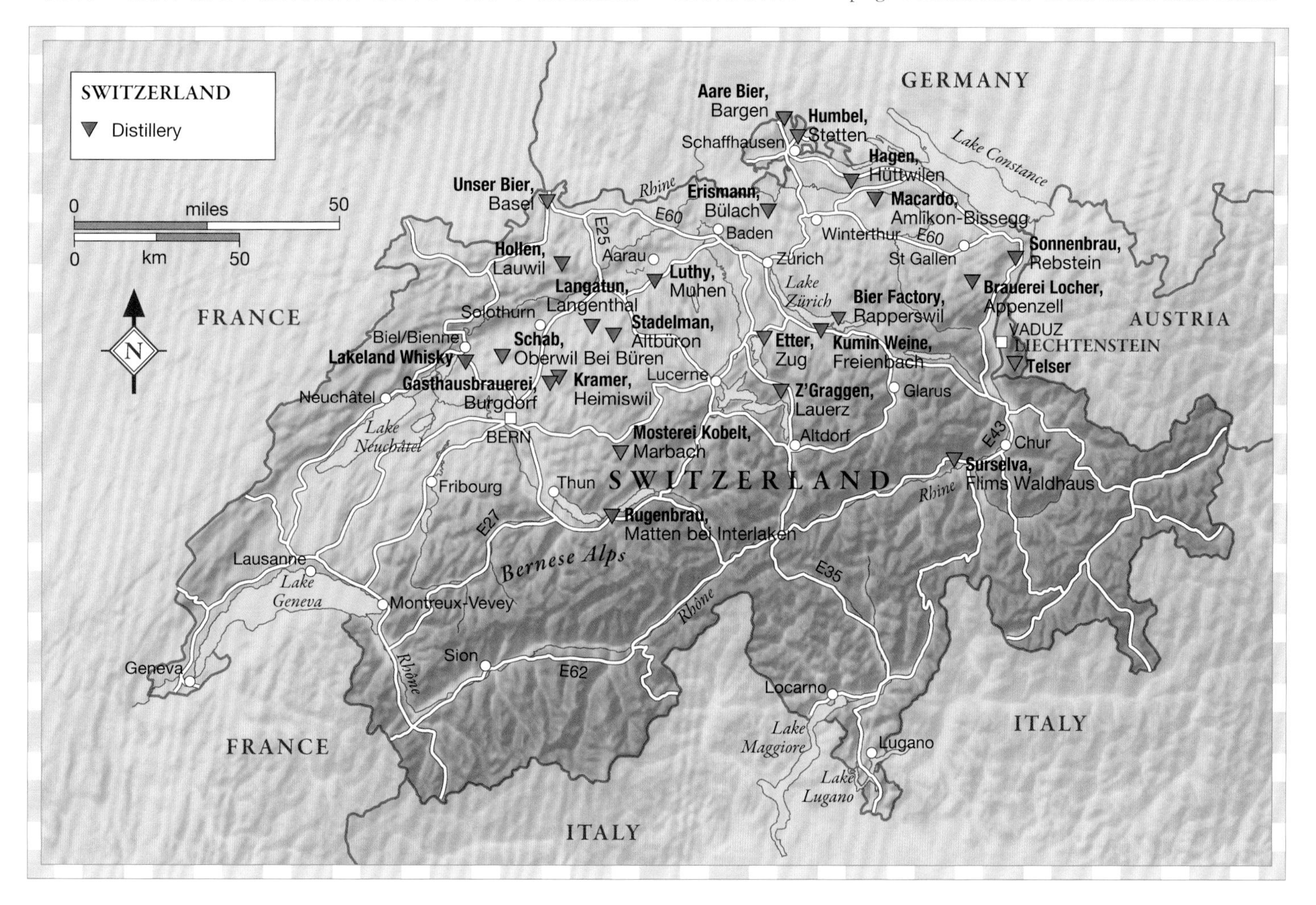

间容纳不下的规模。由于韦诺斯塔谷（Vinschgau Valley）是黑麦之乡，所以黑麦最先被用以试验。但以意大利人的口味来说，它的风味太过强烈，他们更倾向于轻盈、带果香的个性。

试验的结果，是3年时间里酿出的130批酒。他们检视了谷物、糖化温度、发酵时长，并以发芽小麦、黑麦与大麦的谷物配方进行蒸馏，最后利用一座被遗弃的二战碉堡作为陈年酒窖。没有一件事能逃离这个家族的法眼，在蒸馏时，他们以热水圈管取代蒸汽。“我们检视过不同温度能生成的特定风味，并据此制订了蒸馏计划，”酒厂主乔纳斯·埃本斯伯格（Jonas Ebensperger）说，“如果希望的话，我们完全可以在预设的时间内按特定的温度蒸馏。这样更慢，且更精准。这是舒肥法（sous vide）的蒸馏！”

阿尔巴（Alba）是该公司发行的首款威士忌，主要陈年于玛萨拉红酒桶中，展现出相当不凡的香水气息，它的推出是一次精彩的开场。

奥地利品酒辞

HAIDER, J.H. 单一麦芽 40%

色香：干净、带些许甜美甘草棚气息。些许尘土感，带轻盈果香和些微香水感。天竺葵，带谷物基调。毛毡。

口感：甜美中带有一股辛香料的震撼：肉桂和肉豆蔻加上些许丁香。舌翼干涩，中段味蕾轻盈。干净而带些许果香。

回味：生姜与轮廓鲜明感。

结论：细致而清新。

风味阵营：水果辛香型
参 照 酒：Meyer's Pur Malt, Hellyer's Road

HAIDER, J.H. SINGLE MALT, KARAMELL 41%

色香：胡椒和草本风味。春意盎然。潮湿土壤和绿色幼苗气息。谷物为主基调。满满的柔和果香。

口感：飘扬而有香水感，随着更多牧地花类和小苍兰芬芳，同时更带辛香料风味。又一款非常“上扬”的酒款。中段有那种哈瑞宝小熊糖的甜味提点。些许坚果味。

回味：具有酸度，带些许烘烤辛香料气息。

结论：干涩大麦为主体、辅以香水感果香的组合。

风味阵营：水果辛香型
参 照 酒：Finch Classic

HAIDER, J.H. SPECIAL RYE NOUGAT 41%

色香：轻盈且颇富乳脂感。甜美。虽有些距离感但能嗅得些许烹饪辛香料与绿茴香籽；蒿籽。带青苹果与烘焙坊气息，相当吸引人。

口感：甜美圆润，带一股辛香料刺激感与平衡的苦味。良好平衡。加水后渐有大茴香提点。

回味：辛香而干净。

结论：一款有质量保证且相当有自信的年轻黑麦威士忌。

风味阵营：辛辣黑麦型
参 照 酒：Lot 40

HAIDER, J.H. PEATED RYE MALT 40%

色香：酚类质感，带大量野草气息：紫苜蓿、牧地干草，些许花粉提点和细微的煤烟烟熏味和杂酚油、老式药品风味。加水后，些许橡胶味展现。

口感：干涩，带有相互平衡的黑麦辛香感和泥煤气息。长度良好且干净、具有足够的甜味来让中段表现更加集中。

回味：辛香、酚类质感。

结论：市面上的泥煤黑麦威士忌不多，但有何不可？

风味阵营：辛辣黑麦型 / 烟熏泥煤型
参 照 酒：Balcones Brimstone

瑞士品酒辞

SÄNTIS, EDITION SÆNTIS 40%

色香：芬芳感，带抛光橡木、深沉麦芽感和炖煮水果风味，逐渐带入黑刺李和紫罗兰气息，接着有天竺葵与香草提点。

口感：同样具香水感，带些许巴尔马紫罗兰和一丝讨喜的尘土感，后带入薰衣草芬芳。些许咖喱叶。

回味：干净、辛香感。

结论：旧啤酒桶陈年，且展现了真正具有深度的成果。

风味阵营：水果辛香型
参 照 酒：Overeem Port Cask, Spirit of Broadside

SÄNTIS, ALPSTEIN VII 48%

色香：辛香感、带满盈的罗旺子水、小豆蔻，并展现出 Edition 版本的深沉果香，佐以些许枣类与无花果。相当平衡。

口感：圆润而充满梅子风味，带桑葚果酱基调和从色香延续的异国情调。些许丹宁感。

回味：明亮而干净。

结论：5 年旧啤酒陈年于 11 年雪利桶的调和款。是该系列中最优雅的一支。

风味阵营：饱满圆润型
参 照 酒：Balcones Straight Malt

LANGATUN, OLD DEER 40%

色香：轻盈、清新且风味满盈，带西柚衬皮香气，接着一道强烈的酸甜感带入热带水果的混合风味。带有肉豆蔻干皮与罐装洋梨果汁提点。

口感：些许蜂蜜感。上扬感强、带有清新、明亮的酸度和一丝绿色葡萄般的质地；白皮诺。味蕾中段轻盈。

回味：清新而有活力。

结论：木桶味相当平衡。年轻而清新。轮廓鲜明。

风味阵营：水果辛香型
参 照 酒：Telser

LANGATUN, OLD BEAR 40%

色香：土质、带炖煮梅子、成熟果园水果风味。较老鹿更干涩。

口感：一丝烟熏味透出；一道木柴烟和熏芝士的组合。相当坚实且年轻。红樱桃，但中段仍保持轻盈清新感。

回味：些许干涩。

结论：更有质地。展现出合宜的平衡。

风味阵营：水果辛香型
参 照 酒：Spirit of Broadside

意大利品酒辞

PUNI, PURE 43%

色香：植物类气息，带洋蓟和些许密生西葫芦花提点。温室，西红柿藤。甜美的水果。几乎像糖浆，而后是清爽的谷物。

口感：极为干涩而带白垩感，接着开放出花香气息。轻盈而冷静，带清爽果香。

回味：持续干涩。

结论：芬芳且已至平衡。

PUNI, ALBA 43%

色香：轻快而轻盈，带杏仁和建筑气息，最终由玫瑰水混合以夜晚香水累积与茉莉花等混合香气为主导，尘土感中带有肉桂香。

口感：表现细致、甜美、飘扬而带香水感。非常干净、甜美。

回味：肉豆蔻与野蔷薇果糖浆。

结论：年轻，却已让人感觉完全成形。

风味阵营：芳香花香型
参 照 酒：Collingwood, Rendezvous Rye

斯堪地那维亚（Scandinavia）

基于对苏格兰威士忌的热爱，许多瑞典和挪威人成了格拉斯哥市内威士忌酒馆的常客，因为即使算上旅费，这个饮酒旅行还是要比家乡买酒来得便宜。每年苏格兰酒厂内的零售店也同样对这些北欧游客们有所期待。

北欧地区加入崛起中的威士忌市场，看似是迟早的事，毕竟这里是世界上威士忌俱乐部和活动最密集的地区——其中还包括全球最大的庆典（斯德哥尔摩一年一度极为壮观的啤酒与威士忌节，Beer & Whisky Festival）。所以，在瑞典、挪威与芬兰等国针对烈酒酿造的法规放宽后，威士忌酒厂纷纷浮出台面也是必然的事。当我在撰写这段文字时，瑞典一共有12家酒厂、丹麦7家、挪威和芬兰分别有3家、冰岛有1家，还有更多的酒厂正蓄势待发。

自18世纪晚期，瑞典和挪威（两国被昵称为“斯堪的纳维亚的葡萄”）便习以土豆作为烈酒的主要原料。这使得谷物烈酒颇为罕见，以木桶陈年者则更加稀少。在市场垄断情形下，烈酒风格趋于一成不变，其他选择少之又少——不过，这并不表示从未有人尝试过酿造威士忌。

在20世纪20年代晚期，一位名叫班格·托比扬森（Bengt Thorbjørnson）的化学工程师，受委托调查在瑞典酿造威士忌的可能性，于是像竹鹤政孝（见212页）那样被派往苏格兰。回来时，他带着一份可行性与潜在成本的分析书，但这份报告却似乎被束之高阁。直到20世纪50年代，瑞典终于开始酿造威士忌，1961年也见到了斯卡佩兹（Skepets）调和威士忌的发行，但即便如此，这项生产仍在1966年终止。

所以，这里的威士忌产业还很年轻；事实上，用“产业”这个词似乎还不太恰当。并且，在这个刚起步的阶段试图找出某种统一的北欧风格，也是不太实际的。目前，斯堪的纳维亚的众酒厂仍全心投入在试验、探索、创造，并深度挖掘出他们最独树一帜的风味个性。

然而，相当有趣的是，虽然这些酒厂的创始人们大多是苏格兰威士忌的狂热者，他们却有着共通的信念，那就是致力将他们的北欧新酒深植于周遭环境之中。

苏格兰（和日本）威士忌或许是这些酒厂的灵感来源，不过，他们大部分都认为能得益于对本地环境的充分理解。这份理解可能包括了谷物、泥煤，或是其他相当与众不同的传统烟熏方式；也可能是气候、森林中的橡树、当地生长的莓果，或者当地酿造的烈酒与葡萄酒。

在这个地区，尤其是丹麦，“本地”一词已开始造成一种几乎谜样的反响，人们开始关注哥本哈根诺玛（Noma）餐厅的瑞内·雷塞比（Rene Redzepi）的哲学，“遵循一年当中大自然的心情变化……去感受世界”，即对当地与当季的信念。而在北欧的新兴威士忌中，也能见到同样的观念。

“相信在未来几年，就能回答出何谓北欧风格这个问题。”麦克米拉的首席酿酒师安杰拉·杜拉席欧（Angela d’Orazio）说。“会有一种，但也会有众多分支。”

有一句商业格言可以用于此：不要模仿。“人们试图去模仿苏格兰人已经做了几百年的事情，”挪威Arcus酒厂的艾文·阿布拉森（Ivan Abrahamsen）说。“何必如法炮制？既然我们无法与苏格兰威士忌竞争，那么在未来几年，你能预见的是一种北欧的风格。你必须在你的威士忌中说一个故事，而不管发生什么事，这个故事都会很吸引人。”

瑞典肥沃的南部平原（靠近Malm）为新兴的威士忌产业提供了原料。

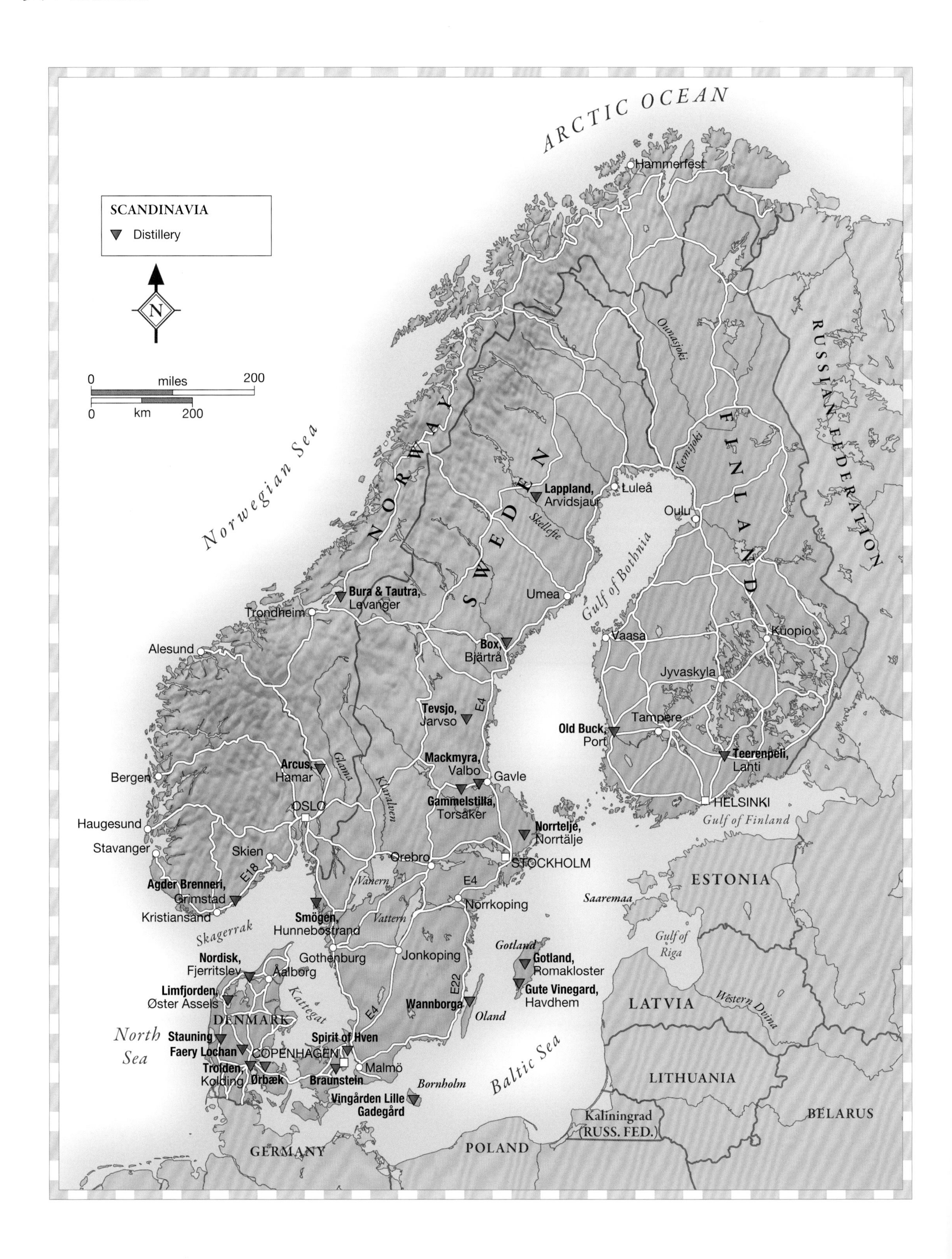
SCANDINAVIA
Distillery
N
0 miles 200
0 km 200
ARCTIC OCEAN
Norwegian Sea
NORWAY
SWEDEN
FINLAND
RUSSIAN FEDERATION
ESTONIA
LATVIA
LITHUANIA
BELARUS
Kaliningrad (RUSS. FED.)
POLAND
GERMANY
DENMARK
North Sea
Baltic Sea
Gulf of Bothnia
Gulf of Finland
Gulf of Riga
Skagerrak
Kattegat
Hammerfest
Luleå
Oulu
Umea
Trondheim
Alesund
Bergen
Haugesund
Stavanger
Skien
Kristiansand
OSLO
Orebro
STOCKHOLM
Norrkoping
Jonkoping
Gothenburg
Malmö
COPENHAGEN
Aalborg
Vaasa
Kuopio
Jyvaskyla
Tampere
HELSINKI
Gavle
Ounasjoki
Kemijoki
Skellefte
Glama
Klaralven
Vanern
Vattern
Saaremaa
Gotland
Oland
Bornholm
Western Dvina
E4
E18
E22
Lappland, Arvidsjaur
Bura & Tautra, Levanger
Box, Bjärtrå
Tevsjo, Jarvso
Mackmyra, Valbo
Gammelstilla, Torsåker
Norrtelje, Norrtälje
Arcus, Hamar
Agder Brenneri, Grimstad
Smögen, Hunnebostrand
Nordisk, Fjerritslev
Limfjorden, Øster Assels
Stauning
Faery Lochan
Trolden, Kolding
Ørbæk
Braunstein
Spirit of Hven
Vingården Lille Gadegård
Wannborga
Gotland, Romakloster
Gute Vinegard, Havdhem
Old Buck, Pori
Teerenpeli, Lahti

瑞典（Sweden）

BOX，毕亚特拉 · WWW.BOXWHISKY.SE / SMÖGEN WHISKY，宏内波士特兰 · WWW.SMOGENWHISKY.SE / SPIRIT OF HVEN BACKAFALLSBYN，赫文岛 · WWW.HVEN.COM

瑞典从威士忌消费者到生产者的转变十分惊人，如今这项转变已遍布1000千米的瑞典国土。目前最北边的酒厂，是位于毕亚特拉（Bjärtrå）镇上的Box，他们的起源有些曲折，两兄弟先开了一间画廊。“他们很快发现瑞典北部对现代艺术的需求并没有那么高，”Box酒厂的大使约恩 · 葛罗斯（Jan Groth）说。酿造威士忌何以成为他们合理的下一步，具体原因不明，但到了2010年，他们在过去酿造啤酒的罗杰 · 米兰德（Roger Melander）作为酿酒师的加入下，开始生产威士忌。

米兰德不仅参考西边的苏格兰，也往东看向日本。“打从一开始，我对Box威士忌应该是什么样子就有相当清楚的画面，”他说，“我对新酒所做的决定是否正确，大约在15年后会有答案。但我很肯定我们是走在正确的路上。”

“想酿造出世界上最好的威士忌，是没有捷径的，”他补充道，“选择最好的原料、最顶尖的设备，理解并小心地使用他们，都是很重要的。在装桶以前，每一只橡木桶我们都要闻过，这样可以将那些不完美的橡木桶区分开来，且大部分的木桶只会被填充一次。”

酒厂选址也有影响。“我们用的可能是最冷的冷却水，这让我们的烈酒风味既干净又纯粹。且在一天和一季之中，仓库内的温差也很大，这加速烈酒渗透木桶、发展出相当惊人的风味。”早期的成品是香气集中、高调性、带果香的威士忌。

在哥特堡（Gothenburg）北部、波罗的海岸边，极小的Smögen酒厂的帕尔 · 柯登比（Pär Caldenby）则采用了更典型的苏格兰式方法。“Smögen风味个性的灵感正是来自苏格兰岛区以及西海岸，”他补充道，“威士忌的国籍，应该按酿造与陈年的地方来定义。我们采用苏格兰麦芽，并不代表我们酿造的就是苏格兰威士忌。”

柯登比非常笃信“苏格兰式”的酿酒方法，甚至认为不是传统罐式蒸馏器酿出来的就不能叫作威士忌，但即便如此，他仍认为“采用这种基本配备并不能说明你是在模仿，只要够聪明且拥有充足的资源，你仍有变化的空间。”他的威士忌已经展现出挥发性的果香、些许烟熏味和巧克力味，以及轻盈的清澈感，确实和许多北欧风格隐约呼应。

这些酒厂可不是玩票性质的。“我的哲学是，一支好的威士忌必须达到均衡，同时也必须拥有个性。”柯登比说，“否则就不算好，或有趣。任何销售也只能归功于营销手段。我宁可听到有人说‘我不喜欢它，太烈了’，也不愿听到‘呃，这个……还可以’。至少我的想法是这样。”

在此书第一版印刷时，亨利 · 莫林（Henric Molin）位在赫文岛（Hven）的酒厂才刚开业，就在瑞典和丹麦之间的厄勒海峡中。当时莫林表示，想酿造出一种蒸馏酒，拥有“牧草、花朵和大麦田交织以海滩、核果园与油菜花的柑橘气息”。

现在呢？他的实验室正由其他酒厂使用，他自己在世界各地担任顾问。化学家出身的他，是否已逐渐远离当初以威士忌呈现地方风土的诗意想法？

“我想运用自己的化学知识去达到产品能有的最佳表现，找寻新的道路，探索新的方法。”莫琳说，”要拥有这种知识，你必须允许自己去测试底线。”在长时间针对其潜能进行研究后，得出的结果就是Spirit of Hven威士忌，带酯类香气飘扬、轻盈感受，混合了果香、花香和海草的气息。

“任何人都可以在瑞典生产威士忌。”莫林说，“但要成为一款瑞

Box 酒厂设立在一座20世纪60年代被废弃的燃烧木柴并以蒸汽驱动的老旧发电厂内。

典威士忌，它必须呈现出清晰的原产地影响。大麦、水、酵母……无论程度轻重，这些都会对最终产品造成影响。我相信一款瑞典威士忌必须是以瑞典原料生产的（这是帕尔·柯登比不认同的）。陈年过程也会受地点影响。不管我们讨论的有多抽象，陈年地点对最终威士忌的影响是相当明显的。”那么，有关他的初衷呢？“是的，我的答案依旧如此，不会改变！”

是否正在形成一种所谓的瑞典风格？现在还言之过早。

“我非常渴望在瑞典的每一家酒厂都能酿造出完美的威士忌，”罗杰·米兰德说，“当我们想把瑞典威士忌作为一个概念推向全球市场时，这是必要的，所以我们会互相帮忙，我们会在Box酒厂内指导其他酒厂的人员。我们是同事，而非竞争对手。”

这种学院般的氛围将会是瑞典在发展威士忌时的重要助力。虽然彼此可能采取不同的酿造技术与哲学，但创造出既属于瑞典又是本地事物的睿智信念，使他们团结在一起。

瑞典毕亚特拉 Box 酒厂的**铜制蒸馏器**。培尔（Per）和麦兹·德瓦尔（Mats de Wahl）兄弟发现这座发电厂生产威士忌的潜力，经过几年的准备，第一滴 Box 单一麦芽威士忌在 2010 年 12 月 18 日被蒸馏出来。

瑞典品酒辞

SMÖGEN, 新酒 70.6%

色香：飘扬而具果香，带谷物、分量感、香蕉、皮肤与烟熏味。加水后带入油灰感。

口感：强烈、火热并带有良好触感。些许燕麦饼与糠气息。稀释后，甜美的苹果甜品气息显现。

回味：干涩而干净。

SMÖGEN, PRIMÖR 63.7%

色香：干净且带些许坚果香：巴西果仁和一道细微的药草提点与异国香料气息。一丝瓷釉感和些许烟熏味。燃烧干草、芬芳青草气息。

口感：许多显而易见的橡木添加香气佐以椰奶和干烘烤辛香料：尤其是黑种草属类。甜苦平衡，带一丝巧克力提点。

回味：清脆且依然紧实，谷物香气逐渐形成。

结论：美好、干净且真正有具有潜力的烈酒。

风味阵营：烟熏泥煤型
参照酒：Lophroaig Quarter Cask

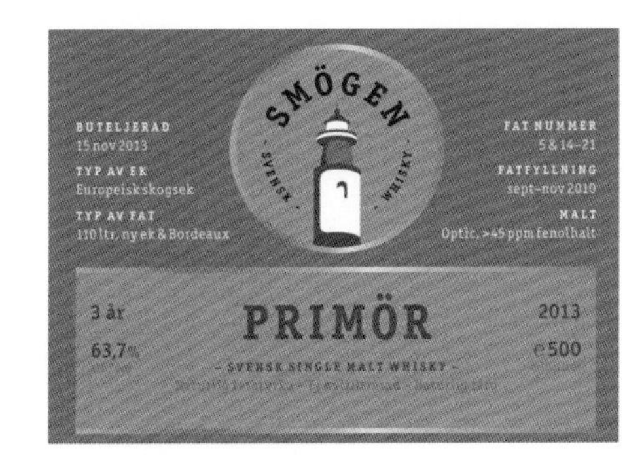

SPIRIT OF HVEN, NO.1, DUBHE 45%

色香：类似朗姆酒的酯类气息，带些许菠萝和一道恣意的清爽感。非常轻微的木质、柏树和云杉芽。一丝红衫树皮提点。清新，接着带入饲料油饼、深色谷物和麦芽萃取物风味。加水后带出日常布丁和无核小葡萄气息。

口感：初始干净而甜美，带点酒精性刺激。接着木质香越加强烈，且有更多红色水果风味。

回味：年轻而清新。

结论：各种复杂风味交织下仍保有真正的清新感。非常有个性。

风味阵营：芳香花香型
参照酒：Westland Deacon Seat

SPIRIT OF HVEN, NO.2, MERAK 45%

色香：明亮的果香、樱花。具酸度，带有轻微臭氧、矿物质感。强烈。一丝白蘑菇提点。苔藓与海草气息。加水后展现些许油脂感与蜂蜜味。

口感：初始有些朴素，带甜瓜与洋梨风味。泡泡糖和平衡的橡木香。相当“上扬”。加水后增添些许蜂蜜般的深度。

回味：一丝酸感。

结论：清新而甜美，而多汁感仍在成形中。

风味阵营：芳香花香型
参照酒：Chichibu Chibidaru

BOX UNPEATED CASK SAMPLE

色香：紧凑、集中且高音调，带酒胶糖和酯类气息。酵母感表现细致；带新鲜法国棍式面包气息。

口感：干净而相当强烈，但中段表现滑顺，带蜜瓜、苹果和菠萝类果香。

回味：干净而短暂。

结论：年轻却充满潜力。

BOX HUNGARIAN OAK CASK SAMPLE

色香：烟熏味，除了一丝豆科灌木燃烧气息和褐色芥末籽爆裂的气息外，还带有轻盈、酯类的果香。

口感：再次地，非常干净，甜美中带有烟熏味、抛光橡木和集中的果香。

回味：悠长而清新。

结论：具高度且强烈。值得关注的一款酒。

麦克米拉（Sweden-Mackmyra）

麦克米拉，瑞典，耶夫勒 · WWW.MACKMYRA.COM

你不禁怀疑，如果换作班格 · 托比扬森（Bengt Thorbjørnson），麦克米拉酒厂会是什么样子。他的目标是将苏格兰的原则套用在瑞典。1999年将许多人的梦想付诸行动的麦可米拉创始人们，心中总是有不同的想法。是的，他们都是苏格兰威士忌的粉丝，但打从一开始，麦克米拉取自瑞典的灵感，就和从斯贝塞来的一样多。

在我们能讨论所谓的北欧风格以前，必须先提到的是各自特点，这是麦克米拉向来具备的。是因为在废弃矿井的凛冽环境下陈年吗？是否因为选用了多种北欧大麦、产自卡林默森（Karinmossen）的泥煤，或者在烟熏烧火时加入了杜松树枝？是因为瑞典橡木桶吗？

这些都有影响，但麦克米拉同样重视的，是一种酿造威士忌的哲学。即使在首次上市以前已尝试过170种配方，麦克米拉的威士忌还是让习惯了苏格兰威士忌的人们大为吃惊。这些威士忌轻盈、飘扬、纯净却不单薄。他们有一种冷静的内敛，直至现在仍是，却从不酸涩。

“我们从没打算拿它和苏格兰威士忌作比较，”首席酿酒师安杰拉 · 杜拉席欧（Angela d'Orazio）说，“在它刚上市时，人们的第一反应是‘不对！威士忌不应该是这样的！’”她笑着回忆这些往事。我们处在一个快速变化的威士忌年代，崭新的风味与技术皆被热切欢迎，让人容易忘记在上个世纪交替之际，任何在风味上挑战苏格兰威士忌权威的事物，会受到多大的质疑。

“苏格兰威士忌确实很重要，”她补充道，“它是我们的根源，但麦克米拉的风格一直很明确，即使是最初的那些威士忌。”她选择的形容词是“鲜活”，精确囊括了麦克米拉那种冷静下的强烈感受。木桶方面也支持了这份冷静感。他们悉心利用瑞典橡木那种强而有力的草本油脂感：有时候整桶皆采用这种橡木，但更多时候则是混合美国橡木来制桶。

一座更新且更大的酒厂与2011年开业，他们酿造三种“经典”风格的产品：“优雅”（Elegant），以及两种不同的烟熏款（泥煤和杜松）——本质上是同一烈酒，只是酒心切取点不同。随着杜拉席欧对根源的研究日益深入，她采用了莓果酒桶陈年（可见于Skog、Hope、Glöd威士忌），进行对桦木的试验，并与挪威精酿啤酒先驱依吉（Ægir）进行木桶交换计划。

“既有传统的威士忌，又有现代的威士忌，是一件很棒的事，”杜拉席欧说，“你不必只选其一。”

但必须做的是，忠于你的愿景。

麦克米拉品酒辞

MACKMYRA VITHUND, 新酒 41.4%

色香：轻盈、几乎是飘逸感，带些许甜美豌豆花气息；甚至是豌豆芽。些许葡萄酒质感（长相思），带荨麻和细致的洋梨风味。薛伯提蜂蜜。

口感：甜美而带柠檬香气。具气泡感而飘扬，带花开香气。果香。

回味：细致而甜美。

MACKMYRA BRUKSWHISKY 41.4%

色香：进步在此清晰可见。朴素、冷静而节制，加入水后如花般开出极其细微的果香。浓烈的芬芳：仿佛山谷中的百合。

口感：较色香表现得更有物质感。轻微蜂蜜感、接着有细致的辛香料在背景缭绕。仿佛镶有花边。

回味：柔和而柔软。

结论：名不虚传的“优雅”风格。

风味阵营：芬芳花香型
参 照 酒：The Glenlivet 12 年

MACKMYRA MIDVINTER 41.3%

色香：辛香感极强。像浸泡过莓果。果香——黑莓中带有满盈的薄荷与红醋栗叶。炖煮风味，但即使保有严谨感，仍有不少野生水果在其中。

口感：初始带有甜味；当莓果风味逐渐带入，一股些微的黏稠感也显现出来。

回味：稍有果酱感。灌木篱墙。

结论：甜美、果香而有趣。

风味阵营：水果辛香型
参 照 酒：Bruichladdich Black Art

MACKMYRA SVENSK RÖK 46.1%

色香：轻盈、紫色水果风味佐以烟熏背景缭绕。越橘。加水带出更多芳香烟熏味。

口感：成熟且具细致的肉质感，还带一股旋即而至、复古、类似火热余烬的烟熏味。颇具肉质感。

回味：芳香，些许烟熏味。

结论：并非一款烟熏炸弹，但朴素而冷静。

风味阵营：烟熏泥煤型
参 照 酒：Peated Mars

瑞典蒸馏厂先驱麦克米拉的威士忌，现在全球都买得到。

丹麦/挪威（Denmark/Norway）

FARY LOCHAN，丹麦，基弗 · WWW.FARYLOCHAN.DK / STAUNING，丹麦，思凯恩 · WWW.STAUNINGWHISKY.DK / BRAUNSTEIN，丹麦，哥本哈根 · WWW.BRAUNSTEIN.DK / ARCUS，挪威，哈根 · WWW.ARCUS.NO

虽然威士忌曾于20世纪50年代早期在丹麦短暂地酿造过一段时间，但丹麦晋升威士忌生产国之列，则是21世纪初的事。现在丹麦一共有7座酒厂，还有更多在筹备中。

第一批丹麦酒厂之一来自西边日德兰半岛的城镇史陶宁（Stauning），2006年，9位热爱苏格兰威士忌的朋友们联合起来，想看看他们能否自己酿造威士忌。到了2009年他们将一座农场改建为酒厂，自此开始，他们便采用老派的威士忌酿造方法：地板发麦、窑烧泥煤、蒸馏器下直火加热。对酒厂主艾力克斯·尤拉．蒙克（Alex Hjørup Munch）来说，另一关键在于本地原料的重要性：以史陶宁来说，泥煤、大麦和黑麦都是其中之一。

以泥煤烟熏是很合理的。自新石器时代起便有人在波利苏（Bøllig Sø）和日德兰半岛中部的沼泽中挖掘泥煤。著名的石器时代的托伦德人（Tollund Man）就是在此发现的。现今，克罗斯特兰（Klosterlund）的泥煤博物馆供应史陶宁所需的泥煤。

"当时所有人都质疑在丹麦生产威士忌是不是不可能的，"他说，"当然不是，现在丹麦和其他国家的人都想亲眼瞧瞧这些疯狂的家伙们，他们的地板发麦和特殊糖化槽。我们很骄傲有这么多威士忌爱好者的来访。"

他们生产三种风格的酒：一款烟熏、一款无泥煤单一麦芽以及一款发芽黑麦——这或许对非丹麦人来说是最意外的。黑麦威士忌虽然让人联想到北美洲，但日德兰半岛肥沃的土地适合谷物种植，且一如往地，就地取材也是鉴别自己的方法之一。

然而地板发芽的黑麦却很罕见。"普遍来说，它是非常难处理的谷物，但既然我们做的是手工精酿威士忌，便为了黑麦特意订制一只特殊的糖化槽；现在黑麦处理起来就像其他谷物一样容易。"即使仅在橡木桶中陈年短暂的18个月，史陶宁的Young Rye威士忌仍有着一种内在的辛香温暖，几乎像朗姆酒，尾段余下一道恰好的苦甜感。这是一款宣言威士忌，如果有这种说法的话。

这段"喜爱威士忌的丹麦人摇身一变成为酿造威士忌的丹麦人"的故事可以延续到Fary Lochan酒厂，它在2009年由艾瑞克·约根森（Jens-Erik Jørgensen）创立（酒厂名与凯尔特黄昏一书中的精灵巫仙无关，而是出自酒厂所在的日德兰村落Ferre的原名）。"热爱威士忌是我创立酒厂的动机，但同时也因为我对动手解决任何难题这件事毫无抵抗力，"约根森说。"这里没有真正的威士忌历史。"

虽然他的灵感来源是苏格兰威士忌，但他加入了一项丹麦式

Braunstein 酒厂，是一座位在哥本哈根喀格港（Køge Harbour, Copenhagen）的微型啤酒厂暨威士忌酒厂。

的变化，即通过缩短蒸馏器颈部以酿出更具油脂感且辛辣的新酒。另外让人惊讶的是，用来熏干麦芽的竟然是新鲜荨麻。“在菲英岛（Fyn，丹麦中部岛屿）有以荨麻烟熏芝士的传统，”约根森说，“我想，如果我什么都仿照苏格兰的方式，那可就成了模仿品。没人喜欢模仿品，所以就用荨麻了！”

虽然早期的酒款中曾采用四分之一桶，但大部分的威士忌还是陈年于标准大小的桶中，说明有长期规划。

哥本哈根码头岸边的Braunstein酒厂始于2005至2006年间，是包尔森（Poulsen）兄弟的微型啤酒厂的附属产物。他们的霍斯坦蒸馏器生产两种蒸馏液：一种浓郁，一种带烟熏味，且他们喜欢用雪利桶。“我非常喜欢多样性，”麦克·包尔森（Michel Poulsen）说，“我也相信每个人应该做他们自己的事。这是小规模的传统工艺，现在人们也开始认真看待我们。”由此早期的表现可见，丹麦威士忌值得观察。

挪威烈酒生产有着盛衰无常的历史：从谷物转以土豆酿酒，私酿热潮与紧接而来的19世纪的合并时期，1919到1927年的禁酒令，国家控制生产（主要针对土豆酿制的调味烈酒aquavit），以及1928年至2005年开放销售和进口的时期。虽然政府至今仍控制酒品的销售，进口酒的专卖已在1996年解除，但直至2005年独立蒸馏才被开放。自此开始，威士忌酒厂如雨后春笋般出现，比如2009年设立的Agder酒厂。

国营酒厂Arcus私有化后，2009年在伏特加与阿夸维特酒以外开始生产威士忌。“从研发的角度，我们想看看自己是否能做到，”酿酒师伊凡·阿布亚韩森（Ivan Abrahamsen）说，“我们对烈酒很熟悉，但从来没酿造过威士忌，于是花了1年时间试验不同麦芽与酵母，并在一座含可拆式板块的小型罐式蒸馏器中酿造。”

现在，他们使用三种来自德国的麦芽（“挪威的麦芽不够好”）：淡色大麦、淡色小麦，和用山毛榉木烟熏的大麦。“最初我们想过，是做苏格兰威士忌或者波本？但这里是挪威，我们必须用自己的方式来做。”这代表要研究那些不同的麦芽，以及不同的橡木桶，包括曾填装过阿夸维特酒的马德拉桶。

“我们玩得很开心，”阿布亚韩森说，“如果不这样玩，我们就会失去创造力。”

这很适合当作北欧人的座右铭。

丹麦品酒辞

FARY LOCHAN, CASK 11/2012 63%

色香：轻盈而干净。些许青草感、由香草根气息逐渐转至一道老书店般的警示牌，些许白垩类矿质增添了清爽感。加水后使草药气息突出。

口感：年轻而清爽，带马厩、平整木材、潮湿灰泥气息与细致果香。

回味：干净而稍为紧实。

结论：药草风味特性可能是因为以荨麻烟熏。一切都很正面，且逐渐成形。

FARY LOCHAN, BATCH 1 48%

色香：高度抛光的木质香气飘逸至带有真正甜味的蜂蜡背景。干草与药草再次显现。加水后有蒲公英、牛蒡与姜汁啤酒厂的气息提点，树液油。

口感：口感满盈，带细致橡木香气。平衡以些许大茴香气息。

回味：同样为药草风味。

结论：早熟，且在未来肯定有其市场。

STAUNING, YOUNG RYE 51.2%

色香：良好平衡且带有清晰的黑麦气息。轻度圆润而甜美，带有烘烤、几乎像蜂蜜般的风味。干净的辛香料与一片青草后有些许蒿籽气息。复杂而圆润，且具有年轻威士忌必备的活力。

口感：初始柔软。像香料圆面包涂上黄油，接着是肉豆蔻、胡椒与青苹果风味。加水后增添甜度。

回味：些许辛香料。悠长。

结论：将发展成为一款世界级的黑麦威士忌。

风味阵营：辛辣黑麦型
参 照 酒：Millstone 100°

STAUNING, TRADITIONAL OLOROSO 52.8%

色香：温暖的消化饼。甜美而带些许糖感，有甘草根和甜美的红色与黑色水果气息提点。香气集中，接着有无核小葡萄干风味。

口感：柔和、些许干涩与 DUTY。干净的烈酒与恰到好处的木桶协作，得出良好平衡。有些许肉桂触感。

回味：短暂但带果香。

结论：同样展现极佳——且快速的——成熟度。

风味阵营：水果辛香型
参 照 酒：The Macallan Amber

STAUNING, PEATED OLOROSO 49.4%

色香：柔和的烟熏味。些许柏油、冷却沥青与泥。煤熏麦气息：类似雅伯。青草提点且带乳脂感带入甜味。细微的果干。相当浓密。

口感：成熟水果、黑葡萄和葡萄干结合篝火气息。

回味：醉人且带烟熏味。

结论：相当平衡且带浓郁烟熏味。

风味阵营：烟熏泥煤型
参 照 酒：雅伯 10 年

Braunstein E:1 单一雪莉桶 62.1%

色香：开始时紧实。甜而柔软。有香气。栗子粉、蓝莓。煮熟的水果。

口感：浓稠的果味，些许灰尘味的谷物和干果。太妃糖。酸度佳。均衡、打过蜡的橡木。

回味：辛香和芳香。异国元素。

结论：是一款单桶酒，有强烈的薄荷味，还带有一丝开胃的、吸引人的洋艾草味。

风味阵营：水果辛香型
参 照 酒：Benromach-style

挪威品酒辞

ARCUS, GJOLEID, EX-BOURBON CASK 3.5 年 73.5%

色香：轻盈、清爽且干净，带有一股纯粹、甜美的劲头。些许糕饼触感。聚焦且平衡，带些许柑橘气息。细微美国奶油苏打的触感，加水后展现些许果汁牛奶冻风味。

口感：轻盈而带黄柠味。良好维持了其高酒精度，暗示已具备协调性。细致、干净、带些春意盎然的果香。

回味：干净而轮廓清晰。

结论：早熟，值得关注。

风味阵营：水果辛香型
参 照 酒：Great King Street, The Belgian Owl

ARCUS, GJOLEID, SHERRY CASK 3.5 年 73.5%

色香：木柴烟与生姜、带些许饼干类的温暖感受。蜂蜜、肉桂和咖啡等气息像热托迪般呈现。加水后展现出蜂蜜与新鲜蘑菇风味。大麦气息缭绕在后。

口感：甜美而圆润，后更加丰润。年轻却干净。已达平衡，带柔和橡木香气。

回味：巧克力。

结论：不同橡木桶类似带出该烈酒在不同方面的特性。

风味阵营：水果辛香型
参 照 酒：Bunnabhain（总有一天）

芬兰 / 冰岛（Finland/Iceland）

TEERENPELI，芬兰，依荷提奥欧伊 · WWW.TEERENPELI.COM
EIMWERK DISTILLERY（FLÓKI），冰岛，雷克雅未克 · WWW.FLOKIWHISKY.IS

在北欧威士忌的发展史中，经常能见到政府控制的身影。举例来说，芬兰在1904年以前甚至禁止进口苏格兰威士忌。威士忌部落格whisky science（www.whiskyscience.blogspot.co.uk）揭发了当时的一封信，由一名热切的记者写道："改变已然降临，现在威士忌文明的大门也终为我们敞开！"

然而该热情仅持续了很短的时间。芬兰政府在1919至1932年间颁布了禁酒令，且在解禁之后，酒类生产仍由政府所控制，如同挪威。虽然班格 · 托比扬森曾在20世纪30年代受委托评估酿造威士忌的可能性，但他的结论是：不可能——这确实很奇怪，因为芬兰产的谷物质量相当好。

芬兰威士忌直到20世纪50年代才出现。国营酒厂Alko开始酿造一些威士忌，主要用来调和一款名为Tähkäviina的调味威士忌品牌，以及（未经陈年的）一款芬兰混合苏格兰的调和威士忌，称为狮牌（Lion）。直到20世纪80年代，Alko的第一款百分之百芬兰威士忌才正式上市。蒸馏作业在1995年停歇，直到2000以前，剩余库存仍被用来调和更多的芬兰混苏格兰调和威士忌，比如Viski 88 / Double Eight 88。

两年后，老鹿（Old Buck）的出现使情况得以好转。它由位在波里的啤酒猎人酒厂（Beer Hunter）以霍斯坦蒸馏器酿造，并在雪利桶与葡萄牙桶的组合中陈年。同年，坦佩雷的Teerenpeli啤酒餐厅也开始蒸馏，成为现今国际最著名的芬兰品牌。与许多酒厂创业的情况不同，Teerenpeli拥有自己的啤酒厂和餐厅来抵消高额的创业成本。

"我总是纳闷为什么芬兰没有自己的威士忌酒厂，"Teerenpeli的首席执行官安西 · 普辛（Anssi Pyssing）说，"尤其在拉堤地区，我们的所在地，正是以啤酒酿造与发麦闻名。而既然我们从1995年就开始酿造啤酒，下一步是很合理的。"

也许合理，但如何酿造一款具有芬兰式特色的威士忌，才是至关重要的问题。"任何人都可以在这里生产和销售威士忌，"他说。

"不过，如果你想生产的是芬兰威士忌，那么期望会变得特别高：在质量、品牌、荣誉上，以及伴随'芬兰'一词而来的义务。"

自行设计的罐式蒸馏器是一回事，但和普辛谈过以后，你会发现拉堤这个位置才是关键。自萨尔保斯冰碛岭的蛇形丘渗出的淡水、酒厂方圆150千米内的本地发芽大麦、本地泥煤，以及普辛特别指出的，芬兰的气候。

"我们的大麦生长于短暂而强烈的芬兰夏天，日照时间很长，而且温度与湿度的季节性变化也造就了与苏格兰不同的陈年环境。"

当研究这些变因时，你会发现它们都有所不同，这是属于芬兰的风格。"威士忌文明"终于到来。

谈到北欧威士忌时，我潜意识里想问的并不是他们为了增强本地感能付出多少，而是他们实际上能往北边走多远？挪威的Klostergården酒厂位于北纬63度，但它最近被冰岛加尔札拜耳（Garðabær）镇上的Eimverk酒厂给超越了。Eimverk酒厂位在北纬64度，成为我撰写此书时，世界上最北边的威士忌酒厂。不过已经有人计划在挪威北部离岸的麦肯岛（Miken，北纬66度）上盖一座酒厂，并利用维斯特弗由湾（Vestfjorden）淡化处理后的海水来酿酒。

我们的讨论不仅仅是他们的较劲。理论上，你是可以在北极酿酒的，但如果想跟从"运用当地材料"的趋势，你就必须面对环境限制。冰岛就位于大麦种植圈的边缘，是威士忌世界里的图勒（Ultima Thule）。

这是冰岛在1915至1989年间禁止酿造啤酒的原因之一，但蒸馏却被允许（奇怪吧）。冰岛从未酿造威士忌，而专精于土豆制的brennivin烈酒。而后，Eimverk酒厂与其品牌Floki诞生了。

"维京人种植大麦并酿造啤酒有5个世纪的历史，"Eimverk的哈利 · 托克森（Halli Thorkelsson）说，"大约从13世纪开始，气候变得更为寒冷，直至20世纪的这段时期，种植大麦都是不可能的，这使得经济相当困顿。然而，过去二十年来我们开始拥有稳定的作物。"

环境合适了，威士忌便接踵而至。"基于对威士忌和传统的热爱，我们开始酿造Floki威士忌，这确实是我们所追寻的重要部分。我们花了5年时间进行研究，以回收的老旧酪农设备建造我们自己的设备。Floki就是这些试验的结果，采用的是第164号配方。"

它也很环保。蒸馏器以地热水加热,大麦种植不用杀虫剂。"我们并非刻意去酿造史上第一款环保威士忌，"托克森说，"基于我们所拥有的资源，这一切水到渠成。"

"我们得选用耐寒且生长较慢的品种，其淀粉与含糖量会比今日大多数生产者所用的品种还低；也就是说，每一瓶酒都用了更多的大麦！因为油脂含量较高，也会影响口感与层次。"

冰岛的气候与传统也在展现在其烟熏方式。由于缺乏泥煤，过去的人们会用羊粪来制作像烟熏羊肉（hangikjöt）这样的特色菜肴。"光是气候和环境的影响，就让我们在开始创造自有风格时有所领先。"托克森说。"我们很乐意看到Floki成为冰岛真正的威士忌产业和传统的起点与基石。我们所用的方法便是建构在独一无二的北欧传统与风格上。"

或许，北欧风格确实在成型中。

芬兰品酒辞

TEERENPELI AËS 43%

色香：清爽而年轻，由一道麦芽甜美气息推入苹果和花香。非常芬芳且干净。些许脱脂奶油和苹果派切片，还带点茉莉花香。加水后表现飘扬。

口感：初始带些许大麦气息，但并非梗概性或者干涩，而更多温暖与甜美感受，还带点花香飘扬。

回味：大茴香。

结论：展现出谷物更甜美的一面。

风味阵营：芳香花香型
参 照 酒：格兰威特 12 年

TEERENPELI 8 年 43%

色香：更宽广且略更干涩，结构感较 AËS 强。些许大麦糖、牛奶巧克力雨坚果。已达到平衡。

口感：烘烤感和烤面包般的麦芽香。炖煮感、黄铜感、带些许核桃气息。柔和而干净。

回味：稍紧实。

结论：逐渐偏向于木桶熟成风味。

风味阵营：麦香干涩型
参 照 酒：欧肯特轩 12 年

TEERENPELI KASKI 43%

色香：整条麦芽面包、潮湿而带嚼劲、有些许红醋栗与炖煮梅子和黑樱桃风味。加水后有些微木质油气息。

口感：圆滑、柔软而滑顺。平衡、甜美而带蜂蜜糖风味，以干橡木 / 麦芽达到平衡。梅子气息回归。

回味：整齐而带可可气息。

结论：酒款三重奏中结构最强且最超前的一支。

风味阵营：水果辛香型
参 照 酒：麦可达夫（Macduff）

TEERENPELI 6 年款 43%

色香：金色。谷糠味，还有一些烧烤和坚果味。香气纯净，略带油脂感，而尾段则是干草和杏仁片的味道。

口感：入口坚果味 / 榛子味十足，年轻活泼，带着一抹风信子的芳香。

回味：小麦胚芽。

结论：纯净清新，平衡，坚果味。

风味阵营：麦香干涩型
参 照 酒：Auchroisk 风格

冰岛品酒辞

FLÓKI, 5 MONTHS, EX-BOURBON 68.5%

色香：甜美、紧实、清新而带轻盈、甜美的谷物和些许野生药草 / 潮湿青草的气息。具白垩感且强烈，加水后，部分怡人的农家庭院感受转入至葫芦巴与植物类气息。

口感：甜美、如针般锐利。酒体干净。清爽而带酸度？加水后展现出些许年轻威士忌的朴素感。

回味：干净而紧实。

结论：做工良好、飘扬而清爽。值得关注。

Floki 冰岛单一麦芽威士忌是一款通过酒厂特制罐式蒸馏器手工酿造出来的得意之作。

南非（South Africa）

詹姆士塞奇威克，惠灵顿 · WWW.DISTELL.CO.ZA
德拉曼，比勒陀利亚 · WWW.DRAYMANS.COM

南非普遍被视为白兰地生产国，但实际上自19世纪晚期起便断断续续地在酿造威士忌，虽然大部分的公司都因为当地保护白兰地产业的法规而宣告失败。20世纪时，当地的谷物蒸馏酒（即威士忌）甚至曾被课以白兰地百分之两百的税率。

即便如此，威士忌仍持续被饮用。南非自19世纪以来就是苏格兰威士忌的重要出口地，但是在种族隔离时期结束后，当威士忌成为"黑钻石"成功的象征，威士忌才有了真正的爆炸性成长。

南非的两座酒厂中最老的是詹姆士塞奇威克（James Sedgwick）酒厂，它在1886年创立时是一座白兰地酒厂。正好在一百年后，位于斯泰伦博斯（Stellenbosch）的小型酒厂R & B的蒸馏设备被迁移至此。

其品牌三船威士忌（Three Ships）最初是以苏格兰威士忌与塞奇威克威士忌调和而成（其中的Select和Premium 5年两款至今仍是），但现今的波本过桶调和款（在初次填装波本桶中过桶6个月）与特定发售的10年单一麦芽威士忌，则逐渐采用百分之百南非威士忌。

而真正享誉国内外的威士忌，则是贝恩的开普山威士忌（Bain's Cape Mountain）：一款瞄准新兴威士忌市场的单一谷物威士忌。"在南非是酿造不出威士忌的（或至少好的威士忌），在过去我们深受这种观念之害。"酒厂主安迪 · 瓦兹（Andy Watts）说，"幸运的是，现在的大众普遍更有知识，这种观念也逐渐改变了过来。"

自从莫里茨 · 卡梅尔（Moritz Kallmeyer）在20世纪90年代开设了普列斯托利亚第一家自酿啤酒吧（brewpub），改变观念就一直是他的口头禅。虽然他现在仍酿造啤酒，但他的德拉曼高原威士忌（Drayman's High Veldt）已成为首要聚焦。将本地的卡利登大麦与（进口的）泥煤大麦，以他自有的艾尔酵母混合蒸馏酵母发酵3天至7% abv，接着再静置3天时间以促进酯类香气与口感生成。如卡梅尔所言，"你必须用更长时间的发酵，否则你就牺牲了酒厂的个性，

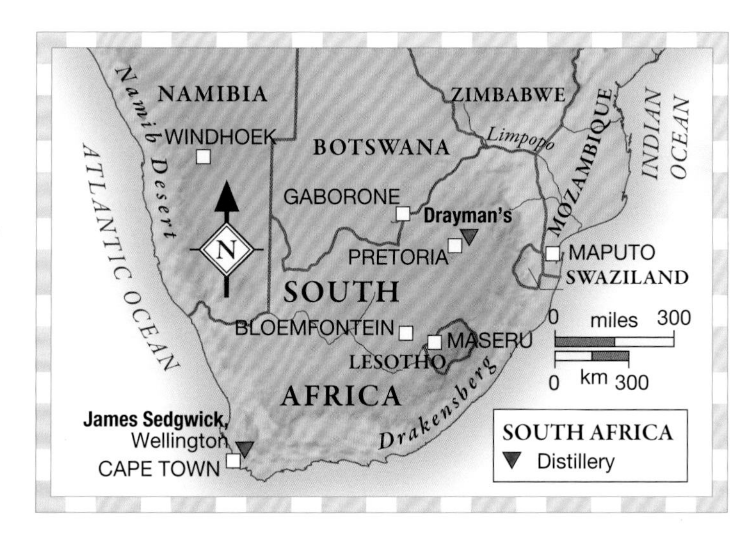

最终只会得到麦芽版的施纳普（Schnapps）酒。"

他的蒸馏器是废金属的有趣组合：以一只细菌发酵槽作为罐式蒸馏器，一只内含泡罩层板（bubble cap plates）的蒸馏颈以及高耸的林恩臂／冷凝器，满满都是回收铜材。其烈酒既干净又充满个性，绝不只是啤酒版的施纳普而已。酒厂仅使用重新烧烤过、250升（55加仑）的美国前红酒橡木桶。此外，他的德拉曼调和威士忌（60%的德拉曼威士忌混合进口瓶装苏格兰威士忌）还采用索雷拉系统陈年。

"我也想酿造百分之百的南非威士忌，但只用我自己的威士忌是无法定出一个对的价格的。"他说，"不过我倒希望以一座柱式蒸馏器来酿造谷物威士忌。"南非高原上的废铁商人们现在肯定摩拳擦掌，开心地期待着。

南非品酒辞

BAIN'S CAPE MOUNTAIN GRAIN WHISKY，46%

色香：饱满的金色。香气非常甜美，一丝淡淡的青草味隐藏其中，尾段则是软糖、香蕉糊和苏格兰黄油以及一抹松树味。

口感：入口清淡但不失甜美。非常香醇，冰淇淋和柔软水果在口中绽放，尾段则是强烈的柑橘味。

回味：肉桂。

结论：平衡且个性十足，很适合刚入门的威士忌爱好者。

风味阵营：水果辛香型
参 照 酒：Nikka Coffey Grain DRAYMAN'S 2007

THREE SHIPS 10年单一麦芽 43%

色香：柔软而甜美。椰子和些许牛奶巧克力因柑橘气息而增添了一份多汁可口感（kumquat/naartjie），紧随着是些许甜美的辛香尘：肉豆蔻、肉桂，加水后增添些许果干深度。

口感：初始非常柔软且带水蜜桃干、覆盆子和蜜瓜等果香。带些许橡木基调。

回味：仍为果香，且良好平衡感。

结论：具安定感且良好平衡感。值得更频繁地被装瓶。

风味阵营：水果辛香型
参 照 酒：The Benriach 12年

CASK NO.4 CASK SAMPLE

色香：香气辛辣纯净，一抹小豆蔻、芫荽和稻草味，但还能感受到浓郁的柿子果冻的味道隐藏其中。

口感：入口芳香四溢，令人一振。玫瑰花瓣，之后则是淡淡的谷物味。

回味：纯净芳香。

结论：拥有非常迷人的风味，值得关注。

南美洲（South America）

巴西麦芽威士忌联合酒厂，巴西，维拉诺坡里斯 · WWW.MALTWHISKY.COM.BR
阿拉札纳，阿根廷，巴塔哥尼亚，拉斯哥隆德里纳斯 · WWW.JAVOODESIGNS.WIX.COM/LAALAZANAIN#!ABOUT-US
布斯内洛，巴西，本图贡萨维斯 · WWW.DESTILARIABUSNELLO.COM.BR

长久以来作为苏格兰威士忌的主要出口地区——大多数的大型调和商（尤其是詹姆士布坎南）在20世纪初就已在南美洲建立桥头堡——南美洲现在正开始进入全球威士忌热潮中。

事实上，这块大陆三座酒厂中的两座，已有数十年的威士忌酿造史。1963年，路易吉（Luigi Pessetto）、安东尼欧 · 皮特（Antônio Pitt）和乔阿 · 布斯内罗（João Busnello）在本图贡萨尔维斯的谷地中建造了一座城堡，而在此宏伟的建筑内正是布斯内罗酒厂（Busnello Distillery）。在南里奥格兰德州的维拉诺坡里斯，联合酒厂（Union Distillery）创立于1948年，最初作为葡萄酒厂，并于1972年转做蒸馏。它的母公司Borsato e Cia. Ltda认为，既然在这个多山的地区适合种葡萄，那么应该也同样适合酿造威士忌。从1987年至1991年，它与Morrison Bowmore公司互为技术伙伴关系，在接下来的5年，丹提 · 卡拉诺佑博士（Dant Calatayud）成为它的顾问。

采用当地生产的无泥煤麦芽与进口的重泥煤麦芽，在铜罐蒸馏器内蒸馏，并由向下倾斜的林恩臂注入虫桶，为烈酒增添了厚重的果香，在二次蒸馏后达到65% abv。

最初，他们的新酒大批量进行贩卖，熟陈过的威士忌则供以调和用。但在2008年，为了纪念公司60周年，他们发布了一款联合俱乐部（Union Club）单一麦芽威士忌。巴西法规规定必须陈年超过两年，且装瓶在40% abv以下，才可被分类为威士忌。www.whiskyfun.com的瑟吉 · 瓦伦丁（Serge Valentin）评论说，这款威士忌让他想起发展到一半的斯贝塞威士忌，含有水果与些许坚果味。他也相当看好一款重泥煤风格的样品。

2011年，除了巴西的两座酒厂外，又加进了阿根廷的第一座单一麦芽酒厂：阿拉札纳（La Alazana），位在拉斯哥隆德里纳斯的巴塔哥尼亚地区，靠近皮尔崔其特隆（Piltriquitrón）山脉，该山脉的融雪为酒厂提供了生产与冷却用水。

就像许许多多的新酒厂一样，巴布罗 · 东内堤（Pablo Tognetti）和他的女婿奈斯特 · 塞伦内利（Nestor Serenelli）最初也是自酿啤酒的爱好者，而后转入威士忌的世界，并自行设计、建造酒厂的设备。他们使用种植在彭巴斯草原的大麦，并把酒粕拿来喂马，这是在阿根廷才有的有趣变化，在他们的农场里有一座骑马治疗中心。

他们的两次蒸馏都在同一座550升（121加仑）的蒸馏器内完成，并且他们还有着增设第二座蒸馏器的计划。酿出更轻盈的风格，以迎合当地品饮者的喜好是他们的给自己设定的目标。但在陈年过程中还有另一个在阿根廷当地才有的变化：既然有机会使用本地的葡萄酒桶，那么除了标准的波本与雪利桶之外，如不以马尔贝克桶（ex-Malbec）陈年他们的新酒也未免有些可惜。

阿根廷尚有两座酒厂在计划建设中，如此看来，巴塔哥尼亚也有可能成为下一个世界威士忌展区之一。

SOUTH AMERICA
Distillery
Union Distillery, Veranópolis
Busnello, Bento Goncalves
Porto Alegre
CHILE
ANDES
Paraná
Uruguay
URUGUAY
SANTIAGO
BUENOS AIRES
MONTEVIDEO
PACIFIC OCEAN
Pampas
ARGENTINA
Río de la Plata
La Alazana, Chubut
Isla de Chloé
Patagonia
Península Valdés
Gulf of San Jorge
ATLANTIC OCEAN
Falkland Islands (UK)
Bahía Grande
Cape Horn
N
0 miles 400
0 km 400

阿根廷第一座单一麦芽威士忌酒厂——阿拉札纳优美的环境。

印度和远东（India & The Far East）

印度是世界上最大的威士忌消费国之一，但人们却几乎不喝威士忌。奇怪吗？不只有你觉得疑惑。根据世界贸易组织（WTO）的规定，威士忌仅限于谷物酿造而成，但印度的“威士忌”却也可以用来指一种以糖蜜酿造的棕色烈酒，其实就是朗姆酒。当你认识到印度还有其他种类的“威士忌”，比如未陈年却经调色的中性谷物烈酒，或者糖蜜混合谷物/麦芽的调和威士忌，也就是糖蜜烈酒混合苏格兰威士忌，就会开始明白贸易组织的律师们几十年来都在焦头烂额些什么。

上：阿穆特在开拓本土市场之前就已经建立和发展了出口市场。

全世界拒绝将这种糖蜜制成的烈酒视为威士忌，使得印度政府对进口烈酒——比如威士忌征收高税额的手段更加强硬。虽然税率在过去几年大幅降低，但印度各省仍有提高各自税额的权利，因此简单来说，也只是换个税务处缴关税而已。

对于把印度视为最大潜在出口市场的苏格兰威士忌产业来说，这点尤其令他们头疼。协商至今仍在进行中，只不过进度像喜马拉雅冰川的流速一样缓慢。

亚洲其他国家和地区的情况就没那么令人担忧。中国台湾地区正以单一麦芽重要市场之姿浮出台面，这里拥有一间卓越的酒

下：班加罗尔附近的高山正是印度最知名酒厂阿穆特的所在地。

厂——噶玛兰，他们缜密地研究着亚热带陈年带来的复杂性。新加坡目前仍处在萌芽阶段，同时本身也是一个蓬勃发展的消费市场。而韩国、越南和泰国则都是公认的苏格兰威士忌消费市场。

印度之后，最大的市场是中国。任何生产者都该进入这个拥有巨大潜力的市场中，但同时他们也必须重新思考进入的方式。中国至今仍是一个懂得品味进口烈酒的新市场——不只是威士忌。事实上，消费者很有可能从威士忌转而喝伏特加、干邑或龙舌兰。而且，进入中国市场的成本很高，地域也很广。即便如此，中国仍是不可被忽略的。

然而，就生产而言，印度仍是领头羊。

印度（INDIA）

AMRUT · 邦加罗尔 · WWW.AMRUTDISTILLERIES.COM · /JOHN DISTILLERIES · 果阿 · WWW.PAUIJOHNWHISKY.COM

虽然印度次大陆上有几百座酒厂，但具体有多少酒厂生产非中性、谷物基底、木桶陈年的烈酒，几乎不得而知。不过，巴基斯坦的莫里（Murree酒厂——号称是伊斯兰国家中唯一的一座酒厂，确实是其一。不丹在格勒普的军队福利计划可能也是，但是这个国家大部分的威士忌，是以苏格兰威士忌调和当地中性酒精制成的。

其他符合全球定义的包括喜马拉雅山麓丘陵的Mohan Meakin的Kasauli酒厂，以及同一家公司位在北方邦（Uttar Pradesh）的Nagar酒厂，该地还有Radico Khaitan的Rampur酒厂。他们都同时酿制糖蜜与谷物烈酒。

印度最大的生产者是联合烈酒公司（United Spirits），其产品线涵盖各类威士忌，包括果阿邦的McDowell's酒厂所生产的同名单一麦芽威士忌。John Distilleries公司也位于此，虽然主要以本地风格的威士忌种类而闻名（每年生产1 100万箱），但在2012年他们的第一款谷物酿制的Paul John单一麦芽威士忌在全球上市。

一套苏格兰的生产模式已在此成型。大麦是印度产的，但所有泥煤皆从苏格兰进口。以罐式蒸馏器蒸馏，且只选用波本桶陈年。果阿邦的气候对威士忌陈年有很好的影响，高速的蒸发加快了陈年过程。

这些单一麦芽原先仅做出口，目的是先在国外建立起名声后，再回到本地市场以高端威士忌之姿上市。这种策略在2004年已经被邦加罗尔的Amrut采用过，该品牌在其国内几乎无人知晓，但在全球品鉴家之间却享有相当好的名声。这是地点影响酒款个性的完美案例。Amrut使用产自拉加斯坦邦的无泥煤大麦（任何泥煤风味都是来自苏格兰），采用标准的蒸馏方式，不过真正让Amrut与众不同的是，他们同时以全新和初次填装的美国橡木桶来陈年。

邦加罗尔海拔有914米，温度的变化是从夏天的20至36度到冬天的17至27度——而且还有季风雨季。这一切都会对蒸发造成影响。

在苏格兰，“天使”平均每年会接收威士忌总量的2%；而在邦加罗尔，每年的蒸发量则高达16%，是相当贪心的天使（天使也是该公司最早的威士忌酒款名称）。大部分的Amrut装瓶年份为4年。

虽然会计师们相当乐见能快速酿造的威士忌，但酿酒师仍需要确保的是，即使陈年时间短，也要让最终成品展现出橡木桶与烈酒交互作用的复杂性，而不只是满满的木头萃取风味。他们的酿酒师至今仍在研究当地气候的影响，且似乎还玩得很开心。

Fusion是25%的苏格兰泥煤麦芽威士忌；Two Continets威士忌是被送往苏格兰陈年的；Intermediate威士忌则是先在波本桶陈年一段时间，换至雪利桶后，再次回到波本桶内。

这两座酒厂的成功或许能说服威士忌世界中竞争的各方，印度的全麦威士忌是有未来的。

印度品酒辞

AMRUT 新酒

色香：甜美的麦芽糊，亚麻籽油，藏红花，淡淡的泥土味及一抹甜玉米与粉笔灰味。

口感：入口厚重，油脂感十足，伴随着一些红色水果，香甜的辣椒和些许牛膝草以及紫罗兰味，个性十足。

回味：紧致。

AMRUT, GREEDY ANGELS 50%

色香：温暖、甜美、带柿子和杏仁蛋白糊混合罐头菠萝气息，和一道强烈、飘扬的香水感。水蜜桃核与甜美的饼干风味。

口感：宽阔且良好平衡感。有些许热感但在加水后缓解，且中段的谷物水果混合气息活现过来。成熟且富含蜜桃香气。

回味：核果香。甜美。

结论：具有分量感与复杂性。

风味阵营：水果辛香型
参 照 酒：George Dickel

AMRUT, FUSION 50%

色香：非常细微的烟熏味。些许芝士皮、接着是甜美的谷物与标志性的甜饼风味。加水后熏麦般的风味浮现；接着是一道清爽、潮湿青草般的气息，紧随其后的是柔软水果。

口感：初始为木柴烟；后随着拿铁气息越显深沉，后逐渐带入些许辛香柑橘味。

回味：悠长而富辛香感。

结论：平衡而优雅。

风味阵营：水果辛香型
参 照 酒：Tomatin Cù Bòcan

AMRUT, INTERMEDIATE CASK 57.1%

色香：阿华田和麦芽牛奶；甜饼干。太妃糖。加水后增添了丰润感与深度。

口感：葡萄干和丰满、成熟的核果：这很雅沐特。

回味：无核小葡萄干和浸泡过葡萄酒的葡萄干，接着香草风味展现。

结论：饱满而成熟。

风味阵营：饱满圆润型
参 照 酒：The Glenlivet 15 年

PAUL JOHN CLASSIC SELECT CASK 55.2%

色香：非常甜美。大麦棒棒糖、腌渍黄柠与澳大利亚坚果、柑橘、成熟蜜瓜、芒果。

口感：延续色香上的甜味，以热带水果为主题，接着是一股大麦的脆感与轻微橡木香气。让人感觉温暖。

回味：多汁水果与薄荷。

结论：柔软而令人愉悦。

风味阵营：水果辛香型
参 照 酒：Glenmorangie 10 年、噶玛兰经典

PAUL JOHN PEATED SELECT CASK 55.5%

色香：初始是石楠烟熏气息。较无泥煤款更干涩。接着开启了柏油感与谷物气息。像燃烧的金雀花。

口感：果香再次涌现，带大量泥煤烟熏气息。炽热的火焰，随后是柔软的水果。加水后展现些许麦芽香气。

回味：类似余烬。

结论：满盈、丰富的烟熏气息。

风味阵营：烟熏泥煤型
参 照 酒：The BenRiach Curiositas

中国台湾（TAIWAN, CHINA）

金车噶玛兰威士忌蒸馏厂，宜兰县，员山乡 · WWW.KAVALANWHISKY.COM

人们已逐渐对台湾地区亚热带酿造出来的威士忌感到习以为常，主要原因是噶玛兰酒厂的建立。噶玛兰酒厂——台湾地区最早建成的单一麦芽威士忌酒厂。中国台湾地区目前已经是苏格兰威士忌在全球的第六大市场，而且过去的10年间，更多的年轻人也爱上了威士忌，尤其是单麦威士忌。

噶玛兰酒厂属于食品饮料集团金车公司，是（不可避免地）委托Forsyths of Rothes公司进行建设的，并于2006年3月11日正式开始运作。“时间是15：30！”首席调酒师张郁岚说。如今的噶玛兰不仅是备受崇敬的生产者，更是在威士忌科学新领域的研究站，也就是在热带地区陈年的效果。这里每年的蒸发量在15%，来参访时你几乎能看见威士忌从桶中蒸发出来，还能听见喝得微醺的天使们在天上饮酒高歌。

“选择在此建厂有个原因，”张郁岚解释道，“酒厂地底下有来自雪山的天然地下泉水，此外宜兰县有75%的土地属于山地，空气相当纯净，是烈酒陈年的绝佳环境。”

从一开始，张郁岚心中就有一条清楚的风味线，来自发酵过程中投入的混合酵母。“这是商业用酵母混合我们自制的酵母，这种酵母和酒厂周遭生长的野生酵母是隔离开的，这有助于创造出水果风味的个性——芒果、青苹果和樱桃——这是噶玛兰新酒的招牌特色。”

在两次蒸馏后，这道充满果香的新酒被注入相当复杂的木桶组合中陈年，这些木桶是由张郁岚称为师父的吉姆·史旺博士（Dr. Jim Swan）所挑选的。基本上以美国橡木桶为主，组合中还包含了雪利、波特与葡萄酒桶。张郁岚和史旺的关键在于善加利用这个快速陈年模式，并同时建立复杂度。噶玛兰的威士忌应要引吭高歌，而不是淹没在木桶萃取风味里。

这可不是一间微型酒厂，经过增加蒸馏器扩充产能之后，噶玛兰的产量已经达到了900万公升/年。且正在计划扩充产能。他们的工作还带些教育性质。每年酒厂游客达到一百万人次，金车公司还设立了品鉴室，且经常在全球的威士忌展览中现身。

日月潭依然平静，但不远处的噶玛兰却早已在国际市场上掀起一阵波澜。

噶玛兰并不是当地的奇景，而是在悉心研究本地环境后成为的世界领袖——此环境不仅仅是气候和酵母，而是更广泛的中国台湾地区美食文化。

这不只是一款来自中国台湾地区的威士忌，它就是中国台湾威士忌。

噶玛兰品酒辞

噶玛兰经典 40%Vol.

色香： 活泼热情的琥珀色，富有蝴蝶兰的花香与诱人的果香味。散发蜂蜜、芒果、洋梨、香草、椰子、巧克力的味道。

口感： 似芒果之香甜风味与受橡木桶洗礼后之丰富多层次辛香酒体。

口味： 温暖、绵密、滑顺与带着柑橘的终感。

结论： 噶玛兰家族的完美入门款。

风味阵营：水果辛香型

参 照 酒： Glenmorangie Original

噶玛兰 OLOROSO 雪莉桶 51-60%Vol.

色香： 芬芳甜美，带有杏仁、干果与坚果香气，愉悦的香草香，同时带有些微的咖啡香气。

口感： 浑厚、滑顺的干果和辛香料持续于口中散发热情风韵。

回味： 多层次口感，馥郁香醇

结论： 平衡纯净，值得被视为酒厂最佳酒款之一。

风味阵营：饱满圆润型

参 照 酒： 格兰杰 Lasanta，Macallan Amber

噶玛兰波本桶 51-60%Vol.

色香： 金黄色。内敛木质香、沁心香草和特有的热带水果香气相互交织。

口感： 自然的甘甜、香草与橡木香气均衡发展。口感圆润、滑顺。

回味： 纯净清新水果香和木头辛香味交错呈现。

结论： 甜美活泼，个性十足的一款新世界麦芽威士忌。

风味阵营：水果辛香型

参 照 酒： Glen Moray Style

澳大利亚（AUSTRALIA）

BAKERY HILL·维多利亚省，北贝斯活特（NORTH BAYSWATER）· WWW.BAKERYHILLDISTILLERY.COM.AU /
GREAT SOUTHERN DISTILLING COMPANY · 西澳大利亚，奥巴尼 · WWW.DISTILLERY.COM.AU /
LARK DISTILLERY · 塔斯马尼亚，HOBART · WWW.LARKDISTILLERY.COM.AU。CELLAR DOOR & WHISKY BAR /
NANT DISTILLING COMPANY · 塔斯马尼亚，波斯维尔（BOTHWELL）· WWW.NANTDISTILLERY.COM.AU
/ SULLIVANS COVE · 塔斯马尼亚，剑桥 · WWW.SULLIVANSCOVEWHISKY.COM/
HELLYERS ROAD DISTILLERY · 塔斯马尼亚，柏内（BURNIE）· WWW.HELLYERSROADDISTILLERY.COM.AUV

威士忌酒厂散布在地大物博的澳大利亚各地，你很难为这个国家的新兴威士忌行业贴上一个统一的风格标签，如果再考虑到不同酒厂采用的无数种酿酒方式，就更不可能了。

比如，大麦通常是当地用来酿造啤酒的种类（通常也由啤酒厂发麦），不过也有例外。有些蒸馏者会选用当地泥煤，它带有澳大利亚式的花香印痕；有些人则不使用泥煤。不同酵母菌种也被试验着；这里总是有创造并增加差异性的方法，比如蒸馏器，从苏格兰式的罐式蒸馏器到约翰·道尔设计（John Dore-designed）的罐式蒸馏器、前白兰地蒸馏器到传统的澳大利亚蒸馏器等。以上变因皆有所影响。

接着是采用的不同橡木桶种类，许多酒厂明智地利用葡萄酒或者澳大利亚加烈葡萄酒桶陈年，然而这还只是单一麦芽的领域。如今，有些酒厂也开始尝试酿造黑麦或者澳大利亚版的波本威士忌。这一切都表明，在这个行业，所有人都在努力树立自己的风格，而非向某个统一的标准靠拢。

如今的澳大利亚威士忌行业跟以往有着本质上的区别。20世纪80年代以前，低价、量产是主要特征。而在不断寻求新世代（The New）的当下，人们很容易忘记的事实是，直到第二次世界大战开始以前，澳大利亚曾是苏格兰威士忌最大的出口市场，且这个国家的威士忌酿造历史可以追溯到18世纪晚期。

正如历史学家兼顾问克里斯·密道顿（Chris Middleton）指出，

奥尔巴尼的沙滩马上就要成为 Limeburners 的新酒厂所在地了。

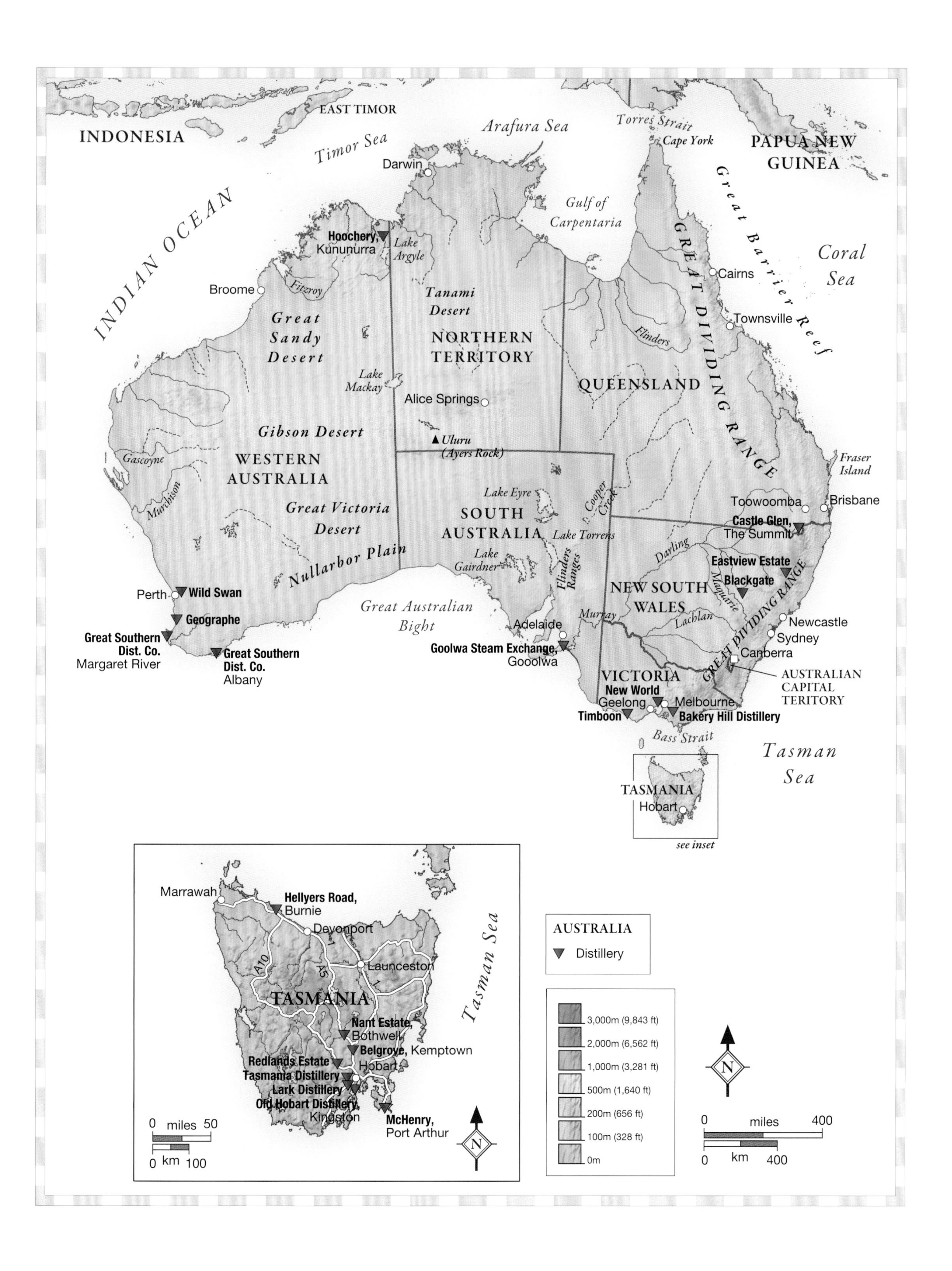

INDONESIA
EAST TIMOR
Timor Sea
Arafura Sea
Torres Strait
Cape York
PAPUA NEW GUINEA
INDIAN OCEAN
Darwin
Gulf of Carpentaria
Great Barrier Reef
Coral Sea
Hoochery, Kununurra
Lake Argyle
GREAT DIVIDING RANGE
Cairns
Broome
Fitzroy
Tanami Desert
Townsville
Great Sandy Desert
NORTHERN TERRITORY
Flinders
QUEENSLAND
Lake Mackay
Alice Springs
Gibson Desert
Uluru (Ayers Rock)
Fraser Island
Gascoyne
WESTERN AUSTRALIA
Lake Eyre
Cooper Creek
Murchison
Great Victoria Desert
SOUTH AUSTRALIA
Toowoomba
Brisbane
Castle Glen, The Summit
Lake Torrens
Nullarbor Plain
Lake Gairdner
Darling
Eastview Estate
Flinders Ranges
Perth
Wild Swan
NEW SOUTH WALES
Macquarie
Blackgate
Geographe
Great Australian Bight
Murray
Lachlan
Newcastle
Great Southern Dist. Co. Margaret River
Adelaide
Sydney
Great Southern Dist. Co. Albany
Goolwa Steam Exchange, Gooolwa
Canberra
AUSTRALIAN CAPITAL TERITORY
VICTORIA
New World
Geelong
Melbourne
Timboon
Bakery Hill Distillery
Bass Strait
Tasman Sea
TASMANIA
Hobart
see inset
Marrawah
Hellyers Road, Burnie
Devonport
A10
A5
Launceston
1
TASMANIA
Tasman Sea
Nant Estate, Bothwell
Belgrove, Kemptown
Redlands Estate
Tasmania Distillery
Hobart
Lark Distillery
Old Hobart Distillery
Kingston
McHenry, Port Arthur
0 miles 50
0 km 100
N
AUSTRALIA
Distillery
3,000m (9,843 ft)
2,000m (6,562 ft)
1,000m (3,281 ft)
500m (1,640 ft)
200m (656 ft)
100m (328 ft)
0m
N
0 miles 400
0 km 400

澳大利亚最早的谷物烈酒产于1791年的悉尼。虽然南澳大利亚地区和塔斯马尼亚岛在19世纪时也有酿酒记载，但维多利亚州才是主要的产区。杜恩酒厂（Dunn's Distillery），1863年建于维多利亚州的巴拉瑞特，直到1930年关闭前，它一直都是全国第二大酒厂。在最著名的葡萄酒产区雅拉谷（Yarra Valley），19世纪也曾有过6家酒厂，但当时该州的产量主要由墨尔本港的联邦酿酒公司（Federal Distilleries）主导，1888年，其罐式和柱式蒸馏器（以海水冷却：至今苏格兰威士忌行业仍不得其解）的总产能达到每年400万升（879 877加仑）。

20世纪的威士忌生产由库利欧酒厂（Corio）主导，该酒厂由苏格兰的DCL公司（Distillers Company Limited）于20世纪20年代在巴拉瑞特（Ballarat）建成，并在1924年与另外4家本地酒厂合并。1934年，库利欧调和威士忌上市。第二次世界大战后，总部位于伦敦的吉尔比（Gilbey's）也加入了调和威士忌行业，其在墨尔本穆拉宾（Moorabbin）的工厂之外，又在阿德莱德（Adelaide）新建了米尔恩酒厂（Milne）。这两家英国公司都实行了相同的策略：保持澳大利亚威士忌低价、低年份，使之与自家的苏格兰威士忌品牌区别开来。基于贸易保护立法，当时两者之间的价格相差40%。20世纪60年代关税取消后，苏格兰威士忌价格下跌。由于高端产品的缺席，本土威士忌销量暴跌。到20世纪80年代，澳大利亚的两大威士忌酒厂都宣布倒闭。

大批量产给澳大利亚威士忌行业留下了后遗症。20世纪90年代，当现代澳大利亚威士忌之父比尔·拉克（Bill Lark）开始创业时，他发现1901年的许可证法规定，酒厂的蒸馏器容量必须至少达到2700公升。这几乎是他所需要的两倍，并且如此大的容量想要精工细制几乎是不可能的。不过拉克并没有就此放弃，他向同样是威士忌爱好者的农业部长进谏，最终使该项法规得到修改，为澳大利亚威士忌翻开崭新一页：他的故乡塔斯马尼亚由此逐渐成为新的澳大利亚威士忌中心。

塔斯马尼亚如今拥有9座蒸馏厂，他们之中最新的包括威廉·麦克亨利父子（William McHenry & Sons）、麦奇（Mackey's）、西恩（Shene，以三次蒸馏的“爱尔兰风格”为特色）以及彼得·比格奈尔（Peter Bignell），他正试图用自产的黑麦来创造出一种全新的澳式风格威士忌。随着新来者逐渐站稳脚跟，曾经保守的澳大利亚威士忌也开始向世界进军，出口成为越来越重要的部分。

拉克一直使用法兰克林（Franklin）啤酒大麦，包含无泥煤和烟熏款，后者使用塔斯马尼亚本地的泥煤，带入一股刺柏、苔藓和桉树油强烈迷人的香气。所用酵母则是蒸馏酵母和诺丁汉爱尔酵母的混合。接着在拉克自行设计的罐式蒸馏器二次蒸馏，并陈年于100公升的橡木桶后，无泥煤新酒呈花香和油质口感，烟熏款则带着植物的芬芳。

对拉克来说，红土庄园酒厂（Redlands Estate）的建设是最重大的改变。该酒厂由一座古老（1819年）的大麦种植庄园改建而来，并设有地板发麦区，拉克正在为此采购所需资源。“这是我很久以前就想做的事情，”拉克说道，“我们最初的六个批次都非常成功。它是澳大利亚首个能自行装瓶威士忌的小农场！”

与拉克同期的帕特里克·麦奎尔（Patrick Maguire）在2003年收购了剑桥的塔斯马尼亚酒厂，该酒厂此前生产（且取得了不同程度的成功）的品牌名为苏力文湾（Sullivan's Cove）。

该酒厂持续从塔斯马尼亚的瀑布啤酒厂（Cascade Brewery）取得麦芽粥，用前白兰地蒸馏器酿造呈现花果香的新酒。所用的酒桶包括波本桶和一些存放过澳大利亚波特酒的法国橡木桶。并且，与麦可米拉和普尼酒厂相互应的，都在一座（废弃的）火车隧道中陈年。近期与当地精酿啤酒厂哞啤酒（Moo Brew）的合作，则提供了麦芽粥替代来源和更广泛的酵母选择，以及在未来拓宽产品线的可能性。

麦奎尔正努力平衡不断增加的出口需求；苏力文湾威士忌如今在欧洲、日本、加拿大和中国都能买到，而且还将向更多市场进军。“伴随着国内的大获成功，出口也变得越来越重要，”他说，“如今澳大利亚威士忌公司已经被接受且认可。在经过14年的生产之后，我们终于有了盈利。”

他承认这是一个学习过程。“比尔和我刚开始酿酒时，我们完全不知道自己在做些什么。我们读了很多书，进行了无数的讨论和试验，也犯过很多错。”艾伦和酷力（Cooley）酒厂的已

故酿酒师戈登·米切尔(Gordon Mitchell)也曾作为顾问，而麦奎尔也持续致力于改善酿酒过程以寻求完美的均衡。事实证明他的方向是正确的，苏力文湾在2014年的一项全球竞赛中获颁世界最佳单一麦芽，说明他的执着有多成功。

酒厂为了收支平衡而暂时停产的时代已经一去不复返。如今，扩张才是主要的议题。"现在我们的情况是能做出来的都卖出去了，甚至还能再将产能翻倍，"麦奎尔说道，"能有这样的麻烦是好事。"

澳大利亚最大的单一麦芽威士忌生产商海尔耶路(Hellyers Road)也位于塔斯马尼亚。同样的，他们也采用当地大麦和(苏格兰)泥煤，并在美国橡木桶中进行陈年。"海尔耶路威士忌的风味别具一格地体现了澳大利亚的本土特色，"酿酒师马克·李特勒(Mark Littler)说道，"它的味道简洁而独特，给人清冽、纯净之感。"其产品中有一款别出心裁、在塔斯马尼亚皮诺葡萄酒桶熟成的威士忌尤其成功，和很多塔斯马尼亚酒厂一样，借鉴葡萄酒行业经验，酒厂设有酒窖和访客中心，并采纳积极的出口策略。

以酒厂所有人卡西·奥弗里姆(Casey Overeem)的家族姓为品牌名的老霍巴特酒厂(Old Hobart Distillery)创始于2007年。奥弗里姆采用拉克的专用发酵槽，自家的酵母并和拉克一样，以重新裁切的100升(22加仑)、此前陈年过澳大利亚波特和雪利酒的法国橡木桶中进行陈年。奥弗里姆呈现强烈花果香的威士忌，年产量仅8000瓶。此外，南特威士忌(Nant)希望通过开设一系列连锁威士忌吧的新奇方式来发展品牌，并计划推行至全球。

在内陆地区，威士忌运动持续蔓延，包含了南澳的南岸蒸馏公司(Southern Coast Distillers)与蒸气交易所(The Steam Exchange)，维多利亚州的提姆布恩铁道棚子(Timboon Railway Shed)以及新世界威士忌(New World Whisky)酒厂，新南威尔士的乔杰亚(Joadja)以及黑门酒厂(Black Gate Distillery)都纷纷加入其中较资深如烘焙丘(Bakery Hill)的酿造行列。其所有人戴维·贝克(David Baker)在1999年于贝斯瓦特(Bayswater)的一个工业区开始了他的酿酒事业。

"从决定酿造真正上等的麦芽威士忌开始，我的驱动力一直都是做与众不同的事，而非随波逐流、人云亦云。"贝克说道，"我并没有带着某个既成的想法入行，除了酿出真正符合当地味蕾的产品。"

他做的第一件事就是用四五十种酵母进行试验，然后和19世纪接手埃涅阿斯·考菲(Aeneas Coffey)事业的约翰道尔公司合作，以设计出能产生甜味和花果香的蒸馏器。烘焙丘现在的泥煤款和最开始已有很大不同。"那时候的味道太干净了，"贝克说道，"我想加入一丝'垃圾摇滚乐'的感觉，所以我们推迟了酒心切取点，让皮革、烟草和火烧木头的味道更加显著。"

最后，他对当地气候环境如何影响陈年过程也有所理解，他采用的是波本桶、法国橡木葡萄酒桶和一些小桶(barrels)。如他所说，"调色板上没有颜料，你就无法作画。"其成果体现在风格越趋优雅细致的单一麦芽威士忌，在国内市场也逐渐获得广大认同。"在我开始酿造时，人们叫我一边去。现在酒吧们对我的威士忌毫无抵抗力。"

他目前专注在发展国内市场和入门威士忌消费者，"尤其是女性"。"你或许争取不到苏格兰威士忌的老主顾，但年轻人希望学

在塔斯马尼亚西南部最佳酪农业区内的，澳大利亚最优质的蒸馏厂 Hellyers Road。

比尔·拉克正在采集泥煤，塔斯马尼亚独特的植物造就出有独特的芳香性质的泥煤。

习威士忌，并且随时准备尝试不同的风格。所以当吧台掌柜问：'何不试试澳大利亚麦芽威士忌？'他们通常会回答：'有何不可。'"

"威士忌在澳大利亚的发展突飞猛进，墨尔本尤其如此，"他补充道，"不过要做的事情还很多"。基于有些人被灌输'苏格兰才是唯一能酿造出威士忌的地方'这种观念，我们仍然会受到挤压。但事实是，我们有全世界最好的葡萄酒和啤酒之一，而两者同威士忌是一个道理：理解当地环境条件。这正是我的出发点。

现在我想提高产能并重新选址。是时候从工业区搬出来，盖一座可以"窖边销售"的酒厂。当人们亲眼见到酒厂，就会被吸引而直接下手购买。这就是引导消费。

在澳大利亚细部，大南方蒸馏公司（Great Southern Distilling Company）除了威士忌品牌莱姆伯纳（Limeburners），如今还拓展了其他烈酒产品线。酒厂位于受海洋影响、气候凉爽的奥尔巴尼（Albany），如今第二座酒厂和酒窖也在葡萄酒产区玛格丽特河（Margaret River）建成。莱姆伯纳有着芬芳的花香，采用啤酒麦芽和当地泥煤（取自附近的多孔鲁普山区），以极长时间的发酵，小型蒸馏器中慢速蒸馏，接着在波本、澳大利亚加烈葡萄酒和先前存放大南方白兰地的葡萄酒桶组合中进行陈年。

随着人们对威士忌的兴趣日益增加，民间组织开始形成。塔斯马尼亚威士忌生产者协会（Tasmanian Whisky Producers Association）如今有10个成员，包括两家独立瓶装商。"这意味着我们有了一个能够与政府联络的主体，"帕特里克·麦奎尔（Patrick Maguire）说。6万澳元资金被投入到推广计划中，这催生了专门的威士忌旅游路线和网站，关于塔斯马尼亚威士忌的定义法规也在草拟中。"塔斯马尼亚的美食和美酒如今远近闻名，"他补充道，"政府希望我们成为塔斯马尼亚旅游业的一部分，他们现在正是我们的有力后盾。"

相比过去，比尔·拉克也曾以"澳大利亚精酿威士忌的未来"试图游说同一批官员，不过如今的态度大为不同。

整体来说，澳大利亚威士忌发展到什么地步了？"你会不自觉地拿威士忌和葡萄酒行业作比较，"顾问克里斯·密道顿（Chris Middleton）说。"在葡萄酒领域，我们从欧洲引进葡萄品种，且已在长年的经验累积里，找到最适宜它们的风土，并在新环境下展现出他们最优异的一面。我们在炎热气候发展出的现代葡萄酒酿造技术，能让水果风味尤为突出。随着世界其他产区也复制起澳

澳大利亚酒辞

OLD HOBART, OVEREEM PORT CASK MATURED 43%

色香： 清爽且极具果香，带蛋糕组合、潮湿帆布、草莓和些许果酱水果风味。

口感： 颇具香水感。香草气息混合以帕尔马紫罗兰和一道细微的薰衣草香。肉桂、柔软红醋栗和糕饼店。

回味： 略有辛香感，带谷物气息提点。

结论： 甜美的香水感，且相当直接。

风味阵营：水果辛香型
参 照 酒： Edition Saentis, Tullibardine Burgundy Finish

OLD HOBART, OVEREEM SHERRY CASK MATURED 43%

色香： 些许氧化感。潮湿灰泥 / 帆布气息再次浮现，此次还增添了柑橘、太妃糖和柔软水果（炖煮油桃）等层次。

口感： 阿蒙提哈多（Amontillado）雪莉、些许杏仁风味。稠密的红色与黑色水果，带枣类提点。加水后些许迷迭香和薰衣草风味展现。

回味： 烘烤谷物，苦巧克力。

结论： 略更干涩，且结构感更强。

风味阵营：饱满圆润型
参 照 酒： The Macallan Amber

BAKERY HILL, 单一麦芽 46%

色香： 清爽、干净的烈酒带细致的橡木香和花香类气息，混合以面包屑、椴科花开、和一丝苹果花开气息。

口感： 初始时柔软且与木质气息良好平衡。带一道干净的酸度。些许蜂蜜感。

回味： 咖啡牛奶。

结论： 细致而美好。

风味阵营：芳香花香型
参 照 酒： Hakushu 12 年

BAKERY HILL, DOUBLE WOOD 46%

色香： 果香导向。初始为草莓和覆盆子，接着香水感蓝莓气息等深沉风味开始展现。加水后显得圆润。

口感： 高复杂度，混合了奶油麦片粥、谷物，且中段的风味像是将梅子挤压而渗出的深色莓果果汁。

回味： 些许干草。

结论： 工艺精良。

风味阵营：水果辛香型
参 照 酒： Tullamore D.E.W. 单一麦芽

BAKERY HILL, PEATED MALT 46%

色香： 轻盈烟熏味：木柴烟带蜂蜜坚果、玉米片和些许橘皮风味。加水后带出更多泥煤烟味。

口感： 甜美、带些许坚果感。已达平衡，带些许果香，烟熏味并不占主导。

回味： 悠长而温和。

结论： 良好平衡。

风味阵营：烟熏泥煤型
参 照 酒： Kilchaman，Machir Bay

大利亚的酿酒方法，可以说，这些风味谱正在被普及化。”

“或许，在酿酒行业，国与国之间的差别会更明显。比如澳大利亚的白兰地，虽然近半个世纪都处于衰退的状态，但仍带着澳大利亚本土的风味特色，原因就在于不同的葡萄品种、气候和酵母菌种。”

那同样的道理能套用在澳大利亚威士忌吗？还是不可相提并论？可能只有时间知道。就像麦奎尔、拉克和贝克所说的，你需要花10年以上的时间才能真正把生意做起来，并确立自己的风格。

“最好的起点，是人。”密道顿说道。

“在澳大利亚，没有人拥有蒸馏酒背景。”他持续说道，“早期威士忌行业的先辈并没有在20世纪90年代精酿威士忌的创业潮中做出贡献。这可能正是澳大利亚威士忌的优势：没有传统束缚，没有既定规则，没有必须遵从的行业标准，一切从零开始。因为没有受到任何权威的影响，他们在威士忌的学习曲线中带入了不同的观点和方法。一切无关乎公司运作，而是全然在生产方面，从工厂建设到威士忌装瓶，从中汲取经验。”

换句话说，这些人的来历迥异：律师、调查员、教师和化学家，他们选择威士忌的原因在于真正热爱威士忌和酿造威士忌的概念。细看澳大利亚葡萄酒产区的形成，你会发现情形如出一辙。开路的先锋，正是那些同样想法创新的医生、化学家与地理学家们。

这也是来自世界各地的新兴酿酒者的共同动力。澳大利亚是这个世界运动的一部分，而非与之隔离。酿酒方法不只是不同，而是必须不同。如密道顿所说，“不要用吸管大的视角只盯着苏格兰威士忌。”

“澳大利亚人习惯从众，而非引领，”帕特里克·麦奎尔说，“他们喜欢已经获得认可的事物。即使是用纸袋装着的苏格兰威士忌，在这里还是能卖掉。这表示我们得在细节上更加努力以引起人们注意。不过世界也在改变。在澳大利亚，我们经历真正的食品领域革命，而优质的食品和优质的饮料总是携手并进。我们知道这需要时间，但我们已尽了相当大的努力来触及人们。”

戴维·贝克对此表示赞同。“你现在看到的，仅仅是一个行业的开端，”他笑着说，“这个过程就像个噩梦，但我就要挺过去了。人们告诉我，我做不到——甚至嘲笑我。但我仍在坚持，因为我对威士忌充满激情。我热爱我的事业。”

这，就是我们需要的精神。这威士忌，也正是我们要寻找的威士忌。

SULLIVANS COVE, FRENCH OAK CASK MATURED 47.5%

色香： 糖渍黄柠和橘皮混合以豆蔻与肉豆蔻香气。些许火烤大麦缭绕于后。具备分量感。

口感： 初始圆润，以巧克力橘子风味最先浮现。中段甜美，柑橘、些许肉质感果香和一丝浓重花香在此展现。加水后带出德麦拉拉蔗糖风味。

回味： 果仁糖、轻度烧焦感、还带榛果气息。

结论： 平衡而复杂。

风味阵营：水果辛香型
参照酒： Cardhu18 年、The Glenlivet 21 年

HELLYERS ROAD, ORIGINAL 1O 年 40%

色香： 些许面包类香气、全麦斯佩特小麦粉、些许坚果感的谷物、接着是甜美的竹芽、榛果与糙米气息。

口感： 像是橘子果酱涂抹于黑面包上。些许牛奶巧克力风味。火烤、些许乳脂感，平衡。

回味： 柔软而飘逸，带橡木与谷物气息。

结论： 轻盈、干净而带坚果味道。

风味阵营：麦香干涩型
参照酒： Arran 10 年、Auchentoshan Classic

HELLYERS ROAD, PINOT NOIR FINISH 46.2%

色香： 红色水果：樱桃、红醋栗、覆盆子和些许黑加仑叶和柑橘气息。糙米风味在此仍可嗅得。干净。

口感： 具火烤感且带些许坚果味。保有酒厂的干净个性，但明显带有更多辛香料风味：些许丁香气息，且运用额外的橡木也使其更为干涩。

回味： 果香与坚果。

结论： 柔软，但不过于葡萄酒导向。

风味阵营：水果辛香型
参照酒： Tullibardine Burgundy Finish，Liebl Coillmor Port

HELLYERS ROAD, PEATED 46.2%

色香： 初始干涩。像篝火上的烤苹果。火烤榛果。烟熏气息转为芬芳：花梨木与石楠风味。

口感： 立即是一股带些许尤加利树的烟熏味。烟熏和谷物风味使其略为干涩。中段在面包类元素回归后略为变得柔和，同时带点香草风味。

回味： 精细的医药气息。

结论： 与系列其他酒款同样表现美好。

风味阵营：烟熏泥煤型
参照酒： Tomatin Cù Bòcan

风味阵营表

正如你所见到的那样，每款威士忌（无论是新酒或是样品酒）都会被划归到属于自己的风味阵营，如果有你特别欣赏的酒款，可以根据它所在的风味阵营找到其他类似风味的威士忌。而从风味阵营列表中也可以看到，同一间酒厂的威士忌会因为橡木桶陈年时间的不同而被划归到不同的风味阵营中。当然同一风味阵营中威士忌也会有差异，但它们各自最突出的风味是一致的。26、27页有详细的风味阵营描述，当然也可以参考28、29页的风味阵营图谱。

水果辛香型

我们在这里讨论的水果是指成熟的果园水果，如桃子和杏子，甚至可能像芒果这种更具热带风情的水果。这些威士忌还会展现美国橡木桶所赋予的香草、椰子、芝士奶油蛋糕般的香气。而如肉桂或肉豆蔻的辛香料味会出现在尾段，通常都很甜美。

Scotland *Single malt*
Aberfeldy 12yo
Aberfeldy 21yo
Aberlour 12yo non chill-filtered
Aberlour 16yo Double Cask
Abhainn Dearg
Arran 10yo
Arran 12yo cask strength
Auchentoshan 21yo
Balblair 1990
Balblair 1975
Balmenach 1993
Balmenach 1979
The Balvenie 12yo Double Wood
The Balvenie 14yo Caribbean Cask
The Balvenie 21yo Portwood
The Balvenie 30yo
Ben Nevis 10yo
The BenRiach 12yo
The BenRiach 16yo
The BenRiach 20yo
The BenRiach 21yo
Benromach 10yo
Benromach 25yo
Benromach 30yo
Bowmore 46yo, Distilled 1964
Cardhu Amber Rock
Cardhu 18yo
Craigellachie 14yo
Craigellachie 1994 Gordon & MacPhail Bottling
Clynelish 14yo
Clynelish 1997, Manager's Choice
Dalmore 12yo
Dalwhinnie 15yo
Dalwhinnie Distiller's Edition
Dalwhinnie 1992, Manager's Choice
Dalwhinnie 1986, 20yo Special Release
Deanston 12yo
Glencadam 15yo
The Singleton of Glendullan 12yo
Glen Elgin 12yo
Glenfiddich 21yo
Glen Garioch 12yo
Glenglassaugh Evolution
Glenglassaugh Revival
Glengoyne 10yo
Glengoyne 15yo
Glenkinchie Distiller's Edition
The Glenlivet 15yo
The Glenlivet Archive 21yo
Glenmorangie The Original 10yo
Glenmorangie 18yo
Glenmorangie 25yo
Glen Moray Classic NAS
Glen Moray 12yo
Glen Moray 16yo
Glen Moray 30yo
The Glenrothes Extraordinary Cask 1969
The Glenrothes Elder's Reserve
The Glenrothes Select Reserve NAS
Hazelburn 12yo
Inchgower 14yo
Inchmurrin 12yo
Kilkerran Work In Progress No.4
Kininvie Batch Number One 23yo
Loch Lomond Inchmurrin 12yo
Loch Lomond 1966 Stills
Longmorn 16yo
Longmorn 1977
Longmorn 33yo
Macallan Gold
Macallan Amber
Macallan 15yo Fine Oak
Mannochmore 18yo Special Release
Oban 14yo
Old Pulteney 12yo
Old Pulteney 17yo
Old Pulteney 30yo
Old Pulteney 40yo
Royal Brackla 25yo
Royal Lochnagar 12yo
Scapa 16yo
Scapa 1979
Strathisla 18yo
Tomatin 18yo
Tomatin 30yo
Tomintoul 33yo
Tormore 12yo
Tullibardine Burgundy Finish

Scotland *Blend*
Antiquary 12yo
Buchanan's 12yo
Dewar's White Label
The Famous Grouse
Grant's Family Reserve
Great King Street

Scotland *Grain*
Cameron Brig
Haig Club

Ireland *Malt*
Tullamore D.E.W. Single Malt 10yo

Ireland *Blend*
Cooley, Kilbeggan
Green Spot
Jameson 12yo
Powers 12yo
Tullamore D.E.W. 12yo Special Reserve

Ireland *Single pot still*
Green Spot
Midleton Barry Crockett Legacy
Power's John Lane's

Japan *Malt*
Chichibu Port Pipe 2009
Chichibu Chibidaru 2009
Komagatake Single Malt
Miyagikyo 15yo
Miyagikyo 1990 18yo
Yamazaki 12yo

Japan *Grain*
Miyagikyo Nikka Single Cask Coffey Malt

Japan *Blend*
Hibiki 12yo
Hibiki 17yo
Nikka, From The Barrel

Rest of the World *Malt*
Adnams, Spirit of Broadside *UK*
Amrut, Fusion *India*
Amrut, Greedy Angels *India*
Arcus Gjoleid, Ex-Bourbon Cask, 3.5yo *Norway*
Arcus Gjoleid, Sherry Cask 3.5yo *Norway*
Bakery Hill Double Wood *Australia*
The Belgian Owl *Belgium*
The Belgian Owl, Single Cask #4275922 *Belgium*
Brauenstein e:1 Single Sherry Cask *Denmark*
Brenne *France*
Finch, Dinkel, Port 2013 *Germany*
Finch, Classic *Germany*
George Dickel 12yo *USA*
Haider, J.H. single malt *Austria*
Haider, J.H. single malt, Karamell *Austria*
Hellyer's Road, Pinot Noir Finish *Australia*
Kavalan Classic *Taiwan*
Kavalan Solist, Single Cask Ex-bourbon *Taiwan*
Langatun, Old Deer *Switzerland*
Langatun, Old Bear *Switzerland*
Lehmann Elsass Single Malt (50%) *France*
Liebl, Coillmór, Port Cask *Germany*
Mackmyra Midvinter *Sweden*
Meyer's (blend) *France*
Millstone 10yo American Oak *Netherlands*
New Holland Zeppelin Bend Straight Malt *USA*
Old Holbart, Overeem Port Cask Matured *Australia*
Paul John Classic Select Cask *India*
Säntis, Edition Sæntis *Switzerland*
Schraml, Drà *Germany*
Stauning, Traditional Oloroso *Denmark*
St George Californian Single Malt *USA*
Stranahan's Colorado Straight Malt Whiskey *USA*
Sullivan's Cove, French Oak Cask Matured *Australia*
Teerenpeli Kaski *Finland*
Telser, Telsington VI, 5yo Single Malt *Liechenstein*
Telser, Telsington Black Edition, 5yo *Liechenstein*
Three Ships 10yo *South Africa*
Westland Deacon Seat *USA*
Westland Flagship *USA*
Westland Cask 29 *USA*

Rest of the World *Grain*
Bain's Cape Mountain *South Africa*

芳香花香型

该风味阵营中的威士忌会拥有诸如揉碎的鲜花、果实花朵、切割后的青草和淡淡绿色水果香气。口感都很清淡，微甜，通常都会拥有些许清新的酸度。

Scotland *Single malt*
Allt-a-Bhainne 1991
anCnoc 16yo
Ardmore 1977, 30yo, Old Malt Cask Bottling
Arran 14yo
Arran, Robert Burns
Bladnoch 8yo
Bladnoch 17yo
Braeval 8yo
Bruichladdich Islay Barley 5yo
Bruichladdich The Laddie 10yo
Cardhu 12yo
Glenburgie 12yo
Glenburgie 15yo
Glencadam 10yo
Glendullan12yo
Glenfiddich 12yo
Glen Grant 10yo
Glen Grant Major's Reserve
Glen Grant V (Five) Decades
Glen Keith 17yo
Glenkinchie 12yo
Glenkinchie 1992, Manager's Choice Single Cask
The Glenlivet 12yo
Glenlossie 1999, Manager's Choice
Glen Scotia 10yo
Glentauchers 1991 Gordon & MacPhail Bottling
The Glenturret 10yo
Linkwood 12yo
Loch Lomond Rosdhu
Loch Lomond 12yo Organic Single Blend
Loch Lomond 29yo, WM Cadenhead Bottling
Mannochmore 12yo
Miltonduff 18yo
Miltonduff 1976
Speyburn 10yo
Speyside 15yo
Strathisla 12yo
Strathmill 12yo
Teaninich 10yo Flora & Fauna
Tomatin 12yo
Tomintoul 14yo
Tormore 1996
Tullibardine Sovereign

Scotland *Blend*
Ballantine's Finest
Chivas Regal 12yo
Cutty Sark

Scotland *Grain*
Girvan 'Over 25yo'
Strathclyde 12yo

Ireland *Malt*
Bushmills 10yo

Ireland *Blend*
Bushmills Original
Jameson Original
Tullamore D.E.W.

Japan *Malt*
Ichiro's Malt Chichibu On The Way
Fuji-Gotemba Fuji Sanroku 18yo
Fuji-Gotemba 18yo
Hakushu 12yo
Hakushu 18yo
White Oak 5yo
Yamazaki 10yo

Japan *Blend*
Eigashima, White Oak 5yo
Nikka Super

Rest of the World *Malt*
Bakery Hill, Single Malt *Australia*
Collingwood, Canadian Mist *Canada*
Domaine des Hautes Glaces S11 #01 *France*
Domaine des Hautes Glaces L10 #03 *France*
Glann ar Mor Taol Esa 2 Gwech 2013 *France*
High West Silver Western Oat *USA*
High West Valley Tan Oat *USA*
Mackmyra Brukswhisky *Sweden*
New Holland Bill's Michigan Wheat *USA*
Penderyn Madeira *Wales*
Puni, Alba *Italy*
Radermacher, Lambertus 10yo *Belgium*
St. George Lot 13 *USA*
Slyrs 2010 *Germany*
Spirit of Hven No.1, Dubhe *Sweden*
Spirit of Hven No2, Merak *Sweden*
Still Waters Stalk & Barrel, Cask #2 *Canada*
Teerenpeli, Aës *Finland*

饱满圆润型

这个风味阵营同样拥有水果味，但都是晒干后的水果味，譬如葡萄干、无花果、枣子、提子干，这是欧洲橡木桶和雪利桶带来的风味，并且还能察觉到些许非常微妙的单宁感。该风味阵营的威士忌比较厚重、深邃，有些是甜美风，有些则肉感十足。

Scotland *Single malt*
Aberlour 10yo
Aberlour A'bunadh, Batch 45
Aberlour 18yo
Aultmore 16yo, Dewar Rattray
The Balvenie 17yo Double Wood
Ben Nevis 25yo
Benrinnes 15yo Flora & Fauna
Benrinnes 23yo
Benromach 1981 Vintage
Blair Athol 12yo Flora & Fauna
Bruichladdich Black Art 4 23yo
Bunnahabhain 12yo
Bunnahabhain 18yo
Bunnahabhain 25yo
Cragganmore Distiller's Edition
Cragganmore 12yo
Dalmore 15yo
Dalmore 1981 Matusalem
Dailuaine 16yo
The Singleton of Dufftown 12yo
The Singleton of Dufftown 15yo
Edradour 1997
Edradour 1996 Oloroso Finish
Fettercairn 16yo
Fettercairn 30yo
Glenallachie 18yo
Glencadam 1978
The GlenDronach 12yo
The GlenDronach 18yo Allardice
The GlenDronach 21yo Parliament
Glenfarclas 10yo
Glenfarclas 15yo
Glenfarclas 30yo
Glenfiddich 15yo
Glenfiddich 18yo
Glenfiddich 30yo
Glenfiddich 40yo
Glenglassaugh 30yo
Glengoyne 21yo
The Glenlivet 18yo
The Singleton of Glen Ord 12yo
Highland Park 18yo
Highland Park 25yo
Jura 16yo
Macallan Ruby
Macallan Sienna
Macallan 18yo Sherry Oak
Macallan 25yo Sherry Oak
Mortlach Rare Old
Mortlach 25yo
Royal Lochnagar Selected Reserve
Speyburn 21yo
Strathisla 25yo
Tamdhu 10yo
Tamdhu 18yo
Tobermory 15yo
Tobermory 32yo

Scotland *Blend*
Johnnie Walker Black Label
Old Parr 12yo

Ireland *Malt/Pot still*
Bushmills 16yo
Bushmills 21yo Cask Finish
Redbreast 12yo
Redbreast 15yo

Ireland *Blend*
Black Bush
Jameson 18yo
Tullamore D.E.W. Phoenix Sherry Finish

Japan *Malt*
Hakushu 25yo
Karuizawa 1985
Karuizawa 1995 Noh Series
Yamazaki 18yo

Rest of the World
Amrut, Intermediate Cask *India*
Balcones Straight Malt V *USA*
Kavalan Fino Cask *Taiwan*
Liber, Embrujo *Spain*
Millstone 1999, PX cask *Netherlands*
New Holland Beer Barrel Bourbon *USA*
Old Holbart, Overeem Sherry Cask Matured *Australia*
Penderyn Sherrywood *Wales*
Säntis Alpstein VII *Switzerland*
Warenghem Armorik Double Maturation *France*

烟熏泥煤型

该系列的香气，从煤烟到正山小种红茶、焦油、腌鱼、熏培根、燃烧的石楠花和木材燃烧的味道一应俱全，并且通常都会略带油脂感，而所有的泥煤威士忌都必须要有甜美感来平衡烟熏泥煤味。

Scotland *Single malt*
Ardbeg 10yo
Ardbeg Corryvreckan
Ardbeg Uigeadail
Ardmore Traditional Cask NAS
Ardmore 25yo
The BenRiach Curiositas 10yo
The BenRiach Septendecim 17yo
The BenRiach Authenticus 25yo
Bowmore Devil's Cask 10yo
Bowmore 12yo
Bowmore 15yo Darkest
Bruichladdich Octomore 'Comus' 4.2 2007 5yo
Bruichladdich Port Charlotte PC8
Bruichladdich Port Charlotte Scottish Barley
Bunnahabhain Toiteach
Caol Ila 12yo
Caol Ila 18yo
Highland Park 12yo

Highland Park 40yo
Kilchoman Machir Bay
Kilchoman 2007
Lagavulin 12yo
Lagavulin 16yo
Lagavulin 21yo
Lagavulin Distiller's Edition
Laphroaig 10yo
Laphroaig 18yo
Laphroaig 25yo
Longrow 14yo
Longrow 18yo
Springbank 10yo
Springbank 15yo
Talisker Storm
Talisker 10yo
Talisker 18yo
Talisker 25yo
Tomatin Cú Bòcan

Ireland *Malt*
Cooley, Connemara 12yo

Japan *Malt*
The Cask of Hakushu
Yoichi 10yo
Yoichi 12yo
Yoichi 15yo
Yoichi 20yo
Yoichi 1986 22yo

Rest of the World *Malt*
Balcones Brimstone Resurrection V *USA*
Bakery Hill, Peated Malt *Australia*
Clear Creek, McCarthy's Oregon Single Malt *USA*
Hellyer's Road, Peated *Australia*
Kornog, Sant Ivy *France*
Kornog, Taouarc'h *France*
Mackmyra Svensk Rök *Sweden*
Paul John Peated Select Cask *India*
Smögen Primör *Sweden*
Stauning, Peated Oloroso *Denmark*
Westland First Peated *USA*

麦香干涩型

麦香干涩型的威士忌通常闻上去都略为干涩，没有太多甜美。清新，饼干味，有时候还有粉末感，让人联想到早餐麦片和坚果。口感也是干涩的，因此通常需要甜美的橡木桶味来平衡。

Scotland *Single malt*
Auchentoshan Classic NAS
Auchentoshan 12yo
Auchroisk 10yo
Glen Garioch Founder's Reserve NAS
Glen Scotia 12yo
Glen Spey 12yo
Knockando 12yo
Loch Lomond Single Malt NAS
Macduff 1984 Berry Bros & Rudd Bottling
Speyside 12yo
Tamnavulin 12yo
Tomintoul 10yo
Tullibardine 20yo

Japan *Malt*
Chichibu The Floor Malted 3yo

Rest of the World *Malt*
Blaue Maus Grüner Hund, Single Cask *Germany*
Blaue Maus Spinnaker 20yo *Germany*
Hellyer's Road, Original 10yo *Australia*
Hudson Single Malt, Tuthilltown *USA*
Lehmann Elsass single malt (40%) *France*
Liebl, Coillmór, American Oak *Germany*
Meyer's Pur Malt *France*
Teerenpeli 6yo *Finland*
Teerenpeli 8yo *Finland*

以小麦、玉米和黑麦为原料的威士忌

不同的生产工艺和谷物原料意味着北美（或北美风格）的威士忌拥有不同的风味阵营。而酒厂集团所生产的威士忌，通常会把酒厂的名字排在酒名的前面，譬如杰克丹尼的黑标（Jack Daniel's Black Label），杰克丹尼在前。而由单独一间酒厂所生产的威士忌，通常会把酒厂名排在酒名的后面，譬如水牛足迹 Buffalo Trace 生产的布兰登单桶 Blanton's Single Barrel。

柔顺玉米型

作为波本威士忌和加拿大威士忌最主要的谷物原料，玉米能够赋予威士忌甜美的香气，还能够让口感变得饱满柔美，如同黄油一般。

Balcones Baby Blue *USA*
Black Velvet *Canada*
Blanton's Single Barrel, Buffalo Trace Buffalo Trace *USA*
Canadian Club 1858 *Canada*
Canadian Mist *Canada*
Danfield's 10yo, Black Velvet *Canada*
Danfield's 21yo, Black Velvet *Canada*
Early Times *USA*
Forty Creek Barrel Select *Canada*
Forty Creek Copper Pot Reserve *Canada*
Four Roses Yellow Label *USA*
George Dickel Superior No.12 *USA*
George Dickel 8yo *USA*
George Dickel Barrel Select *USA*
Crown Royal, Gimli *Canada*
Crown Royal Reserve, Gimli *Canada*
Highwood Century Reserve 21yo *Canada*
Hudson Baby Bourbon, Tuthilltown *USA*
Hudson Four Grain Bourbon, Tuthilltown *USA*
Hudson New York Corn, Tuthilltown *USA*
Jack Daniel's Black Label, Old No.7 *USA*
Jack Daniel's Gentleman Jack *USA*
Jack Daniel's Single Barrel *USA*
Jim Beam Black Label 8yo *USA*
Jim Beam White Label *USA*
Pike Creek 10yo, Hiram Walker *Canada*
Wild Turkey 81° *USA*
Wild Turkey 101° *USA*
Wiser's Deluxe, Hiram Walker *Canada*

甜美小麦型

小麦偶尔会被波本酒厂用来替代黑麦，而小麦能够为波本威士忌增加柔顺和香甜。

Bernheim Original Wheat, Heaven Hill *USA*
Highwood, Centennial 10yo *Canada*
Highwood White Owl *Canada*
Last Mountain Private Reserve *Canada*
Maker's Mark *USA*
Schraml Woaz *Germany*
W L Weller 12yo, Buffalo Trace *USA*

辛辣黑麦型

黑麦通常能够为该系列的威士忌带来强烈并且蕴含些许香水调的气息，有时还有一丝尘土感，或者是刚刚出炉的黑麦面包味道。入口能够感受到饱满甜美的玉米味，而在这之后则会涌现酸度和辛香料的味道，让口感变得活力十足。

Alberta Premium 30yo *Canada*
Balcones Straight Bourbon II *USA*
Booker's, Jim Beam *USA*
Canadian Club 20yo *Canada*
Canadian Club 30yo *Canada*
Eagle Rare 10yo Single Barrel, Buffalo Trace *USA*
Elijah Craig 12yo, Heaven Hill *USA*
Forty Creek Double Barrel Reserve *Canada*
Knob Creek 9yo, Jim Beam *USA*
Maker's 46 *USA*
Old Fitzgerald 12yo, Heaven Hill *USA*
Pappy Van Winkle's Family Reserve 20yo, Buffalo Trace *USA*
Ridgemont Reserve 1792 8yo, Barton 1792 *USA*
Russell's Reserve Bourbon 10yo, Wild Turkey *USA*
Rare Breed, Wild Turkey *USA*
Wiser's 18yo, Hiram Walker *Canada*

饱满桶味型

该风味阵营的威士忌在橡木桶陈年期间吸取了浓郁的香草味，除此之外还有椰子、松树、樱桃和甜美的辛香料味。而陈年时间越久，这些风味就会变得越浓郁，之后还能演变出烟草和皮革的风味。

Alberta Premium, 25yo *Canada*
Alberta Springs 10yo *Canada*
Canadian Club Reserve 10yo, *Canada*
Collingwood 21yo, Canadian Mist *Canada*
Crown Royal Ltd Edition, Gimli *Canada*
Dark Horse, Alberta *Canada*
Domaine des Hautes Glaces Secale *France*
Evan Williams Single Barrel 2004, Heaven Hill *USA*
Forty Creek Confederation Reserve *Canada*
Four Roses Barrel Strength 15yo *USA*
Four Roses Brand 12 Single Barrel *USA*
Four Roses Brand 3 Small Batch *USA*
Haider J.H. Special Rye 'Nougat' *Austria*
Haider, J.H. Peated Rye malt *Austria*
High West OMG Pure Rye *USA*
High West Rendezvous Rye *USA*
Highwood Ninety, 20yo *Canada*
Hudson Manhattan Rye, Tuthilltown *USA*
George Dickel Rye *USA*
Lot 40, Hiram Walker *Canada*
Millstone Rye 100 *Netherlands*
Old Potrero Rye, Anchor *USA*
Rittenhouse Rye, Heaven Hill *USA*
Russell's Reserve Rye 6yo, Wild Turkey *USA*
Sazerac Rye, Buffalo Trace *USA*
Sazerac 18yo, Buffalo Trace *USA*
Seagram VO, Canadian Mist *Canada*
Stauning Young Rye *Denmark*
Telser Rye Single Cask 2yo *Liechenstein*
Tom Moore 4yo *USA*
Very Old Barton 6yo, Barton 1792 *USA*
Wiser's Legacy, Hiram Walker *Canada*
Woodford Reserve Distiller's Select *USA*

名词解析

Age statement 年份标注　在一瓶威士忌的酒标上注明的年必须是瓶中最低年份的威士忌。

ABV-Alcohol By Volume　威士忌的酒精含量以百分比（%）表达，威士忌的酒精含量至少要 40% 或 43% 以上，另外一种表达方式是 Proof。

Angel's Share　天使的分享威士忌在酒窖陈年每年会蒸发 2%，取决于气候的条件，越温暖的地区（低地）蒸发的速度越快，例如 Orkney 蒸馏场。

Backset　参照 Sourmash

Barley 大麦　苏格兰生产单一麦芽威士忌所使用的谷物，经过发芽的过程之后称之为“麦芽”，这个过程会把大麦中的淀粉转化为糖，普通威士忌可以由大麦和其他谷物一起酿造而成，而单一麦芽威士忌则必须由百分百的大麦麦芽进行酿造。

Barrel 桶　熟成威士忌所使用的木桶形式之一，容量是大约 200 升，特指美国橡木桶。

Beer（美国）发酵过后的麦汁　酒精含量大约为 8% ABV。

Beer still（美国）初馏所用的蒸馏器　一般为连续式蒸馏器。

Blendwhisky 调和威士忌　混合了谷类和麦芽威士忌，通常比例是 70%~30%。

Bourbon 波本　美国威士忌的一种，必须符合以下条件才能叫做波本威士忌：使用比例占总原料 51%~80% 的玉米作为原料，蒸馏后酒精度不超过 160 度（Proof，相当于华氏 60 度的温度下，容量酒精度数字的两倍，也就是 80% ABV），只能使用全新但经过烤桶处理的美国白木桶陈年，装桶强度不能高于 62.5%，必须陈年两年以上。

Butt 木桶的类型　用来成熟苏格兰威士忌，容量 500 升。

Caramel 焦糖　被用来为威士忌添加颜色。威士忌公司为了使自己每个批次的酒获得一致的颜色而添加（但波本威士忌禁止添加焦糖），过度添加的话会影响风味，并使酒的回味变苦。

Cask 木桶　指各种不同类型用来熟成威士忌的木桶。

Charcoal mellowing 炭过滤　这种方法一般出现在田纳西威士忌中，让原酒经过炭层进行过滤后再装桶陈年。

Charring 炭化　新橡木桶里面会被火烤，这种作法是要让木头里的原始糖分焦糖化，可以使威士忌添加甜味和香草味。

Clearic　参照 New Make

Condensing 冷凝　蒸馏的最后一步，把酒蒸汽冷却后凝结成液体收集起来。

Corn 玉米　波本威士忌的主要原料，玉米会使得威士忌更甜美。另外加拿大威士忌和苏格兰的谷物威士忌中也会用到玉米。

Corn whiskey 美国威士忌的一种　根据法律规定，酿造玉米威士忌的原料必须含有 80% 以上的玉米，但并没有桶陈年份的规定。

Dark grains 酒糟　蛋白质含量很高，一般被用作动物饲料。

Distillation 蒸馏　通过加热把麦汁中的酒精分离出来的一种方法。由于酒精的沸点比水要低，因此在加热过程中，酒精会先挥发，形成酒蒸汽，然后被收集起来进行再蒸馏，从而最终获得高酒精度的酒液。

Doubler（美国）二次蒸馏　第一次蒸馏之后再进行第二次蒸馏，最终获得高酒精度的原酒。

Draff 糟粕　糖化过程的副产品，在糖化阶段没有被溶解的残留物。主要卖给当地农民，提供给牛做饲料。

Dram 秤小重量时所用的法定衡量单位　大多被用来描述了一杯威士忌，特指苏格兰威士忌，这个词来源于拉丁语，用来形容很少一点点酒。

Drum malting 鼓式发芽桶　大型旋转桶子，大麦以工业化的方式发芽的地方。借由翻滚桶子让大麦均匀发芽，不同于传统的麦芽地板，会让底层接近地板的地方产生较多的热气。

Esters 酯类　威士忌同源物的一部分，酯类给予威士忌果香和花香味。

Feints 伪酒　第二次蒸馏的最后一部分将被重新蒸馏，这部分酒精含量过低，新酒不需要包含同源物，也被称为“末段酒”和“酒尾”。

Fermentation 发酵　糖化过程后，酵母添加到发酵槽将糖转化成酒精。在此过程中，糖转换为酒精、二氧化碳和其他能源，以及其他各种风味。

First-fill 首注桶　这个词汇常见于苏格兰 / 爱尔兰 / 日本威士忌中。是指酒厂收来的旧桶，但第一次被注入苏格兰 / 爱尔兰 / 日本威士忌进行陈年的酒桶，之后如果再注入一次威士忌的话，就是 refill。

Floor Malting 地板发麦　大麦发芽的原始方法，一旦大麦被浸泡在水中，大麦中的酵素分解细胞壁，并将淀粉转化成糖，这种做法需要大型的地板，大麦会被定期翻动防止不均匀的发芽。糖分被释放后，大麦将被烘干，由于需要消耗大量糖分才能促进发芽，现在只有少数酒厂仍然使用地板发麦。

Foreshots 初段酒　第二次蒸馏的第一部分，酒精含量过高因此需要重新蒸馏，含有太多不必要的元素，也被称为“酒头”。

Germination 抽芽　大麦在发麦过程中长出麦芽。

Grain whisky 谷物威士忌　原料由麦芽和玉米以及小麦混合而成，然后经连续式蒸馏器蒸馏后得到 94.8% 酒精度的原酒。法律规定谷物威士忌必须具备谷类的香气和风味。

Heads 酒头　为 Foreshots 的别称。

High wines　（美国）经过二次蒸馏后取得的原酒。

Hogshead（木桶）　橡木桶常见的一种类型，容量为 250 升。

Indian whisky 印度威士忌　这个概念颇具争议。因为印度把谷物或者糖蜜作为原料酿造后的烈酒都叫做威士忌，因此单独列具这样一个名词。

Irish whiskey 爱尔兰威士忌　尽管目前爱尔兰只有 3 家酒厂在运作，但每家酒厂工序都有不同。Cooley 使用二次蒸馏和泥煤，Bushmills 使用三次蒸馏和未经泥煤烘干的麦芽，Irish Distillers 则用爱尔兰壶式蒸馏器进行生产，总体来说爱尔兰威士忌不用泥煤，进行三次蒸馏，且原料都是大麦和麦芽混合使用。

Lincoln County Process 林肯郡处理法　田纳西威士忌不同于波本威士忌的一道工序，原酒必须经过炭层过滤（亦叫做滤化 / 醇化）去除掉刺激性的风味后才能进行桶陈。Liquor（美国）糖化过程中加入的热水。

Lomond Still 罗门式蒸馏器　比较不常见的蒸馏器形状，蒸馏器的上部有一个圆柱体形状，对于蒸馏酒流出的烈酒得到更好的控制。

LyneArm 莱恩臂　倾斜的莱恩臂是蒸馏器的一部分，通往冷凝器。其长度和角度可以影响蒸馏器内部的蒸汽，较重的酒精和内容物可能会回落下来得更快，从而影响最终的烈酒质量。

Malting 发麦　浸泡后的大麦，佯装成湿润的春天环境，所以大麦将开始增长。在这个过程中的酵素会把大麦内的淀粉转换成糖。

Mashing 糖化　热水和碎麦芽混合在一起，目标是溶解所有的碎麦芽里的糖分，一旦所有的糖被移除（通常是加 3 次热水），剩下的固体部分称为糟粕，将卖给农民作为牛饲料。

Mashbill　威士忌酿造中的原料配比。

Maturation 成熟阶段　法律上威士忌要在橡木桶中至少陈年 3 年以上才能称为威士忌（苏格兰）。然而，大多数威士忌约陈年 10~12 年。最常用的木桶类型，通常包含波本桶或雪利桶。

Mothballed 封存酒厂　有时候，酒厂的主人可能会暂时关闭酒厂，随时都可以恢复生产，同时等待另一波威士忌荣景的到来，这样的一个蒸馏厂，称为被“封存”；不打算恢复生产，等待新拥有者的青睐称为关厂（closed），拆除设备者称为拆厂（dismantled），整个厂房都废除掉则称之废场（demolished）。

NAS　特指酒标上不标注的年份的威士忌，无年份款。

New Make 原酒　这个名字，是指从蒸馏器流出可饮用的酒，至少 3 年成熟期后才能称为威士忌。

Oak 橡木桶　法律规定无论苏格兰、美国、加拿大还是爱尔兰威士忌，必须要经过橡木桶陈年，吸收橡木桶的风味，增加酒的复杂度。

Peat（ing）泥煤　不完全碳化的植物组织经过几千年转变的结果，一旦干燥后，它被用来在窑烧过程中干燥发芽的大麦，可以增添独特的风味。Phenols 酚同源物的一部分，含有泥炭、焦油和烟熏味，酚值可以用 PPM 这个单位来标注，PPM 值越高，烟熏味越重。经过泥煤烘干的麦芽和原酒中都可以测定 PPM 值，但 50% 的酚类物质在蒸馏过程中会流失。

Proof 酒精度　只在美国使用，表示威士忌中酒精含量的单位。在美国 80 度即为 40% 的酒精浓度。

Pot still 壶式蒸馏器　详情参阅“爱尔兰单一壶式威士忌的生产流程”章节。

Quarter cask 容量为 45 升的小桶　近年来使用它的人越来越多，大部分为新桶，用来桶陈比较年轻的威士忌。

Quercus 拉丁语“橡木桶”　各个地区都用不同的树木来制桶：alba—— 美国白橡木桶，栎树 robur—— 欧洲橡木桶，petraea 或者 sessile—— 法国橡木桶，樟子松 mongolica 或者水楢 mizunara ——日本橡木桶。每种树木制成的橡木桶都拥有各自独特的风味。

Rackhouse　桶陈仓库，美式称呼。

Rancio 用来形容威士忌品鉴中奇异风味　皮革 / 麝香 / 菌类等只有在老年份威士忌中才有的风味。

Refill 二次注橡木桶　已经装过一次苏格兰威士忌的橡木桶。

Reflux 回流　蒸馏器里面较重的气体，在蒸馏过程中不会达到较高的部分，回流下来重新蒸馏。

Ricks 美国威士忌名词　第一个含义是指桶陈仓库里堆放酒桶的木架子，另一个含义是指田纳西威士忌酿造过程中用来过滤原酒的那层枫糖木炭层。

Rye（美国）黑麦　一种作物，用来酿造黑麦威士忌、波本以及加拿大威士忌。黑麦能给予酸度，生津感，并带来酵母、柑橘及强烈的辛辣感。

Rye whiskey（美国）黑麦威士忌　美国联邦政府规定，黑麦威士忌的原料中至少要有 51% 的黑麦。

Scotch whisky 苏格兰威士忌　受法律保护的名词，用来形容威士忌蒸馏、成熟和装瓶都在苏格兰完成，且最少要经过 3 年的桶陈（橡木桶容量不得大于 700 升），装瓶强度不得低于 40% 的酒。Saladin box 一种介于传统的地板发麦和现代的鼓式发麦之间的发麦设备正在抽芽的大麦被放置在顶部敞开并不得翻转的箱子中进行发麦。

Single barrel（美国）单桶版威士忌　这个概念略有些模糊，既指从一个桶里装瓶没有加水稀释过的威士忌，也可能是多个桶释出进行装瓶后的威士忌。

Sourmash（ing）（美国）酸麦芽浆　第一次蒸馏后不含酒精的残留物会被收集起来，然后加入到正在发酵中的谷物糊中，比例大约为 25%，而加入这种酸性液体会得到更好的发酵效果，所有波本威士忌和田纳西威士忌都会用到这个方法（亦称 backset、spent beer、stillage）。

Straight whskey（美国）纯威士忌　特指原料配比中某样作物（玉米、黑麦、小麦）的比例必须超过 51%，蒸馏后的原酒的酒精度必须达到 80% 以上，装桶强度在 62.5% 以上，在新烤制的橡木桶中至少桶陈 2 年以上，装瓶强度不低于 40%，并且不允许添加焦糖色和其他风味的威士忌。

Tennessee whiskey 田纳西威士忌　比波本威士忌多一道工序，原酒在桶陈前必须经过枫糖木炭层过滤。

Thumper 二次蒸馏器　蒸馏器中间注满热水，当经过一次蒸馏的初酒通过时，刺激性强的物质就被剔除出来，这个过程中会发出轰鸣声。

Toasting 烤桶　通过烤制可以让橡木更容易弯曲定型，并且能够使得木头碳化，产生木糖，从而使得威士忌在桶中陈年时会与这些碳层发生反应，增加风味。

Uisce Beatha/Usquebaugh 威士忌的盖尔语　意思是指生命之水，whisky 这个词由此演化而来。

Vatted Malt 调和麦芽威士忌　将不同酒厂的单一麦芽威士忌调和在一起就成了 Vatted Malt。

Vendome still 壶式蒸馏器的一种　颈部加装了纯化器。

Wash 酒汁　啤酒的其他名称，液体发酵后其中包含约 8% 的 ABV，会送去麦芽汁蒸馏器做第一次蒸馏。

Wash Still 麦芽汁蒸馏器　第一次蒸馏器，将 8% ABV 的酒汁蒸馏成含有 20% ABV 的低度酒。

Wheated bourbon　特指原料配比中小麦比例大于黑麦比例的波本威士忌通常会更甜美。

Whiskey/whisky　苏格兰、加拿大和日本威士忌用 whisky，而爱尔兰和美国则会多加一个 e，但并非所有美国威士忌都会这样标注。

White dog 原酒　new make 的美式称谓

Worm（tub）虫桶冷凝器　一种传统的冷凝装置。虫桶的构造很原始，连接着蒸馏器后，它有着非常长的铜管，直径由粗慢慢变细，绕成一圈一圈像弹簧一样。别小看这一圈圈绕下来，它的体积可是十分庞大，所以通常这一圈圈的称为虫管的东西，就被放进一个超大型的木桶当中。有些蒸馏厂用铸铁桶来装这些管子，然后桶里再注进满满的水。这些水的目的就是要降低铜管中蒸汽的温度达到冷凝目的。

Worts 麦汁　完成糖化过程后的麦汁，含有高糖分，将在发酵过程中被转换成酒精。

Yeast 酵母　能够把糖转化为酒精，而使用不同的酵母菌株最终能够产生不同的风味。

参考资料

书籍

Barnard, Alfred, *The Whisky Distilleries of the United Kingdom*, David & Charles, 1969
Buxton, lan, *The Enduring Legacy of Dewar's, Angels Share*, 2010
Checkland, Olive, *Japanese Whisky, Scottish Blend*, Scottish Cultural Press, 1998
Dillon, Patrick. *The Much -Lamented Death of Madam Genevay*, Review, 2004
Kaiser, Roman, *Meaningful Scents Around The World,* Wiley, 2006
Gibbon, Lewis Grassic A Scots *Quair* Canongate Books, 2008
Gunn, Neil M, *Whisky* & *Scotland*, Souvenir Press Ltd, 1977
Hardy, Thomas, *The Return of the Native*, Everyman's Library, 1992
Hume, John R.,& Moss, Michael, *The Making of Scotch Whisky*, Canongate Books, 2000
Macdonald, Aeneas, *Whisky*, Canongate Books, 2006
Macfarlane Robert, *The Wild Places*, Granta Books, 2007
MacLean,Charles,*Scotch Whisky:A Liquid History*, Cassell, 2003
Marcus, Greil, *Invisible Republic, Bob Dylan's Basement Tapes*, Picador, 1997
McCreary, Alf, *Spirit of the Age, the Story of old Bushmills*, Blackstaff Press, 1983
MacDiarmid, Hugh, *Selected Essays,* University of California Press, 1970
Mulryan, Peter, *The Whiskeys of Ireland*, O'Brien Press, 2002
Owens Bill, *Modern Moonshine Techniques*, White Mule Press, 2009
Owens Bill, Diktyt, Alan & Maytag, Fritz, *The Art of Distilling Whiskey and Other Spirits*, Quarry Books, 2009
Pacult, F. Paul, *A Double Scotch*, John Wiley, 2005
Penguin Press & Carson, *The Tain,* Penguin Classics, 2008
Regan, Gary, & Regan, Mardee, *The Book of Bourbon*, Chapters, 1995
Udo, Misako, *The Scotch Whisky Distilleries*, Black & White, 2007
Waymack, Mark H., & Harris, James F, *The Book of Classic American Whiskeys*, Open Court, 1995
Wilson, Neil, *The Island Whisky Trail*, Angel's Share, 2003

杂志

Whisky magazine
Whisky Advocate

音乐

"Copper Kettle", written by Albert Frank Beddoe, recorded by Bob Dylan on the 1970 album, *Self Portrait*
Smith, Harry *Anthology of American Folk Music*, various volumes

延伸资讯

网络上可以查到许多威士忌相关资料，今天绝大多数生产商都已有自己的网站。以下列出几个威士忌在线杂志、网站和部落格，让威士忌爱好者可以从更广的角度认识威士忌。

杂志

www.maltadvocate.com
www.whatdoesjohnknow.com
www.whiskymag.com
www.whiskymagjapan.com 日文

网站、部落格

www.maltmaniacs.org 所有麦芽威士忌爱好者应该首先造访这个网站。
www.whiskyfun.com，威士忌网络作家 Serge Valentin 每天撰文分享他对威士忌和音乐的奇思妙想。
www.whiskycast.com，威士忌品饮惠家 Mark Gillespie 每周发表新文章
www.edinburghwhiskyblog com & http://caskstrength.blogspot.com，Two UK- based blogs 两个网站都值得定期造访。
http:// huckcowdery.blogspot.con 掌握波本威士忌的最新消息。
http:/ nonjatta.blogspot.com 喜爱日本威士忌的酒友必看（英文网站）。
http:/ drwhisky.blogspot.com 威士忌专家、也是最早的威士忌部落客之一 Sam Simmons 的部落格，至今依然是数一数二的威士忌部落格。
www.Irishwhiskeynotes.com 如网站名称 · 内容介绍爱尔兰威士忌。
ww.irelandwhiskeytrail.com 爱尔兰威士忌的相关网站都在这里。
www.distilling.com&http://blog.distilling.com 追踪美国精酿蒸馏厂的最新消息，可造访这两个网站。
www.drinkology.com 信息丰富的酒保社群网站。

相关节庆

你读到这段文字的同一时间，世界上一定有某个地方正在举办威士忌活动，而且很可能不只一个地方。Whisky Live!（http://www.whiskylive com/）是规模最大的全球性威士忌展；Whisky Advocate除了杂志之外，也经营多项美国最大的威士忌活动，请至上列网站查询。Malt Maniacs 网站（如上列）上有威士忌活动与节庆的日历。

地区性威士忌节庆

www.spiritofspeyside.com 斯佩塞烈酒节，通常于 5 月第一周举行，为期一周。
www.theislayfestival.co.uk 艾雷岛威士忌嘉年华，通常于 5 月最后一周举行，为期一周。
www.kybourbonfestival.com 肯塔基波本威士忌节，9 月中举行。

索 引

How to use this index

Page numbers in **bold** indicate the main entry for a distillery.

General page references for a distillery are followed by names of whiskies (in **bold** type) made or blended there and their page locators.

Main brands are also indexed separately followed by their distillery in brackets.

Page numbers in *italics* are illustrations.

图片来源

Mitchell Beazley would like to acknowledge and thank all the whisky distillers and their agents who have so kindly contributed images to this book.

Abhainn Dearg Distillery 177; **Steve Adams** 20bl; **age fotostock** Marco Cristofori 102r; **Alamy** Stuart Black 294r; Paul Bock 62b, 93a; Bon Appétit 131a; Cephas Picture Library 52b, 66b, 130b, 163r, 178b, 250–1; Derek Croucher 284–5; Andrew Crowhurst 184; Design Pics Inc 160–1; DGB 100–1; DigitalDarrell 231; Epicscotland 6; Michele Falzone 210–11; Stuart Forster India 314b; Les Gibbon 20–1; David Gowans 70–1; Simon Grosset 151; Peter Horree 186b, 248; Chris Howes/Wild Places Photography 255l; David Hutt 12–13; Image Management 303; Jason Ingram 136–7; André Jenny 232–3; Tom Kidd 94r; Terrance Klassen 268–9; Bruce McGowan 118r; John Macpherson 56b, 150; mediasculp 308b; nagelestock.com 30–1; Jim Nicholson 152–3; Noble Images 140–1; Oaktree Photographic 124–5; David Osborn 64b; John Peter 34; Rabh images 253a; Jiri Rezac 65a; Mike Rex 35; Scottish Viewpoint 36–7, 53a; South West Images Scotland 24–5, 142–3; Jeremy Sutton-Hibbert 26–7; Transient Light 84–5; Patrick Ward 179a; Margaret Welby 164–5; Wilmar Photography 24; Andrew Woodley 233a; Ian Woolcock 318b; **La Alazana** 313; **Alberta Springs Distillery** 272; **Amrut Distilleries** 314a, 316; **Angus Dundee Distillers** 41, 116; **Arcaid** Keith Hunter/architect Austin-Smith:Lord 90; **Ardbeg Distillery** 154, 155b; **Bakery Hill Distillery** 322; **Balcones Distilling** 262; **Beam Global** 119, 158a, 159b, 203, 204, 244–5; **Ben Nevis Distillery** 139, Alex Gillespie 143a; **The BenRiach Distillery Co** 88–9, 120; **The Benromach Distillery Co** 96; **Bladnoch Distillery** 148–9; **Box Destilleri**/Peter Söderlind 305b, 306a; **Dave Broom** 23, 158b, 159a, 227a; **Brown-Forman** 236–7, Brown-Forman Consolidated 278; **Bruichladdich Distillery** 168, 169a; **Buffalo Trace Distillery** 242–3; **Burn Stewart Distillers** 5, 104, 162, 176; **Canadian Club** 277; **Celtic Whisky Compagnie** Glan ar Mor 290; **Chichibu Distillery** 221; **Chivas Brothers** 40, 42a, 43b, 56a, 57, 72, 73ar, 74r, 87, 95, 97, 183r, 193r; **Constellation Brands Inc** 274a; **Corbis** Atlantide Phototravel 282–3; Jonathan Andrew 198–9; Gary Braasch 22bl; Creasource 22 bcl; Marco Cristofori 7; Macduff Everton 155a, 167a, 201a; Patrick Frilet 295bl; Raymond Gehman 22bcl; Philip Gould 19; Bob Krist 196; Kevin R Morris 240b, 250–1; Studio MPM 22cc; L Nicoloso/photocuisine 22acc; Richard T Nowitz 194–5; Keren Su 22br; Sandro Vannini 46b; Michael S Yamashita 212; **Corsair Distillery** 261; **Daftmill Distillery** 145; **John Dewar & Sons** 60, 61, 74l, 98, 106–7, 109, 114–5, 127, 191, 192; **Diageo** 44–5, 46a, 47a, 48, 50, 51, 54b, 55, 68a, 69, 73al & b, 75b, 83b, 86, 91, 92a, 93b, 110b, 111–13, 128, 133, 138, 144, 146, 156–7, 163l, 178a, 179b, 199l, 254a; Bushmills 200, 201b, 207b; Diageo Canada 275; **Dingle Distillery** 206; **Drinksology.com** 202a; **Echlinville Distillery**/Niall Little 202b; **The Edrington Group** 49, 58a, 59, 108, 182, 183l & c, 190; **Eigashima Shuzo Co** 223; **The English Whisky Co** 288; **Fary Lochan Distillery** 308a; **Finch ® Whisky** 299; **Floki** Egill Gauti Thorkelsson 311; **Fotolia** Tomo Jesenicnik 22ar; Jeffrey Studio 22acr; Kavita 22bcr; Mikael Mir 22al; Monkey Business 22ac; Taratorki 22acl; Vely 22bcr; **Four Roses Distillery** 246; **Getty Images** Best View Stock 317r; Britain on View/David Noton 32; Cavan Images 258; R Creation 224b; David Henderson 135r; Marc Leman 122; Sven Nackstrand/AFP 307b; Warrick Page 8–9; Time & Life Pictures 249; **Glen Grant Distillery** 76–9; **William Grant & Sons Distillers** 62–3, 64a, 65b, 66a, 67,199r, 205; **Glen Moray Distillery** 94l; **Glenmorangie plc** 130a, 131b; **The Glenrothes** 80–81; **Great Southern Distilling Co** 318a; **J Haider Distillery** 302; **Heaven Hill Distilleries Inc** 240a, 241; **Hellyers Road Distillery**/Rob Burnett 320–1, 323; **Hemis.fr** Bertrand Gardel 291; **High West Distillery and Saloon** 264; **Highwood Distillers** 273; **Ian Macleod Distillers Limited** 11, 102l; **Inver House Distillers** 121, 132, 135l; **Irish Distillers Pernod Ricard** 207–9; **Isle of Arran Distillers** 174; **J & G Grant Glenfarclas** 52a, 53b; **Jack Daniel's Distillery** 252, 253b; **The James Sedgwick Distillery** 312; **Jenny Karlsson** 185; **Karuizawa Distillery** 220; **Kavalan Distillery** 317l; **Davin de Kergommeaux** 274b; **Kilchoman Distillery** 169b; **Kings County Distillery** 260a, Christopher Talbot 260b; **Kittling Ridge Estates Wines & Spirits** 279b; **Langatun Distillery** 300; **Lark Distillery** 322–3; **Last Mountain Distillery** 281b; **Destilerías Líber sl** 295a & br; **Loch Lomond Distillers** 103, 189a; **Mackmyra Svensk Whisky** 307; **Maker's Mark Distillery Inc** 234, 235b; **Morrison Bowmore Distillers** 118l, 147, 166, 167b; **New Holland Brewing Co** 263; **The Nikka Whisky Distilling Company** 218–9, 224a, 225a; **Okanagan Spirits** 281a; **The Owl Distillery** 294l; **Paragraph Publishing Ltd**/Whisky Magazine 82l, 136a, 225b; **John Paul Photography** 42b, 43a; **Puni Destillerie** 301; **Robert Harding Picture Library**/Robert Francis 228–9; **Will Robb** 2; **Sazerac Company Inc** 247; **Bernhard Schäfer**/Blaue Maus 296a, 297b; **Shutterstock** konzpetm 296b; Nikolay Neveshkin 193c; Stanimire G Stoev 59a; **Signatory Vintage Scotch Whisky Co**/Edradour Distillery 110a; **Slyrs** 297a; **Smögen Whisky** 306b; **Speyside Distillers** 38; **Spirit of Hven Backafallsbyn** 305a; **Christine Spreiter** 170, 172–3; **Springbank Distillers** 186a, 187–8, 189b; **St George Spirits Inc** 266–7; **Stauning Whisky** 309; **Still Waters Distillery** 280; **Suntory Liquors** 214–17, 226, 227b; **SuperStock** 222b; **Teerenpeli Distillery & Brewery** 310; **Tomatin Distillery** 126; **Tullibardine Distillery** 105; **Tuthilltown Spirits** 259; **The Welsh Whisky Co Ltd** 289; **Westland Distillery** 265; **The Whisky Couple Hans & Becky Offringa** 38c, 54ar, 82r, 180–1, 254b, 255r, Robin Brilleman 39, 68b, 83r, 92b; **The Whisky Exchange** 73a, 75a, 83a, 139l; **Whyte and Mackay Ltd** 117, 129, 175; **Wild Turkey** 238–9; **J P Wiser's** 276; **Wolfburn** 134; **Zuidam Distillers BV** 293.

致谢

Scotland Nick Morgan, Craig Wallace, Douglas Murray, Jim Beveridge, Donald Renwick, Shane Healy, Diageo; Jim Long, Alan Winchester, Sandy Hyslop, Chivas Brothers; Gerry Tosh, George Espie, Gordon Motion, Max MacFarlane, Jason Craig, Ken Grier, Bob Dalgarno, The Edrington Group; David Hume, Brian Kinsman, William Grant & Sons; Stephen 'The Stalker' Marshall, Keith Geddes, John Dewar & Sons; Iain Baxter, Stuart Harvey, Inver House Distillers; Ian MacMillan, Burn Stewart Distillers; Ronnie Cox, David King, Sandy Coutts, The Glenrothes; Iain Weir, Iain MacLeod; Gavin Durnin, Loch Lomond Distillers; Frank McHardy, Pete Currie, J & A Mitchell; Euan Mitchell, Arran Distillers; Iain McCallum, Morrison Bowmore Distillers; Jim McEwan, Bruichladdich; Anthony Wills, Kilchoman; Richard Paterson, David Robertson, Whyte & Mackay; Jim Grierson, Maxxium UK; John Campbell, Laphroaig; Des McCagherty, Edradour; George Grant, J & G Grant; Lorne McKillop, Angus Dundee; Billy Walker, Alan McConnochie, Stewart Buchanan, The BenRiach/The GlenDronach; Francis Cuthbert, Daftmill; Raymond Armstrong, Bladnoch; Alistair Longwell, Ardmore; David Urquhart, Ian Chapman, Gordon & MacPhail; Bill Lumsden, Annabel Meikle, Glenmorangie; Michelle Williams, Lime PR; John Black, James Robertson, Tullibardine; Colin Ross, Ben Nevis; Dennis Malcolm, Glen Grant; Stephen Bremner, Tomatin; Andy Shand, Speyburn; Marko Tayburn, Abhainn Dearg.

Ireland Barry Crockett, Brendan Monks, Billy Leighton, David Quinn, Jayne Murphy, IDL; Colum Egan, Helen Mulholland, Bushmills; Noel Sweeney, Cooley.

Japan Keita Minari, Mike Miyamoto; Shinji Fukuyo, Seiichi Koshimizu, Suntory; Naofumi Kamiguchi, Geraldine Landier, Nikka; Ichiro Akuto, Venture Whisky.

The USA & Canada Chris Morris, Jeff Arnett, Brown-Forman; Jane Conner, Maker's Mark; Larry Kass, Parker Beam, Craig Beam, Heaven Hill, Katie Young, Ernie Lubbers, Jim Beam; Jim Rutledge, Four Roses; Jimmy & Eddie Russell, Wild Turkey; Harlen Wheatley, Angela Traver, Buffalo Trace; Ken Pierce, Old Tom Moore; Jim Boyko, Vincent deSouza, Crown Royal; John Hall, Forty Creek; Bill Owens; Lance Winters, St. George; Steve McCarthy, McCarthy's; Marko Karakasevic, Charbay; Jess Graber, Stranahan's; Rick Wasmund, Copper Fox, Ralph Erenzo, Tuthilltown.

Wales Stephen Davis, Gillian Macdonald, Welsh Whisky Company.

England Andrew Nelstrop, The English Whisky Company.

Globally Jean Donnay; Patrick van Zuidam; Etiene Bouillon; Lars Lindberger; Henric Molin; Anssi Pyysing; Michael Poulsen; Fran Peregrino; Andy Watts; Moritz Kallmeyer, Bill Lark, Patrick Maguire, Keith Batt, Mark Littler, David Baker, Cameron Syme; Ian Chang.

The snappers John Paul, Hans Offringa, Will Robb, Christine Spreiter, Jeremy Sutton-Hibbert, and also to Tim, Arthur & Keir and Joynson the Fish for stepping in with photos when distillers admitted they didn't have shots of their products.

Personal Charles MacLean, Neil Wilson, Rob Allanson, Marcin Miller, John Hansell, David Croll, Martin Will; Johanna and Charles, all the Malt Maniacs.

Massive and everlasting thanks to Davin de Kergommeaux for his stepping in when Canada began to look very sticky; Bernhard Schäfer for doing the same with the Central European countries; Chuck Cowdery for all his help with the truth about Dickel; to Ulf Buxrud, Krishna Nukala, and Craig Daniels for contacts; to Serge Valentin for samples and constant good humour; Alexandre Vingtier, Doug McIvor, Ed Bates, and Neil Mathieson for the same.

2nd edition Many thanks to all the distillers, colleagues, friends, and family who pulled out the stops to ensure this was completed on time.

Particular thanks to Davin de Kergommeaux, Lew Bryson, Pit Krause, Jasmin Haider, Philippe Juge, Chris Middleton, and Martin Tønder Smith for all their help in tracking down new distilleries.

To the distillers of said new plants who were willing to spend some time chatting to me: Alex Bruce, Karen Stewart, Francis Cuthbert, Guy Macpherson-Grant, David Fitt, John McCarthy, Marko Tayburn, Oliver Hughes, Daniel Smith, Allison Patel, Jean Donnay, Fred Revol, Patrick van Zuidam, Etienne Bouillon, Michael Morris, John Quinn, Nicole Austin, Chip Tate, Rich Blair, David Perkins, David King, Emerson Lamb, Angela d'Orazio, Ivan Abrahamsen, Roger Melander, Alex Højrup Munch, Gable Erenzo, John O'Connell, Jonas Ebensperger, Marcel Telser, Jens-Erik Jørgensen, and Henric Milon. You are the future.

To Marcin, for driving me around Norfolk and Suffolk while I was driving him mad. To Darren Rook and Tim Forbes, fellow residents of Distiller's Row, for ears, noses, and minds.

To Stephen, Ziggy, and The Major for letting me test out some ideas.

To the fabulous team at Octopus: Denise, Leanne, Juliette, Jamie, and Hilary for not only turning this around, but doing it with such little fuss and a real concern for the quality and accuracy of the copy and design.

To Tom Williams for being a voice of sanity.

Most of all to my wife – and assistant – Jo, for an astonishing job in organizing samples, counting bottles, and doing necessary, but time-consuming, research, allowing me time and space to get on with the writing. How she's put up with me for 25 years I know not.

...and to Rosie for always being able to make me smile.